"十三五"普通高等教育规划教材

工程教育创新系列教材

DIANJIXUE

电机学

赵莉华　曾成碧　苗　虹　编著

辜成林　主审

中国电力出版社

CHINA ELECTRIC POWER PRESS

内 容 提 要

本书为"十三五"普通高等教育规划教材(工程教育创新系列),根据国家对工程应用型人才培养的要求,以培养电气工程类、自动化类高级应用型人才为目标,结合编者多年从事电机学教学及与电机相关的科研、实践经验编写而成。

全书共分五篇:变压器、交流电机、同步电机、异步电机和直流电机篇。本书详细介绍传统电机学教材的电机电磁场基本理论分析,注重基本概念,强调定性分析,给出了一些基本定量计算,增加了与变压器和电机运行、维护相关的变压器及电机结构、材料及试验等相关内容。

本书可作为高等学校电气工程学科及相关专业电机学课程的教材或参考书,也可供相关工程技术人员学习参考。

图书在版编目(CIP)数据

电机学 / 赵莉华,曾成碧,苗虹编著. —北京:中国电力出版社,2019.12(2025.2重印)
"十三五"普通高等教育规划教材·工程教育创新系列教材
ISBN 978-7-5198-2176-0

Ⅰ.①电… Ⅱ.①赵… ②曾… ③苗… Ⅲ.①电机学−高等学校−教材 Ⅳ.①TM3

中国版本图书馆 CIP 数据核字(2018)第 173254 号

出版发行:中国电力出版社
地　　址:北京市东城区北京站西街 19 号(邮政编码 100005)
网　　址:http://www.cepp.sgcc.com.cn
责任编辑:雷　锦
责任校对:王小鹏
装帧设计:赵姗姗
责任印制:吴　迪

印　　刷:北京天宇星印刷厂
版　　次:2019 年 12 月第一版
印　　次:2025 年 2 月北京第三次印刷
开　　本:889 毫米×1194 毫米　16 开本
印　　张:28.75
字　　数:908 千字
定　　价:79.00 元

序 Foreword

近年来，计算机、通信、智能控制等前沿技术的日新月异给高等教育的发展注入了新活力，也带来了新挑战。而随着中国工程教育正式加入《华盛顿协议》，高等学校工程教育和人才培养模式开始了新一轮的变革。高校教材，作为教学改革成果和教学经验的结晶，也必须与时俱进、开拓创新，在内容质量和出版质量上有新的突破。

教育部高等学校电气类专业教学指导委员会按照教育部的要求，致力于制定专业规范或教学质量标准，组织师资培训、教学研讨和信息交流等工作，并且重视与出版社合作编著、审核和推荐高水平的电气类专业课程教材，特别是"电机学"、"电力电子技术"、"电气工程基础"、"继电保护"、"供用电技术"等一系列电气类专业核心课程教材和重要专业课程教材。

因此，2014 年教育部高等学校电气类专业教学指导委员会与中国电力出版社合作，成立了电气类专业工程教育创新课程研究与教材建设委员会，并在多轮委员会讨论后，确定了"十三五"普通高等教育规划教材（工程教育创新系列）的组织、编写和出版工作。这套教材主要适用于以教学为主的工程型院校及应用技术型院校电气类专业的师生，按照工程教育认证和国家质量标准的要求编排内容，参照电网、化工、石油、煤矿、设备制造等一般企业对毕业生素质的实际需求选材，围绕"实、新、精、宽、全"的主旨来编写，力图引起学生学习、探索的兴趣，帮助其建立起完整的工程理论体系，引导其使用工程理念思考，培养其解决复杂工程问题的能力。

优秀的专业教材是培养高质量人才的基本保证之一。此次教材的尝试是大胆和富有创造力的，参与讨论、编写和审阅的专家和老师们均贡献出了自己的聪明才智和经验知识，引入了"互联网+"时代的数字化出版新技术，也希望最终的呈现效果能令大家耳目一新，实现宜教易学。

胡敏强

教育部高等学校电气类专业教学指导委员会主任委员

2018 年 1 月于南京师范大学

前言 Preface

"电机学"是电气工程及其自动化专业学生必修的重要课程，是一门由基础课向专业课过渡的专业基础课程，担负着为后续相关专业课程打下坚实理论基础的任务。《电机学》课程的特点是理论性强、概念抽象、专业性特征明显，同时它也是一门涉及学科知识面很广的课程，涉及电路、磁路、发热与冷却、机械、力学、高压与绝缘等方面的知识，学习中要求同学具有较宽的知识面和较强的综合分析问题能力。

"电机学"课程主要特点有：① 电和磁的结合。由于电机是电磁机械转换装置，既涉及电路理论，又涉及磁路理论，要求既要有较好的电路理论基础，又要有较扎实的电磁场理论知识。② 非线性系统与运动系统结合。电机、变压器中的主磁路是非线性的，随着磁路饱和程度变化与之相关的参数都将发生变化，而且电机中的磁场是运动的——旋转磁场，是非线性系统与运动系统的结合。③ 时间和空间结合。电机中不仅有时间相量，还有空间矢量，时空、相矢结合。④ 相量和复数结合，涉及的数学运算是相量和复数运算。

本书主要结合变压器和电机的基本结构，系统阐述变压器及各类电机的基本工作原理、运行特性、内部电磁关系和规律，并做定性或定量分析，还介绍了变压器和电机制造和运行维护相关的绝缘、冷却系统及测试技术。本书的特点是，内容全面，理论与实际紧密结合，突出新技术和工程应用技术，每章都选择了大量的习题及思考题，使读者更容易理解和阅读，方便自学。

通过对本课程学习，学生应建立并牢固掌握电机相关的基本概念，熟悉和掌握电机基本理论和基本分析方法，学习分析实际工程问题的思路和方法，并为后续专业课程学习做好准备，打好基础。在学习过程中，首先要能理论联系实际。电机理论是从长期电机工程实践中总结并提炼出来的，与实际装置的紧密结合是其突出特点之一。因此，对实际电机的结构特点和应用领域有足够的认识和了解，有助于深入理解电机的工作原理、电磁关系和运行特性。其次要学会抓主要矛盾，培养工程观点。工程实际的问题通常都很复杂，涉及多门学科多个方面。电机运行时，是电、磁、力、热等同时起作用，相互制约，需要综合考虑。即使是只有电和磁的问题时，也存在电和磁多个物理量之间的相互影响、磁路非线性等因素，因此，在分析某个问题时需要根据所分析问题的要求，忽略一些次要因素，抓住主要因素进行解决。这是分析工程实际问题时常用的方法，结果的准确性满足实际应用即可。此外，在某种条件下的次要因素也可能在其他的条件下转化为主要因素，这就需要具体问题具体分析，先找出基本关系，确定分析方法，再适当考虑次要因素的影响。对于工程问题分析和解决的近似处理方法，与同学们在学习数学、物理、电路原理等课程中的严格推导和准确计算不同，这是在"电机学"课程学习过程中需要注意的，要求同学们要适应并逐渐掌握和运用。

总之，"电机学"课程是理论性、实践性和综合性较强的一门课程，学习时应重视基本物理概念的理解和掌握，联系工程实际，熟悉数学计算方法，掌握实验技能，理论和实际结合，才能学好本课程。

本教材的作者们根据长期在电气工程领域的教学和科研经历，多年的教学工作，以及在工程领域的研究背景，融入电机学科的新进展，并结合新的工程应用背景和发展前景编写了本教材。

本教材的总体框架和各章节的基本内容包含目前国内电气工程学科所采用的电机学教材的基本内容，其中还包含电机的新应用、影响电机安全运行的绝缘与试验技术等，但是在内容呈现和讲述方式上有其独到之处。以基本结构、工作原理、电磁基本理论为基础，以稳态运行性能分析为主线，阐述变压器、异步电机、同步电机和直流电机等四类电机的基本原理和分析方法，然后讲述电机的运行特性与实际运行中出现的情况，层层递进，力求让读者学习掌握电机学相关理论知识，更好地了解电机运行、试验、维护和检修等方面的知识。

全书共有 28 章，包括绪论、基础知识复习、变压器、异步电机、同步电机、直流电机，以及交流电机的共性问题。绪论、第 1～8 章和第 18～22 章由赵莉华编写，第 9～16 章由苗虹编写，第 17 章、第 23～28 章由曾成碧编写。全书由赵莉华统稿。

在教材编写过程中，参考了很多同类教材和资料，特变电工沈阳变压器集团王国刚教授级高工对本书关于变压器试验技术方面的内容也提出了宝贵意见，在此表示感谢。华中科技大学辜承林教授对本书初稿进行了仔细审阅，提出了许多宝贵意见，在此表示由衷的谢意。

由于编者水平所限，书中可能存在不少的缺点和错误，欢迎读者批评指正。

编　者

2019 年 10 月

目 录

变 压 器 篇

交流电机篇

同步电机篇

异 步 电 机 篇

绪　论

0.1　我国电力工业的发展

我国的用电历史始于 1879 年，上海公共租界点亮了我国第一盏电灯。1882 年英国商人创办了我国第一家公用电业公司——上海电气公司，装机容量为 12kW，有 5 盏电灯。至此，开始了我国的电力工业，至今已有 136 年的历程。1906 年我国开始了交流电的历史，1911 年全国发电装机容量为 2.7 万 kW，1936 年装机容量达到 136.59 万 kW（不含台湾），到新中国成立前夕，全国装机容量仅 185 万 kW，发电量为 43 亿 kWh，装机容量和发电量分别在世界排名第 21 位和第 25 位。电力传输方面，1924 年江苏建成了第一条 35kV 的输电线路，之后全国只有东北有一条 220kV 输电线路和几条 154kV 输电线路，其他地区只有以城市供电为中心的发电厂和直配线路。

新中国成立后，1949 年至 1978 年不到 30 年的时间里，我国装机容量达到 5712 万 kW，发电量达到 2566 亿 kWh，较 1949 年分别增长了 29.9 倍和 58.7 倍。1987 年，全国发电装机容量突破 1 亿 kW，之后电力工业迅猛发展，7 年后装机容量翻番为 2 亿 kW。1995 年后，仅用了 5 年的时间，装机容量跨上了 3 亿 kW 的台阶。到 2017 年底，全国发电装机容量达到 17.77 亿 kW，全社会用电量达到 6.3 万亿 kWh，220kV 及以上输电线路合计 69 万公里，变电容量达到 40 亿 kVA。据国家电网公司"十三五"规划，到 2020 年全国发电装机容量将达到 20 亿 kW，人均装机突破 1.4kW，全社会用电量达到 6.8 万亿～7.2 万亿 kWh，人均用电量 5000kWh，电能占终端能源消费比重将达到 27%。一直以来，我国发电装机容量中水电、火电所占比例最大，随着化石能源的逐渐枯竭及其对环境污染的日益严重，核电、风电及太阳能等清洁能源发电装机容量比重逐年增加，而电机应用在电力工业中占有重要地位。

0.2　电机的定义和分类

0.2.1　电机的定义

电机是一种进行机械能和电能的转换或信号传递和转换的电磁机械装置，它依靠电磁感应定律和电磁力定律运行，具有产生、传输和分配，以及使用电能或作为电能之间、电能与机械能之间的变换器的功能，是工业、农业、交通运输业和家用电器等各行业的重要设备，对国民经济发展起着重要作用。

值得注意的是，电机和电池等电源不同，它本身不是能源，只能转换或传递能量。所以，电机在能量转换过程中，必须遵守能量守恒定律。也就是说，要想从电机输出能量一定要先给电机输入能量，它不能自行产生能量。任何一种电机的输入、输出能量中，至少有一方或者双方都是电能。电机的基本工作原理是电磁感应，利用其他原理（如光电效应、热电效应、化学效应等）产生或变换电能的装置，不包含在本课程所讨论的电机范围内。如电力电子变压器是依靠电力电子器件实现电能的变换，它不是根据电磁感应原理工作，则不包含在传统的电机和变压器的范围。

0.2.2　电机的分类

电机的型号和类型很多，结构和性能各不相同，有多种分类方法。在电机学中常用的分类方法主要有：按照功能分类，按照结构特点分类，按照电源种类分类。

按照功能不同分类，电机可分为：

发电机：将机械能转换为电能的电磁机械装置。

电动机：将电能转换为机械能的电磁机械装置。

变压器：将一种电压等级的交流电能转换为另一种电压等级的同频率交流电能的静止电气设备。

控制电机：用于控制系统中，进行信号的传递和转换的电磁机械装置。

按照运行原理及结构特点不同分类，电机可分为：

变压器：一种静止的电能变换装置。

旋转电机：具有能做相对旋转运动部件的电气设备，运行时其转动部分做旋转运动。

按照电源类型不同分类，旋转电机可分为交流电机和直流电机，交流电机中又有同步电机和异步电机之分。

0.3　电机的应用

电能的生产、传送、转换及使用过程中的核心设备就是电机，所以电机在国民经济各行各业及人们的日常生活中的应用都非常广泛。

众所周知，在发电厂中，汽轮机（火力发电厂、核电厂）、水轮机（水电厂）、风力机（风电厂）等分别将燃料燃烧的热能、水流的势能及风能、原子能等自然界中各种形式的能量转化为机械能，再通过发电机把机械能转变为电能。

发电厂和用电户之间都有一定的距离，尤其是水电厂与用电户之间的距离更是长达上千公里，所以发电机发出的电能要通过长距离的输电线路才能送到不同距离的用户端。为了减小远距离输电线路中的能量损失，降低输送成本，需采用高电压输电方式，即将发电机发出的电能通过升压变压器升高到更高等级的输电电压，经过高压输电线路将电能传输到用户端，再通过降压变压器将电压降低到用户所需电压，供用户使用。

在用户端，电动机作为原动机广泛应用于各行各业，把电能转换为机械能带动各种机械设备，如电动机拖动机床、轧钢机械、电铲、卷扬机、纺织机、搅拌机等。有资料表明，电动机消耗的电能约占总发电量的 60%～70%。所以，作为与电能的生产、输送、分配及使用有关的能量转换装置——电机和变压器，在电力工业、工矿企业、农业、交通运输业、国防及日常生活等各个方面都是十分重要的设备。

0.4　电机的发展简史

1821 年，法拉第（Faraday）发现了载流导体在磁场中受力的现象，即电动机作用原理，最早的电动机便产生了。1831 年，法拉第又发现了电磁感应定律，在这一定律指导下，很快便出现了直流发电机。之后，直流电机得到迅速发展。随着直流电机的广泛应用，其缺点也日益明显。首先，远距离输电时，为了减小线路损耗，需要提高发电机电压，但高压直流发电机的制造有许多不可克服的困难；其次，单机容量增大后，直流电机的换向也越来越困难。所以，19 世纪 80 年代后，人们的注意力逐渐转向交流电机。

1889 年，才由多利夫·多布罗夫斯基（Doliv Dobrovsky）提出三相制的概念，并设计和制造了三相感应电动机。与单相和两相系统比较，三相电力系统效率高，用铜少，电机性价比、容量体积比和材料利用率都有明显改进，其优越性在 1891 年建成的从劳芬到法兰克福的三相电力系统中得到了充分体现。

随着交流电能需求的不断增加，交流发电站的建设迅速发展，19 世纪 80 年代末期，能直接与发电机连接的高速原动机代替蒸汽机的要求被提了出来。在 19 世纪 90 年代，许多电站就装上了单机容量为 1000kW 的汽轮发电机组。此后，三相同步电机的结构逐渐分为高速和低速两类，高速电机以汽轮发电机为代表，低速电机以水轮发电机为代表。同时，由于大容量和可靠性等原因，几乎所有的制造厂家都采用了励磁绕组旋转（磁极安装在转子上）、电枢绕组静止（线圈嵌放在定子槽中）的旋转磁场结构型式。随着电力系统的逐渐扩大，频率也趋于标准化，但不同地区不同国家标准不同，如欧洲为 50Hz，美国为 60Hz，日本 50Hz 和 60Hz 都有，我国统一标准频率为 50Hz 等。

此外，由于工业应用和交通运输等方面的需要，19 世纪 90 年代前后还发明了将交流变换为直流的旋转变流机，以及具有调速和调频等调节功能的交流换向器电机。

在交流电机理论方面，1893 年左右，肯涅利（Kennelly）和斯泰因梅茨（Steinmetz）开始使用复数和相量来分析交流电路。1894 年，海兰（Heyland）提出的"多相感应电动机和变压器性能的图解确定法"，是感应电机理论研究的第一篇经典性论文。同年，费拉里斯（G.Ferraris）采用将一个脉振磁场分解为两个大小相等、方向相反的旋转磁场的方法来分析单相感应电动机，这种方法后来被称为双旋转磁场理论。1894 年前后，保梯（Potier）和乔治又建立了交轴（quadrature－axis）磁场理论。1899 年，布隆代尔（Blondel）在研究同步电动机电枢反应过程中提出了双反应理论（two－reaction theory），这在后来被发展为研究所有凸极电机的基础。总的来说，19 世纪末，各种交、直流电机的基本类型及基本理论和设计方法，大体上都已经建立起来了。

20 世纪工业的高速发展对电机提出了各种新的、更高的要求，而自动化方面的特殊需要又使控制电机和新型、特种电机的发展更为迅速。同时，由于对电机内部电磁过程、发热过程及其他物理过程的研究越来越深入，加上材料和冷却技术的不断改进，交、直流电机的单机容量、功率密度和材料利用率都有显著提高，性能日趋完善。

汽轮发电机方面，1900 年，单机容量不超过 5MVA，1920 年，转速为 3000r/min 的汽轮发电机容量已达 25MVA，转速为 1000r/min 的汽轮发电机容量则达到 60MVA。1937 年，用空气冷却的汽轮发电机容量达到 100MW。1928 年，氢气冷却方式首次被用于同步补偿机，1937 年推广应用于汽轮发电机后，转速为 3000r/min 的发电机容量上升为 150MW。20 世纪下半叶，电机冷却技术有了更大的发展，主要表现为直接将气体或液体通入导体内部进行冷却。于是，电机温升不再是限制电机容量的主要因素，单机容量有了更大幅度的提高。1956 年，定子导体水内冷、转子导体氢内冷的汽轮发电机容量达到 208MW，1960 年上升为 320MW。目前，汽轮发电机的冷却方式还有全水冷（定子、转子都采用水内冷，也简称双水内冷）、全氢冷，以及在定子、转子表面辅以氢外冷等多种方式，单机容量已达 1200～1700MW。

水轮发电机方面，自 19 世纪 50 年代开始，商用直流发电机诞生，现代水轮机也随之出现。在水轮发电机诞生初期的相当一段时间内，人们将一台普通的直流发电机或交流发电机与水轮机相连组成水轮发电机组，直到 1891 年劳芬（Lauffen）水电厂修建时，才出现专门设计的水轮发电机。早期水电厂为小型、孤立电厂，供电范围小，发电机的参数比较混乱，电压和频率未能统一。结构上，水轮发电机多为卧式结构。此外，初始阶段的水轮发电机多为直流发电机，后来相继出现单相交流、三相交流和两相交流水轮发电机。1921 年，加拿大昆士顿（Queenston）电站 45MVA 水轮发电机的制造成功，标志着水轮发电机技术进入技术成长期。20 世纪初交流变电、输电技术的推广和应用，促进了大型水电站的建设，使水轮发电机的单机容量逐渐增大。直流、单相交流、两相交流水轮发电机相继退出历史舞台，而三相水轮发电机一枝独秀。同时，发电机频率也逐渐统一为 50Hz 和 60Hz。容量方面，从 20 世纪初的不超过 1000kW 发展到目前的 1100MW。

变压器方面，法国人高兰德（L.Gauland）和英国人吉布斯（J.D.Gibbs）于 1882 年 9 月申请了第一个感应线圈及其供电系统的专利，他们将这种感应线圈称为二次发电机（secondary generator），并于 1882 年 10 月制成一台 5kVA 的二次发电机，即最早的变压器，同年为伦敦市区铁路提供了几台这种小型变压器。1884 年，在意大利都灵技术博览会上展出了这些变压器，并表演了交流远距离输电，采用开磁路变压器串联交流输电系统，将 30kW、133Hz 的交流电输送到 40km 远处。匈牙利冈茨工厂的技术人员参观了此次博览会，之后开始对这种变压器进行改进试验，提出了采用闭路铁心的方案，于 1884 年 9 月 16 日制造出第一台单相壳式变压器，容量为 1400W，电压分别为 120V/72V。1885 年 5 月 1 日，匈牙利布拉佩斯国家博览会开幕，一台 150V、70Hz 单相交流发电机发出的电流，经过 75 台冈茨工厂生产的 5kVA 变压器（闭合铁心、并联、壳式）降压、点亮了博览会会场的 1067 只爱迪生灯泡，其光耀夺目的壮观场面轰动了世界。1885 年，高兰德和吉布斯受冈茨工厂变压器的启发，研究采用闭路铁心结构的变压器。1886 年 3 月，他们在美国申请有关闭合磁路变压器的专利，同年制造了闭路铁心式高兰德—吉布斯二次发电机（变压器）。自此，变压器进入了人们的生产和生活中。变压器发展至今已有 130 多年的历史，在技术、结构型式、线圈及绝缘、油箱、冷却方式等方面都得到了飞速发展。目前，变压器单台容量完全能够与最大单机容量的汽轮发电机或水轮发电机匹配，容量已经达到 1500MVA、电压等级达到 1100kV。

电机功率密度和材料利用率的提高也可以从下面电机质量的减轻和尺寸的减小数据看出：小型异步电动机 19 世纪时每千瓦大于 60kg，第一次世界大战后降至每千瓦 20kg 左右，到 20 世纪 70 年代降为每千瓦 10kg，电机体积也减小了 50%以上，技术进步的作用是显而易见的。随着电机体积的减小，其成本也逐渐降低，效率日益提高。

控制电机方面，20 世纪 30 年代末期出现了各种型式的电磁式放大机，如交磁放大机和自激放大机等，就是生产过程自动化和遥控技术发展需要的产物。现今多种型式的伺服电机、步进电机、测速发电机、自整角机和旋转变压器等，更是各类自动控制系统和武器装备以及航天器中不可或缺的执行元件、检测元件。

0.5 我国电机工业发展概况

新中国成立前，我国电机工业极端落后，全国只有少数几个城市有电机制造厂家，而且规模小，设备差，生产能力低下。1947 年时，我国发电机年产量只有 2 万 kW，电动机为 5.1 万 kW，交流发电机的单机容量不超过 200kW，交流电动机单机容量不超过 230kW。新中国成立以后，经过几十年的努力，我国电机制造工业得到迅速发展。

在大型交直流电动机方面，已经研制成功 2×5000kW 的直流电动机，42MW 的同步电动机，25 000kW 的四极异步电动机。

在大型发电设备方面，先后研制出 300MW、600MW 水氢氢冷汽轮发电机，300MW 双水内冷和全氢冷汽轮发电机，1150MW 的半转速核能发电机。近年来，东方电气集团东方电机有限公司制造了目前世界上单机容量最大的发电机——广东台山核电站 1 号机组 1750MW 核能发电机。东方电机有限公司已经投运的常规汽轮发电机容量已经达到 1100MW，正在研制 1300MW 常规汽轮发电机。图 0-1 为东方电机有限公司生产的 1000MW 汽轮发电机厂内总装的现场。2015 年，世界上容量最大的单轴全速 1240MW 水氢氢冷汽轮发电机在上海电气集团上海发电机厂开发成功。水轮发电机方面，已研制出 125、250、300、400、550、800、1000MW 的水轮发电机。800MW 和 1000MW 机组已经安装于向家坝水电站和白鹤滩水电站。图 0-2 为哈电集团生产的向家坝左岸 4 号机组水轮发电机转子吊装现场。

图 0-1 东方电机有限公司 1000MW 汽轮发电机厂内总装

在变压器方面，随着我国交直流特高压输电技术的发展，电网需求的不断提高，电力变压器的额定电压不断升高，容量不断增大，而高性能、环保型、节能型变压器也相继问世并广泛使用，如电压等级高达 1000kV、容量达到 1500MVA 的特高压交流变压器、高压直流输电用换流变压器、配电网系统的非晶合金变压器、高温超导变压器、合成脂植物绝缘油变压器等。

特高压交流变压器和特高压换流变压器以其复杂的设计和精细的工艺占领着当今全球变压器研发和制造技术的制高点。特变电工股份有限公司、天威保变电气股份有限公司、西安西电变压器有限公司、山东电力设备制造有限公司等为目前国内最大的几家大型变压器生产企业，它们均有能力生产电压等级达 1000kV 的电力变压器，四家公司基本平分了国内特高压变压器市场。如 2008 年天威保变公司和特变电工沈变公司分别为特高压交流试验示范工程制造了世界上单台容量最大的 1000MVA/1000kV 特高压交流电力变压器各 4 台，分别安装于晋东南和荆门变电站，至今运行良好；西电西变公司生产的 1000MVA/1000kV 变压器在 2010 年应用于特高压扩建工程中；2011 年山东电力设备有限公司研发了 1000MVA/1000kV 变压器样机；2011 年底天威保变公司研制成功了世界首台最高电压和最大容量 1500MVA/1000kV 的单相特高压交流变压器，如图 0-3 所示。

图 0-2　哈电集团生产的向家坝左岸
4 号机组水轮发电机转子吊装

图 0-3　1500MVA/1000kV 变压器

我国是世界上首个拥有 ±800kV 电压等级直流输电工程的国家，多家变压器制造企业都参与了云（云南）—广（广东）、向（向家坝）—上（上海）±800kV 特高压直流输电工程的建设，其中云—广工程采用了西门子公司 ±800kV、±600kV 的换流变压器共 17 台，向—上工程采用了西门子公司、ABB 公司高端换流变压器各 10 台，其余高端换流变压器由外方提供图纸，国内自主制造，±400kV、±200kV 低端换流变压器全部为国内自主设计、制造。通过云—广、向—上两项特高压直流输电工程的技术转让和消化吸收，国内厂家积累了 ±800kV、±600kV 高端换流变压器的制造经验，设计、制造能力均有所提高。2015 年 7 月 31 日，世界上首台交流网侧接入 750kV 的 800kV 特高压换流变压器通过了全部型式试验项目，应用于灵州—绍兴 ±800kV 特高压直流输电工程，标志着该工程关键设备研制取得重大突破，为特高压直流输电技术发展确立了新的高度。其他如发电机变压器、自耦变压器、干式变压器等的研发也取得了巨大成绩。图 0-4 为西安西电变压器有限公司生产的国内首台 720MVA/ 750kV 三相一体发电机变压器。图 0-5 为山东电力设备制造有限公司生产的 1000kV 单相三绕组强油风冷无励磁调压自耦变压器，单相单体容量 1000MVA，单柱容量 500MVA，是目前世界上单柱容量最大、电压等级最高的可用于商业运行的特高压交流联络变压器。图 0-6 为 2016 年西电西变研制的国产 500kV、容量最大 334MVA 的单相自耦抗突发短路变压器。图 0-7 为山东电力设备有限公司牵头研发的 SC10-20000/110 型三相一体环氧浇筑干式变压器，是目前世界上首台容量最大、电压等级最高的干式变压器，具有运行安全性能高、抗短路能力强、绝缘性能好、耐冲击等特点，而且无污染、防火防爆、免维护性好，适应城市供电设备无油化发展进程。

在中、小型电机和微特电机方面，已开发研制出上百个系列、上千个品种的各种电机。特殊电机方面，由于永磁材料的出现，制成了许多高效、节能、维护简单的永磁电机。

图0-4　720MVA/750kV 三相一体发电机变压器

图0-5　1000kV 单相三绕组强油风冷无励磁调压自耦变压器

图0-6　334MVA/500kV 单相自耦抗突发短路变压器

图0-7　SC10-20000/110 型三相一体环氧浇筑干式变压器

磁路及磁路定律

电机是一种机电能量的电磁转换装置，不管是发电机、电动机还是变压器，都是以电场或磁场作为耦合场，以电磁感应作用实现能量的转换，电磁感应是它们工作的基本原理。在电机中磁场的强弱和分布，不仅关系到电机的性能，还决定了电机的体积和重量。所以，掌握电路、磁路方面的基础理论知识、磁路的分析和计算，对认识和学习电机是非常重要的。

本章对磁路及磁路定律等相关基础知识进行复习及补充。

1.1 磁感应强度、磁通、磁导率及磁场强度

1.1.1 磁感应强度

1820 年丹麦科学界奥斯特（Oersted）发现了通有电流的导线能使附近的磁针发生偏转，即电流的磁效应。表明当导体通过恒定电流时，在其内外还存在一种特殊的物质，即磁场（magnetic fields）。不随时间变化的磁场为恒定磁场，磁场是电磁场（electromagnetics）的另一个方面，它的表现是对引入其中的运动电荷有力的作用。

磁场的大小和方向用磁感应强度（magnetic induction intensity）来表示，磁感应强度又叫磁通密度（magnetic flux density），是矢量，表示了磁场内某点磁场的强弱，符号为 B。

当长度为 l 的载流导体与磁力线垂直时，作用在该导线上的电磁力为

$$f = Bil \tag{1-1}$$

则磁感应强度 B 为

$$B = \frac{f}{il} \tag{1-2}$$

式中：f 为电磁力，N；l 为载流导体长度，m；i 为电流，A；B 为磁感应强度，T。

磁感应强度 B 在国际单位制（SI）中是特斯拉，简称特，符号为 T，$1T = 1N/A \cdot m$，即 1m 长的导线，通过 1A 的电流，在磁场中受到的作用力是 1N 时，磁场的磁感应强度为 1T。在电磁学单位制（CGS）中磁感应强度单位为高斯，简称高，符号为 Gs。特斯拉与高斯的关系为 $1T = 10^4 Gs$。

1.1.2 磁通

磁感应强度描述的是空间每一点的磁场情况，为了描述空间一个面上的磁场，引入了磁通量的概念，磁通量简称磁通（magnetic flux），符号为 Φ。

均匀磁场中，磁通等于磁感应强度 B 与垂直于磁场方向的面积 A 的乘积。

$$\Phi = BA \tag{1-3}$$

磁通是一个标量，它的单位在 SI 制中为韦伯，简称韦，符号为 Wb。在 CGS 单位制中磁通单位为麦克斯韦，简称麦，符号为 Mx，$1Mx = 10^{-8}Wb$。

均匀磁场中，磁感应强度可以表示为单位面积上的磁通，由式（1-3）可得

$$B = \frac{\Phi}{A}$$

（1-4）

所以工程上常将磁感应强度称为磁通密度，简称磁密。

1.1.3　磁导率

通电导体所产生的磁场强弱与导体周围介质的磁性能密切相关，有些介质会使磁场显著增强，有些介质可能使磁场略有减弱。表示物质磁性能的参数称为磁导率（permeability），用符号 μ 表示。在 SI 单位制中，磁导率的单位是亨/米，符号为 H/m。

真空的磁导率（permeability of free space）一般用 μ_0 表示，$\mu_0 = 4\pi \times 10^{-7} \text{H/m}$。空气、铜、铝和绝缘材料等非铁磁材料的磁导率和真空磁导率大致相同。而铁、镍、钴等铁磁材料及其合金的磁导率比真空磁导率 μ_0 大很多，为 $10 \sim 10^5$ 倍。

把物质磁导率与真空磁导率的比值定义为相对磁导率（relative permeability），用符号 μ_r 表示，则铁磁材料的磁导率可用相对磁导率表示为

$$\mu = \mu_r \mu_0$$

（1-5）

注意：相对磁导率是一个无量纲的参数。非铁磁物质的相对磁导率 μ_r 接近于 1，而铁磁物质的 μ_r 远远大于 1。

众所周知，导体与绝缘体的电导率之比数量级达到 10^{16}，所以电流是沿着导体流通，电主要以路的形式出现，可以根据导电性能把材料分为导体和绝缘体。而导磁体与非导磁体或铁磁物质与非铁磁物质的磁导率之比较小，数量级只有 $10^3 \sim 10^5$，所以磁力线不仅是顺着导磁体，而是向导磁体周围各个方向散播，有相当一部分磁力线经过非导磁材料，磁是以场的形式存在。没有绝对的磁绝缘，也不存在磁绝缘体材料。

此外，电路中，导体在温度恒定的条件下可以认为是常数，电路大多是线性电路。而铁磁材料的磁导率不是常数，与磁场的强弱有关，受饱和程度影响发生变化，磁路为非线性。因此，磁路计算较电路计算复杂。

1.1.4　磁场强度

在各向同性的媒质中，磁场某点的磁感应强度与该点磁导率的比值定义为该点的磁场强度（magnetic field intensity），用符号 H 表示，即

$$H = \frac{B}{\mu}$$

（1-6）

磁场强度只与产生磁场的电流及电流的分布有关，与导磁媒质的磁导率无关，但是不能理解为与导磁媒质的分布无关。SI 单位制中，磁场强度的单位为安/米，符号为 A/m。磁场强度概念的引入只是为了简化计算，没有物理意义。

1.2　常用铁磁材料及其特性

物质按其磁化性能可分为顺磁材料、反磁材料和铁磁材料。所谓顺磁性（paramagnetism）是指材料对磁场响应很弱的磁性，其磁化强度方向与磁场强度方向相同；反磁性（diamagnetism）是指物质处在外加磁场中，会对磁场产生的微弱斥力的一种磁性现象。顺磁材料的磁导率略大于真空磁导率，反磁材料的磁导率略小于真空磁导率，工程上将顺磁材料和反磁材料统称为非铁磁材料，磁导率均按真空磁导率 μ_0 计算，如空气、铜、

铝、橡胶等。铁磁材料（ferromagnetic material）是由铁磁物质构成，主要有铁、镍、钴及其合金等。铁磁材料磁导率较真空磁导率大得多。

1.2.1 铁磁材料的磁化

铁磁材料可看作由无数小的磁畴组成，图1−1表示了铁磁物质的磁化过程。如图1−1（a）所示，图中磁畴用一些小的磁铁表示出来。铁磁物质在不受外磁场作用时，磁畴排列杂乱无章，其磁效应相互抵消，对外不显示磁性。当铁磁物质受到外磁场作用时，磁畴在外磁场作用下，轴线趋于一致，如图1−1（b）所示，由此内部形成一附加磁场，叠加在外磁场上，使合成磁场大为增强。铁磁物质这种在外磁场作用下呈现很强磁性的现象，称为铁磁物质的磁化（magnetization）。

正是由于铁磁材料具有磁化特性，才使其磁导率较非铁磁物质大得多。所以，磁化是铁磁材料的重要特性之一。

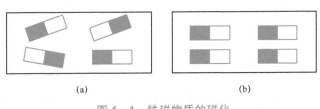

图1−1 铁磁物质的磁化

（a）未磁化前；（b）磁化后

1.2.2 铁磁材料的磁化曲线

材料的磁化特性可用磁化曲线（magnetization curve）来表示。所谓磁化曲线，就是表示磁感应强度B与磁场强度H之间关系的特性曲线，即$B-H$曲线。

对于空气等非铁磁物质，磁通密度B与磁场强度H之间呈线性关系，即磁化曲线为一直线，直线的斜率等于磁导率μ_0。下面讨论铁磁材料的磁化曲线。

1. 起始磁化曲线

对尚未磁化的完全去磁的铁磁材料进行磁化，磁场强度H从0开始逐渐增大，磁感应强度B也从0开始逐渐增加，得到的曲线$B=f(H)$就称为起始磁化曲线（initial magnetization curve），如图1−2所示。

从图1−2可见，起始磁化曲线大致可分为四段。第一段：图中Oa段，这一段中H从0开始增加，H的值较小，即外磁场较弱，磁通感应强度B增加较缓慢，此阶段材料磁导率较小，称为起始磁导率。第二段：图中ab段，这一段中随着外磁场的增强，材料内部大量磁

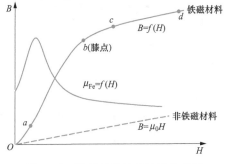

图1−2 铁磁材料的起始磁化曲线

畴开始转向，趋向于与外磁场方向一致，所以磁感应强度B增加很快，B与H近似为线性关系，磁导率很大。第三段：图中bc段，随着外磁场继续增强，大部分磁畴已趋向与外磁场方向一致，可转向的磁畴越来越少，磁感应强度B增加越来越少，磁导率随H的增大反而减小，这种随着磁场强度H增加，而磁感应强度B增加很小的现象称为磁饱和现象（magnetic saturation），通常称为饱和。第四段：图中cd段，在这一段中，虽然外磁场继续增强，但磁感应强度改变很小，其磁化曲线基本上与非铁磁材料的$B=\mu_0 H$特性曲线平行。

所以，铁磁材料的起始磁化曲线与非铁磁材料的不同，它具有饱和性和非线性的特点，在不同磁感应强度下铁磁材料有不同的磁导率，即$\mu_{Fe}=B/H$随H大小变化而变化，如图1−2中的μ_{Fe}曲线。铁磁材料的饱和性，也是其重要特性之一。

在电机和变压器设计中，为了产生较强的磁场，希望铁磁材料有较高的磁导率，而励磁磁动势又不能太大，所以设计时通常把额定磁通密度选在接近图中的b点位置，b点为磁化曲线的拐弯处，称为膝点。

2. 磁滞回线

若铁磁材料处于交变的磁场中,将进行周期性磁化,此时磁感应强度 B 和磁场强度 H 之间的关系为如图1-3所示的曲线,称为磁滞回线(hysteresis loop)。图1-3中,当磁场强度 H 从0增加到最大值 H_m,铁磁材料饱和,磁感应强度也为最大值 B_m;之后减小磁场强度 H,磁感应强度 B 不是沿着起始磁化曲线下降,而是沿曲线 ab 下降;当磁场强度 H 减小到0,即外磁场已消失时,磁感应强度 B 不是0,而是 B_r。在去掉外磁场后,铁磁材料内还保留磁感应强度 B_r,把这时的磁感应强度叫作剩余磁感应强度,简称剩磁(residual magnetism)。从图1-3中 B 和 H 的变化关系可以看出,B 的变化滞后于 H 的变化,而这种磁感应强度 B 的变化落后于磁场强度 H 的变化的现象,叫作磁滞现象(magnetic hysteresis)。要想使铁磁材料的剩磁降为0,必须对材料进行反向磁化,即加上相应的反向磁场。当反向磁场 H 降低为 $-H_c$ 时,磁感应强度 B 减小为0,此时对应的磁场强度 H_c 称为矫顽力(coercive force)。剩磁 B_r 和矫顽力 H_c 是铁磁材料的两个重要参数。

磁滞现象是铁磁材料的又一个重要特性。由于存在磁滞现象,当对称交变的磁场强度在 $+H_m$ 和 $-H_m$ 之间变化,对铁磁材料进行反复磁化时,得到如图1-3所示的近似对称于原点的 $B-H$ 闭合曲线 $a-b-c-d-e-f-a$。

3. 基本磁化曲线

对同一铁磁材料,选择不同的磁场强度 H_m 值的对称交变磁场进行反复磁化,可得到一系列磁滞回线,如图1-4所示,将各磁滞回线在第一、三象限的顶点连接起来,所得到的曲线称为基本磁化曲线(normal magnitization curve),基本磁化曲线一般只使用第一象限。

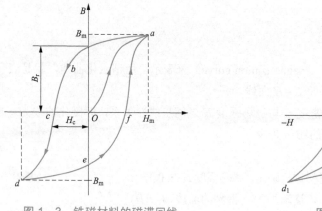

图1-3 铁磁材料的磁滞回线

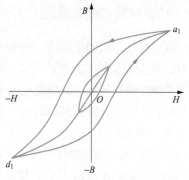

图1-4 基本磁化曲线

基本磁化曲线不是起始磁化曲线,但与起始磁化曲线差别不大。对一定的磁性材料,基本磁化曲线是比较固定的。直流磁路计算时,所用的磁化曲线都是基本磁化曲线。

1.2.3 铁磁材料的分类

按照磁滞回线形状和矫顽力大小的不同,铁磁材料可分为两大类:软磁材料和硬磁材料(也称永磁材料)。

磁滞回线窄,剩磁 B_r 和矫顽力 H_c 都小的材料称为软磁材料(soft magnetic material),其磁滞回线如图1-5所示。软磁材料磁导率较大,容易被磁化,在较低的外磁场作用下就能产生较高的磁通密度,一旦外磁场消失,由于其矫顽力较小,磁性也基本消失。常用的软磁材料有纯铁、铸铁、铸钢、电工钢、硅钢等。

磁滞回线宽,剩磁 B_r 和矫顽力 H_c 都大的材料称为硬磁材料(hard magnetic material)。其磁滞回线如图1-6所示。硬磁材料磁导率较小,不容易被磁化,也不容易被去磁,当外磁场消失后,还能保持相当强且稳定的磁性。

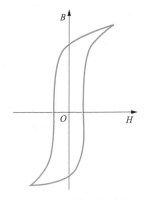

图 1-5 软磁材料的磁滞回线

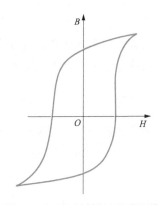

图 1-6 硬磁材料的磁滞回线

常用的硬磁材料有铁氧体、铝镍钴、稀土永磁材料等。铁氧体是铁与其他一种或多种金属元素形成的复合化合物，它的矫顽力较大，剩磁不大，温度对磁性能影响较大，价格低廉，在电机中应用较广。铝镍钴是铁和镍、铝、钴的合金，剩磁较大，矫顽力不大。稀土永磁材料是 20 世纪 60 年代以后发展的新型永磁材料，常用的有钕铁硼和钐钴，前者性能更好，矫顽力、剩磁和最大磁能积 $(BH)_{max}$ 都较大，不足之处是允许工作温度较低，价格较高。

由于硬磁材料具有被磁化后剩磁较大且不容易消失的特点，适合于制作永磁体（permanent magnet），因此又称为永磁材料。有的电机采用永磁体来产生磁场，这类电机称为永磁电机（permanent magnetic machine），近年来众多的专家学者在稀土永磁电机方向做了许多工作。

1.2.4 铁磁材料的铁损耗

带铁心的交流线圈中，除了线圈电阻上的功率损耗（铜损耗）外，由于其铁心处于交变磁场中被反复磁化，铁心中也将产生功率损耗，以发热的方式表现出来，称为铁磁损耗，简称铁耗（iron loss）或铁损。

铁耗是由于磁滞现象和涡流作用产生的，所以铁耗有磁滞损耗和涡流损耗两部分。

1. 磁滞损耗

铁磁材料在交变磁场作用下，正反方向反复磁化，材料内部磁畴在不断运动过程中相互摩擦，分子运动消耗能量，引起材料发热，消耗功率，这种损耗称为磁滞损耗（hysteresis loss）。磁滞损耗的大小与磁滞回线的面积、磁场交变的频率 f 和铁磁材料的体积 V 有关。而磁滞回线的面积又由铁磁材料决定，磁滞回线面积越大，B_m 值也越大，磁滞损耗越大。交变磁场频率越高，损耗也越大。

工程计算时，磁滞损耗用 P_h 表示，经验公式为

$$P_h = C_h f B_m^n V \tag{1-7}$$

式中：C_h 为铁磁材料的磁滞损耗系数，与材料有关；f 为磁场交变的频率，即铁磁材料被反复磁化的频率，Hz；n 为与材料性质有关的系数，由试验确定，对一般电工钢片取 $n=1.6 \sim 2.3$，估算时可取 $n=2$；B_m 为磁化过程中最大磁通密度；V 为铁磁材料的体积。

由于硅钢片磁滞回线面积较小，所以电机和变压器铁心常用硅钢片叠成，可以减小磁滞损耗。

2. 涡流损耗

铁磁材料是导磁体，同时也是导电体，在交变的磁场作用下，变化的磁通在铁心中感应电动势并产生电流，这些电流在铁心内部环绕磁通呈旋涡状流动，称为涡流（eddy current）。涡流在其流经路径的等效电阻上产生焦耳损耗，称为涡流损耗（eddy current loss）。涡流损耗的大小与磁通密度、磁场变化频率、垂直于磁场方向上材料的厚度及材料电阻率有关。

工程计算时，对于硅钢片（silicon steel sheet）叠成的铁心，涡流损耗 P_e 计算的经验公式为

$$P_e = C_e \Delta^2 f^2 B_m^2 V \tag{1-8}$$

式中：C_e 为铁磁材料的涡流损耗系数，其大小决定于铁磁材料的电阻率；Δ 为硅钢片的厚度。

从式（1-8）可知，为了减小材料的涡流损耗，应尽量减小钢片的厚度和增加涡流回路的电阻。所以，电机和变压器铁心大都采用含硅量较高的薄硅钢片（又称为电工钢片）叠成，并在片间涂上绝缘。因为硅钢导磁性能好，磁滞回线面积小，磁滞损耗小；而掺入硅后，材料电阻率增大，加之厚度很小，可以有效地减小涡流损耗。

3. 铁心损耗

铁磁材料中，磁滞损耗和涡流损耗总是同时存在的，计算铁耗时，必须同时考虑两种损耗。所以，铁心损耗 P_{Fe} 为磁滞损耗和涡流损耗之和，即

$$P_{Fe} = P_h + P_e = (C_h f B_m^2 + C_e \Delta^2 f^2 B_m^2)V \tag{1-9}$$

对于一般的硅钢片，B_m 小于 1.8T，则铁耗计算可采用近似公式为

$$P_{Fe} = C_{Fe} f^{1.3} B_m^2 V \tag{1-10}$$

式中：C_{Fe} 为铁心的损耗系数。

由式（1-10）可知，铁心中磁通恒定时铁心没有功率损耗，也就是说铁心中磁通恒定时没有铁耗，只有交变的磁通才会在铁心中产生损耗。铁心损耗与铁心材料的特性、磁通密度、磁通交变频率及铁心体积有关。

1.3 电机和变压器铁心用硅钢片

铁心是电机和变压器的重要部件，对铁心材料的基本要求是：在一定的励磁电流下产生较强的气隙磁场，以减小铁心的体积和重量，且在一定频率和磁通密度下具有低的损耗。在电机和变压器的发展过程中，曾经采用和应用的铁心材料主要有：纯铁、软钢、无硅钢，硅钢片，铁镍合金（坡莫合金），铁铝合金，非晶态合金，微晶合金。而到目前为止，在电机和变压器铁心中采用最多的铁心材料仍然是磁导率高的硅钢片，磁路的其他部分常采用导磁性能较高的钢板和铸钢制成。

硅钢亦称电工钢，是用量最大的一种金属功能硅铁软磁合金材料，其产量约占世界钢材产量的1%。它是含硅 0.8%~4.8% 的硅铁合金，经热、冷轧成厚度在 1mm 以下的硅钢薄板。加入硅的目的是提高电阻率，降低矫顽力、铁心损耗，但随着含硅量的增大磁性能略有下降。硅钢主要用于制作变压器、发电机、电动机的铁心及镇流器、继电器、磁放大器、扼流线圈、磁屏蔽、磁开关等导磁元件，是我国发展电力工业、输变电、机电制造、家用电器、电信等行业不可或缺的重要原材料。

1.3.1 硅钢片的分类

硅钢片按其含硅量不同可分为低硅片和高硅片两种。低硅片含硅 2.8% 以下，它具有一定的机械强度，主要用于电机铁心制造，俗称电机硅钢片；高硅片含硅量为 2.8%~4.8%，它磁性能好，但较脆，主要用于制造变压器铁心，俗称变压器硅钢片。两者在实际使用中并无严格界限，大型电机制造中也常用高硅片。按生产加工工艺不同硅钢片可分为热轧硅钢片和冷轧硅钢片两种。冷轧和热轧的区别主要是轧制温度及工艺不同。

电工用热轧硅钢薄板以含碳损低的硅铁软磁合金作材质，经热轧成厚度小于 1mm 的薄板，也称热轧硅钢片，热轧硅钢片有低硅片和高硅片两种。电工用冷轧硅钢薄板用含硅 0.8%~4.8% 的电工硅钢为材质，经冷轧而成。冷轧硅钢薄板具有表面平整、厚度均匀、叠装系数高、冲片性好等特点，且比热轧硅钢薄板磁感应强度高、铁损低。用冷轧硅钢片代替热轧硅钢片制造电机或变压器，可使其重量和体积大大减小，我国已经明确要求在电机和变压器中停止使用热轧硅钢片。

冷轧硅钢片分为晶粒无取向和晶粒取向两种。无取向硅钢片是按照一定生产工艺，形成无取向性变形织构结晶结构的硅钢片，其晶粒取向分布均匀。取向硅钢片在轧制过程中使晶粒趋于一致，有明显的方向性，即沿着轧制的方向的磁性能好。无取向硅钢片和取向硅钢片的区别在于：① 二者都是冷轧硅钢片，但含硅量

不同。无取向硅钢片含硅量在 0.5%～3.0%，取向硅钢片含硅量在 3.0%以上。② 生产工艺及性能的不同。无取向硅钢片较取向硅钢片工艺要求相对较低。③ 性能及用途。与冷轧无取向硅钢相比，取向硅钢比无取向硅钢铁损低很多，磁性具有强烈的方向性；在易磁化的轧制方向上具有优越的高磁导率与低损耗特性。取向硅钢在轧制方向的铁损仅为横向的 1/3，磁导率之比为 6:1，铁耗约为热轧硅钢的 1/2，磁导率为热轧硅钢的 2.5 倍。冷轧取向硅钢片又包括一般取向硅钢片和高磁感应强度取向硅钢片（HiB）。无取向硅钢片主要用于发电机制造，又称冷轧电机硅钢片；取向硅钢片主要用于变压器制造，又称冷轧变压器硅钢片。在我国，拥有冷轧取向硅钢生产能力的重点大中型企业有武钢、宝钢、鞍钢 3 家，而目前只有武钢、宝钢具有生产 HiB 硅钢的能力，国外硅钢生产企业主要是日本新日铁住金公司。

1.3.2 硅钢片的性能指标

对于电机和变压器中使用的硅钢片，其主要性能为单位质量的损耗和材料的磁导率。对硅钢片的主要性能指标要求如下。

（1）铁耗小。铁耗是硅钢片质量的最重要指标，世界各国都以铁耗值划分牌号，铁耗越低，牌号越高，质量也越高。

（2）磁感应强度高。在相同磁场下能获得较高磁感应强度的硅钢片制造的电机或变压器铁心体积和重量较小，可节省硅钢片、铜线和绝缘材料等。

（3）叠装系数高。硅钢片表面光滑、平整和厚度均匀，制造铁心的叠装系数提高。

（4）冲片性好。对制造小型、微型电机铁心，这点尤为重要。

（5）表面对绝缘膜的附着性和焊接性良好，能防蚀和改善冲片性能。

（6）磁时效现象小。所谓磁时效指硅钢片的磁性随时间变化的特性，如其磁导率随时间降低，矫顽力随时间增高。

1.3.3 冷轧无取向硅钢片

发电机和电动机的铁心是用带齿的圆形冲片叠成的定子和转子组成，要求其铁心用电工钢片为磁各向同性，所以一般采用无取向冷轧硅钢片制造。

无取向硅钢片常规产品分为高牌号无取向硅钢和中低牌号无取向硅钢，其中高牌号无取向硅钢主要用于旋转电机、小型变压器及其他机电设备的铁心；中低牌号无取向硅钢主要用于家用电器及其他设备。用于电机铁心制造的无取向硅钢片厚度较大，一般为 0.35mm 和 0.5mm，高速电机所采用的硅钢片更薄。低铁耗、高磁感应强度的硅钢产品一直是无取向电工钢发展的重要方向，铁耗是电机的主要损耗来源。在相同的磁场强度下，采用高磁感应强度的材料可以提高电机效率，节约能源。

表 1-1 给出了原武汉钢铁股份有限公司生产的全工艺无取向硅钢的磁特性参数，主要包括硅钢片厚度、牌号（含硅量）、铁耗、磁感应强度和叠装系数等。从表中可以看出，无取向硅钢铁耗在 2.3～10W/kg，磁感应强度在 1.6～1.7T。

表 1-1 无取向硅钢的磁特性

厚度 （mm）	牌号	理论密度 （kg/dm³）	最大铁耗 p_{Fe} （W/kg）	最小磁感 B_{5000} （T）	最小叠装系数 （%）
0.35	35WW250	7.60	2.30	1.62	95.0
	35WW270		2.50	1.62	
	35WW300	7.65	2.70	1.62	
	35WW360		3.00	1.63	
	35WW400		3.60	1.64	
	35WW440	7.70	4.00	1.65	

厚度 （mm）	牌号	理论密度 （kg/dm³）	最大铁耗 p_{Fe} （W/kg）	最小磁感 B_{5000} （T）	最小叠装系数 （%）
0.50	50WW250	7.60	2.30	1.62	97.0
	50WW270		2.50	1.62	
	50WW290		2.70	1.62	
	50WW310	7.65	2.90	1.62	
	50WW350		3.10	1.62	
	50WW400		3.50	1.63	
	50WW470	7.70	4.00	1.64	
	50WW600	7.75	4.70	1.66	
	50WW700	7.80	6.00	1.67	
	50WW800		7.00	1.68	
	50WW1000	7.85	8.00	1.70	
	50WW1300		10.00	1.72	

注：表中磁性值是从一半平行于轧制方向、一半垂直于轧制方向剪切状态的试样，根据 GB/T 3655 测得的。

1.3.4 冷轧取向硅钢片

变压器是静止的电气设备，大中型变压器铁心是用条片叠成，一些配电变压器、电流和电压互感器及脉冲变压器是用卷绕铁心制造，这样可保证沿电工钢板轧制方向下料和磁化，因此变压器铁心一般用冷轧取向硅钢片制造。

HiB 钢较一般取向硅钢而言，具有更高的磁导率，更低的磁滞损耗、磁滞伸缩和装配应力灵敏度。目前，取向硅钢片厚度主要有 0.15、0.20、0.23、0.27、0.30、0.35mm 等几种规格。

表 1-2、表 1-3、表 1-4 分别是原武汉钢铁股份有限公司生产的一般规格取向硅钢、薄硅钢取向硅钢、HiB 钢的磁特性参数。从这几个表中可以看出，一般取向硅钢的最小磁感应强度在 1.7～1.8T，较无取向硅钢的 1.6～1.7T 高；铁耗小于 2W/kg，较无取向硅钢的 2.3～10W/kg 降低了很多；HiB 钢较一般取向硅钢最小磁感应强度更高，达到 1.89T，损耗更低，小于 1.2W/kg。

表 1-2　　　　　　　　　　　　　　　　一般取向硅钢磁特性

牌号	公称厚度 （mm）	理论密度 （kg/dm³）	最大铁耗（p_{Fe}） （W/kg）	最小磁感 B_{800} （T）	最小叠装系数 （%）
23Q110	0.23	7.65	1.10	1.80	94.5
23Q120	0.23	7.65	1.20	1.79	94.5
27Q120	0.27	7.65	1.20	1.80	95.0
27Q130	0.27	7.65	1.30	1.79	95.0
27Q140	0.27	7.65	1.40	1.78	95.0
30Q120	0.30	7.65	1.20	1.80	95.5
30Q130	0.30	7.65	1.30	1.80	95.5
30Q140	0.30	7.65	1.40	1.79	95.5
35Q135	0.35	7.65	1.35	1.80	96.0
35Q145	0.35	7.65	1.45	1.80	96.0
35Q155	0.35	7.65	1.55	1.78	96.0

注：试样经消除应力退火后，按 GB/T 3655 测试磁性参数。

表 1-3 薄硅钢取向硅钢磁特性

牌号	公称厚度 (mm)	密度 (g/cm³)	最大铁耗（p_{Fe}）(W/kg)		最小磁感 B (T)		最小叠装系数 (%)
			$P_{1.0/400}$	$P_{1.5/400}$	B_{1000}	B_{2500}	
15Q1800	0.15	7.65		18.0	1.75		92.0
15Q1700	0.15	7.65		17.0	1.75		92.0
15Q1650	0.15	7.65		16.5	1.75		92.0
15Q1600	0.15	7.65		16.0	1.75		92.0
20Q1000	0.20	7.65	10.00		1.66		93.0
20Q900	0.20	7.65	9.00		1.70		93.0
20Q820	0.20	7.65	8.20		1.74		93.0
20Q760	0.20	7.65	7.60	17.80	1.75	1.86	93.0

注：试样经消除应力退火后，按 GB/T 3655 测试磁性参数。

表 1-4 HiB 钢的磁特性

牌号	公称厚度 (mm)	理论密度 (kg/dm³)	最大铁耗 （p_{Fe}）(W/kg)	最小磁感 B (T)	最小叠装系数 (%)
23QG090	0.23	7.65	0.90	1.89	94.5
23QG095	0.23	7.65	0.95	1.89	94.5
23QG100	0.23	7.65	1.00	1.89	94.5
27QG095	0.27	7.65	0.95	1.89	95.0
27QG100	0.27	7.65	1.00	1.89	95.0
27QG120	0.27	7.65	1.20	1.89	95.0
30QG105	0.30	7.65	1.05	1.89	95.5
30QG120	0.30	7.65	1.20	1.89	95.5

注：试样经消除应力退火后，按 GB/T 3655 测试磁性参数。

在发达工业国家，变压器铁耗而耗费的电能约占总发电量的 4%，所以，降低取向硅钢片铁损一直是国内外硅钢企业长期致力研究的重要课题。就硅钢材质而言，降低取向硅钢铁耗主要手段是增大含硅量，减小板厚。另外，降低硅钢片厚度也可以降低涡流损耗，现在 0.35mm 厚度基本已淘汰，一般厚度为 0.3mm、0.27mm、0.23mm、0.18mm。

1.3.5 非晶合金

材料一般可分为晶态和非晶态两种。所谓晶态材料，是指材料内部的原子排列遵循一定的规律。反之，材料内部原子排列处于无规则状态，则称为非晶态材料。非晶态合金与晶态合金相比，在物理性能、化学性能和机械性能方面都有显著变化，呈现不同于晶态材料的特性。非晶态合金材料简称非晶合金，具有高饱和磁感应强度和低损耗的优点。

非晶合金的特点是磁导率较取向硅钢高，损耗较取向硅钢低，适用于制造低损耗变压器，节能效果显著。应用非晶态合金制造变压器铁心，与硅钢片铁心比较，空载损耗可下降 50%～80%，空载电流减小 50%。20 世纪 60 年代中期，国外就开始研究非晶合金材料，1974 年开始将铁基材料非晶合金用于制造变压器。美国 GE 公司最早用非晶合金制造出 25kVA 变压器，目前已有 2500kVA 的变压器运行。从 1986 年开始，美国已有近 10 万台非晶合金变压器运行。我国也已有大量低损耗的非晶合金配电变压器投入运行。

由于非晶合金材料饱和磁感应强度低，厚度薄，加工困难，材料价格较高，所以在大容量变压器制造中未大量使用。

1.4 基本电磁定律

电机是进行能量转换的机械，其工作原理是建立在电磁感应定律、全电流定律、电路定律和电磁力定律等基本电磁定律和电路、磁路定律基础上的，所以，熟练掌握这些基本定律，是深入研究电机基本理论的基础。下面简单介绍这些定律。

1.4.1 电磁感应定律

1. 电磁感应定律

法拉第通过大量的实验证实：当穿过某一闭合导体回路的磁通发生变化（无论是何种原因引起的变化、以何种方式变化，如线圈本身的平移或转动，使线圈切割磁通；或是改变磁密度的大小，使穿过线圈的磁通量增加或减少）时，在导体回路中就会产生感应电动势（electromotive force）和电流，这种现象称为电磁感应现象（electromotive induction），产生的电流称为感应电流。

如果是穿过线圈的磁通发生变化，线圈的匝数为 N 匝，则线圈中感应电动势的大小与线圈匝数成正比，与单位时间内磁通量的变化率成正比。规定感应电动势的正方向与磁通的正方向符合右手螺旋关系，则感应电动势可表示为

$$e = -\frac{\mathrm{d}\psi}{\mathrm{d}t} = -N\frac{\mathrm{d}\varPhi}{\mathrm{d}t}$$
$$\psi = N\varPhi$$

（1－11）

式中：ψ 为穿过整个线圈的磁链；N 为线圈匝数。

式（1－11）表明，由电磁感应定律产生的电动势与线圈匝数和磁通的变化率成正比。式中的负号表示，在感应电动势的作用下，线圈中将流过电流，而该电流所产生的磁通起着阻碍产生它的磁通变化的作用，即线圈的感应电动势将倾向于阻止线圈磁链的变化。当磁通增加时，即 $\frac{\mathrm{d}\varPhi}{\mathrm{d}t}$ 为正，则感应电动势 e 为负，感应电动势所产生的感应电流企图减小磁通；当磁通减小时，即 $\frac{\mathrm{d}\varPhi}{\mathrm{d}t}$ 为负，则感应电动势 e 为正，感应电动势产生的感应电流企图增大磁通。

磁链的变化可能有两种不同的方式，即磁通本身随时间交变和线圈与磁场相对运动引起线圈所交链的磁链变化，可表示为

$$\mathrm{d}\varPhi = \frac{\partial \varPhi}{\partial t}\mathrm{d}t + \frac{\partial \varPhi}{\partial x}\mathrm{d}x$$

（1－12）

则感应电动势可表示为

$$e = -N\frac{\partial \varPhi}{\partial t} - Nv\frac{\partial \varPhi}{\partial x}$$

（1－13）

式中：v 为线圈导体沿磁场垂直方向的运动速度，m/s。

式（1－13）中第一项表示线圈与磁场处于相对静止、线圈中的感应电动势由于与线圈相交链的磁通量本身随时间变化而产生，这种感应电动势称为变压器电动势。变压器电动势可表示为

$$e = -\frac{\mathrm{d}\psi}{\mathrm{d}t} = -N\frac{\mathrm{d}\varPhi}{\mathrm{d}t}$$

（1－14）

式（1－13）中第二项表示恒定磁场（如直流励磁）与线圈之间在正交方向上发生相对运动，或是线圈不动，磁场沿线圈垂直方向运动，或是磁场不动，线圈沿磁场垂直方向运动，引起和线圈相交链的磁通量发生变化，也产生感应电动势，这样的电动势称为运动电动势。运动电动势可表示为

$$e = Blv \tag{1-15}$$

式中：B 为磁感应强度；l 为线圈边在磁场中的有效长度；v 为线圈导体沿磁场垂直方向的运动速度，m/s。

运动电动势的方向由右手定则（right-hand rule）确定，如图 1-7 所示。

应当指出，式（1-11）是电磁感应定律的普遍形式，式（1-15）只是计算运动电动势的一种特殊形式。

2. 自感电动势

图 1-8 所示为一空心线圈，当线圈中有电流通过时，会产生与线圈自身交链的磁通 Φ。如果线圈中的电流随时间变化，根据电磁感应定律，变化的磁通 Φ 将在线圈中感应电动势，这种由于线圈自身电流变化而引起的感应电动势，称为自感电动势，用符号 e_L 表示，可得

$$e_L = -N\frac{\mathrm{d}\Phi_L}{\mathrm{d}t} = -\frac{\mathrm{d}\psi_L}{\mathrm{d}t} \tag{1-16}$$

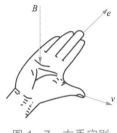

图 1-7 右手定则

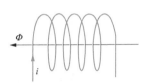

图 1-8 线圈和自感电动势

如果线圈为空心线圈，由于空心线圈组成的磁路无饱和现象，磁导率为常数，则空心线圈的自感磁链与产生它的励磁电流 i 成正比，磁链为

$$\psi_L = Li \tag{1-17}$$

式中：L 为比例常数，称为线圈的自感系数，简称自感，一般称为电感。

SI 单位制中，自感的单位为亨利，简称亨，符号为 H。于是自感电动势可表示为

$$e_L = -\frac{\mathrm{d}\psi_L}{\mathrm{d}t} = -L\frac{\mathrm{d}i}{\mathrm{d}t} \tag{1-18}$$

式（1-18）表明，自感电动势与线圈内电流变化率成正比。

自感系数 L 等于单位电流所产生的磁链，即 $L = \psi_L / i$，而磁链 $\psi_L = N\Phi_L$，根据磁路欧姆定律（参考下一节）有磁通量 $\Phi_L = \dfrac{Ni}{R_{mL}}$，这里 R_{mL} 为自感磁通所经过路径的磁阻，则线圈自感为

$$L = \frac{\psi_L}{i} = \frac{N\Phi_L}{i} = \frac{N\dfrac{Ni}{R_{mL}}}{i} = N^2\Lambda_L \tag{1-19}$$

式中：Λ_L 为自感磁通所经路径的磁导，它与磁阻的关系为 $\Lambda_L = \dfrac{1}{R_{mL}}$。

式（1-19）表明，线圈自感 L 与线圈匝数 N 的平方成正比，与磁通所经过磁路的磁导成正比，与线圈电压、电流和频率没有关系。由于铁磁材料的磁导率远大于空气的磁导率，因此铁心线圈的自感较空心线圈的大得多。又因为铁磁材料有饱和性，其磁导率不是常数，所以铁心线圈的自感也不是常数，随着磁路饱和程度的增加，磁导率下降，线圈自感也减小。

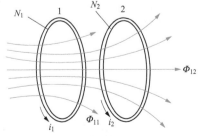

图 1-9 互感磁通和互感电动势

3. 互感电动势

如图 1-9 所示，在线圈 1 右边放置有线圈 2，线圈 1 和线圈 2 的匝数分别为 N_1、N_2。线圈 1 中有电流 i_1 流过时，它将产生磁通，其中一部分只交链线圈 1 本身，为 Φ_{11}，另一部分将同时交链线圈 1 和线圈 2，与线

圈 2 交链的磁通为 $\varPhi_{12}$。当电流 i_1 随时间变化，则所产生的磁通 $\varPhi_{11}$ 和 $\varPhi_{12}$ 也随时间变化，变化的磁通分别在线圈 1 和线圈 2 中产生感应电动势。从前面已经知道，在线圈 1 中产生的电动势为自感电动势，在线圈 2 中产生的电动势称为互感电动势，用 e_{M12} 表示，e_{M12} 表示线圈 1 中的电流变化在线圈 2 中的互感电动势，大小为

$$e_{M12} = -\frac{d\psi_{12}}{dt} = -N_2\frac{d\varPhi_{12}}{dt} \qquad (1-20)$$

如果线圈为空心线圈，由其构成的磁路为线性，则 i_1 越大，由 i_1 产生并穿过线圈 2 的互感磁链也越大，互感磁链与产生它的电流成正比，即

$$\psi_{12} = M_{12}i_1 \qquad (1-21)$$

式中：M_{12} 为比例系数，称为线圈 1 和线圈 2 的互感系数，简称互感。

SI 单位制中，互感的单位也为亨。

互感电动势 e_{M12} 可以用互感表示为

$$e_{M12} = -M_{12}\frac{di_1}{dt} \qquad (1-22)$$

同理，线圈 2 中通过电流 i_2，当 i_2 随时间变化时，也会在线圈 1 中产生互感电动势为

$$e_{M21} = -\frac{d\psi_{21}}{dt} = -N_1\frac{d\varPhi_{21}}{dt} = -M_{21}\frac{di_2}{dt} \qquad (1-23)$$

由于 M_{12} 等于线圈 1 中通以单位电流时穿过线圈 2 的互感磁链值，即

$$M_{12} = \frac{\psi_{12}}{i_1} = \frac{N_2\varPhi_{12}}{i_1} = \frac{N_2\dfrac{N_1i_1}{R_{M12}}}{i_1} = N_1N_2\varLambda_{M12} \qquad (1-24)$$

式中，$\varLambda_{M12}$ 是互感磁通所经过路径的磁导。所以，互感的大小与两个线圈的匝数乘积成正比，与磁路的磁导成正比。

同理，有

$$M_{21} = \frac{\psi_{21}}{i_2} = \frac{N_1\varPhi_{21}}{i_2} = \frac{N_1\dfrac{N_2i_2}{R_{M21}}}{i_2} = N_1N_2\varLambda_{M21} \qquad (1-25)$$

由于 $\varLambda_{M21} = \varLambda_{M12}$，所以有 $M_{M21} = M_{M12} = M$，可见两个线圈之间的互感是可逆的。

1.4.2　电磁力与电磁转矩

设一导体位于磁场中，给该导体施加外力 f_m 使其以速度 v 运动，则外力对该导体做功。导体在磁场中切割磁力线，产生感应电动势 $e = Blv$。若导体外接适当负载电阻构成闭合回路，则有电流 i 顺着感应电动势的方向流向负载，输出电功率 $p = ei$。不考虑损耗情况下，根据能量守恒定律，施加在导体上的机械功率与负载输出的电功率相等，即有

$$f_mv = ei = Blvi \qquad (1-26)$$

由于导体以恒定速度 v 运动，所以导体上除了有外施的机械力 f_m 外，一定有与之平衡的另一个作用力，这就是位于磁场中的载流导体所受到的电磁力。电磁力（electromagnetic force）是由于磁场和载流导体相互作用产生，若磁场与导体垂直，则作用在导体上的电磁力大小为

$$f = Bli \qquad (1-27)$$

式中：l 为导体在磁场中的长度；i 为导体中的电流。

电磁力的方向通过左手定则（left-hand rule）确定，如图 1-10 所示。

在旋转电机里，作用在转子载流导体上的电磁力将使转子受到一个力矩（等于电磁力乘以转子的半径），这个力矩叫作电磁转矩。设转子半径为 r，单根导体产生的电磁转矩为

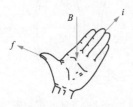

图 1-10　左手定则

$$T = fr = Blir \qquad (1-28)$$

对于匝数为 N 的线圈，设线圈两侧边所处的磁场分别为 B_1 和 B_2，则线圈受到的力矩为

$$T = Nlir(B_1 - B_2) \qquad (1-29)$$

如果希望得到最大电磁转矩，则要求 $B_1 = -B_2$，也就是说，线圈两边所处磁场大小相等、极性相反时，线圈所受电磁转矩最大。对于一台沿圆周均匀布置有线圈的电机，气隙中磁场如果均匀，即圆周各处的 B 相等，则转子可能受到最大电磁转矩为

$$T_{em} = NBliD \qquad (1-30)$$

式中：D 为转子直径。

在电动机里，电磁转矩起驱动作用；在发电机里，电磁转矩是制动转矩。

1.5 磁路基本定律及计算

在电机学和一般的工程分析中，通常将电机和变压器中复杂的电磁场问题进行简化，用磁路和等效电路的方法来分析。电机磁路的基本组成部分是磁动势源和导磁体。磁动势源可以是带电的线圈，也可以是永久磁铁。导磁体一般是硅钢片、铸钢或合金钢等铁磁材料，其作用是提供建立较大磁通的条件。虽然铁磁材料等导磁体与真空等的磁导率相差数量级不是很大，但绝大部分磁通在磁导率较大的导磁体内流通。

1.5.1 磁路

磁通所通过的路径称为磁路（magnetic circuit）。图 1–11 所示为三种常见的磁路，图（a）为电磁铁的磁路，图（b）为变压器磁路，图（c）为四极直流电机磁路。

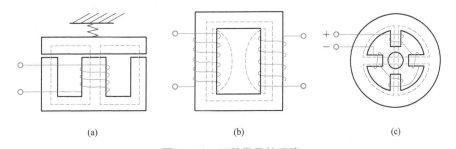

图 1–11 三种常见的磁路
（a）电磁铁的磁路；（b）变压器的磁路；（c）四极直流电机的磁路

电机和变压器中，常把线圈套装在铁心上。当线圈内有电流流过时，线圈周围（包括铁心内外）形成磁场。由于铁心导磁性能比空气好得多，因此，大部分磁通在铁心内部通过，称为主磁通，相应的路径为主磁路；少量的磁通经过部分铁心和空气而闭合，这部分磁通称为漏磁通，漏磁通经过的路径为漏磁路。

用来产生磁通的电流叫励磁电流（exciting current），也称激磁电流。根据励磁电流的不同性质，磁路又可分为直流磁路和交流磁路。图 1–11 中图（b）为交流磁路，图（c）为直流磁路。

1.5.2 安培环路定律

安培环路定律（Ampere circuital theorem）又称为全电流定律，即在磁路中，沿任一闭合路径，磁场强度的线积分 $\oint_L \boldsymbol{H} \cdot \mathrm{d}l$，等于该闭合回路所包围电流的代数和，用公式表示为

$$\oint_L \boldsymbol{H} \cdot \mathrm{d}l = \sum i = Ni \qquad (1-31)$$

式中：N 为闭合路径所交链的线圈匝数。

当电流的方向与闭合路径的环形方向符合右手螺旋定则（right-hand screw rule）时，电流 i 取正号，否

则取负号。若沿着闭合回路，磁场强度 H 的方向总在切线方向，且大小处处相等，则式（1-31）可表示为

$$Hl = Ni \tag{1-32}$$

1.5.3　磁路的欧姆定律

由于磁场强度等于磁通密度除以磁导率，即 $H = B/\mu$，且在均匀磁场中有磁通密度 $B = \Phi/A$，所以式（1-32）可表示为

$$Hl = \frac{B}{\mu}l = \frac{\Phi}{\mu A}l = \Phi\frac{l}{\mu A} = \Phi R_{\mathrm{m}} \tag{1-33}$$

或有

$$F = Ni = Hl = \Phi R_{\mathrm{m}} = \frac{\Phi}{\Lambda} \tag{1-34}$$

式中：$F = Ni$ 为作用在铁心磁路上的安匝数（ampere-turns），称为磁路的磁动势（magnetomotive force），它是造成磁路中有磁通的根源；$R_{\mathrm{m}} = \dfrac{l}{\mu A}$ 为磁路的磁阻（reluctance），单位为亨的负一次方，符号为 $\mathrm{H^{-1}}$ 或 A/Wb。$\Lambda = \dfrac{1}{R_{\mathrm{m}}}$ 为磁路的磁导（permeance），即磁阻的倒数，单位为 H 或 Wb/A。

式（1-34）表明，作用在磁路上的总磁动势 F 等于磁路内磁通量 Φ 与磁路磁阻 R_{m} 的乘积，它与电路中的欧姆定律在形式上十分相似，称为磁路的欧姆定律（Ohm's law）。其中，磁动势 F 与电路中电动势 E 对应，磁通量 Φ 与电路中电流对应，则磁阻与电路中电阻对应。

磁阻 R_{m} 与磁路的平均长度 l 成正比，与磁路的截面积 A 及构成磁路材料的磁导率 μ 成反比，所以磁路磁阻的大小取决于磁路的几何尺寸和所采用材料的磁导率。磁路长度越长，截面积越小，磁阻就越大；材料的磁导率越大，则磁阻就越小，所以，铁磁材料组成的磁路，磁阻很小，而即使是很小的气隙，由于其磁导率很小，其磁阻也很大。值得注意的是，铁磁材料的磁导率 μ 不是常数，所以由铁磁材料构成的磁路，其磁阻也不是常数，而是随着磁路中磁通密度的改变而变化的，即铁磁材料的磁路具有非线性。

1.5.4　磁路的基尔霍夫第一定律

如果铁心不是一个简单的闭合回路，而是带有并联分支的分支磁路，从而形成了磁路的节点。当忽略漏磁通时，在磁路中任何一个节点处，磁通的代数和恒等于零，即

$$\sum \Phi = 0 \tag{1-35}$$

式（1-35）与电路的基尔霍夫第一定律 $\sum i = 0$ 形式上相似，称为磁路的基尔霍夫第一定律，也叫磁通连续性定律。此定律表明：穿出（或进入）任一闭合面的总磁通恒等于零（或者说，进入任一闭合面的磁通量恒等于穿出该闭合面的磁通量）。

图 1-12 中，当中间铁心柱上加有磁动势 F 时，磁通的路径如图虚线所示。如令进入闭合面 A 的磁通为负，穿出闭合面的磁通为正，则有

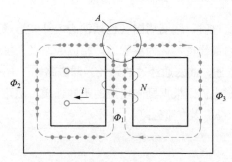

图 1-12　磁路的基尔霍夫第一定律

$$-\Phi_1 + \Phi_2 + \Phi_3 = 0 \tag{1-36}$$

1.5.5　磁路的基尔霍夫第二定律

工程上遇到的磁路并不都是采用同一种铁磁材料构成，可能含有气隙（air gap），各处的截面积也不一定相同，如电机和变压器的磁路总是由数段不同截面和不同铁磁材料的铁心组成。磁路计算时，总是把整个磁路分成若干段，每段为同一材料和相同截面积，且各段内磁通密度处处相等，从而磁场强度也处处相等。如图 1-13 所示的磁路，该磁路由三段组成，其中两段为截面积不同的铁磁材料，第三段为气隙。若铁心上的

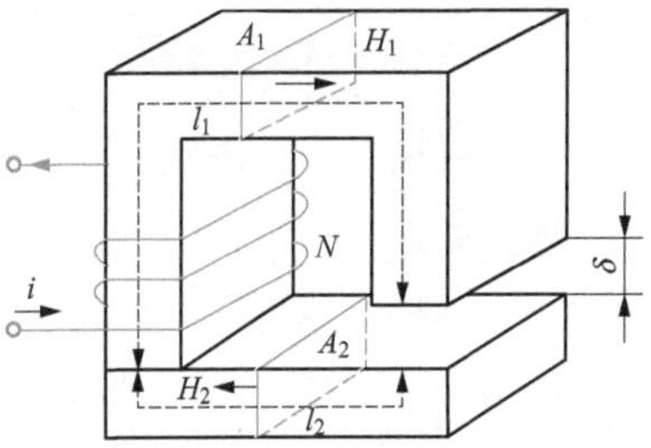

磁动势 $F = Ni$，根据安培环路定律，有

$$Ni = \sum_{k=1}^{3} H_k l_k = H_1 l_1 + H_2 l_2 + H_\delta \delta \qquad (1-37)$$

或

$$\sum Ni = \sum Hl \qquad (1-38)$$

图 1-13　磁路的基尔霍夫第二定律

式（1-38）表明，在磁场中的任何一个闭合回路中，磁位降的代数和等于磁动势的代数和，磁场的方向与回路环行方向一致时，Hl 为正，否则为负；电流的方向与回路环行方向符合右手螺旋定则时，Ni 为正，否则为负。可以看出，此公式与电路的 $\sum E = \sum U$ 形式上相似，所以式（1-38）称为磁路的基尔霍夫第二定律。它实质上是安培环路定律的另一种表达形式。

1.5.6　电路与磁路的比较

磁路定律和电路定律有很多相似关系，为了更好地理解磁路中的各物理量，表 1-5 给出了电路和磁路对应的物理量。

表 1-5　　　　　　　　　　　　　　　　电路与磁路的类比关系

物理量及单位		基本定律		
电路	磁路	定律	电路	磁路
电动势 E（V）	磁动势 F（A）	欧姆定律	$I = U/R$ $\left(R = \dfrac{1}{G} = \rho \dfrac{l}{A} \right)$	$\Phi = F/R_m$ $\left(R_m = \dfrac{1}{\Lambda} = \dfrac{l}{\mu A} \right)$
电流 I（A）	磁通 Φ（Wb）			
电阻 R（Ω）	磁阻 R_m（1/H）	基尔霍夫第一定律	$\sum i = 0$	$\sum \Phi = 0$
电导 G（S）	磁导 Λ（H）			
电流密度 J（A/m²）$(J=I/A)$	磁通密度 B（T）$(B=\Phi/A)$	基尔霍夫第二定律	$\sum u = \sum e$	$\sum Hl = \sum Ni$

值得注意的是，磁路和电路在性质上是不同的，主要表现在以下方面。

（1）电流是真实带电粒子的运动，铁心材料的磁化是铁磁材料内部磁畴绕轴运动，形成一个附加磁场，而磁通仅仅是人们对磁现象的一种描述方法和手段。

（2）导体的电阻率在一定温度下为常数，通常情况下，可认为电阻为常数，分析线性电路时可应用叠加原理。铁磁材料的磁导率不是常数，与磁路饱和程度有关；磁路的磁阻也不是常数，与磁路饱和程度有关，所以磁路计算不能采用叠加原理，只有当磁路不饱和时才可以使用。

铁心磁路的这种非线性特性，对电机的参数和性能有重要影响，磁阻或磁导是定性分析这种影响时常用的概念。

（3）电路中，可以有电动势而无电流，可认为电流只在导体中流过，导体外没有电流。磁路中，只要有磁动势，就一定有磁通，而磁通不是全部在铁心中通过，除了铁心中的主磁通外，还有一部分漏磁通在铁心外的非铁磁材料中。

（4）电路中，只要有电流，电阻上就有损耗。磁路中，有磁通却不一定有损耗，在磁通恒定的直流磁路中没有损耗，而在磁通交变的交流磁路中有铁耗，即磁滞损耗和涡流损耗。

1.5.7 磁场储能

磁场是一种特殊形式的物质，能够储存能量，而所储存的能量是在磁场建立的过程中由外部能源的能量转换而来。在电机中，就是通过磁场储能来实现机、电能量转换的。

磁场中体积能量密度 w_m 为

$$w_m = \frac{1}{2} BH \qquad (1-39)$$

式中：B 为磁场中某点的磁通密度；H 为磁场中某点的磁场强度；w_m 为磁场中该点处的能量密度。

对于线性介质，磁导率为常数，则式（1−39）可表示为

$$w_m = \frac{B^2}{2\mu} = \frac{B^2}{2\mu_r \mu_0} \qquad (1-40)$$

磁场中总储能 W_m 是磁能密度的体积分，即

$$W_m = \int_v w_m \, dv \qquad (1-41)$$

旋转电机由固定不动的部分——定子和旋转的部分——转子组成，定子和转子的铁心均由铁磁材料构成，而定子和转子之间存在空气隙。由于铁磁材料的磁导率远远高于空气的磁导率，达数千倍，由式（1−40）可知，电机中的磁场能量主要存储在空气隙中，虽然气隙的体积远小于定子和转子铁心的体积。电机空气隙中磁场能量的强弱，决定了电机可能转换的功率大小，也关系到电机性能的好坏，所以合理确定电机各部分尺寸及选择工作磁通密度，使气隙磁场具有足够的能量，是电机设计时需主要考虑的因素之一。

1.5.8 磁路的计算

磁路计算的任务就是确定磁动势 F、磁通 Φ 和磁路结构（如材料、形状、几何尺寸等）的关系。磁路计算可分为两种情况讨论，一种情况是已知磁通 Φ 和磁路的几何尺寸求磁动势 F，另一种情况是已知磁动势 F 和磁路的几何尺寸求磁通 Φ。在电机和变压器中的磁路计算一般为前者，下面给出几个例子说明已知磁通求磁动势的计算方法。

【例 1−1】 有一闭合铁心，截面积 $A = 3 \times 3 \times 10^{-4} \, m^2$，磁路的平均长度 $l = 0.3m$，铁心的磁导率 $\mu_{Fe} = 5000\mu_0$。套装在铁心上的励磁绕组为 500 匝，试求在铁心中产生 1T 的磁通密度时所需要的励磁磁动势和励磁电流。

解： 本题可采用磁路欧姆定律或者是安培环路定律计算。

（1）用磁路欧姆定律计算。

磁通为

$$\Phi = BA = 1 \times 9 \times 10^{-4} \, Wb$$

磁路的磁阻为

$$R_m = \frac{l}{\mu_{Fe} A} = \frac{0.3}{5000 \times 4\pi \times 10^{-4} \times 9 \times 10^{-4}} = 5.3 \times 10^4 \, H^{-1}$$

磁动势为

$$F = \Phi R_m = 9 \times 10^{-4} \times 5.3 \times 10^4 = 47.7A$$

励磁电流为

$$i = \frac{F}{N} = \frac{47.7}{500} = 9.5 \times 10^{-2} \, A$$

（2）用安培环路定律计算。

磁场强度为

$$H = \frac{B}{\mu_{Fe}} = \frac{1}{5000 \times 4\pi \times 10^{-7}} = 159 A/m$$

磁动势为

$$F = Hl = 159 \times 0.3 = 47.7 \text{A}$$

励磁电流为

$$i = \frac{F}{N} = \frac{47.7}{500} = 9.5 \times 10^{-2} \text{A}$$

【例1-2】若在例1-1的磁路中，开一个长度为 $\delta = 5 \times 10^{-4} \text{m}$ 的气隙，问铁心中产生1T的磁通密度时，所需要的励磁磁动势又为多少？考虑气隙磁场的边缘效应，在计算气隙的有效面积时，通常在长、宽方向各增加一个长度 δ 值。

解：本题可用磁路欧姆定律和磁路基尔霍夫第二定律求解。

（1）用磁路欧姆定律计算。

磁通为

$$\Phi = BA = 1 \times 9 \times 10^{-4} \text{Wb}$$

铁心磁阻为

$$R_{mFe} = \frac{l_{Fe}}{\mu_{Fe}A} = \frac{0.3 - 0.000\ 5}{5000 \times 4\pi \times 10^{-7} \times 9 \times 10^{-4}} = 5.29 \times 10^4 \text{H}^{-1}$$

气隙磁阻为

$$R_{m\delta} = \frac{l_{\delta}}{\mu_0 A} = \frac{0.000\ 5}{4\pi \times 10^{-7} \times (3 + 0.05) \times (3 + 0.05) \times 10^{-4}} = 42.77 \times 10^4 \text{H}^{-1}$$

磁路总磁阻为

$$\sum R_m = R_{mFe} + R_{m\delta} = 48.06 \times 10^4 \text{H}^{-1}$$

励磁磁动势为

$$F = \Phi \sum R_m = 9 \times 10^{-4} \times 42.77 \times 10^4 = 432.6 \text{A}$$

（2）用基尔霍夫第二定律计算。

铁心磁场强度为

$$H_{Fe} = \frac{B_{Fe}}{\mu_{Fe}} = \frac{1}{5000 \times 4\pi \times 10^{-7}} = 159 \text{A/m}$$

气隙磁场强度为

$$H_{\delta} = \frac{B_{\delta}}{\mu_0} = \frac{1 \times \dfrac{9}{3.05^2}}{4\pi \times 10^{-7}} = 77 \times 10^4 \text{A/m}$$

铁心磁位降为

$$H_{Fe}l_{Fe} = 159 \times 0.299\ 5 = 57.6 \text{A}$$

气隙磁位降为

$$H_{\delta}l_{\delta} = 77 \times 10^4 \times 5 \times 10^{-4} = 375 \text{A}$$

励磁磁动势为

$$F = H_{Fe}l_{Fe} + H_{\delta}l_{\delta} = 432.6 \text{A}$$

由此可见，气隙虽然很短，但其上的磁位降却占整个磁路的 89%。所以，工程计算中，很多时候可以忽略铁心的磁位降。

【例1-3】如图 1-14 所示并联磁路，铁心材料为 DR510-50 硅钢片，截面积 $A_1 = A_2 = 6 \times 10^{-4} \text{m}^2$，$A_3 = 10 \times 10^{-4} \text{m}^2$，平均长度 $l_1 = l_2 = 0.5\text{m}$，$l_3 = 2 \times 0.07\text{m}$，气隙长度 $\delta = 1.0 \times 10^{-4}\text{m}$。已知 $\Phi_3 = 10 \times 10^{-4} \text{Wb}$，$F_1 = 350\text{A}$，试求 F_2。表 1-6 为 DR510-50 硅钢片的磁化曲线表。

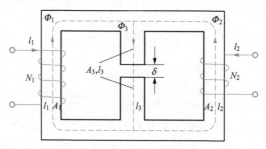

图 1-14 〔例 1-3〕图

表 1-6 　　　　　　　　　50Hz，0.5mm，DR510-50 硅钢片磁化曲线表

B/T	0	0.01	0.02	0.03	0.04	0.05	0.06	0.07	0.08	0.09
0.4	138	140	142	144	146	148	150	152	154	156
0.5	158	160	162	164	166	169	171	174	176	178
0.6	181	184	186	189	191	194	197	200	203	206
0.7	210	213	216	220	224	228	232	236	240	245
0.8	250	255	260	265	270	276	281	287	293	299
0.9	306	313	319	326	333	341	349	357	365	374
1.0	383	392	401	411	422	433	444	456	467	480
1.1	493	507	521	536	552	568	584	600	616	633
1.2	652	672	694	716	738	762	786	810	836	862
1.3	890	920	950	980	1010	1050	1090	1130	1170	1210
1.4	1260	1310	1360	1420	1480	1550	1630	1710	1810	1910
1.5	2010	2120	2240	2370	2500	2670	2850	3040	3260	3510
1.6	3780	4070	4370	4680	5000	5340	5680	6040	6400	6780
1.7	7200	7640	8080	8540	9020	9500	10 000	10 500	11 000	11 600
1.8	12 200	12 800	13 400	14 000	14 600	15 200	15 800	16 500	17 200	18 000

注：表中磁场强度单位为 A/m。

分析：本题所给出的磁路为简单并联磁路，所谓简单并联磁路指考虑漏磁影响或有两个以上分支磁路的磁路。电机和变压器的磁路大多属于这一类。由于每一段磁路截面积不相同，在相同磁通情况下，每一段磁路的磁通密度和磁场强度不相等。进行这类问题计算时，应采用分段计算的方法，分别求出每一段磁路的磁通密度和磁场强度，再进行其他计算。

解：本题磁路可分为四段，左侧铁心段 1，右侧铁心段 2，中柱铁心段 3，气隙段 4。

每一段截面积分别为

$$A_1 = A_2 = 6 \times 10^{-4} \text{m}^2$$

$$A_3 = A_4 = 10 \times 10^{-4} \text{m}^2 \text{（不考虑边缘效应）}$$

每一段磁路平均长度分别为

$$l_1 = l_2 = 0.5 \text{m}$$

$$l_3 = 2 \times 0.07 \text{m}$$

$$l_4 = \delta = 1.0 \times 10^{-4} \text{m}$$

中柱磁通密度为

$$B_3 = \frac{\Phi_3}{A_3} = \frac{10 \times 10^{-4}}{10 \times 10^{-4}} = 1.0 \text{T}$$

查表得到磁场强度为

$$H_3 = 383 \text{A/m}$$

气隙磁通密度为

$$B_\delta = B_3 = 1.0 \text{T}$$

磁场强度为

$$H_\delta = \frac{B_\delta}{\mu_0} = \frac{1.0}{4\pi \times 10^{-7}} = 7.96 \times 10^5 \text{A/m}$$

中柱磁位降为

$$H_3 l_3 + H_\delta l_\delta = 383 \times 0.14 + 7.96 \times 10^5 \times 1.0 \times 10^{-4} = 133.2 \text{A}$$

左侧铁心磁路，根据磁路基尔霍夫第二定律，有 $F = \sum Hl$ ，则

$$H_1 l_1 = F_1 - H_3 l_3 - H_\delta l_\delta = (350 - 133.2)\text{A} = 216.8 \text{A}$$

$$H_1 = \frac{216.8}{0.5} \text{A/m} = 433.6 \text{A/m}$$

查表得

$$B_1 = 1.052 \text{T}$$

左侧铁心回路中磁通为

$$\Phi_1 = B_1 A_1 = 1.052 \times 6 \times 10^{-4} \text{Wb} = 6.132 \times 10^{-4} \text{Wb}$$

根据磁路基尔霍夫第一定律，可得右侧铁心回路中磁通

$$\Phi_2 = \Phi_3 - \Phi_1 = (10 \times 10^{-4} - 6.312 \times 10^{-4})\text{Wb} = 3.69 \times 10^{-4} \text{Wb}$$

右侧铁心为

$$B_2 = \frac{\Phi_2}{A_2} = \frac{3.69 \times 10^{-4}}{6 \times 10^{-4}} = 0.615 \text{T}$$

查表得到磁场强度为

$$H_2 = 185 \text{A/m}$$

则

$$H_2 l_2 = 185 \times 0.5 \text{A} = 92.5 \text{A}$$

最终得到

$$F_2 = H_2 l_2 + H_3 l_3 + H_\delta l_\delta = (92.5 + 133.2)\text{A} = 225.7 \text{A}$$

1.6 能量守恒定律

电机和变压器在进行机电能量转换或不同形式电能变换过程中，都遵守能量守恒定律，能量既不能凭空产生，也不会凭空消失，即

输入能量=输出能量+内部损耗

电机在运行过程中存在四种形式的能量，即电能、机械能、磁场能、热能。其中，电能和机械能是电机的输入或输出能量，磁场能量是储存在电机磁场（主要是气隙磁场）中的能量，而热能是电机在运行过程中的各种损耗转换而来的。根据能量守恒定律，电机运行过程中，以上四种能量之间存在如下的平衡关系。

输入的机械能（发电机）或电能（电动机）=磁场储能+热能+输出的电能

（发电机）或机械能（电动机）

在电机分析中，通常将能量守恒定律用功率平衡方程式来表示。电机稳态时，磁场储能增量为0，因此功率平衡方程式为

$$P_1 = P_2 + \sum p \qquad (1-42)$$

式中：P_1 为输入功率；P_2 为输出功率；$\sum p$ 为各种损耗之和。

 本章小结

本章首先复习了磁场的几个基本物理量，磁感应强度、磁通、磁导率，然后介绍了常用铁磁材料的导磁性、饱和性和磁滞性几个基本特性，讨论了电机和变压器铁心用硅钢片的类型、特性，在此基础上，讨论了磁路的计算方法，最后复习了基本电磁定律、磁路定律及计算、能量守恒定律。

 思考题及习题

1-1 说明磁通、磁通密度、磁场强度和磁导率等物理量的定义、单位和相互关系。

1-2 基本磁化曲线与起始磁化曲线有何区别？磁路计算时通常采用的是哪一种磁化曲线？

1-3 什么是软磁材料？什么是硬磁材料？

1-4 铁心中磁滞损耗和涡流损耗是什么引起的？它们的大小与哪些因素有关？

1-5 电机和变压器的铁心常采用什么材料制成，这种材料有哪些主要特点？

1-6 磁路的磁阻如何计算？磁阻的单位是什么？

1-7 试比较磁路和电路的相似点和不同点。

1-8 自感系数与互感系数的大小与哪些因素有关？有两个匝数相等的线圈，一个绕在闭合铁心上，一个绕在木质材料上，哪一个自感系数大？哪一个自感系数是常数？哪一个自感系数是变数？为什么？

1-9 图 1-15 中，铁心线圈截面积 $A_{\mathrm{Fe}} = 12.25 \times 10^{-4}\,\mathrm{m}^2$，铁心的平均长度 $l_{\mathrm{Fe}} = 0.4\mathrm{m}$，铁心磁导率 $\mu_{\mathrm{Fe}} = 5000\mu_0$，空气隙长度 $\delta = 0.5 \times 10^{-3}\,\mathrm{m}$，线圈匝数为 600 匝，试求产生磁通 $\Phi = 11 \times 10^{-4}\,\mathrm{Wb}$ 时所需的励磁磁动势和励磁电流。

1-10 图 1-16 所示直流磁路由 DR510-50 硅钢片叠成，磁路各截面的净面积相等，为 $A_1 = 2.5 \times 10^{-3}\,\mathrm{m}^2$，磁路平均长度为 $l_1 = 0.5\mathrm{m}$，$l_2 = 0.2\mathrm{m}$，$l_3 = 0.5\mathrm{m}$（包括气隙），气隙长度 $\delta = 0.2 \times 10^{-2}\,\mathrm{m}$。已知空气隙中的磁通量 $\Phi_3 = 4.6 \times 10^{-3}\,\mathrm{Wb}$，又 $F_2 = 10\,300\mathrm{A}$，试求另外两支路中的 Φ_1、Φ_2 及 F_1。

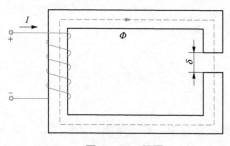

图 1-15 题图 1-9

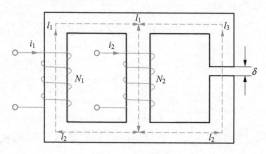

图 1-16 题图 1-2

变压器篇 I

变压器是基于电磁感应原理工作的一种静止电器，具有变压和隔离功能。变压器的核心部件是绕组和铁心。工作时，接交流电源的绕组为一次绕组，吸收电能；接负载的绕组为二次绕组，输出电能。通常情况下，一次和二次绕组具有不同的匝数，绕在同一铁心柱上，通过电磁感应作用，将一次绕组的电能传递到二次绕组，并使一次和二次绕组具有不同的电压和电流。

变压器的种类很多，用途也非常广泛。本篇主要讨论电力系统中供输配电用的电力变压器，首先，介绍了电力变压器的基本结构，包括主要用途、各组成部件及功能，变压器损耗、温升和冷却；其次，介绍了单相双绕组单相变压器的工作原理、等效电路、运行特性等；再次，讨论了三相变压器的电路系统和磁路系统及变压器的并联运行、不对称运行、瞬变过程，还对三绕组变压器、自耦变压器及其他用途变压器做了简单介绍；最后，讨论了变压器试验技术，简要介绍了变压器的例行试验、型式试验和特殊试验。

2 电力变压器的基本结构

2.1 变压器的用途和分类

2.1.1 变压器的用途

变压器（transformer）是一种静止的电能变换装置，它利用电磁感应原理，把一种形式的交流电能转换为另一种形式的同频率的交流电能。所以，变压器只能改变交流电的电压和电流，而不能改变交流电的频率。此外，变压器也不能改变直流电的电压和电流。

变压器的应用范围非常广泛，凡是有电能应用的场合都会有变压器，所以变压器的生产和使用都具有重要意义。

1. 在电力系统中的应用

变压器是电力系统中最重要的一次设备之一。为了把发电厂发出的电能经济地输送到远距离的各用户，电力系统采用高压输电方式。发电机发出的电压较低，一般为 10.5～30kV，而由于低压大电流输电将产生很大的线路损耗和线路压降，同时所需输电导线截面积增大，输电成本增加。所以，需要采用高压输电方式，而输电距离越远，输送的功率越大，所需要的输电电压等级也越高。

发电厂发出的电能传送到用户的过程如图 2−1 所示。发电机在原动机带动下发出交流电，通过升压变压器升压到 100～1000kV 后，经高压输电线路到达用电地区，通过降压变压器将电压降低，一般降低到 10kV，再送到各用户。而各用电设备所需要的电压等级也不尽相同，如大型动力设备需要 10kV、6kV 电压，而小型动力设备和照明设备一般是 380V 和 220V，所以还需要各种电压等级的降压变压器将电压变换为用户所需的电压等级。一般来说，变压器的安装总容量为发电机安装总容量的 8～10 倍。

图 2−1 电能生产及输送过程

2. 其他用途

变压器除应用于电力系统外，还可用于其他各种场合。如用于整流设备、电炉、高压试验装置、煤矿井下、交通运输等的特种变压器，用于交流电能测量的各种仪用互感器，实验室中使用的调压器，还有用于各种电子仪器和控制装置的控制变压器等。

2.1.2 变压器的分类

为了适应不同的使用目的和工作条件，变压器有很多种类型，且各种类型变压器在结构和性能上的差异也较大。

一般来说，变压器可按照其用途、结构、相数、冷却方式和冷却介质来进行分类。

按用途分主要有：电力变压器（power transformer）、调压器、仪用互感器（instrument transformer）、特种用途变压器等。其中，电力变压器又分为发电机用变压器、输电变压器、联络变压器、厂用变压器和配电变压器等。

按相数分主要有：单相变压器和三相变压器等，如图2-2所示。

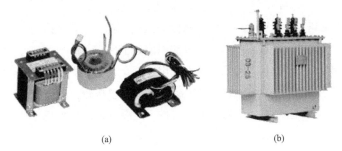

(a)   (b)

图2-2　单相及三相变压器

（a）单相变压器；（b）三相变压器

按绕组结构分主要有：自耦变压器、双绕组变压器、多绕组变压器。

根据铁心结构不同可分为：心式变压器、壳式变压器、立体卷铁心变压器等。

按冷却介质和冷却方式可分为：空气冷却的干式变压器，如图2-3所示；以油为冷却介质的油浸式变压器，如图2-4；气体绝缘变压器，主要以SF_6气体作为冷却、绝缘介质。

图2-3　干式变压器　　　　　　图2-4　油浸式变压器

2.2　变压器的基本结构及部件

目前油浸式变压器是生产量最大，用途最广的一种变压器，这里将介绍油浸式电力变压器的结构。油浸式变压器的铁心和绕组均放在盛满变压器油的油箱中，各绕组通过绝缘套管引至油箱外，以便与外电路连接。图2-2（b）、图2-4均为油浸式变压器，其结构组成如图2-5所示。变压器的主要构成部分有：铁心，绕组，变压器油，油箱及附件（油枕、油门闸阀），冷却装置（散热器、风扇、油泵等），保护装置（防爆阀、气体继电器、吸湿器、温度计等），出线装置（绝缘导管等）。铁心和绕组是变压器主要部件，称为器身；油箱作为变压器的外壳，起冷却、散热和保护作用；变压器油既起冷却的作用，也起绝缘介质作用；套管主要起绝缘作用。

2.2.1　铁心

铁心（core）是变压器的基本部件，是变压器中导磁的主磁路，由磁导率很高的硅钢片组成。为了减小励磁电流，铁

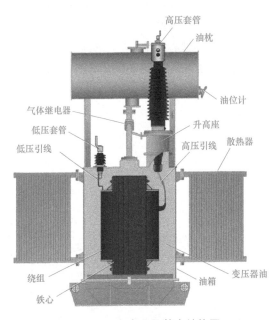

图2-5　电力变压器基本结构图

心做成一个封闭的磁路。同时，铁心也是套装绕组的机械骨架。所以，铁心直接影响变压器的电磁性能、机械强度和噪声。

铁心由铁心柱（core limb）和铁轭（yoke）两部分组成。其中，套装绕组的部分称为铁心柱，连接铁心柱、以构成闭合磁路的部分为磁轭或铁轭。铁心柱和铁轭确定的空间为铁心窗口，铁心窗口的大小与绕组的数量和截面积有关。为了减小涡流损耗，变压器铁心采用冷轧取向硅钢片叠积或卷绕而成。此外，铁心还有一些零部件，如紧固件（夹件、螺杆、玻璃绑扎带、钢绑扎带和垫块等），绝缘件（夹件绝缘、绝缘管和绝缘垫、接地片和垫脚等）。为了防止运行中变压器铁心、夹件、压圈等金属部件感应的悬浮电位过高造成放电，因此，铁心必须接地，且是单点接地。目前广泛采用在铁心片间放一铜片的方法接地。

铁心由铁心叠片叠装而成，铁心叠片是将硅钢片剪成一定尺寸和形状的叠片。铁心叠片交错叠装，以便使相邻两层的接缝相互错开，这样叠成的铁心接缝气隙小，磁路的导磁性能好。图 2-6 所示为心式变压器铁心用硅钢叠片，图（a）为铁心中柱叠片，图（b）为铁心边柱叠片，图（c）为铁轭叠片。根据对变压器空载损耗的要求可以选用一般规格硅钢片和薄型硅钢片，硅钢片厚度在 0.3mm 以下，相邻两钢片之间涂有绝缘漆。为了缩短绝缘距离，降低局部放电量，在铁心外面一般设置一层由金属膜复合纸条黏制而成的金属围屏。金属膜很薄，且宽度在 50mm 左右，这样一方面可以减小其自身的涡流损耗，另一方面也可以对铁心的尖角产生较好的屏蔽。同时，铁心旁轭内侧也设置金属膜围绕屏，以保护高压绕组。

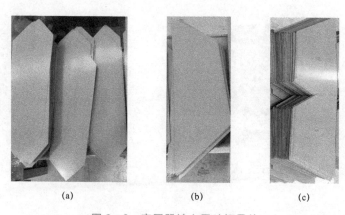

(a) (b) (c)

图 2-6 变压器铁心用硅钢叠片
（a）铁心中柱叠片；（b）铁心边柱叠片；（c）铁轭叠片

变压器铁心结构一般分为两大类，即壳式（core type）和心式（shell type）。而每类铁心中又分为叠铁心和卷铁心两种。其中，由片状电工钢带逐片叠积而成的称为叠铁心；用带状材料在卷绕机上的适当模具连续绕制而成的称为卷铁心。壳式变压器结构如图 2-7 所示，这种结构是铁心包围着绕组的顶面、底面和侧面，机械强度高，但制造复杂，只有低压大电流变压器或小容量通信变压器采用这种结构。图 2-3、图 2-4 为心式变压器结构。三相心式变压器铁心有三相三柱式和三相五柱式结构，如图 2-8 所示。图 2-8（a）为三相三柱式铁心，其心柱

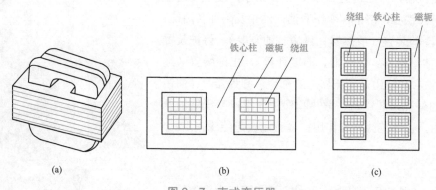

(a) (b) (c)

图 2-7 壳式变压器
（a）外形；（b）单相壳式变压器；（c）三相壳式变压器

被绕组所包围，叠装工艺简单，绕组布置和绝缘较容易，单位质量损耗小，电力变压器大多采用这种叠片结构。图2-8（b）是三相五柱式铁心，它是在三柱铁心的两侧还有两根心柱，一共五根心柱，中间三根心柱上安装绕组，两侧的心柱没有绕组，这样零序磁通可以通过外面两根心柱与上下铁轭形成回路，变压器零序阻抗小。由于增加了两根心柱，成本增大，制造工艺复杂。一般是由于运输高度的限制，三相三柱式铁心不能满足运输要求，不得不降低铁轭高度，将铁心做成三相五柱结构。

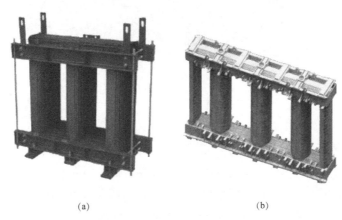

(a)　　　　　　　　　　　(b)

图2-8　三相心式变压器铁心

（a）三相三柱式铁心；（b）三相五柱式铁心

　　卷铁心与传统叠铁心相比，重量轻，空载损耗和噪声都相对较低，主要用于小容量变压器。卷铁心的磁通路径与硅钢片轧制方向一致，可充分发挥硅钢的取向特性，在同等条件下，卷铁心与叠铁心比较，空载损耗和空载电流都大大降低。而且，卷铁心在生产线上卷制，较叠铁心减少了5～6道生产工序，生产效率更高。卷铁心工艺性能好，材料利用率几乎可以达到100%。三相变压器中使用的立体卷铁心是由三个几何尺寸相同的卷绕式铁心单框拼合而成的三角形立体布置的铁心。立体卷铁心又有开口式和封闭式两种，如图2-9所示。图2-9（a）为封闭式立体卷铁心，铁心为全封闭式，无气隙；图2-9（b）为开口式立体卷铁心，铁心分为上下两部分，有气隙。立体卷铁心变压器（tridimensional toroidal-core distribution transformer）是一种节能型电力变压器，与传统电力变压器的叠片式磁路结构和三相布局相比，性能更为优化，如三相磁路完全对称。由于技术原因，目前我国能够生产立体卷铁心变压器的生产厂家还不多，产品也主要集中在10kV/315kVA以下油浸式配电变压器。图2-10为西电蜀能公司生产的立体卷铁心变压器。

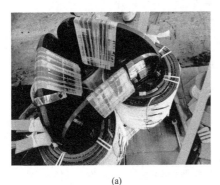

(a)　　　　　　　　　　　(b)

图2-9　立体卷铁心

（a）封闭式立体卷铁心；（b）开口式立体卷铁心

图 2-10 立体卷铁心变压器

2.2.2 绕组

绕组（winding）是变压器的电路部分，常用导电性能好的铜导线绕制而成。对绕组导体的要求是导电性能好，即电阻率小；有合适的机械强度；有较稳定的化学性能，即周围介质对它的材质没有影响；工艺加工性能好。从这些性能要求看，银、铜、铝等材料都适合，而以银为最佳，但因银的储量有限，价格昂贵，难以采用，而铝导体连接工艺复杂，所以电力变压器绕组导线都采用铜材。

变压器使用的铜导线有圆形和矩形，小容量变压器和部分特种变压器采用圆形导线，容量稍大的电力变压器一般采用矩形导线（扁铜线）。圆导线的绝缘一般采用漆，绝缘漆分为油性类漆、聚酯类漆、缩醛类漆、聚氨酯类漆、聚酰胺类漆、聚酰亚胺类漆和环氧类漆等。容量较大、电压较高的变压器绕组圆导线也可采用绝缘纸。扁导线的绝缘层常采用绝缘纸，根据绕组电压等级要求，一般用绝缘纸包扎成不同厚度的匝绝缘层，常用厚度为 0.45、0.95、1.35、1.95、2.45、2.95mm 等。

变压器容量较大时，绕组流过的电流较大，根据损耗控制和工艺要求，往往采用多根扁导线并联。由于每根扁导线都包有匝绝缘，尤其是电压等级较高时匝绝缘较厚，而处于同一位置的并联导线几乎没有电位差，可以减小其间绝缘厚度，组合导线就是满足这一要求而产生的。组合导线由两根、三根或多根（一般最多 9 根）扁导线组合而成，其间绝缘厚度为 0.45mm，组合后再在外面包绝缘，使总厚度达到要求。

当变压器容量更大、流过更大的电流或要求绕组损耗更低时，组合导线在绕组结构和安排及绕制工艺上遇到了很大困难，需要导线总截面更大、导线本身在纵向和横向漏磁场的涡流和导线间不平衡电流均小的绕组线，这就是换位导线。换位导线是由一定根数（一般在 7～59 根，最多可达 83 根）的漆包扁导线组合成宽面相互接触的两列，按要求在两列漆包扁导线的上面和下面沿窄面做同一转向的换位，并用电工绝缘纸带做多层连续紧密绕包的绕组线。换位导线内各漆包扁导线之间不允许短路。

为了使绕组便于制造，并且具有良好的机械性能，一般把绕组做成圆筒形，如图 2-11 所示为各种变压器绕组。按照高、低压绕组布置方式的不同，绕组可分为同心式和交叠式两种。心式变压器一般采用同心式结构，将高、低压绕组同心地套装在铁心柱上，低压绕组靠近铁心柱，高压绕组套装在低压绕组外面，高、低压绕组之间以及绕组与铁心之间要可靠绝缘。图 2-11（c）中，里层为低压绕组，匝数少，导线粗；外层为高压绕组，匝数多，导线细。高低压绕组之间有绝缘垫块进行绝缘。

2.2.3 固体绝缘材料及结构

变压器的固体绝缘材料主要是电瓷、电工层压木板及绝缘纸板，如图 2-12、图 2-13、图 2-14 所示。变压器绝缘结构可分为外绝缘和内绝缘两种：外绝缘指油箱外部的绝缘，主要是一次、二次绕组引出线的瓷套管，它构成了相与相之间、相对地之间的绝缘；内绝缘指油箱内部的绝缘，主要是绕组绝缘和内部引线的绝缘及分接开关的绝缘等。绕组的绝缘又分为主绝缘和纵绝缘。主绝缘指的是绕组和绕组之间、绕组与铁心及油箱之间的绝缘；纵绝缘指同一绕组匝间及层间的绝缘。

  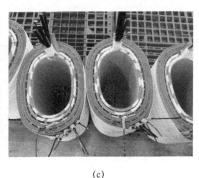

(a)   (b)   (c)

图 2-11 变压器绕组

（a）正在加工的绕组；（b）高压绕组为 DPE 绝缘纸的绕组；（c）高、低压绕组

图 2-12 电瓷套管

图 2-13 电工层压板

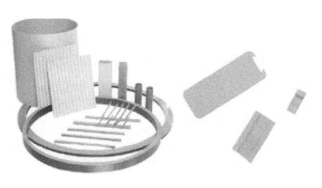

图 2-14 绝缘纸板

早期的变压器多采用棉纱包导线，匝间用压制条绝缘，其他绝缘材料有漆布带、油纸、天然漆等。目前，大型变压器匝间绝缘一般采用绝缘纸，主要有纤维素绝缘纸、热改性纤维素纸、芳族聚酰胺纸等。

纤维素绝缘纸由大约 90% 的 α-纤维素、10% 的半纤维素及少量的木素等构成，油浸式变压器常采用的纤维素绝缘纸有电力电缆纸、高压电缆纸和变压器匝间绝缘纸。电力电缆纸用于 35kV 及以下的变压器，代号为 DLZ，有 80、130、170、200μm 四种厚度，国家标准 GB 7969—2003《电力电缆纸》中规定了其技术指标，主要性能见表 2-1。高压电缆纸一般用于 110～330kV 的变压器，代号为 GLZ，有 50、65、75、125、175μm 五种厚度，标准 QB 2692—2005《110～330kV 高压电缆纸》中规定了其技术指标，见表 2-1；变压器匝间绝缘纸可用于 500kV 的变压器，代号为 BZZ，有 75、125μm 两种厚度，标准 QB 4250—2011《500kV 变压器匝间绝缘纸》中规定了其技术指标，见表 2-1。纤维素绝缘纸成本低，应用广泛，已具有完整的故障检测体系及标准，且易于购买。但纤维素绝缘纸为 A 级绝缘，耐温等级较低，仅为 105℃，且热老化速率快，易造成变压器寿命损失。

表 2-1　　　　　　　　　电力电缆纸、高压电缆纸、变压器匝间绝缘纸性能指标列表

指标名称		单位	电力电缆纸				高压电缆纸					变压器匝间绝缘纸	
			规定				规定					规定	
			DLZ-80	DLZ-130	DLZ-170	DLZ-200	GDL-50	GDL-63	GDL-75	GDL-125	GDL-175	BZZ-075	BZZ-125
厚度		μm	80±5.0	130±7.0	170±8.0	200±9.0	50±3.0	65±4.0	75±5.0	125±7.0	170±10.0	75±5.0	125±7.0
紧度		g/cm³	0.90±0.05				0.85±0.05					0.95±0.05	
抗拉强度 ≥	纵向	kN/m	5.5	10.0	12.5	13.5	3.90	4.90	6.40	10.00	12.80	6.0	9.20
	横向		2.8	4.7	6.2	6.8	1.90	2.40	2.80	4.80	6.40	2.60	4.20
伸长率 ≥	纵向	%	1.9				1.80		2.0			2.0	2.3
	横向		5.4				4.0	4.5	5.0			6.0	7.0
撕裂度（横向）≥		mN	510	1020	1390	1450	220	280	500	1200	1800	500	1015
耐压强度 ≥		kV/mm	8.0				9.50	9.00	8.50	8.00	7.40	9.50	8.50
介质损耗因数 ≤		%	0.50				0.22					0.23	

2.2.4　变压器油及油箱

1. 变压器油

电力变压器的器身放在装有变压器油的油箱里，变压器油是变压器的液体绝缘材料，它既是绝缘介质也是冷却介质。由于油的绝缘性能比空气好，可以提高绕组的绝缘强度；同时，通过油箱中油的对流作用或强迫油循环流动，使绕组及铁心因功率损耗而产生的热量得到散逸，起到冷却作用。

目前为止，使用的变压器油大多为矿物油，由天然石油经蒸馏、精炼获得，是一定比例的环烷烃（C_nH_{2n}）、烷烃（C_nH_{2n+2}）和芳香烃（C_nH_{2n-m}）等多种碳氢化合物的混合液体。矿物绝缘油凝点低于 $-30℃$，低温流动性好；工频击穿电压处于 $30\sim85kV$，电阻率 $10^{12}\sim10^{13}\Omega\cdot m$，介电性能满足油浸式变压器用油标准要求；抗氧化性能优越且成本低廉，因而被广泛使用，在油浸式变压器液体绝缘材料中占绝对主导地位。常用的矿物油是 25 号油，即该变压器油的凝固点是零下 25℃。表 2-2 所示为矿物绝缘油特性及变压器用绝缘油性能标准。

表 2-2　　　　　　　　　矿物绝缘油特性及变压器用绝缘油标准

性能参数	矿物绝缘油	国家标准规定值
击穿电压（kV）	30~85	≥30
闪点（℃）	100~170	≥135
燃点（℃）	110~185	—
凝点（℃）	-60~-30	≤-7
介电常数	2.2	—
电阻率（Ω·m）	$10^{12}\sim10^{13}$	$\geq6\times10^{10}$

随着变压器用绝缘油性能要求的逐渐提高，矿物绝缘油的缺点日益凸显。普通矿物油燃点约 160℃，未达到难燃油标准，易发生爆炸及火灾事故；生物降解率不到 30%，环境友好性差；雷电平均击穿时间 15.2μs，相对介电常数 2.2，绝缘性能较其他油类差。为了克服矿物油的缺点，近年来植物绝缘油得到关注，植物绝缘油由天然植物中提取，可再生，97%可生物降解，介电常数为 3.0～3.2，击穿电压最高可达 90kV/2.5cm，介

电性能较好,用作油浸式变压器液体绝缘材料,不仅绿色环保,而且成本低,具有良好的工程应用前景,表2-3为植物绝缘油与矿物绝缘油的特性对比。

表2-3 植物绝缘油与矿物绝缘油特性对比

绝缘油类型	工频击穿电压（kV）	闪点（℃）	燃点（℃）	凝点（℃）	介电常数	电阻率（Ω·m）
矿物油	30～85	100～170	110～185	-30～60	2.2	10^{10}～10^{11}
植物油	82～97	315～328	350～360	-15～25	3.1	10^{12}
国家标准	≥30	≥135	—	≤-7	—	≥6×10^{10}

2. 油箱

油浸式电力变压器油箱是保证器身浸入在油中的容器,为保证变压器长期运行,油箱不能漏油,也不允许外界空气和水分进入油箱。变压器油箱还应允许在生产和运输过程中对油箱进行的一些作业,如经铁路、公路和水路运输时,不带附加条件吊起变压器本体,在安装现场牵引变压器,用液压工具抬高变压器等作业。同时,要保证变压器器身的绝缘强度和规定寿命,要保持油不渗漏,并有一定的机械强度。

油箱的结构与变压器容量及发热情况有关,可以根据冷却方式及外形对油箱进行分类。根据冷却方式不同,变压器油箱有平板式、波纹式、管式、片式、冷却器式；根据油箱形状不同,可以分为单相圆筒式、筒式、钟罩式等。油箱既是变压器的外壳,也是盛变压器油的容器,采用12mm厚的钢板焊制而成。平顶式油箱的箱盖是平的,多用于中小型变压器。拱顶式油箱的箱沿设在下部,上节箱身做成钟罩型,多用于大型变压器。箱身做成椭圆形,箱壁还用槽钢或工字钢做成水平腰箍或垂直加强带,机械强度较高,所需油量较少。

为了散热,小容量变压器的油箱上装设圆管形或扁管形散热器。大容量变压器在油箱壁上焊有安装散热器等的连接法兰和各个附属部件的安装孔和连接装置。散热器上还装有风扇、潜油泵等,以加快变压器油和空气的流动速度。下节箱身还装有放油阀门、取油样阀门、接地螺栓和安装滚轮或底座的附件。

2.2.5 储油柜

储油柜,也称作油枕。当变压器油的体积随温度升降而膨胀或缩小时,储油柜起储油和补油的作用,以保证油箱内始终充满油。储油柜的体积一般为变压器总油量的8%～10%。根据标准JB/T 6484—2008《变压器用储油柜》的规定,储油柜有两种结构：敞开式和密封式。

敞开式储油柜内的变压器油通过吸湿器与大气相通。主要由柜体、注油塞、放油塞、油位计、吸湿器和油面线标志组成。能满足变压器油随温度变化引起的体积膨胀和收缩,通过吸湿器可将空气中水分吸收,起到油保护的作用。

密封式储油柜有隔膜式、胶囊式和叠形波纹式。隔膜式储油柜通过隔膜使变压器油与空气隔绝,空气中的水分和氧气不接触变压器油,从而防止空气中的氧气和水分浸入,可延长变压器油的使用寿命,具有良好的防油老化作用。胶囊式储油柜工作原理与隔膜式相同,只是用胶囊使变压器油和空气隔绝。叠形波纹式储油柜是一种新型储油柜,储油柜中使用不锈钢波纹膨胀器代替橡胶隔膜或胶囊,可以免除橡胶隔膜老化问题。

图2-15给出了几种储油柜的外形照片。

2.2.6 吸湿器

吸湿器,也称呼吸器,由油封、容器、干燥剂组成。容器内装有干燥剂（如硅胶）,如图2-16所示为变压器用吸湿器及干燥用硅胶。当储油柜内空气随变压器油体积膨胀或缩小时,排出或吸入的空气都经过吸湿器,吸湿器内的干燥剂吸收空气中的水分,对空气起过滤作用,保证储油柜内空气的干燥和清洁。吸湿器内的干燥剂吸收水分后颜色将发生变化,当变色超过一半时需及时更换。有载开关储油柜的吸湿器中的干燥剂更需要加强监视以便及时更换,因为其储油柜为敞开式,没有胶囊或隔膜,一旦吸湿器失去吸潮功能,水分将直接沿管道进入开关。波纹式储油柜没有吸湿器。

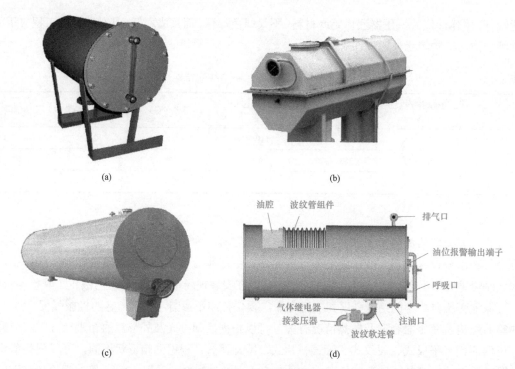

图 2-15 各种储油柜外形

（a）敞开式储油柜；（b）隔膜式储油柜；（c）胶囊式储油柜；（d）波纹膨胀器储油柜

图 2-16 吸湿器及干燥用硅胶

（a）吸湿器；（b）硅胶

2.2.7 分接开关

变压器油箱盖上面还装有分接头开关，用它来调节绕组的分接头，以改变绕组的匝数（改变变压器变比），从而在小范围调节变压器的输出电压。分接开关一般从高压绕组抽头，因为高压侧电流小，引线截面积及分接开关接触面可以减小，从而减小分接开关的体积。变压器分接开关分为无励磁分接开关和有载分接开关。

无励磁分接开关只能在变压器停电时调节，变换变压器的分接头。如图 2-17 所示，一般设有 3～5 个分接位置，操作部分位于变压器顶部，经操作杆与分接开关转轴连接。

有载分接开关能在变压器有励磁或负载条件下操作而无须停电，由选择开关、切换开关及操作机构等部分组成。有载分接开关如图 2-18 所示，其上部是切换开关，下部是选择开关。变换分接点时，选择开关的触点在没有电流通过的情况下动作；切换开关的触点在有电流下动作，经过过渡电阻过渡，从一个挡位切换到另一个挡位。切换开关和过渡电阻装在绝缘筒内。操动机构经过垂直轴、齿轮盒和绝缘水平轴与有载分接开关连接，可以从外部操作有载分接开关。有载分接开关有单独的安全保护装置，包括储油柜、安全气道和气体继电器。

图 2-17 无励磁分接开关

图 2-18 有载分接开关

2.2.8 气体继电器

气体继电器，又称瓦斯继电器，它是变压器的主要保护装置，当变压器内部发生故障，由于油的分解产生气体或造成油流冲击，使继电器的接点动作，跳开变压器各侧断路器。标准规定，容量为 800kVA 及以上的变压器应装气体继电器。

气体继电器安装时一般有 1%～1.5% 的倾斜角，以使气体能流到气体继电器内。气体继电器可检测变压器内部产气、油位过低和严重故障引起油的大量分解等。图 2-19 为双浮子继电器的结构图，它由上浮子、上浮子磁铁、干簧管、下浮子、下浮子磁铁、干簧管、挡板等组成，图 2-20 为现场安装于油箱与储油柜连接管的气体继电器。

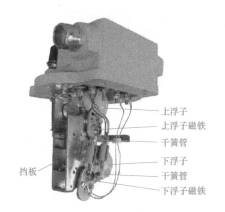

图 2-19 双浮子气体继电器

图 2-20 安装于油箱与储油柜连接管的气体继电器

绝缘材料因温度过高分解产生气体，少量气体能溶解在变压器油中，当产生的气体过多，变压器油不能溶解所产生的气体时，气体就上升到油箱上部，通过连接管进入到继电器中，继电器设计使得该部分气体能存留在继电器中，如图 2-19 所示，其上浮子位置逐渐下降，液面下降到对应继电器整定容积时，上浮子上的磁铁使继电器中的干簧管接点动作，继电器发出预警信号，提醒操作人员注意。变压器出现漏油或其他故障时，引起储油柜内的变压器油通过连接管流出，油位逐渐下降，上浮子动作给出预警信号。如果故障没有及时处理，油位继续下降，下浮子位置也逐渐下降，当下浮子位置到达设定位置时，下浮子磁铁使继电器内另一个干簧管接点动作，继电器发出断路器跳闸命令。变压器内部发生严重故障时，引起油的大量分解，产生的气体在储油柜连接管内产生很高的流速，油流推动气体继电器挡板，下浮子动作，继电器发出断路器跳闸命令。所以，气体继电器有两个动作，轻瓦斯和重瓦斯，轻瓦斯动作仅报警，重瓦斯动作则断路器跳闸。

需要时，气体继电器可以配地面取气样的集气盒，见图 2-21。集气盒的一端连接在气体继电器上，通过连接管将气体继电器内的气体通至地面，这样可以从地面采集气样，而不必从变压器油箱盖上取气样，更加简便和安全。

2.2.9 油流继电器

油流继电器，又称流量指示器，是显示变压器强迫油循环冷却系统内油流量变化的装置，用于监测强迫油循环冷却系统油泵运行情况，安装在油泵管路上。当油泵正常工作时，在油流作用下，继电器内安装在管道内部的挡板发生偏转，带动指针指向油流流动侧，同时继电器接点闭合，发出运行信号；当油泵发生故障停止或出力不足时，挡板不偏转或偏转角度不够，指针偏向停止侧，其相应接点接通，跳开不出力的故障油泵，启动备用冷却器，并发出报警信号。图 2-22 为油流继电器外形图。

图 2-21 集气盒及连接管　　　　　　　　图 2-22 油流继电器

2.2.10 压力释放阀

压力释放阀是变压器的一种压力保护装置，如图 2-23 所示。当变压器内部有严重故障时，油分解产生大量气体。由于变压器是封闭式，连通储油柜的连管直径较小，仅靠连通储油柜的连管不能有效、迅速地降低压力，造成油箱内压力急剧上升，可能导致变压器油箱破裂，甚至爆炸。压力释放阀在压力达到一定值时将及时打开，排放部分变压器油，降低油箱内部压力。待油箱压力降低后，压力释放阀自动闭合，保持油箱密封。压力释放过程中，压力释放器的微动开关动作，发出报警信号或断路器跳闸命令。压力释放器动作，其标志杆升起，并突出护盖，表明压力释放器已经动作。排除故障后，投入运行前，应手动将标志杆和微动开关复位。

标准规定，容量为 800kVA 及以上的变压器，应安装压力保护装置。压力释放阀安装于变压器油箱上部，也有大容量变压器为排油方便安装于油箱上部侧面。压力释放器的动作压力有 15、25、35、55kPa 等几种规格，可根据变压器设计参数选择。

早期变压器安装的是防爆管，如图 2-24 所示，其作用与压力释放阀相同。其中的防爆膜一般用玻璃，中间用玻璃刀画十字，以降低玻璃的机械强度，使其在设定的压力下动作。

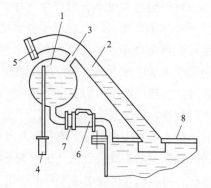

图 2-23 压力释放阀　　　　　　图 2-24 防爆管与变压器储油柜间的连通

1—油枕；2—防爆管；3—油机与安全气道的连通管；4—吸湿器；5—防爆膜；
6—气体继电器；7—蝶形阀；8—箱盖

2.2.11 绝缘导管

变压器绕组的引出线从油箱内穿过油箱盖连接到不同电压等级的线路中时，必须通过绝缘套管，以使带电的引出线与接地的油箱绝缘。绝缘套管一般是瓷制的，其结构取决于电压等级。套管根据使用条件，需要满足绝缘（内绝缘和外绝缘）、载流（额定和过载）、机械强度（稳定和地震）等各方面的要求。

变压器中使用的套管，其主绝缘有电容式和非电容式。绝缘介质有变压器油、空气和 SF_6 气体。根据套管使用的外部绝缘介质，可分为以下几类。

1. 油—空气套管

在油浸式变压器中使用，套管下部在变压器油箱的变压器油中，上部位于空气中。由于变压器油绝缘强度高，套管下部较短，几乎没有伞裙；套管上部在空气中，长度较长，为了保证雨天的绝缘强度，套管上部有伞裙。如图 2–25 所示为各种油—空气套管。

图 2–25 不同外形的绝缘导管

2. 油—SF_6 套管

在油浸式变压器中使用，套管下部同油—空气套管，而上部处于 SF_6 气体中。由于 SF_6 气体绝缘强度高，所以上部很短，且没有伞裙。

3. 油—油套管

在油浸式变压器中使用，用于变压器出线端子也处于变压器油中的情况，如电缆引出。

4. SF_6—SF_6 套管

在 SF_6 变压器中使用，其电压引出也在 SF_6 气体中，套管的上部和下部均按在 SF_6 气体中工作设计，几乎没有伞裙，长度较短。

一般 10kV 以下的油浸式变压器采用单瓷制绝缘套管，瓷套内为空气绝缘或变压器油绝缘，中间穿过一根导电铜杆。110kV 及以上电压等级一般采用全密封油浸纸绝缘电容式套管，套管内注有变压器油，不与变压器本体相通。随着变压器电压等级的不断提高，对套管的要求也越来越高，尤其是在超高压和特高压系统中，由绝缘套管引起的变压器事故日益增加。目前，变压器套管已成为变压器领域的一个研究热点。

2.2.12 变压器用温度计

变压器用温度计用于测量变压器顶层油温和变压器绕组温度，因为变压器安全运行和使用寿命与运行温度密切相关，变压器标准中对运行时顶层油温和绕组平均温度都有规定。所以，标准要求监视变压器运行时顶层油温度，可能的条件下监视绕组温度，根据这些数据和变压器运行导则来确定变压器允许负荷。

测量顶层油温一般采用压力式温度计，它由温包、导管和压力计组成，如图 2–26 所示。将温包插入箱盖上注有油的安装座中，使油的温度能均匀传到温包，温包中的气体随温度变化而胀缩，产生压力，使压力计指针转动，指示温度。温度计除指示油温外，同时也控制冷却器启动或退出、发出温度过高的报警信号。

图 2–26 压力式温度计

2.3 变压器的损耗、温升及冷却

2.3.1 变压器损耗

变压器运行时，铁心中通过和电源频率相同的正弦变化的交变磁通，在铁心硅钢片中有涡流损耗和磁滞损耗。变压器空载时，绕组中只有很小的空载电流，绕组损耗很小，99%以上的损耗为铁心损耗。变压器带负载运行时，绕组中有电流流过，产生负载损耗，包括绕组和引线的直流电阻损耗、导线在漏磁场中产生的涡流损耗、并联导线中因漏磁场引起的不平衡电流损耗、漏磁场在结构件（如夹板、压板、油箱等）中引起的涡流损耗、漏磁场在硅钢片中引起的附加损耗等。变压器中所有这些损耗一方面影响变压器的效率，另一方面损耗转变为热量，其中一部分热量使变压器各部件温度升高，一部分通过冷却介质散出。

变压器中的绝缘材料都有一定的热寿命，如油浸式变压器耐热等级为 A 级，A 级绝缘材料的长期工作温度为 105℃。根据油浸式电力变压器负载导则中变压器绝缘热老化的规定，变压器绝缘按热点温度 98℃为基准，温度每增加 6℃，老化率增加 1 倍；反之，温度降低 6℃，老化率减小 1/2，也就是所谓的"6℃法则"。

由于变压器各部分与周围介质存在温度差，热量向周围介质散发，温差越大，散热越快。当发热量与散热量相等时，变压器各部分温度达到稳定值。这时变压器中某部分的温度与周围冷却介质的温度之差称为该部分的温升。

油浸式变压器运行时，绕组、铁心、金属结构件产生的损耗转化为热量，使变压器温度升高。绕组和铁心是主要热源。热量以传导、对流和辐射方式传到冷却介质中。热量从绕组或铁心内部传到表面依靠传导方式，变压器的油箱和油管表面主要依靠辐射和对流方式散热。变压器依靠热传导作用将线圈和铁心内部的热量传到表面，当绕组、铁心温度升高后，与周围的绝缘油存在温度差，向油传递热量，使油的温度升高。油的温度升高后，密度降低，在铁心和绕组周围向上流动，与此同时，从入口进入的冷油取代上浮的油，热油通过油道循环到散热器中，将热量传递给外部冷却介质（空气或水），油温降低，密度增加，向下流动至散热器下方的入口。通过变压器油的自然对流将热量带到油箱壁和油管壁，再通过油箱壁和油管壁的传导作用把热量从它们的内表面传到外表面，之后通过辐射和对流将热量散发到周围空气中。一段时间后，发热量和散热量相等，变压器各部分温度达到稳定值。

2.3.2 变压器的冷却方式

变压器的冷却方式由冷却介质和循环方式决定。常用的冷却介质是变压器油和空气，前者称为油浸式变压器，后者称为干式变压器。油浸式变压器冷却方式分为油箱内部冷却和油箱外部冷却，冷却方式由四个字母代号表示，其含义分别如下。

第一个字母：表示与绕组接触的冷却介质。O 为矿物油或燃点不大于 300℃的合成绝缘液体；K 为燃点大于 300℃的绝缘液体；L 为燃点不可测出的绝缘液体。

第二个字母：表示内部冷却介质的循环方式。N 为流经冷却设备和绕组内部的油流是自然热对流循环；F 为冷却设备中的油流是强迫循环，流经绕组内部的油流是热对流循环；D 为冷却设备中的油流是强迫循环，在主要绕组内的油流是强迫导向循环。

第三个字母：表示外部冷却介质。A 为空气；W 为水。

第四个字母：表示外部冷却介质的循环方式。N 为自然对流；F 为风扇、油泵等强迫循环。

所以，油浸变压器冷却方式又分为油浸自冷式（ONAN）、油浸风冷式（ONAF）及强迫油循环风冷式（OFAF）、强迫油循环水冷式（OFWF）等，这几种方式冷却装置如图 2-27 所示。

油浸自冷式变压器依靠油的自然对流带走热量，没有其他冷却设备。油浸风冷式变压器是在油浸自冷式的基础上，增加风扇给油箱壁和油管吹风，以加强散热作用。强迫油循环式变压器是用油泵将变压器中的热

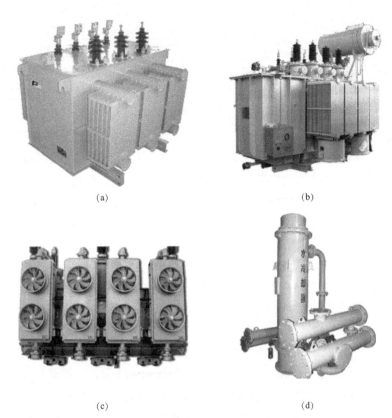

图 2-27　变压器冷却装置

（a）油浸自冷式；（b）油浸风冷式；（c）强迫油循环风冷式；（d）强迫油循环水冷式

油抽到变压器外的冷却器中冷却后再送入变压器，根据其冷却器中采用强迫风冷或循环水冷又分为强迫油循环风冷和强迫油循环水冷。表 2-4 给出了油浸式变压器各种冷却方式及适用变压器容量和电压等级。

表 2-4　　　　　　　　　　　　油浸式变压器常见冷却方式

冷却方式	适用容量和电压等级
油浸自冷式	31 500kVA 及以下，35kV 及以下 50 000kVA 及以下，110kV
油浸风冷式	12 500～63 000kVA，35～110kV 75 000kVA 及以下，110kV 40 000kVA 及以下，220kV
强迫油循环风冷式	50 000～90 000kVA，220kV
强迫油循环导向式风冷或水冷（ODAF 或 ODWF）	75 000kVA 及以上，110kV 120 000kVA 及以上，220kV 330kV 和 500kV

油浸自冷式和强迫风冷式变压器中的热量，全部通过油箱和油管表面散发到周围空气中，在一定的温升极限下，每平方米表面积所能散发的热量是有限的。对于 20kVA 以下的变压器，油箱本身表面积已能满足散热的需要，因此一般采用平板式油箱。当容量增大而损耗增加时，油箱表面积已不能带走所产生的热量，因此必须采取其他措施来增加散热面积。对 30～2000kVA 的变压器，一般在油箱四周加焊冷却用的扁形油管，以增加散热表面，这种油箱叫管式油箱。对 2500～6300kVA 的变压器，所需散热面积较大，在油箱四周已无法安装下所需油管，这时把油管先组合成一个整体的散热器，再把散热器装到油箱上，这种油箱称为散热式油箱。容量在 8000～40 000kVA 的变压器，在散热器上还另装风扇吹风，以提高散热能力。5 万 kVA 以上的大型变压器，采用强迫油循环冷却方式。

2.3.3 变压器各部分的温升及温升限值

温升是变压器某个部件和冷却介质的温度之差，变压器绝缘所处的温度允许极限影响变压器的设计和制造成本，也影响变压器运行可靠性。在电、磁负荷一定时，温升过高会影响变压器的寿命和安全运行。根据绝缘老化的6℃规则，绕组温度每升高6℃，使用年限将缩短一半。变压器运行时温升过低又未充分利用，很不经济。所以，变压器运行时，需确定合理的温升，以保证其寿命期内能充分利用材料，降低成本。

变压器达到稳定温升的时间与其容量大小和冷却方式有关，小容量油浸式变压器和干式变压器，通常运行10h就可达到稳定温升。而大型变压器一般需要经过一整天左右才能达到稳定温升。

铁耗和铜耗产生的热量与其重量成正比，而重量又与度量（长、宽、高）的立方成正比。变压器的散热是由表面散给周围介质，散热面积与度量的平方成正比。所以，变压器越大，单位体积的散热面积越小，必须采取措施提高散热效果。

变压器各部分的允许温升取决于绝缘材料、使用情况和自然环境。我国油浸式电力变压器绕组一般采用A级绝缘，最高允许温度为105℃，高于此温度时，绝缘将迅速老化变脆，机械强度减弱。国家标准GB 1094.1—2013《电力变压器 第1部分：总则》中详细规定了油浸式变压器正常使用条件的环境温度和冷却介质温度：正常使用条件为最高气温+40℃，最高月平均温度+30℃，最高年平均温度+20℃，最低气温户外变压器-25℃、户内变压器-5℃，对于水冷却方式变压器，冷却器入口处的冷却水温度在任何时候均不应高于+25℃，年平均温度不应高于+20℃。采用"矿物绝缘油+纤维素绝缘纸"常规绝缘系统的油浸式变压器，在年平均温度20℃，以额定容量连续运行时，设计寿命一般为20年，为保证设计寿命，标准GB 1094.2—2013《电力变压器 第2部分：液浸式变压器的温升》中规定了额定容量连续运行时顶层油、绕组和绕组热点的温升限制，见表2-5。标准规定，顶层油温升限值为60K，绕组平均温升限值分别为65K（ON及OF冷却方式）和70K（OD冷却方式），绕组热点温升限值为78K。标准中未对铁心、裸露的电气连接线、电磁屏蔽及油箱上的结构件的温升进行规定，但仍要求温升不能过高，通常不超过80K，以免使与其相邻的部件受到热损坏或使绝缘油过度老化。对于湿热带的油浸式变压器，其温升相应降低5℃；对于干热带的油浸式变压器，其温升相应降低10℃。表2-6也给出了干式变压器的温升限值。

表2-5　　　　　　　　　　油浸式电力变压器在连续额定容量下的温升限值

要　　求		温升限值（K）
顶层油		60
绕组平均（用电阻法测量）	ON及OF冷却方式	65
	OD冷却方式	70
绕组热点		78

表2-6　　　　　　　　　　　　干式变压器温升限值

1	2	3
部位	绝缘系统温度（℃）	最高温升（K）
绕组 （用电阻法测量的温升）	105（A）	60
	120（E）	75
	130（B）	80
	155（F）	100
	180（H）	125
	220（C）	150
铁心、金属部件和与其相邻的材料	任何情况下，不会出现使铁心本身、其他部件或与其相邻的材料受到损害的程度	

根据标准规定，不管冷却介质是空气还是水，绕组的平均温升相同，都为 65K。而油浸式变压器在水冷却和空气冷却时的冷却介质允许温度不同。如在空气冷却时，最高温度是 40℃，绕组最高平均温度为（40+65）℃=105℃；而在水冷却时，水冷却器入口处的冷却水最高温度为 25℃，绕组最高平均温度为（25+65）℃=90℃。这 15℃ 的差别是考虑了采用水冷却方式时，水冷却器的水侧常有污染或水垢而影响水冷却器的散热效果。

2.4 电力变压器的型号及额定值

2.4.1 电力变压器型号及含义

电力变压器的型号组成按照标准 JBT 3837—2010《变压器类产品型号编制方法》的规定，采用汉语拼音大写字母或其他合适的字母表示产品的主要特征，用阿拉数字表示产品性能水平代号或设计序号和规格代号，包括变压器相数、冷却方式、调压方式、绕组线芯材料等，如图 2-28 所示，其中电压等级为高压侧额定电压。

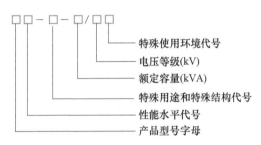

图 2-28 电力变压器型号组成

电力变压器产品型号字母排列顺序及含义按表 2-7 的规定。如：SF9-20000/110，表示一台三相、油浸、风冷、双绕组、无励磁调压、铜导线、20 000kVA、110kV 的电力变压器；SSPZ9-360000/220，表示一台三相、油浸、水冷、强迫油循环、双绕组、有载调压、铜导线、360 000kVA、220kV 的电力变压器；S10-M·R-200/10，表示一台三相、油浸、自冷、双绕组、无励磁调压、铜导线、一般卷铁心结构、损耗水平代号为"10"、200kVA、10kV 密封式电力变压器。

表 2-7 电力变压器产品型号字母排列顺序及含义

序号	分类	含义		代表字母
1	绕组耦合方式	独立		—
		自耦		O
2	相数	单相		D
		三相		S
3	绕组外绝缘介质	变压器油		—
		空气（"干"式）		G
		"气"体		Q
		成型固体	浇注式	C
			包绕式	CR
		高"燃"点油		R
		植"物"油		W

序号	分类	含义		代表字母
4	绝缘耐热等级	油浸式	A 级	—
			E 级	E
			B 级	B
			F 级	F
			H 级	H
			绝缘系统温度为 200℃	D
			绝缘系统温度为 220℃	C
		干式	E 级	E
			B 级	B
			F 级	—
			H 级	H
			绝缘系统温度为 200℃	D
			绝缘系统温度为 220℃	C
5	冷却装置种类	自然循环冷却装置		—
		风冷却器		F
		水冷却器		S
6	油循环方式	自然循环		—
		强迫油循环		P
7	绕组数	双绕组		—
		三绕组		S
		分裂绕组		F
8	调压方式	无励磁调压		—
		有载调压		Z
9	绕圈导线材质	铜线		—
		铜箔		B
		铝线		L
		铝箔		LB
		铜铝复合		TL
		电缆		DL
10	铁心材质	电工钢片		—
		非晶合金		H

2.4.2 变压器的额定值

额定值（rated value）是制造厂家指定的，用来表示在规定的使用环境和工作条件下运行的一些重要数据，它是制造厂变压器设计和试验的依据，通常标注在铭牌上，也叫铭牌值。在额定条件下运行时，可以保证变压器长期可靠工作。根据 GB 1094.1—2013《电力变压器　第 1 部分：总则》的规定，变压器应设有铭牌，铭牌材料应不受气候影响且固定在明显可见位置。铭牌必须标志的项目有：变压器种类（如变压器、自耦变压器、串联变压器等），本部分代号，制造单位名称，变压器装配所在地（国家、城镇），出厂序号，制造年月，产品型号，相数，额定容量，额定频率，各绕组额定电压及分接范围，各绕组额定电流，联结组标号，以百分数表示的短路阻抗值，冷却方式，总质量，绝缘液体的质量和种类。变压器主要额定参数如下。

1. 额定容量（rated capacity）S_N

额定容量是变压器某一个绕组在额定运行条件下输出的额定视在功率，单位为伏安（VA）、千伏安（kVA）或兆伏安（MVA）。由于变压器的效率很高，因此设计时规定双绕组变压器的一、二次绕组额定容量相等，所以双绕组变压器绕组额定容量即为该变压器的额定容量。对于多绕组变压器，各绕组容量不一定相等，其额定容量为容量最大的绕组的容量。

额定容量指的是连续负载，它是负载损耗及温升的基础，也是制造厂家的保证。如果对不同的条件（如对不同的冷却方式）规定了不同的视在功率，则取其最高值为额定容量。变压器在正常使用条件下，应能连续地输送额定容量（对于多绕组变压器，则是指定绕组额定容量的组合），且其温升不超过 GB 1094.2—2013 所规定的温升限值。

我国电力变压器额定容量等级是按 $\sqrt[10]{10}$ 倍数增加的 R10 优先系数，只有 30kVA 和 63 000kVA 不同。具体的额定容量等级有：30、50、63、80、100、125、160、200、250、315、400、500、630、800、1000、1250、1600、2000、2500、3150、4000、5000、6300、8000、10000、12500、16000、20000、25000、31500kVA 及以上容量。

2. 一、二次额定电压（rated voltage）U_{1N} 和 U_{2N}

一次额定电压是变压器正常运行时一次绕组线路端子间外施电压的有效值。二次额定电压是当一次绕组外施额定电压而二次侧空载（开路）时的电压。额定电压的单位为伏（V）或千伏（kV）。对三相变压器，额定电压指的是线路端子之间的电压，即线电压。

我国输变电线路的电压等级为：380V，3、6、10、15（20）、35、60、110、220、330、500、750、1000kV。由于线路传输过程中有电压降落，所以线路始端（电源端）电压要高压线路电压，10kV 及以下的电压等级始端高5%，10kV 以上电压等级要高10%，因此，变压器的电压相应提高。线路始端变压器的电压为：400V，3.15、6.3、10.5（11）、15.75、38.5、66、121、242、363、550kV。另外，发电机的额定电压也比线路电压等级高，一般为 6.3、10.5、13.8、15.75、18kV。

如果变压器高压额定电压高压线路电压等级的电压，则该变压器为升压变压器；反之，高压额定电压低于始端额定电压的则为降压变压器。所以，仅是低压额定电压高于线路电压等级的为降压变压器，其余为升压变压器。例如，变压器额定电压为 121kV/10kV，则该变压器为升压变压器；变压器额定电压为 110kV/10.5kV，则该变压器为降压变压器；变压器额定电压为 121kV/10.5kV，则该变压器为发电机升压变压器（高、低压额定电压均高）；变压器额定电压为 110kV/38.5kV/11kV，则该变压器为降压变压器；变压器额定电压为 242kV/121kV/13.8kV，则该变压器为升压变压器。

3. 一、二次额定电流（rated current）I_{1N} 和 I_{2N}

额定电流 I_{1N} 和 I_{2N} 是指变压器在额定运行条件下一次、二次能够承担的电流，即根据额定容量和额定电压计算出来的电流有效值。对于三相变压器，额定电流为线电流。

对于单相变压器，有

$$I_{1N} = \frac{S_N}{U_{1N}}$$

$$I_{2N} = \frac{S_N}{U_{2N}}$$

对于三相变压器，有

$$I_{1N} = \frac{S_N}{\sqrt{3}U_{1N}}$$

$$I_{2N} = \frac{S_N}{\sqrt{3}U_{2N}}$$

4. 额定频率（rated frequency）f_N

我国规定标准工频为 50Hz，国外变压器额定频率有 60Hz。

5. 阻抗电压（%）

把变压器的二次绕组短路，在一次绕组慢慢升高电压，当二次绕组的短路电流等于额定电流时，一次侧所施加的电压一般以额定电压的百分数表示，即为阻抗电压（%）。

6. 温升与冷却

变压器绕组或上层油温与变压器周围环境的温度之差，称为绕组或上层油面的温升。油浸式变压器绕组温升限值为65K、油面温升为55K。冷却方式也有油浸自冷，强迫油循环风冷、水冷，管式、片式等。

7. 绝缘水平

绝缘水平有绝缘等级标准，是表示绝缘介电强度的耐受电压。例如：高压额定电压为35kV，低压额定电压为10kV级的变压器绝缘水平表示为LI200AC85/LI75AC35，其中LI200表示该变压器高压雷电冲击耐受电压为200kV，工频耐受电压为85kV，低压雷电冲击耐受电压为75kV，工频耐受电压为35kV。

8. 联结组标号

根据变压器一、二次绕组的相位关系，把变压器绕组连接成各种不同的组合，称为绕组的联结组，如Dyn11，Yyn0等。

除了以上各额定值外，变压器参数还有相数、额定效率、空载损耗、负载损耗、空载电流等。图2-29所示为一台电力变压器的铭牌。

变压器除了铭牌参数外，还有一些表征其性能的参数，主要有额定电压比（变比）、绝缘水平、空载损耗和空载电流、负载损耗和短路阻抗、总损耗、零序阻抗、变压器油温升、变压器绕组温升等。

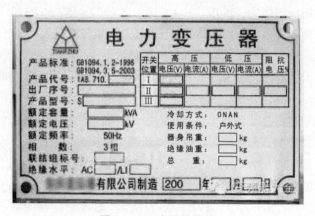

图2-29 变压器铭牌

本章小结

本章简单介绍了电力变压器的类型及用途，重点讨论了油浸式电力变压器的基本组成部件及各部分的作用，尤其是对变压器附件如油箱、储油柜、套管、气体继电器、温度计等都做了较为详细的介绍。固体和液体绝缘材料性能直接影响变压器的运行情况和运行寿命，本章也介绍了变压器中常用的固体和液体绝缘材料性能及变压器的主要绝缘方式。最后介绍了变压器的损耗、发热及温升限值，最后变压器的型号和额定参数。

思考题及习题

2-1 电力变压器主要有哪些类型？为什么变压器在电力系统中有广泛的应用？

2-2 干式变压器和油浸式变压器主要区别有哪些？

2-3 变压器铁心主要用途是什么？一般采用什么材料？

2-4 变压器器身包括哪些部件？它们的作用是什么？

2-5 变压器铁心为什么要采用表面涂有绝缘漆的硅钢片叠成？

2-6 变压器主要有哪些部件组成？各部件作用是什么？

2-7 变压器有哪些冷却方式？采用什么措施来提高变压器的冷却效果？

2-8 什么是绝缘老化的"6℃法则"？

2-9 我国油浸式变压器一般采用什么绝缘等级？最高允许工作温度为多少？

2-10 我国电力变压器有哪些额定电压等级？

2-11 三相电力变压器，采用 YNd 连接方式，额定容量为 $S_N = 12\,500\text{kVA}$，额定电压为 $U_{1N}/U_{2N} = 220/10.5\text{kV}$，试求：（1）变压器的额定电压和额定电流；（2）变压器一、二次绕组的额定电压和额定电流。

2-12 设有一台三相双绕组变压器，额定容量为 500kVA、额定电压分别为 35kV/400V，其一、二绕组均为 Y 形连接，试求一、二次绕组的额定电流。

变压器基本运行原理

变压器用途广泛，种类繁多，但其基本运行原理是一致的。本章以单相双绕组电力变压器为例，来分析变压器基本运行原理，推导出变压器稳态运行时的基本方程式、等效电路和相量图及分析变压器运行特性。

对于三相变压器，在对称稳态运行时，由于三相对称，只需要分析其中一相，再根据三相的相位关系，便可得到其他两相，从而把三相问题简化为单相问题。所以，本章所得到的单相变压器的结论也适用于对称运行的三相变压器。

变压器运行时的电磁关系比较复杂，本章在分析时采取由浅入深的方法，先分析空载运行情况，再分析负载运行情况，便于读者理解。本章是分析变压器的基本理论部分，也是本篇的核心内容。

3.1 单相变压器的空载运行

变压器空载运行（no-load operation）指一次绕组接额定频率、额定电压的交流电源，二次绕组开路（open circuit）时的运行状态。

3.1.1 参考方向的规定

图3-1所示为单相变压器空载运行示意图，图中一次绕组 AX 所加电压为 u_1，二次绕组 ax 开路电压为 u_2，一次、二次绕组匝数分别为 N_1 和 N_2。

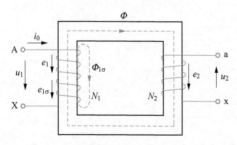

图3-1 单相变压器空载运行示意图

图 3-1 中箭头所指的为物理量。参考方向，变压器中的电压、电流、电动势、磁动势和磁通等都是随时间变化的交流量，为了正确表达各物理量之间的数量关系和相位关系，必须先规定各物理量的参考方向。参考方向的规定，原则上是可以任意的，若参考方向规定不同，则同一电磁过程所列出的公式或方程中有关物理量的正、负号也不同。本书采用电路原理中常用的惯例，对各物理量的参考方向做如下规定：

（1）电源电压正方向由 A→X，如图3-1所示，一次侧电流正方向与电源正方向一致，即也是由 A→X。这相当于把一次侧绕组看作交流电源的负载，采用所谓"负载"惯例。当 u_1 和 i_0 同时为正或同时为负时，表示电源向变压器一次绕组输入功率。

（2）磁动势的正方向与产生该磁动势的电流正方向之间符合右手螺旋关系。

（3）磁通的正方向与磁动势的正方向一致。

（4）感应电动势的正方向（电位升高的方向）与产生该电动势的磁通的正方向之间符合右手螺旋关系。

（5）把二次侧绕组电动势 e_2 看作电源电动势，当 a-x 之间接负载时，二次侧电流 i_2 的正方向与 e_2 正方向一致，而负载端电压 u_2 的正方向与电流 i_2 正方向一致。这相当于把二次侧绕组看作交流电源，采用所谓"电源"惯例。当 u_2 和 i_2 同时为正或为负时，表示变压器二次侧绕组向负载端输出电功率。

3.1.2 空载运行的电磁关系

当变压器一次绕组加交流电压，一次绕组中便有交流电流流过，由于空载时二次绕组开路，二次绕组电流为零，此时一次绕组的电流叫空载电流（no-load current），用 i_0 表示。空载电流 i_0 产生交变磁动势 $F_0 = N_1 i_0$，F_0 叫空载磁动势，空载磁动势产生交变的空载磁通。为了分析方便，根据磁通经过的路径不同将其分为两部分，如图 3-1 所示，其中绝大部分磁通沿铁心闭合，同时交链一、二次绕组，称为主磁通（main flux），用 Φ 表示，主磁通通过的路径叫主磁路（main magnetic circuit）；另外少部分磁通只交链一次绕组，称为一次绕组的漏磁通（leakage flux），用 $\Phi_{1\sigma}$ 表示，其漏磁通主要是经一次绕组附近的空间闭合，它所通过的路径叫漏磁路（leakage magnetic circuit）。

主磁通和漏磁通在性质上有明显的差别：① 磁路性质不同。主磁路由铁磁材料构成，可能出现磁饱和，所以主磁通与建立主磁通的空载电流之间可能不是线性关系；而漏磁路绝大部分由非铁磁材料构成，无磁饱和问题，则一次绕组漏磁通与空载电流之间成正比关系。② 数量大小不同。由于主磁路磁阻小，所以主磁通占总磁通绝大部分，一般在 99%以上；而漏磁路磁阻大，漏磁通很小，仅占 0.1%~0.2%。③ 功能不同。主磁通同时交链一次和二次绕组，在一次和二次绕组均感应电动势，如果二次绕组接负载则有电功率输出，所以主磁通通过电磁感应将一次绕组能量传递到二次绕组，起能量传递作用，而漏磁通只在一次绕组感应电动势，不起传递功率作用，只引起漏抗压降。

交变的磁通将在绕组中感应电动势，主磁通 Φ 分别在一、二次绕组感应电动势 e_1 和 e_2，一次绕组漏磁通 $\Phi_{1\sigma}$ 在一次绕组感应漏电动势 $e_{1\sigma}$。此外，空载电流还在一次绕组电阻 r_1 上形成一很小的电阻压降 $i_0 r_1$。总结起来，变压器空载运行时，各物理量之间的电磁关系如图 3-2 所示。

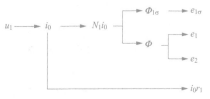

图 3-2　变压器空载运行时的电磁关系

3.1.3 空载运行的各物理量

1. 空载电流

变压器空载运行时，一次绕组的电流称为空载电流。空载电流主要用来建立空载磁场，即主磁通 Φ 和一次绕组的漏磁通 $\Phi_{1\sigma}$；另外，空载电流还用来补偿空载时变压器内部的有功功率损耗。所以，空载电流有有功分量和无功分量两部分，前者对应有功功率损耗，后者用来产生空载磁场。在电力变压器中，空载电流的无功分量远大于有功分量，所以空载电流基本上属于无功性质，空载电流又称为激磁电流（exciting current）或励磁电流。

空载电流的数值不大，一般用与额定电流的百分数来表示。一般来说，变压器的容量越大，空载电流的百分数越小。国标 GB/T 6451—2015《油浸式电力变压器技术参数和要求》规定，6、10kV 级配电变压器，200kVA 以下容量空载电流百分数小于 1.5%，200kVA 以上容量空载电流百分数小于 1.0%，2500kVA 变压器空载电流百分数为 0.4%；而 500kV 电压等级 100~484MVA 容量变压器，空载电流百分数为 0.15%~0.2%。

由于变压器中主磁路为铁磁材料，其磁化曲线为非线性曲线，所以空载电流的大小和波形取决于铁心的饱和程度。当铁心处于饱和的情况下，由于外施电压为正弦波形，则主磁通也为正弦波形，利用非线性的铁心磁化曲线，$\Phi = f(i_0)$，此时所需要的空载电流 i_0 必须是尖顶波，如图 3-3 所示。铁心饱和程度越深，空载电流波形越尖，即波形畸变越严重。根据傅立叶级数分析，这种尖顶波电流可看作由基波和三、五、七等奇次谐波的叠加，其中三次谐波含量最大。早期变压器设计时，综合考虑变压器铁材和铜材的消耗，其额定工作点一般选取磁化曲线的膝点，则额定电压时铁心处于接近饱和状态，所以为了保证所建立的磁通波形为正弦波，则必须施加尖顶波的励磁电流。近年来，为了降低变压器空载损耗，各生产厂家设计时额定工作点一般按 1.1 倍额定电压下铁心不饱和进行选取，冷轧硅钢片铁心以不超过 1.75T 为宜，一般为 1.6~1.75T，所以额定电压下铁心处于不饱和状态，产生正弦波形的磁通则需要施加正弦波形的励磁电流。

空载电流用相量 $\dot{I}_0$ 表示，将 $\dot{I}_0$ 分解为无功（reactive power）分量 $\dot{I}_{0r}$ 和有功（active power）分量 $\dot{I}_{0a}$。无功分量电流 $\dot{I}_{0r}$ 用于产生主磁通，与主磁通 $\dot{\Phi}_m$ 同相位，有功分量电流 $\dot{I}_{0a}$ 提供铁耗，超前（lead）主磁通 $\dot{\Phi}_m$ 90°，

所以空载电流 $\dot{I}_0 = \sqrt{I_{0a}^2 + I_{0r}^2}$ 超前主磁通 $\dot{\Phi}_m$ 一个角度 α，如图 3-4 所示，给出了空载运行时空载电流与主磁通的相位关系，图 3-4 中，空载电流滞后电源电压的相位角为 φ_0，超前主磁通相位角为 α。由于空载电流的无功分量远大于有功分量，所以 φ_0 接近 90°，这表明变压器空载运行时功率因数很低。

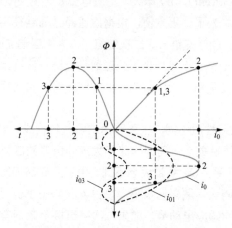

图 3-3 磁路饱和时的空载电流波形

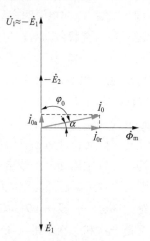

图 3-4 空载运行时励磁电流与主磁通的相位关系

2. 空载磁动势

空载磁动势 $\dot{F}_0$，又称励磁磁动势，是一次侧空载电流 $\dot{I}_0$ 所建立的磁动势，有关系 $\dot{F}_0 = \dot{I}_0 N_1$。空载磁动势产生主磁通 $\dot{\Phi}_m$ 和漏磁通 $\dot{\Phi}_{l\sigma}$。变压器空载运行时，铁心中只有空载磁动势产生的磁场。空载磁场实际分布情况很复杂，为了分析方便，双绕组变压器中把磁通根据其所经过的路径不同分为主磁通和漏磁通，以便于把非线性问题和线性问题分别讨论。

3. 主磁通及主磁通感应电动势

空载磁动势产生磁通，包括主磁通和漏磁通。主磁通同时交链一次和二次绕组，分别感应电动势 $\dot{E}_1$ 和 $\dot{E}_2$。二次绕组的感应电动势 $\dot{E}_2$ 相当于负载的电源，说明通过主磁通的耦合作用，变压器实现了能量的传递。只有交变的磁通才能在绕组中感应电动势，所以变压器只能传递交流电能，不能传递直流电能，并且无法改变交流电的频率。

设主磁通按正弦规律变化，即

$$\Phi = \Phi_m \sin \omega t \tag{3-1}$$

式中：Φ_m 为主磁通的幅值；ω 为电源角频率。

在规定的参考方向下，一次绕组中主磁通感应电动势的瞬时值为

$$e_1 = -N_1 \frac{\mathrm{d}\Phi}{\mathrm{d}t} = -\omega N_1 \Phi_m \cos \omega t = \omega N_1 \Phi_m \sin\left(\omega t - \frac{\pi}{2}\right) = E_{1m} \sin\left(\omega t - \frac{\pi}{2}\right) \tag{3-2}$$

式中：E_{1m} 为一次绕组感应电动势的最大值，$E_{1m} = \omega N_1 \Phi_m$。

从式（3-1）和式（3-2）可知，感应电动势在相位上滞后（lag）产生该电动势的主磁通 90°。

一次绕组感应电动势的有效值为

$$E_1 = E_{1m}/\sqrt{2} = \omega N_1 \Phi_m/\sqrt{2} = \frac{2\pi}{\sqrt{2}} f N_1 \Phi_m = 4.44 f N_1 \Phi_m \tag{3-3}$$

同理，主磁通在二次绕组所感应的电动势为

$$e_2 = -N_2 \frac{\mathrm{d}\Phi}{\mathrm{d}t} = -\omega N_2 \Phi_m \cos \omega t = \omega N_2 \Phi_m \sin\left(\omega t - \frac{\pi}{2}\right)$$
$$= E_{2m} \sin\left(\omega t - \frac{\pi}{2}\right) \tag{3-4}$$

其中
$$E_{2m} = \omega N_2 \Phi_m$$

式中：$E_{2\text{m}}$ 为二次绕组感应电动势的最大值。

二次绕组感应电动势的有效值为

$$E_2 = E_{2\text{m}} / \sqrt{2} = \omega N_2 \Phi_\text{m} / \sqrt{2} = \frac{2\pi}{\sqrt{2}} f N_2 \Phi_\text{m} = 4.44 f N_2 \Phi_\text{m} \tag{3-5}$$

$\dot{E}_1$、$\dot{E}_2$ 和 $\dot{\Phi}_\text{m}$ 的关系也可用复数形式表示为

$$\dot{E}_1 = -\text{j}4.44 f N_1 \dot{\Phi}_\text{m} \tag{3-6}$$

$$\dot{E}_2 = -\text{j}4.44 f N_2 \dot{\Phi}_\text{m} \tag{3-7}$$

由以上分析可知，变压器一、二次绕组感应电动势有效值的大小与主磁通的频率、绕组匝数及主磁通幅值成正比。感应电动势频率与主磁通频率相等，电动势相位滞后产生它的主磁通90°。

4. 漏磁通、漏磁通感应电动势及漏电抗

漏磁通与一次绕组交链，感应漏电动势 $e_{1\sigma}$。

一次绕组漏磁通为

$$\Phi_{1\sigma} = \Phi_{1\sigma\text{m}} \sin \omega t \tag{3-8}$$

式中：$\Phi_{1\sigma\text{m}}$ 为一次绕组漏磁通幅值。

则一次绕组漏电动势为

$$e_{1\sigma} = -N_1 \frac{\text{d}\Phi_{1\sigma}}{\text{d}t} = -\omega N_1 \Phi_{1\sigma\text{m}} \sin\left(\omega t - \frac{\pi}{2}\right) \tag{3-9}$$

把上式写成复数形式，有

$$\dot{E}_{1\sigma} = -\text{j} \frac{\omega N_1}{\sqrt{2}} \dot{\Phi}_{1\sigma\text{m}} \tag{3-10}$$

考虑漏磁通通过的路径是空气等非铁磁材料，磁路不饱和，所以漏磁路是线性磁路。也就是说，一次绕组漏电动势 $\dot{E}_{1\sigma}$ 与产生它的空载电流 $\dot{I}_0$ 为线性关系。因此，常常把漏电动势看作电流在电抗上的电压降，表示为

$$\dot{E}_{1\sigma} = -\text{j}\dot{I}_0 x_{1\sigma} \tag{3-11}$$

式（3-11）中的比例系数 $x_{1\sigma}$，反映的是一次侧漏磁场的存在和该漏磁场对一次侧电路的影响，称之为一次侧漏电抗（leakage reactance）。由于漏磁路不饱和，为线性磁路，所以漏电抗是常数。

5. 空载损耗 P_0

变压器空载时，二次绕组开路，所以输出功率为零，但变压器要从电源中吸取一小部分有功功率，用来补偿变压器内部的功率损耗，这部分功率转化为热能散逸出去，称为空载损耗，用 p_0 表示。

空载损耗包括两部分，一部分是一次绕组空载铜损耗（copper loss）p_{Cu}，$p_{\text{Cu}} = I_0^2 r_1$，另一部分是铁心的损耗 P_{Fe}。由于空载电流 $\dot{I}_0$ 很小，绕组的电阻 r_1 也很小，空载铜损耗占空载总损耗的 1% 以下，可忽略不计。一般认为空载损耗近似等于铁耗，即

$$P_0 \approx P_{\text{Fe}} \tag{3-12}$$

空载损耗较小，一般占额定容量的 0.2%～1%。空载损耗虽然不大，但因为电力变压器在电力系统中用量很大，且常年接在电网上，所以减小变压器空载损耗具有重要的经济意义。降低空载损耗的措施主要有：① 降低磁通密度，这将导致导磁材料重量增加；② 采用高导磁、低损耗的导磁材料；③ 采用厚度更薄的导磁材料，硅钢片厚度降低将导致铁心机械强度下降。而这些降低空载损耗的措施都将增加变压器的制造成本。

空载损耗可以根据设计参数进行估算，估算公式为

$$P_0 = k_0 p_1 G_1 \tag{3-13}$$

式中：k_0 为铁心加工工艺系数，一般取 1.15～1.5；p_1 为对应于铁心磁通密度的硅钢片单位损耗，W/kg；G_1 为铁心质量，kg。

3.1.4 空载运行时的电动势方程式

按照图3-1中所规定的各物理量参考方向，根据电路基尔霍夫第二定律，可写出变压器空载运行时一、二次侧的电动势方程式为

$$\dot{U}_1 = -\dot{E}_1 + j\dot{I}_0 x_{1\sigma} + \dot{I}_0 r_1 = -\dot{E}_1 + \dot{I}_0 Z_1 \tag{3-14}$$

$$\dot{U}_{20} = \dot{E}_2 \tag{3-15}$$

$$Z_1 = r_1 + j x_{1\sigma}$$

式中：Z_1 为一次绕组漏阻抗（leakage impedance）；U_{20} 为变压器空载运行时二次侧绕组开路电压。

前已述及，空载电流 $\dot{I}_0$ 在一次绕组产生的漏磁通 $\dot{\Phi}_{1\sigma}$ 感应出漏电动势 $\dot{E}_{1\sigma}$，在数值上可看作是空载电流在漏电抗 $x_{1\sigma}$ 上的压降。同理，空载电流 $\dot{I}_0$ 产生的主磁通 $\dot{\Phi}_m$ 在一次绕组感应电动势 $\dot{E}_1$，也可类似地用一个电路参数来处理。考虑到主磁通在铁心中会引起铁耗，不能单纯引入一个电抗，必须考虑有功损耗部分，所以引入阻抗参数 Z_m 来反映主磁通与感应电动势 $\dot{E}_1$ 的关系，这样感应电动势 $\dot{E}_1$ 可以看成为空载电流 $\dot{I}_0$ 在阻抗 $\dot{I}_{a+} = \frac{1}{3}\dot{I}$ 上的阻抗压降，即

$$-\dot{E}_1 = -\dot{I}_0 Z_L = \dot{I}_0 (r_m + j x_m) \tag{3-16}$$

$$Z_m = r_m + j x_m$$

式中：Z_m 为励磁阻抗（exciting impedance）；x_m 为励磁电抗（magnetizing reactance），对应于主磁通的电抗；r_m 为励磁电阻（magnetizing resistance），对应于铁心损耗（core loss）的等效电阻，即 $p_{Fe} = I_0^2 r_m$。

需要注意的是，由于励磁阻抗是反映主磁通所经过的主磁路情况，由于主磁路为非线性，所以励磁阻抗不是常数，与主磁路的饱和程度有关。

对于一般电力变压器，空载电流在一次绕组引起的漏阻抗压降 $\dot{I}_0 Z_1$ 很小，因此在分析变压器空载运行时，可将 $\dot{I}_0 Z_1$ 忽略不计，一次绕组电动势方程式（3-14）可表示为

$$\dot{U}_1 \approx -\dot{E}_1 \quad 或 \quad u_1 \approx -e_1 \tag{3-17}$$

一次绕组电源电压与电动势有关系式

$$U_1 \approx E_1 = 4.44 f N_1 \Phi_m \tag{3-18}$$

式（3-17）表明，当忽略一次绕组漏阻抗压降时，外施电压 u_1 由一次绕组中的感应电动势 e_1 所平衡，即在任意瞬间，外施电压 u_1 与感应电动势 e_1 大小相等，相位相反，所以 e_1 又称为反电动势。式（3-18）表明，在忽略一次绕组漏阻抗压降的情况下，当电源频率 f、绕组匝数 N_1 为常数时，铁心中主磁通的幅值与电源电压成正比。反之，当电源电压一定，铁心中主磁通 Φ_m 也一定，产生主磁通的励磁磁动势也一定，励磁电流大小也一定。也就是说，对于运行中的变压器，由于其绕组匝数及电源频率一定，则主磁通大小只由电源电压决定，与是否带负载及所带负载大小无关，这一点对于分析变压器运行十分重要。

3.1.5 变比

变压器中，常用变比（transformation ratio）来衡量变压器一、二次电压变换的幅度，也称为电压比。变比的定义是变压器一次绕组与二次绕组相电动势之比，用符号 K 表示，即

$$K = \frac{E_1}{E_2} = \frac{4.44 f N_1 \Phi_m}{4.44 f N_2 \Phi_m} = \frac{N_1}{N_2} \tag{3-19}$$

式（3-19）表明，变压器的变比也等于一、二次绕组的匝数比（turn ratio）。要使变压器的一、二次侧具有不同的电压，只要改变一、二次侧绕组的匝数即可。

变压器空载时，因为空载电流小，空载电流在一次绕组上的漏阻抗压降小，可认为 $U_1 \approx E_1$，而 $U_{20} = E_2$，近似用一、二次绕组的电压之比来表示变压器的变比，有

$$K = \frac{E_1}{E_2} \approx \frac{U_1}{U_{20}} \qquad\qquad (3-20)$$

变压器变比的定义是一、二次绕组的电动势之比，即相电动势比。对于三相变压器，不管绕组是 Y 形接法还是 △ 形接法，其标注的都是线电压，如 121kV/10.5kV。在已知额定电压（线电压）的情况下，求变比 K 时必须换算成额定相电压之比。

Yd 连接变压器有

$$K = \frac{U_{1N}}{\sqrt{3}U_{2N}}$$

Dy 连接变压器有

$$K = \frac{\sqrt{3}U_{1N}}{U_{2N}}$$

利用变压器电压近似计算变比时不是用变压器实际运行的电压比，而是空载电压比，变压器实际运行电压大小与负载类型、负载电流及变压器本身的参数都有关，如果用变压器实际运行电压计算变比将有较大误差。

3.1.6 空载运行时的等效电路

变压器空载运行时，其内部既有电路问题，又有磁路问题，电和磁相互联系。为了使分析和计算简化，把变压器中电和磁的关系用纯电路的形式来表示，这个电路称为等效电路（equivalent electric circuit）。

将式（3-16）代入式（3-14），得

$$\dot{U}_1 = \dot{I}_0 Z_m + \dot{I}_0 Z_1 = \dot{I}_0 (Z_m + Z_1) \qquad\qquad (3-21)$$

由式（3-21）可知，变压器空载运行时的等效电路是两个阻抗相串联的电路，一个是一次绕组的漏阻抗 Z_1，另一个是励磁阻抗 Z_m，等效电路如图 3-5 所示。

总结前面的分析，变压器空载运行状态有以下结论。

（1）一次绕组漏阻抗 $Z_1 = r_1 + jx_{1\sigma}$ 是常数，相当于一个空心线圈的参数。

（2）励磁阻抗 $Z_m = r_m + jx_m$ 不是常数，励磁电阻 r_m 和励磁电抗 x_m 均随主磁路饱和程度的增加而减小。这是因为励磁电抗 x_m 所反映的是主磁通所经过的主磁路的情况，由于主磁路为非线性磁路，主磁通与建立它的励磁电流之间为非线性关系，所以主磁路的磁阻不是常数，而电抗的大小决定于磁路的磁阻及线圈匝数。当电源频率 f 一定，随着电源电压的升高，主磁通 Φ_m 增大，铁心饱和程度增加，磁路越饱和，磁阻越大，则励磁电抗 x_m 越小；而主磁通的增加，一方面使铁耗增大，因为 $p_{Fe} \propto B_m^2$，另一方面随着主磁通的增加，所需的励磁电流也大大增加，由于磁路非线性，铁耗增加的速度比不上励磁电流平方增大的速度，所以励磁电阻 r_m 也随铁心饱和程度增大而减小。

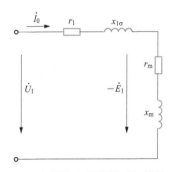

图 3-5 变压器空载运行时的等效电路

通常，变压器正常运行时一次侧电压 $\dot{U}_1$ 为恒定值（额定值），则主磁通保持基本不变，铁心主磁路的饱和程度也近似不变，所以可认为额定运行条件下变压器的励磁电阻 φ 和励磁电抗 x_m 也不变，为常数。

（3）空载运行时铁耗较铜耗大很多，即 $p_{Fe} \gg p_{Cu}$，所以励磁电阻较一次绕组的电阻大很多，$r_m \gg r_1$；由于主磁通也远大于一次绕组的漏磁通，所以 $x_m \gg x_{1\sigma}$。则在对变压器分析时，有时可以忽略一次绕组的电阻 r_1 和漏电抗 $x_{1\sigma}$。

（4）从等效电路可知，空载励磁电流 $\dot{I}_0$ 的大小主要取决于励磁阻抗 Z_m。从变压器运行的角度，希望其励磁电流小一些，所以要求采用高磁导率的铁心材料，以增大励磁阻抗 Z_m，从而可以减小励磁电流。励磁电流减小，可提高变压器的效率和功率因数。

上面的结论是从等效电路的角度得到的，也可以从磁路的角度分析，在变压器一次绕组为额定电压时，主磁通保持基本不变。根据磁路欧姆定律可知，产生主磁通所需的励磁磁动势与磁路磁阻成正比，磁路磁阻越小（高磁导率材料磁路），所需励磁磁动势也越小，则励磁电流就小。

3.1.7 空载运行时的相量图

变压器空载运行时的相量图（phasor diagram）如图3-6所示，其作图步骤如下。

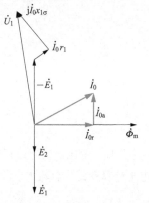

（1）选取主磁通 $\dot{\Phi}_{\mathrm{m}}$ 为参考相量。

（2）根据式（3-6）、式（3-7）可确定电动势 $\dot{E}_1$ 和 $\dot{E}_2$，它们均滞后主磁通 $\dot{\Phi}_{\mathrm{m}}$ 90°，大小分别为 $4.44fN_1\Phi_{\mathrm{m}}$ 和 $4.44fN_2\Phi_{\mathrm{m}}$。

（3）空载电流的无功分量 $\dot{I}_{0\mathrm{r}}$ 和主磁通 $\dot{\Phi}_{\mathrm{m}}$ 同相位，有功分量 $\dot{I}_{0\mathrm{a}}$ 超前 $\dot{\Phi}_{\mathrm{m}}$ 90°，二者合成得到空载电流 $\dot{I}_0$。

（4）根据式（3-14）可分别得到 $-\dot{E}_1$、$\dot{I}_0 r_1$ 和 $\mathrm{j}\dot{I}_0 x_{1\sigma}$，进行相量加得到一次侧电压 $\dot{U}_1$。

图3-6中，为了清楚起见，增大了一次绕组的漏阻抗压降，实际上 $\dot{U}_1$ 与 $-\dot{E}_1$ 大小接近。由于 $\dot{I}_{0\mathrm{r}} \gg \dot{I}_{0\mathrm{a}}$，所以空载电流 $\dot{I}_0$ 近似滞后电压 $\dot{U}_1$ 90°，$\dot{I}_0$ 和 $\dot{U}_1$ 的夹角为变压器空载时的功率因数角 φ_0，所以变压器空载运行时功率因数 $\cos\varphi$ 很低，一般为 $0.1\sim0.2$。

图3-6　变压器空载时的相量图

【例3-1】一台三相变压器，额定容量 $S_{\mathrm{N}}=31\,500\mathrm{kVA}$，额定电压 $U_{1\mathrm{N}}/U_{2\mathrm{N}}=110/10.5\mathrm{kV}$，Yd 连接，一次绕组一相电阻 $r_1=1.21\Omega$，漏抗 $x_{1\sigma}=14.45\Omega$，励磁电阻 $r_{\mathrm{m}}=1439.3\Omega$，励磁电抗 $x_{\mathrm{m}}=14\,161.3\Omega$，试求：

（1）变压器一次、二次侧额定电流；

（2）变压器变比；

（3）空载电流及其与一次侧额定电流的百分比；

（4）每相绕组的铜耗、铁耗及三相绕组的铜耗和铁耗；

（5）变压器空载时的功率因数。

解：（1）一、二次侧的额定电流分别为

$$I_{1\mathrm{N}}=\frac{S_{\mathrm{N}}}{\sqrt{3}U_{1\mathrm{N}}}=\frac{31\,500\times10^3}{\sqrt{3}\times110\times10^3}=165.3\mathrm{A}$$

$$I_{2\mathrm{N}}=\frac{S_{\mathrm{N}}}{\sqrt{3}U_{2\mathrm{N}}}=\frac{31\,500\times10^3}{\sqrt{3}\times10.5\times10^3}=1732\mathrm{A}$$

（2）变压器变比用额定电压之比计算，为

$$K=\frac{U_{1\mathrm{N}}}{\sqrt{3}U_{2\mathrm{N}}}=\frac{110\times10^3}{\sqrt{3}\times10.5\times10^3}=6.05$$

（3）利用空载时等效电路，根据相电压计算每相空载电流为

$$
\begin{aligned}
I_0 &= \frac{U_{1\mathrm{N}}/\sqrt{3}}{\sqrt{(r_1+r_{\mathrm{m}})^2+(x_{1\sigma}+x_{\mathrm{m}})^2}}\\
&= \frac{110\times10^3}{\sqrt{3}\times\sqrt{(1.21+1439.3)^2+(14.45+14\,161.3)^2}}\\
&= 4.46\mathrm{A}
\end{aligned}
$$

由于变压器一次绕组为 Y 形连接，一次绕组相电流与线电流相等，则空载电流占一次绕组额定电流百分比为

$$\frac{I_0}{I_{1\mathrm{N}}}=\frac{4.46}{165.3}=2.7\%$$

（4）每相绕组铜耗为

$$I_0^2 r_1 = 4.46^2 \times 1.21 = 24.07\text{W}$$

则三相总铜耗为

$$P_{\text{Cu}} = 3I_0^2 r_1 = 72.21\text{W}$$

每相铁耗为

$$I_0^2 r_{\text{m}} = 4.46^2 \times 1439.3 = 28\ 629.9\text{W}$$

三相总铁耗为

$$P_{\text{Fe}} = 3I_0^2 r_{\text{m}} = 85\ 889.7\text{W}$$

（5）功率因数角为

$$\varphi_0 = \arctan \frac{x_{\text{m}} + x_{1\sigma}}{r_{\text{m}} + r_1} = \arctan \frac{14\ 161.3 + 14.5}{1439 + 1.21} = 84.19°$$

功率因数则为

$$\cos \varphi_0 = \cos 84.19° = 0.1$$

可见，变压器空载运行时，空载电流很小，铁耗远大于铜耗，变压器在很低的功率因数下运行。

3.2 单相变压器的负载运行

变压器一次绕组接交流电源，二次绕组接负载的运行方式，为变压器的负载运行方式。二次绕组接负载，有电流流出，输出电能，变压器通过电磁感应原理将一次侧电能传递到二次侧。如图3-7所示为单相变压器负载运行示意图，其中 Z_L 为负载阻抗。

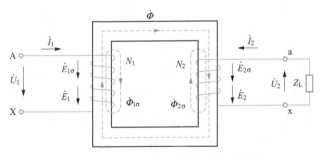

图3-7 单相变压器负载运行示意图

3.2.1 磁动势平衡方程

变压器空载运行时，二次侧绕组电流为零，一次侧绕组只有很小的空载电流，用于建立空载磁动势，$\dot{F}_0 = \dot{I}_0 N_1$，产生主磁通 $\dot{\Phi}_{\text{m}}$，此时铁心中只有空载电流建立的磁动势。

当变压器负载运行时，二次侧绕组接负载流过电流 $\dot{I}_2$，将产生磁动势 $\dot{F}_2 = \dot{I}_2 N_2$，该磁动势也作用在铁心主磁路上，根据楞次定律可知，$\dot{F}_2$ 对主磁场有去磁作用，它企图改变主磁通 $\dot{\Phi}_{\text{m}}$。但由于一次绕组电压 U_1 不变，由式（3-17）可知，主磁通 $\dot{\Phi}_{\text{m}}$ 也近似不变。所以，不管变压器是空载还是带不同大小的负载，其主磁通基本恒定，只与电源电压相关。主磁通恒定，也就意味着总磁动势不变。当二次侧有磁动势 $\dot{F}_2$ 后，为了维持主磁通的恒定，一次磁动势将要发生变化，由空载时的 $\dot{F}_0$ 变为负载时的 $\dot{F}_1$，一次绕组电流也发生改变，由 $\dot{I}_0$ 变为 $\dot{I}_1$。一次绕组变化的磁动势用来平衡二次侧由于负载产生的作用，从而保持一、二次绕组的合成磁动势不变，此时变压器处于负载运行时新的电磁平衡状态。

变压器负载运行的磁动势平衡方程为

$$\dot{F}_0 = \dot{F}_1 + \dot{F}_2 \tag{3-22}$$

也可以表示为

$$\dot{I}_0 N_1 = \dot{I}_1 N_1 + \dot{I}_2 N_2 \tag{3-23}$$

式（3-23）可改写成

$$\dot{I}_1 N_1 = \dot{I}_0 N_1 + (-\dot{I}_2 N_2) \tag{3-24}$$

式（3-24）表明，一次绕组的磁动势 $\dot{F}_1 = \dot{I}_1 N_1$ 由两个分量组成，一个分量是励磁磁动势，近似等于空载磁动势 $\dot{F}_0 = \dot{I}_0 N_1$，用于建立主磁通；另一个分量是 $-\dot{F}_2 = -\dot{I}_2 N_2$，用来平衡二次绕组磁动势 $\dot{F}_2$ 的作用，以维持主磁通恒定。

将式（3-24）两边同时除以匝数 N_1，得

$$\dot{I}_1 = \dot{I}_0 + (-\dot{I}_2 / K) = \dot{I}_0 + \dot{I}_{1L} \tag{3-25}$$

$$\dot{I}_{1L} = -\dot{I}_2 / K \tag{3-26}$$

式中：$\dot{I}_{1L}$ 为一次侧绕组电流的负载分量（load component），其大小随负载变化而变化。

式（3-24）表明了变压器一、二次侧能量传递的关系，这可以从电和磁两个方面理解。从电的角度理解，变压器空载运行时，二次绕组电流为零，二次侧输出功率为零，一次绕组电流为空载电流 $\dot{I}_1 = \dot{I}_0$，用于建立主磁通，很小，变压器从电源吸收很小的功率提供空载损耗；变压器负载运行时，二次侧电流 $\dot{I}_2 \neq 0$，二次侧有功率输出，根据能量守恒，一次侧输入功率将发生变化，则一次侧电流 $\dot{I}_1$ 随之发生变化；一、二次侧电压一定时，二次绕组电流 $\dot{I}_2$ 增大，表明二次侧输出功率增大，则变压器将从电源吸收更大的功率，一次电流 $\dot{I}_1$ 增大，实现电能传递。从磁的角度理解，空载时只有一次绕组空载电流建立的空载磁动势 $\dot{F}_0$，负载时二次绕组电流产生负载磁动势 $\dot{F}_2$，为了维持磁动势平衡，一次绕组磁动势将发生变化，一次绕组电流也发生变化；二次侧输出功率越大，二次磁动势越大，则一次磁动势随之增大，实现了电能的传递。所以，一次、二次绕组之间虽然没有电路上的直接联系，但是由于两个绕组共用同一个磁路，共同交链同一个主磁通，借助于主磁通的变化，通过电磁感应作用，实现了一、二次绕组间的电压变换和功率传递。

3.2.2 电动势平衡方程

二次侧电流产生的磁动势 $\dot{F}_2$ 除了产生主磁通 $\dot{\Phi}_m$ 外，还产生只与二次侧绕组交链的漏磁通 $\dot{\Phi}_{2\sigma}$，$\dot{\Phi}_{2\sigma}$ 对应在二次侧绕组感应漏电动势 $\dot{E}_{2\sigma}$。与一次侧类似，二次侧绕组漏磁通与漏电动势之间的关系也可以用漏电抗表示。当一、二次绕组的漏电动势 $\dot{E}_{1\sigma}$ 和 $\dot{E}_{2\sigma}$ 分别用它们的漏电抗 $x_{1\sigma}$ 和 $x_{2\sigma}$ 的压降来表示后，考虑二次绕组电阻 r_2，变压器负载时一、二次侧绕组电动势平衡方程为

$$\dot{U}_1 = -\dot{E}_1 + j\dot{I}_1 x_{1\sigma} + \dot{I}_1 r_1 = -\dot{E}_1 + \dot{I}_1 Z_1 \tag{3-27}$$

$$\dot{U}_2 = \dot{E}_2 - j\dot{I}_2 x_{2\sigma} - \dot{I}_2 r_2 = \dot{E}_2 - \dot{I}_2 Z_2 \tag{3-28}$$

$$\dot{U}_2 = \dot{I}_2 Z_L$$

式中：Z_2 为二次绕组漏阻抗，$Z_2 = r_2 + j x_{2\sigma}$。

从式（3-27）可以看出，变压器带负载后其一次绕组电动势平衡方程形式不变，只是电流由空载时的 $\dot{I}_0$ 变为 $\dot{I}_1$。

综上所述，变压器负载运行时，各物理量的关系如图3-8所示。

变压器负载运行时的基本方程式汇总如下

$$\dot{U}_1 = -\dot{E}_1 + j\dot{I}_1 x_{1\sigma} + \dot{I}_1 r_1 = -\dot{E}_1 + \dot{I}_1 Z_1$$

$$\dot{U}_2 = \dot{E}_2 - j\dot{I}_2 x_{2\sigma} - \dot{I}_2 r_2 = \dot{E}_2 - \dot{I}_2 Z_2$$

$$\dot{I}_1 = \dot{I}_0 + (-\dot{I}_2 / K)$$

$$K = \frac{E_1}{E_2} = \frac{N_1}{N_2}$$

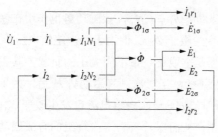

图3-8 变压器负载运行时的电磁关系

$$-\dot{E}_1 = \dot{I}_0 Z_m = \dot{I}_0 (r_m + jx_m)$$

$$\dot{U}_2 = \dot{I}_2 Z_L$$

这里需要强调的是，感应电动势 E_1 的大小决定于电源频率、一次绕组的匝数和主磁通，与负载无关，变压器负载时一次绕组电流较空载电流大，增加的部分为负载分量，励磁分量即变压器励磁电流（空载电流）不变，所以不管是负载还是空载，采用励磁阻抗计算 E_1 时一定是用空载电流 $\dot{I}_0$ 而不是一次绕组电流 $\dot{I}_1$。

3.2.3 绕组折算

利用变压器的基本方程式，可以对变压器运行性能进行分析计算。但是，由于一、二次绕组匝数不相等，变比不相等，$K \neq 1$，所以一、二次绕组感应电动势不等，即 $E_1 \neq E_2$，再加上一、二次绕组之间无电的直接联系，所以使变压器计算变得很复杂。为了分析求解方便，在电机学中对变压器和电机的分析常采用折算法。所谓折算（referring），也称为归算，就是让一、二次绕组的匝数相等，即把实际变压器模拟为变比 $K=1$ 的等效变压器来研究。

若以一次绕组为基准，将二次绕组用一个匝数与一次绕组匝数相等的绕组来等效，叫二次侧折算到一次侧；也可以二次绕组为基准，将一次绕组用一个匝数与二次绕组匝数相等的绕组来等效，叫一次侧折算到二次侧。需要注意的是，折算的目的是为了简化计算，在折算前后，变压器内部的电磁关系一定不能改变，所以折算是在磁动势、功率、损耗和漏磁场储能等均保持不变的原则下进行的。

本书折算后的各量在相应符号的右上角加"′"，表示为折算后的值。根据折算原则，以二次侧折算到一次侧为例，即用一个匝数为 N_1 的绕组等效匝数为 N_2 的实际绕组，给出折算前后各物理量的关系，而不改变折算前后的电磁关系。

1. 电动势的折算

根据折算前后二次绕组主磁通和漏磁通保持不变的原则，有

$$\frac{E_2'}{E_2} = \frac{4.44 f N_1 \Phi_m}{4.44 f N_2 \Phi_m} = \frac{N_1}{N_2} = K$$

$$\frac{E_{2\sigma}'}{E_{2\sigma}} = \frac{4.44 f N_1 \Phi_{2\sigma}}{4.44 f N_2 \Phi_{2\sigma}} = \frac{N_1}{N_2} = K$$

即

$$E_2' = K E_2 \tag{3-29}$$

$$E_{2\sigma}' = K E_{2\sigma} \tag{3-30}$$

当然，二次侧电压也有这种关系，即

$$U_2' = K U_2 \tag{3-31}$$

2. 电流的折算

根据折算前后二次绕组磁动势保持不变的原则，有

$$I_2' N_1 = I_2 N_2$$

则

$$I_2' = I_2 \frac{N_2}{N_1} = \frac{I_2}{K} \tag{3-32}$$

3. 阻抗的折算

根据折算前后二次绕组电阻上的铜耗不变的原则，有

$$I_2'^2 r_2' = I_2^2 r_2$$

则

$$r_2' = K^2 r_2 \tag{3-33}$$

同理，根据折算前后二次侧绕组漏电抗上所消耗的无功功率保持不变的原则，有

$$x_2' = K^2 x_2 \tag{3-34}$$

负载阻抗也有同样的关系，即

$$Z_L' = K^2 Z_L \tag{3-35}$$

综上所述，把二次侧各物理量折算到一次侧时，凡是单位为 V 的量，折算值等于原值乘以变比 K，凡是单位为 A 的量，折算值等于原值除以变比 K，凡是单位为 Ω 的量，折算值等于原值乘以变比 K 的平方。

注意：折算只是一种分析方法，只要保持磁动势 $\dot{F}_2$ 不变，就未改变变压器的电磁关系，也不会改变变压器的功率平衡关系。

二次侧折算到一次侧后，变压器的基本方程式为

$$\dot{U}_1 = -\dot{E}_1 + j\dot{I}_1 x_{1\sigma} + \dot{I}_1 r_1 = -\dot{E}_1 + \dot{I}_1 Z_1$$
$$\dot{U}_2' = \dot{E}_2' - j\dot{I}_2' x_{2\sigma}' - \dot{I}_2' r_2' = \dot{E}_2' - \dot{I}_2' Z_2'$$
$$\dot{I}_1 = \dot{I}_0 + (-\dot{I}_2')$$
$$E_1 = E_2'$$
$$-\dot{E}_1 = \dot{I}_0 Z_m = \dot{I}_0 (r_m + jx_m)$$
$$\dot{U}_2' = \dot{I}_2' Z_L'$$

3.2.4 等效电路

1. T 形等效电路

根据折算后变压器的一、二次绕组的电动势方程，可分别画出一、二次绕组及励磁绕组的等效电路如图 3-9 中的图（a）、图（b）、图（c）所示。因为，$\dot{U}_C = 0$，$\dot{I}_1 + \dot{I}_2' = \dot{I}_0$，可以将图 3-9 的（a）、（b）、（c）三个部分连接在一起，便得到变压器的等效电路，由于其形式如同英文大写字母 T，又称其为 T 形等效电路，如图 3-9（d）所示。

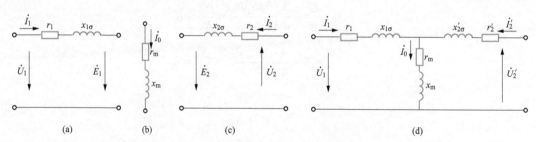

图 3-9 与变压器基本方程对应的电路和变压器的 T 形等效电路
（a）一次绕组；（b）励磁支路；（c）二次绕组；（d）变压器的 T 形等效电路

T 形等效电路能够较准确地反映变压器对称稳态运行时内部的电磁关系，在进行变压器分析、计算时常用。

2. 近似等效电路

在 T 形等效电路中，含有串联和并联支路，复数运算时比较麻烦。考虑到变压器负载运行时，一次绕组电流远大于励磁电流，即 $I_1 \gg I_0$，$Z_m \gg Z_1$，可将励磁阻抗 Z_m 所在的支路移到电源端，得到变压器的近似等效电路，如图 3-10 所示。近似等效电路较 T 形等效电路计算更简单，这样近似所引起的误差不大，在很多情况下能够满足工程实际的要求。

3. 简化等效电路

电力变压器中，空载电流很小，所以近似计算时忽略空载电流，则近似等效电路可进一步简化为简单的串联电路，并将电阻和电抗合并，得到如图 3-11 所示的电路，称为简化等效电路。简化等效电路中的串联阻抗称为变压器的短路阻抗（short-circuit impedance）Z_k，有

$$Z_k = Z_1 + Z_2' = r_k + jx_k \tag{3-36}$$
$$r_k = r_1 + r_2'$$

$$x_k = x_{1\sigma} + x_{2\sigma}'$$

式中：r_k 为短路电阻；x_k 为短路电抗。

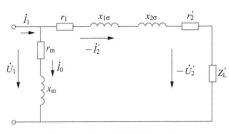 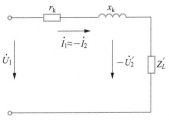

图 3-10 近似等效电路　　　　　　　　　　　图 3-11 简化等效电路

进行变压器短路计算时常用简化等效电路，因为短路时短路电流大，空载电流所占的比例较额定负载时小得多。如果变压器发生稳态短路，则稳态短路电流 $I_k = U_1 / Z_k$。短路阻抗 Z_k 一般较小，所以变压器短路电流很大，可以达到额定电流的 10～20 倍。

3.2.5 负载运行时的相量图

根据变压器的电压方程和等效电路，可以画出变压器稳态运行时的相量图。变压器一般带感性负载，图 3-12 为变压器带感性负载时的相量图。相量图的画法和作图步骤随已知条件而定。假定已知负载情况和变压器等效电路参数，即已知 $\dot{U}_2$、$\dot{I}_2$、$\cos\varphi_2$、K、r_1、$x_{1\sigma}$、r_2、$x_{2\sigma}$、r_m 和 x_m，相量图绘图步骤如下。

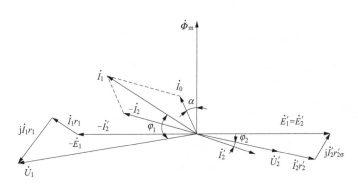

图 3-12 感性负载时变压器相量图

（1）根据变比 K 计算二次绕组折算到一次绕组的折算值，$\dot{U}_2'$、$\dot{I}_2'$、r_2' 和 $x_{2\sigma}'$。

（2）取 $\dot{U}_2'$ 为参考相量，$\dot{I}_2'$ 滞后 $\dot{U}_2'$ 的相位为 φ_2。

（3）根据二次侧电压平衡方程 $\dot{E}_2' = \dot{U}_2' + \dot{I}_2'(r_2' + jx_{2\sigma}')$，在 $\dot{U}_2'$ 上叠加 $\dot{I}_2'r_2'$ 和 $j\dot{I}_2'x_{2\sigma}'$，$\dot{I}_2'r_2'$ 与 $\dot{I}_2'$ 同相，$j\dot{I}_2'x_{2\sigma}'$ 超前 $\dot{I}_2'$ 90°，从而可得到 $\dot{E}_2'$。

（4）根据 $\dot{E}_1 = \dot{E}_2'$，则得到 $\dot{E}_1$，取其反向值，为 $-\dot{E}_1$。

（5）主磁通 $\dot{\Phi}_m$ 超前 $\dot{E}_1$ 90°，大小为 $\Phi_m = \dfrac{E_1}{4.44fN_1}$，而励磁电流 $\dot{I}_0$ 超前 $\dot{\Phi}_m$ 一个角度 α，$\alpha = \arctan\dfrac{x_m}{r_m}$，

$\dot{I}_0 = \dfrac{-\dot{E}_1}{Z_m}$。

（6）由 $\dot{I}_0 + (-\dot{I}_2') = \dot{I}_1$，可画出 $\dot{I}_1$。

（7）根据 $\dot{U}_1 = -\dot{E}_1 + \dot{I}_1(r_1 + jx_{1\sigma})$，可得到 $\dot{U}_1$。

从图可见，$\dot{I}_1$ 滞后 $\dot{U}_1$ 的角度为 φ_1，φ_1 为变压器一次侧的功率因数角。工程上，分析和计算实际问题时，常采用等效电路，而把相量图作为定性分析时的辅助工具。

3.3 标 幺 值

在工程实际中，各物理量除了用其实际值来表示外，还常常把它们表示成与某一选定的同量纲的基准值之比的形式，即标幺值。

3.3.1 标幺值的定义

所谓标幺值（per unit value）是用实际值与同一单位的某一选定的基准值（base value）之比，即

标幺值＝实际值（任意单位）/基准值（与实际值相同单位）

标幺值是相对值，无单位，用原来的符号右下角加*表示。

3.3.2 基准值的选取

为使标幺值具有一定的物理意义，在电机中，常选各物理量的额定值作为基准值，具体如下。

（1）额定相电压和相电流作为相电压和相电流的基准值；额定电压和额定电流作为线电压和线电流的基准值。确定基准值后，变压器一、二次侧相电压标幺值则分别为

$$U_{1*} = \frac{U_1}{U_{1\text{N.ph}}} \tag{3-37}$$

$$U_{2*} = \frac{U_2}{U_{2\text{N.ph}}} \tag{3-38}$$

（2）电阻、电抗和阻抗采用同一个基准值，要注意这些参数都是一相的值，所以阻抗基准值 Z_N 是额定相电压与额定相电流的比值，$Z_\text{N} = \dfrac{U_\text{N.ph}}{I_\text{N.ph}}$。对于三相变压器，根据额定参数计算阻抗基准值时要考虑绕组联结方式，对于 Y 形连接，$Z_\text{N} = \dfrac{U_\text{N}/\sqrt{3}}{I_\text{N}}$；对于 △ 连接，$Z_\text{N} = \dfrac{U_\text{N}}{I_\text{N}/\sqrt{3}}$。

（3）有功功率、无功功率及视在功率采用同一个基准值，以额定视在功率为基准；单相变压器视在功率的基准值为 $U_\text{N} I_\text{N}$，三相变压器视在功率的基准值为 $3U_\text{N.ph} I_\text{N.ph}$ 或 $\sqrt{3} U_\text{N} I_\text{N}$。

（4）变压器有一、二次侧绕组之分，一次、二次侧各物理量的基准值，应选择各自侧的额定值。

3.3.3 标幺值的特点

（1）额定电压、额定电流和额定视在功率的标幺值为 1。

（2）采用标幺值表示电压、电流时，可以直观地看出变压器的运行情况。例如，已知两台变压器运行时一次电压、电流分别为 6kV、9A 和 35kV、20A，在不知道变压器额定参数的情况下，无法判断变压器的运行工况，其为重载还是轻载。如果给出的是两台变压器一次电压和电流的标幺值分别为 $U_{1*}=1$、$I_{1*}=1$ 及 $U_{1*}=1$、$I_{1*}=0.6$，则知道第一台变压器为额定负载、第二台变压器只带了 60%额定容量的负载，一目了然。通常，将 $I_{1*}=1$，即额定负载称为变压器满载，$I_{1*}=0.5$ 称为变压器半载。

（3）变压器绕组折算前后各物理量的标幺值相等，也就是说，采用标幺值计算时，不必再进行折算。
例如

$$U_{2*} = \frac{U_2}{U_{2\text{N}}} = \frac{KU_2}{KU_{2\text{N}}} = \frac{U_2'}{U_{1\text{N}}} = U_{2*}'$$

（4）三相变压器中，由于绕组连接方式不同，其线值和相量值不相等，相差 $\sqrt{3}$ 倍。如果用标幺值表示，线值的基准值是线值，相值的基准值是相值，基准值也相差 $\sqrt{3}$ 倍，则线值和相值的标幺值相等。同样，最大值、有效值的标幺值也相等。

（5）某些物理量的标幺值相等，可以简化计算。如短路阻抗标幺值等于阻抗电压的标幺值

$$Z_{k*} = \frac{Z_k}{Z_N} = \frac{I_{N.ph} Z_k}{U_{N.ph}} = \frac{U_k}{U_{N.ph}} = U_{k*}$$

电力变压器容量从几十千伏安到几十万千伏安，电压等级从几百伏到几十万伏，相差及其悬殊，它们的阻抗用欧姆表示，也相差很大。如果采用标幺值表示，所有电力变压器的阻抗标幺值都在一个较小的范围内，如 $Z_{k*} = 0.04 \sim 0.14$ 。

3.4 变压器等效电路参数测定

在分析和计算变压器特性时，应知道变压器等效电路中的各阻抗参数，而变压器铭牌上未给出这些参数，实际中可以根据变压器的空载试验和短路试验测定其等效电路参数。

3.4.1 空载试验

空载试验（no-load test）可测定变压器的变比 K、空载电流 I_0、空载损耗 p_0、励磁电阻 r_m、励磁电抗 x_m 及励磁阻抗 Z_m 等。单相变压器空载试验接线图如图 3-13 所示。

图 3-13 中，为了便于测量和安全起见，空载试验一般在变压器的低压侧加电源，高压侧开路。试验时，将低压侧试验电源的电压从零开始逐渐上升，直到 $1.15 U_N$ 左右。升压过程中，逐点测量空载电流 I_0、外加电压 U_1 和输入功率（空载损耗）p_0，得到变压器的空载特性曲线 $I_0 = f(U_1)$ 及 $p_0 = f(U_1)$。由于励磁阻抗的大小与铁心饱和程度有关，所以空载电流和空载损耗随外加电压 U_1 的变化而变化，即与铁心饱和程度有关，因此应取额定电压点计算变压器励磁参数。

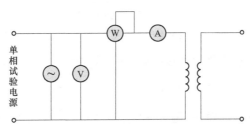

图 3-13 单相变压器空载试验的接线图

空载时，变压器从电源吸取的功率为铁耗和空载时低压绕组的铜耗之和，由于空载电流很小，所以铜耗也很小，可忽略不计，则空载损耗近似认为就是变压器铁耗，即 $p_0 \approx p_{Fe}$。忽略很小的绕组电阻 r_1 和电抗 x_1，则可计算出变压器变比及励磁参数：

变比为
$$K = \frac{U_{20}}{U_{1N}} \tag{3-39}$$

励磁阻抗为
$$Z_m = \frac{U_{1N}}{I_0} \tag{3-40}$$

励磁电阻为
$$r_m = \frac{p_0}{I_0^2} \tag{3-41}$$

励磁电抗为
$$x_m = \sqrt{Z_m^2 - r_m^2} \tag{3-42}$$

注意：通过空载试验得到的变比 K 为高压侧对低压侧的变比，励磁阻抗、励磁电阻、励磁电抗等励磁参数为变压器低压侧的数值，如果要得到高压侧各参数值，必须进行绕组折算，即将各量乘以 K^2。

3.4.2 短路试验

短路试验（short-circuit test）可以测量变压器的短路参数，短路电阻 r_k、短路电抗 x_k 及短路损耗

（short‐circuit loss）p_k。图 3 – 14 为单相变压器短路试验的接线图。

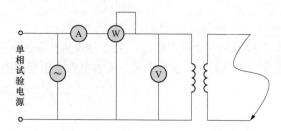

图 3 – 14　单相变压器短路试验接线图

短路试验通常在变压器高压侧加电源电压，将低压侧直接短路。由简化等效电路可知，短路电流 I_k 的大小，由外加电压 U_1 和变压器本身的短路阻抗 Z_k 决定，即 $I_k = U_1 / Z_k$，由于短路阻抗 Z_k 很小，短路电流将很大。为了避免过大的短路电流损坏变压器，短路试验必须在较低的电压下进行，通常以短路电流达到额定值为限，此时外加电压为额定电压的 5%～10%。

试验时，外加电压从零开始逐渐增大，监视电流表的读数直到电流 I_k 约等于 $1.2I_{1N}$ 为止，逐点测量外加电压 U_k、短路电流 I_k 和输入功率（短路损耗）p_k，并记录环境温度 θ。根据试验数据，可得到短路特性曲线 $I_k = f(U_k)$ 和 $p_k = f(U_k)$。由于短路阻抗 Z_k 是常数，所以 $I_k = f(U_k)$ 是一条直线。

根据变压器二次侧短路时的简化等效电路，有：

短路阻抗为

$$Z_k = \frac{U_k}{I_k} \tag{3–43}$$

短路电阻为

$$r_k = \frac{p_k}{I_k^2} \tag{3–44}$$

短路电抗为

$$x_k = \sqrt{Z_k^2 - r_k^2} \tag{3–45}$$

由于漏磁场分布十分复杂，要从测出的短路电抗 x_k 中把一次绕组漏电抗 $x_{1\sigma}$ 和二次绕组漏电抗 $x'_{2\sigma}$ 分开出来非常困难，而工程上大多采用简化等效电路来计算，通常也没有必要将其分开。所以，在 T 形等效电路计算时，可取 $x_1 = x'_{2\sigma} = \frac{1}{2}x_k$，$r_1 = r'_2 = \frac{1}{2}r_k$，而 $x'_{2\sigma} = k^2 x_{2\sigma}$，$r'_2 = k^2 r_2$。

由于绕组电阻随温度变化，而短路试验一般是在室温下进行，需将绕组电阻换算到标准工作温度 75℃时的数值，对铜绕组变压器，可换算为

$$r_{k75℃} = r_{k\theta} \frac{235 + 75}{235 + \theta} \tag{3–46}$$

$$Z_{k75℃} = \sqrt{r_{k75℃}^2 + x_k^2} \tag{3–47}$$

短路试验时，变压器从电源吸取的功率 p_k 全部转化为一、二次绕组的铜耗和铁耗，但由短路试验时外加电压很低，铁心中的磁通很小，铁耗也很小，可忽略，这样可认为短路损耗即为变压器铜耗，有

$$p_k \approx p_{Cu} = I_1^2 r_1 + I_2'^2 r_2' = I_k^2 r_k \tag{3–48}$$

一般电力变压器在短路电流达到额定值时的短路损耗 $p_{kN} = (0.004 \sim 0.04)S_N$。

3.4.3　短路电压

短路电压，也称阻抗电压，指变压器短路试验时，使短路电流达到额定值时所加的电压。短路电压是变压器重要参数之一，其数值标在变压器铭牌上，它反映了变压器在额定负载时内部漏阻抗压降的大小。常用其与额定电压的百分比来表示，有

$$u_k = \frac{U_k}{U_{1N}} \times 100\% \tag{3–49}$$

短路电压中，把平衡短路电阻压降部分称为短路电压的有功分量 u_{ka}，把平衡短路电抗压降的部分称为短路电压的无功分量 u_{kr}，计算公式分别为

$$u_{ka} = \frac{I_{N.ph}r_k}{U_{1N.ph}} \times 100\% \tag{3-50}$$

$$u_{kr} = \frac{I_{N.ph}x_k}{U_{1N.ph}} \times 100\% \tag{3-51}$$

用标幺值表示时，短路电压与短路阻抗标幺值相等，短路电压有功分量等于短路电阻标幺值，短路电压无功分量等于短路电抗标幺值，即

$$u_{k*} = z_{k*} \tag{3-52}$$

$$u_{ka*} = r_{k*} \tag{3-53}$$

$$u_{kr*} = x_{k*} \tag{3-54}$$

短路电压决定了变压器在电力系统运行时对电网电压波动的影响及变压器发生出口短路事故时电动力的大小，同时也是变压器能否并联运行的必要条件。从正常运行角度，希望短路阻抗越小越好，这样内部阻抗压降就越小，输出电压随负载变化的波动就越小；而从限制短路电流的角度，又希望短路阻抗大一些。一般中小型变压器的阻抗电压为 4%～10.5%，大型变压器一般为 12.5%～17.5%，表 3-1 给出了标准系列变压器的短路阻抗值。

表 3-1　　　　　　　　　　　　　标准系列变压器短路阻抗

电压等级（kV）	6～10	35	66	110	220	330	500
短路阻抗（%）	4～5.5	6.5～8	8～9	10.5	12～14	14～15	14

【例 3-2】一台三相电力变压器的额定数值为：$S_N = 100kV \cdot A$，额定电压为 $U_{1N}/U_{2N} = 6.0/0.4kV$，$f = 50Hz$，Yyn 连接，室温为 25℃时做空载试验和短路试验，试验数据见表 3-2。

表 3-2　　　　　　　　　　　　　例［3-2］试验数据

试验名称	电压（V）	电流（A）	功率（W）	试验时电源加在
空载试验	400	9.37	616	低压侧
短路试验	251.9	9.4	1920	高压侧

试求：（1）折算到高压侧的 T 形等效电路中各参数；

（2）阻抗电压及各分量的标幺值；

（3）用标幺值表示的 T 形等效电路。

解：（1）折算到高压侧的参数计算。因为是三相变压器，所以表中所给的试验数据功率、损耗等均为三相总和，电压、电流为线电压和线电流。

根据绕组接法计算其中一相的参数，有：

额定相电压为

$$U_{1N.ph} = \frac{U_{1N}}{\sqrt{3}} = \frac{6000}{\sqrt{3}} = 3464V$$

$$U_{2N.ph} = \frac{U_{2N}}{\sqrt{3}} = \frac{400}{\sqrt{3}} = 230.9V$$

额定相电流为

$$I_{1N.ph} = I_{1N} = \frac{S_N}{\sqrt{3}U_{1N}} = \frac{100 \times 10^3}{\sqrt{3} \times 6000} = 9.623A$$

$$I_{2N.ph} = I_{2N} = \frac{S_N}{\sqrt{3}U_{2N}} = \frac{100 \times 10^3}{\sqrt{3} \times 400} = 144.3A$$

变压器变比为

$$K = \frac{U_{1N.ph}}{U_{2N.ph}} = \frac{3464}{230.9} = 15$$

（a）根据空载试验计算折算到高压侧的励磁参数为

$$Z_m = K^2 \frac{U_0/\sqrt{3}}{I_0} = 15^2 \times \frac{400/\sqrt{3}}{9.37} = 5545.5\Omega$$

$$r_m = K^2 \frac{p_0/3}{I_0^2} = 15^2 \times \frac{616/3}{9.37^2} = 526.2\Omega$$

$$x_m = \sqrt{Z_m^2 - r_m^2} = \sqrt{5545.5^2 - 526.2^2} = 5520.48\Omega$$

（b）根据短路试验计算折算到高压侧的短路参数为

$$Z_k = \frac{U_k/\sqrt{3}}{I_k} = \frac{251.9/\sqrt{3}}{9.4} = 15.47\Omega$$

$$r_k = \frac{p_k/3}{I_k^2} = \frac{1920/3}{9.4^2} = 7.24\Omega$$

$$x_k = \sqrt{Z_k^2 - r_k^2} = \sqrt{15.47^2 - 7.24^2} = 13.67\Omega$$

换算到75℃时的短路参数为

$$r_{k75℃} = r_{kθ}\frac{235+75}{235+θ} = 7.24 \times \frac{235+75}{235+25} = 8.63\Omega$$

$$Z_{k75℃} = \sqrt{r_{k75℃}^2 + x_k^2} = \sqrt{8.63^2 + 13.67^2} = 16.17\Omega$$

一般取

$$r_1 = r_2' = \frac{1}{2}r_{k75℃} = 8.63/2 = 4.315\Omega$$

$$x_{1σ} = x_{2σ}' = \frac{1}{2}x_k = 13.67/2 = 6.835\Omega$$

（c）折算到高压侧的T形等效电路如图3-15（a）所示。

（2）阻抗电压及其分量的标幺值与短路阻抗及其分量的标幺值相等，所以只需计算短路阻抗及各分量标幺值即可

$$U_{k*} = Z_{k75℃*} = \frac{I_{1N.ph}Z_{k75℃}}{U_{1N.ph}} = \frac{9.623 \times 16.17}{3464} = 0.045$$

$$U_{ka*} = r_{k*} = \frac{I_{1N.ph}r_{k75℃}}{U_{1N.ph}} = \frac{9.623 \times 8.63}{3464} = 0.024$$

$$U_{kr*} = x_{k*} = \frac{I_{1N.ph} \times x_k}{U_{1N.ph}} = \frac{9.623 \times 13.67}{3464} = 0.038$$

（3）计算变压器各参数标幺值
励磁参数标幺值分别为

$$Z_{m*} = \frac{I_{1N.ph}Z_m}{U_{1N.ph}} = \frac{9.623 \times 5545.5}{3464} = 15.4$$

$$r_{m*} = \frac{I_{1N.ph}r_m}{U_{1N.ph}} = \frac{9.623 \times 526.2}{3464} = 1.462$$

$$x_{m*} = \frac{I_{1N.ph} x_m}{U_{1N.ph}} = \frac{9.623 \times 5520.5}{3464} = 15.34$$

短路参数标幺值为

$$r_{1*} = r_{2*}' = r_{k*}' / 2 = 0.012$$

$$x_{1\sigma*} = x_{2\sigma*}' = x_{k*} / 2 = 0.019$$

（4）用标幺值表示的 T 形等效电路如图 3-15（b）所示。

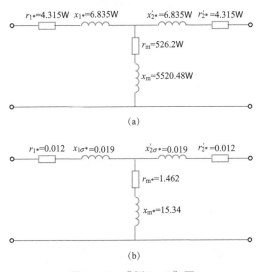

图 3-15　[例 3-2] 图

（a）折算到高压侧的 T 形等效电路；（b）用标幺值表示的折算到高压侧的 T 形等效电路

从 T 形等效电路所标出的标幺值可以看出，x_{m*} 远远大于 x_{k*}。

【例 3-3】设一台单相变压器 $S_N = 2kVA$，额定电压为 $U_{1N}/U_{2N} = 1100V/110V$，$f_N = 50Hz$，在高压边测得下列数据：$Z_k = 30\Omega$，$r_k = 8\Omega$，在额定电压下空载电流的无功分量为 0.09A，有功分量为 0.01A。二次绕组保持额定电压。变压器负载阻抗为 $Z_L = (10+j5)\Omega$。

（1）试画出变压器的近似等效电路，参数用标幺值表示；

（2）试求一次电压 $\dot{U}_1$ 和电流 $\dot{I}_1$。

解：（1）一次绕组额定电流为

$$I_{1N} = \frac{S_N}{U_{1N}} = \frac{2000}{1100} = 1.82A$$

二次绕组额定电流为

$$I_{2N} = \frac{S_N}{U_{2N}} = \frac{2000}{110} = 18.2A$$

一次绕组阻抗为

$$Z_{1b} = \frac{U_{1N}}{I_{1N}} = \frac{1100}{1.82} = 604\Omega$$

二次绕组阻抗为

$$Z_{2b} = \frac{U_{2N}}{I_{2N}} = \frac{110}{18.2} = 6.04\Omega$$

短路阻抗标幺值为

$$Z_{k*} = Z_k / Z_{1b} = 30 / 604 = 0.049\,7$$

$$r_{k*} = r_k / Z_{1b} = 8 / 604 = 0.013\ 2$$

$$X_{k*} = \sqrt{Z_{k*}^2 - r_{k*}^2} = \sqrt{0.049\ 7^2 - 0.013\ 2^2} = 0.047\ 9$$

负载阻抗标幺值为

$$r_{L*} = r_L / Z_{2b} = 10 / 6.04 = 1.656$$

$$X_{L*} = X_L / Z_{2b} = 5 / 6.04 = 0.828$$

以 $\dot{U}_1$ 为参考，即 $\dot{U}_1 = 1100\angle 0°$，因为负载为感性，所以额定电压下的空载电流为

$$\dot{I}_0 = 0.01 - j0.09 = 0.091\angle -83.69°\text{A}$$

励磁阻抗为

$$Z_m = r_m + jX_m = \dot{U}_{1N} / \dot{I}_0 = \frac{1100\angle 0°}{0.091\angle -83.69°} = 1334.8 + j12\ 013.97$$

$$= 12\ 087.9\angle 83.69°(\Omega)$$

励磁阻抗标幺值为

$$r_{m*} = r_m / Z_{1b} = 1334.8 / 604 = 2.2$$

$$X_{m*} = X_m / Z_{1b} = 12\ 013.97 / 604 = 19.9$$

得到的近似等效电路与图 3-10 类似。

（2）以二次侧电压 $\dot{U}_2$ 为参考，即 $\dot{U}_{2*} = 1\angle 0°$，负载电流为

$$\dot{I}_{2*} = \frac{\dot{U}_{2*}}{r_{L*} + jX_{L*}} = \frac{1 + j0}{1.656 + j0.828} = 0.483 - j0.241 = 0.54\angle -26.6°$$

一次侧电压为

$$\dot{U}_{1*} = \dot{U}_{2*} + \dot{I}_{2*}Z_k = \dot{I}_{2*}[(r_{k*} + r_{L*}) + j(X_{k*} + X_{L*})]$$

$$= 0.54\angle -26.6°(1.669 + j0.876)$$

$$= 0.54\angle -26.6°\times 1.884\ 9 + \angle 27.69°$$

$$= 1.016\angle 1.1°$$

$\dot{U}_1$ 升高后的励磁电流为

$$\dot{I}_{0*} = \frac{\dot{U}_{1*}}{Z_{m*}} = \frac{1.016\angle 1.1°}{2.2 + j19.9} = \frac{1.016\angle 1.1°}{20.02\angle 83.69°} = 0.050\ 7\angle -82.59° = 0.006\ 53 - j0.050$$

励磁电流实际值为

$$I_0 = (0.006\ 53 - j0.050)\times 1.82 = (0.011\ 9 - j0.091)\text{A}$$

可见，一次侧电压升高为 1.016 倍额定电压，励磁电流无功分量由 0.090A 升高到 0.091A，有功分量由 0.01A 升高到 0.011\ 9A，功率因数角由 83.69° 减小至 82.59°。

一次电流标幺值为

$$\dot{I}_{1*} = \dot{I}_{2*} + \dot{I}_{0*} = 0.483 - j0.241 + 0.006\ 53 - j0.05 = 0.49 - j0.292 = 0.057\angle -30.8°$$

一次电流实际值为

$$I_1 = (0.49 - j0.292)\times 1.82 = (0.891\ 8 - j0.531\ 4)\text{A}$$

3.5 变压器的运行特性

变压器负载运行时的运行特性主要有外特性和效率特性。外特性是指变压器二次侧电压随负载变化的关

系特性，又称为电压调整特性（voltage regulation characteristic），常用电压变化率来表示二次侧电压变化的程度，它反映变压器供电电压的质量。效率特性是用效率来反映变压器运行时经济性能的指标。

3.5.1 变压器的电压变化率

当变压器一次绕组接额定电压，二次绕组开路时，二次绕组的电压即为二次侧额定电压。变压器带上负载后，由于绕组存在电阻和漏抗，负载电流在变压器内部产生漏阻抗压降，使二次电压发生变化，与二次额定电压（空载电压）不同。二次侧电压变化程度用电压变化率来表示，所以电压变化率是变压器的主要性能指标，反映了变压器供电电压的稳定性。

电压变化率（voltage regulation）指的是外施电压为额定值、负载功率因数一定时，二次侧额定电压与二次侧带负载时的实际电压的电压算数差与二次侧额定电压的比值，用 ΔU 表示，则

$$\Delta U = \frac{U_{2N} - U_2}{U_{2N}} = 1 - U_{2*} \tag{3-55}$$

下面用简化等效电路对应的相量图来推导电压变化率的计算公式。

图 3-16 给出了变压器的简化等效电路及所对应的相量图，注意这里为了分析方便，电流参考方向与前面定义的不同。图 3-16（b）为变压器简化等效电路所对应的相量图，该图中线段 oa 对应二次侧电压，在线段 oa 的延长线上作线段 od 及其垂线 cd，若图中各线段均用标幺值表示，则有

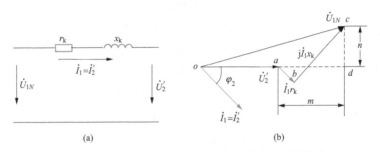

图 3-16 由简化等效电路及相量图确定电压变化率
（a）简化等效电路图；（b）相量图

$$\overline{oc} = U_{1N*} = 1$$

$$\overline{ab} = I_{2*}r_{k*}$$

$$\overline{bc} = I_{2*}x_{k*}$$

实际中，由于短路阻抗压降很小（图 3-15 中为了清楚起见，夸大了短路阻抗压降），可认为 $\overline{oc} = \overline{od} = U_{1N*}$，则有

$$\Delta U \approx \overline{oc} - \overline{oa} = \overline{ab}\cos\varphi_2 + \overline{bc}\sin\varphi_2 = I_{2*}(r_{k*}\cos\varphi_2 + x_{k*}\sin\varphi_2) \tag{3-56}$$

工程上，常用式（3-56）来计算变压器的电压变化率，该式还可表示为

$$\Delta U = \beta(r_{k*}\cos\varphi_2 + x_{k*}\sin\varphi_2) \tag{3-57}$$

式中：β 为负载率（load factor），$\beta = I_{2.ph}/I_{2N.ph} = I_{2*} = I_{1*}$，可反映负载大小，额定负载时，$\beta = 1$。

式（3-56）和式（3-57）表明，变压器的电压变化率 ΔU 有以下特点。

（1）电压变化率与变压器漏阻抗有关。负载一定时，漏阻抗越大，电压变化率也越大。

（2）电压变化率与负载率 β 成正比关系。当负载为额定负载、功率因数为指定值（通常为 0.8 滞后）时的电压变化率称为额定电压变化率，用 ΔU_N 表示，为 5%左右，所以一般电力变压器的高压绕组都有±5%的抽头，用改变高压绕组匝数的方法来进行输出电压调节，称为分接头调压。用于调压的分接开关分为两类，一类是在断电状态下操作的分接开关，称为无励磁分接开关；另一类是变压器带电可操作的，叫有载分接开关。由于有载调压变压器在调压过程中可以带电操作，得到了广泛的应用。

（3）电压变化率不仅与负载大小有关，还与负载性质有关。实际变压器中，短路电抗远大于短路电阻，即 $x_{\text{k}*} \gg r_{\text{k}*}$，所以纯电阻负载时电压变化率较小；感性负载时，功率因数角 φ_2 为正，电压变化率也为正，表明二次侧实际电压 U_2 低于二次额定电压；容性负载时，功率因数角 φ_2 为负，$\sin\varphi_2$ 也为负，当 $|x_{\text{k}*}\sin\varphi_2| > r_{\text{k}*}\cos\varphi_2$，$\Delta U$ 为负值，表明二次侧实际电压 U_2 高于二次额定电压。

3.5.2　变压器的外特性

当一次侧为额定电压，负载功率因数不变时，二次侧电压 U_2 与负载电流 I_2 的关系曲线 $U_2 = f(I_2)$ 称为变压器的外特性（voltage regulation characteristic）。用标幺值表示的外特性如图 3－17 所示，即 $U_{1*} = 1$，$\cos\varphi_2 =$ 常数，$U_{2*} = f(\beta)$ 的关系曲线。从图中可以看出，阻性负载和感性负载时，随着负载率的增大，变压器输出电压降低；对于容性负载，随着负载率增大，变压器输出电压增大，可能高于额定电压。

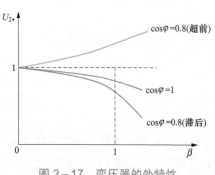

图 3－17　变压器的外特性

3.5.3　变压器的损耗与效率

变压器是利用电磁感应作用来传递交流电能的。在电机学中，将这种能量传递过程用功率平衡关系来表示。

利用 T 形等效电路，可以分析变压器稳态运行时的功率平衡关系。其有功功率平衡关系为一次侧输入的有功功率 P_1，将在一次绕组的电阻上产生铜耗 p_{Cu1}，在励磁电阻上产生铁耗 p_{Fe}，剩下的功率就是通过电磁感应传递到二次侧的有功功率，即二次侧得到的电磁功率 P_{em}；电磁功率扣除二次绕组的铜耗 p_{Cu2}，剩下的就是变压器输出的有功功率 P_2，即负载获得的有功功率，功率传递流程如图 3－18 所示。变压器中无功功率也满足功率平衡，其无功功率平衡关系为：一次侧吸收的无功功率，扣除一次绕组漏电抗所需的无功功率和励磁所需的无功功率，就是传递到二次侧的无功功率，再扣除二次绕组漏电抗所需的无功功率，剩下的就是变压器向负载输出的无功功率。

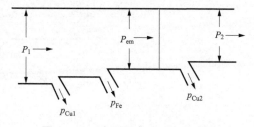

图 3－18　变压器有功功率平衡图

变压器在进行能量传递过程中，内部有绕组的铜耗和铁耗，使变压器输出功率小于输入功率。输出有功功率与输入有功功率之比称为变压器的效率（efficiency），用 η 表示为

$$\eta = \frac{P_2}{P_1} \times 100\% \qquad\qquad (3-58)$$

$$P_1 = P_2 + \sum p$$

式中：P_1 为变压器输入有功功率；P_2 为输出有功功率；$\sum p$ 为变压器的总损耗。

变压器的损耗包括两部分，一部分是电流在绕组上引起的电阻损耗，称为铜耗 p_{Cu}，包括一、二次绕组的铜耗，由于电阻损耗与负载电流平方成正比，所以铜耗随负载电流变化而变化，这部分损耗又叫可变损耗；另一部分损耗是变压器铁心中的磁滞损耗和涡流损耗，称为铁耗 p_{Fe}，铁耗近似正比于 B_{m}^2，而 B_{m}^2 又近似正比于 U_1^2，一般变压器一次绕组电压为额定电压，故变压器运行过程中，铁耗可看作为不随负载变化的一种损耗，称为不变损耗。

从前面已经知道，$p_{\text{Fe}} \approx p_0$。而变压器负载运行时的铜耗与负载电流的平方成正比，变压器额定负载时的铜耗等于短路损耗 p_{kN}，则不同负载率下变压器的铜耗可用式（3－59）来表示

$$p_{\text{Cu}} = \beta^2 p_{\text{kN}} \qquad\qquad (3-59)$$

式中：p_{kN} 为额定负载时变压器的铜耗。

忽略负载二次电压变化时，有

$$P_2 = U_2 I_2 \cos\varphi_2 \approx U_{2N} I_2 \cos\varphi_2 = \beta U_{2N} I_{2N} \cos\varphi_2 = \beta S_N \cos\varphi_2$$

将上述关系代入式（3-58），有变压器效率计算公式为

$$\eta = \frac{\beta S_N \cos\varphi_2}{\beta S_N \cos\varphi_2 + p_0 + \beta^2 p_{kN}} \times 100\% \qquad (3-60)$$

变压器的效率与负载情况（负载阻抗、功率因数）有关，也与变压器本身的损耗有关。负载功率因数 $\cos\varphi_2$ 一定时，效率与负载率 β 有关。根据式（3-60），将其对 β 求导，并使导数等于零，可得到变压器最大效率时的负载率 β_m 和最大效率 η_{max}，令

$$\frac{\mathrm{d}\eta}{\mathrm{d}\beta} = 0$$

有

$$p_0 = \beta_m^2 p_{kN} \quad \text{或} \quad \beta_m = \sqrt{\frac{p_0}{p_{kN}}} \qquad (3-61)$$

可见，当变压器的铁耗与铜耗相等（即不变损耗与可变损耗相等）时，有最大效率。

将式（3-61）代入式（3-60），可得最大效率为

$$\eta_{max} = \frac{\beta_m S_N \cos\varphi_2}{\beta_m S_N \cos\varphi_2 + 2p_0} \times 100\% \qquad (3-62)$$

变压器实际运行时，其一次绕组常接在电源电压上，所以其铁耗总是存在，而铜耗随负载大小而改变。因为接在电网上的变压器不可能长期满载运行，铁耗却常年存在，所以铁耗小一些对变压器全年运行的平均效率有利。一般变压器设计时，取空载损耗与短路损耗之比 p_0/p_{kN} 为 $\frac{1}{4} \sim \frac{1}{3}$，即变压器的铜耗与铁耗比为 3～4。因此，变压器最高效率 η_{max} 发生在负载率 $\beta = 0.5 \sim 0.6$ 范围内。另外，变压器效率定义中未包含其风机、油泵等辅机的损耗。

负载功率因数 $\cos\varphi_2$ 一定时，效率 η 与负载系数 β 的关系曲线 $\eta = f(\beta)$ 称为效率特性曲线，如图 3-19 所示。额定负载时的效率称为额定效率（rated efficiency），用 η_N 表示。

效率是变压器运行时的一个重要性能指标，它反映了变压器运行的经济性。中小型变压器的效率一般为 95%～98%，大型变压器可达 99%。

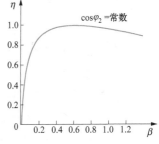

图 3-19 变压器的效率特性

【例3-4】用［例3-2］的数据，试求：

（1）额定负载且 $\cos\varphi_2 = 0.8$（滞后）时的效率和电压变化率；

（2）该变压器在输出功率为多大时效率最高？若供给 $\cos\varphi_2 = 0.8$（滞后）和 $\cos\varphi_2 = 0.7$（滞后）的负载时的最大效率为多少？

解：（1）额定负载时，$\beta = 1$，换算到标准工作温度 75℃时的短路损耗为

$$P_{k75℃} = 3I_1^2 r_{k75℃} = 3 \times 9.623^2 \times 8.63 = 2400W$$

则效率为

$$\begin{aligned}
\eta &= \frac{\beta S_N \cos\varphi_2}{\beta S_N \cos\varphi_2 + p_0 + \beta^2 p_{kN}} \times 100\% \\
&= \frac{100 \times 10^3 \times 0.8}{100 \times 10^3 \times 0.8 + 616 + 2400} \times 100\% \\
&= 96.37\%
\end{aligned}$$

电压变化率为

$$\begin{aligned}
\Delta U &= \beta(r_k \cdot \cos\varphi_2 + x_k \cdot \sin\varphi_2) \\
&= 0.024 \times 0.8 + 0.038 \times 0.6 = 0.042
\end{aligned}$$

（2）最大效率发生在 $\beta_{\mathrm{m}}=\sqrt{\dfrac{p_0}{p_{\mathrm{kN}}}}=\sqrt{\dfrac{616}{2400}}=0.506\ 6$ 时，

即输出功率 $\beta_{\mathrm{m}}S_{\mathrm{N}}=0.506\ 6\times100=50.66\mathrm{kVA}$ 时效率最高。

当 $\cos\varphi_2=0.8$（滞后）时的最高效率为

$$\eta_{\max}=\frac{\beta_{\mathrm{m}}S_{\mathrm{N}}\cos\varphi_2}{\beta_{\mathrm{m}}S_{\mathrm{N}}\cos\varphi_2+2p_0}\times100\%$$
$$=\frac{0.506\ 6\times100\times10^3\times0.8}{0.506\ 6\times100\times10^3\times0.8+2\times616}\times100\%=97.05\%$$

当 $\cos\varphi_2=0.7$（滞后）时的最高效率为

$$\eta_{\max}=\frac{\beta_{\mathrm{m}}S_{\mathrm{N}}\cos\varphi_2}{\beta_{\mathrm{m}}S_{\mathrm{N}}\cos\varphi_2+2p_0}\times100\%$$
$$=\frac{0.506\ 6\times100\times10^3\times0.7}{0.506\ 6\times100\times10^3\times0.7+2\times616}\times100\%=96.64\%$$

可以看出，变压器所带负载功率因数越高，效率也越高。

 本章小结

　　本章由简入繁介绍了单相双绕组变压器的基本运行原理。变压器空载运行时，二次绕组开路，二次侧电流为零，只有励磁电流建立的励磁磁场；变压器负载后，由于负载电流的存在，使合成磁动势有变化的趋势，由于合成磁通的大小决定于变压器电源电压，所以变压器将维持合成磁动势不变，这是变压器的磁动势平衡关系。依据此，可以分析变压器是如何将一次侧能量通过电磁感应传递到二次侧的。由于变压器主磁路为铁磁材料，铁磁材料的饱和性使主磁路为非线性，随铁心饱和程度不同，磁路磁阻发生变化，励磁电抗、励磁阻抗、励磁电流都将发生变化。

　　标幺值是电机及电力系统中相关问题研究常用到的一种表示形式，利用标幺值可以简化计算和分析。进行标幺值计算时关键是基准值的确定，一般来说，选取额定电压、额定电流作为电压和电流的基准值，额定容量为有功功率、无功功率和视在功率的标幺值，额定阻抗值作为电阻、电抗和阻抗的基准值。

　　电压方程、等效电路和相量图是分析变压器的重要工具，要得到变压器的等效电路，必须进行绕组折算，绕组折算的原则是保证折算前后电磁关系不变。通过变压器的空载和短路试验可以确定等效电路参数，空载试验确定变压器励磁参数（空载电流、空载损耗、励磁电阻、励磁电抗、变压比），短路试验确定短路参数（短路电阻、短路电抗、短路损耗）。

　　电压变化率和外特性是表示变压器输出电压随负载变化而变化的情况，效率特性反映变压器运行的损耗及效率，它们都是反映变压器运行性能的重要指标。

 思考题及习题

3-1　列写变压器相关方程时，规定电压、电流等物理量的参考正方向有什么作用？

3-2　在进行单相双绕组变压器工作原理分析时，为什么将变压器的磁通分成主磁通和漏磁通？它们之间有哪些主要区别？

3-3　变压器铁心为什么要做成闭合铁心？如果在变压器铁心磁路中出现较大的气隙，会对变压器运行产生什么影响？

3-4　试说明变压器为什么只能改变电压而不能改变频率？变压器能否改变直流电压的大小？为什么？

3-5　什么是变压器空载电流？空载电流主要起什么作用？空载电流大小受哪些因数影响？

3-6　变压器空载运行时，是否从电网吸收功率？所吸收的功率属于什么性质？起什么作用？为什么小负荷用户使用大容量变压器对电网和用户均不利？

3-7 变压器空载时，一次绕组施加额定交流电压，一次绕组电阻很小，为什么空载电流并不大？如果给变压器施加相同大小的直流电压，此时一次绕组电流将如何变化？

3-8 变压器在制造时，一次绕组匝数较设计值有所减少，试分析额定运行条件下变压器铁心饱和程度、励磁电流、励磁电抗、铁耗、变比等将如何变化？

3-9 对于一台已出厂的变压器，其铁心中的主磁通与外施电压的大小及频率有何关系？与励磁电流有何关系？一台额定频率为60Hz的变压器，接到50Hz的电网上运行，试分析对主磁通、激磁电流、铁耗、漏抗及电压变化率有何影响？

3-10 变压器负载运行时，铁心中的主磁通只由一次绕组电流产生吗？励磁所需的有功功率（铁耗）是由一次绕组还是二次绕组提供？

3-11 变压器一次绕组漏磁通由一次绕组磁动势产生，空载运行和负载运行时，磁动势和漏磁通都有很大变化，为什么漏电抗不变？

3-12 为了能在变压器二次侧绕组得到正弦波形的感应电动势，在铁心饱和及不饱和情况下，应分别在一次绕组施加什么波形的空载电流？为什么？

3-13 什么是标幺值？使用标幺值来对变压器参数计算时有哪些优缺点？如果变压器一、二次侧各量均采用标幺值表示时，试问从任一侧折算后的标幺值是否相同？

3-14 变压器在额定电压下进行空载试验和在额定电流下进行短路试验时，电压加在高压侧所测得的空载损耗和短路损耗与加在低压测所测得的数据是否一样？试计算出的励磁阻抗和短路阻抗在数值上有何不同？

3-15 变压器带负载运行时，二次侧电压与空载电压不同，为什么？

3-16 为什么电力变压器设计时，额定铁耗与铜耗不相等？

3-17 有两台单相变压器，额定电压都是220V/110V，且高压绕组匝数相等，当将高压绕组接220V电源做空载试验时，测得它们的励磁电流相差一倍。设磁路线性，现将两台变压器的高压绕组串联起来接到440V电源上，二次绕组开路，求两台变压器的主磁通数量关系，其二次电压各为多少？

3-18 变压器铭牌参数为 $S_N = 100kVA$，$U_{1N}/U_{2N} = 6300V/400V$，高、低压绕组均为星形联结，低压绕组每相匝数为40匝，试求：

（1）高压绕组每相匝数；

（2）如果高压侧额定电压由6300V改为1000V，保持主磁通及低压绕组额定电压不变，则新的高压绕组每相匝数应为多少？

3-19 设有一台容量为10kVA的单相变压器，它有两个分开的一次绕组和两个分开的二次绕组。一次、二次分开的两个绕组可以串联，也可以并联，再与外电路连接。每一个一次绕组额定电压为1100V，每一个二次绕组额定电压为110V。该变压器可有几种变比？对每一种情形画出绕组接线图并标出一、二次的额定电流。

3-20 一台单相变压器，$S_N = 200kVA$，$U_{1N}/U_{2N} = 1000V/230V$，一次绕组参数为 $r_1 = 0.1\Omega$，$x_1 = 0.16\Omega$，励磁参数为 $r_m = 5.5\Omega$，$x_m = 63.5\Omega$，已知额定运行时 $\dot{I}_1$ 滞后 $\dot{U}_1$ 相位差30°，试求空载与额定负载运行时的一次侧电动势 E_1。

3-21 有一台单相变压器 $S_N = 10kVA$，$U_{1N}/U_{2N} = 2200V/220V$，$f_N = 50Hz$，其参数如下：$r_1 = 3.6\Omega$，$r_2 = 0.036\Omega$，$x_k = x_1 + x_2' = 26\Omega$。在额定电压下铁耗 $p_{Fe} = 70W$，空载电流 $I_{0*} = 0.05$。假设 $x_1 = x_2'$，试求：

（1）各参数的标幺值，并绘出T形和Γ形等效电路；

（2）假设二次侧电压和电流均保持为额定值且功率因数 $\cos\varphi_2 = 0.8$（滞后）时，试求一次侧电流功率因数（用Γ形等效电路解）。

3-22 一台单相变压器，额定容量 $S_N = 100kVA$，$U_{1N}/U_{2N} = 6000V/230V$，$f_N = 50Hz$。一、二次绕组的电阻及漏抗为 $r_1 = 4.32\Omega$，$r_2 = 0.0063\Omega$，$x_1 = 8.9\Omega$，$x_2 = 0.013\Omega$。试求：

（1）折算到高压边的短路电阻 r_k，短路电抗 x_k 及阻抗 z_k；

（2）折算到低压边的短路电阻 r_k' ，短路电抗 x_k' 及阻抗 z_k' ；

（3）将（1）、（2）求得的参数用标幺值表示；

（4）计算变压器的短路电压百分比 U_k 及其分量 U_{ka} ， U_{kr} ；

（5）求满载及 $\cos\varphi_2 = 1$ ， $\cos\varphi_2 = 0.8$ （滞后）， $\cos\varphi_2 = 0.8$ （超前）等三种情况下的电压变化率 ΔU ，并讨论计算结果。

3-23 一台单相变压器， $S_N = 1000\text{kVA}$ ， $U_{1N}/U_{2N} = 60\text{kV}/6.3\text{kV}$ ， $f_N = 50\text{Hz}$ ，空载及短路实验的结果见表 3-3。

表 3-3 习题 3-23 表

实验名称	电压（V）	电流（A）	功率（W）	电源加在
空载	6300	10.1	5000	低压边
短路	3240	15.15	14 000	高压边

试计算：

（1）折算到高压边的参数（实际值及标幺值），假定 $r_1 = r_2' = r_k/2$ ， $x_{1\sigma} = x_{2\sigma}' = x_k/2$ ；

（2）画出折算到高压边的 T 形等效电路；

（3）计算短路电压的百分值及其两个分量；

（4）满载及 $\cos\varphi_2 = 0.8$ （滞后）时的电压变化率及效率；

（5）最大效率。

3-24 一台三相变压器， $S_N = 5600\text{kVA}$ ， $U_{1N}/U_{2N} = 10\text{kV}/6.3\text{kV}$ ，Yd11 联结，变压器空载及短路实验数据见表 3-4。

表 3-4 习题 3-24 表

实验名称	线电压（V）	线电流（A）	三相功率（W）	电源加在
空载	6300	7.4	6800	低压侧
短路	550	324	18 000	高压侧

试求：

（1）变压器参数的实际值和标幺值；

（2）利用 T 形等效电路，求满载且 $\cos\varphi_2 = 0.8$ （滞后）时的二次绕组的电压及一次绕组电流；

（3）满载且 $\cos\varphi_2 = 0.8$ （滞后）时的电压变化率及效率。

三相变压器的磁路和电路系统

电力系统中使用的变压器大多为三相变压器，当三相变压器的一、二次绕组以一定的接法连接，一次绕组接对称的三相电源，二次绕组带三相对称负载，则该变压器工作在对称情况。变压器对称运行时，各相电压、电流大小相等，相位相差120°，因此可取三相中任意一相进行分析计算，也即可以将三相问题简化为单相问题，则前一章单相变压器所用的分析方法和结论完全适用于三相系统，本章不再重复叙述。这里就三相变压器的几个特殊问题，即三相变压器的磁路系统、三相变压器的电路系统及绕组联结组别和感应电动势波形等进行讨论。

4.1 三相变压器的磁路系统

三相电力变压器主要有两种形式，一种形式是将 3 台单相变压器按照一定连接方式组合成为 1 台三相变压器，称为三相组式变压器或三相变压器组（transformer bank），另一种形式是三相三柱式铁心变压器，称为心式变压器。有的场合也有采用三相五柱结构的，这种结构也称为心式变压器，其磁路系统与三相三柱式结构类似，不同之处在于为零序磁通提供了通路，本章不专门讨论。

三相组式变压器和三相心式变压器的磁路系统完全不同，下面分别进行讨论。

4.1.1 三相组式变压器的磁路系统

图 4-1 所示为三相组式变压器的磁路系统，从图中可以看出，该变压器是把三台独立的单相变压器一、二次绕组均按 Y 形连接方式连接，构成为一台三相变压器。而三相磁通分别以三台单相变压器的铁心各自形成回路。

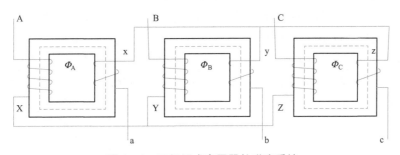

图 4-1 三相组式变压器的磁路系统

所以，三相组式变压器磁路系统的特点是：各相主磁通以各自的铁心构成回路，各相磁路彼此独立，各不相关，三相磁路相同。若在三相绕组接三相对称电源，三相主磁通对称，三相空载电流也对称。

4.1.2 三相心式变压器的磁路系统

三相心式变压器的铁心是由三个单相铁心演变而来的。把三个单相铁心合并成如图 4-2（a）所示的结构，通过中间心柱的磁通等于三相磁通之和，由于三相磁通对称，所以其磁通相量和为零，即 $\dot{\Phi}_A + \dot{\Phi}_B + \dot{\Phi}_C = 0$，此时中间心柱并没有磁通经过，则中间心柱可以省去，铁心结构简化为图 4-2（b）所示的形状。为了加工方便，再将三个铁心柱安排在同一个平面上，则得到如图4-2（c）所示的结构，这是目前最常见的三相三柱心式变压器的铁心结构。

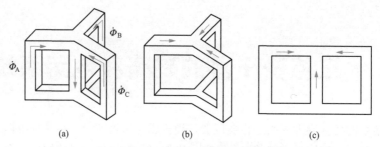

图4-2　三相心式变压器的磁路系统

（a）三个单相铁心合半；（b）去掉中间心柱；（c）三相心式铁心

从图4-2（c）可以看出，三相心式变压器磁路系统的特点是：每相磁通必须通过另外两相的磁路才能构成闭合回路，各相磁路彼此相关。这种磁路系统，三相磁路长度不相等，中间相磁路较短，两边两相的磁路相等但较中间相要长，三相磁路不很对称。所以，当外施三相电压对称时，三相磁通相等，由于三相磁路的长度不同，三相磁路的磁阻不相等，则三相空载电流略有不同，即心式变压器三相空载电流不对称。但因为电力变压器空载电流标幺值很小，所以这种不对称对变压器负载运行的影响很小，一般忽略不计。

与三相组式变压器比较，三相心式变压器具有节省材料、效率高、占地面积小、维护方便等优点；但大型和超大型变压器，为了制造和运输方便，并减少变压器的备用容量，常采用三相组式变压器。

无论是三相组式变压器还是三相心式变压器，各相基波磁通通过的路径都是铁心主磁路，遇到的磁阻都很小。但两种结构对三次谐波磁通和零序磁通的阻碍有较大差别，将在后面介绍。

4.2　三相变压器的电路系统绕组的连接方式和联结组标号

4.2.1　绕组端点的标志与极性

为了便于绕组间的正确连接，对变压器绕组的每个出线端都给予一定的标志。本书将变压器高压侧绕组的出线端用大写字母表示，A、B、C表示三相绕组的首端，X、Y、Z表示三相绕组的末端；低压侧绕组的出线端用小写字母表示，a、b、c表示三相绕组的首端，x、y、z表示三相绕组的末端。

变压器绕组的感应电动势随时间交变，对某一个绕组而言，无固定的极性，但对于交链同一磁通的两个绕组，当磁通发生变化时，两个绕组感应电动势之间有相对的极性关系。由于变压器同一相的高、低压绕组绕制在同一铁心柱上，交链的同一主磁通，所以同一相高、低压绕组的感应电动势之间有一定的极性关系。高压绕组的某一端头电位为正时，低压绕组必有一个端头电位也为正，则定义这两个具有相同极性的对应端头为同极性端（或同名端），用黑点表示，符号为"·"。对于同极性端，当电流从两个绕组的同极性端流入时，其所产生的磁通方向相同；否则，当电流从两个绕组的异极性端流入时，其所产生的磁通方向相反。所以，也可以根据两个绕组流入电流后所产生的磁通方向来判断它们的同极性端。

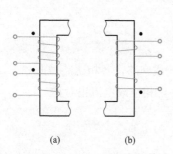

图4-3　单相绕组的极性

（a）高、低压绕组绕向相同；

（b）高、低压绕组绕向相反

如图4-3所示为绕在同一铁心柱的高、低压绕组，图4-3（a）中，高、低压绕组绕向相同，当铁心中磁通发生变化时，可根据楞次定律判定两个绕组中感应电动势的实际方向，如磁通增大，则感应电动势的方向均由上端指向下端，高、低压绕组的上端均为负，即为同极性端。同理，图4-3（b）中两个绕组绕向改变，同极性端也改变。所以，单相绕组的极性与绕组的绕向有关。

4.2.2 单相变压器联结组标号的确定

变压器可以改变电压、电流，同时还可以改变相位。所以，不仅需要知道变压器变比，还需要知道其一、二次侧电压（电动势）之间的相位关系。变压器一、二次侧电压（电动势）的相位关系用联结组标号表示，尤其是对于变压器并联运行，其联结组标号至关重要，所以，联结组标号在变压器铭牌上给出。

单相变压器中高、低压绕组感应电动势极性只有两种关系：极性相同或极性相反，也就是高、低压绕组感应电动势相位差为 0° 或 180°。一般规定电动势的正方向为首端指向末端，本文按此规定。图 4-4 给出了单相双绕组变压器高、低压绕组电动势之间的关系，图 4-4（a）、（d）中，高、低压绕组首端为同极性端，高、低压绕组的相电动势同相位；图 4-4（b）、（c）中，高、低压绕组首端为异极性端，高、低压绕组的相电动势相位相反。

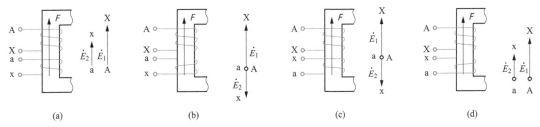

图 4-4　单相变压器高、低压绕组相电动势之间的相位关系

（a）高低压绕组首端同极性端；（b）高低压绕组首端异极性端；（c）高低压绕组首端同极性端；（d）高低压绕组首端异极性端

为了形象地表示高、低压绕组间感应电动势的相位关系，通常用时钟法来表示。时钟法表示绕组的联结方式时，时钟盘面的钟点数表示高低压绕组电动势之间的相位差。单相变压器联结组中，高压绕组用大写字母 I 表示，低压绕组用小写字母 i 表示，钟点数根据下述原则确定：将高压绕组的相电动势看作时钟的长针，低压绕组的相电动势看作时钟的短针，令代表高压绕组电动势的长针指向时钟盘面的 12 点，则代表低压绕组电动势的短针所指的钟点数即为绕组的联结组组别号。图 4-4 中的图（a）和图（d）联结组为 Ii0，图（c）和图（d）的联结组为 Ii6。单相变压器只有两种联结组 Ii0 和 Ii6，而标准联结组为 Ii0。

4.2.3 三相变压器联结组标号的确定

1. 三相变压器的电路系统

三相变压器的一、二次绕组主要有两种联结方法，星形接法（Y connection）和三角形接法（△ delta conncection）。图 4-5 给出了三相绕组的星形接法和三角形接法的绕组联结及电动势相量图。

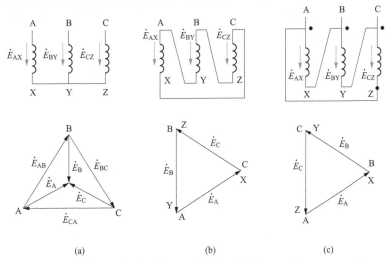

图 4-5　三相变压器三相绕组的连接方式

（a）Y 形连接的三相绕组及电动势相量图；（b）△形连接的三相绕组及电动势相量图；（c）△形连接的三相绕组及电动势相量图

图 4-5（a）为星形接法的三相绕组及电动势相量，星形接法用符号 Y 表示。Y 形接法是把三相绕组的三个末端 X、Y、Z 连接在一起，接成中点，三个首端 A、B、C 为绕组引出端，接电源或负载。如果将中点引出来，则用 YN 表示。

图 4-5（b）、（c）为三角形接法，记为△形连接（或用符号 D 表示）。三角形接法是把一相末端和另一相的首端连接，组成一个闭合回路，它有两种连接顺序，如图 4-5 中所示，AX-CZ-BY 的连接方式和 AX-BY-CZ 的连接方式。

三相变压器电动势有相电动势和线电动势，相电动势为该相绕组的电动势，线电动势是引出端的电动势。定义每相绕组电动势正方向从首端指向末端，则 $\dot{E}_{AX}$、$\dot{E}_{BY}$、$\dot{E}_{CZ}$ 为相电动势，相电动势也记为 $\dot{E}_A$、$\dot{E}_B$、$\dot{E}_C$，$\dot{E}_{AB}$、$\dot{E}_{BC}$、$\dot{E}_{CA}$ 为线电动势。绕组的联结方式不同，其电动势相量图也不同。Y 形接法，线电动势有效值为相电动势有效值的 $\sqrt{3}$ 倍，相位超前 30°；△形接法，线电动势与相电动势相同。

除了 Y、△形连接方式外，一些特殊变压器还有其他连接方式，如曲折连接（Z 形连接方式），本书不做介绍。

2. 三相变压器联结组标号的确定

三相变压器高、低压绕组的连接方式和绕组标志的不同，都会使高、低压绕组对应的线电动势之间相位差不同，三相变压器的联结组是用来反映三相变压器绕组的连接方式及对应线电动势之间相位关系的。

虽然高、低压绕组对应的线电动势相位关系随联结方式不同、绕组标志不同而不同，但是它们总是相差 30° 的整数倍，所以也可以采用时钟法来表示三相变压器高、低压绕组的连接方式和线电动势之间的相位关系。同单相变压器类似，把高压绕组的线电动势作为长针，固定指向钟表盘面的 12 点位置，低压绕组相应的线电动势作为短针，它在钟表盘面上所指的数字，即为三相变压器的联结组标号。由于三相绕组有 Y、△形两种连接方式，所以三相变压器有 Yy、Dd、Yd、Dy 四种连接方式，高压绕组用大写字母表示，低压绕组用小写字母表示。在四种连接方式下，由于绕组首末端的标号不同、绕组绕向不同等，都使得高、低压绕组线电动势之间的相位差不同，联结组后面的数字所表示的钟点数即表示二者之间的相位关系。

下面通过具体的例子来说明如何通过相量图确定变压器的联结组标号。

（1）Yy0 联结组。图 4-6 所示为 Yy0 联结组变压器的绕组接线图和相量图，下面具体说明确定变压器联结组标号的步骤。

1）在绕组接线图上标出高、低压绕组相电动势的方向，如图 4-6（a）中的 $\dot{E}_{AX}$、$\dot{E}_{BY}$、$\dot{E}_{CZ}$ 及 $\dot{E}_{ax}$、$\dot{E}_{by}$、$\dot{E}_{cz}$ 的电动势方向，注意电动势参考方向定义为从首端指向末端。

2）画出高压绕组电动势相量图，如图 4-6（b），由于高压绕组为 Y 形连接，高压绕组末端 X、Y、Z 连在一起，所以高压绕组电动势相量 $\dot{E}_{AX}$、$\dot{E}_{BY}$、$\dot{E}_{CZ}$ 的末端箭头指向同一位置。

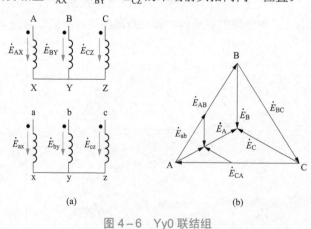

图 4-6 Yy0 联结组

（a）Yy0 连接的接线；（b）相量图

3）根据同一铁心柱上高、低压绕组的相位关系（首端为同名端则高、低压绕组相电动势同相，否则高、低压绕组相电动势反相），画出低压绕组相量图。低压绕组相量图如图 4-6（b）所示，相电动势 $\dot{E}_{ax}$、$\dot{E}_{by}$、$\dot{E}_{cz}$ 分别与 $\dot{E}_{AX}$、$\dot{E}_{BY}$、$\dot{E}_{CZ}$ 同相，由于低压绕组也为 Y 形连接，所以低压绕组末端 x、y、z 也连在一起。

注意：为了使相位关系更加直观，画低压绕组相量图时，让高压绕组的 A 点和低压绕组的 a 点重合。

4）画出高、低压绕组的线电动势 $\dot{E}_{AB}$ 和 $\dot{E}_{ab}$，确定二者的位置及相位差，根据钟点数确定联结组标号。

图 4-6 中，高、低压绕组对应的线电动势 $\dot{E}_{AB}$ 和 $\dot{E}_{ab}$ 同相位，所以钟点数为 0 点，变压器的联结组标号为 Yy0。

（2）Yy6 联结组。图 4-7 是 Yy6 联结组变压器的接线图及相量图。与图 4-6 的接线方式比较，高、低压绕组的首端不再是同极性端，而是异极性端，则低压绕组相电动势 $\dot{E}_{ax}$、$\dot{E}_{by}$、$\dot{E}_{cz}$ 的相位分别与高压绕组的相电动势 $\dot{E}_{AX}$、$\dot{E}_{BY}$、$\dot{E}_{CZ}$ 反相，对应的线电动势 $\dot{E}_{AB}$ 和 $\dot{E}_{ab}$ 也反相，即钟点数为 6 点，所以联结组标号为 Yy6。

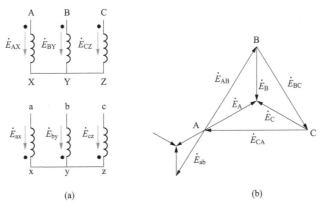

图 4-7 Yy6 联结组

（a）Yy6 连接的接线；（b）相量图

（3）Yd11 联结组。图 4-8 中，高压绕组为 Y 形连接，低压绕组为 △ 形连接，高、低压绕组首端为同极性端，因此高、低压绕组相电动势同相位，此时，低压绕组线电动势 $\dot{E}_{ab}$ 滞后高压绕组线电动势 $\dot{E}_{AB}$ 110°，即钟点数为 11 点，联结组标号为 Yd11。

3. 变压器绕组联结组的特点

对变压器绕组联结组的几点认识如下。

（1）当变压器的绕组标志（同名端或首末端）改变时，其联结组标号也改变。

（2）Yy 连接的变压器联结组标号均为偶数，Yd 连接的变压器连接组标号均为奇数。

（3）Dd 连接可得到与 Yy 连接相同的标号，同样，Dy 连接也可得到与 Yd 连接相同的标号。

（4）Y 形连接时，如果中性点引出用 YN（高压绕组）或 yn（低压绕组）表示。

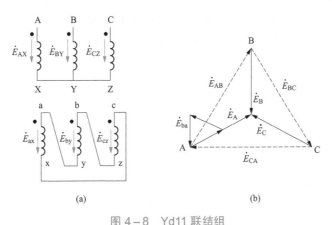

图 4-8 Yd11 联结组

（a）Yd11 连接的接线；（b）相量图

国家标准规定，同一铁心柱上的高、低压绕组为同一相绕组，并采用相同的字母符号为端头标记。根据此规定，电力变压器有以下联结组，分别如下。

（1）Yd11 联结组：主要用于高压侧电压 35kV 以下、容量 6300kVA 以下的配电变压器。

（2）YNd11 联结组：用在高压侧需要中性点接地，电压一般在 35～110kV 及以上的电力变压器，这种联结方式在实际中采用较多。

（3）Yyn0 联结组：用在低压侧为 400V 的配电变压器中，供给三相负载和单相照明负载，高压侧电压不超过 35kV，容量不超过 1800kVA。

（4）YNy0 联结组：用于高压侧中性点需要接地的场合。

（5）Yy0 联结组：用在只供三相动力负载的场合。

（6）Dyn11 联结组：为了提高配电变压器带不平衡负载的能力，近年来配电变压器大多采用 Dyn11 联结组。其他一些特殊变压器根据需要采取不同的联结组，如整流变压器常采用 Dyn 连接。

4.3　三相变压器绕组连接方式及磁路系统对电动势波形的影响

由单相变压器工作原理可知，当外施电压 u_1 为正弦波时，电动势 e_1 和主磁通 Φ 也是正弦波，如果铁心磁路饱和，将使磁通和励磁电流之间为非线性，励磁电流 i_0 应为尖顶波，也就是说，电流波形中除了基波而外，还含有各奇次谐波，其中三次谐波幅值为主要谐波成分。

三相系统中，三相的三次谐波电流幅值相等，相位也相同，即

$$\begin{cases} i_{03A} = I_{03m} \sin 3\omega t \\ i_{03B} = I_{03m} \sin 3(\omega t - 120°) = I_{03m} \sin 3\omega t \\ i_{03C} = I_{03m} \sin 3(\omega t + 120°) = I_{03m} \sin 3\omega t \end{cases} \tag{4-1}$$

三次谐波电流将产生三次谐波磁通。同理，三次谐波磁通也是大小相等，相位相同。变压器的空载电流波形与三相绕组的连接方式（星形或三角形连接）有关，而铁心中磁通的波形又与磁路的结构形式（组式或心式结构）有关。本节讨论三相变压器绕组的连接方式和磁路系统对电动势波形的影响。

4.3.1　Yy 连接的组式变压器电动势波形

对于 Yy 连接的组式变压器，由于 Y 形接法的一次绕组励磁电流中三次谐波电流无法流通，所以，励磁电流中无三次谐波，则励磁电流波形近似为正弦波。磁路不饱和时，磁通与产生它的励磁电流有线性关系，正弦波形的励磁电流产生正弦波形的磁通；磁路饱和时，磁通与产生它的励磁电流为非线性，正弦波形的励磁电流产生的主磁通为平顶波，如图 4-9 所示，正弦波形的励磁电流产生平顶波形的磁通。平顶波形磁通中除了基波磁通 ϕ_1 外，还含有三次谐波磁通 ϕ_3 及 3 次以上的奇次谐波磁通分量，根据傅里叶定律，3 次谐波磁通幅值最大，所以这里只考虑 3 次谐波分量，将其他高次谐波忽略。

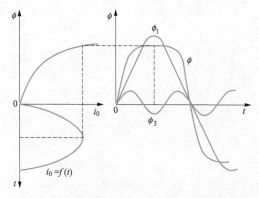

图 4-9　磁路饱和时正弦波形电流产生的平顶波形主磁通

对于三相组式变压器，由于各相磁路相互独立，3 次谐波磁通 ϕ_3 和基波磁通 ϕ_1 一样，沿各相主磁路闭合，遇到的阻碍很小，则铁心中 3 次谐波磁通较大，所以主磁通波形为平顶波。3 次谐波磁通与基波磁通一样，将在变压器一、二次绕组感应 3 次谐波电动势，由于 3 次谐波频率为基波频率的 3 倍，即 $f_3 = 3f_1$，而磁通在绕组感应电动势的大小与频率成正比，所以虽然 3 次谐波磁通不大，但 3 次谐波磁通感应的 3 次谐波电动势却较大，有时可达到基波电动势的 45%～60%。基波电动势和 3 次谐波电动势叠加，得到变压器空载时的相电动势波形，为尖顶波，如图 4－10 所示为平顶波形磁通所产生的尖顶波形的相电动势。从图 4－10 中可以看出，此时绕组相电动势波形严重畸变，尖顶波形的感应电动势有较高的峰值电压，可能破坏绕组的绝缘，影响变压器正常工作，缩短变压器运行寿命。

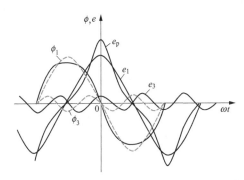

图 4－10　平顶波磁通产生的尖顶波相电动势

为了避免三相组式变压器在磁路饱和情况下的相电动势波形畸变，三相组式变压器不允许采用 Yy 连接方式。

4.3.2　Yy 连接的心式变压器电动势波形

对于 Yy 连接的心式变压器，其一次绕组中励磁电流 3 次谐波分量无法通过，所以励磁电流也近似为正弦波，在磁路饱和时磁通中含有 3 次谐波分量，但由于心式变压器三相磁路彼此相关，任何一相磁通都需要通过其他两相磁路才能构成回路，而各相的 3 次谐波磁通大小相等、相位相同，所以 3 次谐波磁通不能沿心式变压器的主磁路闭合，只能借助油、油箱壁等形成闭合回路，为漏磁通，如图 4－11 所示。三相心式变压器主磁通中 3 次谐波分量很小，波形接近正弦波，从而相电动势波形也接近正弦波。所以，三相心式变压器的相电动势波形近似为正弦波，可以采用 Yy 连接方式。

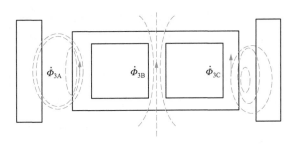

图 4－11　三相心式变压器中三次谐波磁通的路径

但三相心式变压器的三次谐波磁通无法通过主磁路构成回路，只能借助油、油箱壁等形成闭合回路，将在变压器油箱壁等构件中引起 3 倍频率的涡流损耗，使变压器局部发热和损耗增加，所以容量大于 1800kVA 的变压器不采用 Yy 连接方式。

4.3.3　Dy 连接和 Yd 连接变压器的电动势波形

Dy 连接的变压器，由于一次绕组为三角形连接，磁路饱和时一次绕组的三角形连接使励磁电流中的 3 次谐波分量可以在闭合的三角形回路中流通，则励磁电流波形为尖顶波。所以各相绕组励磁电流为尖顶波，可以在铁心中建立正弦波形的主磁通，感应正弦波形的电动势。所以，Dy 连接的变压器，不管是组式还是心式结构，其相电动势波形都为正弦波。

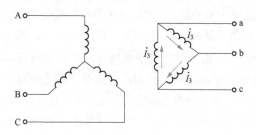

图 4-12 Yd 连接的三相变压器中的
二次侧三次谐波电流

Yd 连接的变压器（组式和心式），其一次绕组中无 3 次谐波励磁电流流通，励磁电流为正弦波形，磁路饱和时主磁通波形为平顶波，含有三次谐波磁通，谐波磁通在一、二次绕组的相电动势中感应 3 次谐波电动势。由于二次绕组为三角形连接，二次侧三相绕组的 3 次谐波电动势在闭合的三角形内形成 3 次谐波环流，如图 4-12 所示。由于一次绕组中无 3 次谐波电流与之平衡，所以二次绕组的 3 次谐波电流起着励磁作用。这样可以认为铁心中的主磁通是由一次侧的正弦波空载电流和二次侧 3 次谐波电流共同建立，二次侧的 3 次谐波电流产生的 3 次谐波磁通对一次绕组产生的 3 次谐波磁通起去磁作用，所以 3 次谐波磁通被削弱，主磁通波形接近正弦波，相电动势中的 3 次谐波分量很小，因此相电动势波形近似为正弦波。

综上所述，三相变压器的一、二次绕组中只要有一侧接成三角形，就能保证即使在磁路饱和情况下相电动势波形接近正弦波。大容量电力变压器若需接成 Yy 连接，可以在铁心柱上另加一套第三绕组，并接成三角形，此绕组不接电源也不接负载，用来为 3 次谐波电流提供通路，防止相电动势波形发生畸变。

本章小结

根据三相变压器铁心结构不同，磁路系统有心式和组式两种，三相心式变压器各相磁路相互关联，三相组式变压器各相磁路相互独立。三相变压器绕组有 Y 形、△ 形连接两种方式，根据绕组连接方式的不同和一、二次绕组线电动势的相位关系不同，三相变压器有不同的联结组别，三相变压器的联结组别可以用钟点法进行判别。三相变压器磁路系统和电路系统影响电动势波形，只要一、二次绕组中一侧接成三角形，就能保证在磁动势波形为正弦波时电动势波形为正弦波。

思考题及习题

4-1 三相组式变压器和三相心式变压器在磁路结构上有何区别？

4-2 三相变压器的变比是如何定义的？它和线电压比有什么区别？在进行变压器绕组折算时用前者还是后者？

4-3 变压器的联结组别标号有何意义？影响联结组别标号的因素有哪些？如何用时钟法来表示？

4-4 有三台相同的单相变压器，已知每台变压器一、二次绕组各自的端子，但不知道它们的同名端。如果只有一块仅能测量电压的电压表，能否在未确定每一单相变压器同名端的情况下，将三台变压器正确接成：（1）Dy 连接；（2）Yd 连接。

4-5 有一台联结组号为 Yy0 的三相变压器，一次绕组的 B 与 Y 接反了，二次绕组连接无误。如果该变压器是由三台单相变压器连接而成的，会发生什么现象？能否在二次侧予以改正？如果上述错误出现在一台三相心式变压器中，又会出现什么情况？应如何改正？

4-6 一台 Yd 连接的三相变压器，一次绕组加额定电压空载运行，此时将二次绕组的闭合三角形打开，用电压表测量开口电压；再将三角形闭合，测量回路电流，问此变压器分别是三相组式变压器和心式变压器时，所测得的数据有无不同？为什么？

4-7 3 次谐波电流与变压器绕组的连接方式有无关系？

4-8 为什么变压器的励磁电流中需要有三次谐波分量，如果励磁电流中的三次谐波分量不能流通，对绕组中感应电动势波形有何影响？

4-9 变压器一、二次绕组连接如图 4-13 所示，试画出它们的相量图，并判别绕组联结组别。

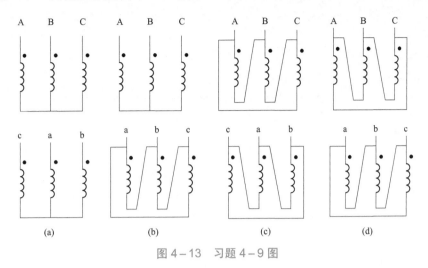

(a)　　　　　　(b)　　　　　　(c)　　　　　　(d)

图 4-13　习题 4-9 图

4-10 某三相变压器，一、二次绕组的 12 个端头及各相绕组电动势正方向如图 4-14 所示，试将此三相变压器接成 Yd7 和 Yy4 连接，试画出绕组连接图，标出个相绕组出线端，并画出相量图。

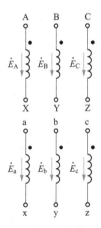

图 4-14　三相变压器一、二次绕组及相电动势正方向

5

三相变压器的运行

现代电力系统中，发电厂和变电站的容量越来越大，一台变压器往往不能担负起全部容量的传输或配电任务，为此常采用两台或多台变压器并联运行的方式。三相变压器运行时，总是尽可能使负载对称（symmetric），这样可以提高变压器的运行效率。但实际运行过程中，负载不一定对称，如变压器二次侧带单相电炉或电焊机等单相负载，或是民用及照明负载三相分配不平衡等；而系统发生故障（如单相接地短路等），运行状态更是严重的不对称（asymmetric）。据调查表明，在现有的配电网尤其是农村电网中，变压器不对称问题相当严重。变压器不对称运行，可能导致其带负荷能力下降，损耗增大，影响其运行可靠性和经济性。

变压器运行时，如果所带负载大小或所加电源电压的大小基本不变，可认为变压器为稳态运行状态。但是，变压器也可能由于某种原因使其稳定运行状态被破坏，如负载突然变化、变压器空载合闸到电网、二次侧突然短路、遭受过电压冲击等，这时变压器将从一种稳定运行状态过渡到另一种稳定运行状态，这种过程称为瞬变过程。变压器在瞬变过程中，电场和磁场能量发生较大变化，可能使绕组中的电压和电流超过其额定值的许多倍，发生过压或过流。瞬变过程虽然持续时间很短，但可能会使变压器受到致命损害甚至被烧坏。所以，了解变压器瞬变过程中各电磁量的变化规律，对变压器的设计、制造、运行都有帮助。

本章着重讨论变压器的并联运行、不对称运行、空载合闸和突然短路等几种运行情况。

5.1 三相变压器的并联运行

变压器并联运行（parallel operation）指的是两台或多台变压器的一、二次绕组分别接到公共的母线上，共同向负载供电。如图5-1所示，分别给出了两台Yy连接的变压器并联运行的三线图和单线图。

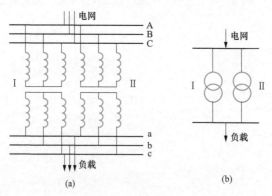

图5-1 三相Yy连接变压器的并联运行
（a）三线图；（b）单线图

变压器并联运行有以下优点。

（1）提高供电的可靠性。并联运行的变压器，如果其中一台发生故障或检修，另外的变压器仍照常运行，供给一定的负载。

（2）提高运行效率。并联运行变压器可根据负载的大小调整投入并联的台数，从而减小能量损耗，提高运行效率。

（3）减少备用容量，并可随负荷电量的增长，分批安装变压器，减少初次投资。

并联运行的变压器数量也不宜过多，在总容量一定时，并联台数越多，每台变压器的容量就越小，设备成本和安装面积增加，经济性降低。实际中，需综合考虑可靠性、效率、负载变化情况等，变电站主变压器一般为2～3台并联。本节主要讨论变压器并联运行的理想条件，并分析变压器不满足并联条件时的运行情况。

5.1.1 变压器理想并联运行条件

1. 理想运行情况

（1）空载时，并联运行的变压器彼此不相干，各变压器之间无环流（circulating current），即一次侧仅有空载电流，有较小的铜耗，二次侧电流为0，无铜耗；

（2）负载时，并联运行各变压器的负载分配与各自的容量成正比，即电流标幺值相等，各变压器均可满载运行，使并联变压器能得到充分利用；

（3）负载时，各变压器负载电流同相位，以保证负载电流一定时，各变压器分担的电流最小。

2. 并联运行时必须满足以下条件才能达到理想状态

（1）各并联变压器的一、二次额定电压相等，即各变压器变比相等。

（2）各并联变压器一、二次线电压的相位差相同，即各变压器联结组标号相同。

（3）各并联变压器的短路电压标幺值相等，短路阻抗角也相等。

实际并联运行中，上述条件的第一条和第三条不可能绝对满足，但第二条必须严格保证。

5.1.2 变比不相等时变压器的并联运行

假设并联运行的两台变压器变比不相等，分别为K_I和K_{II}，且$K_I < K_{II}$，如图5-2所示。

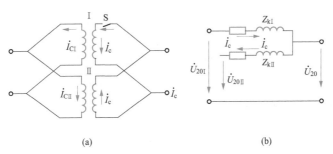

图5-2 变比不等时变压器的并联运行
(a) 并联接线；(b) 简化等效电路

图5-2中，两台变压器的一次绕组接同一电源，则一次侧电压相等。由于变比不等，变压器二次侧电压不相等，为了便于计算，忽略励磁电流，并将一次绕组各参数折算到二次侧。一次绕组接电源$\dot{U}_1$，开关S断开时，由于变比$K_I < K_{II}$，两台变压器二次侧电压分别为

$$\dot{U}_{20I} = \frac{\dot{U}_1}{K_I} \tag{5-1}$$

$$\dot{U}_{20II} = \frac{\dot{U}_1}{K_{II}} \tag{5-2}$$

变压器并联运行前，开关S两端有电位差$\Delta \dot{U}_{20}$，为

$$\Delta \dot{U}_{20} = \dot{U}_{20I} - \dot{U}_{20II} = \frac{\dot{U}_1}{K_I} - \frac{\dot{U}_1}{K_{II}} \tag{5-3}$$

开关S合上后，变压器空载运行时，并联运行的变压器二次侧构成闭合回路，由于二次侧回路存在电压差$\Delta \dot{U}_{20}$，使二次回路中产生环流$\dot{I}_{2C}$，大小为

$$\dot{I}_{2C} = \frac{\Delta \dot{U}_{20}}{Z_{kI} + Z_{kII}} = \frac{\dfrac{\dot{U}_I}{K_I} - \dfrac{\dot{U}_I}{K_{II}}}{Z_{kI} + Z_{kII}} = \frac{\dot{U}_I \cdot \dfrac{K_{II} - K_I}{K_I K_{II}}}{Z_{kI} + Z_{kII}} \tag{5-4}$$

式中：Z_{kI}，Z_{kII} 分别为两台并联变压器折算到二次侧的短路阻抗。

根据磁动势平衡关系，变压器二次侧存在环流，其一次侧也会出现环流，由于并联变压器变比不相等，一次侧的环流也不相等。所以，并联变压器一次侧绕组中此时不仅有空载电流，还有与二次侧环流相平衡的一次侧环流。

并联变压器即使有很小的电位差 $\Delta \dot{U}_{20}$ 存在，由于短路阻抗值很小，也会在并联变压器中产生很大的环流。如变压器变比差 1% 时，环流可达额定值的 10%。环流不同于负载电流，在变压器空载时，环流就已经存在，它的存在将占用变压器的一部分容量。所以换流的存在，一方面使变压器空载损耗增加，另一方面使变压器带负载能力降低。

因此，变压器制造时，应对变比误差加以严格控制，一般要求电力变压器一、二次额定电压的误差不大于 0.5%，以保证由此引起的空载环流小于额定电流的 5%。

5.1.3 联结组标号不相同时的并联运行

变压器联结组标号不同时并联运行，由于一、二次绕组线电压相位差不同，在一次绕组接同一电源时，二次侧线电压相位不相等，其电位差 $\Delta \dot{U}_{20}$ 较变比不等时要大得多。如图 5-3 所示，为联结组号分别为 Yy0 和 Yy10 的变压器并联运行时二次侧线电压相量图。从图 5-3 中可以看出，由于变压器二次侧线电压相位差为 60°，有

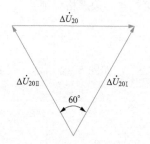

图 5-3 Yy0 与 Yy10 联结组的变压器并联二次侧相应线电压相量图

$$\Delta U_{20} = U_{20I} = U_{20II} \tag{5-5}$$

可见，此时的电压差等于二次侧线电压，这个电压差将在变压器中引起很大的环流，可能超过额定电流的许多倍，从而烧坏变压器。并联运行的变压器相位差越大，$\Delta \dot{U}_{20}$ 也越大，环流也越大。最严重的情况是，二者相位差 180°，$\Delta \dot{U}_{20}$ 达到线电压的 2 倍，产生很大的环流。所以，联结组标号不同的变压器绝不允许并联运行。

5.1.4 短路电压标幺值不相等时的并联运行

前面讨论的变比不等或联结组标号不同时变压器并联运行，都将在变压器中引起环流，影响变压器正常运行。如果变压器变比和联结组标号都相同，而短路电压标幺值不相等，将不会在变压器中引起环流，但影响变压器负载分配情况，使其负载分配不合理，不能充分发挥并联运行的容量水平。下面将对这种情况进行讨论。

图 5-4 为变压器并联运行时的简化等效电路，不考虑励磁电流。由于并联运行的变压器一、二次侧电压相等，所以各并联变压器的阻抗压降被强制相等，对每台变压器有

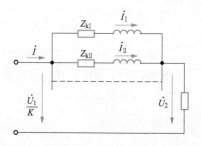

图 5-4 并联运行变压器的简化等效电路

$$\frac{\dot{U}_1}{K} - \dot{U}_2 = \dot{I}_I Z_{kI} = \dot{I}_{II} Z_{kII} = \cdots \tag{5-6}$$

式中：K 为各并联变压器的变比。

从式（5-6）可以得到各并联变压器电流与阻抗的关系为

$$\dot{I}_I : \dot{I}_{II} = \frac{1}{Z_{kI}} : \frac{1}{Z_{kII}} \tag{5-7}$$

若采用标幺值表示，有

$$\dot{I}_{\text{I}*} : \dot{I}_{\text{II}*} = \frac{1}{Z_{k\text{I}*}} : \frac{1}{Z_{k\text{II}*}} \tag{5-8}$$

式（5-8）表明各变压器负载电流分配与它们的短路阻抗标幺值成反比。当各并联变压器短路电压标幺值相等时，各变压器负载率相同。否则，短路电压标幺值不等的变压器并联运行时，各变压器负载率不相同，短路电压标幺值大的变压器满载运行，短路电压标幺值小的变压器已经过载；而短路电压标幺值小的变压器满载运行时，短路电压标幺值大的变压器又处于欠载运行。

如果并联运行各变压器短路电压标幺值相等，负载率相同，则负载分配最为合理。由于容量相近的变压器阻抗值相近，所以一般并联运行变压器的容量比不超过 3:1。

在计算变压器并联运行时的负载分配问题时，还经常采用下面的计算方法。

（1）根据式（5-8），可以得到 n 台并联运行变压器各分担的负载电流分别为

$$\dot{I}_{\text{I}} = \frac{1}{Z_{k\text{I}}}\left(\frac{\dot{U}_1}{K} - \dot{U}_2\right)$$

$$\dot{I}_{\text{II}} = \frac{1}{Z_{k\text{II}}}\left(\frac{\dot{U}_1}{K} - \dot{U}_2\right)$$

$$\cdots$$

$$\dot{I}_n = \frac{1}{Z_{kn}}\left(\frac{\dot{U}_1}{K} - \dot{U}_2\right)$$

把上面各式相加，得到 n 台并联变压器总的负载电流为

$$\dot{I} = \left(\frac{\dot{U}_1}{K} - \dot{U}_2\right)\sum_{i=1}^{n} Z_{ki} \tag{5-9}$$

从而可以得到第 i 台变压器负载电流的计算公式，为

$$\dot{I}_i = \frac{\dfrac{1}{Z_{ki}}}{\displaystyle\sum_{i=1}^{n} \dfrac{1}{Z_{ki}}} \dot{I} \tag{5-10}$$

（2）第 i 台变压器负载率为

$$\beta_i = \frac{I_i}{I_{Ni}} = \frac{I}{Z_{ki*}\displaystyle\sum_{i=1}^{n} \dfrac{I_{Ni}}{Z_{ki*}}} \tag{5-11}$$

式（5-9）、式（5-10）、式（5-11）中，I 为二次侧每相的总负载电流；Z_{ki*} 为第 i 台变压器的短路电压标幺值。式（5-11）也可用容量表示为

$$\beta_i = \frac{S}{Z_{ki*}\displaystyle\sum_{i=1}^{n} \dfrac{S_{Ni}}{Z_{ki*}}} \tag{5-12}$$

式中：S 为总负载容量。

实际运行时，为了充分利用变压器容量，要求各并联运行变压器负载电流标幺值不超过 10%，所以各变压器的短路阻抗标幺值相差也不能超过 10%。

【例 5-1】某变电站有三台变压器并联运行，其变比相等，联结组号相同，每台额定容量均为 $S_N = 100\text{kVA}$，阻抗电压标幺值分别为 $u_{k1*} = 0.035$、$u_{k2*} = 0.04$、$u_{k3*} = 0.055$，总负载 $S = 300\text{kVA}$，试求：

（1）各变压器所分担的功率；

（2）不使任一台变压器过载时，最大的输出功率；

（3）在第（2）种运行状态下变压器的利用率。

解：（1）根据式（5-12），有

$$\sum \frac{S_{Ni}}{Z_{ki*}} = \frac{100}{0.035} + \frac{100}{0.04} + \frac{100}{0.055} = 7175.32$$

于是

$$\beta_1 = \frac{S}{Z_{k1*}\sum_{i=1}^{n}\frac{S_{Ni}}{Z_{k1*}}} = \frac{300}{0.035\times 7175.32} = 1.195$$

$$\beta_2 = \frac{S}{Z_{k2*}\sum_{i=1}^{n}\frac{S_{Ni}}{Z_{k2*}}} = \frac{300}{0.04\times 7175.32} = 1.045$$

$$\beta_3 = \frac{S}{Z_{k3*}\sum_{i=1}^{n}\frac{S_{Ni}}{Z_{k3*}}} = \frac{300}{0.055\times 7175.32} = 0.760$$

则各变压器所分担的功率分别为

$$S_1 = \beta_1 S_{1N} = 1.195\times 100 = 119.5 \text{kVA}$$

$$S_2 = \beta_2 S_{2N} = 1.045\times 100 = 104.5 \text{kVA}$$

$$S_3 = \beta_3 S_{3N} = 0.760\times 100 = 76.0 \text{kVA}$$

可见，第 1 台变压器过载 19.5%，第 2 台变压器过载 4.5%，而第 3 台变压器欠载 24%。阻抗电压标幺值小的变压器过载最多，阻抗电压标幺值大的变压器欠载。

（2）不使任何一台变压器过载，应取阻抗电压标幺值最小的第 1 台变压器的负载系数 $\beta_1 = 1$，使其满载，则根据式（4-12）有三台变压器最大输出功率为

$$S = \left(Z_{k1*}\sum \frac{S_{Ni}}{Z_{ki*}}\right)\beta_1 = 0.035\times 7175.32\times 1 = 251 \text{kVA}$$

而三台变压器的总容量为 300kVA，显然设备容量未得到充分利用。

（3）在所有变压器均不过载情况下，变压器的利用率为

$$\frac{S}{S_{N1} + S_{N2} + S_{N3}} = \frac{251}{300} = 0.837$$

5.2　三相变压器的不对称运行

分析变压器和电机的不对称运行问题，通常采用对称分量法。这里首先介绍对称分量法，然后分析变压器的不对称运行问题。

5.2.1　对称分量法

对称分量法（symmetrical component method）是把一组不对称的三相电流（或电压）分解为三组对称的正序（positive sequence）、负序（negative sequence）、零序（zero sequence）电流（或电压），先按各序对称的三相系统单独作用的情况分别计算，再把结果叠加就得到原来那组不对称三相电流（或电压）作用的结果。

对于任意一组不对称的三相电流（或电压），都可以按照一定的方法将其分解为正序、负序和零序三组三相对称的电流（或电压），后者称为前者的对称分量。每一组对称分量符合大小相等、彼此之间相位差相等的原则。其中正序电流（或电压）为大小相等、相位互差 120°、相序为 a—b—c 的三相电流（或电压）；负序电流（或电压）为大小相等、相位互差 120°、相序为 a—c—b 的三相电流（或电压）；零序电流（或电压）为大小相等、相位相同的三相电流（或电压）。反过来，任意三组正序、负序和零序对称电流（或电压）叠加起来，可以得到一组不对称的三相电流（或电压）。为了区别正序、负序和零序分量，在各分量的右下角用"+"

"－""0"区分。

这里以电流为例来说明对称分量法。设有一组三相不对称电流，分别为 $\dot{I}_A$、$\dot{I}_B$、$\dot{I}_C$，按对称分量法可将其分解为正序、负序、零序三组三相对称分量电流。

三组对称分量电流共有 9 个变量，分别为

$$\left.\begin{array}{l} \dot{I}_A = \dot{I}_{A+} + \dot{I}_{A-} + \dot{I}_{A0} \\ \dot{I}_B = \dot{I}_{B+} + \dot{I}_{B-} + \dot{I}_{B0} \\ \dot{I}_C = \dot{I}_{C+} + \dot{I}_{C-} + \dot{I}_{C0} \end{array}\right\} \tag{5-13}$$

其中，各相序分量电流关系满足约束条件

$$\left.\begin{array}{l} \dot{I}_{B+} = a^2 \dot{I}_{A+}, \dot{I}_{C+} = a \dot{I}_{A+} \\ \dot{I}_{B-} = a \dot{I}_{A-}, \dot{I}_{C-} = a^2 \dot{I}_{A-} \\ \dot{I}_{B0} = \dot{I}_{C0} = \dot{I}_{A0} \end{array}\right\} \tag{5-14}$$

其中，复数算子 $a = e^{j120°}$，$a^2 = e^{j240°}$，$a^3 = 1$，且有关系式 $1 + a + a^2 = 0$，所以式（5-13）中的 9 个变量可用 3 个独立变量表示为

$$\left.\begin{array}{l} \dot{I}_A = \dot{I}_{A+} + \dot{I}_{A-} + \dot{I}_{A0} \\ \dot{I}_B = a^2 \dot{I}_{A+} + a \dot{I}_{A-} + \dot{I}_{A0} \\ \dot{I}_C = a \dot{I}_{A+} + a^2 \dot{I}_{A-} + \dot{I}_{A0} \end{array}\right\} \tag{5-15}$$

正序、负序和零序系统的相量及其合成可用图 5-5 表示。图 5-5（a）、（b）、（c）分别为对称的正序、负序、零序电流分量相量图，图 5-5（d）为合成的不对称三相电流。

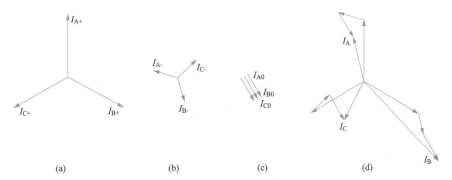

图 5-5　正序、负序、零序三组对称系统合成为不对称三相系统
（a）正序系统；（b）负序系统；（c）零序系统；（d）合成系统

将三组电流叠加，便得到一组不对称三相电流。可根据式（5-15）的逆变换得到求各序电流分量的表达式为

$$\left.\begin{array}{l} \dot{I}_{A+} = \dfrac{1}{3}(\dot{I}_A + a \dot{I}_B + a^2 \dot{I}_C) \\ \dot{I}_{A-} = \dfrac{1}{3}(\dot{I}_A + a^2 \dot{I}_B + a \dot{I}_C) \\ \dot{I}_{A0} = \dfrac{1}{3}(\dot{I}_A + \dot{I}_B + \dot{I}_C) \end{array}\right\} \tag{5-16}$$

所以，已知三相不对称分量，可根据式（5-16）求出 A 相的各对称分量，从而 B 相和 C 相的对称分量也可以根据式（5-14）确定。反过来，如果已知对称分量 $\dot{I}_{A+}$、$\dot{I}_{A-}$、$\dot{I}_{A0}$，可根据式（5-15）求出三相的不对称分量。

【例5-2】 将一组不对称的三相电压 $\dot{U}_A = 220e^{j0°}\text{V}$，$\dot{U}_B = 220e^{-j120°}\text{V}$，$\dot{U}_C = 0$，试分解为正序、负序和零序的对称分量，并画出相量图。

解：根据式（5-16）可得

$$\dot{U}_{A+} = \frac{1}{3}(220e^{j0°} + e^{j120°} \cdot 220e^{-j120°}) = \frac{1}{3}(220 + 220) = 146.7V$$

$$\dot{U}_{A-} = \frac{1}{3}(220e^{j0°} + e^{j240°} \cdot 220e^{-j120°}) = \frac{1}{3}(220 + 220e^{j120°})$$

$$= \frac{1}{3}(110 + j190.5) = 73.3e^{j60°}V$$

$$\dot{U}_{A0} = \frac{1}{3}(220e^{j0°} + 220e^{-j120°}) = \frac{1}{3}(110 - j190.5) = 73.3e^{-j60°}V$$

相量图如图5-6所示。

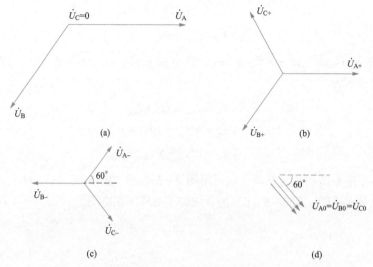

图5-6 ［例5-2］图
（a）不对称三相电压；（b）正序分量；（c）负序分量；（d）零序分量

值得注意的是，对称分量法实质上是一种数学上的线性变换法，只适用于线性系统。对于非线性系统，需要先经线性化处理，才能得到近似结果。对于变压器，励磁回路为非线性，但因为励磁电流很小，把励磁回路按额定电压点做线性化处理，也可近似采用对称分量法分析。

5.2.2　三相变压器的序等效电路和序阻抗

不同相序的电流流过变压器三相绕组时所遇到的阻抗会因为变压器绕组联结方式和磁路系统不同而不同，下面对变压器的正序、负序、零序等效电路和各序阻抗分别进行讨论。

1. 正序、负序阻抗和等效电路

三相变压器通过正序电流时所遇到的阻抗和等效电路，称为正序阻抗和正序等效电路。正序电流与变压器对称运行时相序相同，所以正序阻抗与对称运行状态完全相同，正序阻抗 Z_{k+} 等于变压器短路阻抗 Z_k，即 $Z_{k+} = Z_k$；不考虑励磁电流，正序等效电路就是变压器简化等效电路，如图5-7所示。

三相变压器通过负序电流时所遇到的阻抗和等效电路，称为负序阻抗和负序等效电路。由于变压器为静止电器，通入负序电流时，变压器中磁通所经过的路径及所产生的电磁现象与通入正序电流完全相同，所以变压器的负序等效电路和负序阻抗与正序时的相同，即有 $Z_{k-} = Z_{k+} = Z_k$，负序等效电路也是变压器简化等效电路，如图5-7所示。

2. 零序阻抗和零序等效电路

零序电流经过三相变压器时所遇到的阻抗和等效电路，称为零序阻抗和零序等效电路。由于三相零序电流大小相等、相位相同，流入三相变压器时所产生的电磁现象与正序及负序不同，所以零序阻抗及零序等效电路比较复杂，与变压器的磁路系统和绕组联结方式有关，必须综合考虑。

（1）零序等效电路。零序等效电路也是反映变压器一、二次绕组之间电磁关系的，所以它的等效电路和正序一样，可以用 T 形等效电路表示，如图 5-8 所示。由于零序电流建立的漏磁场情况与正序和负序相同，与电流相序无关，所以一、二次绕组零序漏阻抗与正序时相同，分别为 Z_1 和 Z_2'，但零序励磁阻抗与磁路系统有关，大小可能与正序励磁阻抗不同，用符号 Z_{m0} 表示。

图 5-7　正序、负序简化等效电路　　　　图 5-8　零序 T 形等效电路

（2）磁路系统对零序阻抗的影响。三相零序电流大小相等、相位相同，所产生的三相零序磁通也大小相等、相位相同。对于三相组式变压器，由于各相磁路相互独立，零序励磁磁通在各相铁心中通过，经各相的铁心构成闭合回路，所以，零序电流产生的主磁通与正序电流产生的主磁通经过的路径相等，磁阻相同，则零序励磁阻抗 Z_{m0} 与正序励磁阻抗 Z_m 相同，即 $Z_{m0} = Z_m$。

对于三相心式变压器，由于各相磁路相互关联，任一相磁通都必须经过另外两相才能构成通路。而大小相等、相位相同的三相零序磁通，不能通过铁心主磁路闭合，只有经过油道、油箱壁和部分铁心形成回路。所以，零序磁通经过的磁路的磁阻较正序和负序磁通经过的磁路的磁阻大很多，则零序励磁阻抗较正序励磁阻抗小得多，即 $Z_{m0} \ll Z_m$。

（3）绕组连接方式对零序等效电路的影响。三相绕组的不同连接方式直接对零序电流的流通情况产生影响，所以对零序等效电路的讨论必须考虑绕组的连接方式。

三相绕组为 Y 形连接时，由于三相零序电流同相位，在 Y 形连接的绕组中没有通路，零序电流为零，所以零序等效电路中的 Y 形连接一端应为开路。如果三相绕组是 YN 连接，则零序电流可以通过中线与电源（或负载）构成回路，所以零序等效电路中 YN 连接的一端应为通路。如果三相绕组为三角形（△）连接，三相零序电流可以在三角形内部流通，构成内部环流，但从外部看，零序电流既不流入也不流出，所以在零序等效电路中△形连接的一端相当于变压器内部短路，从外部看，则应为开路。

（4）不同连接方式下的零序等效电路。根据上面的分析，可以得到变压器不同连接方式下的零序等效电路如图 5-9~图 5-12 所示。图中的 Z_0 为从变压器外面看进去的零序阻抗，Z_{m0} 为零序励磁阻抗，Z_1 和 Z_2' 分别为一、二次绕组的漏阻抗。

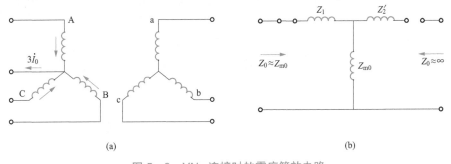

(a)　　　　　　　　　　　　　　(b)

图 5-9　YNy 连接时的零序等效电路

（a）连线图；（b）等效电路

从图中可以看出，变压器绕组联结方式不同，零序等效电路也不同。图 5-9 为 YNy 连接时的零序等效电路，由于一次侧为 YN 连接，一次侧零序电流有通路，与电源构成了回路；二次侧为 Y 形连接，无中性线，二次侧零序电流无通路，与负载断开。从一次侧看，零序阻抗 $Z_0 = Z_1 + Z_{m0}$，零序阻抗大小与磁路系统有关，对于组式变压器有 $Z_{m0} = Z_m$，则 $Z_0 \approx Z_m$，零序励磁阻抗有较大值；对于心式变压器，由于 $Z_{m0} \ll Z_m$，则 $Z_0 \ll Z_m$，

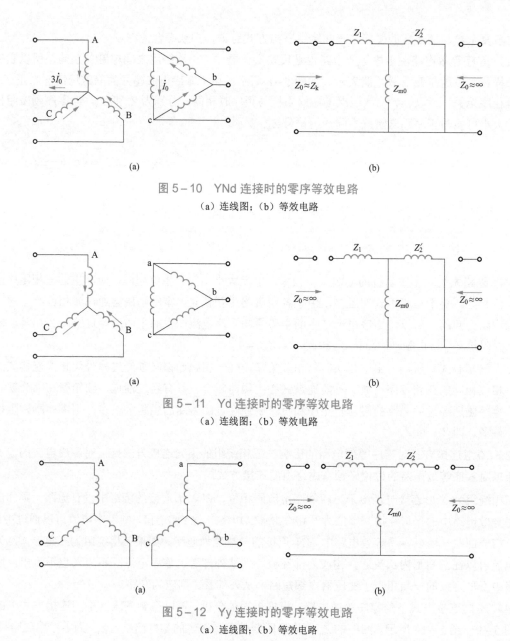

图 5-10 YNd 连接时的零序等效电路
（a）连线图；（b）等效电路

图 5-11 Yd 连接时的零序等效电路
（a）连线图；（b）等效电路

图 5-12 Yy 连接时的零序等效电路
（a）连线图；（b）等效电路

零序励磁阻抗值较小。从二次侧看，由于零序电流没有通路，所以 $Z_0 = \infty$。其他几种连接方式有相同的分析方法。

（5）零序励磁阻抗的试验求取。变压器的零序励磁阻抗可以采取试验的方法测量出来。试验时，将变压器一侧绕组开路，另一侧三相绕组依次顺序串联后加单相电源，其接线如图 5-13 所示。

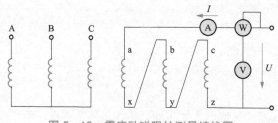

图 5-13 零序励磁阻抗测量接线图

由于通入三个串联绕组的电流大小相等，相位相同，相当于零序电流，测量电压 U、电流 I 和功率 P。由于变压器一端开路，忽略测量边的漏阻抗，则测得的阻抗可近似认为是零序励磁阻抗 Z_{m0}。

$$\left.\begin{aligned} Z_{m0} &\approx \frac{U}{3I} \\ R_{m0} &\approx \frac{P}{3I^2} \\ X_{m0} &\approx \sqrt{Z_{m0}^2 - R_{m0}^2} \end{aligned}\right\} \tag{5-17}$$

5.2.3 Yyn 连接的三相变压器带单相负载运行

这里以 Yyn 连接的三相变压器带单相负载运行为例，说明如何用对称分量法来分析变压器不对称运行问题以及 Yyn 连接的三相组式变压器不能带单相负载运行的原因。

图 5-14 为 Yyn 连接的三相变压器带单相负载原理图，其中变压器为 Yyn 连接方式，一次侧接三相对称电源，二次侧 a 相接负载 Z_L，b、c 相空载。这里假定一次侧所有参数已经折算到二次侧，为了简便，将上标“′”省略。

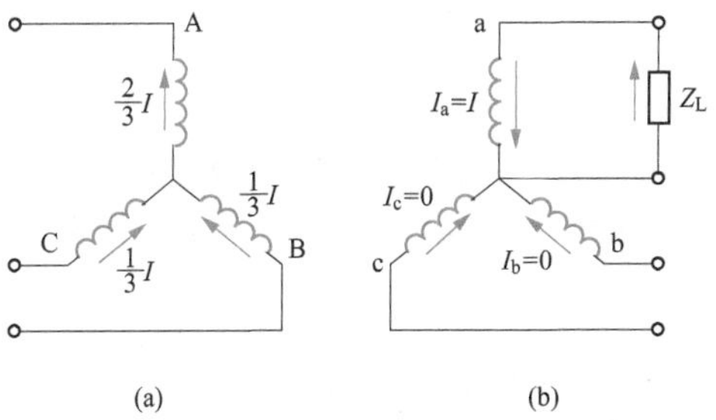

图 5-14 Yyn 连接的三相变压器带单相负载

1. 二次侧电流

如图 5-14 所示，二次侧各相绕组电流为

$$\left.\begin{aligned} \dot{I}_a &= \dot{I} \\ \dot{I}_b &= 0 \\ \dot{I}_c &= 0 \end{aligned}\right\} \tag{5-18}$$

式中：$\dot{I}$ 为 a 相负载电流。

利用对称分量法对二次侧电流进行分解，得到正序、负序和零序分量分别为

$$\left.\begin{aligned} \dot{I}_{a+} &= \frac{1}{3}(\dot{I}_a + a\dot{I}_b + a^2\dot{I}_c) = \frac{1}{3}\dot{I} \\ \dot{I}_{b+} &= a^2\dot{I}_{a+} = \frac{1}{3}a^2\dot{I} \\ \dot{I}_{c+} &= a\dot{I}_{a+} = \frac{1}{3}a\dot{I} \end{aligned}\right\} \tag{5-19}$$

$$\left.\begin{aligned} \dot{I}_{a-} &= \frac{1}{3}(\dot{I}_a + a^2\dot{I}_b + a\dot{I}_c) = \frac{1}{3}\dot{I} \\ \dot{I}_{b-} &= a\dot{I}_{a+} = \frac{1}{3}a\dot{I} \\ \dot{I}_{c-} &= a^2\dot{I}_{a+} = \frac{1}{3}a^2\dot{I} \end{aligned}\right\} \tag{5-20}$$

$$\dot{I}_{a0} = \dot{I}_{b0} = \dot{I}_{c0} = \frac{1}{3}(\dot{I}_a + \dot{I}_b + \dot{I}_c) = \frac{1}{3}\dot{I} \tag{5-21}$$

由式（5-19）、式（5-20）、式（5-21）可以得到

$$\dot{I}_{a+} = \dot{I}_{a-} = \dot{I}_{a0} = \frac{1}{3}\dot{I}$$

2. 一次侧电流

由于一次侧为 Y 形连接，无中性线，所以一次侧无零序电流分量。忽略励磁电流，根据磁动势平衡关系，一次侧电流的正序和负序分量分别为

$$\left.\begin{aligned} \dot{I}_{A+} &= -\dot{I}_{a+} = -\frac{1}{3}\dot{I} \\ \dot{I}_{B+} &= -\dot{I}_{b+} = -\frac{1}{3}a^2\dot{I} \\ \dot{I}_{C+} &= -\dot{I}_{c+} = -\frac{1}{3}a\dot{I} \end{aligned}\right\} \tag{5-22}$$

$$\left.\begin{array}{l} \dot{I}_{A-} = -\dot{I}_{a-} = -\dfrac{1}{3}\dot{I} \\[2mm] \dot{I}_{B-} = -\dot{I}_{b-} = -\dfrac{1}{3}a\dot{I} \\[2mm] \dot{I}_{C-} = -\dot{I}_{c-} = -\dfrac{1}{3}a^2\dot{I} \end{array}\right\} \tag{5-23}$$

一次侧各相电流为正序和负序电流的叠加，为

$$\left.\begin{array}{l} \dot{I}_A = \dot{I}_{A+} + \dot{I}_{A-} = -\dfrac{1}{3}\dot{I} - \dfrac{1}{3}\dot{I} = -\dfrac{2}{3}\dot{I} \\[2mm] \dot{I}_B = \dot{I}_{B+} + \dot{I}_{B-} = -\dfrac{1}{3}a^2\dot{I} - \dfrac{1}{3}a\dot{I} = \dfrac{1}{3}\dot{I} \\[2mm] \dot{I}_C = \dot{I}_{C+} + \dot{I}_{C-} = -\dfrac{1}{3}a\dot{I} - \dfrac{1}{3}a^2\dot{I} = \dfrac{1}{3}\dot{I} \end{array}\right\} \tag{5-24}$$

从式（5-24）可知，一次侧三相绕组的电流大小和相位差均不相等，所以一次绕组三相电流也不对称。

3. 各序等效电路

为了计算变压器负载电流 $\dot{I}$，利用各序等效电路进行分析，由于各相序分量是对称的，所以只需给出单相等效电路即可。根据前面对各序等效电路的讨论，得到如图 5-15 所示的 Yyn 连接方式变压器的正序、负序和零序等效电路。

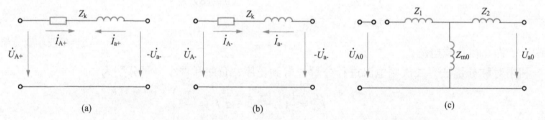

图 5-15　Yyn 连接三相变压器带单相负载时的各序等效电路
（a）正序等效电路；（b）负序等效电路；（c）零序等效电路

4. 负载电流

根据图 5-15 中各相序等效电路图，可得到各序等效电路的电压方程式为

$$\left.\begin{array}{l} -\dot{U}_{a+} = \dot{U}_{A+} + \dot{I}_{a+}Z_k \\[1mm] -\dot{U}_{a-} = \dot{I}_{a-}Z_k \\[1mm] -\dot{U}_{a0} = \dot{I}_{a0}(Z_{m0} + Z_2) \end{array}\right\} \tag{5-25}$$

利用对称分量法，可得负载端电压为

$$-\dot{U}_a = -(\dot{U}_{a+} + \dot{U}_{a-} + \dot{U}_{a0}) = \dot{U}_{A+} + \dot{I}_{a+}Z_k + \dot{I}_{a-}Z_k + \dot{I}_{a0}(Z_{m0} + Z_2) \tag{5-26}$$

前面已知，$\dot{I}_{a+} = \dfrac{1}{3}\dot{I}$，而 $\dot{U}_a = \dot{I}Z_L$，所以 $-\dot{U}_a = -\dot{I}Z_L = -3\dot{I}_{a+}Z_L$，代入式（5-26），得

$$-\dot{I}_{a+} = -\dot{I}_{a-} = -\dot{I}_{a0} = \frac{\dot{U}_{a+}}{2Z_k + Z_2 + Z_{m0} + 3Z_L} \tag{5-27}$$

得到变压器带单相负载时的负载电流为

$$-\dot{I} = -3\dot{I}_{a+} = \frac{3\dot{U}_{a+}}{2Z_k + Z_2 + Z_{m0} + 3Z_L} \tag{5-28}$$

若忽略短路阻抗 Z_k 和漏阻抗 Z_2，则有

$$-\dot{I} = \frac{\dot{U}_{a+}}{\dfrac{1}{3}Z_{m0} + Z_L} \tag{5-29}$$

式（5-29）表明，三相变压器带单相负载时，负载电流的大小除了与负载大小有关外，还与零序阻抗有

关。对于 Yyn 连接的三相组式变压器，由于零序磁通可以在各相独立的铁心主磁路中通过，主磁路的磁阻很小，零序磁通很大，其所对应的零序阻抗 Z_{m0} 也很大，等于正序励磁阻抗 Z_m。根据式（5-29）可知，三相组式变压器二次侧发生单相短路时，即负载阻抗 $Z_L = 0$，短路电流也不会太大，为

$$-\dot{I}_k = \frac{3\dot{U}_{a+}}{Z_{m0}} = 3\dot{I}_0 \tag{5-30}$$

也就是说，Yyn 连接的三相组式变压器即使二次侧发生单相短路，短路电流也只有励磁电流 $\dot{I}_0$ 的 3 倍，当其带单相负载时负载电流较短路电流还小。所以，Yyn 连接的组式变压器带单相负载时，不能向负载提供所需的电流和功率，即 Yyn 连接的组式变压器没有带单相负载的能力。

Yyn 连接的心式变压器，因为零序磁通不能在相关联的铁心构成的主磁路中闭合，只能通过油和油箱壁等构成闭合回路，磁路的磁阻很大，零序磁通很小，与其对应的零序阻抗 Z_{m0} 也很小，从式（5-29）可知，此时负载电流主要由负载阻抗 Z_L 决定，所以 Yyn 连接的心式变压器有带单相负载的能力。

5.2.4　中性点位移

Yyn 连接的三相组式变压器在带单相负载时，二次侧三相电流不平衡，有正序、负序和零序电流分量。其中，一次、二次绕组中正序电流和三相变压器对称负载时的情况一样，一、二次侧正序电流分量联合建立正序主磁通和漏磁通，正序主磁通在一、二次绕组中感应正序电动势，正序漏磁通引起漏阻抗压降。由于漏阻抗压降较小，定性分析时可以忽略，则认为一次侧的正序电动势与外加电源电压平衡。对于 A 相绕组，有 $\dot{U}_A = -\dot{E}_{a+}$。而一、二次绕组中负序电流分量与正序电流情况相似，而正常的电网电源电压是三相对称，没有负序分量，一次绕组中没有与之平衡的负序电动势，即变压器一次绕组中负序电动势为零，$\dot{E}_{a-} = 0$。一、二次侧绕组中的负序电流所产生的磁动势相互平衡抵消，则变压器中无负序电流建立的主磁通，只有与一、二次绕组交链的漏磁通，产生漏阻抗压降。所以，负序电流对变压器正常运行没有多大的影响。但零序电流不同，由于一次绕组的 Y 形连接使零序电流无通路，二次绕组零序电流产生的零序磁动势没有相应的一次零序磁动势与之平衡，所以二次绕组的零序电流起到了励磁电流的作用，产生零序磁动势，建立同时交链一、二次绕组的零序主磁通及仅与二次绕组交链的零序漏磁通。零序主磁通在一、二次绕组感应零序电动势 $\dot{E}_0$，零序漏磁通在二次绕组引起零序漏电抗压降。而零序电动势 $\dot{E}_0$ 的存在是三相组式变压器产生中性点位移的根本原因。

从图 5-15 中可以得到变压器一、二次侧的电压关系，忽略各相漏阻抗，则有

$$\left.\begin{aligned} \dot{U}_{A+} &= -\dot{U}_{a+} \\ \dot{U}_{A-} &= 0 \\ \dot{U}_{A0} &= -\dot{E}_{a0} \end{aligned}\right\} \tag{5-31}$$

式中　$\dot{E}_{a0}$ 为零序磁通在 A 相绕组感应的零序电动势，同样零序磁通在 B、C 相绕组感应零序电动势为 $\dot{E}_{b0}$ 和 $\dot{E}_{c0}$，且有 $\dot{E}_{a0} = \dot{E}_{b0} = \dot{E}_{c0}$。

根据式（5-31），可得到变压器一次绕组电压为

$$\left.\begin{aligned} \dot{U}_A &= \dot{U}_{A+} + \dot{U}_{A-} + \dot{U}_{A0} = \dot{U}_{A+} - \dot{E}_{a0} \\ \dot{U}_B &= a^2\dot{U}_{A+} + a\dot{U}_{A-} + \dot{U}_{A0} = \dot{U}_{B+} - \dot{E}_{a0} \\ \dot{U}_C &= a\dot{U}_{A+} + a^2\dot{U}_{A-} + \dot{U}_{A0} = \dot{U}_{C+} - \dot{E}_{a0} \end{aligned}\right\} \tag{5-32}$$

二次绕组电压为

$$\left.\begin{aligned} -\dot{U}_a &= \dot{U}_A \\ -\dot{U}_b &= \dot{U}_B \\ -\dot{U}_c &= \dot{U}_C \end{aligned}\right\} \tag{5-33}$$

根据以上关系，可以画出 Yyn 连接的三相组式变压器带单相负载时的相量图，如图 5-16 所示。画

相量图时，假设已知负载电流为 $-\dot{I}$、二次绕组电压为 $-\dot{U}_a$，以及它们之间的相位角为 φ，则根据 $\dot{I}_{a0} = \dot{I}_{b0} = \dot{I}_{c0} = \frac{1}{3}(-\dot{I})$ 可知各相零序电流与（$-\dot{I}$）同相位，大小为其 1/3。三相零序电流产生三相零序磁通大小相等，$\dot{\Phi}_{a0} = \dot{\Phi}_{b0} = \dot{\Phi}_{c0} = \dot{\Phi}_0$，不考虑铁耗，则零序磁通与零序电流同相位，即 $\dot{\Phi}_0$ 与 $-\dot{I}$ 同相位。零序磁通在各相绕组感应零序电动势，$-\dot{E}_{a0} = -\dot{E}_{b0} = -\dot{E}_{c0} = -\dot{E}_0$，落后零序磁通 90°。根据式（5-31）、式（5-32）有 $\dot{U}_{A+} = -\dot{U}_a + \dot{E}_0$，可确定 $\dot{U}_{A+}$ 的位置及大小，从而可以得到 $\dot{U}_{B+}$、$\dot{U}_{C+}$。再根据类似关系 $-\dot{U}_b = \dot{U}_{B+} - \dot{E}_0$、$-\dot{U}_c = \dot{U}_{C+} - \dot{E}_0$，可确定 $-\dot{U}_b = \dot{U}_B$、$-\dot{U}_c = \dot{U}_C$ 的位置及大小。

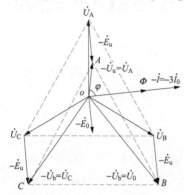

图 5-16　Yyn 连接三相组式变压器带单相负载中性点位移

图 5-16 中虚线三角形由一次绕组正序电压 $\dot{U}_{A+}$、$\dot{U}_{B+}$、$\dot{U}_{C+}$ 所构成，为三相对称电源的线电压三角形，其对称相电压的中性点在虚线三角形重心处。当变压器 A 相带单相负载后，虽然电源线电压仍然对称，线电压三角形不变，由于零序电流产生的零序磁通感应零序电动势 $-\dot{E}_0$，使 A 相绕组相电压 $-\dot{U}_a = \dot{U}_A = \dot{U}_{A+} - \dot{E}_0$ 下降，B、C 两相的相电压升高，带单相负载后变压器线电压中性点在△ABC 发生位移，中性点不再是在三角形的重心处而是接近三角形顶点的 O' 处，即中性点由三角形的重心进行了位移，这种现象称为中性点位移。当发生如 A 相短路的极端情况，有 $-\dot{U}_a = \dot{U}_A = \dot{U}_{A+} - \dot{E}_0 = 0$，此时中性点 O' 将与三角形顶点重合，即 A 相相电压降低为零，B、C 两相相电压升高为线电压。

从上面的分析可知，Yyn 连接的三相组式变压器发生单相短路时，一方面中性点位移至接近线电压三角形的顶点，造成空载相过电压；另一方面，单相短路电流很小，约为励磁电流的 3 倍。同理，当 Yyn 连接的三相组式变压器带单相负载或者是三相不平衡负载时，二次绕组有零序电流，将产生零序磁通，感应零序电动势，而发生中性点偏移，从而使带负载的相或是负载大的一相相电压降低以致带不起负载，其他两相电压升高导致过电压。而三相心式变压器中，由于零序磁通没有通过铁心构成回路，所以，零序磁通小，零序感应电动势也小，电压中性点位移现象不严重，能够带如单相负载，也就是三相心式变压器有较强的带不平衡负载的能力。在我国，传统的配电变压器大多为 Yyn 连接的三相心式变压器，为了减小其运行时零序磁通以减小电压不对称程度，要求三相电流尽量平衡，减小中性线回路的电流（3 倍零序电流）。近年来，为了提高配电变压器带不平衡负载的能力及降低谐波电流，Yyn 连接方式的配电变压器已较少采用，配电变压器大多采用 Dyn11 连接方式。

*5.3　变压器空载合闸

变压器二次侧开路，把一次侧绕组接入电网，称为变压器的空载合闸。变压器正常运行时，励磁电流很小，一般小于额定电流的 2%。但将其空载合闸到电网的瞬间，由于铁心存在饱和现象，励磁电流可能急剧增加为正常励磁电流的成百甚至上千倍，空载合闸出现的瞬态电流冲击，可能引起系统断路器跳闸，以致变压器不能顺利投入电网。空载合闸时出现的过电流现象和主磁场的建立有密切的关系，所以要计算空载合闸电流，必须先分析空载合闸时，磁场建立过程中的物理现象。下面以单相变压器为例，对变压器空载合闸过程进行分析。

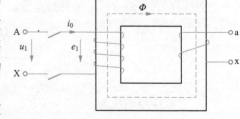

图 5-17　变压器空载合闸

如图 5-17 所示为单相变压器空载合闸原理图。设电网电压 u_1 随时间按正弦规律变化，则空载时一次侧的电压平衡方程为

$$u_1 = \sqrt{2}U_1 \sin(\omega t + \alpha) = i_0 r_1 + N_1 \frac{\mathrm{d}\Phi}{\mathrm{d}t} \tag{5-34}$$

式中　U_1 为电源电压有效值；α 为合闸时电压 u_1 的初相角；Φ 为和一次侧绕组交链的总磁通，包括主磁通和

漏磁通；N_1, r_1 为一次绕组的匝数和电阻。

为了简化计算，忽略变压器一次绕组的电阻 r_1，并且不考虑铁心剩磁，则式（5-34）可简化为

$$N_1 \frac{\mathrm{d}\Phi}{\mathrm{d}t} = \sqrt{2}U_1 \sin(\omega t + \alpha) \tag{5-35}$$

在 $t = 0$ 时 $\Phi = 0$ 的初始条件下，式（5-34）的解为

$$\Phi = -\Phi_\mathrm{m} \cos(\omega t + \alpha) + \Phi_\mathrm{m} \cos\alpha = \Phi_\mathrm{t} + \Phi_\mathrm{t}' \tag{5-36}$$

$$\Phi_\mathrm{t} = -\Phi_\mathrm{m} \cos(\omega t + \alpha)$$

$$\Phi_\mathrm{t}' = \Phi_\mathrm{m} \cos\alpha$$

$$\Phi_\mathrm{m} = \frac{\sqrt{2}U_1}{N_1 \omega}$$

式中：Φ_m 为稳态时的磁通幅值；Φ_t 为磁通的稳态分量；Φ_t' 为暂态分量。

式（5-36）表明，变压器空载合闸时其磁通的大小与合闸时电源电压 u_1 的初相角 α 有关，下面分别讨论两种极端情况。

1. 初相角 $\alpha = \dfrac{\pi}{2}$ 时合闸

$$\Phi = \Phi_\mathrm{m} \sin\omega t \tag{5-37}$$

根据式（5-37）可以得到磁通的变化曲线如图 5-18 所示，可以看出，其暂态分量 $\Phi_\mathrm{t}' = 0$，只有稳态分量，即合闸后立即建立稳态磁通，没有过渡过程，所以建立此磁通的励磁电流不经过瞬变过程就达到了稳态励磁电流，避免了空载合闸时冲击电流的产生，也就是说，变压器在这种情况下合闸最为合适。

2. 初相角 $\alpha = 0°$ 时合闸

$$\Phi = -\Phi_\mathrm{m} \cos\omega t + \Phi_\mathrm{m} \tag{5-38}$$

根据式（5-38）可得磁通的变化曲线，如图 5-19 所示，在空载合闸后半个周期（$t = \pi/\omega$）瞬间，磁通达到最大值，$\Phi_\mathrm{max} = 2\Phi_\mathrm{m}$，为正常励磁磁通的两倍。这个两倍的磁通将使变压器铁心处于严重过饱和状态，从而导致励磁电流急剧增加，可达到正常励磁电流的几百倍，额定电流的 5～8 倍。铁心饱和程度越高，空载合闸电流也越大。

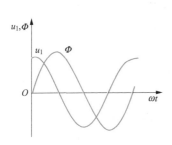

图 5-18　$\alpha = \dfrac{\pi}{2}$ 时空载合闸磁通的变化曲线

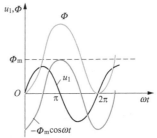

图 5-19　$\alpha = 0°$ 时空载合闸磁通的变化曲线

上面讨论时，忽略了一次绕组的电阻，由于实际情况下，一次绕组的电阻 $r_1 \neq 0$，所以励磁电流会逐渐衰减到正常值，衰减快慢与绕组电阻和电抗有关，如图 5-20 所示为变压器空载合闸时电流的变化曲线。一般小容量变压器绕组电阻 r_1 较大，合闸电流衰减快，只需几个周期就可以达到稳态值。大型变压器绕组电阻 r_1 较小，合闸电流衰减慢，有时可能达到 20s。

空载合闸电流对变压器本身没有多大的危害，但当它衰减较慢时，可能引起变压器一次侧的过电流保护装置动作而跳闸，如果变压器合闸时遇到这种情况，可以再重新合闸。大型变压器中，为了避免这种现象，需设法加速合闸电流的衰减，常在变压器一次侧串联一个合闸附加电阻，以减小合闸电流幅值并加快衰减，合闸结束后将该电阻切除。

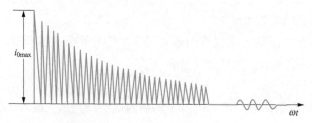

图 5-20 空载合闸时电流变化曲线

三相变压器中，由于三相电压相位互差 120°，所以合闸时，总有一相电压的初相角接近 0°，则总有一相合闸电流较大，所以三相变压器空载合闸电流较大。

*5.4 变压器突然短路

前面已经讨论过变压器二次侧稳态短路的情况，由于变压器短路阻抗 z_k 较小，稳态短路时短路电流可达额定电流的 10～20 倍。而变压器二次侧绕组发生突然短路的瞬变过程中，短路电流较稳态短路电流更大，是一种严重故障，如果不立即采取有效措施，可能造成变压器损坏。

5.4.1 突然短路电流

这里讨论单相变压器突然短路的情况，其等效电路如图 5-21 所示，电路方程为

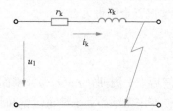

图 5-21 变压器突然短路等效电路

$$u_1 = \sqrt{2}U_1 \sin(\omega t + \alpha) = i_k r_k + L_k \frac{\mathrm{d}i_k}{\mathrm{d}t} \tag{5-39}$$

式中 α 为突然短路发生时电源电压 u_1 的初相角；i_k 为突然短路电流。

式（5-39）为常系数一阶微分方程，由于变压器正常运行时的空载和负载电流较短路电流小得多，可忽略，即认为 $t = 0$ 时，$i_k = 0$，且 $\omega L_k \gg r_k$，则式（5-39）解为

$$i_k = -\sqrt{2}I_k \cos(\omega t + \alpha) + \sqrt{2}I_k \cos\alpha \mathrm{e}^{-\frac{t}{T_k}} = i_k' + i_k'' \tag{5-40}$$

$$I_k = \frac{U_1}{\sqrt{r_k^2 + x_k^2}}$$

$$T_k = \frac{L_k}{r_k}$$

式中：I_k 为稳态分量电流有效值；T_k 为暂态分量衰减的时间常数。

从式（5-40）中可以看出，突然短路电流的大小与发生短路瞬间电源电压的初相角有关。下面分两种极端情况进行讨论。

1. 突然短路发生在电压初相角 $\alpha = \dfrac{\pi}{2}$ 时

短路电流

$$i_k = \sqrt{2}I_k \sin\omega t \tag{5-41}$$

此时，暂态分量 $i_k'' = 0$，短路电流波形如图 5-22（a）所示，突然短路一发生就进入稳定状态，无过渡过程，短路电流值最小。

2. 突然短路发生在电压初相角 $\alpha = 0°$ 时

短路电流

$$i_k = -\sqrt{2}I_k\cos\omega t + \sqrt{2}I_k\mathrm{e}^{-\frac{t}{T_k}} \tag{5-42}$$

短路电流波形如图 5-22（b）所示，其最大值发生在短路后半个周期瞬间，即 $t = \pi/\omega$ 时，将其代入式（5-42），可求出最大短路电流为

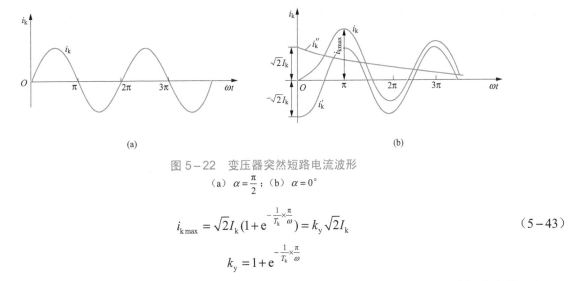

图 5-22 变压器突然短路电流波形
（a）$\alpha = \dfrac{\pi}{2}$；（b）$\alpha = 0°$

$$i_{k\max} = \sqrt{2}I_k(1 + \mathrm{e}^{-\frac{1}{T_k}\times\frac{\pi}{\omega}}) = k_y\sqrt{2}I_k \tag{5-43}$$

$$k_y = 1 + \mathrm{e}^{-\frac{1}{T_k}\times\frac{\pi}{\omega}}$$

式中：k_y 为突然短路电流的最大值与稳态短路电流最大值的比值，其大小决定于变压器的短路参数 r_k 和 x_k。对于中、小容量变压器，有 $k_y = 1.2\sim1.4$；对于大容量变压器，有 $k_y = 1.5\sim1.8$。

将式（5-43）用标幺值表示为

$$i_{k\max*} = \frac{I_{k\max}}{\sqrt{2}I_N} = k_y\frac{I_k}{I_N} = k_y\frac{U_N}{I_N Z_k} = k_y\frac{1}{Z_{k*}} \tag{5-44}$$

式（5-44）表明，$i_{k\max*}$ 与 Z_{k*} 成反比，即短路阻抗标幺值越小，突然短路电流越大。例如，当 $Z_{k*} = 0.06$ 时，$i_{k\max*} = (1.5\sim1.8)\times\dfrac{1}{0.06} = 25\sim30$。最大短路电流达到额定电流的 25~30 倍，这样大的冲击电流会对变压器绕组产生很大的电磁力，为额定电流的几百倍，使变压器绕组发生变形、绝缘被损坏，严重影响其安全运行。为了限制最大短路电流，变压器的短路阻抗不能太小，但从减小变压器的电压变化率角度考虑，短路阻抗也不能太大，所以，变压器设计时需要综合考虑，以确定一个合适的 Z_{k*}。

对于三相变压器，由于三相电压相位互差 120°，因此在突然短路时，总有一相会处在短路电流最大或接近最大的情况。

5.4.2 过电流对变压器的影响

突然短路会引起变压器产生很大的冲击过电流，这个过电流对变压器的影响主要有两个方面，一是产生电磁力，二是使变压器发热。

由于变压器绕组的导线处于漏磁场中，导线中的电流与漏磁场相互作用，在绕组导线上产生电磁力，如图 5-23 所示。绕组中的漏磁场可分解为轴向分量和辐向（也称径向）分量，由左手定则可得轴向分量的漏磁场在绕组中产生辐向电磁力，辐向分量的漏磁场产生轴向电磁力。由于变压器高压绕组和低压绕组内部的匝与匝、饼与饼、层与层之间各匝电流方向相同，因此高压和低压绕组内部产生的电磁力相互吸引。在这个相互吸引的电动力作用下，绕组内的各导线紧紧靠在一起，有缩成一团的趋势。而高压和低压绕组的电流方向相反，高、低压绕组辐向受到的电磁力相互排斥，外侧高压绕组受到向外的轴向张力，内侧低压绕组产生向内的辐向压力，即辐向电磁力企图将外面的高压绕组拉伸而将里面的低压绕组压缩。双绕组变压器的辐向电动力使两绕组之间的主漏磁空道的距离增大，也就是说，沿外侧绕组的整个圆周上受到方向向外的力，使外侧绕组的直径增大、导线长度增加，外侧绕组的导线中产生拉伸应力；沿内侧绕组的整个圆周上受到向内压缩

的力，使内侧绕组直径缩小，导线长度缩短，内侧绕组导线中产生压缩应力。辐向漏磁场产生的轴向电磁力则企图把绕组沿高度方向压缩。在变压器中，由于辐向漏磁场的磁通密度沿高度方向是变化的，所以轴向电磁力沿绕组高度方向的分布不均匀。如果轴向电磁力过大，可能将绕组压缩变形，或压坏支撑件。辐向电磁力沿圆周方向及绕组高度方向可认为均匀分布，而漏磁场的辐向分量较轴向分量小，所以辐向电磁力较轴向电磁力小很多。同时，绕组能承受较大的辐向力而不发生变形，所以轴向电磁力对绕组的危害更大。

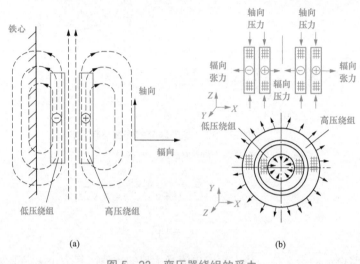

图 5-23 变压器绕组的受力
（a）漏磁场分布；（b）绕组受力

　　绕组导线在漏磁场中所受的电磁力大小与漏磁场的磁通密度和导体中电流的乘积成正比。而漏磁场的磁通密度又与电流成正比，所以电磁力与电流的平方成正比。变压器突然短路时的电流最大值可达额定值的 25～30 倍，绕组受到的电磁力将达到额定时的 400～900 倍。且这个力伴随冲击电流同时产生，时间很短，断路器来不及动作。如果变压器设计时未考虑这个冲击力，如此大的电磁力将导致变压器绕组变形和绝缘损坏。

　　另外，变压器绕组的铜耗也随电流成平方关系变化，所以，变压器突然短路时，绕组的铜耗可达额定时的几百倍，如果不迅速切断电源，绕组温度将急剧上升。所以，大型电力变压器都有过热保护装置，一旦发生短路故障，将及时切断电源。

🌸 本章小结

　　电力系统中，为了保证供电可靠性和经济性，减小投资，电力变压器大多是并联运行。并联运行的变压器要求联结组号相同、电压比相等、短路阻抗标幺值相等，这样可以保证并联的变压器之间无环流，并且各变压器负载率相等。

　　三相电源或三相负载大小或相位差不等，即为三相不对称系统。对于三相不对称问题，可采用对称分量法进行分析。对称分量法是将不对称的三相系统分解为正序、负序和零序三个对称系统进行求解，再将三个对称系统的结果相加，最终得到不对称系统的结果。所以，对称分量法只适用于线性系统。利用对称分量法分析时，需掌握正序、负序和零序等效电路及各序阻抗。对于变压器，正序、负序等效电路及序阻抗相等，零序等效电路及序阻抗与变压器磁路和电路系统相关。Yyn 连接的三相组式变压器不能带单相负载，且有中性点位移现象，需引起足够重视。

　　变压器空载合闸及突然短路时，由于合闸和短路瞬间磁通的突然变化，将引起电流突变。空载合闸的电流可能是空载电流的几十甚至几百倍，使得变压器保护断路器跳闸；突然短路电流可能达到额定电流的几十倍，使得变压器受到极大的电动力造成机械损坏，同时铜耗增大使变压器温升急剧上升，损坏变压器绝缘。变压器空载合闸时常串入合闸电阻，待合闸后切除；变压器发生短路故障时，需迅速切断变压器电源，以免变压器损坏。

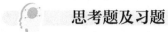**思考题及习题**

5-1　变压器并联运行的条件是什么？如果不满足这些条件，将产生什么后果？

5-2　两台额定电压相同的三相组式变压器并联运行，其励磁电流相差一倍。现由于一次侧输入电压提高了一倍，为了临时供电，将这两台变压器一次绕组串联接到输电线上，二次绕组仍然并联供电。二次绕组中是否出现很大的环流？为什么？

5-3　有四台联结组标号相同的单相变压器，额定参数为：

变压器 1：100kVA，3000V/230V，$U_{kI}=155V$，$I_{kI}=34.5A$，$p_{kI}=1000W$；

变压器 2：100kVA，3000V/230V，$U_{kII}=201V$，$I_{kII}=30.5A$，$p_{kII}=1300W$；

变压器 3：200kVA，3000V/230V，$U_{kIII}=138V$，$I_{kIII}=61.2A$，$p_{kIII}=1580W$；

变压器 4：300kVA，3000V/230V，$U_{kIV}=172V$，$I_{kIV}=96.2A$，$p_{kIV}=3100W$。

问哪两台变压器并联最理想？

5-4　两台联结组号均为 Yd11 的变压器并联运行，额定电压均为 $U_{1N}/U_{2N}=35/10.5kV$，第一台额定容量为 $S_{N1}=1250kVA$，短路电压为 $u_{k1}=6.5\%$，第二台额定容量为 $S_{N2}=2000kVA$，短路电压为 $u_{k2}=6\%$，试求：

（1）总负载为 3250kVA 时，每台变压器的负载是多少？

（2）在两台变压器均不过载的情况下，能供给的负载是多少？此时并联变压器组的利用率为多少？

5-5　某工业企业由于生产的发展，用电量由 500kVA 增加到 800kVA，需增加一台变压器并联运行。该企业原有一台变压器，额定值为：$S_N=560kVA$，$U_{1N}/U_{2N}=6000V/400V$，Yyn0 连接，$u_k=4.5\%$。现有三台变压器可供选用，它们的数据是：

变压器 1：320kVA，6300V/400V，$u_k=4\%$，Yyn0 连接；

变压器 2：240kVA，6300V/400V，$u_k=4.5\%$，Yyn4 连接；

变压器 3：320kVA，6300V/440V，$u_k=4\%$，Yyn0 连接。

（1）试计算说明，在不使变压器过载的情况下，选用哪一台投入并联比较适合？

（2）如果负载进一步增加，需要三台变压器并联运行，选两台变比相等的变压器与原变压器并联运行，能负担的最大负载是多少？其中哪台变压器最先达到满载？

5-6　什么是对称分量法？它的使用条件是什么？

5-7　变压器的正序、负序和零序阻抗是否相等？如果不相等，分别是多少？

5-8　变压器零序励磁阻抗 z_{m0} 的大小与哪些因素有关？它对变压器运行性能有何影响？

5-9　试分析下列各种变压器零序阻抗的大小。

（1）Yy 连接的三相心式变压器；

（2）Yy 连接的三相组式变压器；

（3）YNd 连接的三相心式变压器；

（4）Dyn 连接的三相心式变压器；

（5）YNy 连接的三相组式变压器；

（6）YNy 连接的三相心式变压器。

5-10　Yy 连接的组式变压器能否带单相负载？这种连接方式的心式变压器呢？

5-11　什么是变压器的中性点位移？变压器发生中性点位移的原因是什么？发生中性点位移后，变压器的三相电压将如何变化？

5-12　从产生根源、性质和作用等方面，分析零序电流和三次谐波电流的区别。

5-13　变压器空载合闸到额定电压的电源时，在最不利的情况下，铁心中的主磁通瞬时最大值是稳态运行时主磁通最大值的多少倍？此时，空载电流的最大值是否也是稳态时励磁电流的相同倍数？为什么？

5-14　变压器空载电流很小，为什么空载合闸时合闸电流却可能很大？

5-15 变压器在什么情况下发生突然短路时，短路电流不存在瞬变分量？而又在哪种情况下突然短路，其瞬变分量的初值最大？短路电流的最大值发生在什么时间，大致为额定电流的多少倍？

5-16 将下列不对称三相电流和电压分解为对称分量。

（1）三相不对称电压 $\dot{U}_A = 220\angle0°$ V，$\dot{U}_B = 220\angle-100°$ V，$\dot{U}_C = 210\angle-250°$ V；

（2）三相不对称电流 $\dot{I}_A = 220\angle0°$ A，$\dot{I}_B = 220\angle-150°$ A，$\dot{I}_C = 180\angle240°$ A。

5-17 设有一不对称三相电压，$u_a = \sqrt{2}\times100\cos(\omega t+30°)$ V，$u_b = \sqrt{2}\times 80\cos(\omega t-60°)$V，$u_c = \sqrt{2}\times 50\cos(\omega t+90°)$V。

（1）把以上不对称三相电压分解为对称分量；

（2）设上述电压外施至一 Y 形连接的对称三相纯电阻负载上，负载每相电阻为10Ω，求各相电流。

5-18 有三台相同的单相变压器，每台变压器数据为：$Z_{k*} = 0.02 + j0.05$，$Z_{m0*} = 4 + j19$。把这三台单相变压器接成 Yyn0。一次侧接外施三相对称的额定电压，二次侧仅有一相接对中点的单相负载 $Z_{L*} = R_{L*} = 1$，其余两相空载，试求：

（1）一、二次绕组各相相电流（设 $Z_{2*} = \frac{1}{2}Z_{k*}$）；

（2）零序励磁电动势 $\dot{E}_{a0}$ 的数值；

（3）二次侧各相电压。

5-19 有一台三相变压器，$S_N = 60\,000\text{kVA}$，$U_{1N}/U_{2N} = 220\text{kV}/110\text{kV}$，Yd11 连接，$r_{k*} = 0.008$，$x_{k*} = 0.072$，求：

（1）高压侧稳态短路电流值及为额定电流的倍数；

（2）在最不利的情况下发生突然短路，短路电流的最大值。

5-20 一台 800kVA，10kV/6.3kV 的三相变压器，Yd11 连接，短路损耗 $p_{kN} = 11.45\text{kW}$，阻抗电压 $u_k = 5.5\%$，试求：

（1）高压绕组稳定短路电流及其倍数；

（2）当 $\alpha_0 = 0°$ 时发生突然短路，短路电流的最大值。

6

其他类型变压器

电力系统中，除了大量采用双绕组变压器外，也常用到一、二次绕组之间不仅有磁耦合还有电的直接联系的自耦变压器，在需要把几个不同电压等级的系统连接起来时还经常采用三绕组变压器，发电厂厂用电系统中限制系统短路电流时常采用分裂绕组变压器，还有直流拖动系统及高压直流输电系统中使用的整流变压器和换流变压器，以及在继电保护和测量中广泛采用的互感器等，本章对它们做简单介绍。实际中还有电炉变压器、调压器、牵引变压器等其他各种特殊变压器，它们的基本工作原理与普通变压器相同，只是根据使用场合的不同有一些特殊要求，鉴于篇幅，本书不再一一介绍。

6.1 自耦变压器

自耦变压器（autotransformer），是一次和二次共用同一个绕组的变压器。如果把普通变压器的一、二次绕组串联起来便构成了一台自耦变压器，其中的一个绕组同时为一次和二次绕组，所以双绕组变压器的分析方法同样适用于自耦变压器。自耦变压器与双绕组变压器的主要差别在于：自耦变压器的一、二次绕组之间不仅有磁的耦合，还有电的联系。当变压器一、二次侧额定电压相差不大时，自耦变压器与同容量的普通双绕组变压器比较，有材料消耗省、造价低、效率高等优点，在电力系统中得到广泛应用。例如，大容量发电厂中，用作高压和中压系统之间的联络变压器；发电机单机容量较小的发电厂中，作发电机升压变压器；220kV变电所中优先选用自耦变压器作变电站主变压器。

下面采用与普通双绕组变压器对比的方法分析自耦变压器的结构及工作原理。

6.1.1 结构特点

自耦变压器可看作为一台双绕组变压器改接而成，其结构如图 6-1（a）所示，在每相铁心上仍套两个同心绕组，低压侧绕组引出线为 ax，高压侧绕组引出线为 AX。可以看出，高压侧由 Aa 绕组和 ax 绕组串联组成，低压侧绕组为 ax，其中 ax 绕组为高低压两侧共用，称为公共绕组（common winding），Aa 绕组称为串联绕组（series winding）。Aa 绕组的匝数一般比 ax 绕组的少。自耦变压器既可作为升压变压器也可作为降压变压器使用。

6.1.2 基本方程式

图 6-1（b）为自耦变压器原理接线图，从图中可以看出，当高压绕组 AX 两端接电源电压 $\dot{U}_1$ 时，自耦变压器高压侧电动势平衡方程为

$$\dot{U}_1 = -\dot{E}_1 - \dot{E}_2 + \dot{I}_1 Z_{Aa} + \dot{I} Z_{ax} \tag{6-1}$$

低压侧电动势平衡方程为

$$\dot{U}_2 = \dot{E}_2 - \dot{I} Z_{ax} \tag{6-2}$$

式中：$\dot{E}_1$、$\dot{I}_1$、Z_{Aa} 分别为串联绕组 Aa 的电动势、电流和漏阻抗；$\dot{E}_2$、$\dot{I}$、Z_{ax} 分别为公共绕组 ax 的电动势、电流和漏阻抗；$\dot{U}_2$、$\dot{I}_2$ 为变压器二次侧端电压及输出电流；N_1 为串联绕组 Aa 的匝数；N_2 为公共绕组 ax 的匝数。

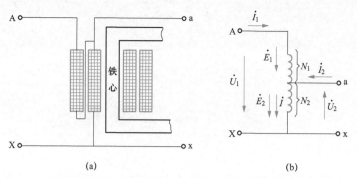

图 6-1 单相自耦变压器的结构及原理图
(a) 结构; (b) 原理接线

类似于双绕组变压器,将一次绕组的励磁电动势用励磁电流 $\dot{I}_{\rm m}$ 在励磁阻抗 $Z_{\rm m}$ 上的压降来表示,有

$$-(\dot{E}_1 + \dot{E}_2) = \dot{I}_{\rm m} Z_{\rm m} \tag{6-3}$$

根据变压器电压比的定义,自耦变压器的电压比为一、二次绕组的电动势之比,即

$$K_{\rm a} = \frac{E_1 + E_2}{E_2} = \frac{N_1 + N_2}{N_2} \tag{6-4}$$

对于降压变压器,有 $K_{\rm a} > 1$。

两个匝数分别为 N_1 和 N_2 的绕组所构成的普通变压器电压比 K 与自耦变压器电压比 $K_{\rm a}$ 的关系为

$$K = \frac{N_1}{N_2} = K_{\rm a} - 1 \tag{6-5}$$

忽略励磁电流时,有磁动势平衡方程

$$\dot{I}_1(N_1 + N_2) + \dot{I}_2 N_2 = 0 \tag{6-6}$$

也可表示为

$$\dot{I}_1 = -\frac{N_2}{N_1 + N_2}\dot{I}_2 = -\frac{1}{K_{\rm a}}\dot{I}_2 \tag{6-7}$$

公共绕组 ax 中的电流为

$$\dot{I} = \dot{I}_1 + \dot{I}_2 = -\frac{1}{K_{\rm a}}\dot{I}_2 + \dot{I}_2 = \left(1 - \frac{1}{K_{\rm a}}\right)\dot{I}_2 \tag{6-8}$$

从式 (6-7) 可以看出,$\dot{I}_1$ 与 $\dot{I}_2$ 总是反向,根据式 (6-8) 可知,自耦变压器为降压变压器时 $\dot{I}$ 与 $\dot{I}_2$ 总是同相位,也即 $\dot{I}_1$ 与 $\dot{I}$ 实际方向为反向,且 $I_2 > I_1$,所以 $\dot{I}_1$、$\dot{I}_2$、$\dot{I}$ 的大小关系为

$$I_2 = I_1 + I \tag{6-9}$$

即低压侧相电流有效值等于串联绕组和公共绕组的相电流有效值之和。

自耦变压器的输出电流 $\dot{I}_2$ 由两部分组成,其中串联绕组的电流 $\dot{I}_1$ 是由于高、低压绕组之间有电的联系,从高压侧直接流入低压侧的,公共绕组流过的电流 $\dot{I}$ 是通过电磁感应作用从高压侧传递到低压侧的。

6.1.3 等效电路

用折算法把自耦变压器低压侧的各物理量折算到高压侧,则折算到高压侧的低压侧电动势平衡方程为

$$\dot{U}_2' = K_{\rm a}\dot{U}_2 = K_{\rm a}\dot{E}_2 - K_{\rm a}\dot{I}Z_{\rm ax} \tag{6-10}$$

根据电压比的定义,有 $K_{\rm a}\dot{E}_2 = \dot{E}_1 + \dot{E}_2$,而电流有关系 $\dot{I} = \dot{I}_1 + \dot{I}_2 = \dot{I} + K_{\rm a}\dot{I}_2'$,则式 (6-10) 可表示为

$$\dot{U}_2' = (\dot{E}_1 + \dot{E}_2) - K_{\rm a}(\dot{I}_1 + K_{\rm a}\dot{I}_2')Z_{\rm ax} \tag{6-11}$$

同样,考虑电流关系 $\dot{I} = \dot{I}_1 + \dot{I}_2 = \dot{I}_1 + K_{\rm a}\dot{I}_2'$,式 (6-1) 可表示为

$$\dot{U}_1 = -\dot{E}_1 - \dot{E}_2 + \dot{I}_1 Z_{\rm Aa} + (\dot{I}_1 + K_{\rm a}\dot{I}_2')Z_{\rm ax} \tag{6-12}$$

将式（6-11）和式（6-12）相加，得到

$$\dot{U}_1 + \dot{U}_2' = \dot{I}_1[Z_{Aa} + Z_{ax}(1-K_a)] + \dot{I}_2'(1-K_a)K_a Z_{ax} \tag{6-13}$$

根据式（6-13）可得自耦变压器简化等效电路如图6-2所示，图6-2（b）是将图6-2（a）中的阻抗进行了合并。

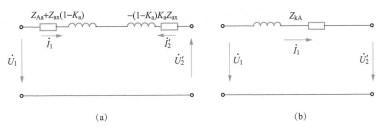

图6-2　自耦变压器简化等效电路

（a）合并阻抗前；（b）合并阻抗后

6.1.4　短路试验、短路阻抗、电压变化率和短路电流

从图6-2可知，自耦变压器的短路阻抗 Z_{ka} 为

$$Z_{ka} = Z_{Aa} + Z_{ax}(1-K_a)^2 = Z_{Aa} + Z_{ax}K^2 = Z_k \tag{6-14}$$

式中：$K = \dfrac{N_1}{N_2}$、Z_k 分别为把自耦变压器接成普通双绕组变压器时的电压比和短路阻抗。式（6-14）表明，自耦变压器高压侧的短路阻抗 Z_{ka} 与该变压器作为双绕组变压器时的短路阻抗 Z_k 相等。但二者的标幺值不相等，因为接成自耦变压器和双绕组变压器运行时，阻抗基值不同。

接成自耦变压器时

$$Z_{ka*} = \frac{Z_{ka}}{U_{AaN}/I_{1N}} = Z_k \frac{I_{1N}}{U_{AaN}}$$

接成双绕组变压器时

$$Z_{k*} = \frac{Z_k}{U_{1N}/I_{1N}} = Z_k \frac{I_{1N}}{U_{1N}}$$

则

$$\frac{Z_{ka*}}{Z_{k*}} = \frac{U_{1N}}{U_{AaN}} = \frac{N_1}{N_1+N_2} = \frac{1}{1+1/K} = \frac{K}{K_a} = 1 - \frac{1}{K_a}$$

所以

$$Z_{ka*} = \left(1 - \frac{1}{K_a}\right)Z_{k*} \tag{6-15}$$

式（6-15）表明，当一台双绕组变压器接成降压自耦变压器运行时，短路阻抗标幺值减小了。变比 K_a 越小，阻抗标幺值下降越多。所以，自耦变压器的电压变化率较双绕组变压器时减小，宜用于高压输电线路中作为补偿线路电压损耗的变压器。同时，由于阻抗标幺值减小，自耦变压器较同容量的双绕组变压器短路电流增大，因为短路电流与阻抗标幺值成反比。

6.1.5　容量关系

自耦变压器的额定容量（也称为通过容量，也是铭牌容量）和绕组容量（又称为电磁容量或计算容量）不相等，额定容量用 S_{NA} 表示，指的是自耦变压器总的输入或输出容量，为

$$S_{NA} = U_{1N}I_{1N} = U_{2N}I_{2N} \tag{6-16}$$

绕组容量指的是绕组电压与电流的乘积。对于双绕组变压器，变压器的容量就是绕组容量。但自耦变压器，绕组容量与变压器容量不同，前者比后者小。

串联绕组 Aa 的绕组容量为

$$U_{\mathrm{Aa}}I_{1\mathrm{N}} = \frac{N_1}{N_1+N_2}U_{1\mathrm{N}}I_{1\mathrm{N}} = \left(1-\frac{1}{K_{\mathrm{a}}}\right)S_{\mathrm{NA}} = K_{\mathrm{xy}}S_{\mathrm{NA}} \tag{6-17}$$

公共绕组 ax 的绕组容量为

$$U_{\mathrm{ax}}I_{\mathrm{N}} = U_{2\mathrm{N}}(I_{2\mathrm{N}}-I_{1\mathrm{N}}) = \left(1-\frac{1}{K_{\mathrm{a}}}\right)U_{2\mathrm{N}}I_{2\mathrm{N}} = K_{\mathrm{xy}}S_{\mathrm{NA}} \tag{6-18}$$

$$K_{\mathrm{xy}} = 1-\frac{1}{K_{\mathrm{a}}}$$

式中：K_{xy} 为自耦变压器的效益系数。

式（6-17）和式（6-18）表明，公共绕组和串联绕组的绕组容量相等。自耦变压器的额定容量 $S_{\mathrm{NA}} = U_{1\mathrm{N}}I_{1\mathrm{N}} = U_{2\mathrm{N}}I_{2\mathrm{N}} = U_{\mathrm{Aa}}I_{1\mathrm{N}} + U_{\mathrm{ax}}I_{1\mathrm{N}}$，即自耦变压器的额定容量包含两部分：一部分是 $U_{\mathrm{Aa}}I_{1\mathrm{N}}$，为串联绕组的绕组容量，它实际上是以串联绕组 Aa 为一次侧，以公共绕组 ax 为二次侧的一个双绕组变压器，通过电磁感应作用从一次侧传递到二次测的容量；另一部分是 $U_{\mathrm{ax}}I_{1\mathrm{N}}$，它是通过电路上的连接，从一次侧直接传递到二次侧的容量，称为传导容量。由于传导容量不需要利用电磁感应来传递，而自耦变压器的额定容量包括电磁容量和传导容量两部分，所以自耦变压器的额定容量大于绕组容量。也就是说，在绕组容量相等的情况下，自耦变压器的容量大于双绕组变压器的容量；或者说，在额定容量相等的情况下，自耦变压器的绕组容量较双绕组变压器的绕组容量要小。

自耦变压器的效益系数 K_{xy} 总是小于 1，K_{a} 越小，K_{xy} 也越小；K_{a} 增大，K_{xy} 也增大。由此可见，自耦变压器接入两个电压等级接近的电网中时，经济效益显著；反之，电压相差太大，经济效益不明显。所以，电网实际应用中，自耦变压器电压比一般在 3:1 范围内。

6.1.6 自耦变压器的特点

1. 优点

（1）由于自耦变压器绕组容量较额定容量小，双绕组变压器额定容量与绕组容量相等，所以，在额定容量相等的情况下，自耦变压器绕组容量小，则变压器的体积小，质量轻，节省材料（硅钢片和铜材），成本较低；同时，铜耗和铁耗减小，效率提高。

（2）自耦变压器体积小，可减少变电站占地面积，运输和安装也更加方便。

（3）自耦变压器短路阻抗与双绕组变压器相等，但短路阻抗标幺值较小，带负载运行时二次侧电压变化率较小。

2. 缺点

自耦变压器高、低压回路没有隔离，高压侧故障会直接影响到低压侧，给低压侧的绝缘及安全用电带来一定困难。为了解决这个问题，需要采取一些措施，例如，中性点必须可靠接地，一、二次侧都要安装避雷器等。

自耦变压器由于短路阻抗标幺值较小，短路电流较大。

【例 6-1】一台单相双绕组变压器，$S_{\mathrm{N}} = 10\mathrm{kVA}$，$U_{1\mathrm{N}}/U_{2\mathrm{N}} = 220\mathrm{V}/110\mathrm{V}$，$Z_{\mathrm{k*}} = 0.04$。现将其改接为额定电压为 $220\mathrm{V}/330\mathrm{V}$ 的升压自耦变压器，求：

（1）该自耦变压器一、二次侧额定电流和额定容量；

（2）该自耦变压器的短路阻抗标幺值。

解：（1）根据题意可知，双绕组变压器的高、低压绕组分别是自耦变压器的公共绕组和串联绕组，所以，自耦变压器二次侧（高压侧）额定电流 $I_{2\mathrm{Na}}$ 等于双绕组变压器低压绕组的额定电流 $I_{2\mathrm{N}}$，即

$$I_{2\mathrm{Na}} = I_{2\mathrm{N}} = \frac{S_{\mathrm{N}}}{U_{2\mathrm{N}}} = \frac{10\times10^3}{110} = 90.91\mathrm{A}$$

根据式（6-9），该自耦变压器一次额定电流 $I_{1\mathrm{Na}}$（公共绕组额定电流）应为双绕组变压器的高、低压绕

组额定电流之和，为

$$I_{1\text{Na}} = I_{1\text{N}} + I_{2\text{N}} = \frac{S_\text{N}}{U_{1\text{N}}} + I_{2\text{N}} = \frac{10 \times 10^3}{220} + 90.91 = 136.36\text{A}$$

自耦变压器的额定容量为

$$S_{\text{Na}} = U_{1\text{Na}} I_{1\text{Na}} = 220 \times 136.36 = 30\text{kVA}$$

或有

$$S_{\text{Na}} = U_{2\text{Na}} I_{2\text{Na}} = 330 \times 90.91 = 30\text{kVA}$$

（2）将该自耦变压器低压侧（公共绕组）短路，从高压侧看，短路阻抗实际值与双绕组变压器从低压侧看时的短路阻抗实际值相等，即

$$Z_{\text{ka}} = Z_{\text{k}*} \times \frac{U_{2\text{N}}}{I_{2\text{N}}} = 0.04 \times \frac{110}{90.91} = 0.048\ 4\Omega$$

自耦变压器短路阻抗标幺值为

$$Z_{\text{ka}*} = Z_{\text{ka}} \times \frac{I_{2\text{Na}}}{U_{2\text{Na}}} = 0.048\ 4 \times \frac{90.91}{330} = 0.013\ 33$$

可见，自耦变压器短路阻抗标幺值较构成它的双绕组变压器短路阻抗标幺值小。

【例 6-2】一台三相双绕组变压器，$S_\text{N} = 320\text{kVA}$，Yy0 连接，$f_\text{N} = 50\text{Hz}$，$U_{1\text{N}} / U_{2\text{N}} = 6300\text{V} / 400\text{V}$，$p_0 = 1450\text{W}$，$p_{k\text{N}} = 5700\text{W}$，设 $u_\text{k} = 5.5\%$，求：

（1）当供给额定负载且功率因数为 0.8（滞后）时的电压变化率和效率；

（2）将一、二次绕组串联，改作自耦变压器，并以 6300V 作为低压边，求自耦变压器的变比和额定容量；

（3）该自耦变压器供给额定负载且功率因数为 0.8（滞后）时的电压变化率和效率。

解：（1）该变压器为双绕组变压器运行时，$u_\text{k} = 0.055 = Z_{\text{k}*}$

$$u_{\text{ka}*} = \frac{p_{k\text{N}}}{S_\text{N}} = \frac{5.7}{320} = 0.017\ 8 = r_{\text{k}*}$$

$$u_{\text{kr}*} = \sqrt{0.055^2 - 0.017\ 8^2} = 0.052 = x_{\text{k}*}$$

当供给额定负载且 $\cos\varphi_2 = 0.8$（滞后）时的电压变化率

$$\Delta U = \beta(r_{\text{k}*}\cos\varphi_2 + x_{\text{k}*}\sin\varphi_2) = 1 \times (0.017\ 8 \times 0.8 + 0.052 \times 0.6) = 0.045\ 2$$

效率为

$$\eta = \frac{\beta S_\text{N}\cos\varphi_2}{\beta S_\text{N}\cos\varphi_2 + p_0 + \beta^2 p_{k\text{N}}} \times 100\% = \frac{320 \times 0.8}{320 \times 0.8 + 1.45 + 5.7} = 97.28\%$$

（2）改接成自耦变压器后的变比为

$$K_\text{a} = \frac{6700 / \sqrt{3}}{6300 / \sqrt{3}} = 1.063\ 5$$

高压侧的额定电流为串联绕组（低压绕组）的额定电流，即

$$I_{1\text{Na}} = I_{2\text{N}} = \frac{S_\text{N}}{\sqrt{3} U_{2\text{N}}} = \frac{320 \times 10^3}{\sqrt{3} \times 400} = 462\text{A}$$

所以改接成自耦变压器后的额定容量 S_{Na} 为

$$S_{\text{Na}} = \sqrt{3} U_{1\text{Na}} I_{1\text{Na}} = \sqrt{3} \times 6700 \times 462 = 5359\text{kVA}$$

（3）自耦变压器的电压变化率，可采用与双绕组变压器的电压变化率计算公式相同公式计算，为

$$\Delta U_\text{a} = \beta(r_{\text{ka}*}\cos\varphi_2 + x_{\text{ka}*}\sin\varphi_2) = \beta\left(1 - \frac{1}{K_\text{a}}\right)(r_{\text{k}*}\cos\varphi_2 + x_{\text{k}*}\sin\varphi_2)$$

带额定负载且 $\cos\varphi_2 = 0.8$（滞后）时，$\beta = 1$，则电压变化率为

$$\Delta U_\text{a} = \left(1 - \frac{1}{K_\text{a}}\right)\Delta U = \left(1 - \frac{1}{1.063\ 5}\right) \times 0.045\ 2 = 0.002\ 7$$

改为自耦变压器后，变压器额定容量提高为 5359kVA，而铜耗与铁耗均不变，所以自耦变压器效率提高为

$$\eta = \frac{\beta S_{\mathrm{Na}} \cos\varphi_2}{\beta S_{\mathrm{Na}} \cos\varphi_2 + p_0 + \beta^2 p_{\mathrm{kN}}} \times 100\% = \frac{5359 \times 0.8}{5359 \times 0.8 + 1.45 + 5.7} = 99.83\%$$

可见，自耦变压器较双绕组变压器时电压变化率降低，效率提高。

6.2 三绕组变压器

每相有三个或三个以上绕组的变压器称为多绕组变压器（multi-winding transformer），电力系统中用得最多的多绕组变压器为三绕组变压器（three-winding transformer），它有高压、中压和低压三个绕组，可以有三种等级的电压。三绕组变压器主要用于电力系统中，在发电厂和变电所，常常需要把几种不同电压等级的输电系统联系起来，有时因为输电距离的不同，发电厂发出的电能需要采用两种不同的电压输出，这些情况下，可采用三绕组变压器，代替两台双绕组变压器，运行更加经济。最大发电机组容量小于 125MW 的发电厂并且有两种升高电压向用户供电或与系统连接时，一般采用三绕组变压器；联络变压器一般选用三绕组变压器；具有三种电压等级的变电所，如果其主变压器各侧绕组的功率都达到该变压器容量的 15% 以上时，推荐选用三绕组变压器。

三绕组变压器较同容量双绕组变压器价格高 40%～50%，运行检修比较困难，安装布置复杂，所以其使用广泛性受到一定的限制。

6.2.1 结构特点

对于三绕组变压器，如果低压绕组是一次绕组，中压和高压绕组为二次绕组，称为升压变压器。如果高压绕组是一次绕组，中压和低压绕组为二次绕组，称为降压变压器。三绕组变压器的铁心一般为心式结构，三相三柱式，每个心柱上同心排列三个绕组，如图 6-3 所示，图中 "1" 为高压绕组（high-voltage winding），"2" 为中压绕组（intermediate-voltage winding），"3" 为低压绕组（low-voltage winding）。从绝缘水平考虑，通常将高压绕组放在最外层。对于升压变压器，为了使漏磁场分布均匀，漏电抗分布合理，要求变压器从低压侧向高压侧

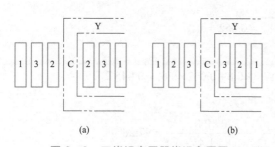

图 6-3 三绕组变压器绕组布置图
（a）升压变压器；（b）降压变压器

和中压侧送电时的阻抗电压小以保证有较小的电压变化率和提高运行性能，其绕组排列自内向外按中、低、高的顺序放置，即低压绕组处于高压绕组和中压绕组之间，中压绕组在最里层，如图 6-3（a）所示。而降压变压器则是中压绕组处于高压绕组和低压绕组之间，低压绕组在最里层，如图 6-3（b）所示。这样的结构设计可以使高压和中压绕组之间交换功率时阻抗电压合理。三绕组变压器运行时，可以将其中的一个绕组接电源，则另外两个绕组有两个等级的电压输出；也可以将两个绕组接电源，向第三个绕组供电，提高供电可靠性。图 6-4 为 SFSZ9 系列 110kV 电压等级三绕组变压器的外形图。

图 6-4 SFSZ9 系列 110kV 电压等级三绕组变压器外形

6.2.2　容量与联结组

双绕组变压器的一次、二次绕组容量相等，三绕组变压器根据供电需要，三个绕组的容量可以相等，也可以不相等。三绕组变压器的额定容量指三个绕组中容量最大的一个绕组的额定容量。

如果将额定容量作为 100%，根据国家标准 GB 1094—2013《电力变压器》的规定，变压器三个绕组的容量配合有三种方式，分别为 100/100/100、100/100/50、100/50/100。

三相三绕组变压器的联结组中高压绕组用大写字母 Y、D 或 N 表示，中压和低压绕组用同一字母的小写表示，主要有 YNyn0d11 和 YNyn0y0 两种连接方式，前者更为常用。

6.2.3　工作原理

1. 空载运行

当三绕组变压器的一次绕组接到电源上，二次绕组和三次绕组开路时，为空载运行状态。空载运行时，其运行情况与双绕组变压器没有什么区别，只是三绕组变压器有三个变比，分别为

$$\left.\begin{array}{l} K_{12} = \dfrac{N_1}{N_2} = \dfrac{U_{1N}}{U_{2N}} \\[2mm] K_{13} = \dfrac{N_1}{N_3} = \dfrac{U_{1N}}{U_{3N}} \\[2mm] K_{23} = \dfrac{N_2}{N_3} = \dfrac{U_{2N}}{U_{3N}} \end{array}\right\} \tag{6-19}$$

式中：N_1，N_2，N_3，U_{1N}，U_{2N}，U_{3N} 分别为三个绕组的匝数和额定电压。

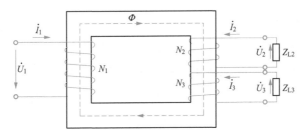

图 6-5　单相三绕组变压器负载运行示意图

2. 负载运行

（1）磁动势平衡方程。图 6-5 所示为单相三绕组变压器负载运行示意图，图中各物理量的参考方向规定与前面双绕组变压器相同。根据安培环路定律，有变压器磁动势平衡方程为

$$\dot{I}_1 N_1 + \dot{I}_2 N_2 + \dot{I}_3 N_3 = \dot{I}_0 N_1 \tag{6-20}$$

忽略励磁电流，则有

$$\dot{I}_1 N_1 + \dot{I}_2 N_2 + \dot{I}_3 N_3 = 0 \tag{6-21}$$

把绕组 2 与绕组 3 的电流折算到绕组 1，式（6-21）可表示为

$$\dot{I}_1 + \dot{I}_2' + \dot{I}_3' = 0 \tag{6-22}$$

式中：$\dot{I}_2' = \dfrac{\dot{I}_2}{K_{12}}$，$\dot{I}_3' = \dfrac{\dot{I}_3}{K_{13}}$ 分别为绕组 2 和绕组 3 折算到绕组 1 的电流。

（2）电动势平衡方程。分析三绕组变压器时，由于三个绕组之间互相耦合，磁场的分布比较复杂，所以不再使用双绕组变压器分析时的主磁通和漏磁通的概念。因为，双绕组变压器中，主磁通和漏磁通的概念都十分明确，主磁通同时交链一、二次绕组，漏磁通为自漏磁通，只交链本绕组，不与其他绕组交链。而三绕

组变压器中，其主磁通由三个绕组的磁动势联合产生，并与三个绕组同时交链。对漏磁通而言，除了有自漏磁通外，还有互漏磁通，自漏磁通为只与一个绕组交链不与其他两个绕组交链的磁通，互漏磁通是只与两个绕组交链不与第三个绕组交链的磁通。为了简化分析，三绕组变压器分析和讨论时利用各绕组的自感和互感的概念。此时，无论是自感还是互感，都是与各绕组的全部磁通对应，不区分绕组的主磁通和漏磁通。例如，与绕组 1 自感所对应的全部磁通除了有主磁通 Φ 外，还有自漏磁通 $\Phi_{\sigma 11}$，互漏磁通 $\Phi_{\sigma 12}$ 和 $\Phi_{\sigma 13}$。

设三个绕组的电阻分别为 r_1、r_2、r_3，三个绕组的自感分别为 L_1、L_2、L_3，绕组之间的互感分别为 $M_{12} = M_{21}$、$M_{13} = M_{31}$、$M_{23} = M_{32}$。由于自感和互感对应的磁通中既有主磁通也有漏磁通，所以，自感 L 和互感 M 均不是常数，随磁路饱和程度变化而变化。

如图 6–5 中，当在绕组 1 上外加正弦电压 $\dot{U}_1$ 时，折算到一次侧的变压器电动势平衡方程为

$$\left.\begin{aligned}\dot{U}_1 &= \dot{I}_1 r_1 + \mathrm{j}\omega L_1 \dot{I}_1 + \mathrm{j}\omega M'_{12} \dot{I}'_2 + \mathrm{j}\omega M'_{13} \dot{I}'_3 \\ -\dot{U}'_2 &= \dot{I}'_2 r'_2 + \mathrm{j}\omega M_{21}\dot{I}_1 + \mathrm{j}\omega L'_2 \dot{I}'_2 + \mathrm{j}\omega M'_{23}\dot{I}'_3 \\ -\dot{U}'_3 &= \dot{I}_3 r'_3 + \mathrm{j}\omega M_{31}\dot{I}_1 + \mathrm{j}\omega M'_{32}\dot{I}'_2 + \mathrm{j}\omega L'_3\dot{I}'_3\end{aligned}\right\} \tag{6-23}$$

其中，

$$U'_2 = K_{12}\dot{U}_2 \qquad U'_3 = K_{13}\dot{U}_3$$
$$r'_2 = K^2_{12}r_2 \qquad r'_3 = K^2_{13}r_3$$
$$L'_2 = K^2_{12}L_2 \qquad L'_3 = K^2_{13}L_3$$
$$M'_{12} = K_{12}M_{12} = M'_{21} \qquad M'_{13} = K_{13}M_{13} = M'_{31}$$
$$M'_{23} = K_{12}K_{13}M_{23} = M'_{32}$$

由于自感和互感都不是常数，所以式（6–23）为一组非线性方程组，求解很困难。但在输入电压 U_1 大小维持不变时，铁心饱和程度基本不变，铁心磁导基本不变，所以可近似认为自感和互感都是常数，即可认为式（6–23）为一组线性方程组。

根据式（6–22），有 $\dot{I}'_3 = -\dot{I}_1 - \dot{I}'_2$，代入式（6–23）的第一、第二两个方程可得到

$$\begin{aligned}\Delta\dot{U}_{12} = \dot{U}_1 - (-\dot{U}'_2) &= \dot{I}_1[r_1 + \mathrm{j}\omega(L_1 - M'_{12} - M'_{13} + M'_{23})] - \dot{I}'_2[r'_2 + \mathrm{j}\omega(L'_2 - M'_{12} - M'_{23} + M'_{13})] \\ &= \dot{I}_1(r_1 + \mathrm{j}x_1) - \dot{I}'_2(r'_2 + \mathrm{j}x'_2) = \dot{I}_1 z_1 - \dot{I}'_2 z'_2\end{aligned} \tag{6-24}$$

将 $\dot{I}'_2 = -\dot{I}_1 - \dot{I}'_3$，代入式（6–23）的第一、第三方程可得到

$$\begin{aligned}\Delta\dot{U}_{13} = \dot{U}_1 - (-\dot{U}'_3) &= \dot{I}_1[r_1 + \mathrm{j}\omega(L_1 - M'_{12} - M'_{13} + M'_{23})] - \dot{I}'_3[r'_3 + \mathrm{j}\omega(L'_3 - M'_{13} - M'_{23} + M'_{12})] \\ &= \dot{I}_1(r_1 + \mathrm{j}x_1) - \dot{I}'_3(r'_3 + \mathrm{j}x'_3) = \dot{I}_1 z_1 - \dot{I}'_3 z'_3\end{aligned} \tag{6-25}$$

式（6–24）和式（6–25）中，定义

$$z_1 = r_1 + \mathrm{j}x_1 \qquad x_1 = \omega(L_1 - M'_{12} - M'_{13} + M'_{23}) = x_{11} - x'_{12} - x'_{13} + x'_{23}$$
$$z'_2 = r'_2 + \mathrm{j}x'_2 \qquad x'_2 = \omega(L'_2 - M'_{12} - M'_{23} + M'_{13}) = x'_{22} - x'_{12} - x'_{23} + x'_{13}$$
$$z'_3 = r'_3 + \mathrm{j}x'_3 \qquad x'_3 = \omega(L'_3 - M'_{13} - M'_{23} + M'_{12}) = x'_{33} - x'_{13} - x'_{23} + x'_{12}$$

和双绕组变压器不同的是，x_1、x'_2、x'_3 所表示的不是各绕组的漏抗，而是各绕组的自感抗与绕组间互感抗的组合，称为等效电抗（或综合漏电抗）。从等效电抗的表达式可以看出，它具有漏电抗的性质，是不变的常数。与等效电抗对应的阻抗 z_1、z'_2、z'_3 称为等效阻抗（或综合阻抗）。某些情况下，等效电抗可能为负值。

根据式（6–22）、式（6–24）和式（6–25）可得到图 6–6 所示的三绕组变压器的简化等效电路。从三绕组变压器的简化等效电路可以看出，三绕组变压器中，两个二次绕组相互影响，其绕组电压变化不仅与本绕组负载大小和性质有关，还与另一个二次绕组的

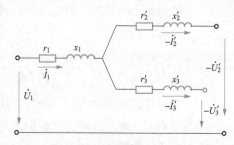

图 6–6 三绕组变压器的简化等效电路

负载大小及性质有关。

（3）等效电路中参数的测定。

三绕组变压器简化等效电路中的参数可以通过三次短路试验测出。短路试验可按如下步骤进行。

1）第一次短路试验。将电压加在绕组 1，绕组 2 短路，绕组 3 开路，此时测得的短路阻抗为

$$z_{k12} = z_1 + z_2' = (r_1 + r_2') + j(x_1 + x_2') = r_{k12} + jx_{k12} \tag{6-26}$$

2）第二次短路试验。将电压加在绕组 1，绕组 3 短路，绕组 2 开路，此时测得的短路阻抗为

$$z_{k13} = z_1 + z_3' = (r_1 + r_3') + j(x_1 + x_3') = r_{k13} + jx_{k13} \tag{6-27}$$

3）第三次短路试验。将电压加在绕组 2，绕组 3 短路，绕组 1 开路，此时测得的参数为折算到绕组 2 的绕组 2 和绕组 3 之间的短路阻抗。要得到折算到绕组 1 的参数，需乘以 K_{12}^2，即

$$z_{k23}' = z_2' + z_3' = (r_2' + r_3') + j(x_3' + x_3') = r_{k23}' + jx_{k23}' \tag{6-28}$$

将式（6-26）、式（6-27）和式（6-28）联立求解，可得：

$$\left. \begin{array}{l} r_1 = \dfrac{r_{k12} + r_{k13} - r_{k23}'}{2} \\[2mm] r_2' = \dfrac{r_{k12} + r_{k23}' - r_{k13}}{2} \\[2mm] r_3' = \dfrac{r_{k13} + r_{k23}' - r_{k12}}{2} \end{array} \right\} \tag{6-29}$$

$$\left. \begin{array}{l} x_1 = \dfrac{x_{k12} + x_{k13} - x_{k23}'}{2} \\[2mm] x_2' = \dfrac{x_{k12} + x_{k23}' - x_{k13}}{2} \\[2mm] x_3' = \dfrac{x_{k13} + x_{k23}' - x_{k12}}{2} \end{array} \right\} \tag{6-30}$$

三绕组变压器的三个电抗 x_1、x_2'、x_3' 的大小与各绕组的铁心相对位置有关。如按图 6-3（a）所排列的情况，低压绕组在中间，高压绕组和中压绕组距离最大，所以 x_{k12} 最大，大约是 x_{k13} 和 x_{k23}' 之和。如按图 6-3（b）所排列的情况，中压绕组在中间，则高压绕组、低压绕组距离最大，所以 x_{k13} 最大，大约是 x_{k12} 和 x_{k23}' 之和。根据式（6-30）可知，前一种情况下绕组 3 的等效电抗 x_3' 最小，后一种情况下绕组 2 的等效电抗 x_2' 最小，也就是说，位于中间的绕组等效电抗最小，接近于 0，甚至有可能为很小的负值。短路试验时测出的短路电抗为两个绕组之间真实的漏电抗，不会为负。所以，三绕组变压器排在中间位置的绕组的等效电抗总是最小，该绕组的电压降也最小。这也是升压变压器把低压绕组放在中间的原因，可以使其具有较小的等效电抗，从而降低其电压变化率。

6.2.4 电压调整率和效率

与双绕组变压器一样，三绕组变压器所带负载发生变化时，第二、第三绕组的端电压也将发生变化，三绕组变压器的电压调整率定义为

$$\Delta U_{12} = \frac{U_1 - U_2'}{U_1} \times 100\% \tag{6-31}$$

$$\Delta U_{13} = \frac{U_1 - U_3'}{U_1} \times 100\% \tag{6-32}$$

从式（6-24）和式（6-25）可知，第二绕组端电压不仅取决于本绕组的负载电流和阻抗，还要受第三绕组的负载电流和第一绕组的阻抗影响。同样，第三绕组的端电压也是这样的。所以把 z_1 称为影响阻抗。在变压器设计时，如果使 $z_1 \approx 0$，则第二绕组负载变化时，不会影响第三绕组的端电压变化；同样，第三绕组负载变化时，也不会影响第二绕组的端电压变化。

三绕组变压器的效率计算公式为

$$\eta = 1 - \frac{\sum p}{P_1} = \left(1 - \frac{p_{\mathrm{Fe}} + p_{\mathrm{Cu}}}{P_2 + P_3 + p_{\mathrm{Fe}} + p_{\mathrm{Cu}}}\right) \times 100\% \tag{6-33}$$

式中：P_2，P_3 分别为第二、第三绕组输出的有功功率；p_{Fe} 为变压器的铁耗；p_{Cu} 为变压器的铜耗，为三个绕组的铜耗之和。

最后需要说明的是，由于三绕组变压器的各绕组额定容量可能不相等，所以在采用标幺值进行计算时，应进行容量折算。通常取高压绕组的额定容量作为容量的基准值。

【例 6-3】 设有一台 121kV/38.5kV/11kV 的三相三绕组变压器，其高、中、低压绕组的容量分别为 10 000kVA、5000kVA、10 000kVA，绕组连接方式为 YNyn0d11，折算至高压侧的阻抗电压分别为 $u_{\mathrm{k}12} = 17\%$、$u_{\mathrm{k}13} = 10.5\%$、$u_{\mathrm{k}23} = 6\%$，阻抗电压有功分量 $u_{\mathrm{ka}12} = 1\%$、$u_{\mathrm{ka}13} = 0.65\%$、$u_{\mathrm{ka}23} = 0.8\%$，试求该变压器等效电路各参数。

解：根据变压器额定电压和容量，可以计算出高压侧绕组的额定电压、额定电流和阻抗，分别为

$$U_{1\mathrm{N}} = \frac{121 \times 10^3}{\sqrt{3}} \mathrm{V}$$

$$I_{1\mathrm{N}} = \frac{10\ 000}{\sqrt{3} \times 121} \mathrm{A}$$

$$Z_1 = \frac{U_{1\mathrm{N}}}{I_{1\mathrm{N}}} = \frac{121^2 \times 10^3}{10\ 000} \Omega$$

已知折算至高压侧的阻抗电压根据 $z_{\mathrm{k}12*} = u_{\mathrm{k}12}$，$z_{\mathrm{k}13*} = u_{\mathrm{k}13}$，$z_{\mathrm{k}23*} = u_{\mathrm{k}23}$，则折算至高压侧的短路阻抗值为

$$z_{\mathrm{k}12} = z_{\mathrm{k}12*} \times Z_1 = 0.17 \times \frac{121^2 \times 10^3}{10\ 000} = 249\Omega$$

$$z_{\mathrm{k}13} = z_{\mathrm{k}13*} \times Z_1 = 0.105 \times \frac{121^2 \times 10^3}{10\ 000} = 154\Omega$$

$$z'_{\mathrm{k}23} = z_{\mathrm{k}23*} \times Z_1 = 0.06 \times \frac{121^2 \times 10^3}{10\ 000} = 88\Omega$$

又已知阻抗电压有功分量可求出折算至高压侧的短路电阻为

$$r_{\mathrm{k}12} = r_{\mathrm{k}12*} \times Z_1 = u_{\mathrm{ka}12} \times Z_1 = 0.01 \times \frac{121^2 \times 10^3}{10\ 000} = 14.6\Omega$$

$$r_{\mathrm{k}13} = r_{\mathrm{k}13*} \times Z_1 = u_{\mathrm{ka}13} \times Z_1 = 0.006\ 5 \times \frac{121^2 \times 10^3}{10\ 000} = 9.5\Omega$$

$$r'_{\mathrm{k}23} = r_{\mathrm{k}23*} \times Z_1 = u_{\mathrm{ka}23} \times Z_1 = 0.008 \times \frac{121^2 \times 10^3}{10\ 000} = 11.7\Omega$$

阻抗电压的无功分量分别为

$$u_{\mathrm{kr}12} = \sqrt{u_{\mathrm{k}12}^2 - u_{\mathrm{ka}12}^2} = \sqrt{0.17^2 - 0.01^2} = 0.17$$

$$u_{\mathrm{kr}13} = \sqrt{u_{\mathrm{k}13}^2 - u_{\mathrm{ka}13}^2} = \sqrt{0.105^2 - 0.006\ 5^2} = 0.105$$

$$u_{\mathrm{kr}23} = \sqrt{u_{\mathrm{k}23}^2 - u_{\mathrm{ka}23}^2} = \sqrt{0.06^2 - 0.008^2} = 0.059\ 5$$

根据阻抗电压无功分量可计算折算至高压侧的短路电抗为

$$x_{\mathrm{k}12} = x_{\mathrm{kr}12*} \times Z_1 = u_{\mathrm{kr}12} \times Z_1 = 0.17 \times \frac{121^2 \times 10^3}{10\ 000} = 249\Omega$$

$$x_{\mathrm{k}13} = x_{\mathrm{kr}13*} \times Z_1 = u_{\mathrm{kr}13} \times Z_1 = 0.105 \times \frac{121^2 \times 10^3}{10\ 000} = 154\Omega$$

$$x'_{k23} = x_{kr23*} \times Z_1 = u_{kr23} \times Z_1 = 0.059\,5 \times \frac{121^2 \times 10^3}{10\,000} = 87.1\Omega$$

根据式（6-11）可计算出等效电路各支路等效电阻分别为

$$r_1 = \frac{r_{k12} + r_{k13} - r'_{k23}}{2} = \frac{14.6 + 9.5 - 11.7}{2} = 6.2\Omega$$

$$r'_2 = \frac{r_{k12} + r'_{k23} - r_{k13}}{2} = \frac{14.6 + 11.7 - 9.5}{2} = 8.4\Omega$$

$$r'_3 = \frac{r_{k13} + r'_{k23} - r_{k12}}{2} = \frac{11.7 + 9.5 - 14.6}{2} = 3.3\Omega$$

根据式（6-12）可计算出等效电路各支路等效电抗分别为

$$x_1 = \frac{x_{k12} + x_{k13} - x'_{k23}}{2} = \frac{249 + 154 - 87.1}{2} = 158\Omega$$

$$x'_2 = \frac{x_{k12} + x'_{k23} - x_{k13}}{2} = \frac{249 + 87.1 - 154}{2} = 91\Omega$$

$$x'_3 = \frac{x_{k13} + x'_{k23} - x_{k12}}{2} = \frac{154 + 87.1 - 249}{2} = -4\Omega$$

变压器折算至高压侧的等效电路各等效阻抗为

$$Z_1 = 6.2 + \text{j}158\Omega$$

$$Z'_2 = 8.4 + \text{j}91\Omega$$

$$Z'_3 = 3.3 - \text{j}4\Omega$$

从计算结果可以看出，等效电抗 x'_3 为负值，但短路电抗均为正。等效电路各支路中，$r \ll x$，实际中常常被忽略，而 $Z'_3 \ll Z_1(Z'_2)$，有时也被忽略，从而简化计算。

【例6-4】一台三相三绕组变压器，容量为 120 000kVA，额定电压为 220kV/121kV/10.5kV，额定容量为 120 000kVA/120 000kVA/6000kVA，变压器空载和短路试验参数见表6-1，求该变压器等效电路各参数标幺值。

表6-1　　　　　　　　　　　　　　变压器空载和短路试验参数表

试验		绕组			电压（%）	电流（%）	三相总功率（kW）
		高压	中压	低压			
空载		开路	开路	加电源	100	1	123
短路	1	加电源	短路	开路	24.7	100	1023
	2	加电源	开路	短路	7.35	50	227
	3	开路	加电源	短路	4.4	50	165

解：（1）根据空载试验参数求励磁阻抗，折算到高压侧的励磁电流为

$$I_{01*} = I_{03*} \times \frac{S_{3N}}{S_{1N}} = 0.01 \times 0.5 = 0.005$$

励磁阻抗

$$z_{m*} \approx z_{0*} = \frac{U_{1*}}{I_{01*}} = \frac{1}{0.005} = 200$$

励磁电阻

$$r_{m*} \approx r_{0*} = \frac{p_{0*}}{I_{01*}^2} = \frac{123}{120\,000} \times \frac{1}{(0.005)^2} = 41$$

励磁电抗

$$x_{m*} \approx x_{0*} = \sqrt{z_{0*}^2 - x_{0*}^2} = \sqrt{200^2 - 41^2} = 196.5$$

（2）根据短路试验参数求短路参数，首先将三次短路试验的短路损耗折算至高压侧，分别为

$$p_{k12} = 1023\text{kW}$$

$$p_{k13} = p'_{k13} \times \left(\frac{S_{1N}}{S_{3N}}\right)^2 = 227 \times 4 = 908\text{kW}$$

$$p_{k23} = p'_{k23} \times \left(\frac{S_{1N}}{S_{3N}}\right)^2 = 165 \times 4 = 660\text{kW}$$

用标幺值表示的短路损耗分别为

$$p_{k12*} = \frac{1023}{120\,000} = 0.00\,854$$

$$p_{k13*} = \frac{908}{120\,000} = 0.007\,57$$

$$p_{k23*} = \frac{660}{120\,000} = 0.005\,5$$

短路电阻标幺值与短路损耗标幺值相等，即有 $r_{k12*} = p_{k12*}$，$r_{k13*} = p_{k13*}$，$r_{k23*} = p_{k23*}$，则各支路等效电阻为

$$r_{1*} = \frac{1}{2}(0.008\,54 + 0.007\,57 - 0.005\,5) = 0.005\,3$$

$$r_{2*} = \frac{1}{2}(0.008\,54 + 0.005\,5 - 0.007\,57) = 0.003\,23$$

$$r_{3*} = \frac{1}{2}(0.007\,57 + 0.005\,5 - 0.008\,54) = 0.002\,26$$

阻抗电压为

$$u_{k12*} = 0.247$$

$$u_{k13*} = u'_{k13} \times \frac{S_{1N}}{S_{3N}} = 0.073\,5 \times 2 = 0.147$$

$$u_{k23*} = u'_{k23} \times \frac{S_{1N}}{S_{3N}} = 0.044 \times 2 = 0.088$$

忽略阻抗电压的有功分量，则等效电路各支路等效电抗为

$$x_{1*} = \frac{1}{2}(0.247 + 0.147 - 0.088) = 0.153$$

$$x_{2*} = \frac{1}{2}(0.247 + 0.088 - 0.147) = 0.094$$

$$x_{3*} = \frac{1}{2}(0.147 + 0.088 - 0.247) = -0.006$$

该变压器等效电路如图6-7所示。

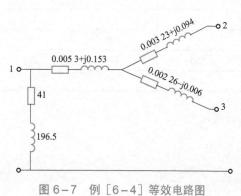

图6-7 例［6-4］等效电路图

6.3 分裂绕组变压器

随着发电机单机容量的增大，发电厂厂用负荷随之增加，其厂用变压器的容量也增大，使得短路电流增大。出于对电厂设备安全和经济上的考虑，希望减小厂用系统短路电流，由于分裂绕组变压器在正常和低压

侧短路时其电抗值不同，具有限制短路电流的作用，所以近年来在发电厂 200MW 以上大型机组的厂用变压器中得到了广泛应用。

6.3.1 组成结构

分裂绕组变压器是将变压器一个绕组（通常是低压绕组）分裂为电路上不相连而磁路上只有松散耦合的两个或多个绕组的变压器，各分裂绕组的容量及电压都相同。分裂绕组变压器是多绕组变压器的一种特殊形式。

三相双绕组双分裂变压器绕组接线图如图 6－8 所示。图 6－8 中高压绕组接成星形，两个分裂的低压绕组接成三角形，两个三角形连接的低压绕组电路上完全独立。它与普通变压器的区别在于低压绕组，分裂绕组变压器的低压绕组没有串联或并联，而是将其始端和末端单独引出来，构成两个或多个额定容量相等的绕组，且这些绕组之间没有电气联系，仅有较弱的磁联系。因此，分裂绕组变压器结构上的特殊要求如下。

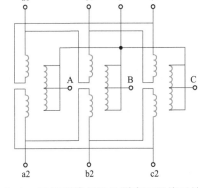

图 6－8 三相双绕组双分裂变压器绕组接线图

（1）低压绕组各部分之间及与高压绕组之间有足够的电气绝缘强度。

（2）低压绕组各部分之间及与高压绕组之间阻抗值相等。

（3）低压绕组的每一部分可分别接发电机或电动机，既可同时运行，也可单独运行，具有相同额定电压的分裂绕组可以并联运行。

（4）结构简单，尽可能接近普通变压器。

6.3.2 等效电路及主要参数

三相双绕组双分裂变压器，每相有三个绕组，它们是：一个不分裂的高压绕组 1，它有两个支路，但总是并联连接，实际上是一个绕组；两个相同的低压分裂绕组 2 和绕组 3。所以，可根据和三绕组变压器类似的推导，得到双绕组双分裂变压器等效电路如图 6－9 所示，图中 Z_1 为高压绕组阻抗，Z_2'、Z_3' 分别为两个低压分裂绕组折算到高压侧的阻抗。

利用三绕组变压器类似方法，可得到分裂绕组变压器各支路阻抗值为

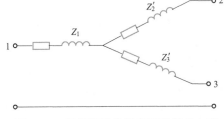

图 6－9 双绕组双分裂变压器等效电路

$$
\left.
\begin{aligned}
Z_1 &= \frac{1}{2}(Z_{k12} + Z_{k13} - Z'_{k23}) \\
Z_2' &= \frac{1}{2}(Z_{k12} + Z'_{k23} - Z_{k13}) \\
Z_3' &= \frac{1}{2}(Z_{k13} + Z'_{k23} - Z_{k12})
\end{aligned}
\right\}
\quad (6-34)
$$

由于低压的两个分裂绕组完全对称，所以低压分裂绕组对高压绕组之间的短路阻抗相同，即 $Z_{k12} = Z_{k13}$。

分裂绕组变压器有分裂运行、并联运行及单独运行三种运行方式，不同运行方式变压器短路阻抗不同。

1. 分裂运行方式

分裂运行方式，即高压绕组开路，两个低压分裂绕组的一个分支对另一个分支运行，低压绕组之间有穿越功率，高压绕组与低压绕组之间无穿越功率。此时，变压器的短路阻抗称为分裂阻抗，用符号 Z_{2-3} 表示，即 $Z_{2-3} = Z'_{k23}$。

2. 并联运行方式

并联运行方式也称为穿越运行方式，即两个低压绕组并联，高低压绕组同时运行，高低压绕组之间有穿越功率。穿越运行方式下，变压器的短路阻抗称为穿越阻抗，用符号 Z_{1-2} 表示。穿越阻抗相当于普

通双绕组变压器的短路阻抗，即

$$Z_{1-2} = Z_1 + \frac{Z_2'}{2} = Z_{k12} - \frac{Z_{k23}'}{4} = Z_{k12} - \frac{Z_{2-3}}{4} \tag{6-35}$$

3. 单独运行方式

单独运行方式也称为半穿越运行方式，即任一低压绕组开路，另一低压绕组和高压绕组运行。这种运行方式下，变压器的短路阻抗称为半穿越阻抗，用符号 Z_{1-3} 表示。

分裂变压器的分裂阻抗 Z_{2-3} 与穿越阻抗 Z_{1-2} 的比值称为分裂系数，是分裂变压器的基本参数之一，用符号 K_f 表示，即

$$K_f = \frac{Z_{2-3}}{Z_{1-2}} \tag{6-36}$$

变压器制造厂家一般给出穿越阻抗 Z_{1-2} 和分裂系数 K_f，根据穿越阻抗和分裂系数可求出各支路阻抗 Z_1、Z_2'、Z_3'。

由于分裂绕组所在的两个支路完全对称，所以有 $Z_2' = Z_3'$。根据分裂阻抗、穿越阻抗、半穿越阻抗及分裂系数的定义，有

$$Z_{2-3} = Z_2' + Z_3' = 2Z_2' \tag{6-37}$$

$$Z_{1-2} = Z_1 + Z_2' \mathbin{/\!/} Z_3' = Z_1 + \frac{1}{2}Z_2' \tag{6-38}$$

$$Z_{1-3} = Z_1 + Z_2' \tag{6-39}$$

$$Z_{2-3} = K_f Z_{1-2} \tag{6-40}$$

所以，已知穿越阻抗和分裂系数可得到各支路阻抗分别为

$$Z_1 = Z_{1-2}\left(1 - \frac{1}{4}K_f\right) \tag{6-41}$$

$$Z_2' = Z_3' = \frac{1}{2}K_f Z_{1-2} \tag{6-42}$$

穿越阻抗与半穿越阻抗之间的关系为

$$Z_{1-2} = Z_{1-3} / (1 + K_f / 4) \tag{6-43}$$

由此可见，根据分裂系数和穿越阻抗可求出等效电路中各支路阻抗。如某分裂变压器分裂系数为 3.5，穿越阻抗 $Z_{1-2} = 8\%$，由式（6-41）、式（6-42）可得 $Z_1 = 1\%$，$Z_2' = Z_3' = 14\%$。

分裂系数的大小由分裂成两部分的低压绕组相互位置决定，一般取值为 0～4，具体根据变压器正常运行状况及事故状态对电压的要求选取。当 $K_f = 4$ 时，有 $Z_1 = 0$，$Z_2' = Z_3' = 2Z_{1-2}$，此时的分裂变压器相当于两台独立的双绕组变压器，任何一个分裂绕组的负荷变化只影响本绕组端电压变化，不对另外一个分裂绕组端电压产生影响，两个分裂绕组之间的磁耦合最弱，图 6-9 所示的等效电路简化为图 6-10（a）。当 $K_f = 0$ 时，有 $Z_1 = Z_{1-2}$，$Z_2' = Z_3' = 0$，此时的分裂变压器相当于一台普通的双绕组变压器，两个分裂绕组端电压相同，两个分裂绕组之间的磁耦合最强，等效电路如图 6-10（b）所示。一般情况下，$0 < K_f < 4$，两个分裂绕组之间有一定的磁耦合关系，等效电路如图 6-10（c）所示。

6.3.3　特点

与普通变压器相比，分裂绕组变压器阻抗值较大，由此带来的优点主要有以下几点。

（1）限制短路电流。当分裂绕组一个支路短路时，变压器由穿越运行方式变为半穿越运行方式，限制短路电流的为半穿越阻抗，由于半穿越阻抗与穿越阻抗的关系 $Z_{1-3} = Z_{1-2}(1 + K_f / 4)$，即半穿越阻抗比穿越阻抗大，也就是分裂绕组变压器较普通变压器的短路阻抗大，所以可以限制短路电流。

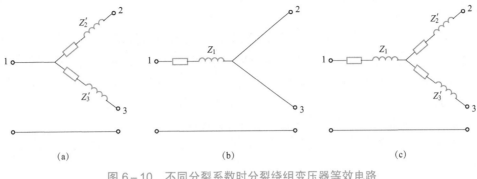

图 6-10 不同分裂系数时分裂绕组变压器等效电路

(a) $K_f = 4$；(b) $K_f = 0$；(c) $0 < K_f < 4$

（2）有利于电动机启动。分裂绕组变压器的穿越阻抗 $Z_{1-2} = Z_1 + \frac{1}{2}Z_2'$，较普通变压器的短路阻抗小，所以电动机启动时大的启动电流引起的变压器压降减小，允许电动机启动容量增大。

（3）当分裂绕组一个支路发生短路时，另一支路的母线电压降小，即残压较高，可以提高供电可靠性。

分型绕组变压器的主要缺点是造价较高。

6.4 整流变压器

随着电力半导体技术的迅速发展，电力电子装置在电网中的应用日益广泛。整流、逆变、斩波及交—交变频和交流调压几种基本的电力变换电路中，都常常用到整流环节。为整流装置或整流环节供电的变压器通称为整流变压器（rectifier transformer）。整流设备的特点是一次侧输入交流，二次侧通过整流后输出直流。工业用的直流电源大部分都是由交流电网通过整流变压器与整流设备得到，交—交变频和交—直—交变频系统中都含有整流环节，它们也是通过整流变压器与交流电网连接的。整流系统广泛用于电化学工业、牵引系统、电动机驱动、高压直流输电系统中。

由于整流变压器的负载不是通常意义的负载，而是二极管、晶闸管、IGBT 等电力电子器件组成的整流设备，这些设备交流侧电流不是正弦波电流，含有大量的谐波成分，所以整流变压器最大的特点是二次侧绕组电流不是正弦波形，负载的特殊性使其对整流变压器的技术要求与普通电力变压器有所不同。此外，为了减小整流系统谐波电流对电网的污染，常采用多脉波整流电路。多脉波整流电路可以通过移相来实现，移相的目的是使整流变压器二次绕组的同名端线电压之间有一个相位移。

6.4.1 整流变压器技术要求

整流变压器是整流系统输入的电源变压器，同时起电气隔离作用，需满足标准 JB/T 8636—1997《电力变流变压器》中相关技术要求。主要有以下几个方面。

1. 额定容量

由于整流变压器中电流波形发生畸变，除含有基波分量外，还含有大量的谐波分量，其三相额定容量是以稳态基频正弦分量为基础进行定义的，计算公式为

$$S_N = \sqrt{3}U_1 I_1 \tag{6-44}$$

式中 S_N 为变压器三相额定容量；U_1 为额定线电压基波分量；I_1 为额定线电流基波分量。

一般用户是根据电动机功率及变频调速系统的要求计算出所需的整流变压器容量，一、二次侧绕组容量相等。对负载变动频繁及谐波含量较高的整流变压器，应根据负载周期和谐波含量计算等效容量，避免出现变压器容量不足的情况。

2. 额定电压

普通的整流变压器一般直接带负载，深入负载中心，高压侧电网电压一般不超过35kV（一些试验线路、高压直流输电系统除外），通常为35、10kV和6kV几个电压等级。低压侧输出电压根据变流装置的输入电压要求确定，用于低压变频器的整流变压器低压侧电压一般不高于720V，用于中压变频器的整流变压器低压侧电压一般为1.1～3.3kV，高压变频器由于受二极管或晶闸管耐受电压的限制，一般采用多重化串联技术，每个二极管或晶闸管只承担一部分电压，串联后达到所需要的电压。

普通整流变压器低压侧一般不需要进行电压调节，输出电压恒定。高压侧设置分接头开关以适应电网电压的波动，通常采用无励磁调压方式，调压范围为±5%或±2×2.5%，个别用户可能加大至±3×2.5%。

3. 联结组标号

双绕组整流变压器一般采用Dy连接或Dd连接，高压侧采用三角形接法，可以为3和3的倍数次谐波提供通路，避免电压畸变和负载不平衡时原点浮动。双分裂整流变压器一般采用Dd0y11联结，多脉波数的整流变压器联结组标号根据移相情况确定。

4. 整流脉波数

根据低压侧整流脉波数不同，整流变压器可分为6脉波、12脉波、18脉波、24脉波、36脉波和48脉波，主要根据后续的整流电路及电网谐波情况确定。

5. 绝缘水平

整流变压器高压侧绝缘水平与电力变压器相同，根据相应的电压等级确定。有的用户从安全角度考虑，可能在普通电力变压器要求的基础上将绝缘水平提高15%～20%。低压侧一般只要求进行工频耐压试验，不要求进行雷电冲击试验。

6. 短路阻抗

用于交—直—交变频调速系统的整流变压器，短路阻抗要求较高，一般高于8%，有的甚至高于20%，主要是限制短路电流和谐波电流。对分裂式整流变压器，除高压绕组对于全部低压绕组的全穿越阻抗外，一般还要求高压绕组对每一个低压绕组的短路阻抗。如双分裂整流变压器的半穿越阻抗、三分裂整流变压器的1/3穿越阻抗等，有的系统还要求各分裂绕组间的分裂阻抗满足一定的要求。

7. 温升

整流变压器的温升限值与普通电力变压器相同，对频繁过载的系统，要求整流变压器可以在115%额定容量下连续运行。有时为了提高整流变压器的寿命及满足过载要求，可能要求整流变压器的温升较普通电力变压器的温升限值（绕组65K，顶层油温55K）下降5～10K。另外，对明确提出谐波含量要求的整流变压器，在计算温升时必须考虑谐波电流引起的杂散损耗。

8. 其他

整流变压器的运行环境与普通电力变压器不同，根据不同的负载类型、谐波、直流偏磁、共模电压等，在技术协议中应明确要求，以便变压器设计和制造时采取相应的措施。

6.4.2 整流变压器的移相

一般通过移相的方法来提高整流变压器脉波数，移相可以使整流变压器二次绕组的同名端线电压之间产生一个相位移。对整流变压器来说，主要有YD绕组移相和移相绕组移相两种移相方式。

1. YD绕组移相方式

YD绕组移相又分为低压侧移相和高压侧移相。

低压侧绕组移相是最简单也最常用的一种移相方式，一般只需要一台三相整流变压器，将低压绕组分为等容量的两部分，分别接为Y、△形，则两个低压绕组同名端线电压之间相位移为30°。由于Y、△形连接的绕组线电压相差$\sqrt{3}$倍，为了保证两个低压绕组输出线电压相等，其Y、△形连接的两个低压绕组的匝数比理论上应为$\sqrt{3}$倍，而实际制造时很难完全保证，工程上一般要求两个低压绕组的空载电压比偏差不大于±0.5%。

　　当低压绕组匝数较少只有几匝时，两个低压绕组匝数比不可能为 $\sqrt{3}$ ，这时需要采用高压侧绕组移相的方式。高压侧绕组移相时需要两台整流变压器并联，其高压侧绕组分别连接为Y、△形，低压绕组分别连接为Y形或△形，从而保证两台整流变压器低压绕组同名端线电压之间的相位移为30°。

　　Y△绕组移相方式只能在绕组同名端线电压之间产生 30° 的相位移，为 12 脉波整流。如果需要其他角度的相位移，则只能采用移相绕组移相方式。

　　2. 移相绕组移相方式

　　当电网对注入谐波含量要求较高时，12 脉波整流电路不能满足要求，这时需要采用 18 脉波、24 脉波、36 脉波或更多脉波数，则必须采用移相绕组移相的方式。移相绕组移相需要有单独的移相绕组，一般设置在高压侧。当低压绕组电压较高、匝数较多，移相绕组匝数和主绕组匝数容易匹配时，也可以将移相绕组设置在低压侧。随着脉波数的不同，需要并联的变压器台数和各台变压器的移相角度也不同。移相绕组与主绕组的连接方式一般有三种：曲折形，六边形和外延三角形。下面以高压绕组移相为例进行分析。

　　（1）曲折形连接。图 6－11 所示为曲折形移相绕组连接图及相量图，图中 W_M 和 W_Y 分别为主绕组和移相绕组，图 6－11（a）和图 6－11（b）分别为前移（左移）和后移（右移）的情况。图 6－11（a）中，A 相绕组由 A 相所在的主绕组 AA′ 和 C 相所在的移相绕组 A′X 串联构成，A 相绕组的电压为主绕组和移相绕组的电压之和，即

$$U_{AX} = U_M + U_Y = U_{AA'} + U_{A'X} \tag{6-45}$$

式中：U_M 为主绕组电压；U_Y 为移相绕组电压。

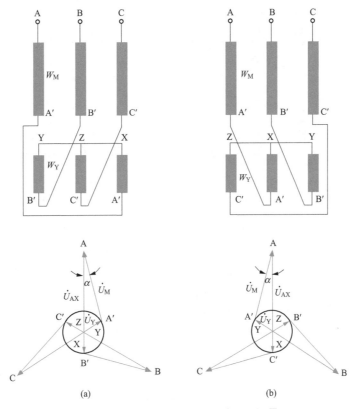

图 6－11　曲折形移相绕组连接图及相量图
（a）前移；（b）后移

　　根据相量图可知，移相绕组 A′X 电压 $U_{A'X}$ 与 C 相主绕组电压 $U_{CC'}$ 同相位，移相绕组的电压为

$$U_Y = U_{AX} \frac{2}{\sqrt{3}} \sin\alpha \tag{6-46}$$

式中：α 为变压器相电压与该相主绕组电压的相位移，称为移相角。

主绕组电压为

$$U_{\mathrm{M}} = U_{\mathrm{AX}} \frac{2}{\sqrt{3}} \sin(60° - \alpha) \tag{6-47}$$

则高压绕组的结构容量与移相角之间的关系为

$$K_{\mathrm{P}} = \frac{U_{\mathrm{M}} + U_{\mathrm{Y}}}{U_{\mathrm{AX}}} = \frac{2}{\sqrt{3}} \cos(30° - \alpha) = 1.155 \cos(30° - \alpha) \tag{6-48}$$

从式（6-47）可以看出，随着移相角的增大，高压绕组的结构容量也增加。曲折形连接方式中，中性点可以引出接地，因此可以用在 110kV 及以上的分级绝缘系统中，降低了绝缘的复杂程度。这种连接方式缺点是 3 和 3 的倍数次谐波电流没有通路。

（2）六边形连接。图 6-12 所示为六边形移相绕组连接图及相量图，图 6-12（a）和图 6-12（b）分别为前移（左移）和后移（右移）的情况。从图 6-12（a）可以看出，A 相绕组的连接与曲折形连接相同，由 A 相所在的主绕组 AA′和 C 相所在的移相绕组 A′X 串联构成，所以，移相绕组、主绕组与输入电压的关系、绕组结构容量与移相角的关系都与曲折形连接时相同。不同的是，六边形连接方式下，3 和 3 的倍数次谐波电流有通路，不管低压绕组采用何种连接方式，感应电动势波形都不会发生畸变。但这种连接方式没有中性点引出，只能用于全绝缘系统中。

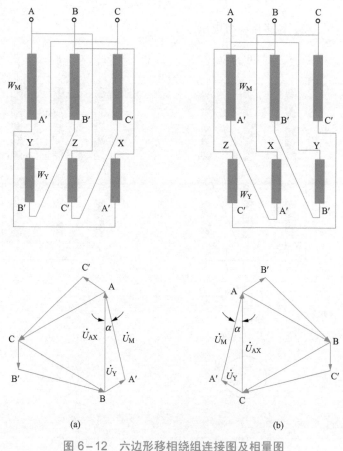

图 6-12　六边形移相绕组连接图及相量图
（a）前移；（b）后移

（3）外延三角形连接。外延三角形连接方式及相量图如图 6-13 所示。图 6-13（a）和图 6-13（b）分别为前移（左移）和后移（右移）的情况。根据相量图可知，移相绕组电压为

$$U_{\mathrm{Y}} = U_{\mathrm{AX}} \frac{2}{\sqrt{3}} \sin \alpha \tag{6-49}$$

主绕组电压为

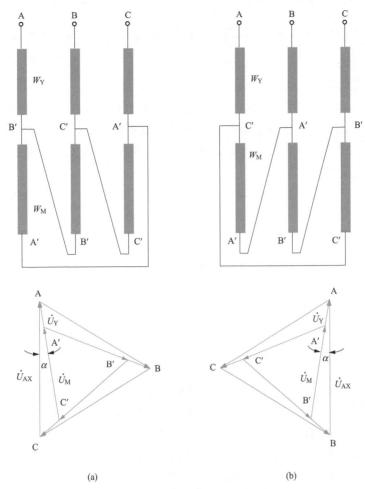

图 6-13 外延三角形移相绕组连接图及相量图

（a）前移；（b）后移

$$U_M = U_{AX}\frac{2}{\sqrt{3}}[\sin(60°-\alpha)-\sin\alpha] = 2U_{AX}\sin(30°-\alpha) \tag{6-50}$$

高压绕组的结构容量与移相角之间的关系为

$$K_P = \frac{U_M+\sqrt{3}U_Y}{U_{AX}} = 2\sin(30°-\alpha)+2\sin\alpha = 4\sin15°\cos(15°-\alpha) = 1.035\cos(15°-\alpha) \tag{6-51}$$

外延三角形连接方式中，3 和 3 的倍数的次谐波电流也有通路，不管低压绕组是何种连接方式，感应电动势波形都不会发生畸变。与六边形连接类似，由于中性点没有引出，只能用于全绝缘系统。

6.4.3　整流变压器的结构

根据整流装置的结构及要求不同，整流变压器主要分为双绕组整流变压器，双分裂整流变压器，三分裂整流变压器，四分裂整流变压器，串联式整流变压器。

1. 双绕组整流变压器

双绕组整流变压器的结构与普通电力变压器基本相同，一般采用三相三柱式铁心，有两个绕组，当需要与其他整流变压器并联组成多脉波整流系统时，需要在高压侧或低压侧设置移相绕组，即把高压侧或低压侧绕组分为移相绕组和主绕组，由于移相绕组和主绕组在电气上相连，所以仍称为双绕组整流变压器。其绕组排列为低压绕组靠近铁心，高压绕组在外层，有移相绕组时，高压移相绕组居中排列。

2. 双分裂整流变压器

双分裂整流变压器用于 12 脉波整流系统，联结组标号一般为 Dd0y11，一般采用常规的三相三柱式结构。

低压绕组分裂为两个电气上相互独立的绕组，一个为△形连接，一个为 Y 形连接，沿轴向排列，对应的高压绕组也在轴向分为并联的两部分。

3. 三分裂整流变压器

三分裂整流变压器是把低压绕组分裂为相同的三部分，电气上相互独立，分别接不同的整流桥臂。三分裂整流变压器主要用于交—交变频调速系统和 18 脉波整流系统，用于前者时低压绕组具有相同的连接方式，用于后者时低压绕组在原有的连接方式基础上分别移相 $-20°$、$0°$、$+20°$ 电角度。

4. 四分裂整流变压器

四分裂整流变压器是把低压绕组分裂为相同的四部分，电气上相互独立，分别接不同的整流桥臂，一般用于 24 脉波整流系统。

5. 串联式整流变压器

串联式整流变压器与前面所述的整流变压器结构有所不同，一般的分裂绕组整流变压器高压绕组都是并联结构，而串联式整流变压器的高压绕组采用串联结构，且每个串联的高压绕组及对应的低压绕组为独立的铁心，不是共铁心结构。高压绕组既可以是 Y 形连接，也可以△形连接，一般采用 Y 形连接方式；低压侧输出一般为等效 12 脉波或等效 18 脉波。

6.4.4 换流变压器

在高压直流输电系统中，送电端和受电端分别要进行交—直和直—交变换，需要整流变压器与交流电网连接，用于高压直流输电系统的整流变压器称为换流变压器（converter transformer）。其处于交流电和直流电变换的核心位置。换流变压器与换流阀一起实现交流电与直流电的变换，现代高压直流输电系统一般采用每极一组 12 脉波换流器结构，两个串联的 6 脉波换流器之间提供 30° 相位移，从而形成 12 脉波换流器结构。换流变压器在漏抗、绝缘、谐波、直流偏磁、有载调压和试验等方面与整流变压器类似，但也有其特殊性，主要有以下几个方面。

1. 短路阻抗

为了限制阀臂及直流母线短路时的故障电流损坏换流阀的晶闸管元件，换流变压器要求有足够大的短路阻抗，但短路阻抗太大，其无功损耗增加，需增加系统的无功补偿设备，同时导致换相压降过大。所以，换流变压器的短路阻抗必须取合适的值，一般为 12%～18%。

2. 绝缘水平

换流变压器与晶闸管阀连接一侧的绕组同时承受交流电压和直流电压，还要考虑直流全压启动及极性反转时的正常运行，使得换流变压器的绝缘结构较普通电力变压器复杂。

3. 谐波

换流变压器运行中有特征谐波电流和非特征谐波电流流过，变压器漏磁的谐波分量使变压器杂散损耗增大，可能使某些金属部件和油箱产生局部过热。换流变压器设计时，需考虑对有较强漏磁场通过的部件用非磁性材料或采用磁屏蔽措施。

4. 有载调压

普通整流变压器一般采用无励磁调压方式，而换流变压器采用有载调压方式。为了补偿换流变压器交流网侧电压的变化及将触发角运行在适当的范围内以保证运行的安全性和经济性，要求有载调压分接开关的调压范围较大，特别是可能采用直流降压模式时，要求的调压范围可能高达 20%～30%。

5. 直流偏磁

换流变压器运行中由于交直流线路的耦合、换流阀触发角的不平衡、接地极电位升高及换流变压器交流网侧的 2 次谐波等都可能导致换流变压器阀侧及交流网侧绕组电流中含有直流分量，使换流变压器产生直流偏磁现象，导致变压器损耗、温升及噪声增大。但是，直流偏磁电流相对都较小，不会对变压器安全造成影响。

6. 试验

换流变压器除了要进行与普通电力变压器一样的型式试验与例行试验外，还要进行直流方面的试验，如直流电压试验、直流电压局部放电试验、直流电压极性反转试验等。

7. 换流变压器的结构

换流变压器的结构主要有三相三绕组式、三相双绕组式、单相三绕组式和单相双绕组式四种，如图 6-14 所示。采用何种结构型式，由交流侧及直流侧的系统电压、变压器容量、运输条件及换流站的布置等决定。

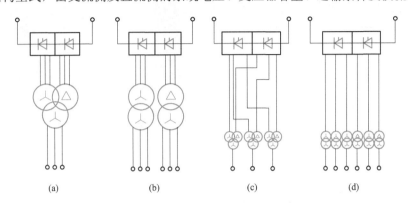

图 6-14　换流变压器结构型式示意图

（a）三相三绕组；（b）三相双绕组；（c）单相三绕组；（d）单相双绕组

对于中等容量和电压等级的换流变压器，可选用三相变压器。其优点是减少材料用量，变压器安装占地面积和损耗较少，尤其是空载损耗。对于 12 脉波换流器的两个 6 脉波换流桥，可采用两台三相变压器，网侧绕组采用 Y 形连接，阀侧绕组一台为 Y 形连接，一台为 △ 形连接。

对于容量较大的换流变压器，可采用三台单相变压器组成的组式变压器。运输条件允许时，采用单相三绕组变压器。这种变压器带有一个交流网侧绕组和两个阀侧绕组，阀侧绕组分别为 Y 形连接和 △ 形连接。

高压大容量直流输电系统采用单相三绕组换流变压器，相对于采用单相双绕组变压器而言，减少了铁心、油箱、套管和有载调压开关，经济性更高，但是其运输质量为单相双绕组变压器的 1.6 倍。

6.5　互　感　器

在高电压、大电流的电力系统中，为了测量线路上的电压和电流，需要采用互感器（instrument transformer）。互感器将一次侧的高电压、大电流变换为线路二次侧的低电压和小电流来进行测量、运算和控制等。这样，一是使一次和二次隔离，以保障运行人员的人身安全和测量装置的安全，二是可以利用常规的小量程电压表、电流表来测量高电压、大电流。通常，电压互感器的二次电压为 100V，电流互感器的二次电流为 5A 或 1A。

根据互感器的工作原理不同，可以分为电磁式互感器和电子式互感器；根据其检测对象的不同，可分为电压互感器和电流互感器。传统互感器均为电磁式，近年来电子式互感器的应用越来越广泛，尤其是在智能变电站中基本都采用电子式互感器。电子式互感器按其高压侧是否需要供电电源又分为有源型和无源型两类。有源型电子互感器一般用低功耗铁心线圈和罗氏线圈（Rogowski Coil）进行电流检测；无源型电子互感器，又称光学互感器，其传感部分无须提供供电电源，大多采用法拉第磁光效应。电磁式互感器分为电压互感器和电流互感器两种，其主要性能指标是测量精度，即要求转换值与被测量值之间有良好的线性关系。本节将简单介绍电磁式电压互感器和电流互感器的工作原理及提高测量精度的措施。

6.5.1　电压互感器

电压互感器（potential transformer 或 Voltage transformer，简称 PT 或 VT），是一种在正常使用条件下二次电压与一次实际电压成正比且在联结方法正确时相位差接近于零的互感器。其电气图形文字符号为 TV。

1. 工作原理

电压互感器的基本工作原理如图 6-15 所示，它的一、二次绕组套装在同一个闭合的铁心上，高压绕组直接接到被检测的高压线路，一次绕组匝数多，导线较细；低压绕组接到测量仪表的电压线圈上，匝数少，导线较粗。如果仪表个数不止一个，则各仪表的电压线圈并联接在电压互感器的二次绕组上。图 6-16 所示为电压互感器实物照片。

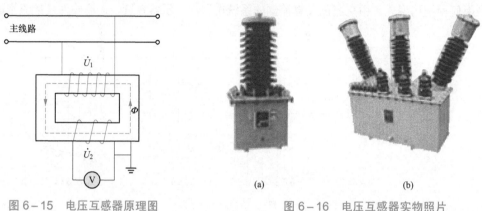

图 6-15　电压互感器原理图　　　图 6-16　电压互感器实物照片
（a）户外干式电压互感器；（b）抗谐振型电压互感器

电压互感器的工作原理和普通变压器相同。由于二次绕组所接的仪表电压绕组阻抗很大，所以，电压互感器运行时相当于一台空载运行的降压变压器。不考虑漏阻抗压降，并认为二次电压绕组阻抗很大，互感器处于空载状态时，有

$$\dot{U}_1 \approx -\dot{E}_1 \qquad \dot{U}_2 = \dot{E}_{20}$$

则一、二次侧电压之比约等于变比，也即匝数比

$$U_1 / U_2 \approx E_1 / E_2 = N_1 / N_2$$

这样根据一、二次绕组的匝数比，可以将电网的高电压转化为低电压进行测量。接到单相系统或接到三相系统线间的单相电压互感器和三相电压互感器的二次侧输出电压标准值为 100V，供三相系统中相与地之间的单相电压互感器，当其额定一次电压为某一数值除以 $\sqrt{3}$ 时，额定二次电压必须是 $100 / \sqrt{3}$ V，以保持额定电压比值不变。

由于只有在理想情况下，一、二次绕组的电压比才等于绕组匝数比，而实际情况是互感器既存在漏阻抗压降，二次侧也不是空载，所以互感器总是存在测量误差。

为了减小测量误差，在电压互感器设计和制造时，应减小励磁电流和一、二次绕组的漏阻抗。为此，互感器铁心采用导磁性能好、铁耗小的硅钢片，并使铁心工作磁通密度选择低一些，使磁路处于不饱和状态。铁心加工时，尽可能减小磁路中铁心叠片接缝处的气隙，使励磁电流减小。此外，还可以增大绕组导线截面，改进绕组结构和绝缘，尽量减小绕组漏阻抗。为了保证测量精度，互感器使用时，也要求二次侧所接测试仪表具有高阻抗，并联的测量仪表数不能太多，以保证互感器二次电流较小，接近空载状态。所以，电压互感器的额定容量与普通电力变压器不同，它不是按发热极限来规定，而是按互感器所能并联的仪表数量来规定，以满足互感器的测量精度要求。

2. 准确度等级

国家标准规定电压互感器的测量误差计算公式为

$$电压误差（\%）= \frac{K_n U_s - U_p}{U_p} \times 100\% \qquad (6-52)$$

式中：K_n 为额定电压比；U_p 为实际的一次电压；U_s 为在测量条件下，施加 U_p 时的实际二次电压。

根据 GB 1207—2006《电磁式电压互感器》对电磁式电压互感器的准确度规定，其准确度可分为 0.1、0.2、0.5、1 和 3 五个等级，准确度等级的选择与所用电压表、功率表的精度有关。电压互感器的每个准确度等级，

都规定有对应的二次负荷的额定容量 S_{2N}（VA）。当实际的二次负荷超过了规定的额定容量时，电压互感器的准确度等级就要降低。要使电压互感器能在选定的准确度等级下工作，二次所接负荷的总容量 $S_{2\Sigma}$ 必须小于该准确度等级所规定的额定容量 S_{2N}。

3. 使用及注意事项

（1）电压互感器二次侧绝对不允许短路，否则会产生很大的短路电流，引起绕组发热甚至烧坏绕组绝缘，使一次回路的高电压浸入二次低压回路，危及人身和设备安全。

（2）为安全起见，电压互感器的二次绕组和铁心必须可靠接地。

（3）使用时，二次绕组不能并联过多的仪表，以免影响互感器测量精度。

电压互感器根据其电压等级及使用场所不同，也有多种类型，如油浸式电压互感器、浇注式电压互感器、电容式电压互感器等。

6.5.2 电流互感器

电流互感器（current transformer，CT），是一种在正常使用条件下其二次电流与一次实际电流成正比，且在连接方法正确时其相位差接近于零的互感器。其电气图形文字为 TA。

1. 工作原理

电流互感器的主要结构和工作原理也与普通变压器相似，如图 6-17 所示。它的一次绕组由一匝或几匝截面较大的导线构成，串联在一次侧线路中。二次绕组匝数较多，导线较细，与各种仪表的电流线圈并联。图 6-18 为电流互感器实物照片。

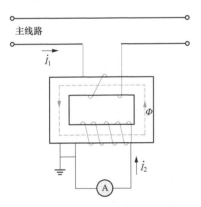

图 6-17 电流互感器原理图

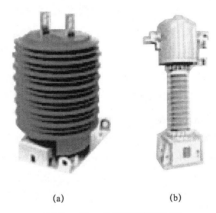

（a） （b）

图 6-18 电流互感器外观

（a）户外浇注式电流互感器；（b）户外气体绝缘电流互感器

由于仪表的电流线圈阻抗很小，所以电流互感器正常工作时相当于变压器的短路运行状态。如果不考虑励磁电流和测量仪表的线圈阻抗，即认为互感器二次侧短路，则有 $I_1 / I_2 = N_2 / N_1$，这样，根据一、二次绕组的匝数比，可以将大电流转化为小电流进行测量。通常，电流互感器二次侧绕组的额定电流设计为 5A 或 1A。

显然，这里讨论的是一种理想情况，实际上电流互感器总是存在励磁电流，仪表线圈的阻抗也不为零，所以根据匝数比计算出的电流总会存在误差。

为了使电流互感器在运行时更接近理想状态，以提高测量精度，在设计和制造时，其铁心一般采用磁导率高的冷轧硅钢片制成，磁通密度控制在较电压互感器更低的水平，因为电流互感器励磁电流受负载电流变化的影响较电压互感器更为严重；而互感器绕组的结构设计也要尽可能减小电阻和漏抗。从使用角度考虑，电流互感器的二次侧串联仪表数目不能太多（受额定容量限制），否则，随着测量仪表数目增加，互感器二次端电压增大，不再近似为二次短路状态，相应一次端电压也增大，使励磁电流增加，一次电流中励磁分量部分所占比重增大，不能忽略，从而影响测量精度。

2. 准确度等级

根据国标 GB 1208—2006《电流互感器》中的规定，电流互感器的误差为

$$电流误差（\%） = \frac{K_n I_s - I_p}{I_p} \times 100\% \tag{6-53}$$

式中　K_n 为额定电流比；I_p 为实际的一次电流；I_s 为在测量条件下，实际二次电流。

按照变流比误差的大小，电流互感器的精度可分为 0.1、0.2、0.5、1、3 和 5 等几级。实际中，互感器等级的选择与所用电流表或功率表的精度有关。

3. 使用及注意事项

（1）运行过程或仪表切换时，电流互感器二次侧绕组绝不允许开路。因为，当二次绕组开路时，电流互感器成为空载运行，而此时互感器一次绕组电流由被测电路决定，全部的一次电流作为励磁电流起励磁作用，使铁心内的磁通密度较正常运行时增加了很多倍（因正常运行时二次绕组短路，二次电流起去磁作用，一次绕组电流中的大部分是负载分量，励磁分量很小），磁路严重过饱和，使铁耗大大增加，铁心过热。另外，二次绕组中将产生很高的过电压，危及操作人员和仪表安全。

（2）电流互感器铁心和二次绕组需可靠接地。

（3）二次绕组不宜接过多负载，以免影响测量精度。

电流互感器根据其流过的电流大小及使用场所不同，也有多种类型，如油浸式电流互感器、浇注式电流互感器、SF_6 电流互感器、发电机用电流互感器、发电机母线用电流互感器等。

 本章小结

　　本章讨论了特殊变压器，包括自耦变压器、三绕组变压器、分裂绕组变压器、整流变压器换流变压器及电压电流互感器等。自耦变压器一次和二次共用同一个绕组，所以一、二次之间电路不隔离，一部分电能通过电磁感应传递，一部分电能通过电路传递，所以相同容量的绕组可以传递更大的功率。三绕组变压器和分裂绕组变压器都是有多个绕组，在分析其工作过程时采用互感和漏感进行分析，与双绕组变压器采用主磁通和漏磁通进行分析不同，但仍然具有磁动势平衡。整流变压器和换流变压器主要为整流装置提供电源或连接直流系统，其工作原理与普通电力变压器相同，但由于负载的不同，在结构上有一些特殊的措施。互感器是连接电力一次和二次系统的重要设备，电压互感器和电流互感器分别是将一次系统的高电压和大电流转换为二次系统的低电压和小电流，以便进行保护和控制。值得注意的是，电压互感器二次侧不允许短路运行，电流互感器二次侧不允许开路运行。

 思考题及习题

6-1　什么是自耦变压器的额定容量和电磁容量？试比较自耦变压器和双绕组变压器的优缺点。

6-2　将一台双绕组变压器改接为自耦变压器，其短路阻抗的大小如何变化？短路阻抗标幺值如何变化？

6-3　三绕组变压器的额定容量是怎样确定的？三个绕组的容量有哪几种分配方式？

6-4　三绕组变压器主要用在什么场合？

6-5　分析三绕组变压器工作原理时，为什么不采用双绕组变压器中所用的主磁通和漏磁通的概念来分析？

6-6　三绕组变压器的等效阻抗是否可以为零或负？为什么？

6-7　什么是分裂绕组变压器的穿越电抗？什么是半穿越电抗？什么是分裂电抗？

6-8　分裂绕组变压器与普通三绕组变压器有什么不同？

6-9　试说明整流变压器与电力变压器在性能上和结构上有哪些不同？

6-10　电压互感器运行时为什么不允许二次绕组短路？电流互感器运行时为什么不允许二次绕组开路？

6-11 为了保证互感器的测量精度，在设计和制造时，主要应采取哪些措施？使用时有哪些注意事项？为什么？

6-12 有一台三绕组变压器，其容量为 16 000kVA/16 000kVA/8000kVA，额定电压为 110kV/38.5kV/11kV，联结组标号为 Ynyn0d11。试验数据见表 6-2。

表 6-2 习题 6-12 表

试验项目	绕 组			线电压（kV）	线电流（A）	三相功率（kW）
	高压	中压	低压			
空载试验	开路	开路	加电压	11	21	63
短路试验	短路	开路	加电压	0.616	421	41.6
	开路	短路	加电压	0.352	421	42.3
	短路	加电压	开路	7	240	182

试求变压器等效电路参数。

6-13 有一台双绕组三相变压器，$S_N = 31\ 500\text{kVA}$，$U_{1N}/U_{2N} = 400\text{kV}/\ 110\text{kV}$，Yyn0 连接，$u_k = 14.9\%$，$p_{Fe} = 105\text{kW}$，$p_{Cu} = 205\text{kW}$，现将其改接为 510kV/110kV 的自耦变压器，求：

（1）自耦变压器的额定容量、电磁容量及传导容量；

（2）带额定负载且 $\cos\varphi_2 = 0.8$（滞后）时，效率比未改接前提高了多少？

6-14 有一台单相变压器，$S_N = 5600\text{kVA}$，$U_{1N}/U_{2N} = 6.3\text{kV}/3.3\text{kV}$，Yy0 连接，$u_k = 10.5\%$，$p_{Fe} = 25.5\text{kW}$，$p_{Cu} = 62.5\text{kW}$，将其改接为 $U_{1N}/U_{2N} = 9.6\text{kV}/3.3\text{kV}$ 的降压自耦变压器，求：

（1）自耦变压器的额定容量 S_{AN} 与原来双绕组时的额定容量 S_N 之比（并求出其中电磁容量、传导容量各为多少）；

（2）在额定电压下发生短路，稳定短路电流 I_{kN} 为额定电流 I_N 的多少倍？与原双绕组变压器时的稳定短路电流比进行比较；

（3）改为自耦变压器后，在额定负载 $\cos\varphi_2 = 0.8$（滞后）时效率比未改前提高多少？

7 电力变压器试验技术

进行变压器试验的主要目的是验证变压器性能是否满足相关标准和技术条件的规定和要求，发现变压器结构和制造上是否有影响其正常运行的缺陷。通过试验可以验证变压器能否在额定条件下长期运行，是否能够承受预期的各种过电压及过电流作用而不影响变压器运行可靠性及寿命。变压器试验根据试验场地不同，分为工厂试验和现场试验；按照制造过程又分为半成品试验和成品试验。变压器成品试验一般在变压器制造厂内进行，以额定条件为基准进行试验。

本章主要介绍电力变压器的成品试验，简单介绍主要试验类型及试验方法。

7.1 电力变压器试验类型

对于电力变压器，在进行成品试验前，要求凡是影响变压器性能的外部组件必须全部安装完毕，试验的环境温度为 10～40℃，试验所需的测量仪器必须通过计量检定并在有效期内。变压器试验相关的国家标准主要有 GB 1094.1—2013《电力变压器　第 1 部分：总则》、GB 1094.2—2013《电力变压器　第 2 部分：温升》、GB 1094.3—2017《电力变压器　第 3 部分：绝缘水平、绝缘试验和外绝缘空气间隙》、GB 1094.5—2016《电力变压器　第 5 部分：承受短路的能力》等，与这些国家标准对应的 IEC 标准分别为 IEC 60076.1—2000、IEC 60076.2—2000、IEC 60076.3—2000、IEC 60076.5—2000。当试验测试数据需要校正到参考温度时，油浸式变压器的参考温度取 75℃（或者用户规定的其他温度），干式变压器的参考温度按标准 GB 1094.11—2013《电力变压器　第 11 部分：干式变压器》的规定进行选取。

变压器成品试验分为三大类，分别为例行试验，型式试验和特殊试验。

例行试验指的是每一台变压器出厂前都要进行的试验，试验的目的是检验变压器设计、工艺和制造质量。变压器主要例行试验包括：

（1）绕组电阻测量；

（2）电压比测量和联结组标号检定；

（3）短路阻抗和负载损耗测量；

（4）空载电流和空载损耗测量；

（5）绕组对地及绕组间直流电阻测量；

（6）绝缘例行试验；

（7）有载分接开关试验；

（8）液浸式变压器压力密封试验；

（9）充气式变压器油箱压力密封试验；

（10）内装电流互感器变比和极性试验；

（11）液浸式变压器铁心和夹件绝缘检查；

（12）绝缘液试验。

电压等级高于 72.5kV 的变压器附加例行试验项目包括：绕组对地和绕组间电容测量，绝缘系统电容的介质损耗因数（$\tan\delta$）测量，除分接开关油室外的每个独立油室的绝缘液中溶解气体测量，90%和110%额定电压下的控制损耗和空载电流测量。

型式试验是从一批变压器中选取一台有代表性的变压器进行试验，以证明其他变压器也满足相关标准和规定的要求。型式试验的目的是检查结构性能是否满足标准和技术条件。对于新产品，型式试验的周期为 5 年，如果原设计产品的制造场地、制造人员、产品原材料、生产设备等发生了重大变化则该产品虽然不到 5 年也应进行型式试验。变压器型式试验包括：

（1）温升试验。

（2）绝缘型式试验。

（3）对每种冷却方式的声级测定。

（4）风扇和油泵电机功率测量。

（5）90%和110%额定电压下的控制损耗和空载电流测量。

其中，绝缘例行试验和型式试验的试验项目见表 7－1。

表 7－1　　　　　　　　　　　　　不同类型绕组的绝缘试验要求

设备最高电压 U_m（kV）（方均根值）	绝缘类型	试　　　验							
		雷电冲击			线端操作冲击（SI）	感应耐压（IVW）	线端交流耐压（LTAC）	外施耐压 AV	带局放的感应耐压（IVPD）
		线端全波（LI）	线端截波（LIC）	中性点全波（LIN）					
$U_m \leqslant 72.5$	全绝缘	型式	型式	型式	不适用	例行	不适用	例行	特殊
$72.5 < U_m < 170$	全绝缘	例行	型式	型式	特殊	例行	特殊	例行	例行
	分级绝缘	例行	型式	型式	特殊	例行	例行	例行	例行
$U_m \geqslant 170$	分级绝缘和全绝缘	例行	型式	型式	例行	不适用	特殊	例行	例行

注：1. 如果用户另有要求，不同类别绕组的要求与试验可参照相关规定，需在订货时说明。

　　2. 对全绝缘的三相变压器，中性点不引出时，中性点的雷电全波冲击试验（LIN）为特殊试验。

值得注意的是，绝缘试验必须在绝缘特性测量、电压比测量、油耐压试验的结果得到确认后才能进行，如无其他特殊规定，应按下面的顺序进行：① 线端雷电全波和截波冲击试验（Full wave lightning impulse test for the line terminals，LI；Chopped wave lightning impulse test for the line terminals，LIC）；② 中性点端子的雷电冲击试验（Lightning impulse test for the neutral，LIN）；③ 线端操作冲击试验（Switching impulse test for the line terminal，SI）；④ 外施耐压试验（Applied voltage test，AV）；⑤ 线端交流耐压试验（Line terminal AC withstand voltage test，LTAC）；⑥ 感应耐压试验（Induced voltage withstand test，IVW）；⑦ 带有局部放电测量的感应电压试验（Induced voltage test with PD measurement，IVPD）。

特殊试验是指除例行试验和型式试验外，标准中规定的特殊试验项目及标准中未规定但制造厂家与用户的协议所进行的一些试验。特殊试验主要包括：

（1）绝缘特殊试验。

（2）绕组热点温升测量。

（3）绕组对地和绕组间电容测量。

（4）绝缘系统电容的介质损耗因数（$\tan \delta$）测量。

（5）暂态电压传输特性测量。

（6）三相变压器零序阻抗测量。

（7）短路承受能力试验。

（8）液浸式变压器真空变形试验。

（9）液浸式变压器压力变形试验。

（10）液浸式变压器现场真空密封试验。

（11）频率响应测量。

（12）外部涂层检查。

（13）绝缘液中溶解气体测量。

（14）油箱运输适应性机械试验或评估（按用户规定）。

（15）运输质量的测定（容量不大于 1.6MVA 的变压器采用整体测量；大型变压器采用测量或计算，具体由制造方和用户协商）。

随着近年来高压直流输电技术的应用越来越多，换流变压器的应用也日益增加，换流变压器的试验也有其特殊性，除上面提到的试验类型外，换流变压器的绝缘试验中增加了直流耐压试验和直流极性反转试验两项。

变压器例行试验中的空载电流和空载损耗测量、短路阻抗和负载损耗测量的原理和方法在前面已经介绍，这里不再重复。下面介绍几种主要的试验项目。

7.2 直流电阻测量

变压器绕组的直流电阻测量试验是例行试验。变压器制造过程中，需要进行绕组直流电阻的测量，而在进行温升试验时也需要测量绕组直流电阻，因为变压器绕组温升由绕组的冷态和热态电阻确定。

7.2.1 直流电阻测量的主要目的

（1）检查绕组导线连接处的焊接或机械性能是否良好，有无焊接或连接不良的现象。

（2）检查引线或套管、引线与分接开关的连接是否良好，引线与引线的焊接或机械连接是否良好。

（3）检查导线的规格、电阻率是否满足要求。

（4）检查各相绕组的直流电阻不平衡率是否满足要求。

（5）变压器绕组温升是根据绕组在温升试验前的冷态电阻和温升试验后断开电源瞬间的热态电阻计算得到，所以可以通过测量电阻计算得到绕组温升。

（6）作为辅助损耗计算的基本数据。

所以，制造厂家需要向用户提供绕组直流电阻的测量数据，供用户安装、运行和维护时作为参考。用户在变压器验收、运行过程中，为了检查变压器是否存在运输故障、绕组、分接开关等带电部件是否正常，都需要测量直流电阻。

7.2.2 测量方法

常用的直流电阻测量方法有伏安表法和电桥法。图 7-1 所示是伏安表法测量直流电阻的接线图，图中 PA 为电流表，PV 为电压表，R_a 为变阻器，S 为带有过电压保护的开关，E 为直流电源电压。伏安表法测量直流电阻的原理是利用欧姆定律，根据电压表和电流表的读数即可计算出绕组电阻值。

直流电阻测量应分别在各绕组的线端上进行。三相变压器绕组为 Y 形连接无中性点引出时，应测量其线电阻，如 AB、BC、CA；有中性点引出时，应测量其相电阻，如 AO、BO、CO。对中性点引线电阻较大的 YN 连接且低压侧为 400V 的配电变压器，应测量其线电阻及中性点对一个线端的电阻。绕组为△形连接时，首末端都引出的变压器应测量其相电阻，首末端未引出的封闭三角形应测量其线电阻。由于直流电阻受温度变化的影响，所以进行直流电阻测量时，必须同时测量绕组温度。

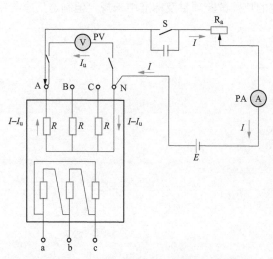

图 7-1　伏安表法测量直流电阻的接线图

7.3　电压比测量及联结组标号检定

电压比测量及联结组标号检定是变压器的例行试验。

7.3.1　电压比测量

为了保证变压器绕组各分接的电压比在标准或合同技术要求的允许范围内、并联绕组的匝数相同、绕组各分接的引线和分接开关的连接正确，变压器生产制造过程中及安装完成后都需要多次进行电压比测量。绝缘装配后进行电压比测量是为了检验绕组的匝数与绕向是否正确，引线装配后的电压比测量是为了检查分接开关与绕组联结组标号是否正确，总装后的电压比测量是为了检查变压器分接开关内部所处位置与外部指示位置是否一致及线端标志是否正确。

电压比测量方法有两种：双电压表法和电压比电桥法。两种方法使用的电源均为单相电源，这是因为单相电源施加在铁心柱，该铁心柱上的绕组电压和匝数成正比，而使用三相电源则可能因为三相电压不对称而使得测量结果产生误差。由于双电压表法对电压互感器、测量仪表的准确度等级及仪表接线电阻等有较高要求，现已很少采用。

电压比电桥法测量电压比采用电压比电桥进行，电压比电桥准确度等级较高，通常为 0.1%或 0.2%。电压比电桥本身有常见的联结组号（如 0、5、6、11）的接收回路，可同时检定联结组标号、检查绕组电压的相量关系。电压比电桥工作原理如图 7-2 所示，图中 T 为被测试变压器，G 为指零仪表。

图 7-2（a）是电阻电桥，它是由被测变压器 T 的一、二次侧电压，以及两个电阻

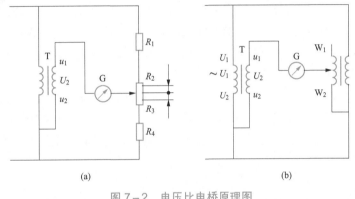

图 7-2　电压比电桥原理图
(a) 电阻电桥；(b) 感应式电桥

组成的电桥。当指零仪表 G 指示没有电流通过时，电桥平衡。此时，一次侧电压和二次侧电压之比等于电阻 $\dfrac{R_1+R_2+R_3+R_4}{R_3+R_4}$ 之比。电阻电桥法测量时要求电阻为无感电阻，且要求电桥各旋钮的接触电阻要稳定。

图 7-2（b）为感应式电桥，电桥内有标准的电压互感器，当电桥平衡时变压器电压比等于互感器电压比。由于感应式电桥检测的是电压，而不是电阻，所以对各电阻及旋钮的要求相对较低，且易实现自动计算，试验时施加电压后电桥自动给出结果。

7.3.2　绕组联结组标号检定

绕组联结组标号检定的方法有电压比电桥法，双电压表法和测试仪法三种。电压比电桥法是使用较多的方法，电桥上设置有用于不同联结组的转换开关，可直接设置或选择进行绕组联结组标号检定。当转换开关位置正确，电压比正确，则绕组联结组标号就正确。

当进行电压比测量所用电桥没有确定联结组标号的功能或采用其他方法无法验证变压器高、低压侧电压相量关系时，可采用双电压表法。图 7-3 所示为双电压表法检定绕组联结组标号的原理图，图 7-3（a）为单相变压器的接线图，图 7-3（b）为三相变压器的接线图。试验时，首先连接高压侧端子 A 和低压侧端子 a，然后在高压侧施加适当的电压（通常不超过 300V，一般为 100V），一个电压表测量高压侧电压，另一个电压表依次测量 X-x（单相）或 B-b、C-b 和 B-c 的线端电压（三相），将测量结果与标准中给定的值比较以确定变压器的联结组标号。

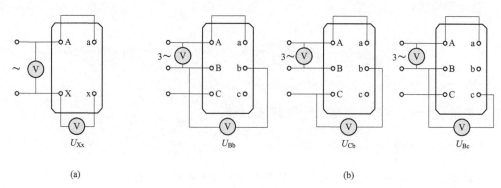

图 7-3 双电压表法检定绕组联结组标号试验原理图
(a) 单相变压器；(b) 三相变压器

7.4 绝 缘 特 性 测 量

变压器绝缘试验的目的是通过相应的绝缘特性试验检查出变压器隐藏的绝缘缺陷。电力变压器的绝缘缺陷有两大类：一类是集中缺陷，如绝缘局部损坏、局部绝缘材料含有气隙或杂质导致其在工作电压下发生局部放电；另一类是分布缺陷，如绝缘材料受潮、老化等。

绝缘试验分为绝缘特性试验和绝缘耐压试验两大类。绝缘特性试验一般在较低的电压下进行，主要用来判断变压器分布缺陷；而绝缘耐压试验一般在较高的电压下进行，主要是用来发现变压器的集中缺陷。绝缘特性试验包括：绝缘电阻测量、吸收比和极化指数测量及介质损耗因数（$\tan\delta$）测量。绝缘特性试验是变压器的例行试验，制造厂家需向用户提供出厂前的绝缘特性试验数据，用户根据这些数据可以对比和判断运输、安装和运行过程中变压器由于吸潮、老化及其他原因引起的绝缘劣化程度。

7.4.1 绝缘电阻、吸收比和极化指数测量

变压器绝缘电阻测量一般采用绝缘电阻表法。测量时直接读取 15、60s 时的绝缘电阻，把施加电压 60s 的绝缘电阻 R_{60} 和 15s 的绝缘电阻 R_{15} 的比值 R_{60}/R_{15} 作为吸收比。有时需要测量 1min 和 10min 的绝缘电阻值，把施加电压 10min 和 1min 的绝缘电阻比值 R_{10}/R_1 称为极化指数。

电压等级 35kV、容量 4000kVA 和 66kV 及以上的变压器应测量绝缘电阻值 R_{60} 和吸收比 R_{60}/R_{15}，电压等级 330kV 及以上变压器应提供绝缘电阻、吸收比和极化指数 R_{10}/R_1。这些变压器测量时应使用 DC 5000V、指示量限不低于 100 000MΩ 的绝缘电阻表。其他变压器测量时使用 DC 2500V、指示量限不低于 10 000MΩ 的绝缘电阻表。绝缘电阻表的精度不低于 1.5%。

进行变压器绝缘电阻测量时应正确选择绝缘电阻表的测量状态、连接仪表端子与被测试端子，其 E 端应接地，L 端接火线，G 端屏蔽。高压测试连接线应尽量保持悬空，并将绝缘电阻表调整水平。按表 7-2 所示的测量部位进行测量，当一个测量部位测试完成，应先将被测试绕组充分放电，再进行下一个部位测量。测量时，待绝缘电阻表处于额定电压后再接通线路，与此同时开始计时，手动绝缘电阻表的手柄转速要均匀，维持在 120r/min 左右。

表 7-2 变压器绝缘特性测量的测量部位

序号	双绕组变压器		三绕组变压器	
	被试绕组	接地部位	被试绕组	接地部位
1	低压	外壳及高压	低压	外壳、高压及中压
2	高压	外壳及低压	中压	外壳、高压及低压
3	—	—	高压	外壳、中压及低压

序号	双绕组变压器		三绕组变压器	
	被试绕组	接地部位	被试绕组	接地部位
4	高压及低压	外壳	高压及中压	外壳及低压
5	—	—	高压、中压及低压	外壳

此外，由于变压器套管外绝缘容易受表面污秽或测量时周围大气条件的影响，应在测量时进行分析，排除因表面绝缘电阻降低对实际测量结果的影响。

7.4.2 介质损耗因数（tan δ）测量

介质损耗（dielectric loss）是指绝缘材料在电场作用下，由于介质电导和介质极化的滞后效应，在其内部引起的能量损耗，也叫介质损失。在交变电场作用下，电介质内流过的电流相量和电压相量之间的夹角（功率因数角 φ 的余角 δ），简称介损角 δ，其正切值称为介质损耗因数（dissipation factor）（tan δ）。介质损耗因数是衡量介质损耗程度的参数。

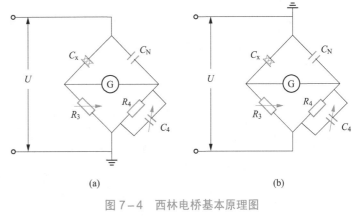

图 7-4 西林电桥基本原理图
（a）正接法；（b）反接法

介质损耗因数（tan δ）测量常采用平衡电桥法，实际中广泛使用西林电桥进行测量。西林电桥的测量原理如图 7-4 所示，图中，C_x 为被测试的变压器，C_N 为标准电容器，R_3、R_4、C_4 为电桥本体中元件，G 为指零仪表。西林电桥适用于变压器、电机、互感器等高压设备介质损耗因数（tan δ）及电容的测量。测量时可以采用正接法，如图 7-4（a）所示，适用于两端绝缘的产品，如套管等；也可以采用反接法，如图 7-4（b）所示，适用于一端接地的产品，如变压器器身。

在进行介质损耗因数（tan δ）测量时，应注意：① 试验电源频率应为额定频率，偏差不大于 5%；电压波形应为正弦波形。② 被测试变压器额定电压为 10kV 及以上时，取 10kV；额定电压低于 10kV 时，取额定电压。③ 将被测试绕组以外的其余绕组与油箱相连并可靠接地，如果铁心和夹件单独引出时需将其引出端子可靠接地。④ 在 10～40℃ 温度下测量时，35kV 及以下的绕组 20℃ 时应不大于 1.5%，66kV 及以上的绕组 20℃ 时应不大于 0.8%，330kV 及以上的绕组 20℃ 时应不大于 0.5%。当绕组温度不是 20℃ 时，应根据标准进行换算。

7.5 绝缘耐压试验

绝缘耐压试验必须在绝缘特性测量、电压比测量、绝缘油耐压试验等非破坏性试验完成且试验结果确认并满足标准规定后进行。绝缘耐压试验属于破坏性试验。绝缘耐压试验包括：工频耐压试验，感应耐压及局部放电试验，雷电冲击及操作冲击试验。每台变压器都必须承受如短时工频耐压、冲击耐压和局部放电测量等试验的考核，保证其电气强度满足标准要求，才具有上网运行的基本条件。

7.5.1 工频耐压试验

工频耐压试验，也称为外施耐压试验，是对变压器某一部分的绝缘上施加一次相应的工频额定耐受电压（有效值），试验持续时间为 1min。工频耐压试验时，变压器的被试绕组及其引线和与其相连的元件（如开关等）均承受同一试验电压，其他非测试绕组短路接地。对于全绝缘变压器（绕组首末端绝缘水平相同），其绕组首末端的工频绝缘水平和工频耐受电压值一致。对于分级绝缘变压器（首末端绝缘水平不相同），工频电压的试验值和绕组首末端的工频绝缘水平不一致。

工频耐压试验对考核变压器主绝缘强度、检查局部缺陷有决定性作用。对于全绝缘变压器，可以考核绕组对地和绕组之间的主绝缘强度；对分级绝缘变压器，可以考核绕组对铁轭的端绝缘、绕组部分引线的对地绝缘强度，不能考核绕组对地和绕组之间的绝缘强度。要考核分级绝缘变压器绕组对地和绕组之间及相关引线绝缘强度，必须采用感应耐压试验。

工频耐压试验的试验系统主要由试验电源、试验变压器、被试变压器、测量和保护等设备组成。试验原理图如图7-5所示，图中，T为被试变压器，T1为调压器，T2为试验变压器，F为滤波器，X为补偿装置，PA1、PA2为电流表及电流互感器，PV1、PV2为电压表，R_1为保护电阻值，R_2为阻尼电阻值，C_1、C_2为电容分压器电容值，G为保护球间隙。工频耐压试验要求试验电源电压可调，一般采用调压器、同步发电机等。试验变压器是产生试验电压的关键设备，由于工频耐压试验时被试变压器表现为纯电容性，其电容大小与试验变压器的容量有直接关系，一般要求试验变压器高压侧额定电压略高于被试变压器的试验电压，额定电流不低于被试变压器的最大电容电流。常用的测量方法是利用工频电容分压器接峰值电压表法，常用的保护方法是在试验变压器与被试变压器之间串入具有一定阻值的电阻，将保护球隙与被试变压器并联，并在试验变压器低压侧安装过电压、过电流保护装置。

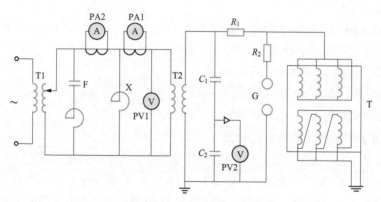

图7-5 变压器工频耐压试验原理图

进行工频耐压试验时，升压前必须确认被试变压器铁心及外壳已可靠接地，其油面指示必须高于穿缆式套管或套管升高座，对所有放气装置进行放气，直到油溢出为止。将被试变压器的被试绕组所有端子连接并引至试验变压器高压线端，非被试绕组所有端子连接并可靠接地。试验电压的频率不低于80%额定频率，电压波形接近正弦波形。试验电压初始值应不大于规定试验值的1/3，并与测量配合尽快升高到试验值，维持电压恒定，保持60s。试验结束，迅速将电压降低到试验值的1/3以下，然后切断电源。此外，峰值电压表测量的是电压峰值，试验电压值为测量的峰值除以$\sqrt{2}$。

7.5.2 感应耐压及局部放电试验

感应耐压试验包括线端交流耐压试验（LTAC）和感应耐压试验（IVW），二者的试验时间、试验频率和加压方式相同。线端交流耐压试验用于验证每个线端对地的交流电压耐受强度，试验时电压施加在一个或多个绕组线端。感应耐压试验用来验证线端和它所连接的绕组对地及对其他绕组的交流耐压强度，同时也验证相间和被试绕组纵绝缘的交流电压耐受强度。试验接线按照变压器运行工况进行，试验中对称电压出现在线端和匝间，中性点没有电压。三相变压器则采用三相电压进行试验。

对于电压等级为72.5kV、额定容量10000kVA及以上和72.5kV以上电压等级的变压器，需进行带有局部放电的感应电压试验（IVPD），用于验证变压器在运行条件下是否有局部放电。

1. 感应耐压试验

感应耐压试验通常在中性点和其他正常运行情况下处于地电位的端子接地的情况下进行，三相变压器应使用三相对称电压，不与试验电源相连的线端端子应开路。

由于变压器在工频额定电压时，铁心一般工作在接近饱和状态。当被试变压器施加两倍额定电压时，空载电流急剧增加，达到不能允许的程度。为了保证变压器能够施加规定的试验电压而不会使铁心饱和，大多采取提高频率的方法。一般来说，试验电源频率是工频的 2 倍及以上。为了避免频率提高导致对绝缘要求的提高，对试验时间有相应的规定。除非另有规定，当试验电压频率等于或小于 2 倍额定频率时，感应耐压的试验时间为 60s；当试验电源频率超过两倍额定频率时，试验时间（s）=(120×额定频率)/试验电压频率，但不小于 15s。试验应在不大于规定试验电压的1/3电压下接通电源，并应与测量配合尽快升至试验电压值。

图 7-6 为全绝缘变压器感应耐压试验原理图，图中，T 为被试变压器，TA 为电流互感器，A 为电流表，V 为电压表，TV 为电压互感器。

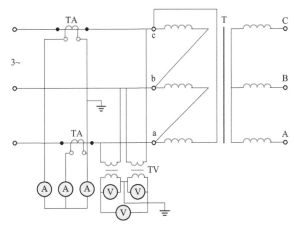

图 7-6　全绝缘变压器感应耐压试验原理图

2. 局部放电试验

对于电气设备的某一绝缘结构，其中或多或少都存在一些绝缘弱点，这些薄弱环节在一定的外施电压作用下会首先发生放电，但这些放电仅造成导体间的绝缘局部短路桥接，并不随即形成整个绝缘贯穿性的击穿。这种导体间绝缘仅被局部桥接的电气放电称为局部放电（partial discharge）。局部放电一般是由于绝缘体内部或绝缘表面局部电场特别集中引起的。通常这种放电表现为持续时间小于 1μs 的脉冲。局部放电通常用视在电荷（apparent charge）、脉冲重复率、平均放电电流和放电功率来表征。每一次局部放电对绝缘介质都会有一些影响，轻微的局部放电对设备绝缘的影响较小，绝缘强度的下降较慢；强烈的局部放电，则会使绝缘强度很快下降。局部放电是使电气设备绝缘损坏的一个重要因素。

局部放电试验的目的是发现设备结构和制造工艺的缺陷。例如，绝缘内部局部电场强度过高，金属部件有尖角，绝缘混入杂质或局部带有缺陷，产品内部金属接地部件之间、导电体之间电气连接不良等。IEC 60076.3—2013 及 GB/T 1094.3 标准报批稿中，已经规定设备最高电压大于 72.5kV 的变压器及 72.5kV 且额定容量为 10000kVA 的变压器，需进行局部放电测量，且为例行试验项目。局部放电试验应施加于变压器所有分级绝缘的绕组，被试绕组中性点端子应可靠接地，如果绕组为三角形连接，则应将其中一个端子接地。

局部放电测量方法有电测法和非电测法两大类。电测法应用较多的是脉冲电流法和无线电干扰法，非电测法主要有声测法、光测法、红外摄像法和色谱法等。电测法已广泛用于局部放电的定量测量，而非电测法至今没有标准的局部放电定量方法，其应用受到一定的限制。

脉冲电流法有直接法和桥式法（平衡法）两种，而直接法又有并联法和串联法。图 7-7 所示为脉冲电流法的基本测试电路，图中，T1 为被试变压器，Z_L 为阻塞阻抗值，C_S 为杂散电容值，C_X 为试品电容值，C_K 为耦合电容值，Z、Z_1、Z_2 为测量阻抗值，M 为测试仪，C_X' 为平衡测量用电容值。图 7-7（a）为并联直接法测试电路，多用于试品电容较大，有可能被击穿或试品无法与地分开的情况；图 7-7（b）为串联直接法测试电路，多用于试品电容较小的情况，耦合电容兼有滤波和提高测量灵敏度的作用，其效果随 C_X/C_K 的增大而提高；图 7-7（c）为桥式测试电路，它利用电桥平衡原理将外来干扰信号平衡掉，所以该测试电路具有较强的抗干扰能力。但由于电桥的平衡条件与频率有关，所以只有当 C_X 和 C_X' 的电容量接近时，才可能平衡干扰。桥式法测量灵敏度低于直接法。

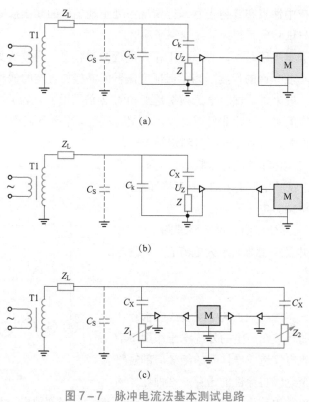

图 7-7 脉冲电流法基本测试电路
(a) 并联法；(b) 串联法；(c) 桥式法

7.6 雷电冲击及操作冲击试验

电力系统中的变压器除长期承受工作电压外，还常常受到雷电过电压和操作过电压的冲击，所以要求变压器具有足够的冲击绝缘强度，能够承受冲击过电压的作用而不致损坏。变压器制造完成后，制造厂家在变压器的例行试验或型式试验中要进行雷电冲击和操作冲击试验。

7.6.1 标准雷电冲击电压波形

变压器的雷电冲击试验必须按规定的电压波形进行，通常由冲击电压发生器产生所需要的雷电冲击波形。冲击电压发生器主要包括：整流和充电电源，冲击电压发生器，控制系统和测量系统。

电力系统中，雷电过电压波形变化范围很大，为了模拟这种暂态电压，各国标准和国际标准都将雷电冲击电压定义为单极性波，目前各国都采用国际电工委员会（IEC）的标准。我国国家标准规定，变压器需进行标准雷电冲击全波和标准雷电冲击截波试验。

标准雷电冲击全波是具有一定极性的非周期性脉冲电压波，其波前部分电压上升很快，到达峰值后缓慢降到零，其波形如图 7-8 所示，其波前时间 T_1 为 1.2μs，视在半峰时间 T_2 为 50μs。实际冲击电压波形中，起始部分不易区分，峰值部分波形较平滑，标准中用峰值电压 U_m 的 0.3、0.5 和 0.9 等数值来确定冲击波形的实际参数。

标准雷电冲击截波指雷电冲击电压全波经过一段时间（几微秒）后被外间隙截断的波形，如图 7-9 所示，IEC 60076.3—2013 标准规定雷电冲击全波经过 3~6μs 被外间隙截断。冲击截波可用截断时间 T_c、截波峰值 U_c、截断时刻电压 U_1、电压过零系数 U_2/U_c 等参数来表征。

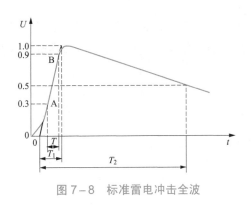

图 7-8 标准雷电冲击全波

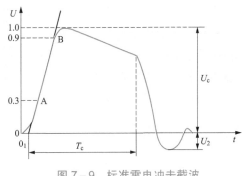

图 7-9 标准雷电冲击截波

7.6.2 标准操作冲击电压波形

随着电力系统电压的提高，高性能避雷器等保护设备得到普遍应用，使电力系统绝缘水平降低，从而对变压器耐受操作冲击能力的要求更严格，工频试验（感应试验）已经不能保证操作冲击试验水平，必须对变压器进行操作冲击电压试验。

电力系统中的操作过电压与线路参数、断路器参数等有关，过电压波形千差万别。为满足变压器操作冲击电压试验的条件，对电压波形做了规定，图 7-10 所示为 IEC 60060.1—2000 和 GB/T 16927.1—1997《高电压实验技术》规定的变压器操作冲击波形，图 7-11 所示为 IEC 60076.3—2000 和 GB/T 1094.3—2003《电力变压器　第三部分》规定的变压器操作冲击波形，后者主要考虑了变压器在操作冲击电压试验时的磁饱和问题。对波形参数的要求为：波前时间 T_1 至少为 20μs，超过 90% 规定峰值的时间 T_d 至少为 200μs，从视在原点到第一个过零点的全部时间 T_2 至少为 500μs。

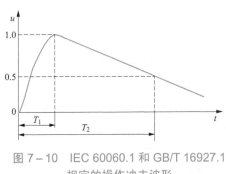

图 7-10　IEC 60060.1 和 GB/T 16927.1
规定的操作冲击波形

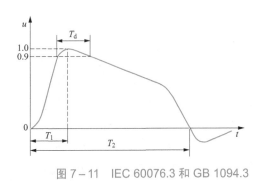

图 7-11　IEC 60076.3 和 GB 1094.3
规定的操作冲击波形

在不同极性的冲击试验电压下，变压器的内绝缘击穿强度无明显差异；空气外间隙与冲击电压极性关系较大，负极性较正极性击穿强度更高，所以一般变压器的操作冲击电压用负极性进行。而操作冲击试验时施加电压的幅值需根据实际运行系统中可能出现的操作过电压来确定。由于系统状态、故障发生位置及初始条件的不同，操作过电压有一定的变化范围。

7.7　温 升 试 验

变压器运行时有空载和负载损耗，转化为热能，使变压器温度升高，将影响变压器绝缘系统的性能。温升试验的目的是验证变压器额定工作条件下，主体所产生的总损耗（空载损耗和负载损耗）与散热装置热平衡的温度是否满足相关标准的规定，即绕组、铁心和变压器油的温升，油箱、结构件、引线和套管及引线和分接开关的连接处有无局部过热，确定变压器在正常运行状态及超铭牌负载运行状态下的热状态及相关参数。温升试验是变压器的型式试验，是变压器所有型式试验和例行试验项目中需要时间最长的试验。由于不同负载情况下变压器温升不同，除有特殊规定外，只进行连续额定容量下的温升试验，应考虑最严格的状态，即在额定容量和最大电流分接进行。第 2 章的表 2-7 和表 2-8 分别给出了油浸式电力变压器和干式变压器温升限值的国家标准。

根据国家标准 GB/T 501—2006《电力变压器试验导则》中对温升试验的要求，温升试验主要有以下几种方法：直接负载法、相互负载法、循环电流法、零序电流法、短路法。

7.7.1　直接负载法

直接负载法接线原理如图 7-12 所示，图中，G 为试验电源，T1 为被试变压器，T2 为辅助变压器，用于匹配电源电压和试验所需电压，Z_1 为负载阻抗，负载可以为电抗器、电阻或灯泡等。试验时，在被试变压器一侧绕组（一般为高压侧绕组）加额定励磁，另一侧绕组（一般为低压侧绕组）接适当负载，使被试变压器绕组通过最大负载电流。

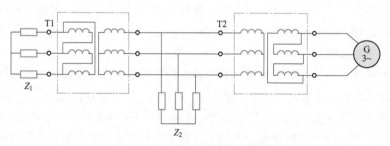

图 7-12　直接负载法试验原理图

直接负载法的优点是接线简单，辅助设备少；但需要和被试变压器容量相等的负载，因此适用于小容量变压器的温升试验。

7.7.2　相互负载法

相互负载法是利用一台与被试变压器电压比和联结组标号均相同的辅助变压器，其一侧绕组与被试变压器同名端并联，供给额定励磁，另一侧绕组通过辅助变压器与被试变压器同名端并联，通过调节辅助变压器的输入电压来改变被试变压器的负载电流，使其达到额定值。也可以在另一侧串入第 3 台变压器的一次绕组，在第 3 台变压器加适当电压以调节环流，使被试变压器绕组电流为额定电流。辅助变压器的电源可以与供给额定励磁的电源相同，也可以不同，但采用不同电源时，必须保证两个电源的相位及频率完全相同。

相互负载法的试验接线原理如图 7-13 所示，图中 T1 为被试变压器，T2 是与被试变压器电压比和联结组标号相同的辅助变压器，T2 容量较 T1 大，T3 是第 3 台变压器。图 7-13（a）中，由于无功反馈输送不是由试验电源提供，试验电源只需提供两台变压器的损耗和励磁无功容量。图 7-13（b）中，由于采用第 3 台辅助变压器调节环流，则试验电源需提供少量的无功容量和有功功率。

循环电流法和相互负载法的试验原理基本相同，这里不再赘述。

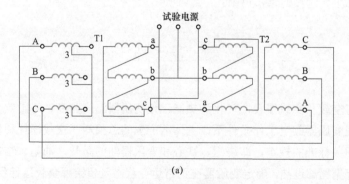

图 7-13　相互负载法试验原理图（一）

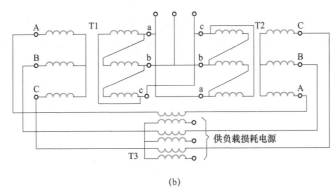

(b)

图 7-13　相互负载法试验原理图（二）

7.7.3　零序电流法

零序电流法是在绕组的一侧供给额定励磁，在另一侧零序回路中供电，使绕组产生额定电流。两侧绕组的零序电流应分别有零序回路供零序电流流通，通过适当调节，使流过绕组的零序电流等于额定电流。

图 7-14 是典型的零序电流法试验原理图，图中 T1 为被试变压器，其连接方式为 YNd，其△形连接绕组打开成为开口三角形，接单相零序电源。T2 为辅助变压器，连接方式也为 YNd，T2 的 YN 连接绕组额定电压与 T1 的 YN 连接绕组额定电压相等，直接连接，T2 的△侧连接绕组接三相电源。当给 T2 变压器加三相额定电压时，T1 的开口三角形绕组的两个开口端子上电压为三个相电压之和，等于零，则 T1 和 T2 均为空载。当给 T1 变压器开口三角形加单相电源供电时，随着电源电压逐渐升高，T1 电压也逐渐升高，T1 的开口三角形连接绕组的单相电流逐渐增大。T1 的开口三角形连接绕组流过的电流相当于三相系统的零序电流，在 T1 的 YN 连接绕组感应零序电流，同时在 T2 的 YN 连接绕组也有零序电流，T2 的△形连接绕组也感应零序电流，在两台变压器中形成零序系统。

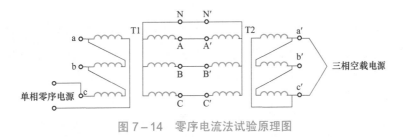

图 7-14　零序电流法试验原理图

用零序电流法进行变压器温升试验时，需注意以下几个问题。

（1）被试变压器的一侧加额定励磁，两侧绕组中有相当于额定电流的零序电流流通，零序漏磁通通过铁心心柱、铁心与油箱之间的气隙和油箱壁形成回路，产生涡流使损耗增加，容易造成局部过热。

（2）被试变压器和辅助变压器高压侧中性点引出线电流是额定相电流的 3 倍，而通常中性点引出线和中性点套管设计时未考虑其通过 3 倍额定相电流，所以需要对中性点引出线及中性点套管进行热计算，确定其是否允许通过 3 倍额定相电流。

（3）被试变压器低压侧三角形需改为开口三角形，需开启油箱进行临时接线，试验结束后必须复原。

7.7.4　短路法

短路法是油浸式电力变压器温升试验使用最多的一种方法，其原理是利用变压器短路产生损耗来进行温升试验。试验时，将被试变压器的一侧绕组短路，另一侧加电源，使其输入功率等于最大总损耗；当温升稳定后，将得到相当于额定状态的油顶层温升及油平均温升。油温升稳定后，降低输入功率，使绕组中电流等于额定容量的最大电流，持续 1h，测量绕组对油的温升。将额定容量的最大电流时绕组对油的温升加上最大总损耗时油的平均温升，就等于被试变压器在额定容量运行时绕组对冷却介质的最高温升。

油浸式变压器的五种温升试验方法中，以短路法最简单，所以油浸式变压器大多采用短路法。干式变压器应根据产品特点和设备条件选用前四种方法，如果有合适的辅助变压器，采用循环电流法试验最简单。

7.8 短路承受能力试验

变压器在运行过程中其外部可能发生突然短路，从而使变压器受到短路电流的冲击。短路电流可以达到额定电流的几十倍，一方面使变压器受到很大的电动力冲击，另一方面使绕组温度迅速升高。所以，要求变压器必须具备一定的抗短路能力，也就是要求变压器及其组件和附件应能在规定的条件下承受外部短路的热和动稳定效应而不发生损伤。短路承受能力试验是变压器在强电流作用下的机械强度耐受试验，是对变压器的制造工艺水平及综合技术能力的一种考核。短路承受能力试验为破坏性试验，试验所需要的设备及容量较大，试验技术复杂，一般的变压器生产企业都不具备试验条件，所以短路承受能力试验为变压器的特殊试验。

GB 1094.5—2008《电力变压器　第 5 部分：承受短路的能力》规定，变压器承受短路的耐热能力应通过计算的方式进行验证。在进行计算时，对于具有两个独立绕组的三相变压器应考虑对称短路电流、对称短路电流的持续时间、绕组平均温度的最大允许值。如果用户有要求，还应验证承受短路的动稳定能力。动稳定能力可以通过试验验证，或者是通过计算、设计和制造同步验证。

除非另有规定，短路承受能力试验都应该在准备投入运行的新变压器上进行。短路试验时，保护用的附件，如气体继电器及压力释放装置应安装在变压器上，对短路性能无影响的附件（如可拆卸的冷却器）可不安装。短路试验前，变压器应按标准规定进行除雷电冲击试验以外的全部例行试验。如果绕组带有分接，应在短路试验所在分接位置上测量电抗，必要时也对电阻进行测量，要求所有电抗测量值的复验性应在 ±0.2% 以内。还需准备齐全包括例行试验结果在内的试验报告。短路试验开始时，绕组的平均温度最好应为 10～40℃。

7.8.1　双绕组变压器短路承受能力试验方法

（1）试验时，变压器一侧绕组施加电源，另一侧绕组短路，绕组短路既可在变压器施加电压之后（后短路）进行，也可在施加电压之前（先短路）进行。试验电源空载电压可高于被试变压器绕组的额定电压。如果采用后短路方式，除特殊约定情况，所施加的电压应不超过 1.15 倍绕组额定电压。

（2）对于单同心式绕组变压器，如果采用先短路方式，为了避免铁心饱和，应将电压施加于远离铁心的一个绕组，靠近铁心的绕组短路；否则，试验时合闸瞬间最初几个频率周期中将产生较大的励磁电流，并且叠加于短路电流上。如果试验设备要求将电源接于靠近铁心的内绕组，则需采取相应抑制励磁涌流的措施，如预先磁化铁心等。对交叠式绕组或双同心式绕组变压器，应经制造方和用户协商后才能采用先短路的试验方法。

（3）为防止变压器发生危险的过热，试验时两次施加过电流的时间间隔应适当，此时间间隔应由用户和制造方协商确定。

（4）为了在被试相绕组中得到短路电流的起始峰值，合闸时应使用同步开关。为了得到最大非对称电流，控制开关应在电压过零时合闸。并用示波器或其他记录装置记录电压和电流波形，以检查瞬态短路电流和稳态短路电流数值。

（5）试验电源的频率应是变压器的额定频率。如果用户与制造方之间有协议，也可以使用 50Hz 的电源试验 60Hz 的变压器或者使用 60Hz 的电源试验 50Hz 的变压器。

（6）在没有特殊规定下，不包括小于 70% 规定电流进行预先调整试验（调整试验用来检查合闸瞬间、电流调节、衰减和持续时间等方面的试验操作是否正确）的次数，三相和单相变压器的试验次数应按如下规定。

1）容量小于 100MVA 的单相变压器，试验次数应为 3 次。如无另行规定，带有分接开关的单相变压器 3 次试验应在不同的分接位置进行，即一次在最大电压比的分接位置，另一次在主分接位置，还有一次在最小电压比分接位置。

2）容量小于 100MVA 的三相变压器，试验次数应为 9 次，即每相进行 3 次试验。如无另行规定，带有分接的三相变压器 9 次试验应在不同的分接位置进行，即：旁侧的一个心柱上的 3 次试验在最大电压比分接位置进行；中间心柱的 3 次试验在主分接位置进行；另一个旁侧心柱上的 3 次试验在最小电压比分接位置进行。

3）容量大于 100MVA 的变压器，试验次数和试验所在分接位置由制造方和用户协商确定。为了尽可能严格模拟运行中可能发生的重复短路效应，以便监测被试变压器特性和对所测短路阻抗的可能变化做出有意义的判断，推荐的试验次数为：对于单相变压器，3 次。三相变压器，9 次。

分接位置和试验程序，建议与容量小于 100MVA 的变压器相同。

每次试验的持续时间为：对于容量小于或等于 2.5MVA 的变压器，0.5s。对于容量大于 2.5MVA 变压器，0.25s。

试验持续时间允许偏差为±10%。

7.8.2　试验结果判定

短路试验前，应对变压器按要求进行测量和试验，对气体继电器（如果有）亦应进行观察，以作为检测故障的依据。每次试验（包括预先调整试验）期间，应记录所施加电压和电流的波形。此外，还应对被试变压器进行外观检查和连续录像。

每次试验后，应对试验期间所获得的波形进行检查，检查变压器外观，同时观察气体继电器，并测量短路电抗。分析试验不同阶段中所测量的短路电抗值和示波器波形，以找出试验过程中可能出现的异常迹象，尤其是短路电抗变化情况。在试验过程中，短路电抗的变化通常呈减小的趋势，电抗值也可能在试验后过了一段时间会有某些变化。因此，如果电抗变化大，以致超出了规定的限值，则可以以试验后立即测出的值为基准，再经过一定的时间间隔，对电抗值进行重复测量，以确认这种变化是否可以保持住，以最后测出的电抗值作为最终值。

1. 容量小于 100MVA 的变压器

除另有协议外，应将变压器吊心，检查铁心和绕组，并与试验前的状态比较，以便发现可能出现的表面缺陷，如引线位置的变化、位移等。应重复全部例行试验，包括在 100%规定试验电压下的绝缘试验。如果规定了雷电冲击试验，也应在此阶段中进行。对于容量小于 2.5MVA 的变压器，重复例行试验可以只做绝缘试验而不再进行其他例行试验。如满足下述条件，则认为变压器短路试验合格。

（1）短路试验的结果及短路试验期间的测量和检查未发现任何故障迹象。

（2）重复的绝缘试验和其他例行试验合格，雷电冲击试验（如果有）合格。

（3）吊心检查未发现诸如位移、铁心片移动、绕组及连接线和支撑结构变形等缺陷，或虽发现有缺陷，但不明显。

（4）未发现内部放电痕迹。

（5）试验完成后测量的每相短路电抗值与初始值之差不大于：对具有圆形同心式绕组和交叠式非圆形绕组的变压器为 2%。对于金属箔绕制的低压绕组且额定容量小于 10 000kVA 且短路阻抗大于 3%的变压器，允许有较大的值，但不大于 4%；如果短路阻抗小于 3%，则由制造方与用户协商，确定一个比 4%大的限值。对具有非圆形同心式绕组的变压器，其短路阻抗大于 3%，则允许差值为 7.5%。

如果上述任何一项条件没有满足，则应视需要拆卸变压器，以确定发生异常的原因。

2. 容量大于 100MVA 的变压器

应将变压器吊心，检查铁心和绕组，并与试验前的状态比较，以便发现可能的表面缺陷，如引线位置的变化、位移等。重复全部例行试验，包括在 100%规定试验电压下的绝缘试验。如果规定了雷电冲击试验，也应在此阶段中进行。如满足下述条件，则认为变压器短路试验合格。

（1）短路试验结果及短路试验期间的测量和检查未发现任何故障迹象。

（2）重复的例行试验合格，雷电冲击试验（如果有）合格。

（3）吊心检查未发现诸如位移、铁心片移动、绕组及连接线和支撑结构变形等缺陷。

（4）未发现内部放电痕迹。

（5）试验完成后测量的每相短路电抗值与初始值之差不大于1%。如果电抗变化范围为1%～2%，应经用户与制造方协商一致后，方可验收，此时，可能要求做更详细的检查，必要时还需要拆卸变压器，以确定其异常的原因，建议变压器拆卸前采取一些补充的诊断方法进行确认。

本章小结

变压器制造过程中及出厂前都要进行各种试验，主要是验证变压器性能是否满足相关标准和技术条件的规定和要求，发现变压器结构和制造上是否有影响正常运行的缺陷。变压器试验主要有例行试验、型式试验和特殊试验三类，对于各种试验技术，要了解试验目的、试验方法及试验结果的判定。

 思考题及习题

7-1 什么是变压器的例行试验？例行试验有哪些？

7-2 什么是变压器的型式试验？型式试验有哪些？

7-3 变压器特殊试验有哪些？为什么要进行特殊试验？

7-4 变压器直流电阻测量的目的是什么？如何进行直流电阻测量？

7-5 电压比测量方法有哪些？简述其工作原理。

7-6 变压器绝缘试验的目的是什么？绝缘试验包括哪些内容？

7-7 变压器绝缘电阻常采用什么仪器测量？需要测量哪些部位？

7-8 变压器绝缘耐压试验有哪些？分别考核变压器哪些性能？

7-9 哪些变压器需要进行局部放电试验？局部放电试验常采用什么方法？

7-10 变压器温升试验有哪些方法？最常用的温升试验方法是什么，简述其试验原理及步骤。

7-11 简述双绕组变压器短路承受能力试验步骤及要求。

交流电机篇

交流电机（alternating current machine）分为交流同步电机（synchronous machine）和交流异步电机（asynchronous machine），二者都既可以做发电机，也可以做电动机。按照转子结构形式的不同，同步电机又分为凸极式和隐极式两大类；异步电机又分为鼠笼式和绕线式两大类。同步电机和异步电机的转速、励磁方式及转子结构都不同，但是它们的定子结构、形状、机电能量转换的原理和条件相同，绝缘系统、发热和冷却、试验等方面也有共同之处，所以本篇首先讨论的是交流电机所具有的共性问题。

交流绕组的构成及其电动势和磁动势

8.1　交流电机的基本工作原理

8.1.1　交流电机的基本工作原理

图 8−1 为交流电机的基本模型。图 8−1（a）为简单同步电机模型，它是在一个可自由旋转的圆筒内嵌装上磁铁，将另一个磁铁装在转轴上，并架在圆筒中间。转动圆筒，圆筒上嵌装的磁铁转动，形成圆形旋转的磁场，由于磁铁互相吸引，装在轴上的磁铁随着转动，此时磁铁转动速度与圆筒转动速度相同。如果把装在轴上的磁铁换成一个闭合线圈，如图 8−1（b）所示，则成为简单异步电机模型。图 8−1（b）中，当转动圆筒时，其形成的圆形旋转磁场与线圈有相对运动，线圈切割磁力线，感生感应电动势。由于线圈闭合，线圈中有电流流过，载流导体在磁场中要受到力的作用，产生力矩线圈转动起来，此时线圈的转速低于圆筒的转速。异步电机模型中，线圈转速一定不等于圆筒转速，如果二者速度相同，则线圈和磁场无相对运动，线圈不切割磁力线，不会产生感应电动势，也就没有电流和转矩，线圈无法转动。

实际电机中，是在固定的铁心上装三相对称绕组，在三相对称绕组中通以三相对称的正弦交流电产生圆形旋转磁场，以代替图 8−1 中旋转圆筒及圆筒上的磁铁。将固定的铁心和铁心上的绕组称为定子。对于同步电机，在转轴铁心上装直流线圈产生一个恒定磁场取代图 8−1（a）模型中转轴上的磁铁，如图 8−2（a）所示；原动机（水轮机、汽轮机等）拖动同步电机的转轴旋转，转轴上的直流线圈所产生的恒定磁场跟随原动机旋转，形成旋转磁场，旋转磁场切割固定不动的定子上的三相绕组，在绕组上感应电动势，如果绕组接上负载，则有电能输出，同步电机将原动机的机械能转换为电能。对于异步电机，采用多个线圈代替图 8−1（b）模型中转轴上的单个线圈，如图 8−2（b）所示；当在定子的三相绕组通入三相对称交流电时，将产生圆形旋转磁场，旋转磁场切割转轴上的线圈在线圈感应电动势，同时在线圈中有电流使线圈在磁场中受力，形成电磁转矩，线圈旋转；如果在转轴上带上机械负载，则电机带动机械负载转动，将电能转换为机械能。不管是同步电机还是异步电机，转轴的旋转部分都称为转子。为了保证转轴自由转动，在定子和转子之间存在气隙。

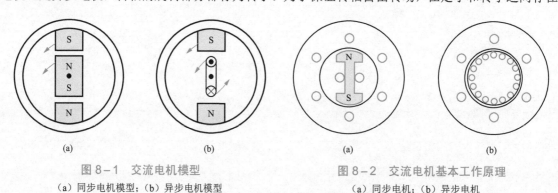

（a）　　　　　　　　（b）　　　　　　　　　（a）　　　　　　　　（b）

图 8−1　交流电机模型　　　　　　　　　图 8−2　交流电机基本工作原理

（a）同步电机模型；（b）异步电机模型　　　（a）同步电机；（b）异步电机

8.1.2　交流电机中的旋转磁场

从上面对交流电机基本工作原理的分析可以知道，交流电机中，不管是同步电机还是异步电机，在电机定子和转子之间的气隙中都存在旋转磁场。正是由于旋转磁场的存在，才使得磁场与绕组之间有相对运动，产生感应电动势，所以旋转磁场是交流电机工作的基础。

根据旋转磁场产生机理不同，交流电机中的旋转磁场有两种类型：一种是磁场本身恒定，由原动机拖动磁极旋转，在电机气隙空间形成旋转的磁场，这种旋转磁场称为机械旋转磁场。如同步电机转子在原动机拖动下产生的磁场，同步电机转子上有直流绕组，通入直流电后产生恒定磁场，在原动机拖动下转子旋转，形成旋转磁场。另一种是由于在电机定子上的三相对称交流绕组中通入三相对称交流电流，它在电机气隙空间形成的磁场也为旋转磁场，这种旋转磁场称为电气旋转磁场。它不是由于原动机拖动旋转而产生的，产生磁场的线圈是静止不动的。如同步电机和异步电机定子绕组所产生的磁场，即为电气旋转磁场。

交流电机中，虽然这两种旋转磁场产生的机理不相同，但它们在交流绕组中形成的电磁感应效果是一样的。正是由于它们的存在，才能使固定的交流绕组切割磁力线，产生电磁感应作用，实现机电能量转换。所以，交流电机电气旋转磁场的性质对电机的运行产生重要影响，而电气旋转磁场的性质又与交流绕组的构成密不可分。下面讨论交流绕组的类型、基本构成原则，交流绕组的电动势及磁动势。

8.2　交流绕组的构成原则和分类

绕组是电机的主要部件，不论是发电机还是电动机，其能量转换都是通过一系列电磁过程实现的，而这些电磁过程的实现都必须通过绕组来完成。由绕组中感应的电动势及通过绕组中的电流产生电磁转矩，以传递电磁功率，达到机电能量转换的目的。所以，绕组有"电机心脏"之称。

交流电机的三相定子绕组产生极数、大小、波形均满足要求的磁场，同时在定子绕组中感应出频率、大小和波形及其对称性均满足要求的电动势，所以交流绕组对交流电机的性能产生重要影响。要讨论交流电机的原理和运行问题，必须先对交流绕组的构成及连接规律有一个基本的了解。

8.2.1　交流绕组的类型

交流绕组种类很多，有多种分类方法，常用的分类方法有：按照绕组相数、绕组层数、每极每相槽数和绕法等进行分类。

按照相数不同，交流绕组可分为单相绕组（single-phase winding）、两相绕组（two-phase winding）、三相绕组和多相绕组（polyphase winding）。

按照绕组层数，交流绕组可分为单层绕组（single-layer winding）和双层绕组（two-layer winding）。其中单层绕组又分为等元件式、交叉式和同心式三种绕组，双层绕组又分为叠绕组和波绕组。

按照每极每相槽数，交流绕组可分为整数槽绕组（integral slot winding）和分数槽绕组（fractional slot winding）。

单层绕组一般用于小型异步电动机定子绕组，双层叠绕组一般用于汽轮发电机及大中型异步电动机定子绕组，双层波绕组一般用于水轮发电机的定子绕组及绕线式异步电动机转子绕组。

8.2.2　交流绕组的构成原则

虽然交流绕组有多种不同类型，但其构成原则基本相同，主要从运行和设计制造两个方面考虑。交流绕组一般构成原则如下。

（1）交流绕组产生的合成电动势和磁动势的波形接近正弦波，即要求交流绕组的电动势和磁动势中的谐波分量尽可能小。

（2）在一定的导体数下，能得到较大的绕组基波电动势和磁动势。

（3）三相绕组中，电动势和磁动势的基波应对称，即三相大小相等，相位互差120°，且三相阻抗相等。

（4）绕组铜耗小，用铜量少。

（5）绝缘可靠，机械强度高，散热条件好，制造工艺简单，维护检修方便。

8.3 交流绕组的基本术语

为了对交流绕组中的基本术语进行更好的理解，在介绍这些常用的术语前，首先要了解交流电机的定子结构。

不管是同步电机还是异步电机，其定子结构类似，主要由铁心和绕组两部分组成。在定子铁心内表面开槽，绕组元件放在定子铁心的槽内，如图8-3所示，图8-3（a）、（b）为内表面开有槽的定子铁心，图8-3（c）为铁心槽内嵌有交流绕组的定子。下面介绍交流绕组中的几个基本术语。

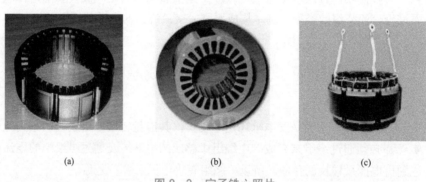

(a)   (b)   (c)

图8-3 定子铁心照片

（a）定子铁心（一）；（b）定子铁心（二）；（c）嵌有绕组的铁心

1. 磁极对数

磁极对数指电机主磁极的对数，也称为极对数，常用符号 p 表示。

2. 机械角度和电角度

几何上，电机定子内圆一周的角度为360°，这一角度称为机械角度（mechanical angular）。在分析交流电机的绕组和磁场在空间的分布情况时，电机的空间角度常用电角度（electrical angular）来表示。若磁场在空间按正弦波分布，导体切割这个磁场，经过 N、S 一对磁极时，导体中所感应的正弦波电动势变化一个周期，所对应的角度即为360°电角度。换句话说，一对磁极占有的空间是360°电角度。

如果电机有 p 对磁极，那么电机定子内圆一周按电角度计算为 $p \times 360°$，所以，电角度和机械角度之间的关系为

$$电角度 = p \times 机械角度$$

3. 极距

极距是沿电机定子铁心内圆的相邻两个异性磁极之间的圆周距离，用符号 τ 表示，用弧长可表示为

$$\tau = \frac{\pi D}{2p} \tag{8-1}$$

式中：D 为定子铁心内径；p 为磁极对数。

由于定子内表面开槽，在电机设计和制造中，极距常用每个磁极下所占的定子槽数（number of slot）来表示，如定子总槽数为 Z，则极距可表示为

$$\tau = \frac{Z}{2p} \tag{8-2}$$

图8-4为定子槽展开图，图中极距 $\tau = 6$，表示一个磁极在定子圆周跨过的距离为6个槽。

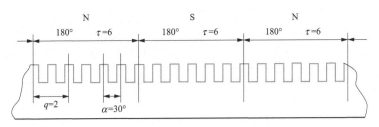

图 8-4 定子槽展开图

4. 线圈及节距

电机绕组是由结构和形状相同的绕组元件（简称"元件"）按一定的规律连接而成，绕组元件又叫线圈，是构成绕组的基本单元，绕组就是按一定规律排列和连接的线圈。线圈可以是单匝，也可以是多匝，如图 8-5 所示。每一个线圈有两个分别放在铁心的两个不同槽中能切割磁通、感应电动势的直线边，称为线圈的有效边（coil side）。线圈在槽外的部分不切割磁通，不感应电动势，称为端部。线圈两个有效边在定子圆周上的距离称为节距（pitch），用符号 y 表示，与极距一样，节距一般也用槽数来表示。

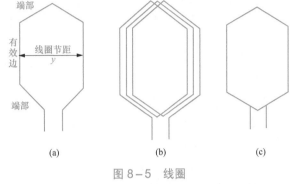

图 8-5 线圈
(a) 单匝线圈；(b) 多匝线圈；(c) 多匝线圈简图

根据节距的大小，线圈可分为：整距（full-pitch）线圈，$y=\tau$；短距（short-pitch）线圈，$y<\tau$；长距（long-pitch）线圈，$y>\tau$。为了使每个线圈能获得最大的电动势，节距 y 一般应接近极距 τ。长距线圈和短距线圈均能削弱高次谐波电动势或磁动势，但因为长距线圈的端接线较长，所用材料较多，所以很少采用，短距线圈使用较多。

5. 槽距角

定子铁心内表面相邻两个槽之间的距离称为槽距角（slot-pitch angle），符号为 α，用电角度表示。电机定子内圆周的电角度为 $p\times360°$，所以槽距角为

$$\alpha=\frac{p\times360°}{Z} \tag{8-3}$$

如图 8-4 所示，图中槽距角 $\alpha=30°$。

6. 每极每相槽数

每相绕组在每个磁极下平均占有的槽数，称为每极每相槽数（number of slots per phase），如图 8-4 所示。每极每相槽数计算公式为

$$q=\frac{Z}{2pm} \tag{8-4}$$

将每个磁极下每相只有一个槽即 $q=1$ 的绕组称为集中绕组，$q>1$ 的绕组称为分布绕组。电机绕组一般为分布绕组，而变压器绕组为集中绕组。

7. 相带与极相组

为使三相绕组对称，在每个磁极面下每相绕组应占有相等的范围，则每相绕组在每个磁极面下所占的范围称为相带。相带即为每一个磁极下每相绕组所占有的电角度，大小为 $q\alpha$，可表示为

$$q\alpha=\frac{Z}{2pm}\times\frac{p\times360°}{Z}=\frac{180°}{m} \tag{8-5}$$

由于每个磁极所占有的电角度为 $180°$，一相绕组在每个磁极下占 1/3 空间，所以三相绕组的相带通常为 $60°$ 电角度，称为 $60°$ 相带绕组，如图 8-6 所示。如果一相绕组是占一对磁极的 1/3 空间，则每个相带占 $360°/3=120°$，称为 $120°$ 相带。为了使绕组产生的电动势最大，三相绕组常采用 $60°$ 相带。

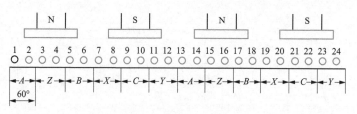

图 8-6　60°相带绕组

如果将每个磁极下属于同一相的 q 个线圈串联，组成线圈组，则称为极相组。

8. 槽电动势星形图和相带划分

设定子各槽内导体感应电动势按正弦规律变化，由于相邻两槽的距离即槽距角为 α，所以对应的各槽内导体感应电动势相位差为 α。当把这些导体的电动势用相量表示，这些相量幅值相同、相位依次相差 α，构成为一个辐射星形图，称为槽电动势星形图。槽电动势星形图可以清晰地表示各槽导体电动势之间的相位关系，它是分析交流绕组的有效方法，利用它可以方便地划分相带和绘制绕组展开图。下面用一个具体的例子来说明槽电动势星形图的画法。

【例 8-1】图 8-7 所示为一台四极三相同步发电机的定子槽内导体沿定子铁心内圆周的分布情况，已知 $p=2$，定子总槽数 $Z=36$，转子磁极逆时针方向旋转，试绘出槽电动势星形图，并按 60° 相带划分各槽所属的相。

解：槽距角 α 为

$$\alpha = \frac{p \times 360^\circ}{Z} = \frac{2 \times 360^\circ}{36} = 20^\circ$$

图 8-7 中，设同步电机的转子磁极磁场的磁通密度沿电机气隙按正弦规律分布，则当转子逆时针方向旋转时，均匀分布在定子圆周上的导体切割磁力线，感应电动势，此电动势随时间按正弦规律变化。对每一槽中的导体而言，磁场转过一对磁极，导体感应电动势变化一个周期，即 360° 电角度。而各槽中的导体在空间上相差一个槽距角 α 电角度，所以导体切割磁场时有先后之分，各槽导体感应的电动势彼此之间有相位差，大小等于 α。

假定将 1 号槽内导体电动势用相量 1 表示，则 2 号槽内导体电动势相量滞后相量 1 一个槽距角 20°。以此类推，将这些相量依次按顺序画出来，可得到如图 8-8 所示的 1～18 号相量槽电势星形图。因为电机有两对磁极，19～36 号槽导体位于另一对磁极下。1 号槽导体和 19 号槽导体处于不同磁极下的相同位置，所以感应电动势同相位，在槽电动势星形图上 1 号、19 号相量重合，同样 2 号、20 号相量重合……。对于每极每相整数槽绕组，电机的极对数即为槽电动势星形图的重复次数。

根据槽电动势星形图，可以按 60° 相带划分各槽所属的相，即划定每相绕组应由哪些槽导体组成，如图 8-9 所示。可以看出，A 相绕组由 1、2、3、10、11、12、19、20、21、28、29、30 等 12 个槽导体组成；B 相绕组由 7、8、9、16、17、18、25、26、27、34、35、36 等 12 个槽导体组成；C 相绕组由 4、5、6、13、14、15、22、23、24、31、32、33 等 12 个槽导体组成。

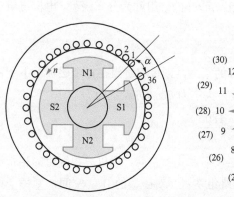

图 8-7　槽内导体沿定子圆周分布情况

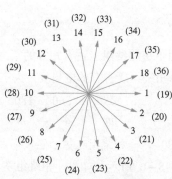

图 8-8　槽电动势星形图

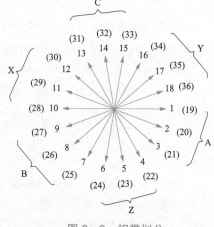

图 8-9　相带划分

这里需要注意的是，电机磁场在不断旋转，因而每槽导体所感应的电动势大小和方向都随时间不断变化，但若选定某一瞬间进行研究，则各相量之间的关系是固定不变的。

8.4 三相交流绕组

根据每个槽内绕组的层数，交流绕组可分为单层绕组和双层绕组，下面分别介绍三相单层绕组和三相双层绕组。

8.4.1 三相单层绕组

三相单层绕组指定子每槽中只有一个线圈边的三相交流绕组，如图 8-10 所示。由于每个槽中只有一个线圈边，所以每个线圈需要占两个定子槽，如果定子总槽数为 Z，则绕组的线圈数为定子总槽数的一半，即 $Z/2$。

按照线圈的形状和端部连接方式的不同，单层绕组主要有等元件式、同心式、链式和交叉式几种。

图 8-11 为单层等元件式绕组 A 相展开图，从图中可以看出，等元件式绕组每个线圈的节距 y 相等，同属于 A 相的 4 个线圈组成了两个线圈组，在将线圈组构成绕组时，两个线圈组应按电动势相加的原则连接，即头—尾—头—尾依次顺向串联。从电流来看，两个线圈组中绕组的连接应使通入电流后能按要求形成 4 极磁场，如图 8-12 所示。图 8-12（a）中，一个线圈组形成了一对磁极，2 极磁场；图 8-12（b）中，两个线圈组形成了两对磁极，4 极磁场。

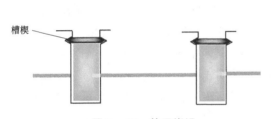

图 8-10 单层绕组

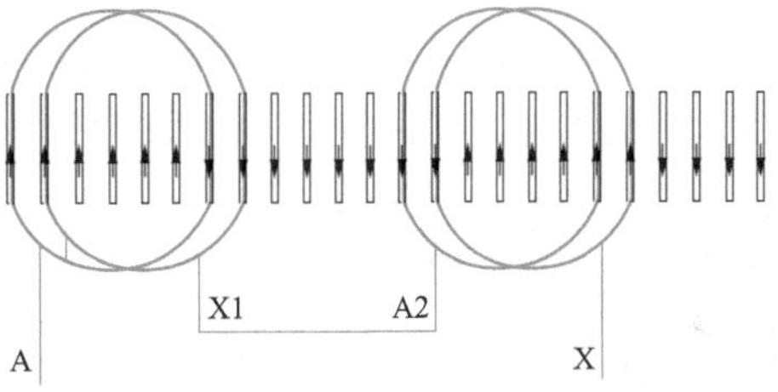

图 8-11 单层等元件式绕组 A 相展开图

同心式绕组连接如图 8-13 所示，它的特点是：同一线圈组的两个线圈大小不同，节距不等，但中心线重合。由于是一个线圈套着一个线圈，同一线圈组的几个线圈是"同心"的，所以称为同心式绕组。与等元件式绕组类似，线圈组间的连线也是顺向串联。同心式绕组的线圈端部不交叠，布置和嵌线方便。

图 8-14 为单层链式绕组 A 相展开图。链式绕组的每个线圈也具有相同的形状和节距，各线圈的排列形状如长链，一环套一环，所以称为链式。链式绕组的节距恒为奇数，主要用于每极每相槽数 q 为偶数的小型 4、6 极异步电机。如果 q 为奇数，则一个相带内的槽数无法均分为二，必然出现一边多、一边少的情况，使得线圈节距不相等，这时可以采用交叉式绕组。

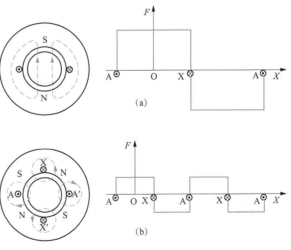

图 8-12 二极和四极磁动势
（a）二极磁场；（b）四极磁场

147

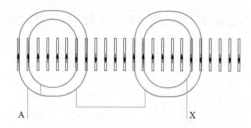

图 8-13 单层同心式绕组 A 相展开图

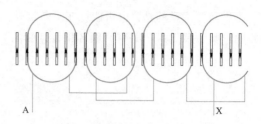

图 8-14 单层链式绕组 A 相展开图

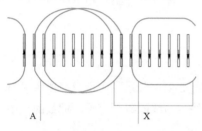

图 8-15 单层交叉式绕组 A 相展开图

交叉式绕组的连接如图 8-15 所示，它将每对磁极下的线圈按"两大一小"进行交叉排列。与等元件式绕组比较，只改变了同一相中各线圈边电动势相加的先后次序，并不影响相电动势的大小。需要注意的是，按照电动势相加的原则，极间连线应该反串，即尾接尾，头接头。交叉式绕组主要用于 q 为奇数的小型 4、6 极交流电机，由于采用不等距线圈，较同心式绕组的端部连接线短，可节省端部连接线，且便于布置。

比较以上几种单层绕组，对每相而言，它们占有相同的槽号，都占满该相有关相带（如 A 相有 A 和 X 相带）的全部槽数，所以所连接的绕组，无论电动势的大小还是波形都相同，只是线圈的端部形式、节距及线圈连接的顺序不同而已。对于同心式和交叉式绕组的节距，从形式上看，可能有长距或短距，但从每相电动势的角度来看，每相绕组都是由相位相差 180° 电角度的两个相带内的导体组成，只是组合方式的不同，实际上可等效地看作是一个整距分布绕组。

根据几种连接方式，可以把定子槽中的导体通过一定的连接方式构成为三相绕组。单层绕组的连接和构成方法及步骤如下。

（1）分极分相。绘制绕组展开图，将定子铁心总槽数按磁极数均匀分开（N 极和 S 极相邻分布），并标记感应电动势的参考方向；将每个磁极的槽数按三相均匀分开，三相在空间相差 120° 电角度。

（2）连接线圈和线圈组。将一对磁极所属的同一相的某两个线圈边连接为一个线圈，每对磁极区域属于同一相有 q 个线圈；将每一对磁极内属于同一相的 q 个线圈连接为一个线圈组。

对于单层绕组，由于每个线圈边占用一个槽，一个线圈在 N 极和 S 极下各占一个槽，所以一对磁极下只有一个线圈组。一相绕组线圈组的个数等于磁极对数，即一相绕组共有 p 个线圈组。值得注意的是，在线圈和线圈组连接的时候需遵循电动势相加的原则。

（3）连接相绕组。将属于同一相的 p 个线圈组串联或者并联连接，串联或并联连接时仍需遵循电动势相加原则。

由于线圈组的个数等于磁极对数，所以每相的最大并联支路数等于磁极对数。

（4）连接三相绕组。将三相绕组连接为星形或三角形，构成对称的三相绕组。

和三相双层绕组比较，单层绕组具有线圈数量少，制造工时省，槽内不需要层间绝缘，槽利用率高等优点，但单层绕组不易制成短距线圈来削弱电动势和磁动势中的高次谐波分量，对大功率电机，单层绕组端部安装也比较困难。所以，单层绕组一般用于功率在 10kW 以下的异步电机。随着电力电子技术的迅速发展，交流电机采用变频调速已经非常广泛，为适应变频电源的需要，交流电机绕组采用单层、整距更为有利。

8.4.2 三相双层绕组

容量在 10kW 以上的三相交流电机，其定子绕组一般都采用双层绕组，双层绕组的每个槽内有上、下两个线圈边。同一个线圈的一条边在某一槽的上层，另一条边则在相距为节距 y 的另一槽的下层。整个绕组的线圈数与槽数相等，如图 8-16 所示为双层绕组的布置图。

双层绕组的主要优点如下。

（1）在采用分布绕组的同时，选择最合适的节距，可削弱高次谐波，改善电动势和磁动势波形。

（2）所有线圈尺寸相同，便于制造。

（3）端部形状排列整齐，有利于散热和增强机械强度。

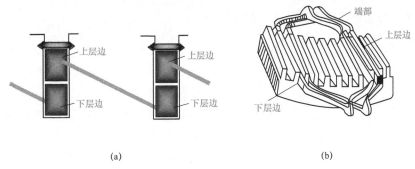

(a)　　　　　　　　　(b)

图 8－16　双层绕组图

（a）双层绕组线圈边放置示意图；（b）线圈在槽内布置图

根据线圈的形状和连接规律，双层绕组主要有叠绕组和波绕组两类。图 8－17 分别为叠绕组和波绕组的线圈连接示意图。

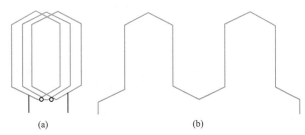

(a)　　　　　　　　　(b)

图 8－17　叠绕组和波绕组线圈连接示意图

（a）叠绕组；（b）波绕组

1. 叠绕组

绕组嵌线时，相邻的两个串联线圈中，后一个线圈紧"叠"在前一个线圈的上面，这种绕组称为叠绕组，如图 8－17（a）所示。

现以一台三相双层叠绕组交流电机为例，说明叠绕组的排列及其连接步骤。电机磁极对数 $p=2$，定子铁心总槽数 $Z=36$，绕组并联支路数 $a=1$，线圈节距 $y=8$。

这里首先计算极距、每极每相槽数和槽距角：

极距为

$$\tau = \frac{Z}{2p} = \frac{36}{4} = 9$$

每极每相槽数为

$$q = \frac{Z}{2pm} = \frac{36}{2 \times 2 \times 3} = 3$$

槽距角为

$$\alpha = \frac{p \times 360°}{Z} = \frac{2 \times 360°}{36} = 20°$$

根据计算可知，此电机中，$y < \tau$，为短距绕组。

图 8－18 所示为三相 36 槽双层短距叠绕组 A 相展开图。根据图 8－9 所示的槽电势星形图进行分极分相，并按每极每相槽数划分相带，将定子槽按 1、2、…、36 顺序依次编号，如图 8－18（a）所示。图 8－18（a）中，第一对磁极下属于 A 相的槽分别为 1、2、3 和 10、11、12，第二对磁极下属于 A 相的槽分别为 19、20、21 和 28、29、30。

由于线圈的节距 $y=8$，第一对磁极的 N 极下属于 A 相的槽为 1、2、3，所以 1 号槽线圈的一条线圈边嵌放在 1 号槽的上层时，另一条线圈边应在 9 号槽的下层；2 号槽线圈的一条线圈边嵌放在 2 号槽的上层，另一条线圈边则在 10 号槽的下层；3 号槽线圈的一条线圈边嵌放在 3 号槽的上层，另一条线圈边则在 11 号槽的下层。将 3 个线圈按电动势相加的原则串联，组成一个线圈组，线圈边的连接顺序为 1（A）—9—2—10—3—

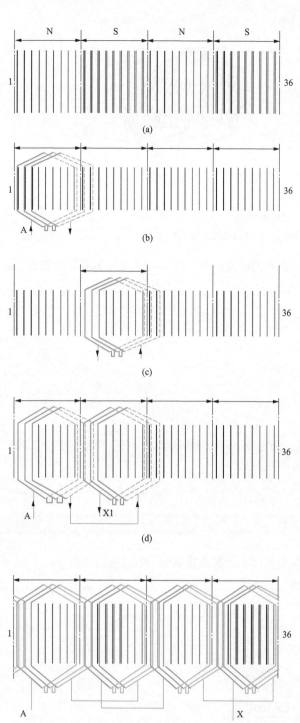

图 8-18 三相 36 槽双层短距叠绕组 A 相展开图

11，如图 8-18（b）所示。图中实线为线圈上层边，虚线为线圈下层边。第一对磁极的 S 极下属于 A 相的槽为 10、11、12，按照相同的原则，槽 10、11、12 分别放置三个线圈的上层边，而这三个线圈的下层边分别在槽 18、19、20。将 3 个线圈按电动势相加的原则串联，组成另一个线圈组，如图 8-18（c）所示。由于绕组并联支路数 $a=1$，也就是说，全部线圈组均串联。按照电动势相加的原则，将两个线圈组反向串联，即第一个线圈组尾端连接第二个线圈组的尾端，第二个线圈组的首端与第二对磁极下的线圈组首端连接，依次类推，按照"首接首，尾接尾"的规律连接线圈组。第一对磁极下的两个线圈组串联的情况如图 8-18（d）所示。图 8-18（d）中，线圈边的连接顺序为 1（A）—9—2—10—3—11—20—12—19—11—18—10（X_1）。按相同的方法将第二对磁极的 N 极和 S 极下的两个线圈组连接好，并与第一对磁极下的两个线圈组按电动势相加的原则串联，构成了 A 相绕组，如图 8-18（e）。A 相绕组由 4 个线圈组串联而成，每个线圈组 3 个线圈，所以 A 相绕组共由 12 个线圈串联，线圈连接顺序为 1—2—3—12—11—10—19—20—21—30—29—28。

从上面的分析可知，双层叠绕组每相绕组的线圈组数等于磁极数，所以双层叠绕组最大并联支路数等于磁极数 $2p$。每相绕组的线圈组连接时，应遵循电动势相加的原则，按支路数 a 的要求，可以串联，也可以并联，组成一相绕组。

叠绕组的优点为，短距时端部可以节约部分用铜量；缺点为，一台电机的最后几个线圈嵌线比较困难，极间连线较长，在极数较多时很费铜。叠绕组一般为多匝，汽轮发电机和大中型异步电机常采用双层叠绕组。

2. 波绕组

对多极、支路导线截面较大的交流电机，为节约极间连线，节约用铜，常常采用波绕组。波绕组的特点是两个相连的单匝线圈成波浪形前进，如图 8-17（b）所示。和叠绕组比较，它们在线圈端部形状和线圈之间的连接顺序不同。波绕组的连接规律是：把所有同一极性下（如 N 极）属于同一相的线圈按波浪形依次串联起来，组成一组；再把所有另一极性（如 S 极）下属于同一相的线圈按波浪形依次串联起来，组成另一组；最后把这两大组线圈根据需要串联或并联，构成一相绕组。

由于波绕组是依次把所有 N 极和所有 S 极下的线圈分别连接，对每极每相为整数槽的情况，每连接一个线圈就前进一对极的距离。这样，在连续连接 p 个线圈、前进 p 对极后，绕组将回到出发槽号而形成闭路。为使绕组能够连续地绕接下去，每绕行一周，就需要人为地后退或前进一个槽。连续绕接 q 周，可以把所有 N 极下属于 A 相的线圈（$p \times q$ 个）连成一组，而 S 极下属于 A 相的线圈连成另一组。最后，用组间连线把两组线圈串联或并联起来，得到整个 A 相绕组。

现以一台三相双层波绕组电机为例，说明绕组的排列及其连接步骤。电机磁极对数 $p=2$，槽数 $Z=24$，

并联支路数 $a=2$，节距 $y=5$。

首先计算极距、每极每相槽数和槽距角：

极距为

$$\tau = \frac{Z}{2p} = \frac{24}{4} = 6$$

每极每相槽数为

$$q = \frac{Z}{2pm} = \frac{24}{2\times2\times3} = 2$$

槽距角为

$$\alpha = \frac{p\times360^\circ}{Z} = \frac{2\times360^\circ}{24} = 30^\circ$$

根据计算可知，此电机中，$y<\tau$，为短距绕组。

图 8-19 为双层波绕组的展开图，以 A 相带的 2 号槽上层边引出线为首端，与 7 号槽的下层边连接成一个线圈，然后连接紧随的下一个线圈，将它与 14 号槽的上层边和 19 号槽的下层边构成的下一个线圈串联。此时，波绕组已跨过两对极，即已绕过一周。之后，人为地缩短一槽，即 19 号槽的下层边连接 1 号槽的上层边，重新开始第二周另两个线圈的连接，即 1 上—6 下—13 上—18 下。这样，连续绕行两周（q 周）后，属于同一极性下 A 相的四个线圈连接成一个线圈组 AA′。A 相的属于另一同极性下的四个线圈，也应串联成 A 相的另一

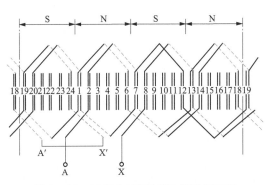

图 8-19　三相 24 槽双层波绕组展开图

个线圈组，顺序依次为：X（首端）—8 上—13 下—20 上—1 下—7 上—12 下—19 上—24 下 X′（尾端）。根据每相并联支路数要求，A 相的两个线圈组（AA′ 和 XX′）可串联或并联连接。这里每相并联支路数 $a=2$，则 AA′ 和 XX′ 两个线圈组应该并联，构成 A 相绕组。

波绕组的优点是，可以减少线圈之间的连接线，水轮发电机的定子绕组及绕线式异步电动机的转子绕组常采用波绕组。

*8.5　分数槽绕组

大容量低速电机，如水轮发电机，其磁极数很多，极距很小，极距内不能安排很多的槽，即电机每极每相槽数 q 不能太大。若采用较小的整数 q 值，一方面不能利用绕组的分布效应来削弱由于磁极磁场的非正弦分布所感应的谐波电动势，另一方面也使齿谐波电动势的次数较低而幅值较大。这种情况小，通常 q 不采用整数，而是采用分数，称为分数槽绕组，以便电机能得到较好的电动势波形。

例如，某三相交流发电机定子槽数 $Z=30$，磁极数 $2p=8$，则每极每相槽数为

$$q = \frac{Z}{2pm} = \frac{30}{8\times3} = 1\frac{1}{4}$$

这种绕组即为分数槽绕组。

分数槽绕组一般为双层绕组，也分为叠绕组和波绕组两类。分数槽绕组的排列步骤与整数槽大体相同，只是相带划分有所不同。从上面的例子可以看出，分数槽绕组的每极每相槽数 q 一般可表示为

$$q = \frac{Z}{2pm} = \frac{bd+c}{d} = b+\frac{c}{d} \tag{8-6}$$

式中：b 为整数部分；c/d 为分数部分，是一不可约的分数。

实际上槽是不能分割的，因此每个相带内的槽数不能是分数，而只能是 d 个相带共用 $bd+c$ 个槽，平均每个相带有 $q=b+c/d$ 个槽，也就是说，对于分数槽绕组，其每极每相槽数指的是平均值。在每 d 个相带内，

有 $d-c$ 个相带为 b 个槽，c 个相带为 $b+1$ 个槽，即存在着大小相带。大小相带应相互交替排列，均匀分布。至于具体哪些相带占 b 个槽，哪些相带占 $b+1$ 个槽，有很多方法，这里不具体介绍，可查阅其他参考文献。

以前面的三相交流发电机为例，说明分数槽绕组的相带划分和绕组排列。首先计算槽距角

$$\alpha = \frac{p \times 360°}{Z} = \frac{4 \times 360°}{30} = 48°$$

据此可以画出分数槽绕组的槽电势星形图，如图 8-20 所示，图中仍采用 60° 相带划分。从图中可以看

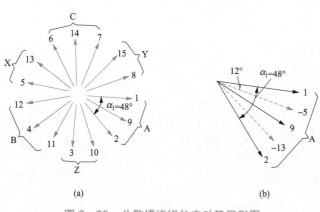

图 8-20　分数槽绕组的电动势星形图
（a）星形图；（b）A 相电动势相量（一部分）

出，每一个单元电动势星形占据 4 个极，共用 15 个槽。即第 1 号槽到第 15 号槽的电动势相量构成第一个单元电动势星形，第 16 号槽到第 30 号槽的电动势相量构成第二个单元电动势星形。由于第 16 号槽与第 1 号槽在磁场中的位置相同，第 17 号槽与第 2 号槽在磁场中位置相同，以此类推，后面 15 个槽电动势相量所组成的第二个单元的电动势星形图与前 15 个槽电动势相量星形图完全重合。由图 8-20（a）可见，A 相带内有两个槽（1、2），Z、B、X 相带内只有一个槽（3、4 和 5）；C 相带内又有两个槽（6、7），Y、A、Z 相带内又是一个槽（8、9 和 10）；B 相带内有两个槽（11、12），X、C、Y 相带内又是一个槽（13、14 和 15）。

图 8-20（b）所示为 A 相绕组前两对磁极下的各元件电动势相量。图中 5 号和 13 号元件属于 X 相带，和 A 相带的 1 号、2 号和 9 号元件处于不同的磁极下。在实际连接中，X 相带的元件组与 A 相带的元件组反接，故在相量图上的相位也反相，图中用虚线表示，如 -5 表示第 5 槽电动势反相。这样，1、-5、9、-13、2 五个相量间互差 12° 电角度。从电动势星形图来看，$q = 1\frac{1}{4} = \frac{5}{4}$ 的分数槽数组实际上相当于一个 $q' = 5$、$\alpha' = 12°$ 的整数槽绕组。

由此可见，分数槽绕组每极每相槽数虽小（如 $q = 1\frac{1}{4}$），却能起到很好的分布效果（相当于 $q' = 5$），所以它能削弱电动势中的高次谐波分量。

如选取线圈节距 $y = \frac{4}{5}\tau$，因极距 $\tau = \frac{Z}{2p} = \frac{30}{8} = 3.75$，从而节距 $y = \frac{4}{5} \times 3.75 = 3$。可以绘制出三相双层分数槽叠绕组的展开图，如图 8-21 所示。

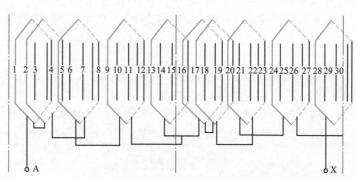

图 8-21　三相双层叠绕组展开图

8.6 正弦分布磁场中交流绕组的感应电动势

多相交流电动势有大小、频率、波形和对称性等几个问题。要解决电动势的大小、频率和对称性问题并不是很困难，但要得到严格的正弦波电动势则非常困难。实际上只要求电动势波形接近正弦波形就能满足工程实际的需要。实践证明，只要设计电机时，对磁极形状、气隙尺寸和绕组选择等方面予以注意，就能达到这个要求。

本节主要讨论在正弦分布磁场下绕组中电动势的计算方法。这种情况下，绕组电动势波形是严格的正弦波。从前几节已经知道，绕组构成的顺序是导体—线圈—线圈组—相绕组，下面也按此顺序，以凸极同步电机定子绕组为例，首先分析导体和线圈的电动势，进而讨论线圈组和一相绕组的电动势。所得到的结论同样适用于异步电机定子和转子绕组。

8.6.1 一根导体的感应电动势

这里以两极同步发电机为例进行分析，如图 8−22（a）所示。设定子圆周上放一整距线圈 ax，线圈匝数为 N_c，转子上有 p 对磁极。为了便于分析，将电机沿轴向剖开，展开为直线，以 a 点为坐标原点，转子磁通密度沿气隙按正弦波形在气隙空间分布，如图 8−22（b）所示，可表示为

$$B_x = B_m \sin \alpha \tag{8−7}$$

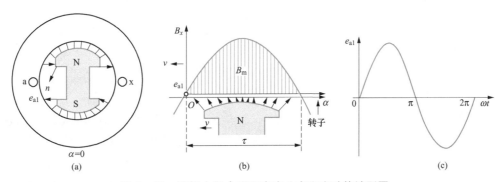

图 8−22 两极电机中磁通密度分布和电动势波形图
（a）剖面图；（b）气隙空间分布；（c）电动势波形图

式中：B_m 为气隙磁通密度的幅值，由于本节讨论磁场为正弦分布的情况，所以 B_m 即基波磁通密度的幅值；α 为距离坐标原点 O 处的电角度。

为了与非正弦磁场情况区分，后面用 B_{m1} 表示基波磁通密度的幅值。

当原动机拖动发电机转子以恒定转速 n（r/min）相对于定子旋转，定子导体相对磁场运动，切割磁力线，产生感应电动势，导体中感应电动势的波形如图 8−22（c）所示，为正弦波形。由于每转过一对磁极，感应电动势变化一个周期，所以，当电机磁极对数为 p，转速为 n（r/min）时，定子绕组中感应电动势的频率 f 为

$$f = \frac{pn}{60} \tag{8−8}$$

若气隙基波磁通密度的幅值为 B_{m1}，定子铁心槽中一根导体 a 的有效长度为 l，磁场与导体间的相对运行速度为 v，则一根导体中感应电动势大小为

$$e_{a1} = B_{m1} l v \sin \omega t = E_{a1m} \sin \omega t \tag{8−9}$$

其中

$$E_{a1m} = B_{m1} l v$$

式中：E_{a1m} 为导体电动势最大值。

考虑到电机中磁场旋转速度 $v = \dfrac{2p\tau n}{60}$ 和感应电动势频率 $f = \dfrac{pn}{60}$ ，则有转速和频率的关系 $v = 2\tau f$ ， τ 为极距。

所以，定子铁心槽中一根导体电动势有效值为

$$E_{a1} = \frac{E_{a1m}}{\sqrt{2}} = \frac{B_{m1}lv}{\sqrt{2}} = \sqrt{2}fB_{m1}l\tau \qquad (8-10)$$

又因为正弦磁通密度的幅值和平均值的关系有

$$B_{av} = \frac{1}{\tau}\int_0^\tau B_{m1}\sin x \mathrm{d}x = \frac{2}{\pi}B_{m1}$$

则每极基波磁通为

$$\Phi_1 = B_{av}\tau l = \frac{2}{\pi}B_{m1}\tau l$$

所以，式（8-10）可表示为

$$E_{a1} = \frac{\pi}{\sqrt{2}}f\left(\frac{2}{\pi}B_{m1}\tau l\right) = 2.22 f\Phi_1 \qquad (8-11)$$

8.6.2 线圈的感应电动势和短距系数

交流电机中的绕组线圈有整距线圈和短距线圈两种，这里分别进行讨论。

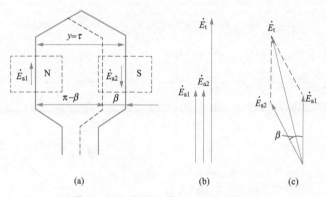

图 8-23 线圈及感应电动势相量图
(a) 线圈；(b) 整距线圈的电动势相量图；(c) 短距线圈的电动势相量

1. 整距线圈的感应电动势

设线圈匝数为 N_c ，当 $N_c = 1$ 时，称为单匝线圈或线匝。这里首先分析单匝整距线圈的电动势。整距线圈的两个有效边在空间的距离为极距 τ ，当线圈的一个有效边处于 N 极下最大磁通密度处，则该线圈另一有效边正好处于 S 极下的最大磁通密度处，所以整距线圈两有效边感应电动势瞬时值大小相等，方向相反。由于导体中感应电动势随时间按正弦规律变化，故可用相量图来表示。图 8-23 为整距和短距线圈及其感应电动势相量图，图 8-23 (a) 中实线表示整距线圈，按照图中感应电动势参考方向的定义，线圈两个有效边的大小相等、相位相同，如图 8-23 (b) 所示。

顺着线圈回路内部看，整距线圈感应电动势基波分量 E_{t1} 等于线圈两有效边导体电动势之和，即

$$\dot{E}_{t1} = \dot{E}_{a1} + \dot{E}_{a2} = 2\dot{E}_{a1} \qquad (8-12)$$

所以，一个单匝整距线圈感应电动势基波有效值为

$$E_{t1} = 2E_{a1} = 4.44 f\Phi_1 \qquad (8-13)$$

N_c 匝整距线圈电动势有效值为

$$E_{c1} = N_c E_{t1} = 4.44 N_c f\Phi_1 \qquad (8-14)$$

式（8-14）与变压器感应电动势计算公式相同，这是因为无论是变压器还是交流电机，其线圈中所交链的磁通都是在时间上按正弦规律变化，从而使线圈感应的电动势在时间上也按正弦规律变化。只是变压器中与线圈交链的磁通本身随时间正弦脉动，而交流电机线圈交链的磁通为旋转的，其按正弦规律变化是由于磁通与线圈相互运动。交流电机中，感应电动势仍然是滞后产生它的磁通90°。

2. 短距线圈的感应电动势和短距系数

短距线圈 $y < \tau$，其感应电动势情况如图 8-23（a）中虚线所示。可以看出，当线圈的一个有效边处于 N 极下最大磁通密度处，它的另一有效边不是处于 S 极下最大磁通密度处，也就是说，线圈的两个有效边在 N 极和 S 极下处于不同的位置。设短距线圈的节距为 y，则短距线圈节距所对应的电角度为 $\dfrac{y}{\tau} \times 180°$，较整距线圈一个节距所对应的 $180°$ 电角度减小，短距线圈减小的角度为 $\beta = \dfrac{\tau - y}{\tau} \times 180°$ 电角度，所以短距线圈的两个有效边导体感应电动势大小虽然相等，但沿回路方向的相位不再相同，而是相差 β 电角度，如图 8-23（c）所示。可知，短距线圈的感应电动势应为

$$\dot{E}_{t1} = \dot{E}_{a1} + \dot{E}_{a2} \neq 2\dot{E}_{a1}$$

根据相量图中的几何关系，可求出短距线圈的电动势有效值为

$$E_{t1} = 2E_{a1}\cos\frac{\beta}{2} = 4.44 f\Phi_1 \cos\left(\frac{\tau - y}{\tau} \times 90°\right) = 4.44 f\Phi_1 \sin\left(\frac{y}{\tau} \times 90°\right)$$
$$= 4.44 f k_{y1}\Phi_1 \tag{8-15}$$

可以看出，短距线圈的电动势较整距线圈有所减小。将短距线圈基波电动势与该线圈为整距时的基波电动势之比称为基波短距系数（fundamental pitch factor），用 k_{y1} 表示，有

$$k_{y1} = \frac{短距线圈基波电动势}{整距线圈基波电动势} = \cos\frac{\beta}{2} = \sin\left(\frac{y}{\tau} \times 90°\right) \tag{8-16}$$

由于短距时线圈电动势为导体电动势的相量和，而整距时线圈电动势为导体电动势的代数和，故短距系数 k_{y1} 总是小于或等于 1，不可能大于 1。

N_c 匝短距线圈电动势有效值为

$$E_{c1} = N_c E_{t1} = 4.44 N_c f k_{y1}\Phi_1 \tag{8-17}$$

8.6.3 线圈组的电动势和分布系数

由前面几节的知识可知，单层绕组每对磁极下属于同一相的 q 个线圈串联，组成了一个线圈组，双层绕组每个磁极下属于同一相的 q 个线圈串联，也组成一个线圈组，所以，双层绕组的线圈组数等于磁极个数 $2p$，而单层绕组的线圈组数等于磁极对数 p。同一线圈组中的 q 个线圈嵌放在定子铁心内表面不同的槽内，所以各线圈的轴线在空间不重合，因此每个线圈的感应电动势在时间相位上不同。所以，线圈组的电动势应该为各线圈电动势的相量和。

由于每个线圈组都是由相距为 α 电角度的 q 个线圈串联而成，在一个线圈组中，相邻线圈电动势的相位差即为槽距角 α，线圈组的电动势为 q 个线圈电动势的相量和，其值较 q 个集中线圈电动势的代数和小。所以，分布线圈的合成电动势与集中线圈的合成电动势相比有所减小，电动势减小的程度用分布系数（distribution factor）来表示，定义为

$$k_{q1} = \frac{E_q(q个线圈的合成基波电动势)}{qE_c(q个集中线圈的合成基波电动势)} \tag{8-18}$$

可见，分布系数表示由于线圈的分布所引起的电动势折扣，绕组的分布系数也是小于（分布绕组）或等于 1（集中绕组）。

下面采用作图法推导绕组分布系数。如图 8-24 所示，以 $q=3$ 为例，推导分布系数。对于属于同一相的 3 个串联线圈，每个线圈的电动势相量大小相等、相位互差 α 电角度，图中三个线圈的电动势分别表示为 $\dot{E}_{c1}$、$\dot{E}_{c2}$ 和 $\dot{E}_{c3}$，线圈组的合成电动势是三个线圈电动势的相量和，即 $\dot{E}_{q1} = \dot{E}_{c1} + \dot{E}_{c2} + \dot{E}_{c3}$。如果线圈组由 q 个线圈组成，线圈组合成电动势即为 q 个相量的相量和。从图中可以看出，q 个分布线圈的合成电动势 $\dot{E}_{q1}$ 大小可表示为

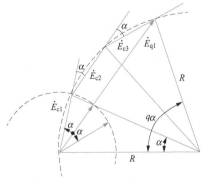

图 8-24 分布系数的推导

$$\dot{E}_{q1} = 2R\sin\frac{q\alpha}{2} \qquad (8-19)$$

一个线圈的电动势大小为

$$E_{c1} = E_{c2} = E_{c3} = 2R\sin\frac{\alpha}{2} \qquad (8-20)$$

如果 q 个线圈构成为集中绕组，则每个线圈的电动势同相，集中绕组的合成电动势为 q 个线圈电动势的代数和，即 $q\dot{E}_{c1}$。根据分布系数的定义，可得

$$k_{q1} = \frac{E_{q1}}{qE_{c1}} = \frac{\sin\dfrac{q\alpha}{2}}{q\sin\dfrac{\alpha}{2}} \qquad (8-21)$$

交流电机的双层绕组，一般既是分布绕组，也是短距绕组，需要同时考虑短距和分布的影响，所以交流电机双层短距线圈组的基波电动势为

$$E_{q1} = qE_{c1}k_{q1} = 4.44fqN_ck_{y1}k_{q1}\Phi_1 = 4.44fqN_ck_{w1}\Phi_1 \qquad (8-22)$$

其中

$$k_{w1} = k_{q1}k_{y1}$$

式中：k_{w1} 为基波绕组系数（winding factor）。

绕组系数是分布系数和短距系数的乘积，它表示交流绕组既考虑短距又考虑分布影响时，线圈组电动势应打的折扣。

8.6.4　一相绕组的基波电动势和线电动势

在多极电机中，每相绕组都是由处于不同磁极下的一系列线圈组构成，这些线圈组可以串联、并联或混合连接，构成 a 条并联的支路。此时，绕组的一相电动势等于此相每一并联支路所串联的线圈组电动势之和。设每支路串联线圈总匝数为 N，则一相绕组基波电动势为

$$E_{\Phi 1} = 4.44fNk_{w1}\Phi_1 \qquad (8-23)$$

式中：N 为每相绕组一条支路串联线圈的总匝数。

对于单层绕组，每一相线圈组个数等于磁极对数 p，每一线圈组中有 q 个线圈，每个线圈有 N_c 匝，所以每相绕组总匝数为 pqN_c，每相绕组并联支路数为 a 时，每相每支路串联总匝数为

$$N = \frac{pqN_c}{a}$$

对于双层绕组，每一相线圈组个数等于磁极对数 $2p$，所以每相每支路串联匝数为

$$N = \frac{2pqN_c}{a}$$

Nk_{w1} 又称为绕组每相串联等效匝数（effective series turns per phase）。

式（8-23）与变压器的感应电动势计算公式在形式上相似，只不过交流电机采用短距和分布绕组，所以公式中增加了绕组系数 k_{w1}，使得交流电机绕组感应电动势较变压器集中绕组感应电动势减小。

交流电机的线电动势与三相绕组的接法有关，对于三相对称绕组，三角形接法时，线电动势等于相电动势；星形接法时，线电动势为相应相电动势的 $\sqrt{3}$ 倍。

【例8-2】已知一台汽轮发电机，定子为双层叠绕组，定子铁心槽数 $Z=36$，磁极数 $2p=2$，节距 $y=14$，线圈匝数 $N_c=1$，并联支路数 $a=1$，感应电动势频率 $f=50\mathrm{Hz}$，每极基波磁通 $\Phi_1=2.45\mathrm{Wb}$。试求：

（1）导体电动势 E_{a1}；

（2）线圈电动势 E_{c1}；

（3）线圈组电动势 E_{q1}；

（4）一相绕组的电动势 $E_{\Phi 1}$。

解：（1）导体电动势为

$$E_{a1} = 2.22f\Phi_1 = 2.22\times50\times2.45 = 272\mathrm{V}$$

（2）计算线圈电动势必须知道该电机线圈是整距还是短距，因为极距为

$$\tau = \frac{Z}{2p} = \frac{36}{2} = 18$$

线圈节距 $y = 14$ ，所以 $y < \tau$ ，为短距线圈。

短距系数为

$$k_{y1} = \sin\left(\frac{y}{\tau} \times 90°\right) = \sin\left(\frac{14}{18} \times 90°\right) = 0.94$$

则线圈电动势 E_{c1} 为

$$E_{c1} = 4.44N_c f k_{y1} \Phi_1 = 4.44 \times 1 \times 50 \times 0.94 \times 2.45 = 511.3V$$

（3）计算线圈组电动势需要考虑分布系数，分布系数为

$$k_{q1} = \frac{\sin\frac{q\alpha}{2}}{q\sin\frac{\alpha}{2}}$$

每极每相槽数为

$$q = \frac{Z}{2pm} = \frac{36}{2 \times 3} = 6$$

槽距角为

$$\alpha = \frac{p \times 360°}{Z} = \frac{360°}{36} = 10°$$

则基波分布系数为

$$k_{q1} = \frac{\sin\frac{q\alpha}{2}}{q\sin\frac{\alpha}{2}} = \frac{\sin\frac{6 \times 10°}{2}}{6\sin\frac{10°}{2}} = 0.955$$

线圈组电动势为

$$E_{q1} = qE_{c1}k_{q1} = 6 \times 511.3 \times 0.955 = 2930.9V$$

（4）对于双层绕组，每相绕组串联总匝数为

$$N = \frac{2pqN_c}{a} = \frac{2 \times 6 \times 1}{1} = 12$$

基波绕组系数为

$$k_{w1} = k_{y1}k_{q1} = 0.94 \times 0.955 = 0.898$$

一相绕组的电动势为

$$E_{\Phi1} = 4.44fNk_{w1}\Phi_1 = 4.44 \times 50 \times 12 \times 0.898 \times 2.45 = 5861V$$

8.7 非正弦磁场中交流绕组电动势及减小谐波电动势的方法

8.7.1 谐波电动势

前一节讨论了电机气隙中磁场为正弦分布的情况，而实际电机的气隙磁通密度很难保证按正弦规律分布，如凸极同步电机，其磁场沿气隙呈平顶波形，按照傅立叶级数分解，它由正弦分布的基波和一系列奇次谐波组成，如图 8-25 所示。从图 8-25 可知，平顶的磁通波形中除了含有基波磁通外，还分别含有 3 次、5 次等奇次谐波磁通。谐波磁通与基波磁通一同旋转，切割定子绕组，在定子绕组中感应高次谐波电动势。

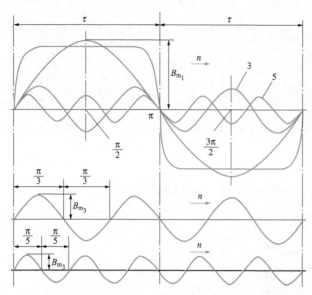

图 8-25 气隙磁通密度波形分解为各次谐波

谐波电动势的计算方法与基波电动势计算方法类似。

从图 8-25 可以看出,谐波磁场与基波磁场每个周期所跨过的距离不同,也就是磁极对数和极距不同。对于第 v 次谐波磁场,其磁极对数为基波的 v 倍,极距为基波的 $1/v$,即有

$$p_v = vp \qquad (8-24)$$

$$\tau_v = \frac{\tau}{v} \qquad (8-25)$$

式中:p_v 为 v 次谐波磁场的磁极对数;τ_v 为 v 次谐波磁场的极距。

谐波磁场与基波磁场一样,是气隙磁场的分量。由于气隙磁场为旋转磁场,转速是转子转速,所以谐波磁场也是旋转磁场,转速与基波磁场转速相同,等于转子转速,即谐波磁场转速 $n_v = n$。所以,谐波磁场在定子绕组中感应电动势的频率 f_v 为

$$f_v = \frac{p_v n_v}{60} = \frac{(vp)n}{60} = vf_1 \qquad (8-26)$$

$$f_1 = \frac{pn}{60}$$

式中:f_1 为基波电动势频率,所以气隙磁场中的 v 次谐波分量切割定子绕组在定子绕组中感应频率为 v 倍基波频率的高次谐波电动势。

根据式(8-23)可知,每相谐波电动势的有效值为

$$E_{\Phi v} = 4.44 f_v N k_{wv} \Phi_v \qquad (8-27)$$

式中:Φ_v 为 v 次谐波的每极磁通;k_{wv} 为 v 次谐波的绕组系数,$f_v = vf_1$。

由于 $\tau_v = \frac{\tau}{v}$,所以,v 次谐波的每极磁通为

$$\Phi_v = \frac{2}{\pi} B_{mv} l \frac{\tau}{v} \qquad (8-28)$$

式中:B_{mv} 为 v 次谐波磁场的磁通密度幅值。

对于 v 次谐波,由于磁极对数是基波的 v 倍,即 $p_v = vp$,所以 v 次谐波的电角度也为基波的 v 倍,于是 v 次谐波的短距系数和分布系数分别为

$$k_{yv} = \sin\left(v\frac{y}{\tau} \times 90°\right) \qquad (8-29)$$

$$k_{qv} = \frac{\sin\frac{qv\alpha}{2}}{q\sin\frac{v\alpha}{2}} \qquad (8-30)$$

所以,v 次谐波的绕组系数为

$$k_{wv} = k_{yv} k_{qv} \qquad (8-31)$$

在计算出各次谐波电动势有效值后,一相绕组的相电动势有效值应为

$$E_{ph} = \sqrt{E_{ph1}^2 + E_{ph3}^2 + E_{ph5}^2 + E_{ph7}^2 + \cdots}$$

$$= E_{ph1}\sqrt{1 + \left(\frac{E_{ph3}}{E_{ph1}}\right)^2 + \left(\frac{E_{ph5}}{E_{ph1}}\right)^2 + \left(\frac{E_{ph7}}{E_{ph1}}\right)^2 + \cdots}$$

$$(8-32)$$

计算表明 $\left(\dfrac{E_{ph3}}{E_{ph1}}\right)^2 \ll 1$，则 $E_{ph} \approx E_{ph1}$。所以，高次谐波电动势对每相绕组相电动势的有效值影响很小，主要是使电动势波形发生畸变。

8.7.2　减小谐波电动势的方法

由于电机气隙磁场非正弦分布所引起的发电机定子绕组电动势的高次谐波，使电动势波形畸变，将产生很多不良影响。

（1）引起电机损耗增加，温升升高，效率降低；

（2）在输电线路上，不仅使线路损耗增加，还产生高频干扰，使输电线路附近的通信设备受到影响；

（3）可能使输电线路的电感和电容发生谐振，产生过电压；

（4）使异步电机产生附加损耗和附加转矩，影响其运行性能。

为了减小谐波电动势的影响，在电机设计和制造时，要采取一系列措施来减小电动势中的高次谐波，使电动势波形接近正弦。根据傅立叶分析可知，谐波次数越高，其幅值越小，所以，主要考虑减小次数较低的奇次谐波电动势，如 3、5、7 等次谐波电动势。

常用的减小谐波电动势方法有以下几种。

1. 合理设计气隙磁场，使其尽可能接近正弦分布

对于凸极电机，由于其气隙不均匀，所以一般采用改善磁极的极靴外形的方法来改善磁场波形，如图 8-26（a）所示，极靴气隙最大值 δ_{max} 与极靴气隙最小值 δ_{min} 之比一般取 1.5～2.0，极靴端部距离 b_p 与极距 τ 的比值一般取 0.7～0.75。而对于隐极电机，由于其气隙比较均匀，所以主要是通过合理安放励磁绕组来改善气隙磁场波形，如图 8-26（b）所示，隐极铁心中绕组部分所占宽度与极距的比值一般取 0.7～0.75。

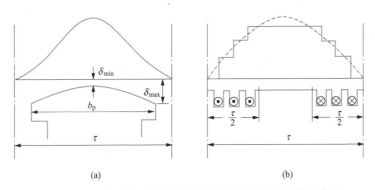

图 8-26　凸极电机的极靴外形和隐极电机的励磁绕组布置

（a）凸极电机；（b）隐极电机

2. 将三相绕组接成 Y 形连接，可消除线电动势中的 3 次和 3 的倍数次谐波

三相电机中，各相基波电动势相位差 120°，而各相 3 次谐波电动势相位差则为 3×120°＝360°，均为同相。当三相绕组接成 Y 形时，线电动势中的三次谐波电动势为零。同理，次数为 3 的倍数次谐波（3，9，15，21，…）也不存在。

当电机绕组接成三角形时，由于线电动势等于相电动势，所以 3 和 3 的倍数次谐波电动势在闭合的三角形中形成环流，环流所产生的阻抗压降与谐波电动势平衡，所以线电动势中也不会出现 3 和 3 的倍数次谐波。

3. 适当地选择分布和短距绕组来减小电动势中的谐波

前面分析短距绕组和分布绕组时，已经提到过采用短距绕组和分布绕组可以减小高次谐波电动势。

从绕组分布系数计算公式可知,线圈节距不同,分布系数也不同,表8-1给出了不同节距情况下,绕组基波和部分高次谐波的短距系数。从表中可以看出,电机节距 $y=\dfrac{5}{6}\tau$ 时,5次和7次谐波电动势都能得到较大的减小。所以通常取电机节距为 $y=\dfrac{5}{6}\tau$。从表8-1也可以看出,由于采用短距绕组,使基波电动势也有所减小,只是减小得很少,而谐波电动势却有较大幅度的减小。

表8-1 不同节距下绕组基波和部分高次谐波的短距系数

ν \ γ_1/τ	1	8/9	5/6	4/5	7/9	2/3
1	1	0.985	0.966	0.951	0.940	0.866
3	1	−0.866	−0.707	−0.588	−0.500	0
5	1	0.643	0.259	0	−0.174	−0.866
7	1	−0.342	−0.259	−0.588	0.766	0.866

从绕组分布系数计算公式可知,交流电机的每极每相槽数 q 的大小将影响分布系数。对于基波分布系数 k_{q1},q 增加时,k_{q1} 下降不多,但高次谐波的分布系数却显著下降。因此,采用分布绕组也可以减小高次谐波电动势。但是,随着 q 的增大,电枢槽数 Z 也增多,这将使电机制造复杂程度增加,成本提高。实际上,当 $q>6$ 以后,高次谐波的下降已经不太明显。所以,一般交流电机的 q 取2~6。表8-2给出了不同 q 值下绕组的基波分布系数和部分高次谐波分布系数。

表8-2 不同 q 值下绕组的基波分布系数和部分高次谐波分布系数

ν \ q	2	3	4	5	6	7	8	∞
1	0.966	0.960	0.958	0.957	0.957	0.957	0.956	0.955
3	0.707	0.667	0.654	0.646	0.644	0.642	0.641	0.636
5	0.259	0.217	0.205	0.200	0.197	0.195	0.194	0.191
7	−0.259	−0.177	−0.158	−0.149	−0.145	−0.143	−0.141	−0.136

【例8-3】已知一台三相交流异步电机,定子铁心槽数 $Z=36$,磁极对数 $p=2$,采用双层绕组,节距 $y=7$,试求5次和7次谐波的绕组系数 k_{w5} 和 k_{w7}。

解: 电机极距为
$$\tau=\frac{Z}{2p}=\frac{36}{2\times 2}=9$$

每极每相槽数为
$$q=\frac{Z}{2pm}=\frac{36}{2\times 2\times 3}=3$$

槽距角为
$$\alpha=\frac{p\times 360°}{Z}=\frac{2\times 360°}{36}=20°$$

线圈节距为
$$y=7$$

则5次谐波短距系数为
$$k_{y5}=\sin\left(5\times\frac{y}{\tau}\times 90°\right)=\sin\left(5\times\frac{7}{9}\times 90°\right)=-0.174$$

5次谐波分布系数为
$$k_{q5}=\frac{\sin\dfrac{5q\alpha}{2}}{q\sin\dfrac{5\alpha}{2}}=\frac{\sin\dfrac{5\times 3\times 20°}{2}}{3\sin\dfrac{5\times 20°}{2}}=0.218$$

5 次谐波绕组系数为

$$k_{w5} = k_{y5}k_{q5} = 0.037\,9$$

7 次谐波短距系数为

$$k_{y7} = \sin\left(7 \times \frac{y}{\tau} \times 90°\right) = \sin\left(7 \times \frac{7}{9} \times 90°\right) = 0.766$$

7 次谐波分布系数为

$$k_{q7} = \frac{\sin\dfrac{7q\alpha}{2}}{q\sin\dfrac{7\alpha}{2}} = \frac{\sin\dfrac{7 \times 3 \times 20°}{2}}{3\sin\dfrac{7 \times 20°}{2}} = -0.177$$

7 次谐波绕组系数为

$$k_{w7} = k_{y7}k_{q7} = 0.136$$

从上例可以看出，5 次和 7 次谐波的绕组系数 k_{w5}、k_{w7} 远小于 1，所以短距和分布绕组可大大减小 5 次、7 次谐波电动势。

4. 采用斜槽或分数槽绕组来减小齿谐波电动势

在同步发电机运行中发现，空载电动势的高次谐波中，次数为 $v = k\dfrac{Z}{p} \pm 1$ 次的谐波较强，由于它与一对磁极下的齿数有特定的关系，所以称为齿谐波电动势。

对于齿谐波电动势，当 $v = k\dfrac{Z}{p} \pm 1 = 2mqk \pm 1$ 时，有 $k_{yv} = k_{y1}$，$k_{qv} = k_{q1}$，即齿谐波的分布系数和短距系数与基波相同，也就是说，依靠分布和短距的办法不能减小齿谐波电动势。

目前，减小齿谐波电动势的方法主要有以下几种。

（1）采用磁性槽楔或半闭口槽，以减小由于槽开口而引起的气隙磁通密度变化。半闭口槽一般用于小型电机，磁性槽楔一般用于中型电机。

（2）增大每极每相槽数 q。当 q 增大后，定子铁心内表面趋于光滑，气隙磁通密度的齿槽影响减小，因而可以减小齿谐波电动势。汽轮发电机中，一般取 $p=1$，其 q 值较大，齿谐波电动势较小，所以对汽轮发电机不必采取特殊措施来削弱齿谐波电动势。对于水轮发电机或低速同步电机，由于极对数多，q 值小，就需要采用措施来削弱齿谐波电动势。

（3）采用斜槽来减小齿谐波电动势。这种方法常用于中小型异步电机及小型同步电机。一般是将槽斜一个齿距 t_1，如图 8-27 所示。这样一来，定子同一根导体所感应的齿谐波电动势相位不相同，大部分抵消，从而使导体总齿谐波电动势削弱。但要注意的是，斜槽也削弱了基波电动势和其他谐波电动势，只是削弱程度不同而已。所以，对于斜槽绕组，在计算其基波电动势时，还需乘上一个斜槽系数。

5. 采用分数槽绕组

这是一种很有效的削弱齿谐波电动势的方法，在水轮发电机和低速同步电机中得到广泛应用。其作用原理与斜槽相似。对于分数槽绕组，因为 q 不等于整数，所以磁极下各相带所占槽数不同，如有的多一槽，有的少一槽。因此，各线圈组在磁极下处于不同的相对位置，各个线圈组内的齿谐波电动势不同相位，各线圈组的齿谐波电动势相量相加，可以大部分抵消，从而使绕组中的齿谐波电动势大为削弱。

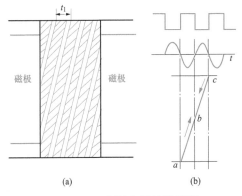

图 8-27 削弱齿谐波的斜槽
（a）斜槽；（b）削弱齿谐波电动势的原理

8.8 正弦电流时交流绕组的磁动势

当交流绕组中有电流流过时，就会产生磁动势。在异步电机中，由于定子磁动势的作用，产生了电机的主磁场；在同步电机中，定子磁动势对主磁场的影响称为电枢反应。无论是主磁场还是电枢反应，它们都对电机的能量转换和运行性能有很大影响。所以，研究交流绕组磁动势的性质、大小和分布情况都是十分必要的。

同步电机中定子绕组和异步电机的定子、转子绕组都为交流绕组，它们中的电流是随时间变化的交流电，因此交流绕组的磁动势及气隙磁通既是时间的函数，又是空间的函数，分析比较复杂。而同步电机励磁绕组中通入的是直流电，产生恒定的磁动势，比较简单，这里不做讨论。本节以定子电流为正弦电流所产生的磁动势为例分析交流绕组的气隙磁通，所得结论同样适用于异步电机的转子磁动势。与分析绕组电动势相似，在对绕组磁动势分析时，也按照线圈、线圈组、单相绕组、三相绕组的绕组构成顺序，由浅入深进行讨论。

在研究交流绕组磁动势表达式时，为了简化分析，做如下假定：① 绕组中的电流随时间按正弦规律变化，即不考虑高次谐波电流的作用；② 定子和转子之间的气隙均匀，不考虑由于齿槽引起的气隙磁阻变化，即认为气隙磁阻是常数；③ 不考虑定子、转子铁心的磁位降，即认为铁心中的磁阻为零。

8.8.1 单相交流绕组的磁动势——脉振磁动势

线圈是绕组的最基本组成部分，这里先分析一个整距线圈的磁动势。

1. 整距线圈的磁动势

图 8–28（a）是一台两极电机的示意图，电机定子上放置了一个整距线圈 AX，当线圈中有正弦电流流过时，在气隙空间形成一对磁极。磁场的方向和电流方向满足右手螺旋定则，如图 8–28 所示。由于是整距线圈，两个气隙中的磁通密度相同。按照全电流定律，在磁场中沿着任一闭合磁力线的磁位降等于该磁力线所包围的全电流（全部磁动势）。如果线圈的匝数为 N_c，电流为 i_c，则作用在磁路上的磁动势为 $N_c i_c$，假定两个气隙均匀，并且由于气隙磁阻远大于铁心磁阻，不考虑铁心的磁位降，这样线圈的磁动势只降落在两个气隙上，可认为总磁动势等于两段气隙中磁位降之和。由于气隙相等，每个气隙的磁动势为线圈磁动势的一半，即 $\frac{1}{2} N_c i_c$。

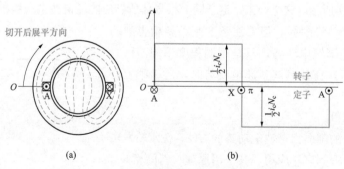

图 8–28 整距线圈的磁场分布及磁动势
（a）两极电机磁场分布；（b）磁动势

将电机展开成直线，如图 8–28（b）所示，横坐标表示气隙圆圈所对应位置的电角度，纵坐标表示交流磁动势的大小，由于整距线圈形成的气隙磁动势各点处处相等，每极磁动势沿气隙分布呈矩形，矩形宽度等于线圈宽度，幅值为 $\frac{1}{2} N_c i_c$，纵坐标的正、负表示的是磁动势的极性。

从图 8-28（b）中可以看出，整距线圈的磁动势在空间分布是一幅值为 $\frac{1}{2}N_c i_c$ 的矩形波。当线圈中的电流随时间按正弦规律变化时，矩形波的幅值也随时间按正弦规律变化。当电流达到最大值时，矩形波的幅值也达到最大值；当电流为零时，矩形波的幅值也为零；当电流为负数时，矩形波的幅值也改变为负。所以，整距线圈通入交流电后产生的气隙磁动势波形幅值随时间按正弦规律变化，而空间位置固定不变。把这种幅值在空间位置不变，而大小随时间变化的磁动势叫脉振（pulsating）磁动势。脉振磁动势的脉振频率取决于流过线圈中电流的频率。

如果流入线圈的电流为

$$i_c = \sqrt{2}I_c \sin\omega t \tag{8-33}$$

那么气隙中磁动势为

$$f_c = \frac{1}{2}N_c i_c = \frac{\sqrt{2}}{2}N_c I_c \sin\omega t = F_{cm}\sin\omega t \tag{8-34}$$

其中 F_{cm} 为磁动势的幅值，为

$$F_{cm} = \frac{\sqrt{2}}{2}N_c I_c \tag{8-35}$$

以上分析的是两极电机。当电机的磁极对数大于 1 时，由于各对磁极下的情况完全相同，所以只要取一对磁极分析即可。分析方法与两极电机相同。

对于空间按矩形波分布的脉振磁动势，可按傅立叶级数分解为基波和一系列奇次谐波的磁动势之和，即

$$f_c = \frac{\sqrt{2}}{2}N_c I_c \sin\omega t \left[\frac{4}{\pi}\left(\sin x + \frac{1}{3}\sin 3x + \frac{1}{5}\sin 5x + \cdots\right)\right] \tag{8-36}$$

式（8-36）也可表示为

$$f_c = F_{c1}\sin\omega t \sin x + F_{c3}\sin\omega t \sin 3x + F_{c5}\sin\omega t \sin 5x + \cdots \tag{8-37}$$

$$F_{c1} = \frac{\sqrt{2}}{2}\frac{4}{\pi}N_c I_c = 0.9 N_c I_c \quad\quad F_{c3} = \frac{1}{3}F_{c1}, F_{c5} = \frac{1}{5}F_{c1}\cdots$$

式中：F_{c1} 为基波磁动势幅值；F_{c1}，F_{c5} 分别为各次谐波磁动势幅值。

图 8-29 为矩形波磁动势沿空间 x 的分解情况，图中只表示出了 3 次和 5 次谐波，由图可见：基波的极距等于矩形波的极距，ν 次谐波的极距是基波极距的 $1/\nu$ 倍，所以 ν 次谐波的极对数是基波极对数的 ν 倍，并且谐波次数越高，其幅值越小。

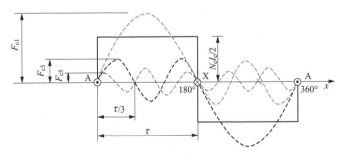

图 8-29 矩形波磁动势的分解

从上面的分析可得到以下结论。

（1）整距线圈产生的磁动势是一个空间上按矩形分布，幅值随时间以电流频率按正弦规律变化的脉振波。

（2）矩形磁动势波形可以分解成在空间按正弦分布的基波和一系列奇次谐波，各次谐波均为同频率的脉振波，其对应的磁极对数 $p_\nu = \nu p$，极距为 $\tau_\nu = \dfrac{\tau}{\nu}$。

（3）v 次谐波磁动势的幅值为 $F_{cv} = \dfrac{0.9 N_c I_c}{v}$。

（4）各次谐波都有一个波幅在线圈轴线上，其正负由 $\sin v \dfrac{\pi}{2}$ 决定。

2. 单层整距线圈组的磁动势

单层整距线圈组由 q 个线圈串联，各线圈在空间依次相距 α 电角度，如图 8-30（a）所示，图中 $q=3$。q 个线圈就产生 q 个空间依次相距 α 电角度的矩形波磁动势，把这 q 个线圈的磁动势相加，就得到如图 8-30（a）所示的阶梯形磁动势波。每个矩形磁动势波分别用傅里叶级数分解，则都含有各自的基波和高次谐波，它们的基波也依次相差 α 电角度，如图 8-30（a），而高次谐波则依次相差 $v\alpha$ 电角度。q 个线圈的基波磁动势在空间按正弦规律分布，从数学上看，空间正弦分布波可用空间矢量表示，则各线圈基波磁动势可表示为图 8-30（b）所示，把每个磁动势进行矢量相加，得到线圈组的合成磁动势。显然，合成磁动势是各线圈磁动势的矢量和，这一关系也是由于线圈的分布所引起，与求线圈组的电动势一样，求合成磁动势时也可以沿用求线圈组电动势已定义过的绕组分布系数，有

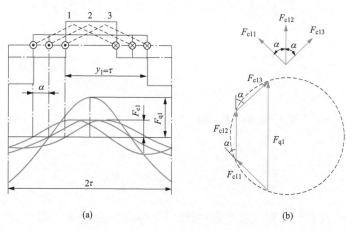

图 8-30 单层整距线圈组的基波磁动势

（a）单层整距线圈组；（b）线圈组基波合成磁动势

$$k_{qv} = \frac{\sin q \dfrac{v\alpha}{2}}{q \sin \dfrac{v\alpha}{2}} \tag{8-38}$$

式中：k_{qv} 为绕组 v 次谐波磁动势的分布系数。

故单层整距线圈组的磁动势幅值为

$$F_{qv} = q F_{cv} k_{qv} = 0.9 q \frac{N_c k_{qv}}{v} I_c \tag{8-39}$$

式中：$q F_{cv}$ 为 q 个线圈磁动势的代数和，v 可取 $1, 3, 5, 7, \cdots$，$v=1$ 为基波。

所以，单层整距线圈组的磁动势表达式可表示为

$$f_q = F_{q1} \sin \omega t \sin x + F_{q3} \sin \omega t \sin 3x + F_{q5} \sin \omega t \sin 5x + \cdots$$

$$= (0.9 q N_c I_c) \sin \omega t \left(k_{q1} \sin x + \frac{1}{3} k_{q3} \sin 3x + \frac{1}{5} k_{q5} \sin 5x + \cdots \right) \tag{8-40}$$

3. 双层短距线圈组的磁动势

大型电机的定子绕组，一般采用双层绕组，而双层绕组通常是短距绕组，所以有必要讨论双层短距绕组的磁动势。如图 8-31（a）所示，双层绕组的线圈总是由在一个槽的上层线圈边和在另一个槽的下层线圈边组成。但磁动势的大小只决定于线圈边电流在空间的分布，与线圈边之间的连接顺序无关。为了分析方便，可把实际的短距线圈所产生的磁动势，等效地看作上、下层两个整距线圈所产生的磁动势之和。即认为上层线圈边组成一个整距线圈组，而下层线圈边又组成另一个整距线圈组，这两个线圈组都是单层整距线圈组，它们在空间相差的电角度正好等于线圈节距较整距时缩短的 β 电角度。显然，双层绕组的上层和下层线圈组所产生的基波磁动势大小等于整距分布线圈组的基波磁动势 F_{q1}。由于双层绕组每相在每对极下有两个线圈组，所以，双层短距线圈组的磁动势可以看作两个相差 β 电角度的整距线圈组磁动势的相量

和，如图 8−31（b）所示。

与前面电动势的计算类似，计算短距线圈组的磁动势只需引入短距系数即可，其磁动势为整距线圈磁动势乘以短距系数，短距系数为

$$k_{y1} = \cos\frac{\beta}{2} = \sin\frac{y}{\tau} \times 90° \qquad (8-41)$$

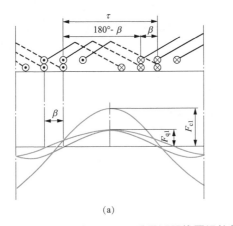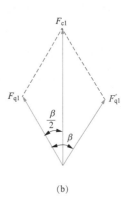

（a）　　　　　　　　　　　　（b）

图 8−31　双层短距线圈组的基波合成磁动势
（a）双层短距线圈组；（b）短距线圈组的基波合成磁动势

所以双层短距分布线圈组的基波磁动势幅值为

$$F_{m1} = 2F_{q1}k_{y1} = 2 \times 0.9 q N_c I_c k_{q1} k_{y1} = 0.9(2qN_c) I_c k_{w1} \qquad (8-42)$$

式中：$2qN_c$ 为双层绕组每对极的匝数，即每线圈组的匝数；k_{w1} 为绕组系数。

k_{y1}、k_{q1} 与 k_{w1} 的计算公式和物理意义与计算电动势时相同。

同理，磁动势 v 次谐波的幅值为

$$F_{mv} = 2F_{qv}k_{yv} = 0.9(2qN_c)\frac{k_{wv}}{v} I_c \qquad (8-43)$$

故双层短距线圈组的磁动势表达式可表示为

$$\begin{aligned} f_m &= F_{m1}\sin\omega t \sin x + F_{m3}\sin\omega t \sin 3x + F_{m5}\sin\omega t \sin 5x + \cdots \\ &= 0.9(2qN_c) I_c \sin\omega t \left(k_{w1}\sin x + \frac{1}{3}k_{w3}\sin 3x + \frac{1}{5}k_{w5}\sin 5x + \cdots \right) \end{aligned} \qquad (8-44)$$

式（8−44）中电流 I_c 为流过线圈组的电流有效值。若 qN_c 为 q 个线圈的总匝数（对于双层绕组则应为 $2qN_c$，考虑上下两层的作用）。从前面已经知道，电机每相并联支路数为 a 时，每相串联匝数为 $N = \dfrac{pqN_c}{a}$（单层绕组）或 $N = \dfrac{2pqN_c}{a}$（双层绕组），每相电流有效值 $I = aI_c$，则可得到既适合于单层绕组又适合双层绕组的线圈组磁动势表达式为

$$f_m = 0.9\frac{N}{p} I \sin\omega t \left(k_{w1}\sin x + \frac{1}{3}k_{w3}\sin 3x + \frac{1}{5}k_{w5}\sin 5x + \cdots \right) \qquad (8-45)$$

其中，磁动势基波分量为

$$f_1 = 0.9\frac{Nk_{w1}}{p} I \sin\omega t \sin x = F_{m1}\sin\omega t \sin x \qquad (8-46)$$

式中：$F_{m1} = 0.9\dfrac{Nk_{w1}}{p} I$ 为磁动势的基波幅值。

磁动势高次谐波分量为

$$f_{\text{v}} = 0.9 \frac{Nk_{\text{wv}}}{vp} I \sin \omega t \sin vx = F_{\text{mv}} \sin \omega t \sin vx \tag{8-47}$$

$$F_{\text{mv}} = 0.9 \frac{Nk_{\text{wv}}}{vp} I$$

式中：F_{mv} 为 v 次谐波磁动势的幅值（$v = 3$，5，7，…）。

4. 一相绕组的磁动势

以上讨论的是一对磁极下 A 相两线圈组合成磁动势的情况，事实上这个合成磁动势也是一相绕组的合成磁动势。因为一相绕组的磁动势，并不是组成每相绕组的所有线圈组产生的磁动势的合成，而是指该相绕组在一对磁极下的线圈组所产生的合成磁动势。因为一对磁极下的线圈组所产生的磁动势和磁阻构成一条分支磁路，电机若有 p 对磁极就有 p 条并联的对称分支磁路，把不同空间位置的各对磁极磁动势合并起来是没有任何物理意义的。如图 8-32 所示，为一台四极电机产生的磁场，只画出了 a 相的两个整距线圈，$a_1 - x_1$ 和 $a_2 - x_2$，无论它们在电路上是串联还是并联，只要保证线圈各边中电流方向不变，则当线圈中通以电流后总是形成四极磁场，由于线圈匝数相同，电流也相同，所以各对磁极磁动势分布情况完全相同，仅在空间相距 360° 电角度。

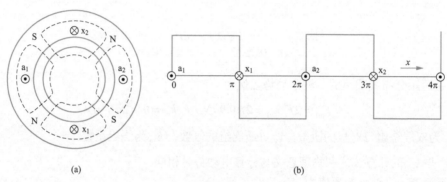

(a)   (b)

图 8-32 四极整距线圈的磁动势
（a）4 极磁场；（b）磁动势分布

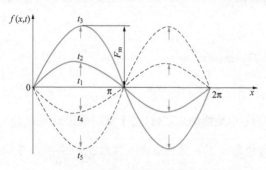

图 8-33 不同瞬间单相绕组的基波磁动势

根据上面分析，可得到如下结论。

（1）交流单相绕组的基波磁动势为脉振磁动势，它在空间按正弦规律分布，而各点磁动势的大小又随时间按正弦规律变化，磁动势波的轴线固定不动。磁动势的脉振频率取决于线圈中电流的频率。图 8-33 表示出了不同瞬间交流单相绕组所形成的基波脉动磁动势波。

（2）脉振磁动势的基波幅值为 $0.9k_{\text{w1}} \dfrac{NI}{p}$，幅值位置在相绕组轴线上（也就是在构成一对极下的每相线圈组中心线上）。

（3）单相脉振基波磁动势即是一对极下一相线圈组的磁动势。

（4）交流单相绕组的谐波磁动势也是脉振磁动势，脉动频率与基波磁动势脉动频率相同，只是磁极对数为基波磁极对数的 v 倍，即 $p_{\text{v}} = vp$。

（5）绕组的分布和短距对谐波磁动势有明显的削弱作用，从而有利于改善合成磁动势的波形。

5. 脉振磁动势分解为两个旋转磁动势

由式（8-46）可知，单相交流绕组产生的基波脉振磁动势为

$$f_1 = F_{\text{m1}} \sin \omega t \sin x \tag{8-48}$$

根据三角函数公式 $\sin A \sin B = \dfrac{1}{2}[\cos(A-B) - \cos(A+B)]$，可将式（8-48）分解为两个三角函数式之和，即

$$f_1 = \frac{1}{2}F_{m1}\cos(\omega t - x) + \frac{1}{2}F_{m1}\cos(\omega t + x - \pi)$$

$$= f_{1+} + f_{1-}$$ (8-49)

其中
$$f_{1+} = \frac{1}{2}F_{m1}\cos(\omega t - x)$$

$$f_{1-} = \frac{1}{2}F_{m1}\cos(\omega t + x - \pi)$$

下面分别讨论 f_{1+} 和 f_{1-} 的性质。

对于 $f_{1+} = \frac{1}{2}F_{m1}\cos(\omega t - x)$，可以看出，它是一个在空间按余弦规律分布的行波，其幅值为 $\frac{1}{2}F_{m1}$，且保持不变，幅值的位置总是出现在 $\omega t - x = 0$ 的地方。例如，当 $\omega t = 0$ 时，幅值出现在 $x = 0$ 处。随着时间的推移，当 $\omega t = \frac{\pi}{2}$ 时，幅值出现在 $x = \frac{\pi}{2}$ 处，依次类推，如图 8-34 所示。由于随着时间的推移，磁动势波的空间位置移动

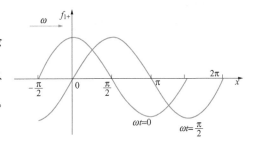

图 8-34　沿 x 正方向移动的磁动势波

了，所以它是一个行波。对于圆形气隙空间，它则是一个旋转波，由于旋转方向是顺着 x 增加的方向，根据图 8-28 中 x 方向的规定，定义 $f_{1+} = \frac{1}{2}F_{m1}\cos(\omega t - x)$ 为正向旋转磁动势，旋转的角速度由 $\omega t = x$ 求得，为 $\frac{dx}{dt} = \omega$，即旋转角速度为 ω，与电流随时间变化的角频率相等。

同理，对于 $f_{1-} = \frac{1}{2}F_{m1}\cos(\omega t + x - \pi)$，也是一个旋转磁动势。它在空间也按余弦规律分布，振幅为 $\frac{1}{2}F_{m1}$，且保持不变。但幅值出现的位置在 $\omega t + x - \pi = 0$ 处。所以，它是一个反向旋转的磁动势，旋转方向为逆着 x 的正方向，旋转角速度为 $-\omega$。

随时间按正弦规律变化的物理量，可以在选定的时间参考轴上用时间相量表示，相量的大小表示其有效值。同理，在空间按正弦规律分布的磁动势也可以在选定的空间参考轴上用空间矢量表示，由于磁动势取有效值没有物理意义，所以在空间矢量中矢量的大小表示磁动势的幅值。如式（8-49）中脉振磁动势的两个分量 $f_{1+} = \frac{1}{2}F_{m1}\cos(\omega t - x)$ 和 $f_{1-} = \frac{1}{2}F_{m1}\cos(\omega t + x - \pi)$ 可分别用空间矢量 $\bar{F}_+$ 和 $\bar{F}_-$ 表示，其矢量和 $\bar{F}$ 就表示脉振磁动势 $F_{m1}\sin\omega t \sin x$。如图 8-35 所示，可以看出，脉振磁动势 $\bar{F}$ 可以分解为两个大小相等、旋转方向相反的旋转磁动势 $\bar{F}_+$ 和 $\bar{F}_-$。

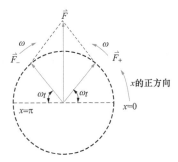

图 8-35　脉动磁动势分解为两个向相反方向旋转的旋转磁动势（空间相量表示）

注意：在任何时刻，合成磁动势 $\bar{F}$ 的空间位置是固定不变的，总是在该相绕组的轴线处。把绕组的轴线称为相轴，脉振磁动势振幅的空间位置也就在绕组的相轴处。

由此可得到以下结论。

（1）一个脉振磁动势波可分解为两个磁极对数和波长与脉振波相同、旋转方向相反的旋转磁动势，二者旋转速度与电流角频率相同，为 ω。

（2）每个旋转磁动势的幅值是脉振磁动势幅值的一半，为 $\frac{1}{2}F_{m1}$。

（3）脉振磁动势的振幅空间位置在绕组的相轴处。

注意：单相脉振磁动势可分解为两个旋转磁动势，只是为了分析和理解方便而进行的数学变换，并不表示单相磁动势既是脉振磁动势又是旋转磁动势。

8.8.2 三相交流绕组的磁动势——旋转磁动势

1. 三相绕组的基波合成磁动势

三相交流电机的定子铁心中，放置对称的三相绕组，三相绕组在空间依次相差120°电角度，如图8-36所示，三相绕组分别为A-X、B-Y和C-Z，图中用等效的集中绕组代替实际的分布绕组。

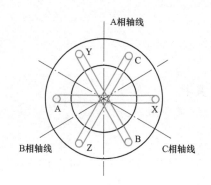

图8-36 三相绕组的分布及各相绕组轴线位置

在三相对称绕组通入相序为A-B-C的三相对称交流电流，则绕组中各相电流的瞬时值为

$$\left.\begin{aligned} i_A &= \sqrt{2}I\sin\omega t \\ i_B &= \sqrt{2}I\sin(\omega t - 120°) \\ i_c &= \sqrt{2}I\sin(\omega t - 240°) \end{aligned}\right\} \quad (8-50)$$

当对称的三相交流电流流过对称三相绕组时，每相绕组各自产生的脉振磁动势也相互对称，在空间彼此相差120°电角度。由于各相电流的有效值相等，所以各相脉振磁动势的基波最大幅值也相同，均为 $F_{m1} = 0.9\dfrac{Nk_{w1}}{p}I$，于是各相基波脉振磁动势的表达式为

$$\left.\begin{aligned} F_{A1} &= F_{m1}\sin\omega t\sin x \\ F_{B1} &= F_{m1}\sin(\omega t - 120°)\sin(x - 120°) \\ F_{C1} &= F_{m1}\sin(\omega t - 240°)\sin(x - 240°) \end{aligned}\right\} \quad (8-51)$$

根据上节的分析，单相脉振磁动势可分解为两个大小相等，旋转方向相反的旋转磁动势，则式（8-51）可表示为

$$\left.\begin{aligned} F_{A1} &= \frac{1}{2}F_{m1}\cos(\omega t - x) - \frac{1}{2}F_{m1}\cos(\omega t + x) \\ F_{B1} &= \frac{1}{2}F_{m1}\cos(\omega t - x) - \frac{1}{2}F_{m1}\cos(\omega t + x - 120°) \\ F_{C1} &= \frac{1}{2}F_{m1}\cos(\omega t - x) - \frac{1}{2}F_{m1}\cos(\omega t + x - 240°) \end{aligned}\right\} \quad (8-52)$$

从式（8-52）可以看出，各相电流所产生的正向旋转磁动势在空间上同相位，而反向旋转磁动势在空间上互差120°电角度。求三相绕组产生的合成磁动势时，只需要将式（8-52）三式直接相加即可，而该式等号右边后三项表示的三个余弦波在空间相位上互差120°电角度，所以三项和为零，则三相对称交流绕组在气隙空间产生的基波合成磁动势为

$$f_1(x,t) = F_{A1} + F_{B1} + F_{C1} = F_1\cos(\omega t - x) \quad (8-53)$$

$$F_1 = \frac{3}{2}F_{m1} = 1.35\frac{Nk_{w1}}{p}I$$

式中：F_1 为三相基波合成磁动势的幅值。

上面的结论是利用数学公式推导而出的，也可以用空间矢量法来分析三相绕组的基波合成磁动势，即用空间矢量把一个脉振磁动势分解为两个旋转磁动势，然后进行矢量相加，这个方法更为直观。

从前面的分析可知，单相绕组基波脉振磁动势可分解为两个幅值相等、转速相同、但转向相反的旋转磁动势，将三相绕组的三个基波脉振磁动势各自分解为两个正、反方向旋转的旋转磁动势，用空间矢量图表示。注意，虽然不同时刻空间矢量位置可能不相同，但各矢量之间的相对关系是不变的。如图8-37所示，给出了 $\omega t = 90°$ 时刻，即 A 相电流达到最大值时刻三相绕组各基波磁动势分量及三相基波合成磁动势矢量。可以看出，此时 A 相绕组的两个旋转磁动势分量 $\vec{F}_{A+}$ 和 $\vec{F}_{A-}$ 均位于 A 相相轴上，A 相磁动势为最大值；由于 B 相电流滞后 A 相电流 120° 电角度，所以需要在时间上经过 120° 电角度后 $\vec{F}_{B+}$ 和 $\vec{F}_{B-}$ 才能位于 B 相相轴上；同理，C 相电流需经过 240° 电角度后才能达到最大值，则 $\vec{F}_{C+}$ 和 $\vec{F}_{C-}$ 要经过 240° 电角度后才能到达 C 相相轴。从图中还可以看出，三个反向旋转磁动势 $\vec{F}_{A-}$、$\vec{F}_{B-}$ 和 $\vec{F}_{C-}$ 相差 120° 电角度，正好抵消，而三个正向旋转磁动势 $\vec{F}_{A+}$、$\vec{F}_{B+}$ 和 $\vec{F}_{C+}$ 则同相位，它们直接相加后得到三相基波合成磁动势。所得结论与用数学公式推导的一样。

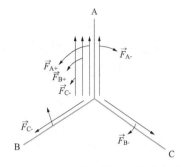

图 8-37 用空间矢量分析三相基波合成磁动势

通过以上分析和讨论可知：当对称的三相电流流过对称的三相绕组时，其基波合成磁动势为一个旋转磁动势。该磁动势具有以下性质。

（1）由于三相基波旋转磁动势的波长与单相基波脉振磁动势的相同，所以三相基波旋转磁动势的磁极数与单相交流绕组产生的基波磁动势磁极数相同。

（2）基波合成磁动势的幅值为单相交流绕组基波脉振磁动势幅值的 $\frac{3}{2}$ 倍，且保持常数。

（3）对于旋转磁动势波的旋转速度，可由磁动势波上任一点的移动速度来确定。

旋转磁动势基波为

$$f_1(x,t) = F_1 \cos(\omega t - x)$$

令 $\cos(\omega t - x) = 1$，则

$$\omega t = x$$

旋转磁动势的角速度为

$$\omega = \frac{\mathrm{d}x}{\mathrm{d}t} = 2\pi f \;(°/\mathrm{s}) = 2\pi \frac{f}{p} \;(机械弧度 / \mathrm{s})$$

磁动势转速

$$n_1 = \frac{2\pi(f/p)}{2\pi} = \frac{f}{p} \;(\mathrm{r/s}) = \frac{60f}{p} \;(\mathrm{r/min})$$

式中：n_1 为同步转速，即基波合成磁动势的转速。

（4）旋转磁动势的瞬时位置，由三相绕组电流大小决定。当某相电流达到最大值时，合成磁动势波的幅值正好处于该相绕组的轴线上。

（5）旋转磁动势的转向与通入绕组的电流相序和三相绕组空间位置有关，即从超前电流的相绕组轴线转向滞后电流的相绕组轴线。如电流相序为 A−B−C，则基波合成磁动势的幅值由 A 相转向 B 相，再转向 C 相。也就是说，旋转磁动势的转向由三相绕组的空间位置和电流相序决定，三相绕组位置确定后，旋转磁动势的转向取决于通入三相绕组的电流相序。可见，只要改变通入绕组电流的相序，即只要把电机三相出线端任意两个对调一下，则基波合成旋转磁动势的转向就改变了，三相交流电动机的旋转方向也改变了。

2. 三相绕组的谐波合成磁动势

从前面分析可以知道，每相绕组的脉振磁动势用傅立叶级数分解后，除了基波外，还有 3，5，7…等奇次谐波。从图 8-29 可知，这些谐波磁动势都随着绕组中的电流频率而脉振，除了磁极对数为基波的 v 倍、极距为基波的 $1/v$ 外，其他性质与基波并无差别。对三相基波磁动势分析的方法，完全适用于分析三相高次谐波磁动势。下面分别研究三相绕组中的谐波合成磁动势。

（1）3 次谐波合成磁动势。3 次谐波磁动势与基波磁动势比较，磁极对数为基波的 3 倍，即 $p_3 = 3p$，极距为基波的 1/3，即 $\tau_3 = \tau/3$。采用基波磁动势的分析方法，可得三相绕组各相 3 次谐波磁动势分别为

$$
\left.
\begin{aligned}
F_{A3} &= F_{m3} \sin \omega t \sin 3x \\
F_{B3} &= F_{m3} \sin(\omega t - 120°)\sin 3(x - 120°) = F_{m3} \sin(\omega t - 120°)\sin 3x \\
F_{C3} &= F_{m3} \sin(\omega t - 240°)\sin 3(x - 240°) = F_{m3} \sin(\omega t - 240°)\sin 3x
\end{aligned}
\right\}
\qquad (8-54)
$$

其中
$$F_{m3} = \frac{1}{3} \times 1.35 \frac{Nk_{w3}}{p} I$$

式中：F_{m3} 为各相 3 次谐波脉振磁动势的最大振幅。

则三相绕组的 3 次谐波合成磁动势为零，即

$$F_{A3} + F_{B3} + F_{C3} = F_{m3} \sin 3x [\sin \omega t + \sin(\omega t - 120°) + \sin(\omega t - 240°)] = 0 \qquad (8-55)$$

可见，三相绕组的 3 次谐波脉振磁动势在空间上是同相的，但由于三相电流在时间上互差 120° 电角度，导致三相 3 次谐波脉振磁动势互相抵消，其合成磁动势为零。同理，3 的整数倍次谐波磁动势均为零，这是三相绕组的一大优点。

（2）5 次谐波磁动势。对于 5 次谐波，有磁极对数 $p_5 = 5p$，极距 $\tau_5 = \tau/5$，则三相 5 次谐波磁动势的表达式为

$$\left.\begin{aligned}
F_{A5} &= F_{m5} \sin \omega t \sin 5x \\
&= \frac{1}{2} F_{m5} \cos(\omega t - 5x) - \frac{1}{2} F_{m5} \cos(\omega t + 5x) \\
F_{B5} &= F_{m5} \sin(\omega t - 120°) \sin 5(x - 120°) \\
&= \frac{1}{2} F_{m5} \cos(\omega t - 5x + 120°) - \frac{1}{2} F_{m5} \cos(\omega t + 5x) \\
F_{C5} &= F_{m5} \sin(\omega t - 240°) \sin 5(x - 240°) \\
&= \frac{1}{2} F_{m5} \cos(\omega t - 5x - 120°) - \frac{1}{2} F_{m5} \cos(\omega t + 5x)
\end{aligned}\right\} \qquad (8-56)$$

其中
$$F_{m5} = \frac{1}{5} \times 1.35 \frac{Nk_{w5}}{p} I$$

式中：F_{m5} 为各相 5 次谐波脉振磁动势的最大振幅。

则三相绕组的 5 次谐波合成磁动势为

$$\begin{aligned}
F_{A5} + F_{B5} + F_{C5} &= \frac{1}{2} F_{m5} \cos(\omega t - 5x) - \frac{1}{2} F_{m5} \cos(\omega t + 5x) + \frac{1}{2} F_{m5} \cos(\omega t - 5x + 120°) \\
&\quad - \frac{1}{2} F_{m5} \cos(\omega t + 5x) + \frac{1}{2} F_{m5} \cos(\omega t - 5x - 120°) - \frac{1}{2} F_{m5} \cos(\omega t + 5x) \\
&= -\frac{3}{2} F_{m5} \cos(\omega t + 5x)
\end{aligned}$$

$$\qquad (8-57)$$

由式（8-57）可知，三相合成 5 次谐波磁动势也是一个旋转磁动势，它的转速为基波的 1/5，即 $n_5 = n_1/5$，并且旋转方向与基波磁动势旋转方向相反。

同理可得，7 次谐波合成磁动势表达式为

$$F_{A7} + F_{B7} + F_{C7} = \frac{3}{2} F_{m7} \cos(\omega t - 7x) \qquad (8-58)$$

即三相合成 7 次谐波磁动势也是一个旋转磁动势，转速为基波的 1/7，即 $n_7 = n_1/7$，转向与基波合成磁动势转向相同。

类似可知：

1）当谐波次数 $v = 3k, k = 1, 3, 5 \cdots$，即 $v = 3, 9, 15 \cdots$ 的谐波合成磁动势为零；

2）当谐波次数 $v = 6k - 1, k = 1, 2, 3 \cdots$，即 $v = 5, 11, 17 \cdots$ 的谐波合成磁动势为

$$F_v = -\frac{3}{2} F_{mv} \cos(\omega t + vx)$$

即合成磁动势为与基波旋转磁动势转向相反、转速为 n_1/v 的旋转磁动势。

3）当 $v = 6k+1, k = 1, 2, 3\cdots$ ，即 $v = 7, 13, 19\cdots$ 的谐波合成磁动势为

$$F_v = -\frac{3}{2}F_{mv}\cos(\omega t - vx)$$

即合成磁动势为与基波旋转磁动势转向相同、转速为 n_1/v 的旋转磁动势。

这里要注意区分电气旋转磁动势与机械旋转磁动势。前面已经知道，原动机拖动同步发电机的转子磁极旋转，在气隙空间产生机械旋转磁动势，三相对称的定子绕组中通入对称三相交流电在气隙空间产生电气旋转磁动势，它们的基波分量在气隙中的旋转速度及产生的磁极对数相同，但谐波分量则不相同。对于机械旋转磁场，基波和谐波磁动势都是由原动机拖动而旋转的，所以谐波磁动势转向总是与基波磁动势相同，谐波磁动势的转速也与基波磁动势相同，即 $n_v = n_1$ ，而谐波磁场磁极对数为基波的 v 倍，由此谐波磁动势在定子绕组感应的电动势频率为 $f = \dfrac{p_v n_1}{60} = vf_1$ ，所以机械谐波磁动势在定子绕组感应电动势为谐波电动势；对于电气旋转磁场，基波磁动势和谐波磁动势是由三相电流产生，根据前面的分析可知，谐波磁场的磁极对数仍为基波磁场的 v 倍，但谐波磁动势与基波磁动势的转向和转速都不相同，3 和 3 的倍数次谐波磁动势为零，其他次数谐波磁动势转向可能为正转，也可能为反转，转速为 $n_v = n_1/v$ ，由此谐波磁动势在定子绕组感应的电动势频率为 $f = \dfrac{p_v n_v}{60} = f_1$ ，所以电气谐波磁动势在定子绕组的感应电动势为基波电动势。因为机械和电气旋转谐波磁动势磁极对数相同，而转速不同，它们在定子绕组中感应的电动势频率不相同。

谐波磁动势（或相应的谐波磁场）的存在，在交流电机中产生附加损耗、振动和噪声等不良影响，对异步电动机还引起附加转矩，使电动机启动性能变坏，因此设计电机时应尽量削弱磁动势中的高次谐波。与削弱高次谐波电动势类似，高次谐波磁动势也可以采用短距和分布绕组来达到目的。

【例 8-4】以 α 表示定子圆周的机械角度，定子绕组通入交流电产生的磁动势为 $f = F\cos(k\omega t + v\alpha)$ ，试分析：

（1）该磁动势的性质；

（2）产生该磁动势的电流频率；

（3）该磁动势在定子绕组中感应电动势的频率。

解：（1）根据磁动势的数学表达式 $f = F\cos(k\omega t + v\alpha)$ ，取某一时刻，如 $t = 0$ 时刻，则该时刻磁动势表达式为 $f = F\cos v\alpha$ 。可见，当 α 变化 2π 机械弧度时，磁动势变化 $v \times 2\pi$ 弧度，即磁动势正、负变化了 v 次，磁动势正、负变化一次在物理上表现为一对磁极，所以磁动势磁极对数为 v 。

取不同时刻看，磁动势幅值始终为 F ，但幅值出现的位置却随时间变化，且总是出现在 $\cos(k\omega t + v\alpha) = 1$ 处，即 $k\omega t + v\alpha = 0$ ， $\alpha = -k\omega t/v$ 的位置，所以该磁动势是沿 α 反向旋转的旋转磁动势。由 $\alpha = -k\omega t/v$ 可知，该磁动势的旋转角速度为 $\mathrm{d}\alpha/\mathrm{d}t = -k\omega/v$ 。

（2）固定某一位置看，如 $\alpha = 0$ ，则磁动势为 $f = F\cos k\omega t$ ，该位置的磁动势随时间按余弦规律变化，是脉振磁动势，脉振角频率为 $k\omega$ ，它与绕组电流的角频率相同，所以产生该磁动势的电流频率为 $k\omega/2\pi$ 。

（3）由前面分析可知，磁动势磁极对数为 v ，角速度为 $k\omega/v$ ，此角速度即为磁动势相对于定子绕组运动的角速度，则磁动势的转速为 $k\omega/(2v\pi)$ (r/s)。由于磁动势相对于定子绕组转过一对磁极，绕组感应电动势变化一次，所以定子绕组中感应电动势频率为 $k\omega v/(2v\pi) = k\omega/2\pi$ ，即与绕组电流频率相同。

结论：该磁动势为旋转磁动势，产生磁动势的电流频率为 $k\omega/2\pi$ ，该磁动势在定子绕组感应的电动势频率也为 $k\omega/2\pi$ 。

【例 8-5】三相交流电机，定子有对称的三相双层绕组，磁极对数 $p = 2$ ，定子槽数 $Z = 36$ ，每极每相槽数 $q = 3$ ，每相绕组串联总匝数 $N = 480$ ，线圈节距 $y = \dfrac{7}{9}\tau$ ，设在该三相绕组中通入一频率为 50Hz、有效值为 10A 的三相交流电流，试求：交流绕组产生的三相合成磁动势的基波、5 次谐波和 7 次谐波分量的幅值和转速。

解：已知 $q = 3$ ，则 $\alpha = \dfrac{60°}{q} = 20°$ ，且 $y = \dfrac{7}{9}\tau$ ， $p = 2$ 。

基波绕组系数为

$$k_{y1} = \sin\frac{y}{\tau}90° = \sin\left(\frac{7}{9}\times90°\right) = 0.94$$

$$k_{q1} = \frac{\sin\dfrac{q\alpha}{2}}{q\sin\dfrac{\alpha}{2}} = \frac{\sin\dfrac{3\times20°}{2}}{3\sin\dfrac{20°}{2}} = 0.96$$

$$k_{w1} = k_{y1}k_{q1} = 0.94\times0.96 = 0.902$$

基波合成磁动势的幅值为

$$F_{1m} = 1.35\frac{Nk_{w1}}{p}I = 1.35\times\frac{480\times0.902}{2}\times10 = 2922.5\text{A}$$

基波合成磁动势的转速为

$$n_1 = \frac{60f}{p} = \frac{60\times50}{2} = 1500\ (\text{r}/\text{min})$$

5 次谐波绕组系数为

$$k_{y5} = \sin5\frac{y}{\tau}90° = \sin\left(5\times\frac{7}{9}\times90°\right) = -0.174$$

$$k_{q5} = \frac{\sin5\dfrac{q\alpha}{2}}{q\sin\dfrac{5\alpha}{2}} = \frac{\sin\dfrac{5\times3\times20°}{2}}{3\sin\dfrac{5\times20°}{2}} = 0.218$$

$$k_{w5} = k_{y5}k_{q5} = 0.218\times0.174 = 0.038$$

5 次谐波合成磁动势的幅值为

$$F_{m5} = 1.35\frac{Nk_{w5}}{p_5}I = 1.35\times\frac{480\times0.038}{2\times5}\times10 = 24.6\text{A}$$

5 次谐波合成磁动势的转速为

$$n_5 = -\frac{1}{5}n_1 = -\frac{1}{5}\times1500 = -300\ (\text{r}/\text{min})$$

5 次谐波磁动势与基波合成磁动势旋转方向相反。

7 次谐波绕组系数为

$$k_{y7} = \sin7\frac{y}{\tau}90° = \sin\left(7\times\frac{7}{9}\times90°\right) = 0.766$$

$$k_{q7} = \frac{\sin7\dfrac{q\alpha}{2}}{q\sin\dfrac{7\alpha}{2}} = \frac{\sin\dfrac{7\times3\times20°}{2}}{3\sin\dfrac{7\times20°}{2}} = -0.177$$

$$k_{w7} = k_{y7}k_{q7} = 0.766\times0.177 = 0.135\,6$$

7 次谐波合成磁动势的幅值为

$$F_{7m} = 1.35\frac{Nk_{w7}}{p_7}I = 1.35\times\frac{480\times0.135\,6}{2\times7}\times10 = 62.76\text{A}$$

7 次谐波合成磁动势的转速为

$$n_7 = \frac{1}{7}n_1 = \frac{1}{7}\times1500 = 214\ (\text{r}/\text{min})$$

7 次谐波磁动势与基波合成磁动势旋转方向相同。

8.8.3 两相交流绕组的磁动势——旋转磁动势

电机中除了前面分析的采用三相对称绕组通入三相对称电流的情况外，也使用多相绕组、两相绕组及单相绕组，并且即使是三相对称绕组也有通入三相不对称电流的情况。对于这些情况，无论相数如何，电流是否对称，讨论它们产生的磁动势都可以采用前面方法。已经知道，一相交流绕组产生的磁动势为脉振磁动势，且可分解为正转和反转的两个旋转磁动势，将各相绕组产生的脉振磁动势分解，再将它们的正转磁动势和反转磁动势分别叠加，得到总的正转和反转磁动势，最后将正、反转磁动势求和，即可得到总磁动势。这里以两相交流绕组为例，分析其所产生的磁动势性质。

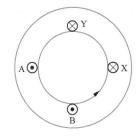

图 8–38 两相对称绕组

1. 两相对称绕组的磁动势——圆形旋转磁动势

如图 8–38 所示，定子圆周上分布有两相对称绕组，两相绕组在空间上互差 90° 电角度，绕组中通入对称两相电流，在时间上互差 90° 电角度。

则 A、B 两相绕组各自产生的脉振磁动势基波可分别表示为

$$\left. \begin{aligned} F_{A1} &= F_{m1}\sin\omega t\sin x \\ F_{B1} &= F_{m1}\sin(\omega t-90°)\sin(x-90°) \end{aligned} \right\} \tag{8-59}$$

每相绕组基波磁动势可分解为

$$\left. \begin{aligned} F_{A1} &= \frac{1}{2}F_{m1}\cos(\omega t-x)-\frac{1}{2}F_{m1}\cos(\omega t+x) \\ F_{B1} &= \frac{1}{2}F_{m1}\cos(\omega t-x)-\frac{1}{2}F_{m1}\cos(\omega t+x-180°) \end{aligned} \right\} \tag{8-60}$$

则两相对称绕组的合成基波磁动势为

$$f_1(x,t)=F_{A1}+F_{B1}=F_{m1}\cos(\omega t-x) \tag{8-61}$$

由此可见，空间相距 90° 电角度的两相对称绕组，当分别通入时间相差 90° 电角度的正弦交流电流时，每相绕组的磁动势幅值相等，则产生的合成基波磁动势是一个圆形旋转磁动势。该合成基波磁动势有以下特点。

（1）两相绕组合成磁动势的基波是一个正弦分布、幅值恒定的旋转磁动势，幅值等于每相基波脉振磁动势的幅值，即 $F_{m1}=0.9\dfrac{Nk_{w1}}{p}I$。

（2）合成基波磁动势的转速，即同步转速 $n_1=\dfrac{60f}{p}$。

（3）合成基波磁动势的转向取决于两相电流的相序及两相绕组在空间的排列。合成磁动势是从电流超前相的绕组轴线转向电流滞后相的绕组轴线。改变电流相序即可改变旋转磁动势的转向。

（4）旋转磁动势的瞬时位置视相绕组电流大小而定，当某相电流达到最大值时，合成基波磁动势的幅值与该相绕组轴线重合。

2. 两相不对称绕组的磁动势——椭圆形旋转磁动势

如果 A、B 两相绕组位置仍如图 8–38 所示，但两绕组串联的有效匝数分别为 $N_A k_{w1A}$、$N_B k_{w1B}$，两绕组中流过的电流分别为

$$i_A=\sqrt{2}I_A\sin\omega t$$

$$i_B=\sqrt{2}I_B\sin(\omega t-90°)$$

且有 $I_A N_A k_{w1A}>I_B N_B k_{w1B}$，即两相绕组为不对称绕组，通入的交流电流也不对称。则 A、B 两相绕组的基波磁动势分别为

$$F_{A1} = F_A \sin \omega t \sin x$$
$$F_{B1} = F_B \sin(\omega t - 90°) \sin(x - 90°) \Bigg\}$$

$(8-62)$

其中 $F_A = 0.9 \dfrac{N_A k_{w1A}}{p} I_A$，$F_B = 0.9 \dfrac{N_B k_{w1B}}{p} I_B$，且 $F_A > F_B$。

每相绕组的基波磁动势可分解为

$$F_{A1} = \frac{1}{2} F_A \cos(\omega t - x) - \frac{1}{2} F_A \cos(\omega t + x)$$
$$F_{B1} = \frac{1}{2} F_{B1} \cos(\omega t - x) - \frac{1}{2} F_B \cos(\omega t + x - 180°) \Bigg\}$$

$(8-63)$

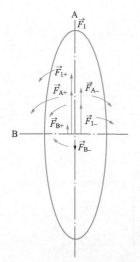

图 8-39　两相绕组的椭圆形磁动势

用矢量分析法分析这种情况下产生的合成基波磁动势。从式（8-63）可知，每相绕组的脉振磁动势基波可分解为正向、反向的两个旋转磁动势分量，将每个旋转磁动势用一个旋转的空间矢量来表示，$\vec{F}_+$ 表示正向旋转分量，$\vec{F}_-$ 表示反向旋转分量，如图 8-39 所示。由于两个分量的磁动势幅值有关系 $F_A > F_B$，所以空间矢量 $\vec{F}_{A+}$、$\vec{F}_{A-}$ 较 $\vec{F}_{B+}$、$\vec{F}_{B-}$ 的幅值大。

正转合成基波磁动势 $\vec{F}_{1+}$ 等于 $\vec{F}_{A+}$ 和 $\vec{F}_{B+}$ 这两个正转磁动势相加，即

$$\vec{F}_{1+} = \vec{F}_{A+} + \vec{F}_{B+}$$

显然，正转合成基波磁动势是一个圆形旋转磁动势。

反转合成基波磁动势 $\vec{F}_{1-}$ 等于 $\vec{F}_{A-}$、$\vec{F}_{B-}$ 之和，即

$$\vec{F}_{1-} = \vec{F}_{A-} + \vec{F}_{B-}$$

则反转合成基波磁动势也是圆形旋转磁动势。与前面对称情况下不同的是，反转合成基波磁动势幅值不为零。

两相不对称绕组的合成基波磁动势为正转合成磁动势 $\vec{F}_{1+}$ 和反转合成磁动势 $\vec{F}_{1-}$ 之和。由于 $\vec{F}_{1+}$ 和 $\vec{F}_{1-}$ 的旋转方向相反，只能固定在某个瞬间相加，得到该瞬间的合成基波磁动势。由于两个旋转方向相反、幅值不相等的磁动势相加，所以，两相不对称绕组合成基波磁动势为一幅值和旋转速度都在变化的椭圆形旋转磁动势。

用同样的方法也可以分析两相磁动势在幅值相等、相位相差不是 90° 电角度的情况，其合成基波磁动势也为一椭圆形旋转磁动势。另外，如果两相磁动势幅值不等、相位差也不是 90° 电角度时，合成基波磁动势一般为椭圆形旋转磁动势。

对于对称三相绕组中通入不对称三相电流的情况，其产生的合成基波磁动势一般也为椭圆形旋转磁动势。

总之，当 $\vec{F}_{1+}$ 和 $\vec{F}_{1-}$ 中有一个为零时，合成磁动势为圆形旋转磁动势。

当 $\vec{F}_{1+} \neq \vec{F}_{1-}$ 时，合成磁动势为椭圆形旋转磁动势。

当 $\vec{F}_{1+} = \vec{F}_{1-}$ 时，合成磁动势为脉振磁动势。

本章小结

本章讨论了交流同步电机和异步电机的共同部分——交流绕组。首先介绍了交流绕组的构成原则、类型及相关的基本概念，然后讨论了三相单层绕组和三相双层绕组的连接，之后分别讨论了正弦磁场下交流绕组的感应电动势和正弦电流下交流绕组的磁动势。

正弦磁场下一相交流绕组感应电动势计算公式与变压器绕组感应电动势的计算公式类似，只是由于交流绕组为分布式、短距绕组，所以感应电动势计算公式中的绕组匝数为等效匝数，即绕组实际匝数乘以绕组系数。单相交流绕组流过正弦电流产生脉振磁场，空间对称分布的三相交流绕组通以三相对称电流产生旋转磁场，旋转磁场的速度称为同步转速，是电机的重要参数。

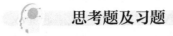 **思考题及习题**

8-1 交流电机中，为了在交流绕组得到三相对称的基波感应电动势，对三相绕组排列有什么要求？

8-2 交流电机的双层绕组结构上有什么特点？双层绕组主要用在哪些场合？

8-3 试说明绕组短矩系数和分布系数的物理意义。若交流绕组采用长距线圈 $y > \tau$，其短矩系数是否会大于1，为什么？

8-4 交流发电机定子槽中的导体感应电动势的频率、波形、大小与哪些因素有关？这些因素中哪些是由电机结构决定的，哪些是由运行条件决定的？

8-5 为什么交流电机绕组中感应电动势会出现谐波成分？怎样削弱？

8-6 为什么三相交流发电机定子绕组一般采用Y形连接？

8-7 单相整距线圈流过正弦电流产生的磁动势波形有什么特点？请分别从空间分布和时间变化的特点进行说明。

8-8 为什么计算交流电机绕组的电动势和磁动势时可以采用相同的绕组系数？

8-9 交流电机单相绕组磁动势的性质怎样？它的基波幅值大小、幅值位置、脉动频率各与哪些因素有关？这些因素中哪些是由电机结构决定的，哪些是由运行条件决定的？

8-10 交流电机三相基波合成磁动势的性质如何？它的幅值大小、幅值空间位置、转向和转速各与哪些因素有关？这些因素中哪些是由电机结构决定的，哪些是由运行条件决定的？

8-11 设有多相对称电流流过多相对称绕组，其产生的旋转磁场含有 v 次空间谐波，由这一谐波旋转磁场在电枢绕组中所感应的电动势频率是多少？

8-12 一台定子绕组为△形连接的电机，当定子绕组内有一相断线，此时所产生的磁动势是什么样的磁动势？当电机的三相进线断一相时，又产生什么样的磁动势？

8-13 如何减少交流绕组所产生的磁动势中的高次谐波？

8-14 一台交流电机，定子槽数为 $Z_1 = 36$，磁极对数 $2p = 4$，线圈节距 $y = 7$，并联支路数为 $a = 1$，试画出该电机的定子槽电势星形图，并标出 60° 相带分相情况。

8-15 一台交流电机，每极下面有 9 个槽，试计算下列情况下绕组的分布系数。

（1）绕组分布在 9 个槽中；

（2）绕组占每极 2/3 总槽数，120° 相带；

（3）三个相等绕组布置在 60° 相带中。

8-16 有三相单层绕组交流电机，定子槽数 $Z_1 = 24$，磁极对数 $2p = 4$，试求该电机的基波、3 次及 5 次谐波的绕组系数。

8-17 一台三相交流电机，定子槽数 $Z_1 = 36$，磁极对数 $2p = 4$，采用双层叠绕组，并联支路数 $a = 1$，线圈节距 $y = \dfrac{7}{9}\tau$，每个线圈匝数为 20 匝，每极气隙磁通 $\Phi_1 = 7.5 \times 10^{-3}$Wb，试求每相绕组的基波感应电动势。

8-18 一台三相同步发电机，频率为 $f = 50$Hz，额定转速 $n_N = 1000$r/min，定子采用双层短矩分布绕组，每极每相槽数 $q = 2$，线圈节距 $y = \dfrac{5}{6}\tau$，每相串联匝数 $N = 72$，Y形连接，每极基波磁通 $\Phi_1 = 8.9 \times 10^{-3}$ Wb，$B_{m1} : B_{m3} : B_{m5} : B_{m7} = 1 : 0.3 : 0.2 : 0.15$。

试求：

（1）电机的磁极对数；

（2）定子槽数；

（3）基波及 3、5、7 次谐波的绕组系数 k_{w1}、k_{w3}、k_{w5}、k_{w7}；

（4）基波及 3、5、7 次谐波相电动势 E_{ph1}、E_{ph3}、E_{ph5}、E_{ph7}；

（5）合成相电动势 E_{ph} 和线电动势 E。

8-19 一台两极汽轮发电机，$f = 50\text{Hz}$，定子槽数 $Z_1 = 54$，每槽内两层导体，并联支路数 $a = 1$，$y = 22$，Y形连接。已知电机空载线电压 $U_0 = 6300\text{V}$，试求每极基波磁通量 Φ_1。

8-20 有一台三相同步发电机，额定功率 $P_N = 6000\text{kW}$，额定电压 $U_N = 6.3\text{kV}$，功率因数 $\cos\varphi_N = 0.8$，磁极对数 $2p = 2$，定子绕组采用 Y形连接，定子总槽数 $Z_1 = 36$，每相串联匝数 $N = 72$，节距 $y = 15$，$f = 50\text{Hz}$，定子电流 $I_1 = I_N$。试求：

（1）单相绕组所产生的基波磁动势幅值 F_{m1}；

（2）三相绕组所产生的合成磁动势的基波幅值 F_1 及其转速 n_1。

9

旋转电机的绝缘系统

绝缘技术是电机，尤其是高压、大容量电机发展的核心技术，绝缘系统的各项经济技术指标在很大程度上反映了电机的设计及制造水平。随着高电压、大容量、高海拔、湿热带和核电站等电力装备的发展，以及高温、高频、航天、激光、辐射等新技术领域的开拓，对电气产品提出了越来越多的严格要求，电机绝缘技术的发展也越来越受到重视。只有综合开发和应用新型的绝缘材料、设计合理的绝缘结构、发展先进的制造工艺和科学的绝缘实验手段，才能最大限度地满足电机的电气绝缘系统长期承受的电、热、机械等各种苛刻工况的要求，有效延长电机的寿命并保障电机稳定运行。

9.1 交流电机绝缘技术的概述

9.1.1 电机绝缘技术的研究内容

电机绝缘的作用包括：① 使定子和转子线圈中的电流按规定的路径流动，防止导体之间或者导体对地短路，保障电机正常运转；② 间接冷却的电机要求绝缘具有良好的导热性，避免导体过热；③ 起到固定铜导体的作用，使之不会发生位移。

在电机中，绝缘部分既不帮助产生磁场也不提供磁通路径，无助于产生转矩或者电流。它的存在会增加电机尺寸及成本，并降低电机效率。所以，电机设计者的"理想"是去绝缘的。然而，如果没有绝缘，铜导体会彼此接触或与电机铁心接触，电流不会按照希望的路径流动，导致电机无法正常运转。因此，电机绝缘技术在电机的制造与运行中占有重要的位置，它和电机的技术经济指标、运行可靠性与寿命有着直接关系。

电机绝缘技术的基本定义是，为电气/电子系统建立可靠、合理的绝缘系统而得以实现其功能的技术。其主要研究内容如图9-1所示。

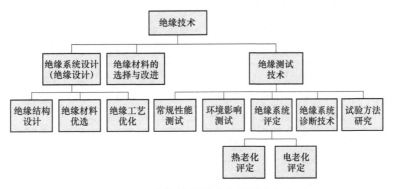

图9-1　电机绝缘技术主要研究内容

总之，电机绝缘技术就是研发设计能在较高温度和较高电场下安全可靠运行的电机绝缘系统，尽可能地减薄厚度、缩小电机体积、增大单机容量、降低成本。绝缘设计中应优选低挥发或无挥发、无毒或少毒的环保绝缘材料，优化绝缘制造工艺，降低制造过程中的能源消耗、减少对环境的污染。

9.1.2　绝缘材料

电气绝缘材料是一种导电率很小（接近零）并可提供电气隔离的物质，电机运行的可靠性和寿命，在很大程度上由绝缘材料的性能决定。电机的一些主要技术指标如电压等级、单位质量的输出功率等，也与其绝缘结构、绝缘材料及绝缘工艺有很大关系。

最早期电机的绝缘材料包括原生态的天然材料，如丝、亚麻、羊毛、橡胶、棉等。人们从树、植物、昆虫和油田中得到木沥青、虫胶、松香、亚麻籽油和精炼石油、石蜡及沥青等树脂；或将砂子、云母、石棉、石英和其他矿物碾碎或磨成粉作为绝缘填料。这些绝缘材料对环境污染是很小的，或者是无污染的。然而，为了适应这些材料的局限性，早期电机绝缘系统设计只能用尝试性实验去寻找满足最低设计标准的绝缘系统，导致电机运行温度、机械和电气性能均在低水平下。1908 年，L.H.Baekeland 博士研发的苯酚—甲醛树脂被应用于电气产品。其后，1920 年代后期至 1950 年代大量合成绝缘材料被广泛用于电机中，提高了电机耐热等级、电性能及安全性。这些合成聚合物在应用时必须用可挥发的有机化学物质（溶剂、稀释剂等）溶解这些涂料和绝缘漆。

从 1950 年开始，人们认识到可挥发化学有机物质（volatile organic compounds，VOC）的危害，为此有关国际组织制定了可挥发有机化学物质的排放标准，要求必须将这些有害气体经过处理达到一定标准才能排放到大气中去。按职业健康安全/环保的法律法规要求，很多有污染和危害人身健康的绝缘材料已被废除和禁止使用，包括可致癌物质：石棉、酚醛、沥青、松石蜡、氧化镉等。还有些绝缘材料则被有条件限制使用。当前电机绝缘材料发展方向为研发低能源消耗，使用清洁能源、可再生能源等的环保材料。近年来在大型高压交流电机绝缘系统中选用的几种主要典型环保绝缘材料有：环氧酸酐型无溶剂浸渍树脂，水溶性半无机硅钢片漆，无溶剂多胶粉云母带，少胶云母带，L611 热收缩绝缘保护带等。表 9-1 为主要合成绝缘材料发展历程。

表 9-1　　　　　　　　　　　　　　　　主要合成绝缘材料发展历程

年代	绝缘材料大事记
1908 年	L.H.Baekeland 博士研发苯酚—甲醛树脂（又称酚醛树脂）用于电气产品，后形成各种各样的苯酚和甲酚与甲醛的缩聚产品
1922 年	玻璃纤维创始和生产，到 20 世纪 50 年代初期开始用于绕包线和云母带、层压板等
1926 年	醇酸树脂、苯胺—甲醛用于电气产品，醇酸树脂取代或混合天然树脂支撑表面瓷漆，有溶剂绝缘漆和漆布等，在旋转电机上得到使用
1927—1938 年	聚氯乙烯、脲甲醛、丙烯酸、聚苯乙烯和尼龙分别相继引入绝缘材料
1939 年	三聚氰胺、甲醛引入绝缘材料，制成有溶剂漆、硅钢片漆、漆布等
1942 年	聚乙烯和聚酯引入绝缘材料，聚酯树脂从醇酸树脂衍变而来，最初用于军事需要，第二次世界大战后得到广泛应用，支撑聚对苯二甲酸乙二醇酯薄膜（PET），即聚酯薄膜。西屋公司首先将聚酯薄膜及其产品用于高压电机绕组绝缘，商品名称为 Thermalastic，并形成 Thermalastic 绝缘体系
1943 年	碳氟和有机硅引入绝缘材料，有机硅在绝缘材料中的应用很广
1947 年	环氧树脂引入绝缘材料，早期的环氧化合物大多数在室温下是无溶剂热塑性固体，不适合用作低黏度浸渍树脂
1950 年	GE 公司采用有溶剂环氧混合物形成 Micapall 体系，即所谓的富树脂体系，又称多胶体系
20 世纪 50 年代初	合成薄膜、聚合物纤维纸（布），用于槽绝缘、匝绝缘和相绝缘等
20 世纪 50 年代后	使用聚氨酯、聚丙烯和聚碳酸酯作为绝缘材料
20 世纪 60 年代后	开发了聚酰亚胺、二苯醚等，用作绝缘材料的合成聚合物种类繁多，多数为改性合成聚合物，但总趋势是向低挥发、无溶剂、少毒或无毒的清洁型转向
20 世纪 60 年代末至 90 年代	环氧树脂用顺丁烯二酸酐在触媒作用下生成半酯化反应物，并获得专利，20 世纪 70 年代该体系改进为全酯化环氧。西屋公司开始使用该专利配方，直到 90 年代末才有了进一步改进，形成至今仍使用的环氧酸酐/苯乙烯体系
1965 年	ABB 公司开始使用环氧酸酐/苯乙烯体系（EP-190）
20 世纪 70 年代初	西门子在 1957 年引进西屋公司专利配方后，开发了 Micalastic 绝缘，浸渍树脂为双酚 A 低分子环氧和液体酸酐
20 世纪 70 年代末	奥地利 Lack 公司研发水溶性酚醛树脂半无机硅钢片漆

年代	绝缘材料大事记
20 世纪 80 年代	杜邦公司开发了耐电晕、含云母、耐热水等聚酰亚胺薄膜
20 世纪 80 年代中	T.Karlsson 等人完成高导热多胶云母带的研究和应用工作（10.4kV、6.5MW 电机）
20 世纪 90 年代初	R.Brfitsch 和 A.Lute 等人完成高导热少胶云母带的研究和应用工作（18kV 汽轮发电机）
2001 年	东芝公司和依索拉公司合作，在 VPI 少胶云母带中添加高导热颗粒 BN，制出高导热绝缘材料（250MVA 空冷汽轮机及 350MVA 氢冷汽轮机）
21 世纪初	杜邦公司研发水溶性三聚氰胺树脂半无机硅钢片漆

在电机中，绝缘系统是最为薄弱的环节，绝缘材料尤其容易受到高温的影响而加速老化并损坏。不同的绝缘材料耐热性能有区别，采用不同绝缘材料的电气设备其耐受高温的能力就有不同。按国家标准 GB/T 11021—2014《电气绝缘　耐热性分级》（IEC 60085—2007）将绝缘材料耐热性分级见表 9-2。

表 9-2　　　　　　　　　　　　　　　　绝缘材料耐热性分级

字母表示	耐热等级	绝 缘 材 料
Y	90	未经过处理的棉纱、丝、纸等
A	105	用绝缘漆处理过的棉纱、丝、纸等
E	120	含有机材料组成的绝缘产品，如聚酯薄膜和 A 级材料复合、玻璃布、油性树脂漆环氧树脂、聚乙烯、胶纸板、乙酸乙烯耐热漆包线等
B	130	云母、石棉、用有机合成胶做黏合剂的制成品、聚酯漆、聚酯漆包线等
F	155	硅有机材料或用硅有机材料做黏合剂的云母、石棉、玻璃纤维，以玻璃丝布和石棉纤维为基础的层压制品，以无机材料作为补强和石带补强的云母粉制品，化学热稳定性较好的聚酯或醇酸类材料，复合硅有机聚酯漆
H	180	无补强或以无机材料为补强的云母制品、加厚的 F 级材料、复合云母、有机硅云母制品、硅有机漆硅有机橡胶聚酰亚胺复合玻璃布、复合薄膜、聚酰亚胺漆等
N	200	合适的树脂黏合或浸渍、涂覆后的云母、玻璃纤维等，未经处理的无机物，如石英、石棉、云母、玻璃、电瓷材料及其组合物等
R	220	
—	250	

未来我国机电工业的发展趋势为：超大型水轮发电机组、超大型核动力发电机组、大型风力发电机组、高压电动机（电压等级≥20kV）、超高压直流输配电、太阳能工程、混合动力汽车产业等节能环保工业。另外，大型火力发电机组的技术改造工程（环保及增容的要求，即减少碳硫排放及减薄绝缘的需要）也将成为研究重点。因此，绝缘材料的研发还需要考虑到环保的要求，目前的研究重点集中在研发：① 无溶剂和水溶性环保型绝缘材料；② 低温快固化的节能型绝缘材料；③ 可循环使用的节约型绝缘材料；④ 环保产业所需要的配套型绝缘材料；⑤ 针对天然物质的替代型绝缘材料；⑥ 对老产品进行的技改型绝缘材料；⑦ 绝缘材料环保评定方法。

9.1.3　绝缘系统（Electrical Insulation System，EIS）

绝缘系统是多种绝缘材料相互搭配从而达到一定耐温等级的材料组合体，不同的绝缘材料、绝缘结构与绝缘工艺构成不同的绝缘系统。绝缘系统的性能取决于绝缘材料之间的相互作用，绝缘系统的承受能力与电机性能密切相关。在电机，尤其是高压大电机的研发中，绝缘系统的电场强度、击穿电压、介质损耗、机械强度、耐磨性能、导热能力、化学稳定性、耐热能力、耐电腐蚀能力、抗展能力等方面的指标必须得到保证。

电机对绝缘系统的要求如下。

（1）可靠性与寿命。电机绝缘可靠性是指一定时间内绝缘不失效的概率。电机绝缘寿命是指有效使用到绝缘老化的时间。寿命不包括通过小修可以恢复使用的故障，有的电机（如鱼雷电机）要求可靠性接近 100%，而寿命仅几分钟，一些单机配套的电机，寿命要求长，对可靠性要求低。

（2）经济性。绝缘系统对电机成本有很大影响，在保证电机有足够可靠性和寿命基础上，应通过绝缘系统优化设计来尽可能地降低成本。

（3）安全裕度。绝缘性能因老化而逐年下降，因此新电机的绝缘性能应有足够的裕度。

（4）热胀冷缩。电机运行时要发热，绕组绝缘构件中的金属导线、各种绝缘材料、铁心的膨胀系数各不相同，彼此会产生位移。热胀冷缩问题在铁心较长的电机中尤其需要考虑。

（5）绝缘组合方式。旋转电机的绝缘系统一般包括定子绝缘系统与转子绝缘系统。电机绝缘系统总的设计原则是在保证电机运行可靠和达到预期寿命的前提下，尽量选用较薄的绝缘材料，以提高利用率，缩小电机的主要尺寸，提高经济技术指标。在设计中主要考虑：① 介电性能要求，包括介电强度、体积和表面电阻系数、介电常数、介质损耗、耐电晕、电弧性能、泄露和表面放电等；② 机械性能，包括抗拉、压、剪、弯曲的强度，抗冲击和撕裂强度，以及硬度、延伸性、可挠性、加工性等；③ 热性能，包括耐热性、热导性、热膨胀系数、闪点、软化点等。④ 化学性能，包括耐腐蚀，电化学稳定性、抗老性、抗氧化性，可溶性和耐溶剂性，与其他材料的相容性等。绝缘除了承受每一个因素本身的老化作用以外，还要承受各因素之间的相互作用。例如，绝缘在不同温度下的耐机械、电场、氧化的能力都会有所改变，而且机械、电场和环境因素之间也会产生相互作用。

不同电机的绝缘结构设计要点也不尽相同。此外，随着全球能源紧张，新能源技术、新材料、新工艺的快速发展，电机正处于高能效、高节能的发展阶段，对绝缘结构的要求也与传统的大不一样。

一般来说，绝缘系统的设计流程为：① 绝缘结构的设计（确定结构的组合方式和尺寸并合理设计结缘结构的电场与热场分布）；② 进行绝缘材料筛选；③ 优化工艺方案；④ 绝缘系统的可靠性检验与功能性评定。

9.1.4　旋转电机绝缘结构功能性评定

绝缘结构功能性评定试验已经广泛用来作为预估绝缘结构预期寿命的手段。所谓功能性评定试验就是在试验室模拟电机在实际运行中所遇到的各种老化因素，将这些因素中的某一个予以强化，施加于试样，当试样的性能劣化下降到不能承受额定的水平（如额定电压下被击穿），即作为寿命终点。然后按强化因素与寿命的规律外推到额定点，即获得绝缘结构的寿命。关于旋转电机绝缘结构的功能评定，国际上通用的整机评定试验方法是美国 IEE 117.3—2016《评定散嵌交流电机绝缘结构的试验规程　第三部分：电机》。我国现行的评定标准为 GB/T 17948.7—2016《旋转电机绝缘结构功能性评定总则》，本标准规定了应用于或准备应用于 IEC 60034.1 规定范围内的旋转电机的电气绝缘结构功能性评定规程总则。评定动机绝缘结构的性能通常要对绝缘结构进行耐热功能性试验、电功能性试验、机械功能性试验及环境功能性试验。

9.2　旋转电机定子绝缘系统

旋转电机的定子包括定子绕组、定子铁心及电气绝缘三个主要部件。定子绕组一般采用铜（铝）导体，是电流的载体。定子铁心由铁磁材料（硅钢片叠制）做成，构成电机的一部分主磁路。定子电气绝缘部分基本由有机材料构成。通常有机材料的软化温度与机械强度比铜和钢要低得多，所以定子的寿命通常受限于定子绕组的绝缘系统而不是导体和铁心。

9.2.1　定子绕组结构的类型

额定容量从 1kW 至 1000MW 以上的电机采用三种定子绕组结构基本类型：① 散嵌定子绕组（软绕组）；② 采用多个线圈的成型（或称模绕）定子绕组（硬绕组）；③ 采用罗贝尔换位线棒的成型（或称半圈式）定子绕组（简称"线棒式定子绕组"）。表 9-3 给出了常用定子绕组分类。

表9-3   定 子 绕 组 的 分 类

类型	电机类型	绕组形式	
交流电机	小型异步电机 小型同步电机	散嵌式	
	大中型异步电机 大型同步电机	成型式	圈式
			半圈式或棒式
直流电机	磁极绕组	绝缘导线绕制	
		光导线绕制	平绕
			边绕
	补偿绕组	条式	

1. 散嵌定子绕组

散嵌绕组由圆形截面的绝缘铜导体绕制而成，常用语工作电压不超过500V的小型电机。散嵌绕组按照嵌装方式的不同，又可分为嵌入式绕组、绕入式绕组和穿入式绕组。其中嵌入式绕组是最常见的。图9-2为散嵌定子绕组图片。

2. 采用多个线圈的成型（或称模绕式）定子绕组

成型（模绕式）线圈适用于额定电压在1000V以上的大中型电机。这种绕组需要预先制成绝缘线圈，然后嵌入定子铁心槽制成绕组（见图9-3）。这种预成型的线圈，由一根连续回绕的导线制成一个线圈的形状，线圈匝间附加有绝缘。设计制造中要确保线圈中每一匝与相邻匝之间的电压差尽可能小，从而使匝间绝缘可以更薄一些。

图9-2 散嵌定子绕组图片

图9-3 定子成型绕组

3. 线棒式定子绕组

对于大型发电机来说，电机的功率越大，机械性能上就会更难于弯折。当电机的容量大于50MW时，成型线圈就很大了，以致如果要把整个线圈嵌入铁心槽中会有线圈发生机械性损伤的风险。因此，现在很多大型发电机定子采用罗贝尔换位线棒，即"半组式"线圈制作而成。这样每次仅需要将半个线圈嵌入铁心槽内，再将其端接部分焊接起来，形成线圈。这样在制作上要比同时在两个槽内嵌入一个整线圈的两个边要容易得多，如图9-4所示。汽轮发电机线棒式绕组下线过程如图9-5所示。

(a)

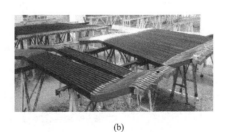

(b)

图9-4 线棒式定子绕组

(a) 定子线棒示意图；(b) 加工好的定子线棒

9.2.2 定子绕组绝缘系统的主要部件

定子绕组绝缘系统包括几个不同的部件，特性各不相同，组合在一起确保不发生电气短路，并确保将定子导体损耗 I^2R 生成的热量传导到散热装置上，还要抵抗磁场力的作用使导体不发生振动。定子绝缘系统的基本部件为股绝缘、匝绝缘、主（或对地）绝缘。图9—6和图9—7给出了铁心槽中散装绕组的横截剖面。图9—7中，成型定子的一个槽内包含两个线圈，这是很典型的结构。作为主绝缘的补充，绝缘系统中有时包含高电压防晕涂层和绕组端部固定组件。

图9—5　汽轮发电机线棒式绕组下线过程

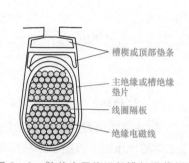

图9—6　散装定子绕组的槽部横截剖面

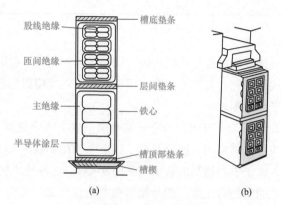

图9—7　成型绕组与线棒式绕组的槽部横截剖面
（a）成型多匝绕组的槽部横截剖面；
（b）直接冷却的罗贝尔线棒的槽部横截剖面

1. 股绝缘

在散嵌定子绕组中，股绝缘起着匝绝缘的作用，有时在较为关键的地方会单独使用额外的编织衬套加强匝绝缘。在散嵌绕组中，股绝缘被当作匝间绝缘来讨论，而成型绕组电机大多使用独立的匝绝缘与股绝缘。这里重点讨论成型绕组和线棒式绕组中的股绝缘。

如图9—7所示，通常成型绕组和线棒式绕组中的每个导体被分成多支股线。从机械角度来看，大容量电机的线圈在工作中会流通比较大的电流，因此应该有相对较大的横截面积。而大截面积的单个导体很难弯曲成所需的形状。由较小横截面积的股线组成的大导体则比较容易弯曲成被要求的形状。从电气的角度来看，一是对具有大横截面积的导体而言，集肤效应明显，如果导体的截面积足够大，导体中心将不会有电流流过，导体有效面积减少，交流电阻变大，损耗增加。而用互相绝缘的股线制成同样截面积的导体，集肤效应可以忽略，损耗减小。二是截面积太大的导体中会产生涡流损耗。在电机中，主磁场是径向的，如图9—8所示，电机的气隙中是径向磁通，磁通垂直于轴向。而在绕组端部，铁心端部的磁通是弯曲的，导致磁通有轴向分量，这个轴向磁场会在导体中感应出循环电流。导体截面积越大，沿导体外表面路径交链的磁通就越大，感应出的涡流电流就越大，损耗也会随之增加。因此将单个导体分成多股，可以减小导体尺寸，涡流损耗就会减小，有助于提升电机效率。

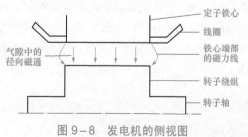

图9—8　发电机的侧视图

导体分成股线时，各股线之间是绝缘的，但是股线之间的电压差通常小于几十伏，所以绝缘可以做得很薄。由于股线之间的绝缘与定子铜导体紧密相贴，因此股线绝缘会承受定子中最高的温度——铜线温度。所以股绝缘必须具有良好的热特性。另外，股绝缘还要承受绕组制造时可能造成的机械性损伤，因此应该具有良好的机械性。

2. 匝绝缘

在散嵌及成型定子绕组中，匝绝缘的作用是防止绕组发生匝间短路。发生匝间短路时，短路匝相当于自耦变压器的二次绕组，遵循以下变压器电流定律

$$N_1 i_1 = N_2 i_2 \tag{9-1}$$

式中：N_1，N_2 为一、二次侧绕组匝数；i_1，i_2 为一、二次侧电流。

由式（9-1）可见，如果绕组在中性点和相出线端之间有 100 匝（一次绕组），短路匝数为 1 匝（二次绕组），则短路匝内电流为其他匝内电流的 100 倍，短路匝会很快过热，熔化的铜将会损坏主绝缘，导致对地短路故障。因此，为了延长定子绕组的寿命，有效的匝间绝缘是必不可少的。

电机的定子绕组在电机工作时会承受机械应力及热应力。机械应力主要有：在线圈成型过程中，由绝缘包裹的匝线圈弯曲较大的角度，线圈承受很大的机械应力，可能会使绝缘拉伸并撕裂；在电机稳态运行时，磁场力引起的机械振动作用于各匝线圈上；电动机启动或者发电机并网时，各匝线圈会受到非常强大的磁场力。这些机械应力都要求匝绝缘具有良好的机械强度。匝绝缘所承受的热应力基本与股绝缘一样，匝绝缘紧贴导体，导体损耗 $I^2 R$ 为发热源。匝绝缘的熔化和分解温度越高，定子能流过的设计电流越大。

匝绝缘还可能会承受与电动机启动、变频器操作，雷击等相关的很高的暂态电压的冲击，这些暂态电压会使匝间绝缘老化甚至击穿。

大约 1970 年以前，在多匝绕组内，股绝缘和匝绝缘是各自独立的。1970 年之后，一些定子制造商将股绝缘和匝绝缘合在了一起。这样减少了制造工艺的步骤，提高了槽满率。需要注意的是在线棒式绕组中，没有匝绝缘而仅有股绝缘。

股绝缘和匝绝缘主要采用漆包电磁线和绕包电磁线。漆包线是由铜线外涂覆绝缘漆，经烘干固化而成，其中铜线一般为圆铜线。漆包线具有表面光滑，易于布线的特点，较多使用在中小型低压电机中。F、H 级及以上耐热漆包线的品种主要是改性聚酯、聚酯酰亚胺、聚酯酰胺酰亚胺、聚酰胺酰亚胺、聚酰亚胺、芳香聚酰亚胺及相关的复合漆包线。绕包线是指用薄膜、云母带、玻璃丝等对铜线进行绕包而成的电磁线，绝缘厚度较厚，多用于大中型电机。为提高槽满率，绕包线一般采用截面为矩形的铜扁线。常用的绕包薄膜及绝缘带有聚酯薄膜、Q 薄膜、聚酰亚胺薄膜、聚酰胺酰亚胺薄膜、芳香聚酰胺纤维带（Nomex 纸）、各种云母带及复合带等。

3. 主绝缘

电机主绝缘是指隔离定子铜导体与接地的定子铁心的部件。主绝缘故障会触发接地故障继电器动作，引起电机跳机停止工作。为了延长电机运行寿命，主绝缘要承受苛刻的电气、热和机械应力要求。

（1）电气设计。散嵌定子绕组的主绝缘大多与匝间绝缘是相同的。因此，电磁线绝缘既是匝绝缘也是对地绝缘。当电机的额定电压大于 250V 时，还要在线圈与铁心槽之间加一层绝缘薄片，以提供附加的对地绝缘（见图 9-6）。线圈之间也要使用绝缘薄片来分隔。成型绕组和线棒式绕组通常用于大型高压电机，高电压要求绝缘必须有一定的厚度。另外，如果线圈绝缘发空（线圈绝缘层内部或绝缘层与导线表面之间脱壳或分离而形成有间隙），电场强度高到使空气击穿，就会产生电火花。我们称之为主绝缘内部或者线棒和线圈表面产生了局部放电（国际上通常用 PD 表示局部放电），即电晕。反复的放电最终会导致绝缘故障。所以在 6kV 或者更高电压等级的电机定子绕组中要增加防晕涂层以抑制局部放电。这些涂层使线圈槽部外表面和铁心槽壁之间的气隙短路，使槽口外线圈端部表面电位梯度尽量均匀，从而防止定子线棒（圈）表面、线棒（圈）与定子铁心之间的表面及绕组端部与定子铁心端部互相靠近的表面上发生局部放电。

（2）热设计。在间接冷却的成型电机中，主绝缘是将热量从铜导体传导到定子铁心的主要路径。因此，主绝缘应该具有尽可能小的热阻和尽可能高的传热系数，同时应避免主绝缘中有会抑制热传导的空气隙。因此，主绝缘必须能够在铜导体正常运行达到的最高温度下运行，还要求在制造过程中绝缘内部生成的气泡尽可能少。

（3）机械设计。在电机运行时，定子铜导体有电流流过，从而将承受磁场力，使得线圈或者线棒在铁心槽上下振动。如果电流频率为 50Hz，同一槽内上、下层导体电流产生的两个磁场相互作用，磁场力的频率

为 100Hz。设作用于上层线圈的磁场力为 F，力的方向为径向，对于 1m 长的线圈，有

$$F = \frac{kI^2}{d}(\text{kN}/\text{m})$$ （9−2）

式中：I 为流过线圈（线棒）的电流的有效值；d 为定子铁心槽的宽度，m；k 为系数，$k=0.96$；F 为作用于铁心槽内每米长的线圈或者线棒上的力，kN。

假设定子线棒（圈）电流为

$$i = \sqrt{2}I\sin\omega t$$ （9−3）

其中

$$\omega = 2\pi f$$

式中：f 为工频频率。

将式（9−3）代入到式（9−2）中，则

$$F = \frac{kI^2(1-\cos 2\omega t)}{d}$$ （9−4）

由式（9−4）可见，铁心槽底承受了一个频率为 2 倍工频的力。此外，槽内还有一个由于转子磁场作用于定子绕组电流产生的力，其大小也是呈周期震荡，振荡频率也是 2 倍工频。

主绝缘的构造必须有利于防止铜导体由磁场力引起的振动。如果主绝缘发空，铜导体就会有振动的自由度，这将导致铜导体不断撞击到主绝缘上。铜股线和匝间彼此摩擦，产生绝缘损坏。如果在线圈表面和导体之间填充不可压缩的绝缘材料，就可以防止导体的移动。

4. 槽部机械支撑

电机在正常运行时线圈（线棒）将受到如式（9−2）、式（9−4）所示的频率为基波电频率 2 倍的磁场力。在电机发生故障时，暂态电流能达到额定电流的数倍，而磁场力正比于电流的平方，所以电机故障时，线圈（线棒）所承受的瞬时磁场力比正常运行时要大很多倍。因此，电机的线圈必须固定良好，要能够承受这些稳态和暂态的机械力造成的位移。如果线圈的槽部或者端部发生松动，将会导致绝缘磨损或疲劳开裂并引起电机短路事故的发生。

为了固定线圈（线棒），如图（9−6）和图（9−7）所示，槽内要尽可能多的放置导体和绝缘来填满，槽顶用槽楔封锁住。第一代槽楔通常由不导电、非磁性的绝缘材料制成，主要作用是抑制槽内导体的移动。现在电机行业则广泛用磁性槽楔替代非磁性槽楔。磁性槽楔是在制造普通槽楔的材料中加入导磁材料，经过热压、固化成型；主要由基体树脂（一般为热固性树脂）、增强玻璃纤维和磁性粉末组成。基体树脂和增强纤维用于提高槽楔的力学性能和耐热性能，而磁性物质则提高了槽楔的导电导磁性能。由于磁性槽楔的导磁系数大，增大了定子齿部的有效截面积，降低磁阻；而且使电机的卡氏系数减小，相当于缩短了电机的有效气隙，从而减小了电机的表面损耗和脉振损耗，在提高电机效率的同时降低了绕组温升，并能极大地降低振动和噪声水平，延长电机的使用寿命。然而，磁性槽楔在发展与使用过程中仍存在很多问题。使用磁性槽楔后，定子漏抗随着槽楔相对磁导率的提高而增大，将导致电机电流和转矩减小。随着磁导率的增高，磁楔在定子中所受的电磁力也随之增大，磁楔的松动和脱落也是经常出现的问题。此外，由于磁性槽楔位于电机定子铁心冲片齿部的槽口处，处于电机温度较高的部位，承受着气隙磁场各种交变力的作用。所以，对槽楔的力学性能、电性能和磁性能均有较高的要求。

目前常用的磁性槽楔有：模压磁性槽楔，磁性板槽楔，磁性引拔槽楔等。图 9−9（a）所示为一种锥形槽楔照片。

大型电机经常使用比较复杂的对头槽楔或者"波纹弹簧板"槽楔［见图 9−9（b）］来固定槽内线圈。另外一种保证线圈或线棒不会变松的方法是将线圈或者线棒黏合在铁心槽上。对于成型线圈，常用一种叫作整体真空压力浸漆（VPI）的方法。

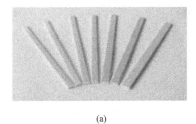 

(a)   (b)

图9-9 锥形槽楔与波纹弹簧板

(a) 锥形槽楔照片；(b) 波纹形弹簧板

5. 绕组端部机械支撑

绕组端部的主要作用是实现同支路内各线圈（线棒）之间串联及同相不同支路之间的并联连接。对于额定电压为1000V以上的电机，这些电气连接必须与铁心之间有充分的距离，以防止在电气部分有绝缘隐患，以致最终导致绝缘故障。一般来说，额定电压越高，在铁心和电气连接部位之间的爬电距离就会越长。在一些大型发电机中，绕组端部能伸出铁心多达2m。

这些绕组端部必须要有固定支撑，防止发生运动，否则，每个线圈（线棒）电流产生的磁场与相邻线圈（线棒）产生的磁场相互作用，引起绕组端部振动。这些振动会导致铁心端部及电气连接部位的绝缘产生疲劳损坏，甚至会导致导体也发生疲劳断裂。

散嵌绕组的端部固定支撑比较简单，由于端部伸出短，电流小，对绕组进行普通黏合剂的浸渍，再加上端部适度的绑扎就可以固定绕组端部了，如图9-10所示。

大型电机成型绕组均需要专门的"支撑环"或者"绑环"以固定绕组端部（见图9-11），这些环大多由聚酯玻璃，环氧层压板或者玻璃纤维绳制成。根据电机容量的不同，固定方式也不尽相同，现在常用的端部固定方式有绑扎式固定、层压式固定及灌注式固定结构，分别如图9-12（a）、（b）、（c）所示。

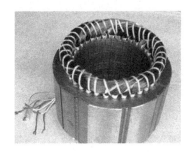 

图9-10 带端部绑扎固定的散嵌定子绕组   图9-11 电机端部绑环及支架

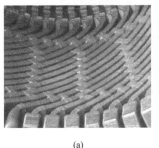 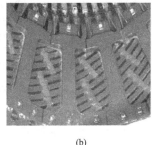 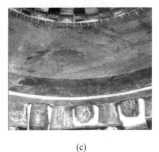

(a)   (b)   (c)

图9-12 定子绕组的端部固定方式

(a) 绑扎式固定结构；(b) 压层式固定结构；(c) 灌注式压板结构

6. 换位绝缘

换位仅出现在成型（模绕）电机中。线棒结构中，所有的股线通常在线棒的两个端头部分焊接在一起，为了减少环流及附加损耗，降低运行温度，股线在径向（沿线棒长度）会被置于各种可能的位置，我们称为罗贝尔换位。在罗贝尔换位时，股线弯曲处会承受较大的剪切力，严重时可能损坏股线绝缘层，导致股线短路。为了加强线棒在罗贝尔换位处的绝缘强度，经常在罗贝尔换位处增加一层换位绝缘。

多匝成型绕组不采用罗贝尔换位时，为了改善电机效率，很多线圈具有被称作内部换位的铜导体（反转匝或者扭转匝），此匝内股线被扭转180°，因此也经常在此处增加换位绝缘。

9.2.3 当前定子绕组绝缘系统

1. 电机绝缘制造工艺

目前国际上大型高压发电机定子绕组主绝缘系统可归纳为两种技术路线。

（1）环氧少胶粉云母带、真空压力浸渍（VPI）的连续式绝缘（简称"少胶型"）。

（2）环氧多胶型粉云母带、真空模压（或液压）固化的连续式绝缘（简称"多胶型"）。

真空压力浸渍（VPI）工艺的工作原理是：先利用热烘的方法将线圈主绝缘体系内的小分子物质（水和少胶带的溶剂）去除，随后对线圈进行抽真空的处理以去除气隙，当线圈处于负压的环境时开始加压将线圈浸渍数小时，使树脂充分浸透少胶云母带主绝缘。真空压力浸漆技术作为当今世界上最先进的绝缘处理技术，被国内外的许多公司广泛应用。采用它可以制造无气隙绝缘，使线圈绝缘各部件连续性和导热性佳，槽满率高，防潮性能优异，从而提高电机的技术经济指标和运行可靠性。真空压力浸漆技术提高了整个定子的机械性能和导热能力，而且生产效率也比较高，适用于制造高可靠性的10kV高压电机。与多胶模（液）压工艺相比，采用真空压力浸渍工艺（VPI）制造的主绝缘性能的优越性主要体现在电气强度的提高和绝缘电热老化寿命的提高。它的主要工艺流程如图9-13所示。

图9-13 真空压力浸渍工艺流程图

多胶连续绝缘的固化又分为多胶真空模压和多胶液压工艺。多胶真空模压成型工艺，是在线棒上连续包绕多胶云母带完成后，采用真空干燥除去绝缘层和云母带中的空气和挥发成分，再置于模具中加热、加压，使云母带中多余的树脂流动，填充绝缘层中的空隙。树脂固化后，绝缘层中基本无空隙。多胶模压方法虽然应用压模较多，生产效率较低，但线棒形状是最好的。更低一些电压等级的电机线圈，直接加热模压，不用抽真空处理。多胶液压成型工艺，是在线棒上连续包绕多胶云母带后，将线棒送入专用液压罐，经过真空干燥处理后，以沥青为介质加温加压使绝缘固化成为一个整体。但这种工艺的线棒几何尺寸不如模压线棒精确。

2. 成型定子绕组绝缘系统主要生产厂家

本章节主要介绍定子主绝缘系统的主要生产厂家，不包括股绝缘、槽内半导体保护层、槽中线圈的固定方法、绕组端部绝缘防晕层的分段、绕组端部的支撑等。

总的来说，大电机定子绕组主绝缘系统的主要发展方向是：尽可能增加绝缘带的云母含量，减薄主绝缘厚度，以提高介电性能、电场强度，增加导热能力和电压等级，增强绝缘安全可靠性并延长其使用寿命。为了提高电机的性价比，强化市场竞争实力，世界各大电机公司一直在不断改进各自的绝缘系统。

（1）西屋电气公司（Westinghouse Electric Co.）的Thermalastic™是第一个现代的合成绝缘系统。1950年，第一台使用了Thermalastic™绝缘的发电机投入运行。20世纪60年代，西屋电气公司又推出了使用单根线棒或线圈浸漆方法的全环氧的Thermalastic™绝缘系统。1972年开始，西屋电气公司对用于汽轮发电机的混合环氧VPI浸漆树脂进行了优化，研发了使用双酚A环氧玻璃聚酯纤维片云母少胶带、真空压力浸渍无溶剂环氧的连续式F级绝缘系统。20世纪90年代后期，西门子公司并购西屋电气公司之后，对Thermalastic™绝缘系统进行了材料及工艺的改进。

（2）通用电气公司（General Electric Co.）的Micapal Ⅰ、Ⅱ，Epoxy Micamat，Micapal HT及Hydromat。1954年，Micapal Ⅰ绝缘系统开始用于汽轮发电机。Micapal Ⅰ的构成成分中大约50%是通用电气公司的Micamat（云母纸）。1978年，通用电气公司研制了Micapal Ⅱ绝缘系统。这种无溶剂、多胶的第二代环氧云母纸绝缘系统能够在130℃温度下连续长期工作，被大多数大型汽轮发电机采用。商标名为Micapal HT的绝缘系统则使用新型无溶剂环氧云母纸绝缘系统替代了原来含有溶剂的Micapal F绝缘系统，应用于大多数燃气轮机机组及燃气蒸汽联合循环机组的汽轮发电机中。1997 年开始，通用电气公司开始在全世界范围内为自己生产的整机和重绕绕组的机组提供减薄的 Hydromat 绝缘系统。

（3）阿尔斯通公司（Alstom、GEC Alstom、Alstom Power）的 Isotenax，ResitherM，Resiflex，Resivac 和 Duritenax。20 世纪 50 年代，Alstom 公司获得了通用电气公司 Micapal 系统中树脂技术的授权许可，制造出第一代 Isotenax 系统。该绝缘系统使用聚酯改性环氧有溶剂多胶玻璃粉云母带，采用模压整形、真空干燥、液压同化绝缘技术，绝缘等级达 B~F 级，是最早应用于高压水轮发电机及汽轮发电机上的全云母纸绝缘系统之一。20 世纪 90 年代，GEC Alstom 使用无溶剂环氧多胶云母纸带生产出商标为 Duritenax 的绝缘系统。2000 年以后，Alstom Power 使用被称为 Resitherm 的多胶云母纸绝缘带，这是在汽轮发电机实心线棒上使用的一种整体刚性绝缘系统。制造时实心线棒需要稍微扭曲和接有冷却介质软管的空心导体线棒相接，因此整体固化的槽部绝缘也就与永久性柔性结构的绕组端部含云母绝缘合成一个绝缘系统。这种被称为 Resiflex 的绝缘系统可用于发电机及高压电动机。从 20 世纪 80 年代开始，Alstom 开始使用整体真空压力浸漆（整体 VPI）工艺，制造名为 Resivac 的绝缘系统。

（4）西门子公司（Siemens AG，KWU）的 Micalastic。西门子公司早在 1957 年就开始在水轮发电机及汽轮发电机上采用聚酯树脂和剥片云母的单根线棒 VPI 工艺。20 世纪 60 年代中期西门子公司开始研究环氧云母纸 VPI 系统，1965 年推出了单根线棒和单个线圈的 VPI 工艺，同时还把整体 VPI 工艺应用于 80MVA 及以上容量的电机定子绕组。这两种绝缘系统名称仍为 Micalastic，属于第二代绝缘系统。1986 年以后，处理间接冷却的发电机和容量达到 300MVA 的直接冷却发电机还在采用单根线棒的环氧 VPI 工艺外，全部的电动机和隐极发电机的定子都已经采用整体 VPI 工艺，属于第三代 Micalastic 绝缘。

（5）ABB 公司（ABB Industrie AG）的 Micadur、Micadur Compact/Micapact 和 Micarex。ABB 公司把环氧多胶系统制作的线棒及线圈都称为 Micarex。随着瑞典停止生产汽轮发电机，采用这种绝缘系统的电机也不再生产。1955 年，ABB 公司开发了采用单根线棒 VPI 工艺的 Micadur 绝缘系统。1965 年 ABB 公司推出了 Micadur Compact 绝缘系统，与西门子类似的绝缘系统 Micalastic 几乎同时推出。这种绝缘系统最初是用于高压电动机进行整体 VPI 工艺。ABB 开发的 Micapact 绝缘系统则从 1962 年就开始应用于大型旋转电机。它由玻璃基材的云母纸制造成，用特定配方的环氧树脂、固化剂及某些添加剂混合物进行浸漆。与其他大多数 VPI 绝缘带不同，其玻璃基材和云母纸不含任何浸渍或黏结树脂，玻璃和云母纸之间黏附有一层极薄的物质，此物质可在制作绝缘带时的高温下熔化。绝缘带不包含任何挥发物质，因此在线棒完成机包绝缘带后，可以很容易进行抽真空和浸漆。

（6）东芝公司（Toshiba Co.）的 Tosrich 和 Tostight-I。Tosrich 是一种基于多胶云母纸带的绝缘系统，用于低电压、小容量、绝缘层数不多的发电机中。经溶剂溶解的合成树脂浸渍成云母带，缠包在线圈上，并在铸模中固化。这种绝缘系统有溶剂漆的应用受到一定限制。20 世纪 90 年代，Tosrich 被改进成无溶剂多胶云母纸绝缘，可以应用到中等容量的发电机上。Tostight-I 是东芝公司研发的用于大型电机的绝缘系统。这种系统可以用传统的、玻璃基煅烧型白云母带制成，也可以使用掺入少量芳族聚酰胺纤维更新的云母带制成。用于 VPI 工艺的低黏结剂绝缘带，采用一种环氧黏结剂把玻璃基材与云母纸组合在一起制成。该绝缘系统大量地应用于运行温度较高的大容量水冷的汽轮发电机及中等容量的氢冷发电机和空冷发电机中。近年来已经不再强调使用含芳族聚酰胺纤维的云母纸。

1998 年东芝推出了新一代的 Tostight-I VPI 绝缘系统，该设计对绝缘的耐热性能及材料、设备、制造方法及废料排放等环保因素进行了优化。云母纸中用短玻璃纤维替代了芳族聚酰胺纤维。新型的浸渍树脂主要成分是高纯度、耐热性能好的环氧树脂，采用复合分子浓缩，并通过加热激活休眠的固化催化剂，实现快速固化，从而生产出具有较高的耐热性、机械强度和电气强度的填充云母的材料。改进的绝缘系统使用了新的生产设备，包括全自动包带机和新的真空压力浸渍设备及固化炉。VPI 浸漆罐可以根据线圈的制造规范控制真空和浸渍条件。这种新型的 Tostight-I 绝缘系统适用于所有型号的大、中型发电机。

（7）三菱电气公司（Mitsubishi Electric Co.）的绝缘技术主要从西屋电气公司引进，其主绝缘系统基本来自西屋电气公司的授权许可，1954 年开始实际应用。20 世纪 90 年代末期，三菱推出了一种新型 VPI 绝缘系统，这种绝缘系统采用玻璃纤维的云母纸带，用很少量不含固化剂的环氧树脂作为黏合剂黏合一体，整体 VPI 浸漆的树脂是一种环氧酸酐。该绝缘系统适用于 250MVA 的空冷发电机。

（8）日立公司（Hitachi Ltd.）的 Hi-Resin、Hi-Mold 和 Super Hi-Resin。日立公司从 1949 年开始合成树脂浸渍定子绕组绝缘的研究工作，并开发出著名的 SLS 的线圈商标。这种线圈是不饱和聚酯进行真空浸漆，自 1957 年开始应用于大型交流发电机。20 世纪 50 年代，日立公司一直在进行用环氧树脂进行 VPI 线圈的工作，1967 年生产出名为 Hi-Resin 的线圈。并一直持续环氧配方方面的研究，研究目的是期望得到一种易于真空浸漆、储存稳定性好的低黏度树脂系统。20 世纪 70 年代，日立公司推出的 Super Hi-Resin 线圈，是该绝缘系统的巅峰之作。1971 年，日立公司还推出了一种预浸漆的多胶云母纸绝缘，Hi-Mold。这种加压固化的绝缘系统常用于氢冷和燃气轮机调峰发电机，以及重载及其他恶劣环境下运行的同步电机及异步电机。

（9）哈尔滨电机有限公司（HEC Electric Co.）的定子绕组主绝缘体系。哈尔滨电机有限责任公司（原名哈尔滨电机厂，以下简称"哈电"）成立于 1951 年，1959 年成立了哈尔滨大电机研究所，承担起发电机核心绝缘技术的研究工作。建所初期，我国水轮发电机和汽轮发电机定子绝缘基本都是仿苏联沥青片云母（A 级绝缘）。20 世纪 60 年代初，研究所从研究绝缘材料入手，解决了线圈浸胶用沥青胶及国产斑点云母和粉云母的绝缘材料，并提出了"片粉""斑点云母""白片云母"等绝缘结构，缓解了当时我国大电机云母绝缘材料的紧缺局面。同时，还对沥青片云母绝缘的结构、工艺进行改进，大大提高了绝缘的性能。1964 年成功研制 TOA 环氧玻璃粉云母绝缘材料（B 级绝缘），并于 1965 年在盐锅峡电站 10.5kV、44MW 水轮发电机上应用。环氧粉云母绝缘取代了沥青片云母绝缘，极大地提高了电机的经济指标及运行可靠性，成为我国大电机的主绝缘体系。

20 世纪 70 年代初期，研究所着手进行高压电机 F 级主绝缘体系的研究。桐马环氧粉云母绝缘因为具有优良的电气和机械性能，尤其是高温性能及热态抗弯强度有明显优势，1988 年开始在 15.75kV、200MW 汽轮发电机和 18kV、220.5MW 的天生桥电站水轮发电机上得到成功应用。此后，桐马环氧粉云母绝缘成为哈电公司 F 级电机定子主绝缘，并广泛应用于 300MW 和 600MW 汽轮发电机和几乎所有大型水轮发电机上。

早期的哈电定子绝缘以多胶模压为主，以中胶液压为辅。到 20 世纪 80 年代，哈电以成熟的多胶模压体系著称于世。2008 年开始，研究所启动了 SVPI（单根线棒真空压力浸渍）少胶整浸绝缘系统的研究工作，已经在大型水、火电机组上开发了 VPI 工艺技术。

（10）东方电机有限公司：东方电机有限公司（又称东方电机厂，以下简称"东电"）绝缘实验室建于 20 世纪 60 年代，经过 50 多年的发展，已经日趋完善，形成多胶和少胶并存的两种 F 级绝缘体系和水电、火电、核电、交流电动机（包括特种电机）及风电等系统产品。目前多胶绝缘结构的最高额定电压达到 24kV，最大电机容量 778MVA；少胶绝缘结构的最高额定电压达到 27kV、最大额定容量达到 1000MW。

东电在多胶模压绝缘技术方面经历了沥青片云母 A 级绝缘、环氧粉云母 B 级绝缘、环氧粉云母 F 级绝缘到环氧粉云母快固化 F 级绝缘的变革过程。

从 20 世纪 60 年代中期试制第一台水轮发电机定子线圈开始，东电的主绝缘历经了青片云母 A 级绝缘向环氧粉云母 B 级绝缘的转化。20 世纪 70 年代末期，东电的主绝缘从 B 级绝缘迈向 F 级绝缘，不仅大幅度提高了电机绝缘的耐热等级和热态机械性能，而且使绕组的主绝缘厚度减薄 10%～15%，进一步提高了电机的经济技术指标。20 世纪 90 年代末期，东电开展了 F 级快固化主绝缘的研究，对快固化主绝缘材料的性能、热模压快固化主绝缘结构和工艺做了深入研究，脱离柔性的桐马固化体系，采用了无脂肪链结构的高刚性结构固化剂，研制出新型环氧云母胶黏剂，确定了主绝缘结构工艺参数。同时对发电机定子线棒快固化绝缘结构的常规绝缘性能、长期电老化寿命和冷热循环进行了系统的研究，使绝缘各性能达到了国外大型电机制造公司的技术指标要求。快固化绝缘结构和工艺的应用因缩短了多胶模压主绝缘的固化时间及产品周期，极大地提高了生产效率，降低了产品的生产成本。

2005 年，东电开发出单只线棒 VPI 绝缘系统，该绝缘系统属于环氧酸酐绝缘体系。该绝缘体系适应和满足了大型发电机额定电压和容量不断提升的要求，在绝缘结构设计和可靠性方面要求更高。目前单只线棒 VPI 绝缘系统的工作电场强度可到 3.2kV/mm，可以大大提高机组的效率，改善设计参数，如温升、容量系数、损耗和槽满率等。

东电的单只线棒 VPI 绝缘技术，可以实现一次浸渍多个产品，百余只线棒。模压固化成型可以实现一模压制多只线棒的新工艺，同时可以简化导线生产工序，缩短线棒生产周期，降低线棒质量的分散性。这种绝缘系统的建立，有利于提高定子线棒的电气性能，特别是降低介质损耗增量，提高电热老化寿命；有利于减薄绝缘厚度，进一步提高绝缘工作场强，优化电机设参数，有利于改善大型空冷发电机浸渍后的散热效果及提升产品质量。

（11）上海电机厂有限公司（以下简称"上电"）：上电定子主绝缘技术从沥青绝缘的应用与改进开始，经历了 TOA 环氧粉云母绝缘（B 级）的开发与应用、F 级桐马环环氧粉云母绝缘的开发与应用等几个阶段。特别是 20 世纪末，上电开发了少胶绝缘体系，并成功应用于 660MW 水氢冷汽轮发电机、330MW 蒸法冷却汽轮发电机、390MW 燃气轮发电机、950～1000MW 水氢冷汽轮发电机及 180MW 空冷汽轮发电机，取得了良好应用效果。上电是中国最早应用少胶 VPI 主绝缘体系的生产厂家，并至今保有多胶和少胶两种绝缘体系，截至目前还是年生产百万千瓦级发电机台数最多的厂家之一。

1）沥青绝缘的应用与改进。20 世纪五六十年代电机绝缘系统大多采用的是沥青云母绝缘。这种绝缘是用沥青片云母带材料连续包绕，浸沥青胶而成。云母带的基材是 5－5.5 号剥片白云母，补强材料是云母带纸，胶黏剂为改性沥青胶，绝缘处理工艺是采用真空压力浸渍。在应用中，上电与国内同行业厂家共同研究解决了诸多材料与工艺问题，如国产沥青胶的国产化，斑点云母替代大剥片白云母等。

2）B 级环氧粉云母绝缘（以下简称"TOA"）的开发与应用。20 世纪 60 年代，上海电机厂联合国内同行，开始进行环氧粉云母绝缘的开发研究。在很短的时间内研制了以双酚 A 环氧树脂为主体，桐油酸酐为固化剂的云母带材料，该绝缘系统 60 年代中后期开始在汽轮发电机上应用。由于 TOA 的热态机械强度与国外主绝缘材料相比还有一定差距，因此上电开展大量研发工作，如绝缘材料试验、绝缘结构设计、绝缘体系的试验和评定等，特别是在绝缘成型工艺上进行了很多研究，如绝缘液压成型工艺、模压成型工艺等。70 年代初，TOA 已在全国全面替代沥青片云母绝缘。在此期间，上电建成了主绝缘模压成型的生产线，同时停止了主绝缘液压成型工艺的试验研究。环氧粉云母绝缘的应用大大提高了发电机定子绕组的绝缘水平，也从根本上解决了大片优质云母资源缺乏的困难。

3）F 级环氧粉云母绝缘的开发与应用。随着发电机容量的增大，额定电压不断提高，对主绝缘的要求越来越高，如绝缘厚度的减薄、温度等级要由 B 级提升到 F 级、机械强度特别是热态弯曲强度的提高等。

20 世纪 70 年代中后期，上电和国内同行一起投入了 F 级环氧粉云母绝缘的开发与应用研究。F 级环氧粉云母绝缘是在 TOA 的基础上，引入了耐热的双马来酰亚胺结构，同时引入了几种促进剂，使环氧树脂固化物的交联密度大大提高，不但提高了室温下的机械强度，同时提高了高温下的机械强度。该绝缘系统具有良好的电气及机械性能，特别是高温下性能好、热态弯曲强度高、应用工艺好。F 级主绝缘结构比 B 级主绝缘结构的性能特性和工艺性都有了较大的提高和改进，产品线圈的绝缘厚度有了适当的减薄。使定子线圈的质量提高到一个新的水平，对提高发电机的运行性能和运行的可靠性起了重大的作用。当前上海电机厂容量 600MW，电压 20kV 以下的各种容量、各电压等级的常规汽轮发电机，均采用桐马环氧粉云母带和模压成型工艺，耐温等级为 F 级的绝缘作为主绝缘。

4）少胶 VPI 主绝缘体系的开发与应用。少胶绝缘体系相对多胶绝缘体系具有优势：少胶绝缘云母含量高，由于云母具有不可替代的耐电晕性，因此少胶绝缘电老化寿命要长些；少胶绝缘独特的 VPI 工艺使绝缘层内的低分子挥发物得以消除，并用浸渍胶填充气隙或者使气隙处于真空状态，因而使气隙减少和降低气隙内压力。这就必然会提高绝缘内部游离场强，从而增大耐电寿命。少胶线棒的寿命曲线比多胶绝缘寿命曲线平坦，即平均年下降率较小；少胶云母带材料使用水力机械法生产的大鳞片云母纸（生纸），多胶云母带则使用煅烧法生产的云母纸（熟纸）。前者更好地保持了天然云母的特性，而后者则失去了结晶水，前者的抗切通性及耐电晕性均优于后者。总体来说，少胶 VPI 绝缘体系导热性提高，整体性良好，有利于提高绝缘的电气性能、耐电晕性和耐电寿命，从而提高电机的技术指标、运行寿命及运行的可靠性。同时大大简化线圈制造工艺，缩短生产周期，降低制造成本，而且有利于提高线圈绝缘质量的稳定性。

上电从 20 世纪 70 年代开始就注重少胶 VPI 绝缘系统体系的研究，并应用于大中型交直流电机。受当时条件的限制，采用了中胶云母带的 VPI 工艺，云母带黏合树脂属于硼氨环氧体系。之后开发研制了 SD1148 及其改进型 SD1149 浸渍树脂，用于大中型交直流电机上。

20 世纪 80 年代初，上电、哈电等国内电机制造厂先后与多家国外公司合作，学习单根线棒 VPI 技术，但是绝缘作为发电机核心技术，尤其是定子线圈制造技术是国内外同行竞争的焦点，外国公司对定子线圈绝缘技术都有所保留。当时的 300MW、600MW 发电机并没有采用 VPI 工艺，仍然采用了多胶粉云母绝缘体系，热模压工艺。

1996 年上电的发电机部门与美国西屋电气公司合资成立上海汽轮发电机厂，即上海发电机厂。2000 年开始，上海发电机厂重新启动少胶 VPI 技术的开发研究。2001 年运用 VPI 技术制造了空冷发电机定子线棒，并通过了西屋电气公司的考证。2003 年底，制造了国内首台 660MW 采用 VPI 绝缘技术的大型汽轮发电机。2006 年开始采用 VPI 技术制造了额定电压 27kV、容量 1000MW 的巨型发电机。

3. 发展状况

表 9-4 为高压交流电机主绝缘历年发展状况。

表 9-4　　　　　　　　　高压交流电机主绝缘历年发展状况

年份	应用状况	绝缘材料与绝缘技术
1910 年	欧洲的大型电机：7.5MV、3kV 单相汽轮发电机（SSW），17.5MVA 及水轮发电机（BBC）	直线：虫胶云母箔卷烘 端部：漆布带（Haefely）以沥青—石蜡混合剂浸渍绕组绝缘
1911 年	西屋电气公司	Haefely 卷烘工艺
1919 年	22kV 的同步调相机（USA）	片云母带浸渍沥青的连续式绝缘
1929 年	43MVA、6.3kV、3000r/min 的汽轮发电机（SSW）	采用同心式绕组结构，解决了 11kV 绝缘问题
1930 年	电机额定电压达 30kV	美国采用云母带浸渍沥青的连续式绝缘
1931 年	欧洲大型电机	沥青云母箔
1940 年	高压交流电机	发展聚酯树脂
1949 年	采用 Thermalastie 绝缘的第一台汽轮发电机	用片云母带包孔，浸渍无溶剂聚酯树脂漆，模压固化（WH）
1953 年	大型高压电机	采用环氧树脂
1954 年	Micapal 绝缘用于汽轮发电机	Micapal——有溶剂的环氧云母多胶带，真空、液压固化的粉云母和片云母混合绝缘（GE）热固性合成树脂作云母箔的胶黏剂
1956 年	13.8kV 高压大电机（Allicscalwers, USA）	采用硅橡胶绝缘
1957 年	欧洲采用（Micadur, Micalastic）	聚酯树脂和环氧树脂浸渍的云母带作为主绝缘材料
1958 年	320MVA、24kV 汽轮发电机，高压交流电机系列（WH）	采用少胶片云母带包扎、白坯下线后整体定子浸渍无溶剂聚酯漆（VPI）（WH、USA） lsotenax 绝缘——聚酯改性环氧有溶剂多胶玻璃粉云母带、模压整形、真空干燥、液压固化绝缘、达 B～F 级（Alsthom，法国）
1965 年	BBC 公司开始使用	Micadur——双酚 A 环氧少胶型玻璃鳞片粉云母带、烘房烘焙、模压整形、真空压力浸渍无溶剂环氧，模压固化绝缘，F 级 Micadur——Campact 高压交流电机定子下线后整浸（VPI）F 级
1966 年	44MW、10.5kV 水轮发电机 100MW、10.5kV 汽轮发电机（哈电机厂）	采用 TOA 环氧玻璃粉云母带模压或真空干燥、液压阔化、B 级
1972 年	中国首台 VPI 整浸无溶剂环氧的 6kV 电动机	采用无溶剂环氧整浸绝缘，B 级
20 世纪 70 年代初	西门子 Micalastic 绝缘体系	采用含促进剂少胶云母带 VPI 浸渍强环氧酸酐型无溶剂浸渍树脂
1972 年	WH 公司开始使用	Themalstic——双酯 A 环氧玻璃聚酯纤维片云母少胶带、真空压力浸渍无溶剂环氧的连续式绝缘，F 级
1975 年	CE 公司开始使用	Micapa Ⅱ——环氧无溶剂多胶型玻璃聚酯纤维补强的粉云母带、真空干燥液压固化，F 级绝缘

年份	应用状况	绝缘材料与绝缘技术
1978 年	A—A，法国开始使用	Isotenax——N–酚醛环氧有溶剂多胶型玻璃粉云母带、真空干燥、模压整形、液压固化、F 级绝缘
年代不详	13kV 及以下高压交流电机系列	开始研制时间不详，至今仍采用的绝缘是：直线为酯环族环氧多胶聚酯薄膜补强的粉云母箔在烘、端部包环氧玻璃粉云母带、模压固化、下线后定子浸渍无溶剂聚酯漆。F 级。由于防潮性能好，故这种绝缘的湿热带电机不设加热顺（Siemens 即 Micalastic 富士）。 环氧多胶聚酯纤维补强的粉或片云母卷包、浸无溶剂环氧树脂漆、F 级其他同上（WH、USA）
20 世纪 80 年代中	10.4kV、6.5MW 电动机	采用高导热多胶云母带模压成型
20 世纪 90 年代初	18kV 汽轮发电机	高异热少胶云母带 VPI 浸渍技术
1998 年	45kV、11MVA 超高压水轮发电机	ALSTOM(ABB)开发、采用电缆绕组穿线式绝缘结构。2000 年开发 155kV、75MVA 水轮发电机
20 世纪 90 年代	百万千瓦超超临界汽轮发电机	始于欧洲，采用少胶云母带单只线棒 VPI 绝缘体系
2003 年 7 月	三峡 700MW、840MVA 水轮发电机	主绝缘多用多胶模压绝缘体系
2005 年	哈电公司应用于 3、6、10kV 及 13.8kV 电机上	采用含促进剂少较粉云母整体 VPI 浸渍环氧酸酐型绝缘技术

目前世界上所有的大型电机制造商都使用各种各样的混合物和多种类型的环氧树脂以及云母纸制作定子线圈主绝缘系统，通过调整和选择复合物来使其与严格工艺相适应。在始终如一的严格质量控制前提下，绝缘在质量上与电机和绝缘的设计参数密切相关，而且最终结果是可以互相比较的。与 20 世纪 60 年代使用的绝缘系统相比，现在的定子绝缘系统总体水平介电强度更高、局部放电活动更少。

9.3 转子绕组的绝缘系统

表 9–5 为常见的转子绕组分类。其中，同步电机的凸极、隐极转子绕组，绕线式的异步电机转子绕组都需要电气绝缘。图 9–14（a）、（b）、（c）、（d）分别为这几种转子绕组的视图。通常，转子绕组既有匝绝

表 9–5   转 子 绕 组 的 分 类

类型	电机类型			绕组形式	
交流电机	同步电机	凸极	磁极绕组	等距	
			阻尼绕组	导条	
		隐极	磁极绕组	不等距	
	异步电机	绕线转子型		插入式	
			嵌入式	散嵌	
				成型	
		鼠笼型		铜条	
				铸铝	
直流电机	电枢绕组			单圈	波绕
					叠绕
					蛙绕
				多圈	波绕
					叠绕
	均压线			单圈式	

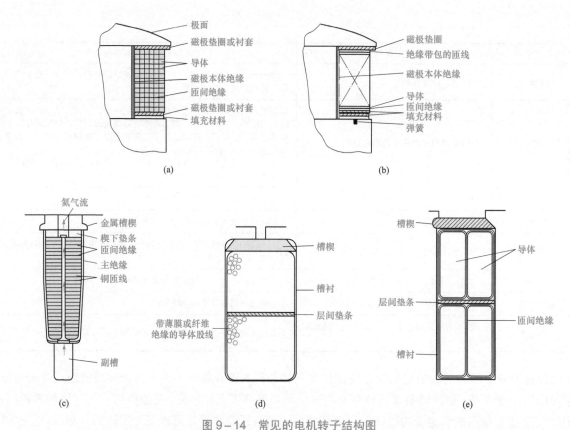

图 9-14 常见的电机转子结构图
（a）多层凸极式转子横剖截面；（b）扁线绕组凸极式磁极的横截剖面图；
（c）隐极转子槽横截面图；（d）小型三饶绕组转子槽的横截剖面；（e）大型绕线式异步电机转子槽横截面

缘也有主绝缘，由于转子绕组的电压比定子绕组电压要低很多，匝绝缘与主绝缘都比较薄。转子绕组绝缘系统的设计趋向于按绝缘系统承受机械和热的能力作为限制条件，必须要有较高的压缩强度、较高的耐热性、较好的电气性能、良好的韧性和较小的摩擦系数。

　　图 9-14（a）是多层绕线式的凸极电机，常用于同步电动机及容量小于几兆瓦的同步发电机中。这种转子中环绕磁极的电磁线通常为矩形剖面，匝绝缘为电磁线的绝缘。绝缘垫圈和绝缘带放置在电磁线及叠片铁心间，充当主（对地）绝缘。图 9-14（b）为大型电机常采用的转子结构，这种结构可以更好地承受转子旋转的离心力。与多层设计一样，绕组与接地的磁极极身之间的绝缘采用绝缘垫圈或者绝缘条。图 9-14（c）为隐极电机转子。大型转子的匝线通常用绝缘部件彼此隔开。绝缘条或者 L 形绝缘通道顺在转子槽内，起到主（对地）绝缘的作用。这种设计转子绕组的端部必须固定，线圈之间必须安装挡块，以防止绕组热膨胀变形。图 9-14（d）、（e）为绕线式感应电机的转子结构。其中图 9-14（d）是散绕转子绕组，绕组为电磁线嵌入转子槽制成。其匝绝缘就是电磁线自身绝缘。大型感应电机的转子常用铜棒作为导体［如图 9-14（e）］。线棒事先用绝缘胶带预绝缘处理。其主（对地）绝缘为槽衬。这种绕组端部也需要用绝缘带绑扎，并且转子需要浸漆。

　　本章节的要点是根据转子绕组部件，如绕组、滑环、护环等，叙述需要绝缘的位置和绝缘承受的应力，转子绝缘系统的构成及使用的绝缘材料。

　　转子绝缘承受的应力与定子不同，包括以下几个方面。

　　（1）源于励磁绕组中直流损耗 I^2R 的热应力。

　　（2）转子高速旋转的离心力。

　　（3）同步电机的励磁绕组和绕线式的异步电机的运行电压一般不会超过 1000V，所以电应力相对比较小。大型同步发电机的励磁系统中的晶闸管运行中产生的电压冲击可能会导致局部放电。

　　（4）电机内部可能存在油、潮气和磨蚀性物质，如果绕组不是完全被绝缘或者绝缘有损坏，可能会引起匝间或者对地爬电。

（5）电机每次启、停机时铜导体都要膨胀收缩，铜线的运动会引起绝缘磨损或使得端部的铜导体变形。

9.3.1 转子的槽绝缘与匝间绝缘

交流电动机中最常见的是鼠笼式的异步电动机。这种电机完全没有任何滑动的电接触。因为转子导条（铜或铝）的电导率与铁心的电导率相差比较大，运行电压也比较低，所以在转子绕组和铁心之间没有绝缘。

多数绕线式异步电机及同步发电机的转子，运行电压相对较高，因此需要槽内主绝缘（或对地绝缘）与匝绝缘。小型电机中的转子绕组一般是散绕绕组，用漆包电磁线绕制成，其外护层既是匝绝缘也是主绝缘。大型电机的转子绕组运行电压较高，既有散绕绕组也有成型绕组，这时槽绝缘与匝间绝缘是分开的。

槽绝缘与匝绝缘材料的选择随电机的电压、功率及绕组的温度的等级而不同。如适合小型电机的塑胶薄膜层压板，适用于中型电机的芳族聚酰胺纸。常用的薄膜包括 PET（Polythylene Terephthatate）、尼龙和聚酰亚胺。无纺材料包括绵纸、原色的木浆牛皮纸、芳族聚酰胺纤维板、玻璃纤维板及聚酯和玻璃纤维组合板。

汽轮发电机一般是二极或四极的隐极转子［见图 9-14（c）］。这种转子槽绝缘一直沿用的基于剥片云母结合牛皮纸、玻璃或者石棉布黏结树脂复合材料预先模压，制成槽绝缘垫片或者槽衬元部件。传统的汽轮发电机转子大都采用间苯二酚与聚芳纤维纸聚酰亚胺薄膜复合材料（NHN）热压而成的 U 形槽绝缘。目前，世界上包括东芝和通用电气公司在内的大型发电机生产厂家都已采用了新型的 L 形槽绝缘，它是由耐热等级为 F 级的环氧树脂浸渍玻璃坯布和聚芳酰胺纤维纸（Nomex）热压而成的复合槽绝缘。这种 L 形绝缘可以承受更高的弯曲、压缩和拉伸等各种机械应力，而且具有更好的柔韧性及电气性能。

水轮发电机一般为凸极转子结构［见图 9-14（a）］。小型的凸极电机转子绕组通常采用带绝缘的电磁线，横截面通常为矩形。每个极上布置多达数百匝的电磁线，叠绕在铜叠片的磁极上。匝绝缘就是电磁线的绝缘。绝缘的垫片与垫条置于电磁线与铁心叠片之间，起主绝缘的作用。大容量的凸极电机转子绕组常采用"带状扁绕"，以便承受更高的离心力。具有这种绕组的磁极可能是叠片磁极或者整体磁极。绕组在安装到磁极上之前要先进行整体性加工处理，包括真空浸漆。如果是多层凸极结构，绕组还需要用绝缘垫片和垫条与接地的磁极隔离开。此外，凸极电机还需要根据电机的温度等级和所需要的硬度及弹性选择可用的黏结胶。作为主绝缘的云母通常选用透明的白云母，与虫胶、虫胶-环氧或者乙烯基-醇酸树脂黏结一起，还要用到云母剥片、芳族聚酰胺板、玻璃纤维和环氧树脂。

总的来说，槽绝缘是转子绝缘中极其重要的关键性部件。理想的槽绝缘除了要具有优良的电气性能之外，还应具有良好的刚性和柔韧性。而同步电机转子的匝间绝缘故障相对定子绕组类似的匝间故障重要程度要少得多。转子绕组匝间短路的主要效应在于减少受影响的转子磁极的磁场强度，这时由于转子磁场的不对称将导致转子振动增大。尽管转子绕组匝间短路本身对电机没有危险，但是如果短路匝过多，转子接地故障的发生概率会增加。绕线式感应电机与同步电机一样，如果转子绕组发生单个接地故障和多重匝间短路故障，都没必要停运。

9.3.2 集电环绝缘

对于转子是非无刷式的同步电机（转子绕组的直流电势由转子上的辅助绕组经整流得到的）而言，集电环是转子直流励磁电流的承载体。此外，绕线式感应电机转子也有集电环。作为电机中高速滑动的部件，集电环在制作时通常为单独一个工序，热缩装配到转子轴上。环状绝缘材料可选范围很广，最常见的是模制云母，一种半固化的 B 阶段材料，通过加热软化与附加的黏结胶一起做成集电环外壳或者衬套。然后在两个滑环之间和外部用聚酯树脂浸过的玻璃纤维方格布进行缠绕。树脂固化之后，将多余的材料切除，最后，在玻璃纤维带外面刷涂密封胶并固化。

集电环电刷装置的绝缘通常由模压复合体、层压板材组成，还包括经适当地黏结和浸渍的由纸、棉花或玻璃纤维制成的管材。树脂的选择以能在元部件上形成防潮表面为宜，这对保持电刷良好的运行状态很重要。

9.3.3 转子绕组端部绝缘和挡块

隐极电机一般按照工作运行环境为洁净来设计。大容量电机通常采用封闭式设计，转子运行在有压力的氢气环境中，以使风摩擦损耗最小。采用空冷的电机通常是通过热交换循环冷却空气，仅有一部分循环空气是外部的补充空气。补充空气通过还要经过过滤器或者离净化装置去除大颗粒物质。洁净的运行环境允许磁场绕组的铜线外缘、槽的外部都直接暴露在冷却气体中，以得到最大的冷却效果。较大的线圈，每匝与邻匝都是通过绝缘板条互相隔离的。较小的转子线圈由扁绕绕组组成，槽部之外的部分经常是每隔一匝进行绑扎处理，匝绑带常常采用 B 级环氧或别的树脂浸过的云母纸或者云母薄片，辅以玻璃纤维织物增加强度。

工作在不够洁净的空气冷却的转子，类如采矿和化工制造场所，通常整个绕组端部被封闭在用浸过树脂的玻璃纤维带绑扎的结构中。某些设计还在端部匝绝缘及邻近的两个绝缘之间装配有径向铝板以助于散热。

绕组端部在离心作用下不会保持静止不动，除非他们被互环撑住而得以安全地锁闭在一起。因为导体在有负荷时有热膨胀，如果挡块缺失或者产生不应有的移动，就可能导致线圈变形。挡块材料通常是由浸酚醛、聚酯或环氧热固化树脂的玻璃纤维取代。从槽部伸出的绕组端部的直线部分，线棒之间的挡块是由槽楔相撞的挡块组成，而端部挡块是具有弯曲外形的矩形挡块。挡块的顶部通常有固定在一起的层压板条，有助于防止产生位移。所有的挡块都要分别经过打磨适形，可能还需要用 B 级浸树脂的玻璃布层压板一起，并且刷涂或者喷涂热固化的清漆，来把挡块粘贴固定。

在所有的挡块和绑绳组装完成之后，整个绕组端部要经受从外向内的径向热态挤压。这次加压是为完成树脂和绝缘漆的固化，并且压低线圈组件外径，使其小于护环和其上绝缘的内径，以便组装护环。

9.3.4 护环绝缘

隐极转子绕组端部必须用厚重的护环限制其径向位移。该护环是热缩到伸出线圈的转子端部，包括槽部端头和转子大轴轴向机加工端面。根据设计需要，护环由磁性或非磁性的铸钢件经机加工制成，是转子上应力最高的部件。因为它们除了自身具有的离心力载荷外，还要承受下面磁场线圈的离心载荷。护环绝缘插在磁场线圈的径向外缘（线圈顶部）和护环之间。护环绝缘材料有很多，一些是一直使用至今的。早期的设计曾使用拼装的云母板，类似上面叙述的电刷装置中使用的绝缘，近期则采用数块环氧玻璃纤维布的型材料板。此外，还常常在此主体绝缘与线圈顶部之间放置一种可压缩材料，如芳族聚酰胺纸板，以提供一些缓冲作用。

绝缘外面护环的装配需要把钢护环通过燃气火把或电磁感应方式加热。当强迫护环就位时，护环的绝缘必须要紧紧包住绕组端部，通常使用的是钢带，在护环推进到绝缘位置时再把钢带除掉。

9.3.5 直接冷却转子的绝缘

上面讨论的磁场和它们的绝缘被称作"间接冷却"磁场绕组。这种冷却方式的绕组槽部产生的热量必须通过主绝缘或槽绝缘进入线圈之间的钢齿部，同时也进入线圈槽之间的冷却槽中。冷却气体被迫穿过冷却槽和它们的通风口槽楔来散掉热量。

如果对铜线采用直接冷却方式，即使绕组中通过比间接冷却时大得多的电流也不会产生过热。这就大大地提高了排出热量的效率，允许绕组电流密度的增加。

直接冷却的磁场有几种型式，它们共同的特点是冷却介质直接与铜匝线接触并带走绝大部分热量。这种结构特点增加了转子绝缘的复杂性。直接冷却方式时，转子依然要有冷却槽。冷却槽可以用于带走转子钢中产生的热量和铜线的损耗中的一部分热量。

最简单的冷却设计是让冷却气体从线圈槽下面的副槽简单地沿径向流动，先穿过槽绝缘，再向上穿过匝绝缘和槽内铜线上的通风道，然后经过楔下垫条和紧固线圈的钢质或铝槽楔流出［见图 9-14（c）］，再进入转子和定子铁心内膛之间的气隙中。铜匝线、副槽和槽楔上的通风道通常是与转子轴垂直的，因此在铜线和匝绝缘上冲孔，以及在楔下垫条和槽楔上机加工孔都比较经济。

径向直接冷却磁场的绝缘组件通常是用间接冷却设计中类似部件同样的材料制成。最常见的是用环氧玻璃纤维层压板作为主绝缘、匝绝缘、楔下垫条、绕组端部挡块和护环绝缘。槽部绝缘元件在横截面形状和厚度上比较复杂，因为它们含有气体流动的冷却孔道。副槽比线圈槽要窄一些，并且要安装绝缘层压盖板以支撑线圈和对钢质的副槽壁提供一个爬电的间距。线圈体顶部的楔下垫条可以放置到槽绝缘的顶部，它们的厚度必须能提供钢槽楔和线圈槽顶部之间的爬电距离。匝绝缘和楔下垫条都必须有很高的压缩强度，因为它们必须承受线圈在最大的设计超速状态下向上的离心载荷力。

大容量发电机采用的直接冷却磁场的设计就更加复杂了。它要在槽内部分和护环下的局部采用空心铜截面，因此，在同一个匝线上的这两段区间上就可能需要加工出槽和孔洞。在整个线圈组合到一起时，这些槽和孔洞就为相邻的匝线提供了开放式的冷却气体来源。这种设计还可能采用副槽提供部分冷却气体，或者依靠攫取沿径向从轭背向内流动穿过定子铁心到达气隙中的出风区，再以与上面定子中相反的方向径向快速流出定子。这种设计中使用的绝缘材料与前面是同样的，但是楔垫条的加工方面有一些细节的不同。

直接冷却磁场的顶级型式是额定功率通常超过 1200MW 的超大型发电机采用的。巨大的磁场使用冷却水循环穿过磁场线圈的空心匝线来带走热量。这种有效的散热方式与直接水冷却的定子线圈一起使用，使得建造、运输和安装这种超大容量发电机成为可能。因为冷却水绝不可能达到沸点，这些电机中绝缘的热稳定性问题就不会像典型的空气间接冷却发电机中那样成为重要问题了。不过，由于电机对机械特性的要求依然非常高，因此绝缘材料的选择没有什么变化。

超导电机技术近几年来发展得非常迅速，超导体很可能马上就要应用到旋转电机的直流绕组中去。虽然设计方面的工作还在进行中，使用液氮温度的所谓高温超导体研制出的用铌锡合金（Nb_3Sn）制成的冷超导转子绕组在 20 世纪 60 年代已经实现了 4K 温度下的运行。

这些电机具有很高的气隙磁通密度。这种发电机的定子没有为制造线圈槽而常见的齿，但是保留了铁心以控制磁通的路径。这种磁场的绝缘及旋转磁场的电的和机械应力，都要求控制在很低的温度下运行。目前超导电机的生产规模还太小，电机的绝缘还没有标准化。

 本章小结

电机绝缘技术是是高压、大容量电机发展的核心技术。绝缘系统的各项经济技术指标在很大程度上反应了电机的设计及制造水平。电机绝缘技术就是研发设计能在较高温度和较高电场下安全可靠运行的电机绝缘系统，尽可能地减薄厚度、缩小电机体积、增大单机容量、降低成本。绝缘设计中应优选低挥发或无挥发、无毒或少毒的环保绝缘材料，优化绝缘制造工艺，降低制造过程中的能源消耗、减少对环境的污染。

电气绝缘材料是一种导电率很小（接近零）并可提供电气隔离的物质。最早期电机的绝缘材料包括原生态的天然材料如丝、亚麻、羊毛、橡胶、棉等；从树、植物、昆虫和油田中得到的木沥青、虫胶、松香、亚麻籽油和精炼石油、石蜡和沥青等树脂；由砂子、云母、石棉、石英和其他矿物碾碎或磨成粉得到的绝缘填料。近年来在大型高压交流电机绝缘系统中选用的几种主要典型环保绝缘材料有：环氧酸酐型无溶剂浸渍树脂，水溶性半无机硅钢片漆，无溶剂多胶粉云母带，少胶云母带，L611 热收缩绝缘保护带等。不同的绝缘材料耐热性能有区别，采用不同绝缘材料的电气设备其耐受高温的能力就有不同。按国家标准 GB/T 11021—2014（IEC 60085—2007）将绝缘材料按耐热性分为 Y、A、E、B、F、H、N、R 级。

旋转电机的绝缘系统一般包括定子绝缘系统与转子绝缘系统。定子绝缘系统的基本部件为：股绝缘、匝绝缘、主（或对地）绝缘。大型高压发电机定子绕组主绝缘系统可归纳为两种技术路线：一是环氧少胶粉云母带、真空压力浸渍（VPI）的连续式绝缘（简称"少胶型"）；二是环氧多胶型粉云母带、真空模压（或液压）固化的连续式绝缘（简称"多胶型"）。转子绕组既有匝绝缘也有主绝缘，由于转子绕组的电压比定子绕组电压要低很多，匝间绝缘与主绝缘都比较薄。

电机绝缘系统总的设计原则是在保证电机运行可靠和达到预期寿命的前提下，尽量选用较薄的绝缘材料，以提高利用率，缩小电机的主要尺寸，提高经济技术指标。

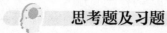 **思考题及习题**

9-1 电气绝缘技术的主要研究内容是什么？电机绝缘系统的作用有哪些？

9-2 按照绝缘材料的耐热性可将其分为哪几级？

9-3 旋转电机绝缘系统的设计原则是什么？设计中应该注意什么问题？

9-4 请简述当前在用的定子绕组绝缘系统有哪些。

9-5 转子绕组的绝缘系统主要由哪些部分组成？

交流电机的发热与冷却

10.1 概　述

旋转电机在能量传递过程中，输出的有功功率总是小于输入的有功功率的。也就是说电机在传递功率的过程中，本身要损耗一部分功率。交流电机损耗主要有铜耗、铁耗、励磁损耗、机械损耗及附加损耗等。电机中损耗的存在有两方面影响：一方面降低了电机的效率。损耗越大，效率越低；另一方面损耗的能量最终转化为热能，使电机本身的温度升高。这均将直接影响到电机所用绝缘材料的寿命，并限制了电机的输出功率。

电机表面的散热能力与散热表面的面积、空气对冷却表面的速度等因素有关。一般采用增大散热表面、改善表面散热性能、增加冷却介质的流动速度、降低冷却介质的温度等措施来增加电机的冷却散热能力。

电机的温度是发热与冷却综合作用的结果。温升和冷却都需要一个过程，温升不仅取决于负载大小，也和负载的持续时间有关。关于电机的发热与冷却一般从两个方面着手解决：一是选用耐温较高的绝缘材料；二是合理使用冷却方式，提高电机的冷却效果，使电机不超过规定的温升极限。因此电机设计时，一方面要尽量减少损耗，另一方面要努力改善冷却条件，将热能尽快地散发出去。在选用绝缘材料时，需要选用导热性好、耐压强度高、绝缘性能好的绝缘材料，并在保证绝缘性能的情况下降低绝缘层的厚度。同时应设法消除线槽内导热性能不佳的空气层，如用油漆来填充导线与铁心之间的空隙。这样不仅可以改善导热性能，又可以增强电机的绝缘性能及机械性能。

总之，电机的发热与冷却是一项综合技术。这是因为，一方面，它要以电机学为基础，研究电机的设计、结构、材料、工艺和运行、维修等，特别要求研究者熟悉热源的产生，热量的大小和分布，以及发热、冷却对电机特性和运行、维护的影响；另一方面，它还涉及流体力学、传热学、材料腐蚀、介质物理和化学特性、机械强度、振动及材料的其他特性等。冷却系统的设计是电机整体设计的重要组成部分，它关系到电机能否正常安全运行。小容量的电机由于体积小，发热与冷却问题比较容易解决。大型电机发热与冷却的问题比较复杂。本章将简单介绍大型交流电机的发热与冷却技术、相关的基础理论和应用技术及各种冷却方式在不同大型电机中的应用。

10.2 大型电机的发热与冷却的基本问题

10.2.1 大型电机发热与冷却问题的特点

电机设计的基本规律表明电机的单机容量越大，其经济性能越好。近年来，同步发电机的单机最大容量从 500MW 发展到 1500MW，我国的东方电机厂为台山核电站生产的两台核能发电机，单机容量甚至高达 1750MW。归纳起来，大容量机组有如下优点。

（1）发电机单位千瓦消耗的材料少，相对加工工时少，从而降低了成本。

（2）提高单机容量可以降低电站相对安装工时和电站造价。

（3）降低热耗，节省燃料，提高机组效率，减少运行人员，降低运行费用。

众所周知电机的容量为

$$S_N = KD_i^2 l \cdot A_\delta B_\delta \cdot n_N \tag{10-1}$$

式中：S_N 为额定容量；D_1，l 为定子内径及铁心长度；A_δ 为定子线负荷；B_δ 为气隙磁通密度；n 为电机转速；K 为常数。

由式（10-1）可见，电机容量的提高可以通过增大电机的尺寸和增加电磁负荷两种途径来实现。然而增大尺寸的办法来提高单机容量是比较困难的。增大转子和护环的直径会受到离心力的限制；增加转子长度，受到磁拉力、挠度、振动，以及在运行速度内的临界转速等限制。而增加磁负荷则会受到磁路饱和的限制，也很难实现。所以提高单机容量的主要措施就在于增加线负荷了。但增加线负荷的同时会增加线棒的铜损，线圈的温度将增加，绝缘老化加剧，最终可能达到无法容许的损伤程度。这时就必须采用合适的冷却方式有效地带走各种损耗所产生的热能，将电机各部分的温升控制在允许范围内，保证电机安全可靠地运行。因此，可以这样说，电机单机容量的增加，主要依靠电机冷却技术的提高来实现。为了保持同样的温升，大电机中要采用更为有效的冷却方法。也就是说，能够把足够的冷却介质送到各个发热部位去，最热的地方得到最强的冷却，从而保证电机各部分的温升比较均匀，并不超过允许的温升限度。此外，还要求电机采用的冷却系统结构尽量简单、安全可靠，以及本身消耗的功率要少。

总的来说，大型电机的冷却是一个比较困难的问题。原因有以下几个方面。

（1）单位散热面应散出的热量大，即热流密度大。容量大的电机体积也大。但是，在 A_δ 与 B_δ 都相同的情况下，电机的损耗大致正比于电机的体积，而电机的散热面积只正比于表面积。显然，电机的表面积的增加比体积的增加要慢得多。因此，大容量电机单位面积散发出的热量要多一些。根据物体表面散热的规律，物体的温升则为

$$\Delta\theta = \frac{P}{S\lambda} \tag{10-2}$$

式中：$\Delta\theta$ 为发热体表面温升；P 为产生热量的损耗，W；S 为物体散热表面，m^2；λ 为表面散热系数，W/（$m^2\cdot℃$）。

如果电机的散热系数不变，容量大的电机，P/S 会大些，表面温升随之增加。

（2）实际电机温升除了表面温升外，还需要加上内部温升（从铁心表面到铁心中部及通过绝缘层的那一部分温度差）。大容量电机由于体积大，热量从内部传到散热表面比较困难，内部和表面的温差加大，提高了内部温升，当然也就提高了电机的总温升。仅仅采用外部冷却的电机，当容量增大或者电压升高时，应适当地减小电流线密度，否则绕组温升太高。

（3）大容量电机中的附加损耗较大，这些损耗往往集中在某一个部位，引起局部过热。

（4）由于体积大，尤其像汽轮发电机那样细长的电机，想把冷却气体送到电机内部比较困难。因此必须在电机的转轴上安装足够风量的风扇，而这本身又要消耗一部分功率。

10.2.2　大型电机冷却系统常用的冷却介质

大容量发电机的冷却方式按冷却介质的形态区分，常见的有气冷、气液冷和液冷三大类。冷却介质是决定冷却方式的核心因素。电机中对冷却介质的基本要求如下。

（1）比热大（或者汽化热大）。比热大则单位介质在同一温升下带出的热量多，换言之，带走同样的热量所需要的介质量小。

（2）导热系数大。当速度不变时，导热系数越大，热交换能力越大，内部降温越低。

（3）流体黏度小。速度不变时，黏度小则传热能力大，且摩擦损耗小。

（4）介电强度高，绝缘性能好。这可减少电晕，有利安全。

（5）应无毒、无腐蚀性、化学稳定。不能与被冷却物体发生化学反应，介质受热后，不能出现沉淀物。

（6）价廉易得。

1. 气体冷却介质

除空气外，氢、氦、氮、氨、二氧化碳、甲烷等气体也有很好的散热特性。表 10-1 为实验测定的各种气体介质下电机温升值。但在用于电机冷却时，还需要考虑一些其他因素。例如，氨与水作用产生氨水，对

金属与绝缘有腐蚀作用；甲烷易燃；二氧化碳密度太大，风磨损耗大，影响电机效率；氮的价格贵；氢的密度小，传热性能优于空气，但氢来源稀少，价格昂贵。所以电机中常采用空气和氢气作为气体冷却介质。空气通风冷却的显著特点是结构简单、费用低廉、维护方便。因此通风冷却在电机冷却系统中使用最为广泛。氢气冷却的优点是：① 导热系数高，为空气的七倍；② 相同气压下，氢冷电机的通风损耗、风磨损耗小；③ 氢可抑制电晕，有利于绝缘系统和延长电机寿命；④ 氢不助燃，有利于防火。氢冷系统的缺点是需要增加供氢装置。另外氢在一定条件下可能发生爆炸，因此需要增加控制设备、投资和维修费用，结构上也比空冷复杂。

表 10-1 各种气体介质对电机温升的影响（实验值）

介质名称	转子线圈温升（K）	定子线圈温升（K）
空气	90	54
二氧化碳	88	54
氮	65	39
氢 0.031kgf/cm²	55	34
氢 1.76kgf/cm²	40	22

表 10-1 中 $1\,kgf/cm^2 = 98\,066.5\,Pa$。需要指出的是，无论是空气还是氢气，在提高压力后其散热性能都会明显增加，这是因为体积比热与绝对压力成正比。

2. 液体冷却介质

液体冷却介质有水、油、氟利昂类介质及新型无污染化合物类氟碳介质。液体冷却介质基本在导体内部循环，其特点是：① 液体的比热、导热系数比气体大，所以液体冷却的散热能力也较高，维持其循环所消耗的功率比气体介质小，带走同样的热量所需要的通道比较小。几种液体和气体冷却介质的性能见表 10-2；② 液体与发热体之间的温差小。液体冷却时导体温升的绝大部分就是介质本身的温升。

表 10-2 各种常用冷却介质的相对性能（空气比较）

冷却介质	相对比热	相对比重	相对导热能力
空气	1.0	1.0	1.0
氮（0.035 表压）	5.25	0.138	0.75
氢（2 表压）	14.35	0.21	3.0
氢（3 表压）	14.35	0.28	4.0
氢（4 表压）	14.35	0.33	5.0
变压器油	2.09	848	21.0
水	4.16	1000	50
氟利昂	166	1400	280

水是最常用的液体冷却介质，具有很大的比热和导热系数、价廉、无毒、不助燃，无爆炸危险。水的导电率是一项很重要的技术参数。为了确保安全，需要使漏泄电流尽可能小，特别是在断水情况下，水的温度迅速上升，导电率也随之增加。另一种常见的液体冷却介质即是变压器油。它具有高介电系数，在 50Hz 工频电压下击穿强度可达 18kV/cm。变压器油对于电机绝缘具有很好的相容性，因此可以采用浸泡方式来做电机冷却介质，这时，电机绝缘材料只需要采用廉价的电缆纸就可以了，而且绝缘厚度可以减少。有利于提高槽满率，降低温升，提升电机的效率及寿命。但是，采用浸泡式又需要考虑密封及可能的爆炸危险，因此机座结构比较复杂。另外，油必须维持高度净化，维护比较复杂。

10.3 大型汽轮发电机的冷却方式

10.3.1 汽轮发电机冷却技术发展史

目前，汽轮发电机所采用的冷却方式较为丰富，包括空冷、氢冷、水冷、油冷及蒸发冷等；水轮发电机所采用的冷却方式常见的有空冷、水冷和蒸发冷等。

1. 空气冷却

20世纪30年代以前，汽轮发电机基本处于单一的空气冷却阶段。30年代，许多欧美国家可以生产50～60MW的汽轮发电机。然而当电机容量超过50MW后，线负荷的增加导致损耗及电机发热量的增加。要强化冷却必须增加通风量，从而使得风摩损耗增加，这时采用空冷不仅温升高而且效率低。1938年起苏联生产了当时世界最大的100MW空冷汽轮发电机。这台电机由于温升紧张，曾经动用了四台鼓风机在机外鼓风冷却。由于温升高，效率低，这种100MW的空冷汽轮发电机还来不及定型就被氢冷电机淘汰了。直到20世纪70年代初，由于绝缘材料、结构材料、有效材料及分析计算技术（有限元法分析温度分布，应力和振动）的进展，加上大型氢冷却汽轮发电机的制造经验，国外一些大公司纷纷开始研发100MW级的空冷汽轮发电机。BBC公司在20世纪70年代末制造出当时世界上容量最大的135MW空冷发电机，突破过去容量长期停留在100MW以下的局面，开创了空冷发电机向大容量发展的新时代。

1954年，我国上海电机厂制造了国产第一台空冷汽轮发电机，容量为6MW。1958年，该厂与哈尔滨电机厂相继制成25MW的二极汽轮发电机，从那时起，我国汽轮发电机开始向大型化方向发展。

近年来，由于燃气轮机单机容量的快速上升及燃气—蒸汽联合循环发电系统的迅速发展，汽轮发电机在容量上、产量上迅猛增加，空气冷却技术由初级阶段到技术成长阶段，再到高速发展阶段。目前很多500MW及以下容量的汽轮发电机采用空冷方式。ALSTOM Power研制了单机容量500MVA空冷汽轮发电机。国内，哈尔滨电机厂先后研制了60、100、125MW空冷汽轮发电机。上海电机厂引进原西屋电气公司技术制造了135MW空冷汽轮发电机。济南发电设备厂引进ALSTOM（原ABB）技术，先后制造了60、135、220、330MW空冷汽轮发电机。积极开发大型空冷发电机已经成为各大电机制造商一个重要的研究目标。当前空冷汽轮发电机的研究存在的问题是成本高、效率低、运行经验少等。因此研究重点是一方面要降低成本，另一方面要积累运行经验。

2. 氢气冷却

1915年，德国学者舒勒（Schuler）提出了利用氢气冷却电机的方案并获得德国专利。1923年前后，美国通用电气公司开始对多种气体用于电机冷却做实验，经过十几年的努力，氢冷技术才获得肯定。1937年美国通用电气公司开始生产氢冷25MW二极汽轮发电机，次年美国西屋电气公司生产了氢冷50MW二极汽轮发电机。从此容量大于50MW的汽轮发电机常常采用氢气冷却技术。以氢气取代空气的明显优势是通风损耗与风磨损耗大大降低，效率升高，温升下降。但是氢气与适量的空气（主要是氧）混合时容易引起爆炸，所以氢冷电机在防爆结构、密封、安全监视等方面需要有特殊考虑，增加了电机的结构设计和运行的复杂性。

氢冷又分为氢气表面冷却（氢外冷）及氢气直接冷却（氢内冷）。最初的氢内冷却仅限于绕组表面，与空冷相比，绝缘层中的温度降几乎没有变化，冷却效果并不十分理想。较早时期，电机制造商采用在导线侧面铣槽的方式来实现气隙取气，这种方式散热面小。后来采用导体中间铣槽的方式，具有更好的散热能力。匈牙利冈茨工厂研制的横向密集式转子结构，使散热面积有更大的提高。法国AISTOM公司采用了槽底副槽径向交替通风（氢）的设计，它巧妙地利用了短管效应来提高散热，同时利用径向风道自身的离心效应维持气体循环。但是由于副槽尺寸受到限制，这种方式很难用到容量大于600MW的电机中。

我国 1959 年开始采用侧面铣槽方法生产 50MW 和 100MW 氢内冷汽轮发电机。东方电机厂逐步推广采用中间铣槽方式生产 200MW 氢内冷汽轮发电机。目前东方电机厂生产的 600MW/660MW/700MW 的汽轮发电机采用径向多流密闭循环通风（氢）系统，具有温度均匀，最高温度低（降低结构件热应力），不需要高压风扇（降低通风损耗）等优点。

3. 液（水）冷

早在 1917 年，匈牙利冈茨工厂就曾用变压器油作为牵引电机的冷却介质。20 世纪 30 年代又开始进行水外冷的研究，但并没有取得重大进展。1954 年，美国通用电气公司开始用变压器油作为发电机定子绕组的直接冷却介质，它适应了电机大型化发展的需要，因而受到特别的重视。1956 年，英国开始采用净化水来冷却定子绕组，并成功试制第一台定子线圈水内冷的千瓦级汽轮发电机。通水冷却的冷却效果极为显著，允许承受的电磁负荷比空冷和氢冷高，提高了材料利用率。该冷却方式在容量为 200～1200MW 的汽轮发电机中应用得比较多。目前，定子绕组采用水冷却已经很普遍。

在国内，早在 1958 年，我国上海电机厂就试制了世界上第一台 12MW、300r/min，定、转子绕组都采用水内冷的汽轮发电机，到 1964 年，我国已经能成批生产这种双水内冷的汽轮发电机。20 世纪 70 年代初，哈尔滨电机厂、上海电机厂又陆续开始研制 200～300MW 的大容量双水内冷汽轮发电机。至 20 世纪 90 年代，上海电机厂成功地生产了 300MW 该型机组。目前世界上的很多汽轮发电机的定子线圈广泛采用水内冷，汽轮发电机容量可达 1200MW 以上，典型厂家有 BBC、EEC 及我国的东方电机有限公司（厂），上海电机有限公司（厂）等。

4. 蒸发冷却

蒸发冷却技术利用冷却介质液体汽化吸热的原理来进行冷却，是一种高效的冷却方式。从散热的角度来看，利用汽化热传输热量当然比对流换热更为有效。此外，为了解决水内冷电机水系统故障及水对铜、绝缘的腐蚀问题，从 20 世纪 40 年代开始，美、日、英、俄等相继开展了将相变原理应用于大型发电设备中的研究，致力于蒸发冷却在电机中的应用研究，但是进展缓慢。

中国科学院电工所从 1958 年开始研究电机的蒸发冷却技术。1975 年，中科院电工所与北京电力设备厂合作，研制了一台 1200kVA 的全氟利昂冷却的汽轮发电机。1990 年，上海电机厂与中科院电工所及电力公司联合研制了一台 50MW 定子蒸发冷却、转子水内冷的汽轮发电机。迄今为止，我国中科院电工所已经成功研制多台蒸发冷却发电机。

与立式的水轮发电机相比，卧式汽轮发电机由于结构特点，应用蒸发冷却难度更大一些。日本东京芝浦电气公司在 1970 年进行了汽轮发电机转子采用开口导线水蒸发实验，中科院电工所于 20 世纪 70 年代末也提出了汽轮发电机开放管道式转子蒸发冷却技术方案，冷却系统如图 10-1 所示。这种冷却结构充分发挥了蒸发冷却的特点，克服了长管道内冷较大的流动阻力及由此引起较大的温差变化，也克服了浸润式蒸发冷却结构工艺上的困难。它既可以应用于内部自循环，也可以用于外部循环。此方式可用于汽轮发电机转子冷却，在大容量汽轮发电机上优势更为突出。

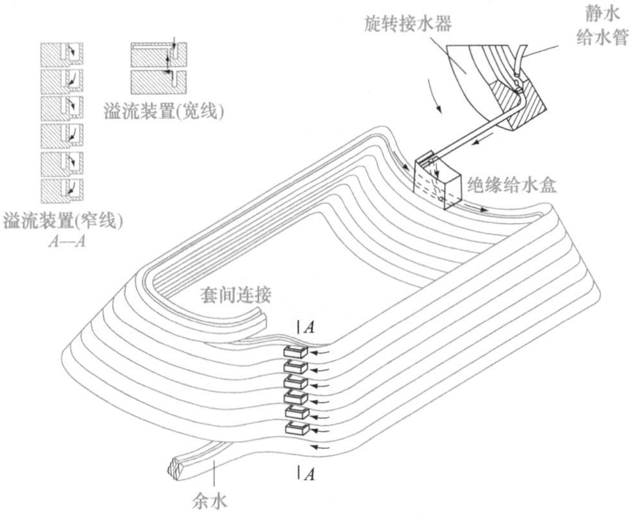

图 10-1 开放管道式转子蒸发冷却系统示意图

10.3.2 汽轮发电机常用的几种冷却方式

在前面叙述的几种冷却方式中，汽轮发电机定子绕组采用氢内冷或者水内冷的比较多，少数有用油内冷的。转子绕组采用氢内冷的比较多，近年来水内冷技术发展也较快。冷却技术的强化，使得电机的电磁负荷不断提高，降低了材料消耗。一般来说，全液（水）冷消耗材料最低，氢—水冷次之，氢内冷又低于氢外冷，空气冷却消耗的材料是最大的。表 10-3 为德国 KWU 公司对一台 200MW 的汽轮发电机采用不同冷却方式做的对比结果。

表 10-3　　　　　　　　　　　一台 200MW 汽轮发电机采用不同冷却方案的对比

冷却方式		相对重量			效率
转子	定子	转子	定子	总重	（%）
氢外冷	氢外冷	100	100	100	98.8
氢内冷	氢外冷	84	72	78	98.6
氢内冷	水内冷	64	60	62	98.5

需要注意的是，不同厂商生产技术条件不一样，设计思想、用料质量也有所不用。因此，即便是统一容量级，统一冷却方式的电机，不同厂商的产品在经济、技术指标上也会有相当大的差别。同样，不同厂商用不同冷却方式制造同一容量级别的电机，也可能在总的经济技术指标上大体相同。这也就是很难对各种冷却方式做出硬性的机械划分适用范围的主要原因。

目前国内外大型汽轮发电机采用的冷却方式，综合起来有以下几种，见表 10-4。

表 10-4　　　　　　　　　　　汽轮发电机常用的冷却方式

定子绕组	转子绕组	定子铁心和端部	备注
氢内冷	氢内冷	氢冷	全氢冷
水内冷	氢内冷	氢冷	水—氢—氢冷却
水内冷	水内冷	空冷	水—水—空冷却
水内冷	水内冷	氢冷	水—水—氢冷却
水内冷	水内冷	水冷	全水冷
油内冷	水内冷	油冷	油水冷却
油内冷	氢内冷	油冷	油氢冷却

下面简单介绍一下汽轮发电机最常用的几种冷却方式的特点。

1. 水—水—空冷却方式

这种冷却方式是定子、转子绕组都采用水内冷（把冷却水通入空心导线里去），定子铁心和端部用空气冷却，结构图如图 10-2 所示。

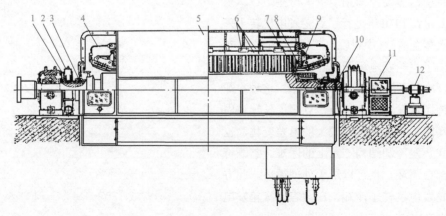

图 10-2　水—水—空冷却汽轮发电机

1—转子上的水箱；2—出水支座；3—转子绝缘引水管；4—定子绝缘引水管；5—定子；6—弹性定位筋；
7—转子的引水钢管；8—磁分路环；9—电屏蔽环；10—转子上的进水箱；11—电刷罩；12—转子进水装置

采用水内冷时，定子线棒一般是由空心导线和实心导线组合而成，用洁净的水通过空心导线的内孔来实现冷却，如图 10-3 所示。10-3（a）是定子槽内线棒截面图，10-3（b）是线圈端接部分的截面图，两者的差异是因为导线在端部换位引起的。采用水内冷的转子线圈截面图如 10-4 所示，定子总水路图如图 10-5 所示。

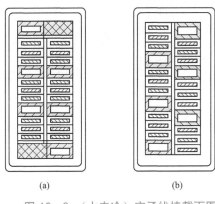

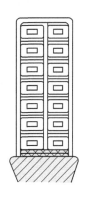

图 10-3　（水内冷）定子线棒截面图
（a）定子槽内线棒截面图；（b）线圈端接截面图

图 10-4　转子槽内线圈截面图

由于汽轮发电机的转子高速旋转，要把静止的水引入到转子，冷却后再可靠地排出，需要一套水路构件。水路构件主要由水冷转子绕组、金属引水线（引水拐脚）、进水箱（汇流箱）、出水箱（汇流箱）、绝缘引水管、机头及进水出水装置等组成。

采用水—水—空冷却的电机，通风系统主要是由空冷电机承袭下来的，大部分采用径向通风系统、水—水—空冷却的方式的汽轮发电机有以下基本特点。

（1）电机定子、转子绕组温度低，绝缘寿命长，电机的超载能力大，绕组不易变形，使用寿命长。

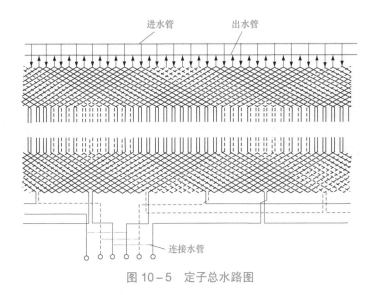

图 10-5　定子总水路图

（2）绕组温度低，导线与绝缘间相对位移小，转子平衡稳定。水冷转子绕组温度低，导致无局部过热点，线圈匝间及线圈与转子铁心之间的温差小，避免了因热胀冷缩引起的相对位移对转子平衡的影响。

（3）尺寸小，用料少，重量轻，便于运输与装配。

（4）冷却介质单一，配套设备少，便于运行、维护与检修。

（5）定子端部局部温升较高，有时转子引水管可能发生断裂漏水等，需要采取电磁屏蔽及加强端部构建的措施。

2. 水—氢—氢冷却方式

水—氢—氢冷却方式是定子绕组采用水内冷，转子绕组采用氢内冷，定子铁心及线圈端部采用氢冷。

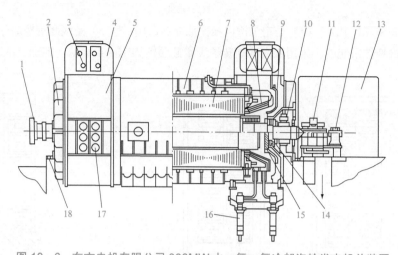

图 10-6　东方电机有限公司 300MW 水—氢—氢冷却汽轮发电机总装图

1—转子；2—端盖；3—氢气冷却器；4—冷却器包；5—端罩；6—隔振机座；7—定子铁心；8—定子绕组；9—内端盖导风圈；
10—轴承；11—刷架集电环；12—稳定轴承；13—隔音罩；14—油密封；15—风扇；16—定子引出线；17—测温元件板；18—定位键

汽轮发电机采用水—氢—氢冷却方式需要同时具备冷却水系统和氢气系统。定子采用水内冷冷却方式，和水—水—空冷却中的方式一样。由于定子损耗较高，水的冷却效果比氢好，采用水内冷却效果更好。定子铁心采用氢气表面冷却方式（氢外冷）。同时，定子铁心中的损耗还可以通过线圈绝缘层、线圈及引水管被冷却水带走一部分。转子本体的冷却也采用氢气表面冷却的方式。转子铁心中的损耗由转子外表面和经过槽绝缘、铜线由氢气带走。转子绕组采用氢内冷的方式。由于转子的损耗相对较小，采用氢冷可以满足要求，并且相对于采用水冷，可以省去转子进出水构件及通水管道。

转子氢内冷有很多冷却方式，如气隙取气斜流通风、转子槽底副槽径向交替通风、横向密集沟通风以及气隙隔板等。不同形式的转子氢内冷与水冷定子相结合构成多种多样水—氢—氢汽轮发电机的冷却系统。图 10-7 为我国的东方电机有限公司（原东方电机厂）生产的水—氢—氢 1000MW 汽轮发电机的定子及其水电连接示意图。图 10-8 为该电机通风示意图和转子结构及取气示意图。该汽轮发电机采用径向多流式密闭循环通风方式，发电机定、转子沿轴向分为 19 个风区，9 个进风区与十个出风区相间布置。

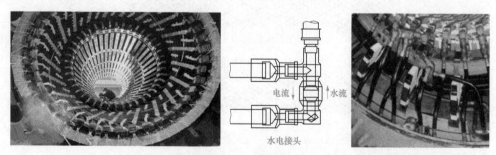

图 10-7　东方电机有限公司水—氢—氢冷却 1000MW 汽轮发电机定子

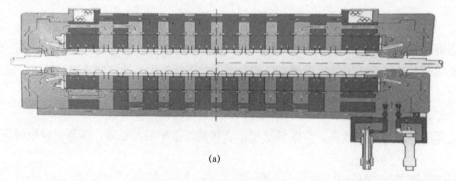

(a)

图 10-8　水—氢—氢冷却 1000MW 汽轮发电机通风示意图和转子结构及取气示意图（一）

(a) 发电机通风示意图

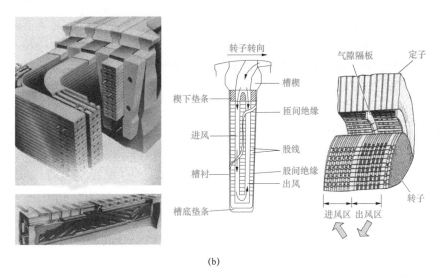

(b)

图 10-8 水—氢—氢冷却 1000MW 汽轮发电机通风示意图和转子结构及取气示意图（二）

（b）转子结构及取气示意图

设计制造水—氢—氢冷汽轮发电机时需要注意的是，用氢气作为冷却介质优点很多，最重要的是氢气比空气轻，通风损耗小，可以提高电机的效率。氢气的导热能力也比空气高很多倍。但是氢气与适量的空气（主要是氧）混合时容易引起爆炸，此外电机密封要好，以免大量氢气泄漏。因此，在防爆、密封、安全监视等方面都需要有特殊考虑。

3. 水—水—氢冷却方式

随着汽轮发电机的容量不断扩大，电机的线负荷和转子励磁电流也相应增大。当增大到一定程度时，采用水—水—空（定子铁心空冷）或者水—氢—氢（转子绕组氢冷）都很难满足电机冷却的要求。因此，德、英、俄罗斯等国的电机制造商开始设计水—水—氢冷却方式的汽轮发电机。

汽轮发电机采用水—水—氢冷却方式时定、转子线圈都是水内冷，定子铁心和结构件则采用氢冷的冷却方式。在水—水—氢冷却发电机中，水冷转子是关键部件。图 10-9 为水冷转子结构图。

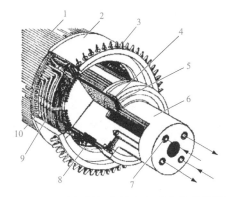

图 10-9 转子局部水接头和引水管结构图
1—转子本体；2—转子护环；3—风扇；4—水箱；5—径向进水管；
6—发电机轴端；7—进出水管；9—水接头；10—转子绕组

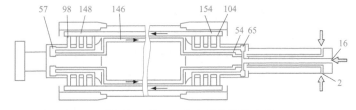

图 10-10 一个水冷转子的水压
（图中所示数字为水压，单位为 MPa）

大型水冷转子的设计与制造存在主要问题为：

（1）旋转转子冷却水的供给与排出；

（2）转子绕组的冷却水路与连接结构；

（3）强度问题。转子铜线、绝缘引水管、金属引水管、水室、螺纹连接的接头等部件的形状、材料和允许压力都应以能承受的水压为依据，如图 10-10 所示；

（4）集电环的冷却问题。

水—水—氢冷却相对水—氢—氢冷却具有转子温升低，转子绕组内没有通风损耗，氢压低等优点；相对水—水—空冷却具有定子铁心端部和线圈端部温升低，定转子之间通风摩擦损耗小，定子线圈无电晕从而可延长绝缘寿命等优点。缺陷是需要解决高速水内冷转子的技术问题，在设计、运行、维护都有一定的复杂性。

4. 油—氢冷却方式

油—氢冷却一般有两种形式：一是定子绕组油内冷、定子铁心氢冷、转子绕组氢内冷；另一种是定子全油冷、转子绕组氢冷。

一般来说，油的导热率比水小（水的冷却能力是变压器油的 2.4 倍），因此导出相同热量所需的冷却油量比水量大得多。又因为油有一定的黏度，也比水大，在同一流量的情况下，一般的变压器油在空心导线内的摩擦损耗要比水大 4～7 倍。BBC 公司曾采用一种特殊的油，它的黏度低，导热系数比变压器油高，化学性能好，适合于低损耗线圈的冷却介质。

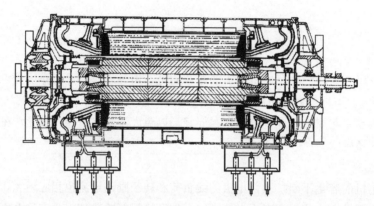

图 10-11 BBC 公司制造的 260MW 定子全油冷、转子氢冷汽轮发电机截面图

图 10-11 是 BBC 公司制造的 260MW 定子全油冷，转子氢冷汽轮发电机截面图。这种电机定子绕组内由油循环冷却，其结构与水内冷相似。铁心用大量的轴向冷却油道代替原来用高压氢气冷却的轴向通风道及中部径向通风道。取消了径向通风道就可以缩短定子铁心长度。定子压圈也用油冷却。定子全油冷电机的定子绕组与铁心之间的温差小，额定负载时定子铁心的膨胀系数小，从而绕组与铁心的相对位移小。

从目前情况来看，世界各大电机制造商主要致力于定子绕组采用水内冷的技术，并且技术已经相对成熟。水—氢—氢冷却技术被广泛采用，油–氢冷却用得不多。

5. 油—水冷却方式

苏联从 1958 年起开始研究一种油—水冷却系统。这种汽轮发电机的定子绕组与铁心全油冷、转子水内冷，定转子间用气隙绝缘筒隔开，定子空间充入绝缘油。图 10-12 为定子全油冷，转子水内冷的汽轮发电机总体图。发电机的定子绕组与水冷绕组一样，大多采用实心导线与空心导线组合而成，也有采用全实心导线的。转子采取水内冷，结构与一般水冷转子一样。

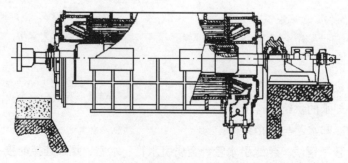

图 10-12 定子全油冷，转子水内冷汽轮发电机总体图

油—水冷却方式与油—氢冷却方式一样，现在在各国电机制造商中都很少采用。

10.4 大型水轮发电机的冷却方式

10.4.1 水轮发电机冷却技术发展

相对于汽轮发电机，水轮发电机的冷却方式及所选用的介质没有那么丰富，它在很长一段时间内是以空冷为主。因为水轮发电机在结构方面较为宽松，500～600MW 以下低速机组采用空冷方式一般都能满足电机冷却要求。对于更大容量、更高转速的机组，国际上普遍采用了水内冷技术以解决定子绕组冷却问题。例如，20 世纪 80 年代建成的美国大古力电站、巴西依太普电站，以及我国近期建成的长江三峡左岸、右岸电厂等。但采用水内冷技术的发电机潜伏着影响安全运行的隐患，而且机组运行不灵活，启动慢。因此，寻找一种既有空冷的安全、简便，又有液体内冷的高效和性能，且适用于不同类型电机的冷却技术，一直是国内外电机工作者孜孜以求的目标。

对于水轮发电机，不同的设计方案、不同的冷却方式，损耗的分布情况不尽相同，见表 10-5。由表中可见，采用水冷的发电机中铜耗（负载损耗）占主要地位，这是由于强化定子绕组冷却，导致绕组线负荷提升，损耗增加；采用空冷的水轮发电机中空载损耗占主要地位，其中通风损耗居多。

表 10-5　　　　　　　　　　　水轮发电机损耗分布（%）

损耗类型	空冷低速	空冷高速	定子水冷	定子水冷贯流式
空载损耗	54	67	34	13
负载损耗	24	19	45	60
励磁损耗	22	22	21	27

10.4.2 水轮发电机常用的几种冷却方式

目前，水轮发电机常用的冷却方式可分为全空冷、半水冷及蒸发冷却等。据统计，目前容量在 400MW 以下的水轮发电机大多采用空冷方式，400MW 以上的发电机的冷却方式呈多样化趋势，表 10-6 为一些主要水电站的水轮发电机冷却方式的统计。

由表 10-6 可以看出，槽电流在 7000A 以下的水轮发电机基本采用全空冷，而 7000A 以上的采用半水冷或者蒸发冷却。近些年，随着发电机冷却技术、绝缘技术、结构工艺的不断进步及材料科学的发展，槽电流不再作为冷却方式选择的唯一标准，而更注重对电机的电压、定子绕组支路数与槽电流的匹配及热负荷的控制。此外，还需要从冷却方式的可靠性、可维护性和经济性来综合评价冷却方式的优劣，继而指导冷却方式的选择。

表 10-6　　　　　　　　部分 400MW 以上水轮发电机冷却方式选择

冷却方式	电站名称	装机台数（台）	额定/最大容量（MVA）	槽电流（A）
空冷	李家峡	3	445	4752
	水布垭	4	445/511	5132/5902
	瀑布沟	6	611/667	6415/7000
	二滩	6	612/642	6544/6864
	锦屏一级	6	649/700	6245/6736
	构皮滩	4	667	5346

冷却方式	电站名称	装机台数（台）	额定/最大容量（MVA）	槽电流（A）
空冷	金安桥	4	667	5346
	拉西瓦	6	757	6937
	龙滩	7	778	6237
	小湾	6	778	6237
	三峡右岸	4	778/840	5613/6060
	溪洛渡	18	855.6	6175
	向家坝	8	888.9	6415
	大古力	—	718	4737
	古里	10	700/805	5613/6455
半水冷	三峡左岸	14	778/840	8984/9700
	三峡右岸	8	778/840	8984/9700
	萨扬舒申斯克	—	711	8688
	大古力	—	718	9211
	依泰普	20	824	8810
蒸发冷却	李家峡	1	445	7128
	三峡地下电站	2	778/840	8981/9699

1. 全空冷方式

全空冷是指定子铁心、定子绕组、汇流铜环、转子绕组、转子铁心均为空气冷却，是水轮发电机的传统冷却方式。大型水轮发电机全空冷方式大多是无风扇双路径径向密闭、端部回风自循环空气冷却系统。空气通过转子的风扇作用，产生动力循环，并通过布置在定子机座外侧周围的空气冷却器进行冷却，再由电站技术供水系统冷却空冷器并把热量带走。

由公式（10-1）可看出，要增大发电机容量，可通过提高转速来实现。但转速受到电站水能及水库特性的制约，转速往往取决于水轮机的最优选择值，且转速的提高要受飞逸转速的制约。在式（10-1）中各量取极限值后，发电机的极限容量可近似表示为

$$S_{max} = 3.643 \times 10^8 K_r^{-2} n_N^{-1} \text{ (kVA)} \qquad (10-3)$$

$$K_r = n_f / n_N$$

式中：K_r 为飞逸系数；n_f 为转子飞逸转速，r/min。

如果空冷电机的极限容量不能满足要求时，为了提高电机容量需要采用其他更为有效的冷却方式。20 世纪 90 年代初，国内外普遍认为，700MW 水轮发电机采用全空冷是处在极限容量的临界状态。近 20 年来，国内外在空冷系统设计理论、风循环系统和风沟的合理设置、风道密封及减少风损等方面取得了长足的技术进步。我国自主研发、自主设计、自主制造长江三峡右岸电站 840MVA 全空冷水轮发电机的成功投运和全空冷技术的进步，标志着设计制造全空冷 800MW 级水轮发电机已无问题，提高了全空冷水轮发电机制造的极限容量。

全空冷的主要特点有：① 发电机结构简单、运行中监测项目少、安装及操作简便、维护简单。初期投资成本及运行成本都较少，很多国家都拥有制造空冷机组的经验。② 电力系统中一般要求发电机的同步电抗 x_d 和暂态电抗 x_d' 有较小值，次暂态电抗 x_d''、短路比 k_c 和转动惯量 GD^2 有较大值。全空冷方式发电机的电磁负荷 A_δ、B_δ 要比水冷的小，所以全空冷电机的参数较好，额定点效率也略高。

全空冷电机目前存在的主要问题有：定子线棒绝缘内导体温度高且轴向温度分布不均匀，负荷变化时，由热引起的导体热胀冷缩引起机械应力致使线棒主绝缘脱壳产生内电晕，破坏绝缘；甩负荷时，转子的应变

增大，即直径比正常运行时大，容易发生"扫膛"（定子、转子相撞）的事故；此外，定子铁心热胀冷缩、定子叠片翘曲等问题比水冷及蒸发冷却严重，会影响电机的使用寿命。

空冷发电机目前的研究集中在如何进一步提高空冷的冷却效果和全空冷电机的极限容量、降低发电机的运行温度、减小通风损耗、提高计算精度上，力争实现免维护的目标，使得空冷技术更趋完美。

2. 半水内冷方式

水轮发电机的半水内冷指的是定子绕组水内冷，转子和定子铁心采用空冷的冷却方式。定子线棒由导电的实心股线和通冷却水的空心股线组成，一般由一根空心股线带走 4 根实心股线产生的损耗热量。出线端采用水、电接头分别引出，与上下的纯水环管相连接。汇流铜环采用水冷空心圆导体。经线棒被加热的循环纯水通过出水环管引至发电机机坑外的纯水处理装置，与冷却器进行热交换，热量被冷却器的冷却循环水带走，被冷却后的纯水用泵加压到 0.8～0.9MPa，再进入机坑内的进水循环水管，形成封闭的循环系统。

因水具有较大的质量热容和导热系数且流动性优于气体，冷却效果显著。首先，采用水冷却不仅降低了绕组温升，还能有效减小绕组线棒温差，使整个发电机定子绕组温度分布均匀，可延长绝缘寿命。由于使用水内冷方式，发电机定子绕组损耗的发散不再需要定子铁心负担，相反，定子铁心自身损耗产生热量流向线棒，从而使铁心温度较之空冷方式有很大幅度的降低，缓解了铁心热膨胀引起的定子机座的径向力，因此发电机铁心与机座温差相对较小，铁心热应力较易控制。其次，该技术的应用大大减小了导体与绝缘之间的热应力，避免了绝缘脱壳和内部电晕。最后，定子绕组内冷后，发电机的电磁负荷可提高，结构尺寸可以减小，制造时耗材较蒸发冷却和空冷发电机少，利用效率约为空冷发电机的 1.5 倍，极限容量为空冷发电机的 1.5～2 倍。特别是转子重量的减小，可降低轴承负荷和转子机械应力。

半水内冷中转子和定子铁心采用空冷，其结构与全空冷方式的结构基本一样。

定子绕组采用水冷虽然具有许多优点，但由于水垢的产生及空心铜线被水中的氧离子氧化产生的氧化铜和氧化亚铜等沉积，易造成水路堵塞。同时，水接头及各个密封点处由于承受水压漏水的问题将造成短路和漏电危险。因此，发电机的堵和漏成为困扰水冷电机发展的致命弱点。另外在水冷电机的冷却水系统中，水的电导率是一项非常重要且必须控制的参数。为了确保安全，需要泄漏电流尽可能小。特别是在断水的情况下，水的温度将迅速上升，电导率也随之增大，所以各国对水的电导率均有明确的规定。

3. 蒸发冷却方式

蒸发冷却技术是由电机学、工程热物理、流体力学及电化学等多学科交叉而成的新型学科，利用冷却介质相变换热的原理来冷却相应的发热部件，其循环原理如图 10-13 所示。图 10-14 为蒸发冷却水轮机组发电机结构效果图。

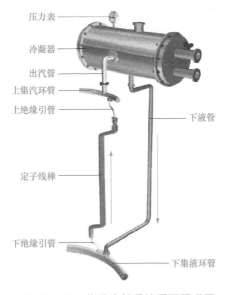

图 10-13 蒸发冷却系统循环原理图

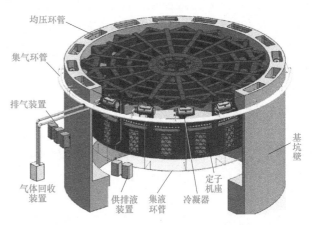

图 10-14 蒸发冷却水轮机组发电机结构效果图

采用蒸发冷却方式的水轮发电机，其转子、定子铁心，以及汇流环采用空冷，其结构与全空冷方式的结构基本一样。蒸发冷却的定子线棒通常采用一根空心股线带 4 根实心股线的结构，出线端采用蒸发介质、电接头分别引出。被加热后蒸发介质进入上集气管，再进入冷凝器，在冷凝器中进行热交换，热量被冷却循环水带走，被冷却后的蒸发介质变成液态进入下集液管，再进入定子线棒形成密闭的循环系统。

蒸法冷却方式的主要优点如下。

（1）蒸发冷却属于内冷方式，是利用定子线棒空心股线内介质的汽化潜热带走热量，冷却效能高，冷却效果明显优于外部冷却的空冷方式；

（2）蒸发冷却定子温度分布均匀，定子线棒各部分的温差较小 ［采用电阻型温度传感器（resistance temperature detector，RTD）测量温差小于 7K］，从而克服了定子及定子线棒的热变形问题，极大地延长了绝缘的寿命，因而由绝缘损耗或老化引发的定子线棒维护费用显著减小；

（3）蒸发冷却系统具有较低的工作压力，气侧压力在运行时低于表压 0.05MPa 正压，停机时是负压，由于工作压力非常小，因此减小了介质泄漏的可能性，克服了水冷方式压力大（0.6～0.8MPa）易引发水泄漏的本质问题。作为一种内冷方式，蒸发冷却系统的制造、运行、维护成本远低于水内冷系统；

（4）从蒸发冷却系统的循环机理可以看出，该系统具有自调节能力，由系统压力和介质沸点温度决定冷却部件的温度水平；

（5）该系统使水轮发电机具有一定的过负荷能力，而且在水轮机出力许可的条件下，最大过负荷能力可以设计到额定负荷的至少 1.2 倍，且轴向温差与额定负荷时基本一致；

（6）使用的环保型蒸发冷却介质具有优良的绝缘性能（>38kV），即使有泄漏也不会造成电气事故；

（7）蒸发冷却介质与电机中所使用的材料具有很好的物理化学相容性，不存在腐蚀结垢问题。

蒸发冷却与全空冷相比有下列缺点：定子线棒轴向温度分布均匀度略差些，由热引起的机械应力、定子铁心膨胀及瓢曲等问题较液体内冷发电机稍重些。同时增加了二次冷却水的渗漏问题；蒸发冷却与全空冷相比增加了绕组的冷却介质接头、介质的液、气循环系统和冷凝器等辅助设备。结构复杂、设备增多，造价增加，增加了制造、安装的工作量。

蒸发冷却与半水内冷比较有如下的缺点：温度比半水内冷略高。由于冷却介质在绕组内的不同部位存在蒸发的相变过程，使绕组的温度差也比半水冷绕组稍大，因此定子的机械变形、铁心膨胀翘曲和线棒与铁心的相对位移也比半水内冷略大。

电机的蒸发冷却技术是我国的自有专利技术，经过多年的试验研究，在大型水轮发电机上应用的关键技术已解决。在科技部和中科院的共同支持下，国家科技支撑计划项目课题“800MW 量级蒸发冷却水轮发电机优化设计研究和样机研制”得以立项，2006 年 12 月底正式启动。2007 年 9 月，三峡右岸地下电站两台蒸发冷却机组中标，科技支撑计划项目的目标工程完全落实。在 2011 年 12 月和 2012 年 7 月，三峡地下电站 27、28 号两台 700MW 蒸发冷却水轮发电机组（实物照片如图 10－15 所示，技术参数见表 10－7）分别投入商业运行。这两台机组采用了中科院电工所自主研发的蒸发冷却重大核心技术，是三峡集团公司和电工所及东方电气集团东方电机有限公司合作的成果。机组运行试验结果显示，发电机定子线圈温度分布均匀，温升低，负荷变动时温度变化小，满负荷运行时定子线棒温度仅为 57～62℃，铁心温度为 57～60℃，性能达到国际领先水平。

根据国家水电发展规划，从 2011 年我国开始不断开工建设配套单机容量为百万千瓦级的水电站。百万千瓦机组容量更大，热问题更加突出，运行可靠性对电网可靠性影响更大，特别是对定子端部引线的冷却方式提出了新的要求。为了兼具结构简便性，可以考虑大电流引线的自循环蒸发冷却方式，这为蒸发冷却技术应用提出了新的挑战，同时提供了良好的发展契机。

图 10-15　三峡电站 27、28 号机组

表 10-7　　　　　　　　　　　　三峡蒸发冷却发电机主要技术参数

额定容量（MVA）/额定功率（MW）	777.8/700
最大容量（MVA）/功率（MW）	840/756
额定电压（kV）	20
额定电流（A）	22 453
额定功率因数	0.9
GD^2（t·m^2）	450 000
额定转速（r/min）	75
飞逸转速（r/min）	150
发电机冷却方式	定子绕组蒸发冷却、定子铁心及转子绕组空冷

10.5　大型异步电机的冷却

异步电机以空气通风冷却为主，容量大于 10MW 也可采用水冷或者部分水冷。异步电机冷却技术的发展常常体现在通风器件（风扇、冷却器）及派生结构的设计上。

本节主要介绍空冷的通风系统及组合形式。

10.5.1　典型通风系统

空冷的电机内部通风系统按照冷却空气在电机内部（主要指定子风路）的流动方向主要可分为：径向通风、轴向通风和轴径混合型通风三种结构。一般来说，径向通风温度比较均匀，轴向通风出风侧温升明显高于进风侧，但轴向通风可以减少轴向长度，加工工时也较少，如果设计得当，一般通风损耗可望减少。混合式通风主要用于 8 极以上的较低速电机。

1. 电机内部轴向通风

轴向通风示意图如图 10-16 所示。轴向通风的特点是结构简单。冷却空气沿电机（定子、转子）风路轴向流动，冷却空气由电机一端进入，从另一端派出。在电机内部有三个轴向冷却风路，即定子轭部通风孔、定子槽口通风沟及气隙（图 10-17 为带通风沟的定子槽）、转子轭部通风孔。

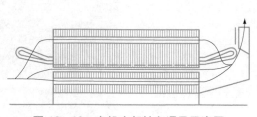

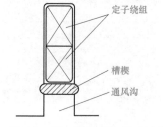

定子绕组

槽楔

通风沟

图 10-16　电机内部轴向通风示意图　　　图 10-17　有通风沟的定子槽

如图 10-16 所示，轴向通风结构中，气流基本是直线前进，很少改变方向，因此气流的风阻低，通风损耗小。还可以采用比转子直径大的风扇，以增大扇风作用，提高冷却效果。图 10-17 中定子槽口的通风沟有很好的冷却效果。因为通过沟内的空气紧邻热源，可直接带走绕组及铁心产生的热量。定子铁心内产生的总损耗约 30% 是通过这种沟散出的。

由图 10-18 轴向通风电机的温度分布曲线可以看出，由于铁心没有径向通风沟，沿绕组长度的温度变化大，尤其是处于定子铁心范围内的定子绕组温升大，同时绕组端部的温升低。然而定子槽口通风沟可以对这种现象起一定的补偿作用，保证绕组的温升在许可范围内。

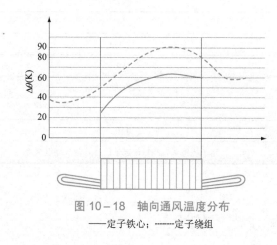

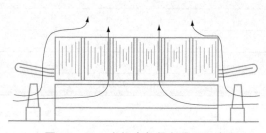

图 10-18　轴向通风温度分布　　　　　图 10-19　电机内部径向通风示意图
——定子铁心；------定子绕组

2. 电机内部径向通风

径向通风方式（见图 10-19）的特点是，冷却空气沿电机定子、转子径向通风沟径向流动，冷却空气被两个轴流风扇从两端吸入，一部分经过绕组端部从机座两侧的排风口派出，其余经过转子上的轴向孔（或转子支架轴向孔）流向转子和定子的径向通风沟，从机座出风口排出。

径向通风方式的优点是通风损耗小，散热面积大，沿电机轴向的温度分布比较均匀。缺点是因需要径向通风沟，使电机轴向尺寸略大。但风扇的外径必须小于转子外径，限制了风扇的扇风能力。

径向通风方式适用于铁心较长的电机。

3. 电机内部轴径向混合通风

轴径向混合通风方式（见图 10-20）是结合轴向和径向二者特点设计的。在这种通风系统中，冷却空气从电机的一端进入，通过转子轴向通风孔及径向通风沟，经由定子径向通风沟，从电机另一端排出。定子绕组端部由另一股气流冷却。

这种通风方式的特点是将气流分为多段，使冷却空气尽可能地与电机所有的发热部位接触，均匀地冷却电机的各个部位。图 10-21 所示为混合通风温度分布。比较图 10-18 与图 10-21 可以看出混合通风有较好的冷却效果。其缺点是结构比较复杂。

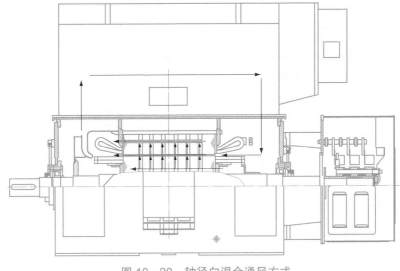

图 10-20 轴径向混合通风方式

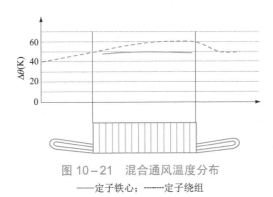

图 10-21 混合通风温度分布
——定子铁心；------定子绕组

10.5.2 风路的合理组合形式

异步电动机的生产量大，使用面广，规格品种繁多。不同的使用环境，要求不同的防护型式，从而导致外部风路安排的多样化。常用的外部风路型式有以下几种。

（1）开启式通风方式，电机没有外部通风管路，冷却空气由周围大气直接流入电机，冷却发热部位后，热空气又直接排入周围大气空间。

（2）管道通风方式，在电机外部风路上装置通风管道，引送热、冷风。

（3）密闭循环通风方式，在电机外部风路上装设封闭通风管道，使空气闭路循环。其中冷却热空气的方法有两种，一是采用水空冷却器（采用冷水来冷却热空气），二是采用空空冷却器（采用冷空气来冷却热空气）。

（4）气候防护通风方式，适用于户外通风的电机。此处的"气候"包括雨、雪、带有灰尘的空气、温度变化和潮湿空气等大气现象。此种方式需要应对各种气候进行有效防护，必须采取措施以保护电机不受气候的影响。

防雨比较简单，采用带有防护罩的防溅式封闭电机即可达到目的。这种电机中空气的进口及出口的设计均考虑到雨水垂直低落或与水平成 30° 滴落都不会流入电机内部。防雪比较困难，飞舞的雪片可以随流动的冷却空气或者抽进去的冷风进入电机内部。为了防止雪片进入，冷却空气流必须在进口和出口绕弯若干次，经过静室把雪片分离开。采用这种装置也可以除去一部分灰尘。还有一个重要措施是防止水汽的凝结。为了防止结露，可以在电机内部安装加热器，使电机内部温度高于外界温度。加热器在冬季还可以防止结冰，并有助于轴承润滑油的温度不至于过低，保持良好的润滑性能。

本章小结

交流电机损耗主要有铜耗、铁耗、励磁损耗、机械损耗及附加损耗等。电机中损耗的存在有两方面影响：① 降低了电机的效率，损耗越大，效率越低；② 损耗的能量最终转化为热能，使电机本身的温度升高。这将直接影响到电机所用绝缘材料的寿命，并限制了电机的输出功率。电机的温度是发热与冷却综合作用的结果。温升和冷却都需要一个过程，温升不仅取决于负载大小，也和负载的持续时间有关。

大型电机的冷却是一个比较困难的问题。这是因为：① 单位散热面应散出的热量大，即热流密度大。容量大的电机体积也大。但是，电机的损耗大致正比于电机的体积，而电机的散热面积只正比于表面积。显然，电机的表面积的增加比体积的增加要慢得多。因此，大容量电机单位面积散发出的热量要多一些。② 实际电机温升除了表面温升外，还需要加上内部温升（即从铁心表面到铁心中部以及通过绝缘层的那一部分温度差）。大容量电机由于体积大，热量从内部传到散热表面比较困难，内部和表面的温差加大，提高了内部温升，当然也就提高了电机的总温升。③ 大容量电机中的附加损耗较大，这些损耗往往集中在某一个部位，引起局部过热。④ 由于体积大，尤其像汽轮发电机那样细长的电机，想把冷却气体送到电机内部比较困难。

大容量发电机的冷却方式按冷却介质的形态区分，常见的有气冷、气液冷和液冷三大类。汽轮发电机所采用的冷却方式较为丰富，包括空冷、氢冷、水冷、油冷及蒸发冷等。汽轮发电机定子绕组采用氢内冷或者水内冷的比较多，少数有用油内冷的。转子绕组采用氢内冷的比较多，近年来水内冷技术发展也较快。大容量汽轮发电机常用的冷却方式包括：水—氢—氢冷，水—水—氢冷，水—水—空冷等。水轮发电机所采用的冷却方式常见的有全空冷、半水冷和蒸发冷却等。

异步电机以空气通风冷却为主，容量大于 10MW 也可采用水冷或者部分水冷。典型的通风系统按空气在电机内部的流动方向可分为径向通风、轴向通风和轴径混合型通风三种结构。除此之外，还应该按照电机的工作环境设计合理的外部风路系统。异步电机冷却技术的发展常常表现在通风器件（风扇、冷却器）及派生结构的设计方面。

 思考题及习题

10-1 电机运行时的热量主要来源是什么？

10-2 电机的温升与什么有关？是否整台电机都相同？

10-3 大型同步发电机的常用冷却介质有哪几种？冷却方式有哪些？

10-4 汽轮发电机与水轮发电机的结构由什么不同？采用的冷却方式有什么特点？

10-5 异步电机空冷的典型风路有哪些？各有什么优缺点？

同步电机篇I

同步电机（synchronous machine）的基本特点是同步电机转子的转速 n（r/min）恒等于电机内部旋转磁场转速 n_1，即 n 与电枢（定子）电流的频率 f 之间应严格满足 $n = n_1 = \dfrac{60f}{p}$，同步电机也由此得名。

可看出，当电机的极对数和转速一定时，发出的交流电流频率是固定的。我国电力系统的标准电流频率为 50Hz。

同步电机主要用来作为产生三相交流电的发电机运行，现在全世界的发电量绝大部分是同步发电机提供，包括水电站、火电厂和核电站。

同步电机同所有的旋转电机一样，从原理上讲其运行是可逆的。故同步电机也可作为电动机应用，即将电能转换为机械能输出。只要电源频率不变同步电动机的转速是恒定的，在不要求调速的场合，应用大型同步电动机可以提高运行效率。同步电动机可以通过调节励磁电流来改善电网的功率因数。近年来，小型同步电动机在变频调速系统中得到较多的应用。此外，同步电机还可作为同步补偿机（也称调相机）用，同步补偿机实际是一台接在交流电网上空载的同步电动机，电机不带任何机械负载，靠调节转子中的励磁电流向电网发出所需的感性或者容性无功功率，以达到改善电网功率因数或者调节电网电压的目的。

本篇主要阐述同步发电机的运行原理、运行性能、基本的试验方法、异常运行，在此基础上，从运行可逆性的角度再来分析同步电动机和调相机各自具有的特点。

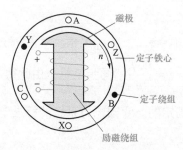

11

三相同步电机的基本工作原理与结构

11.1.1　三相同步电机的基本工作原理

同步电机作发电机运行时将机械能转变为交流电能。在火电厂，发电机用汽轮机作原动机，给发电机提供输入的机械能，称为汽轮发电机；在核电站是以核反应堆来代替火电站的锅炉，原动机仍然是汽轮机；在水电厂，发电机用水轮机作原动机，称为水轮发电机；有的地方用柴油机用作原动机，称为柴油发电机。同步电机作电动机运行时则将电能转变为机械能。

图 11-1　同步电机的结构模型

同步电机和其他类型的旋转电机一样，由定子和转子两大部分组成。定子部分包括定子铁心和定子绕组，转子部分由转子铁心、励磁绕组和滑环构成。图 11-1 是最常用的旋转磁场式（转场式）同步电机的结构模型，其定子铁心的内圆均匀分布着定子槽，槽内对称嵌放着三相对称绕组 AX、BY、CZ，定子铁心和绕组又称为电枢铁心和电枢绕组。转子铁心上装有制成一定形状的成对磁极，磁极上绕有励磁绕组，励磁绕组通过外接直流电源供给励磁电流时，将会在电机的气隙中形成极性相间的分布磁场，称为励磁磁场（也称主磁场或转子磁场）。原动机拖动转子以恒定速度旋转，励磁磁场随转子一起旋转，就得到一个机械旋转磁场。该磁场依次切割定子各相绕组（相当于绕组的导体反向切割励磁磁场），定子绕组中将会感应出三相对称的交流电动势。由于各相绕组结构相同，从而各相电动势的大小相等；各相绕组空间分布彼此相距 120° 电角度，从而三相电动势时间相位差 120°，分别用 e_{OA}、e_{OB} 和 e_{OC} 表示，则

$$\left. \begin{array}{l} e_{OA} = E_m \sin \omega t \\ e_{OB} = E_m \sin(\omega t - 120°) \\ e_{OB} = E_m \sin(\omega t - 120°) \end{array} \right\}$$

其中

$$\omega = 2\pi f$$

$$f = \frac{pn}{60}$$

式中：f 为感应电动势的频率，其大小取决于电机的极对数 p 和转子转速 n。

如果发电机接上负载，定子绕组就有三相电流流过，这时发电机将有电能的输出，实现机械能到交流电能的转换。

11.1.2　同步电机的类型

同步电机的分类方法有多种，常见的有以下几种分类方法。

按运行方式不同分为发电机、电动机和调相机。

按结构形式不同分为电枢旋转式（简称转枢式）和磁极旋转式（简称转场式）。磁极旋转式按转子结构不同又分为凸极式和隐极式。

按安装方式不同分为卧式和立式。

按原动机类型不同分为汽轮发电机、水轮发电机、燃气轮发电机、柴油发电机、风力发电机。

按冷却介质不同分为空气冷却、氢气冷却、水冷却等。

11.2 同步电机的基本结构

同步电机一般按结构形式分为转场式同步电机和转枢式同步电机。现代大容量同步电机绝大部分做成电枢固定而磁极旋转，称为转场。这是因为励磁绕组电流相对较小，电压低，放在转子上引出较方便；电枢绕组电压高、容量大，放在转子上使结构复杂、引出不方便。如有特殊要求时可作为电枢旋转式，如交流励磁机。

旋转磁极式结构的同步电机，根据磁极形状可分为隐极（non－salient pole）和凸极（salient pole）两种型式，如图11－2所示。

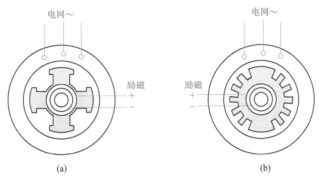

图11－2　同步电机的转子基本形式
（a）凸极式；（b）隐极式

在固定的电源频率下，采用哪一种形式的转子与电机的转速有关。对于火电厂和核电站的汽轮机拖动的汽轮发电机，由于汽轮机的转速很高（如$p=1$，$n=3000r/min$，转子直径为1m时，转子圆周的线速度就达到157m/s），要求有足够的机械强度并很好地固定转子励磁绕组，所以转子上没有凸出的磁极，称之为隐极式转子。另外，由于转速高，转子直径受离心力的影响，有一定的限制。为了增大电机容量，只能增加转子的长度（当然也不可能无限制增加），因此，汽轮发电机的隐极式转子是细而长的圆柱体。隐极同步发电机在不考虑齿槽效应时，气隙均匀。核电站用的汽轮发电机在构造上与常规火电站用的大同小异，所不同的是由于蒸汽压力和温度都较低，所以同等功率机组的汽轮机体积比常规火电站的大。而对于水轮机拖动的发电机，由于水轮机转速低，因而要求发电机有较多的磁极，转子宜做成短而胖的凸极式。凸极式转子上有明显凸出的成对磁极和励磁线圈，凸极式的转子在结构和加工工艺上都较隐极式的简单，这种电机常称为水轮发电机。显然，凸极同步电机气隙不均匀。

同步电机的气隙要比容量相同的异步电机的大，因为异步电机的励磁电流由电网供给，需要从电网吸取感性无功功率，如果气隙大，则励磁电流大，电机的功率因数低，因此在机械允许的条件下，气隙要尽量小一些。同步电机的气隙磁场由转子电流和定子电流共同激励，从同步电机运行稳定性考虑，气隙大，同步电抗小，短路比大，运行稳定性高。但气隙大，转子用铜量增大，制造成本增加。所以气隙大小的选择要综合考虑运行性能和制造成本这两方面的要求。

无论是汽轮发电机还是水轮发电机，最基本结构部件包括定子机座、定子铁心、定子绕组、转子铁心、转子绕组等。

11.2.1 汽轮发电机结构

火电厂（heat－engine plant）的生产现场如图11－3所示，汽轮机作为原动机，驱动同步发电机旋转，励磁系统给同步发电机提供直流励磁电流。

图 11-4 是国产 300MW 汽轮发电机外形结构图，汽轮发电机的基本结构除了定子和转子两个主要部分外，还需要一套合适的冷却机构。图 11-5 是一台汽轮发电机的主要部件图，现对它的主要组成部分分别作简单介绍。

图 11-3　运行中的 600MW 汽轮机组

图 11-4　国产 300MW 汽轮发电机外形结构图

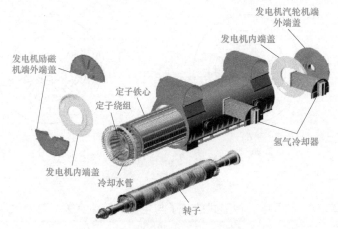

图 11-5　汽轮发电机的主要部件图

1. 定子

汽轮发电机的定子（stator）是由机座（base-frame）、端盖（end closure）、定子铁心（stator core）和定子绕组（stator windings）等部件组成。对于水内冷电机还应包括进、出水的特殊结构。

（1）机座和端盖。图 11-6 为汽轮发电机的机座。机座的作用是固定和支撑定子铁心及定子绕组等部件，通过机座将整个定子安装、固定在基础上。另外，机座内部还应有合适的冷却风道。汽轮发电机的机座一般都采用钢板焊接而成。对机座的要求，除了使安装、运输方便外，还需要有足够的强度和刚度。除支撑定子绕组和定子铁心外，还应在正常和故障时能承受可能发生的最大应力，保证不产生不允许的变形。

端盖的作用是保护定子和转子的端部，另外，它可以使电机内形成一个与外界隔绝的风路系统。端盖一般用钢板焊接结构，也可采用灰铸铁或硅铝合金铸件，中等容量的电机端盖也有采用玻璃钢压制的。为了防止加工、运输和运行中因受力而发生不允许的变形，端盖应有足够的刚度。

大型同步电机的端部漏磁通较大，所以固定端盖的螺栓宜加以绝缘，以防止漏磁通引起的涡流流过螺栓而使其发热。

（2）定子铁心。定子铁心是构成磁路和固定定子绕组的重要部件，要求导磁性能好、损耗小、刚度好、振动小，并在结构和通风系统布置上能有良好的冷却效果。

定子铁心是由定子冲片叠压组成，定子冲片用 0.35mm 或 0.5mm 或其他厚度的硅钢叠成，硅钢片的两面涂有绝缘，以减小铁心的涡流损耗。一般呈扇形片，在扇形片的内圆部分开有放置线圈的槽，如图 11-7 所示，在叠制定子铁心的过程中，当将扇形片拼成一个整圆时，应将接缝错开。用硅钢片叠制的定子铁心压紧后就是一个坚实的整体。为了便于铁心的散热，在铁心沿轴向长度上，每隔 30～60mm 就留有 8～10mm 的风道。另外，在每段叠片的中部及靠近两端处加垫 0.2mm 厚的绝缘片，以限制片间绝缘损坏时可能烧伤铁心的短路电流值。铁心一般采用径向通风，其通风结构应与电机的通风冷却系统相配合。

图 11-6　汽轮发电机的机座

数层交错叠装

图 11-7　定子铁心

（3）定子绕组。同步电机的电能是通过定子绕组输出的，通常定子绕组也称为电枢绕组，是电机进行能量转换的关键部件。汽轮发电机的定子绕组一般采用双层短矩叠绕组形式。大型汽轮发电机的定子线圈由于尺寸大，为了制造和下线方便，常做成半匝式结构。即将一个线圈的两个线圈边分开来制造，嵌入槽中后，再将其端接部分焊接起来（见图 11-8）。为了冷却的需要，大型同步电机线圈还通常采用空心与实心导体相间布置的形式，空心导体可实现定子绕组水内冷（见图 11-9）。每根绕组的实心空心股线相互绝缘并采用罗贝尔换位，以减小附加电气损耗。上下层线圈通过槽楔、波纹垫条固定在铁心槽内。定子绕组端部的水电连接如图 11-10 所示。

图 11-8　正在组装的汽轮发电机定子铁心与外机座

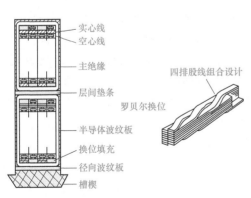

图 11-9　下线定子绕组端部

图 11-10　定子绕组端部

2. 转子

发电机的转子（rotor）的作用是传递原动机供给的机械能、支撑旋转的励磁线圈、形成良好的磁通路径和转子散热通道。因此，对转子结构、材料和加工工艺要求较高。

汽轮发电机的转子是由转子铁心、转子绕组、端环及滑环、风扇等部件组成，如图 11-11 所示。

（1）转子铁心。汽轮发电机的转子铁心既要有良好的导磁性能，又要具有足够的机械强度和刚度，是汽轮发电机的最关键部件之一。一般采用优质合金钢锻制而成,如图11-12所示。在铁心上开有两组对称的槽,槽与槽之间的部分称为齿。有两个齿特别宽,称为大齿,其余的叫小齿。小齿嵌放励磁线圈,大齿形成磁极,大齿的中心线实际上就是磁极的中心线。大型电机有时为了加强转子表面的冷却,在大齿区也开有一些较小的槽并不安放线圈,而只作通风之用,这种槽称为通风槽。

图11-11 汽轮发电机转子外形

图11-12 转子铁心

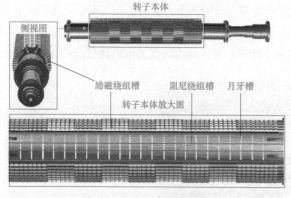

图11-13 转子铁心结构

对于大型两极汽轮发电机的转子,当长度与直径的比值较大时,为了减小倍频振动的影响,常在大齿部分沿轴向每隔一定距离开有径向月牙槽,如图11-13所示,这样使大齿方向与小齿方向的刚度尽可能接近。有的电机在大齿开有槽,内装阻尼绕组(damping windings)。阻尼绕组构成自行短接的半鼠笼式结构,用来改善发电机的稳定运行。

图11-13中所示各槽用途为:第一种:励磁绕组槽,用于安放励磁线圈,形成转子磁场;第二种:阻尼绕组槽,安放阻尼绕组,提高发电机负序承载能力;第三种:有牙槽,平衡大、小齿刚度,降低倍频振动。

(2)励磁绕组。励磁绕组(excitation windings)的作用是通入直流电流建立转子磁场。汽轮发电机的励磁绕组是由扁铜线绕制成的同心式绕组,采用水冷的转子绕组则使用空心线绕制。励磁绕组是由许多从小到大的励磁线圈连接而成,整个励磁绕组就是将所有转子小齿的线圈连接起来,而将绕组的两头引出,连接到滑环上。励磁绕组的外观如图11-14所示。

(3)护环和中心环。汽轮发电机转子绕组的端部在高速旋转中将承受巨大的离心力,并在通过励磁电流时产生热膨胀,造成径向和轴向位移。护环套在转子绕组端部的外面,防止径向位移,而中心环则用来阻止轴向位移。图11-11中的护环是大型汽轮发电机一种常用的护环结构。为了避免因护环偏心引起的振动,以及不对称运行或异步运行时因转子表面感应电流引起配合面上的电灼伤,要求护环与转子本体、护环与中心环之间有较紧密的配合。

3. 其他部件

滑环与电刷的作用是将外界的直流电引入到转动的励磁绕组。滑环或称集电环,一般用耐磨的锻钢制成。滑环的表面需要进行硬度处理,加工完的滑环表面要求光洁。电刷是电机中最易损坏和维护工作量最大的零件,汽轮发电机一般采用石墨或电化石墨电刷。虽然每种电刷以石墨粉作为主要原料,但是含量和工艺的不同,在导电率、比重、硬度、强度、伏安特性等方面有不同的性能。为使两滑环磨损均匀,在运行中要定期改变滑环的极性。

电刷放在刷盒内,刷盒内有弹簧给电刷一个均匀的压力,以防止电刷正运行时发生振动,使其与滑环间保持有良好的滑动接触。风扇的作用是使电机内部通风冷却(见图11-15)。风扇一般装在转子两端,当发电机运行时,风扇随转子而转动,使冷却气体流过线圈和铁心,带走热量。

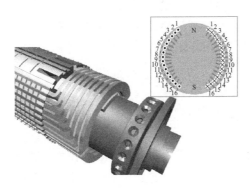

图 11-14　转子励磁绕组　　　　　　图 11-15　滑环（集电环）与风扇

11.2.2　水轮发电机

水轮发电机（hydro-generator）的主要结构形式有卧式、立式和灯泡贯流式，如图 11-16 所示。通常小容量水轮发电机多采用卧式结构，中等容量水轮发电机采用立式或卧式结构，而大容量水轮发电机则广泛采用立式结构。

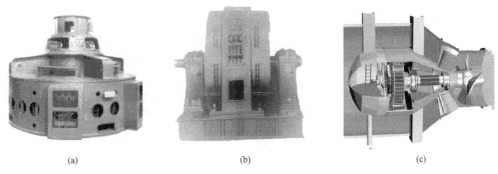

(a)　　　　　　　　　　　　(b)　　　　　　　　　　　　(c)

图 11-16　水轮发电机的三种结构形式
（a）立式水轮发电机；（b）卧式水轮发电机；（c）灯泡贯流式水轮发电机

立式水轮发电机又可分为悬吊式和伞式两种，如图 11-17 所示，发电机推力轴承位于转子上部的统称为悬吊式，位于转子下部的统称为伞式。

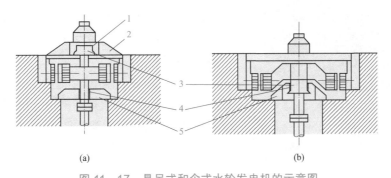

(a)　　　　　　　　　　　　　　(b)

图 11-17　悬吊式和伞式水轮发电机的示意图
（a）悬吊式；（b）伞式
1—上导轴承；2—上机架；3—推力轴承；4—下导轴承；5—下机架

水轮发电机所采用的结构形式对电站主厂房高度、起重机容量、机组本身技术经济指标、运行稳定性及检修等方面都有直接影响。因此，必须立足全局，对各种因素加以综合考虑后做出判断。一般低速大容量水轮发电机多采用伞式结构，因为伞式机组的总高度比悬吊式要低，这样可以降低电站主厂房的高度和减轻机组重量。但是，伞式机组的推力轴承直径较大，所以其轴承损耗比悬吊式要大。悬吊式机组适用于中、高速的机组，其优点是：机组径向机械稳定性较好、轴承损耗较小和维护检修较方便。

和汽轮发电机相比，水轮发电机的启动和投入并联所需时间较短，运行调度比较灵活。因此，在电力系统中，水轮发电机除可用来担负基本负载外，还常用作调峰或调相运行。至于冷却方式，水轮发电机一般采用空气冷却，只有容量相当大的发电机才需要考虑采用水内冷却方式。

1. 定子

水轮发电机的定子由机座、定子铁心和定子绕组等部件组成。

大、中型水轮发电机的直径相当大，为了便于运输，通常把定子机座连同铁心一起打成几段，分别制造好后，再运到电站组装成一整体，如图 11-18 所示。

水轮发电机的定子铁心一般均用扇形硅钢片叠成。和汽轮发电机一样，铁心在叠装过程中应将每层扇形片间的接缝错开。当铁心的厚度叠到 30～60mm 时就留出一冷却风道。铁心被固定在机座内圆的支持筋上，这样在机座外壳与铁心外圆之间留有通风道。铁心内圆均匀分布有槽，槽内放置定子绕组。

水轮发电机定子绕组的型式不同于汽轮发电机。由于水轮发电机的极数较多，每极每相槽数较小，为了改善电动势波形，广泛采用分数槽绕组。对于大容量的水轮发电机，为节省极间连接线，一般采用单匝波绕组，因此上、下层导线可用两根线棒分别制造，嵌线后再连接起来，如图 11-19 所示。

图 11-18 水轮发电机定子分段铁心

图 11-19 采用 VPI 绝缘处理的水轮发电机定子线棒

图 11-20 带阻尼绕组的凸极同步发电机转子

2. 转子

水轮发电机的转子均做成凸极式，水轮发电机的转子直径很大，而轴向长度相对较短，整个转子呈扁盘形，如图 11-20 所示。

水轮同步电机转子由磁极、励磁线圈、磁轭和阻尼绕组等部分构成。

磁极固定在磁轭上，磁轭同时也是磁路的组成部分。磁轭的外缘部分冲有倒 T 形的缺口以装配磁极，如图 11-21 所示为磁极与磁轭的连接方式。

磁极上套有励磁绕组，励磁线圈大部分采用扁铜线立绕而成，如图 11-22 所示，励磁线圈串联后接到滑环上。另外，磁极上一般还装有阻尼绕绕组，就是将裸铜条放入极靴的阻尼槽中，然后两端用短路环连接起来形成一个整体。

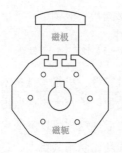

图 11-21 磁极与磁轭的连接

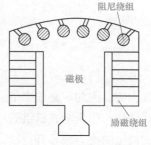

图 11-22 凸极同步电机的转子磁极与转子绕组

在水轮发电机中也有滑环、电刷、风扇及相应的冷却装置。

11.3 大型同步电机的励磁系统

励磁系统（field system）是同步电机的重要组成部分，同步电机在运行时为了建立励磁磁场，转子绕组必须通入相应的直流电流。供给同步电机转子励磁电流的整个系统，包括电源及其附属设备称为励磁系统。励磁系统一般分为励磁功率单元（励磁电源）和励磁调节器两个部分，前者为励磁绕组提供励磁电流，后者则用来控制励磁功率单元的输出。励磁系统是一个典型的反馈控制系统，其控制原理图如图 11-23 所示。

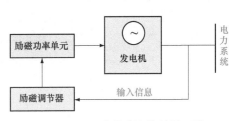

图 11-23 励磁系统控制原理图

同步电机的运行可靠性、稳定性与其励磁系统有十分密切的关系，现代同步电机的发展对励磁系统提出越来越高的要求。为此，近年来同步电机励磁系统所采用的形式，即励磁方式也日新月异。

11.3.1 对励磁系统的要求

当电力系统正常工作的情况下，励磁系统供给发电机励磁电流。同时，为了维持同步发电机机端电压于给定的水平上，随负载情况变化，励磁电流应能相应调节。

当系统电压严重下降时（如发生短路故障等），能强行励磁（简称强励）提高电动势，保持电压稳定。突然丢负荷时，如水轮机组转速明显升高，能强行减磁，限制端电压过度增高。当电机内部发生短路故障时，能快速灭磁和减磁，以减小故障的损坏程度。对两台以上并列运行发电机，能成组调节无功功率，使无功合理分配。

其他：反应迅速，运行可靠，结构简单，损耗小，成本低，体积小等。

11.3.2 几种典型的励磁系统

1. 直流励磁机励磁

这种励磁方式以直流发电机作为励磁电源，在同步电机发展的早期历史上首先获得应用。目前中、小型电机还有一部分采用这种励磁方式。直流励磁机通常与同步电机同轴，采用并励或者他励接法，或采用负载电流反馈的复式励磁。采用他励接法时，励磁机的励磁电流由另一台被称为副励磁机的同轴的直流发电机供给，如图 11-24 所示。

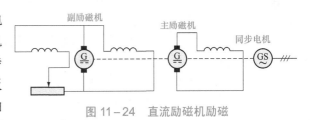

图 11-24 直流励磁机励磁

2. 静止整流器励磁

同一轴上有三台交流发电机，即主发电机、交流主励磁机和交流副励磁机。副励磁机的励磁电流开始时由外部直流电源提供，待电压建立起来后再转为自励（有时采用永磁发电机）。副励磁机的输出电流经过静止晶闸管整流器整流后供给主励磁机，而主励磁机的交流输出电流经过静止的三相桥式硅整流器整流后供给主发电机的励磁绕组，如图 11-25 所示。

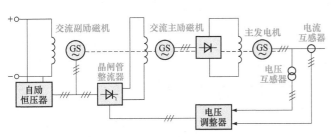

图 11-25 静止整流励磁系统

3. 旋转整流器励磁

静止整流器的直流输出必须经过电刷和集电环才能输送到旋转的励磁绕组。大容量的同步发电机其励磁电流可达到数千安培，使得集电环严重过热。

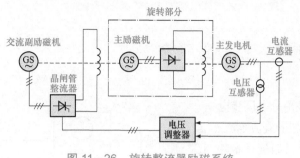

图 11-26　旋转整流器励磁系统

因此，在大容量的同步发电机中，常采用不需要电刷和集电环的旋转整流器励磁系统，如图 11-26 所示。主励磁机是旋转电枢式三相同步发电机，旋转电枢的交流电流经与主轴一起旋转的硅整流器整流后，直接送到主发电机的转子励磁绕组。交流主励磁机的励磁电流由同轴的交流副励磁机经静止的晶闸管整流器整流后供给。由于这种励磁系统取消了集电环和电刷装置，故又称为无刷励磁系统。

11.4　同步电机的型号与额定值

11.4.1　同步电机的型号

我国生产的汽轮发电机有 QFQ、QFN、QFS 等系列。前两个字母表示汽轮发电机；第三个字母表示冷却方式，Q 表示氢外冷，N 表示氢内冷，S 表示双水内冷。

水轮发电机系列有 TS 系列，T 表示同步，S 表示水轮。举例：QFS-300-2 表示容量为 300MW 双水内冷二极汽轮发电机。TSS1264/160-48 表示双水内冷水轮发电机，定子外径为 1264cm，铁心长为 160cm，极数为 48。外同步电动机系列有 TD、TDL 等，TD 表示同步电动机，后面的字母指出其主要用途。如 TDG 表示高速同步电动机；TDL 表示立式同步电动机。同步补偿机为 TT 系列。

11.4.2　额定值

额定容量 S_N：指发电机长期安全运行的最大允许输出视在功率，单位为 VA、kVA、MVA；对调相机为线端额定无功功率，单位为 var、kvar、Mvar，$S_N = \sqrt{3} U_N I_N$。

额定功率 P_N（W、kW、MW 等）：发电机指额定输出有功电功率为 $P_N = S_N \cos\varphi_N = \sqrt{3} U_N I_N \cos\varphi_N$；电动机指轴上输出的额定机械功率为 $P_N = S_N \cos\varphi_N \eta_N = \sqrt{3} U_N I_N \cos\varphi_N \eta_N$。

额定电压 U_N（V、kV 等）：指额定运行时定子输出端的线电压。

额定电流 I_N（A、kA 等）：指额定运行时定子的线电流。

额定功率因数 $\cos\varphi_N$：指额定运行时电机的功率因数。

额定频率 f_N：指额定运行时电机电枢输出端电能的频率，我国标准工业频率规定为 50Hz。

额定转速 n_N：指额定运行时电机的转速，即同步转速。

除上述额定值外，同步电机名牌上还常列出一些其他的运行数据，如额定负载时的温升 t_N、励磁容量 P_{fN} 和励磁电压 U_{fN} 等。

【例 11-1】有一台 TS854-210-40 的水轮发电机，$P_N = 100MW$，$U_N = 13.8kV$，$f_N = 50Hz$，$\cos\varphi_N$，试求：

（1）发电机的额定电流；

（2）额定运行时能发多少有功和无功功率？

（3）转速是多少？

解：（1）额定电流

$$I_N = \frac{P_N}{\sqrt{3} U_N \cos\varphi_N} = \frac{100 \times 10^6}{\sqrt{3} \times 13.8 \times 10^3 \times 0.9} = 4648.6A$$

（2）有功功率

$$P_N = 100MW$$

无功功率

$$Q_{\mathrm{N}} = P_{\mathrm{N}} \tan \varphi = 100 \times \tan(\arccos 0.9) = 48.4\mathrm{M\,var}$$

（3）转速

$$n_{\mathrm{N}} = \frac{60 f_{\mathrm{N}}}{p} = \frac{60 \times 50}{20} = 150\mathrm{r/min}$$

 本章小结

　　同步电机作为发电机，电动机或调相机，都是由定子、转子两个基本部分组成的，其基本原理都是相同的，只是运行方式不同而已。同步电机的基本原理仍然是电磁感应原理，其基本特点是转速、磁极对数和电流频率三者之间保持严格的关系，即 $n_1 = 60 f/p$。另一个特点是同步电机多采用旋转磁极式。同步电机通常分为隐极式和凸极式两种，隐极式多用于高速旋转的汽轮发电机组，凸极式多用于低速旋转的水轮发电机组和同步电机中。由于原动机的不同，隐极机和凸极机在设计结构上有较大的差别。

 思考题及习题

11－1　什么叫同步电机？怎样由其极对数决定它的转速？试问 75r/min、50Hz 的电机是几极？

11－2　同步发电机怎样产生交流电能？

11－3　同步电机和异步电机在结构上有哪些区别，为什么有这样的区别？

11－4　电枢旋转式和磁极旋转式电机有什么不同？为什么大容量同步电机采用磁极旋转式而不用电枢旋转式？

11－5　汽轮发电机和水轮发电机的主要特点是什么？观察同步发电机外形，能否区分它是汽轮发电机还是水轮发电机？

11－6　为什么同步电机的气隙要比容量相同的感应电机的大？

11－7　同步电机的频率、极数和同步速度之间有何关系，试求下列电机的极对数或同步速度：

（1）同步电机 $f = 50\mathrm{Hz}$，$n = 750\mathrm{r/min}$，$2p = ?$

（2）水轮发电机 $f = 50\mathrm{Hz}$，$2p = 32$，$n = ?$

11－8　汽轮发电机为什么宜做成隐极式，而水轮发电机宜于做成凸极式？

11－9　在同步电机的铭牌上一般至少标有哪些额定值？并说明这些额定值各自所代表的意义。

11－10　国产 200MW 的汽轮发电机，已知其额定电压 $U_{\mathrm{N}} = 15\,750\mathrm{V}$，定子星形接法，$\cos\varphi_{\mathrm{N}} = 0.85$，试求发电机的额定电流。

11－11　国产汽轮发电机的型号表示方法有哪些特点？用什么方法表示它的冷却方式、功率和转速？

11－12　同产水轮发电机的型号表示方法有哪些特点？用什么方法表示它的冷却方式、功率、尺寸大小和转速？

11－13　有一台 QFS－300－2 的汽轮发电机，$U_{\mathrm{N}} = 18\mathrm{kV}$，$\cos\varphi_{\mathrm{N}} = 0.85$，$f_{\mathrm{N}} = 50\mathrm{Hz}$，试求：

（1）发电机的额定电流；

（2）发电机在额定运行时能发多少有功和无功功率？

11－14　一台同步电机，已知 $P_{\mathrm{N}} = 100\mathrm{kW}$，$U_{\mathrm{N}} = 15\,750\mathrm{V}$，定子星形接法，$\cos\varphi_{\mathrm{N}} = 0.8$（超前），$\eta_{\mathrm{N}} = 95.61\%$，试求电机的额定电流。

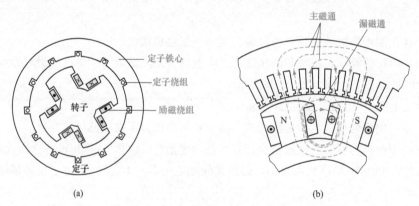

三相同步发电机的运行原理

同步电机主要做发电机运行，本章主要分析同步发电机空载和对称负载运行时的运行原理，通过电磁过程分析推导同步发电机负载运行时的基本方程式、相量图和等效电路。

12.1 三相同步发电机空载运行

12.1.1 空载运行时的磁动势

当原动机带动同步发电机在同步转速下转动，励磁绕组通入适当的励磁电流，电枢绕组不带任何负载的运行情况称为空载运行（no load operating）。空载运行是同步发电机最简单的运行方式，由于电枢（定子）电流为零，其气隙中的磁场是由转子励磁电流 I_f 所产生的励磁磁动势 F_f 单独建立，如图 12-1（b）所示，称为空载磁场或主磁场。空载磁场的强弱由励磁电流的大小决定。显然，当原动机拖动转子以同步速度旋转时，空载磁场也以同步速度旋转。

图 12-1 凸极同步电机结构示意图及空载运行内部磁通分布图
（a）凸极同步发电机结构示意图；（b）空载运行内部磁通分布图

图 12-1（b）所示为一台凸极同步发电机空载运行时励磁磁动势产生的磁通分布示意图。图中既交链转子，又经过气隙交链定子的磁通，称为主磁通（main flux），其基波分量的每极磁通量用 Φ_0 表示。主磁通的路径为：主极铁心 N→气隙→电枢齿→电枢磁轭→电枢齿→气隙→另一主极铁心 S→转子磁轭→主极铁心 N，形成回路。基波主磁通 Φ_0 随着转子以同步速旋转，切割定子绕组，并在定子绕组中感应三相励磁电动势 E_0，从而实现定、转子间的机电能量转换。除基波主磁通以外的磁通统称为漏磁通（leakage flux）$\Phi_{f\sigma}$，漏磁通的路径主要是气隙和非磁性材料。漏磁通 $\Phi_{f\sigma}$ 只与转子励磁绕组交链，不参与定子、转子间能量转换。

同步发电机空载运行的电磁关系为：

$$I_f \longrightarrow \vec{F}_f \longrightarrow \vec{F}_{f1} \longrightarrow \dot{\Phi}_0 \longrightarrow \dot{E}_0$$
$$\longrightarrow \dot{\Phi}_{f\sigma}$$

励磁磁动势 F_f 的大小和空间分布与电机的结构有关。隐极电机的励磁绕组嵌埋于转子槽内，沿转子圆周气隙可视为是均匀的，如图 12-2（a）所示。励磁磁动势 F_f 在空间的分布为一个阶梯形，用傅氏级数可求出阶梯形磁动势的基波分量 $\boldsymbol{F}_{f1}$，如图 12-2（b）所示。励磁磁动势 $\boldsymbol{F}_f$ 产生空载主磁通及漏磁通。理想状态下，气隙中主磁通密度为正弦波形，如图 12-2（c）所示。需要提醒的是，受齿槽的影响，气隙磁密会呈现出齿状波动变化，合理地选择大齿的宽度可以使气隙中主磁密的分布接近正弦波。

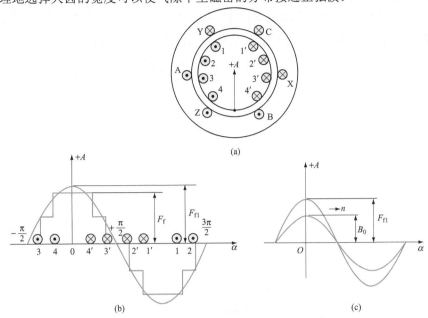

图 12-2 隐极同步发电机的励磁磁动势及主磁通密度
（a）隐极电机模型截面；（b）隐极同步电机的空载磁动势分布；（c）空载主磁通密度分布

对于凸极发电机来说，励磁绕组集中放置在转子磁极上，如图 12-3（a）所示，励磁磁动势在空间的分布为一个矩形波 $\boldsymbol{F}_f$，同样，用傅氏级数可求出其基波分量 $\boldsymbol{F}_{f1}$，如图 12-3（b）所示。由于定子、转子间的气隙沿整个电枢圆周分布不均匀，极面下气隙较小，磁阻较小，而极间气隙较大，磁阻就较大，因而在一个极的范围内气隙径向磁通密度的分布近似于平顶的帽形，如图 12-3（c）所示，极靴以外的气隙磁通密度减少得很快，相邻两极中线上的磁通密度为零。合理设计磁极的形状可以使气隙磁密的分布接近正弦波。通常将极靴的极弧半径做成小于定子的内圆半径，而且两圆弧的圆心不重合（称为偏心气隙），从而形成极弧中心处的气隙最小，沿极弧中心线两侧方向气隙逐渐增大，这样可以使得气隙磁通密度的分布较接近正弦波形。

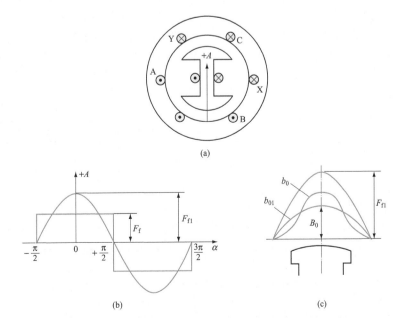

图 12-3 凸极同步发电机的励磁磁动势及气隙磁密分布图
（a）凸极电机模型截面；（b）凸极同步电机的空载磁动势分布；（c）凸极同步电机的空载主磁通密度

12.1.2 空载特性

1. 空载特性 $E_0 = f(I_f)$ 或 $E_0 = f(F_f)$

当空载运行时，励磁电动势 E_0 随励磁电流 I_f（或者励磁磁动势 F_f）的变化关系称为同步发电机的空载特性（no load characteristic）。根据空载时的电磁过程，每相定子绕组的感应电动势有效值为

$$E_0 = 4.44 f N K_{W1} \Phi_0 \qquad (12-1)$$

$$f = \frac{p n_1}{60}$$

式中：Φ_0 为每个磁极的基波主磁通；N 为定子绕组每相每支路串联匝数；k_{W1} 为绕组系数；f 为励磁电动势频率。

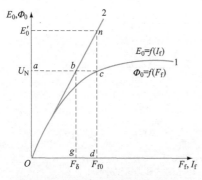

图 12-4　同步发电机的空载特性
1—空载特性曲线；2—气隙线

可见励磁电动势的大小（有效值）与转子每极基波磁通成正比，即 $E_0 \propto \Phi_0$，而励磁电流的大小和作用于同步电机磁路上的励磁磁动势成正比例变化，即 $F_f \propto I_f$，所以空载特性与电机磁路的磁化曲线具有类似的变化规律，如图 12-4 所示。

空载特性的纵坐标是空载电动势 E_0，它是定子一相绕组中感应电动势的有效值。横坐标为励磁电流 I_f 或者励磁磁动势 F_f。由图 12-4 可见，当励磁电流 I_f 较小时，由于磁通 Φ_0 较小，电机磁路处于不饱和状态，绝大部分磁势消耗于气隙，空载特性呈直线。随着励磁电流 I_f 的增大，铁心逐渐饱和，空载曲线开始进入饱和段。铁磁饱和后，空载电动势每增加一点，励磁磁动势就会增加很多，所以空载特性进入弯曲段。并且铁心越饱和，空载特性的弯曲度也越大。为了合理地利用材料，空载电压等于额定电压的运行点一般设计在空载特性的刚好弯曲处，如图 12-4 中的 c 点。将空载特性曲线的直线部分延长得到图 12-4 中的气隙线 $\overline{on}$，它表示在不考虑铁磁饱和时，气隙中的励磁磁动势 F_f 与励磁电动势 E_0 间的关系。取 $\overline{oa}$ 代表额定电压 U_N，则定义电机的饱和系数为

$$k_s = \frac{\overline{ac}}{\overline{ab}} = \frac{\overline{dn}}{\overline{oa}} = \frac{E_0'}{U_N} \qquad (12-2)$$

式中：E_0' 为气隙线上的电压，其含义是当不考虑铁心饱和时，励磁磁动势 F_{f0} 产生的空载电动势大小。

同步发电机的 k_s 的取值范围为 1.1～1.25。磁路饱和后，由基波励磁磁动势 F_{f1} 建立的基波主磁通和感应的基波电动势都降为未饱和值的 $1/k_s$，或者说产生同样大的基波主磁通和基波电势，饱和时所需磁动势是未饱和时的 k_s 倍。

2. 空载运行时—空相矢图

图 12-5 是一台两极凸极同步发电机示意图，图中主磁极轴线位置定义为同步电机的直轴 direct axis（纵轴或 d 轴）；磁极 N、S 之间的中心线定义为交轴 quadrature axis（横轴或 q 轴），交轴与直轴垂直。很明显，同步电机的直轴和交轴随转子一起以同步速 n_1 旋转。图 12-5 所示为 d 轴与 A 相相轴重合瞬间。

同步发电机的励磁磁动势是空间分布函数，其中最有用的是它的基波分量，即基波磁动势 F_{f1}。当转子以同步转速 n_1（r/min）在空间旋转时，F_{f1} 以相同的速度旋转，可用空间矢量 $\vec{F}_{f1}$ 来表示基波磁势。空间矢量的长度为基波磁动势幅值，矢量位置则是基波磁动势幅值所处位置。选定子 A 相相轴为空间参考轴，则由图 12-3 可知，在图 12-5 所示瞬间，$\vec{F}_{f1}$ 正位于空间（参考）轴上。可以求出 $\vec{F}_{f1}$ 旋转的电角速度为

$$\omega_1 = p \cdot 2\pi \cdot \frac{n_1}{60} = 2\pi f_1$$。图 12-6 为用空间矢量表示的励磁磁动势的基波分量 $\vec{F}_{f1}$。

$\vec{F}_{f1}$ 在电枢绕组中感应的正弦基波电动势 E_0 是时间分布函数，如果以图 12-5 所示的瞬间设为 $\omega t = 0$，则励磁电动势可用式（12-3）表示。

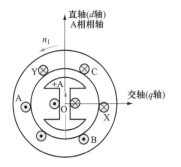

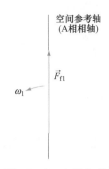

图 12-5 同步电机的直轴与交轴　　　　图 12-6 空间矢量 $\overrightarrow{F_{f1}}$

$$
\left.\begin{array}{l}
e_{OA} = \sqrt{2}E_0 \sin \omega t \\
e_{OB} = \sqrt{2}E_0 \sin(\omega t - 120°) \\
e_{OB} = \sqrt{2}E_0 \sin(\omega t - 240°)
\end{array}\right\} \tag{12-3}
$$

可用时间相量来表示上式中的励磁电动势，如图 12-7 所示，图中的时轴指时间相量在其上投影可得瞬时值。时间相量 $\dot{E}_{OA}$、$\dot{E}_{OB}$、$\dot{E}_{OC}$ 的长度为励磁电动势的有效值，向量的旋转速度为 $\omega = 2\pi f_1$。

由于具有相同的速度，为方便分析，将空间矢量图 12-6 和时间向量图 12-7 画在同一坐标平面上。采用的办法是将空间轴与时间轴重合，并用 $\dot{E}_{OA}$ 代表空载电动势 $\dot{E}_0$。这种合并画在同一坐标上的时间相量和空间矢量叫作时间空间相量矢量图，简称时—空相量图。

同步发电机空载运行的时—空相量图如图 12-8 所示。$\overrightarrow{F}_{f1}$ 中的基波分量 $\overrightarrow{F}_{f1}$（空间矢量）与由它产生的 $\overrightarrow{B}_0$（空间矢量）及 $\dot{\Phi}_0$（时间相量）同相位，幅值在直轴正方向。由此可见 $\dot{E}_0$ 滞后 $\dot{\Phi}_0$ 90° 电角度。

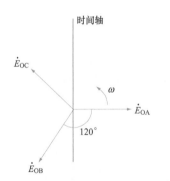

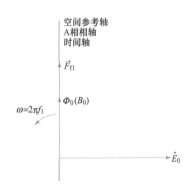

图 12-7 励磁电动势的时间相量图　　　　图 12-8 空载运行时—空相量图

当然，时间相量与空间矢量的物理意义是完全不同，放在一个图上原本是没有意义的，现在放在同一个图上只是为了表述方便，以简化分析。

3. 空载特性的工程应用

空载特性在同步发电机理论中有着重要作用。

（1）空载特性表明了发电机磁路的饱和程度。将设计好的电机的空载特性曲线与标准空载曲线的数据相比较，如果两者接近，说明电机设计合理，反之，则说明该电机的磁路过于饱和或者材料没有充分利用。若太饱和，将使励磁绕组用铜过多，且电压调节困难；若饱和度太低，则负载变化时电压变化较大，且铁心利用率较低，铁心耗材较多。

（2）空载特性结合短路特性、零功率因数负载曲线可以求取同步电机的参数。

（3）发电厂通过测取空载特性来判断三相绕组的对称性及励磁系统的故障。

（4）利用间接法确定发电机的额定励磁电流、电压变化率等基本运行数据时，都要用到空载特性。

【例 12-1】已知同步发电机定子三相绕组中的感应电动势为

$$
\left.\begin{array}{l}
e_{OA} = \sqrt{2}E_0 \sin(\omega t - 30) \\
e_{OB} = \sqrt{2}E_0 \sin(\omega t - 150°) \\
e_{OB} = \sqrt{2}E_0 \sin(\omega t - 270°)
\end{array}\right\}
$$

试画出时—空相矢量图，并画出 $\omega t = 0$ 时同步电机转子的位置。

解： 根据空载电动势表达式，可以画出时—空相矢量图 12-9（a）。先画出励磁电动势 $\dot{E}_0$，时间初相位为 $-120°$。再根据 $\vec{F}_{f1}$ 超前 $\dot{E}_0$ $90°$ 找出 $\vec{F}_{f1}$ 和 $\dot{\Phi}_0$ 的位置。可以看到空间矢量的初相位为 $-30°$，进一步画出当 $\omega t = 0$ 的初始瞬间转子的位置，如图 12-9（b）所示。

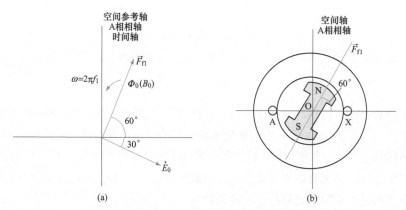

图 12-9　时—空相矢量图及转子位置图
（a）时—空相矢量图；（b）转子位置图

12.1.3　对空载电动势波形的要求

同步电机空载电动势的波形，应力求接近正弦性质。但要获得准确的正弦波形很不容易，因此容许一定程度的偏差。工程上将空载线电压的波形与正弦波形偏差的程度，一般用电压波形正弦性的畸变率来表示。根据 GB 755—2000《电机基本技术要求》规定，电压波形正弦性畸变率可按下式算出

$$
K_u = \left(\frac{100}{u_1}\sqrt{u_2^2 + u_3^2 + \cdots + u_n^2}\right)\% \tag{12-4}
$$

式中：u_1 为基波电压有效值，也可用线电压的有效值来代替；u_n 为 n 次谐波电压有效值。

对于额定功率在 300kVA 以上的发电机，K_u 要求不超过 5%，对于额定功率在 10～300kVA 的发电机，K_u 要求不超过 10%。

12.2　对称负载时的电枢反应

12.2.1　三相同步发电机带对称负载后的磁动势

同步电机空载运行时，电枢绕组开路，同步电机气隙中只有一个以同步转速旋转的励磁磁动势 F_f 在气隙中建立磁场。该磁场单独产生基波主磁通，在电枢绕组中感应出三相对称交流励磁电动势。

当同步发电机电枢绕组接三相对称负载后，电枢绕组和负载一起构成闭合通路，流过三相对称的交流电流。三相对称电流流过三相对称绕组时将会产生一个电枢磁动势，可以将其分解为基波电枢磁动势与谐波电枢磁动势。电枢磁动势的基波分量被称为 $\vec{F}_a$，其大小为 $F_a = 1.35\frac{NK_{W1}}{p}I$，转速为 $n = \frac{60f_1}{p} = n_1$（r/min），是圆形旋转磁动势。磁动势的转向为电枢绕组 A、B、C 通电相序的方向，与转子转向相同；电枢磁动势的极

对数取决于绕组的节距 y，和转子极对数 p 相同。由 12.1 节分析可知，转子绕组通入直流产生每极基波励磁磁动势 $\bar{F}_{f1}$ 转速和转子转速一样为同步速，转向和转子转向一致，极对数和转子磁极的极对数相同。因此，由于电枢磁动势和励磁磁动势都是旋转磁动势，极数相同，转速均为同步速，且转向一致，二者在空间处于相对静止状态，可以用矢量加法将其合成为一个气隙合成磁动势 $\bar{F}_{\delta}$。气隙磁场可以看成是由合成磁动势 $\bar{F}_{\delta}$ 在电机的气隙中建立起来的磁场，它也是以同步转速旋转的旋转磁场。

电枢磁动势中的谐波分量，它们的转速、转向和极对数各不相同，产生的磁通路径也和基波磁通不同，和励磁磁动势没有固定作用，不能和励磁磁动势合成。转子磁动势中的谐波分量在定子绕组中感应的谐波电势较小，可以忽略不计。在本书以后的分析中，$\bar{F}_a$、$\bar{F}_{f1}$、$\bar{F}_{\delta}$、$\dot{\Phi}_0$、$\dot{E}_0$ 如无特殊说明仅考虑基波分量。

同步电机带上负载以后，电机内部的磁动势和磁场将发生显著变化，会使发电机的端电压发生变化，还将影响到发电机的机电能量转换和运行性能，这些变化主要由电枢磁动势的出现所致。

12.2.2 电枢反应

电枢磁动势的存在，将使电机气隙磁场的大小和位置与空载时相比发生变化，我们把电枢基波磁动势 $\bar{F}_a$ 对励磁基波磁动势 $\bar{F}_{f1}$ 的影响称为电枢反应（armature reaction of synchronous generator）。电枢反应会对电机运行产生重大影响。电枢反应的性质有去磁、助磁和交磁。电枢反应的性质取决于这两个磁动势幅值的相对位置，而这一相对位置与励磁电动势 $\dot{E}_0$ 和电枢电流 $\dot{I}_a$ 之间的相位差，即角度 ψ 有关。ψ 称为内功率因数角，其大小决定于负载的性质。

1. 时—空相矢量图

图 12-10 为带负载运行的凸极同步电机示意图。设定图示的瞬间为 $\omega t = 0$，此时穿过 A 相绕组的磁通为零，A 相绕组的感应电动势有最大值，按右手定则可以判断出感应电势的方向。此时如果 $\psi = 0$，则电流与感应电动势同相位，其方向如图 12-10 所示。为简单起见，图中电枢绕组每一相都用一个集中线圈表示，电枢绕组中电流的方向为流出用 ⊙、流入用 ⊗ 表示。励磁电动势与电枢电流的相量图见图 12-11，此时 A 相绕组的感应电动势与电流有最大值，所以 $\dot{E}_{OA}$ 与 $\dot{I}_A$ 正好在时轴上。且由于此时 A 相电流 $\dot{I}_A$ 最大，三相合成电枢磁动势 $\bar{F}_a$ 的幅值正好与 A 相绕组相轴线重合，即空间矢量 $\bar{F}_a$ 在 A 相相轴上，如图 12-10 所示。为简单起见，$\dot{E}_{OA}$ 写成 $\dot{E}_0$，$\dot{I}_A$ 写成 $\dot{I}$。

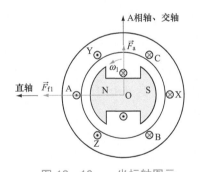

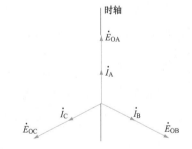

图 12-10   坐标轴图示   图 12-11   三相电枢电动势及电枢电流相量图

一般情况，电枢电流 $\dot{I}$ 超前或滞后励磁电动势 $\dot{E}_0$ 任意相位 ψ 时，F_a 的幅值位置也超前或滞后 A 相绕组轴线 ψ 电角度。由于 $\bar{F}_a$ 与 $\bar{F}_{f1}$ 同步旋转，故在一般负载的情况下，$\bar{F}_a$ 与 $\bar{F}_{f1}$ 的空间相位差等于 $90° + \psi$ 电角度。

为了分析方便，常常将时间相量 $\dot{E}_0$、$\dot{I}_a$、$\dot{\Phi}_0$、$\dot{U}$ 和空间矢量 $\bar{F}_a$、$\bar{F}_{f1}$、$\bar{F}_{\delta}$ 画在一起，用时—空相矢量图来分析电枢反应的性质。方法步骤如下。

（1）将时间相量图的参考轴与 A 相绕组轴线、交轴 q 重合，$\bar{F}_{f1}$ 和 $\dot{\Phi}_0$ 在 d 轴上，超前 q 轴 90°，$\dot{E}_0$ 在 q 轴上。

（2）画出与 ψ 对应的 $\dot{I}$。

（3）$\bar{F}_a$ 与 $\dot{I}$ 重合，根据 $\bar{F}_{\delta} = \bar{F}_{f1} + \bar{F}_a$ 求出 $\bar{F}_{\delta}$。

（4）$\bar{F}_{\delta}$ 在气隙中产生磁通 $\dot{\Phi}_{\delta}$，定子绕组中的感应电势由 $\dot{E}_0$ 变为 $\dot{E}_{\delta} = \dot{E}_0 + \dot{E}_a$。

下面利用时—空相矢量图，分析不同负载时的电枢反应的情况。

2. $\psi = 0°$的电枢反应

如图 12-10、图 12-11 所示，$\vec{F}_{f1}$ 和 $\dot{\Phi}_0$ 在 d 轴上，$\dot{E}_0$ 在 q 轴上，$\psi = 0°$，$\dot{I}$ 与 $\dot{E}_0$ 同方向，$\vec{F}_a$ 与 $\dot{I}$ 同方向。由时—空相矢量图 12-12 可见电枢磁动势 $\vec{F}_a$ 的轴线在交轴上，滞后转子磁极轴线 90°。这种电枢磁动势在交轴上的电枢反应称为交轴电枢反应，简称为交磁作用。显然，交轴电枢磁动势 $\vec{F}_a$ 的出现，使气隙合成磁势幅值 $\vec{F}_\delta$ 比空载时有所增大，电枢绕组中的感应电动势从空载时的 $\dot{E}_0$ 变成现在的 $\dot{E}_\delta = \dot{E}_0 + \dot{E}_a$，大小也有所增加。此外，气隙合成磁动势 $\vec{F}_\delta$ 的轴线位置从空载时 $\vec{F}_{f1}$ 的直轴处逆转子转向后移一个锐角，使主极磁动势超前气隙合成磁势，于是主磁极上将受到一个制动性质的转矩，这样要维持转子转速保持 n_1 不变，必须从原动机输入更多的机械功率。因此，交轴电枢磁动势的出现将会影响电磁转矩的产生及能量的转换。

3. $\psi = 90°$的电枢反应

图 12-13 所示为 $\psi = 90°$时的时—空相矢量图，此时 $\vec{F}_{f1}$ 依然位于转子磁极的轴线 d 轴上，$\dot{E}_0$ 在 q 轴上，$\psi = 90°$，电枢电流 $\dot{I}$ 落后 $\dot{E}_0$ 90°。又由于电枢磁势与电枢电流同相位，因此 $\vec{F}_a$ 与 $\vec{F}_{f1}$ 之间的夹角为 180°，即转子励磁磁动势和电枢磁动势一同作用在直轴上，但是二者反向。$\vec{F}_\delta = \vec{F}_{f1} + \vec{F}_a$，电枢磁动势和励磁磁动势合成的结果使合成气隙磁动势 $\vec{F}_\delta$ 的幅值比空载时减小，也就是气隙合成磁动势被削弱了，故电枢反应为纯去磁作用，这一电枢反应称为直轴去磁电枢反应。

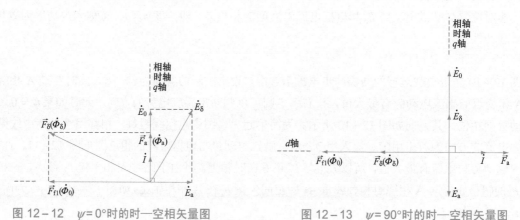

图 12-12　$\psi = 0°$时的时—空相矢量图　　　　图 12-13　$\psi = 90°$时的时—空相矢量图

4. $\psi = -90°$的电枢反应

此时转子励磁磁动势 $\vec{F}_{f1}$ 位于转子磁极的轴线 d 轴上，$\dot{E}_0$ 在 q 轴上，电枢电流超前 $\dot{E}_0$ 90°。此时 $\vec{F}_a$ 与 $\vec{F}_{f1}$ 之间的夹角为 0°，即二者同向。转子磁动势和电枢磁动势一同作用在直轴上，$\vec{F}_\delta = \vec{F}_{f1} + \vec{F}_a$，合成气隙磁动势的幅值比空载时增加，电枢反应为纯增磁作用，如图 12-14 所示。这一电枢反应称为直轴增磁电枢反应。

5. 一般情况下 $0 < \psi < 90°$ 时的电枢反应

如图 12-15 所示，可将 $\dot{I}_a$ 分解为直轴分量 $\dot{I}_d$ 和交轴分量 $\dot{I}_q$。$\dot{I}_d$ 产生直轴电枢磁动势 $\vec{F}_{ad}$，$\vec{F}_{ad}$ 与 $\vec{F}_{f1}$ 反向，起去磁作用；$\dot{I}_q$ 产生交轴电枢磁动势 $\vec{F}_{aq}$，$\vec{F}_{aq}$ 与 $\vec{F}_{f1}$ 正交，起交磁作用。此时电枢反应的性质既有交磁电枢反应，又有直轴去磁电枢反应。

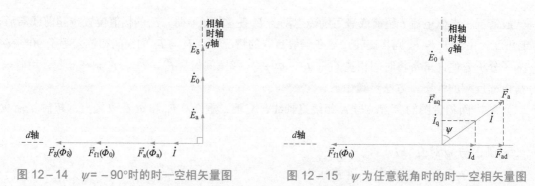

图 12-14　$\psi = -90°$时的时—空相矢量图　　　　图 12-15　ψ 为任意锐角时的时—空相矢量图

12.3.3　电枢反应对同步电机运行性能的影响

当同步发电机空载运行时，定子绕组开路，没有负载电流，不存在电枢反应，因此也不存在由转子到定子的能量传递。当同步发电机带有负载时，产生电枢反应。图 12-16 表示不同负载性质时，电枢反应磁场与转子电流的相互作用。图 12-16（a）为 $\psi=0$ 时，负载电流产生的交轴电枢反应磁场对转子电流产生电磁转矩的情况。由左手定则可知，这时电磁力将形成电磁转矩，它的方向和转子的旋转方向相反，对转子旋转起制动作用，为了维持发电机的转速不变，必须增加原动机的输入的机械功率。由于交轴电枢磁场是由与空载电动势同相、位于 q 轴的电流产生，所以 q 轴的电流被称为有功电流，记成 $\dot{I}_q$。输出有功功率越大，$\dot{I}_q$ 越大，交磁电枢反应越强，所产生的制动转矩越大，就要求原动机输入更大的驱动转矩，才能保持发电机的转速不变。为了维持发电机的转速不变，必须随着有功负载的变化调节原动机的输入功率。

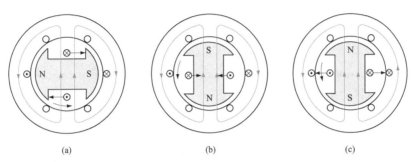

图 12-16　不同负载性质时电枢反应磁场与转子电流的相互作用

（a）$\psi=0$；（b）$\psi=90°$；（c）$\psi=-90°$

图 12-16（b）、（c）为电枢反应磁动势在直轴上，其中图 12-16（b）中电枢反应为去磁作用，图 12-16（c）中电枢反应是增磁作用。利用左手定则可以判断直轴电枢磁场对转子电流所产生的电磁力不形成电磁转矩，不影响转子旋转，对同步电机的有功功率没有影响。它的存在只影响气隙磁场的强弱，从而影响发电机的端电压。此时位于 d 轴的电流 $\dot{I}_d$ 也被称为无功电流分量。为保持发电机电枢绕组的端电压不变，必须随着无功电流 $\dot{I}_d$ 的变化相应地调节转子的直流励磁电流 I_f。

12.3　隐极同步发电机的负载运行

本节将分别讨论磁路不饱和与饱和时隐极电机带三相对称负载运行时的情况。在分析发电机内部的磁场基础之上，利用电磁感应定律和基尔霍夫定律，可写出同步发电机的方程，并画出相应的相量图和等效电路。

12.3.1　不考虑磁路饱和

1. 隐极同步发电机的电磁过程

隐极同步发电机带三相对称负载运行时，电机内部有转子直流励磁电流 I_f 产生的励磁磁动势 $\vec{F}_f$ 及定子三相对称电流流入三相对称绕组产生电枢旋转磁动势 $\vec{F}_a$。两个磁动势均以同步转速旋转，并且具有相同的旋转方向。其中基波励磁磁动势 $\vec{F}_{f1}$ 在定子绕组中产生感应电动势 $\dot{E}_0$。$\vec{F}_a$ 将在电机内部产生跨过气隙的电枢反应磁通 $\dot{\Phi}_a$ 和不通过气隙的漏磁通 $\dot{\Phi}_\sigma$，$\dot{\Phi}_a$ 和 $\dot{\Phi}_\sigma$ 将分别在电枢各相绕组中感应出电枢反应电动势 $\dot{E}_a$ 和漏电动势 $\dot{E}_\sigma$。不考虑饱和的情况下，可以使用叠加原理，将励磁磁动势与电枢磁动势的作用分别单独考虑，再把效果叠加起来。定义气隙电动势 $\dot{E}_\delta=\dot{E}_0+\dot{E}_a$，则各磁动势、磁通及电动势的电磁关系如下。

$$I_f \longrightarrow \vec{F}_f \longrightarrow \vec{F}_{f1} \longrightarrow \dot{\Phi}_0 \longrightarrow \dot{E}_0$$
$$\dot{I} \longrightarrow \vec{F}_a \longrightarrow \dot{\Phi}_a \longrightarrow \dot{E}_a \qquad \dot{E}_\delta$$
$$\longrightarrow \dot{\Phi}_\sigma \longrightarrow \dot{E}_\sigma$$

这样在任一相电枢绕组中都存在感应电动势 $\dot{E}_0$、$\dot{E}_a$、$\dot{E}_\sigma$，参考图 12-17 所规定的正方向，根据基尔霍夫定律，写出一相回路电压方程式

$$\sum \dot{E} = \dot{E}_0 + \dot{E}_a + \dot{E}_\sigma = \dot{E}_\delta + \dot{E}_\sigma = \dot{U} + \dot{I}r_a \quad (12-5)$$

式中：U 为定子绕组的端电压；I 为定子电流；r_a 为定子绕组的等效电阻。

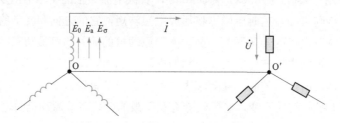

图 12-17　同步发电机各物理量正方向的规定

2. 电枢反应电抗与同步电抗

（1）电枢反应电抗（reactance of armature reaction）和漏电抗（leakage reactance）。

根据隐极同步发电机的电枢电磁关系有

$$\dot{I} \to \vec{F}_a \to \dot{\Phi}_a \to \dot{E}_a$$

电枢反应磁动势与电枢电流的大小关系为

$$F_a = 1.35 \frac{N k_{W1}}{p} I \quad (12-6)$$

式中：N 为电枢绕组每相每支路串联匝数；k_{W1} 为电枢基波绕组系数；I 为每相电枢电流有效值；p 为电机极对数。

电枢反应磁通与电枢反应磁动势的关系为

$$\Phi_a = \Lambda_m F_a = \frac{F_a}{R_m} \quad (12-7)$$

式中：Λ_m，R_m 为电枢反应磁通回路上的磁导、磁阻，对于隐极同步电机，忽略齿槽效应和磁路饱和的影响，Λ_m、R_m 是常数。

磁通 $\boldsymbol{\Phi}_a$ 以同步转速旋转，切割定子绕组，在每相定子绕组中产生感应电动势称为电枢反应电动势 E_a。

$$E_a = 4.44 f N K_{W1} \Phi_a \quad (12-8)$$

由式（12-6）～式（12-8）可见 $E_a \propto \Phi_a \propto F_a \propto I$，所以 $E_a \propto I$，引入比例系数 x_a，则

$$E_a = x_a I \quad (12-9)$$

考虑到相位关系后，每相电枢反应电动势为

$$\dot{E}_a = -j x_a \dot{I} \quad (12-10)$$

比例系数 x_a 称电枢反应电抗，可以推出其大小 $x_a \propto N^2 \Lambda_m$。$x_a$ 表示电枢反应磁场在定子每相绕组中感应的电枢反应电动势，可以看作相电流所产生的一个电抗电压降。从电路理论可知，x_a 相当于一个电感感抗，在同步电机里，情况正是这样，电枢绕组就是一个电感线圈。

同理，根据 $\dot{I}$（电枢电流）$\to \dot{\Phi}_\sigma$（定子漏磁通）$\to \dot{E}_\sigma$（定子漏电动势），漏电动势用负漏抗压降形式表示为

$$\dot{E}_\sigma = -j x_\sigma \dot{I} \quad (12-11)$$

（2）同步电抗。电枢反应电抗和定子漏电抗合并为一个电抗，称为同步电抗（synchronous reactance）。

$$x_s = x_a + x_\sigma \quad (12-12)$$

x_s 称为隐极同步电机的同步电抗，它是对称稳态运行时表征电枢反应和电枢漏磁这两个效应的一个综合

参数，指对称负载下，单位电枢电流三相联合产生的电枢总磁场在电枢每相绕组中产生感应电动势的大小。

不计饱和时，x_s 是一个常值。由 $x_s = 2\pi f \dfrac{N^2}{R_m}$（$N$ 为定子绕组的串联匝数，f 为磁通交变频率）可知，如果电机的气隙减小，磁阻 R_m 减小，同步电抗增大。显然，电枢绕组匝数增加，同步电抗增大。铁心饱和程度提高，磁阻 R_m 增大，同步电抗减小。而励磁绕组匝数增加，如果不计磁路饱和，由于未改变电枢绕组的匝数及电机磁路的磁阻，所以同步电抗不变。

3. 隐极同步发电机的回路电压方程式、等效电路和相量图

由式（12-5）、式（12-10）和式（12-11）可画出对应的时—空相矢量图和等效电路，如图 12-18 所示，其中 $\dot E_0$、$\dot E_a$ 和 $\dot E_\sigma$ 分别滞后于产生它们的磁通 $\dot\Phi_0$、$\dot\Phi_a$ 和 $\dot\Phi_\sigma$ 90°，励磁磁动势 $\vec F_{f1}$ 和电枢反应磁动势 $\vec F_a$ 与对应磁通 $\dot\Phi_0$ 和 $\dot\Phi_a$ 同相，$\dot I$ 与 $\vec F_a$ 同相，有

$$\dot E_0 + \dot E_a + \dot E_\sigma = \dot E_\delta + \dot E_\sigma = \dot U + \dot I r_a$$

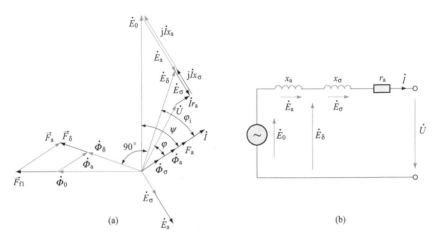

图 12-18　不考虑饱和时隐极同步发电机的时—空相矢量图和等效电路

（a）时-空相矢量图；（b）等效电路

如果将 $\dot E_a = -\mathrm{j}x_a\dot I$、$\dot E_\sigma = -\mathrm{j}x_\sigma\dot I$ 和 $x_s = x_a + x_\sigma$ 代入式（12-5），可得

$$
\begin{aligned}
\dot E_0 &= \dot U + \dot I r_a + \mathrm{j}\dot I x_a + \mathrm{j}\dot I x_\sigma \\
&= \dot U + \dot I r_a + \mathrm{j}\dot I x_s \\
&= \dot U + \dot I Z_s
\end{aligned}
\tag{12-13}
$$

其中
$$Z_s = r_a + \mathrm{j}x_s$$

式中：Z_s 为同步阻抗。

可见，引出同步电抗 x_s 和同步阻抗 Z_s 之后，同步电机的电压方程变得更加简单。根据式（12-13）可以画出等效电路和带感性负载时的相量图如图 12-19 所示。

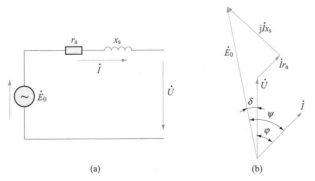

图 12-19　不考虑饱和时隐极同步发电机的等效电路和相量图

（a）等效电路；（b）相量图

在同步电机理论中，用相量图来进行分析是十分重要和方便的方法。作相量图时，在认为发电机的相电压 U、相电流 I、负载功率因数 $\cos\varphi$ 及参数 r_a、x_s 为已知量的情况下，最终可以根据方程式求得励磁电动势 $\dot{E}_0$。

参看图 12-19（b），隐极电机相量图可按以下步骤作出。

（1）选发电机电枢绕组端电压相量 $\dot{U}$ 作为参考方向。

（2）根据 φ 角找出 $\dot{I}$ 的方向并作出相量 $\dot{I}$。

（3）在 $\dot{U}$ 的尾端，加上相量 $\dot{I}r_a$ 和 $j\dot{I}x_s$，其中 $\dot{I}r_a$ 平行于 $\dot{I}$，$j\dot{I}x_s$ 超前于 $\dot{I}$ 90° 电角度。

（4）作出由 $\dot{U}$ 的首端指向 $j\dot{I}x_s$ 尾端的相量，该相量便是励磁电动势 $\dot{E}_0$。

上述等效电路和相量图由于比较简单，而且物理概念明确，有相当广泛的应用。

12.3.2 考虑磁路饱和

在大多数情况下，同步电机都是运行在饱和区域，即磁化曲线的膝部，这时由于磁路的非线性，叠加原理不再适用，即 $\vec{F}_\delta$ 作用的结果不能看成 $\vec{F}_a$ 与 $\vec{F}_{f1}$ 分别作用效果之和，$\dot{\Phi}_\delta \neq \dot{\Phi}_0 + \dot{\Phi}_a$，$\dot{E}_\delta \neq \dot{E}_0 + \dot{E}_a$，更何况 $\dot{E}_a$ 和 $\dot{I}$ 之间已没有固定的关系，E_0 不能用解析求解方法。可行的办法先求出气隙合成磁动势，再利用磁化曲线（空载特性）确定合成磁通和合成电动势，相应的电磁关系为

$$I_f \longrightarrow \vec{F}_f$$
$$I \longrightarrow \vec{F}_a \quad \longrightarrow \vec{F}_\delta \longrightarrow \dot{\Phi}_\delta \longrightarrow \dot{E}_\delta$$
$$\longrightarrow \dot{\Phi}_\sigma \longrightarrow \dot{E}_\sigma$$

气隙电动势 $\dot{E}_\delta$ 减去电枢绕组的电阻和漏抗压降，便得电枢端电压 $\dot{U}$，即

$$\dot{E}_\delta - \dot{I}(r_a + jx_\sigma) = \dot{U} \tag{12-14}$$

或

$$\dot{E}_\delta = \dot{U} + \dot{I}(r_a + jx_\sigma) \tag{12-15}$$

与式（12-15）相应的相量图如图 12-20 所示，图中既有电动势相量，又有磁动势矢量，故又称为电动势—磁动势图。

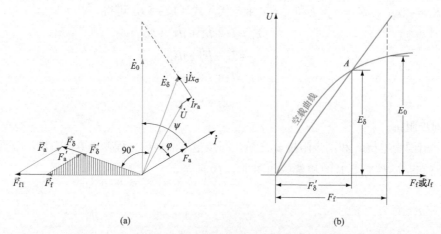

图 12-20 考虑饱和时隐极同步发电机的电动势—磁动势图
（a）电动势—磁动势图；（b）辅助用空载特性

显然 $\vec{F}_\delta = \vec{F}_{f1} + \vec{F}_a$ 为基波磁动势，但空载特性 $E_0 = f(F_f)$ 是用励磁磁动势最大值 $F_f = N_f \times I_f$ 或励磁电流 I_f 为横坐标。由图 12-2（b）可见，F_f 为一阶梯波，而 F_a 为正弦波，它的幅值是正弦波的幅值。故要将 F_a 折算为直流励磁磁动势梯形波。折算后

$$F_a' = K_a F_a \tag{12-16}$$

F_a' 为折算到直流励磁磁动势梯形波的等效电枢磁动势，它的基波幅值等于实际的 F_a。系数 K_a 称为励磁

磁动势的折算系数，它的意义是产生同样大小的基波气隙磁场时，1 安匝的电枢磁势相当于多少安匝的梯形波励磁磁动势。一般 $K_\mathrm{a}=0.97\sim1.035$。

折算后磁动势平衡方程式为 $K_\mathrm{a}\vec{F}_\delta=\vec{F}_{\mathrm{f1}}+K_\mathrm{a}\vec{F}_\mathrm{a}$，得 $\vec{F}_{\delta'}=\vec{F}_\mathrm{f}+\vec{F}_{\mathrm{a}'}$，$F_{\delta'}$ 为折算到直流励磁磁动势梯形波的等效气隙磁动势。再查空载特性可以求出 $\dot{E}_\delta$，如图 12−20（b）所示。

【例 12−2】 有一台 $P_\mathrm{N}=25\,000\mathrm{kW}$，$U_\mathrm{N}=10.5\mathrm{kV}$，Y 形连接，$\cos\varphi_\mathrm{N}=0.8$（滞后）的汽轮发电机，$x_{\mathrm{s}*}=2.13$，电枢电阻略去不计。试求额定负载下励磁电动势 E_0 及 $\dot{E}_0$ 与 $\dot{I}$ 的夹角 ψ。

解： $E_{0*}=\sqrt{(U_*\cos\varphi)^2+(U_*\sin\varphi+I_*x_{\mathrm{s}*})^2}=\sqrt{0.8^2+(0.6+1\times2.13)^2}=2.845$

故
$$E_0=E_{0*}\frac{10.5}{\sqrt{3}}=2.845\times\frac{10.5}{\sqrt{3}}\mathrm{kV}=17.25\mathrm{kV}$$

因
$$\tan\psi=\frac{I_*x_{\mathrm{s}*}+U_*\sin\varphi_\mathrm{N}}{U_*\cos\varphi_\mathrm{N}}=\frac{1\times2.13+1\times\sin36.87°}{\cos36.87°}=3.412\,5$$

得
$$\psi=73.67°$$

答： 额定负载下励磁电动势 E_0 为 17.25kV，$\dot{E}_0$ 与 $\dot{I}_0$ 的夹角 ψ 为 73.67°。

【例 12−3】 有一台三相汽轮发电机，$P_\mathrm{N}=25\,000\mathrm{kW}$，$U_\mathrm{N}=10.5\mathrm{kV}$，Y 形连接，$\cos\varphi_\mathrm{N}=0.8$（滞后），做单机运行。由试验测得它的同步电抗标幺值为 $X_{\mathrm{s}*}=2.13$。电枢电阻忽略不计。每相的励磁电动势为 7520V，试分析下列几种情况接上三相对称负载时的电枢电流值，并说明其电枢反应的性质：

（1）每相是 7.52Ω 的纯电阻；

（2）每相是 7.52Ω 的纯感抗；

（3）每相是 15.04Ω 的纯容抗；

（4）每相是（7.52−j7.52）Ω 的电阻电容性负载。

解： 阻抗基值
$$Z_\mathrm{b}=\frac{U_\mathrm{N}/\sqrt{3}}{I_\mathrm{N}}=\frac{U_\mathrm{N}/\sqrt{3}}{P_\mathrm{N}/(\sqrt{3}I_\mathrm{N}\cos\varphi_\mathrm{N})}=3.53\Omega$$

同步阻抗
$$X_\mathrm{s}=X_{\mathrm{s}*}\times Z_\mathrm{b}=2.13\times3.53=7.52\Omega$$

（1）纯电阻负载时

电枢电流
$$\dot{I}=\frac{\dot{E}_0}{R+jX_\mathrm{s}}=\frac{7520\angle0°}{7.52+j7.52}=707\angle-45°\,\mathrm{A}$$

电流滞后于励磁电动势的角度为 $\psi=45°$，故电枢反应是直轴去磁兼交磁的作用。

（2）纯电感负载时

电枢电流
$$\dot{I}=\frac{\dot{E}_0}{j(X+X_\mathrm{s})}=\frac{7520\angle0°}{j(7.52+7.52)}=500\angle-90°\,\mathrm{A}$$

此时为 $\psi=90°$，故电枢反应是直轴去磁作用。

（3）纯电容负载时

电枢电流
$$\dot{I}=\frac{\dot{E}_0}{j(X_\mathrm{s}-X)}=\frac{7520\angle0°}{j(7.52-15.04)}=1000\angle90°\,\mathrm{A}$$

此时 $\psi=-90°$，故电枢反应是直轴助磁作用。

（4）阻容性负载并且下 $X=X_\mathrm{r}$ 时

电枢电流

$$\dot{I} = \frac{\dot{E}_0}{R + \mathrm{j}(X_\mathrm{r} - X)} = \frac{7520\angle 0^\circ}{7.52 + \mathrm{j}(7.52 - 7.52)} = 1000\angle 0^\circ \text{ A}$$

此时为 $\psi = 0^\circ$，故电枢反应为交磁作用。

12.4 凸极同步电机的负载运行——双反应理论

12.4.1 不考虑磁路饱和

1. 电磁过程和双反应理论

凸极同步发电机带上对称负载，转子边直流励磁电流产生的励磁磁场。以同步转速旋转的励磁磁动势 $\vec{F}_\mathrm{fl}$ 在定子绕组中产生感应电动势 $\dot{E}_0$。定子边三相对称电流流入三相对称绕组产生的电枢旋转磁动势 $\vec{F}_\mathrm{a}$，但凸极同步机的气隙不均匀，直轴上的气隙远比交轴上的小，直轴磁路的磁阻也比交轴磁路的磁阻小很多。由 12.2 节可知，当同步电机带不同性质的负载时，内功率因素角 ψ 是变化的。$\vec{F}_\mathrm{fl}$ 和 $\vec{F}_\mathrm{a}$ 的夹角为 $90^\circ + \psi$，由于 $\vec{F}_\mathrm{fl}$ 总是在 d 轴上，所以随负载变化，电枢磁势 $\vec{F}_\mathrm{a}$ 的空间位置是变化的。$\vec{F}_\mathrm{a}$ 作用在气隙不同处，会遇到不同的磁阻，产生不同的电枢反应磁通 $\dot{\Phi}_\mathrm{a}$ 和磁通密度。很明显，$\dot{\Phi}_\mathrm{a}$ 的流通路径介于直轴与交轴之间，电枢反应电抗也在最大和最小之间波动。如果采用 12.3 节隐极机的分析方法，那么电枢反应电抗 x_a（$x_\mathrm{a} \propto N^2 \Lambda_\mathrm{m}$）的大小是随负载变化的，为分析与计算带来很多不便。

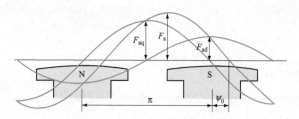

图 12-21 凸极同步电机的电枢磁动势分解为直轴和交轴分量

为了便于分析和计算，勃郎德（Blondel）提出了双反应理论（two reaction machine theory）。双反应理论是把任意位置的电枢基波磁动势 $\vec{F}_\mathrm{a}$ 分解为直轴上的直轴电枢反应磁动势分量 $\vec{F}_\mathrm{ad}$ 和交轴上的交轴电枢反应磁动势分量 $\vec{F}_\mathrm{aq}$，如图 12-21 所示。

直轴电枢磁动势 $\vec{F}_\mathrm{ad}$ 作用于 d 轴，产生直轴电枢反应磁通 $\dot{\Phi}_\mathrm{ad}$，流通路径为直轴磁路，产生气隙磁场 B_ad［见图 12-22（a）］，其波形接近正弦波形。交轴电枢磁动势 $\vec{F}_\mathrm{aq}$ 作用于 q 轴，产生交轴电枢反应磁通 $\dot{\Phi}_\mathrm{aq}$，其气隙磁场 B_aq 波形为马鞍波形［见图 12-22（b）］。虽然 B_ad 和 B_aq 幅值不等，波形不同，但分布对称，进行分析与计算不是太困难。本书中主要分析它们的基波分量 B_ad1 和 B_aq1（$B_\mathrm{ad1} > B_\mathrm{aq1}$）。本书中 $\vec{F}_\mathrm{ad}$、$\vec{F}_\mathrm{aq}$、$\dot{\Phi}_\mathrm{ad}$、$\dot{\Phi}_\mathrm{aq}$、$\dot{E}_\mathrm{ad}$、$\dot{E}_\mathrm{aq}$ 如无特殊说明均指基波分量。

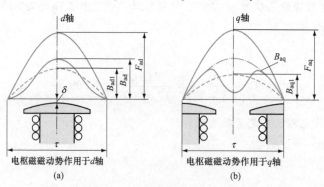

图 12-22 凸极同步电机的电枢磁场
（a）直轴的电枢磁场；（b）交轴的电枢磁场

在分析凸极同步电机的负载运行时，根据直轴和交轴的磁导，由 $\vec{F}_\mathrm{ad}$ 和 $\vec{F}_\mathrm{aq}$ 分别求出直轴和交轴的磁通密度波及磁通，再求出在每相定子绕组中直轴电枢反应电动势 $\dot{E}_\mathrm{ad}$ 和交轴电枢反应电动势 $\dot{E}_\mathrm{aq}$，最后再把它们的效果合成起来。

双反应理论的基础是当不计磁路饱和时，可以使用叠加原理。采用这种方法来分解凸极电机的电枢磁动势，其结果是令人满意的。因此，双反应法已成为分析各类凸极电机（凸极同步电机、直流电机）的一种基本方法。

根据双反应理论，不考虑饱和，凸极同步电机的电磁过程如下。

任一相电枢绕组中都存在有感应电势 $\dot{E}_0$、$\dot{E}_{ad}$、$\dot{E}_{aq}$、$\dot{E}_\sigma$，根据基尔霍夫定律，写出一相回路电压方程式为

$$\sum \dot{E} = \dot{E}_0 + \dot{E}_{ad} + \dot{E}_{aq} + \dot{E}_\sigma = \dot{U} + \dot{I}r_a \qquad (12-17)$$

2. 直轴同步电抗与交轴同步电抗

根据直轴分量的电磁关系 $\dot{I}_d \to \dot{F}_{ad} \to \dot{\Phi}_{ad} \to \dot{E}_{ad}$，直轴电流分量 $\dot{I}_d$ 产生直轴电枢反应磁动势基波分量 $\vec{F}_{ad}$，其幅值为

$$F_{ad} = 1.35 \frac{NK_{W1}}{P} I_{ad}$$

直轴电枢反应磁通分量 $\dot{\Phi}_{ad}$ 幅值为

$$\Phi_{ad} = \Lambda_{ad} F_{ad} = \frac{F_{ad}}{R_{ad}}$$

式中：Λ_{mad}，R_{ad} 分别为直轴电枢反应磁通回路上的磁导、磁阻。

Φ_{ad} 在每相定子绕组中产生感应电动势称为电枢反应电动势 E_{ad}

$$E_{ad} = 4.44 f N K_{W1} \Phi_{ad}$$

故

$$E_{ad} \propto \Phi_{ad} \propto F_{ad} \propto I_d$$

同理

$$E_{aq} \propto \Phi_{aq} \propto F_{aq} \propto I_q$$

所以

$$E_{ad} \propto I_d, \quad F_{aq} \propto I_q$$

引入比例系数、计入相位关系

$$\left.\begin{array}{l} \dot{E}_{ad} = -j\dot{I}_d x_{ad} \\ \dot{E}_{aq} = -j\dot{I}_q x_{aq} \end{array}\right\} \qquad (12-18)$$

x_{ad}、x_{aq} 分别称为直轴电枢反应电抗和交轴电枢反应电抗，它们分别反映出直轴和交轴电枢反应磁通的强弱。由于直轴磁路的磁导比交轴磁路的磁导要大得多，同样大小的电流产生的直轴磁通和相应的直轴电动势也就大得多，所以电抗 $x_{ad} > x_{aq}$。

直轴同步电抗为

$$x_d = x_{ad} + x_\sigma$$

交轴同步电抗为

$$x_q = x_{aq} + x_\sigma$$

x_d 和 x_q 表征了当对称三相直轴或交轴电流每相为 1A 时，三相总磁场在每相电枢绕组中产生感应的直轴或交轴电动势的大小。

记入电枢绕组的电阻 r_a，就得到同步阻抗，$Z_d = r_a + jx_d$ 为直轴同步阻抗，$Z_q = r_a + jx_q$ 为交轴同步阻抗。

隐极机同步电机 x_{s*} 在 0.9～3.5；凸极同步机直轴 x_{d*} 在 0.6～1.6，交轴 x_{q*} 在 0.4～1.0。隐极同步电机可看成凸极同步电机 $x_d = x_q = x_s$ 的一种特例。

3. 凸极同步发电机的回路电压方程式和相量图

由式（12-17），一相回路电压方程式中，将 $\dot{E}_{ad} = -jx_{ad}\dot{I}_d$，$\dot{E}_{aq} = -jx_{aq}\dot{I}_q$，$\dot{E}_\sigma = -jx_\sigma\dot{I}$，$\dot{I} = \dot{I}_d + \dot{I}_q$，$x_d = x_{ad} + x_\sigma$ 和 $x_q = x_{aq} + x_\sigma$ 代入式（12-17），得凸极同步发电机的回路电压方程式

$$\dot{E}_0 = \dot{U} + \dot{I}r_a + j\dot{I}_d x_d + j\dot{I}_q x_q \tag{12-19}$$

按式（12-19），一台凸极同步电机在已知相电压 U、相电流 I、负载功率因数 $\cos\varphi$ 及参数 r_a、x_d、x_q 的情况下，如果能够知道 $\dot{E}_0$ 与 $\dot{I}$ 之间的相位夹角 ψ，则能画出式（12-19）对应的相量图。

将式（12-19）做如下变换

$$\dot{E}_0 - j\dot{I}_d(x_d - x_q) = \dot{U} + \dot{I}r_a + j(\dot{I}_d - \dot{I}_q)x_q = \dot{U} + \dot{I}r_a + j\dot{I}x_q$$

令辅助相量 $\dot{E}_Q = \dot{E}_0 - j\dot{I}_d(x_d - x_q)$，则

$$\dot{E}_Q = \dot{U} + \dot{I}r_a + j\dot{I}x_q \tag{12-20}$$

显然 $\dot{E}_Q$ 与 $\dot{E}_0$ 同方向，即 $\dot{E}_Q$ 的方向就是 q 轴所在的方向。

根据式（12-19）和式（12-20）可以做出凸极同步发电机带感性负载时的相量图，如图 12-23 所示，步骤如下。

（1）作相量 $\dot{U}$，根据 φ 角作出 $\dot{I}$。

（2）在 $\dot{U}$ 的尾端，加上相量 $\dot{I}r_a$ 和 $j\dot{I}x_q$，$j\dot{I}x_q$ 超前于 $\dot{I}$ 90° 电角度，可以做出 $\dot{E}_Q = \dot{U} + \dot{I}r_a + j\dot{I}x_q$。连接 $\dot{U}$ 首端和 $\dot{E}_Q$ 末端的直线就确定了 q 轴，与 q 轴正交的方位即为 d 轴。

（3）将 $\dot{I}$ 正交分解为 $\dot{I}_d$ 和 $\dot{I}_q$。

（4）根据方程式（12-19）即可作出 $\dot{E}_0$。

电动势相量图很直观地显示了同步电机各个相量之间的数值关系和相位关系，对于分析和计算同步电机的许多问题有较大的帮助作用。当凸极同步发电机带感性负载时有 $\psi = \arctan\dfrac{U\sin\varphi + x_q I}{U\cos\varphi}$。

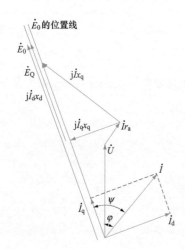

图 12-23　凸极同步发电机的相量图

12.4.2　考虑磁路饱和

对于实际同步电机，由于交轴磁路气隙较大，交轴磁路可以认为不饱和，直轴磁路则要受饱和的影响。如果近似认为直轴和交轴方面的磁场相互没有影响，则可利用双反应理论，即交、直轴各自的合成磁动势及感应电动势可分别根据实际饱和情况由空载特性求取，求取的电磁关系如下。

其中 $\vec{F}_d'$、$\vec{F}_{ad}'$、$\vec{F}_{aq}'$ 均为基波磁动势 $\vec{F}_d'$、$\vec{F}_d'$、$\vec{F}_q'$ 折算到励磁绕组的等效励磁磁动势。用 $\vec{F}_d'$ 和 $\vec{F}_{aq}'$ 查图 12-24（b）所示空载特性得 E_d 和 E_{aq}，则任一相电枢绕组的电动势平衡方程式为

$$\sum\dot{E} = \dot{E}_d + \dot{E}_{aq} + \dot{E}_\sigma = \dot{E}_\delta + \dot{E}_\sigma + \dot{U} + \dot{I}r_a \tag{12-21}$$

由于交轴气隙大，磁路可认为不饱和，则式（12-21）改写为

$$\dot{E}_d = \dot{U} + \dot{I}r_a + j\dot{I}x_\sigma + j\dot{I}_q x_{aq} \tag{12-22}$$

对应的时—空相矢量图如图 12-24（a）所示。

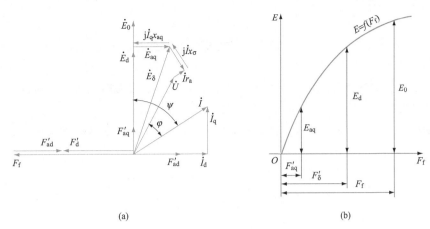

图 12-24 考虑饱和时凸极同步发电机的时—空相矢量图

（a）时—空相矢量图；（b）辅助用空载特性

【例 12-4】 有一台 $P_N = 725\,000\text{kW}$ ，$U_N = 10.5\text{kV}$ ，Y 连接，$\cos\varphi_N = 0.8$（滞后）的水轮发电机，$r_{a*} = 0$ ，$x_{d*} = 1$ ，$x_{q*} = 0.554$ ，试求在额定负载下励磁电动势 E_0 及 $\dot{E}_0$ 与 $\dot{I}$ 的夹角。

解：因 $\cos\varphi_N = 0.8$ ，所以 $\varphi = 36.87°$

以 $\dot{U}$ 为参考相量，即设 $\dot{U}_* = 1.0\angle 0°$ ，则 $\dot{I}_* = 1.0\angle -36.87°$ ，

$$\dot{E}_{Q*} = \dot{U}_* + j\dot{I}_* x_{q*} = 1 + 0.554\angle(90° - 36.87°) = 1.44\angle 18.4°$$

故 $$\psi = 36.87° + 18.4° = 55.27°$$

有 $$I_{d*} = I_* \sin\psi = 1 \times \sin 55.27° = 0.822$$

令 $\dot{I}_* = 1\angle 0°$ 则 $\dot{U}_* = 1\angle 36.87°$

则 $$\dot{I}_{d*} = 0.822\angle(55.27° - 90°) = 0.822\angle -34.73°$$

又 $$I_{q*} = I_* \cos\psi = 1 \times \cos 55.27° = 0.57$$

则 $$\dot{I}_{q*} = 0.57\angle 55.27°$$

$$\begin{aligned} \dot{E}_{0*} &= \dot{U}_* + j\dot{I}_{d*} x_{d*} + j\dot{I}_{q*} x_{q*} \\ &= 1\angle 36.87° + j1 \times .822\angle -34.73° + j0.57\angle 55.27 \times 0.544 \\ &= 1.771\angle 55.27° \end{aligned}$$

故 $$E_0 = E_{0*} U_N = 1.771 \times 10.5 \big/ \sqrt{3}\ \text{kV} = 10.74\text{kV}$$

答：在额定负载下励磁电动势为 10.74kV 及 $\dot{E}_0$ 与 $\dot{I}$ 的夹角为 $55.27°$ 。

本章小结

　　空载运行是同步发电机最简单的运行方式，由于电枢（定子）电流为零，其气隙中的磁场仅是转子励磁电流 I_f 所产生的励磁磁动势 F_f 单独建立的空载磁场。同步发电机带上负载以后，电机内部的磁动势和磁场将发生显著变化，会使发电机的端电压发生变化，还将影响到发电机的机电能量转换和运行性能，这些变化主要由电枢磁动势的出现所致。电枢磁动势的存在，将使电机气隙磁场的大小和位置与空载时相比发生变化，我们把电枢基波磁动势 F_a 对励磁基波磁势 F_{f1} 的影响称为电枢反应。电枢反应的性质有去磁、助磁和交磁三种。电枢反应的性质取决于这两个磁动势幅值的相对位置，而这一相对位置与励磁电动势 $\dot{E}_0$ 和电枢电流 $\dot{I}_a$ 之间的相位差，即角 ψ 有关。ψ 称为内功率因数角，其大小决定于负载的性质。

　　本节还分别讨论了磁路不饱和与饱和时，隐极电机与凸极电机带三相对称负载运行时的情况。在分析发电机内部的磁场基础之上，利用电磁感应定律和基尔霍夫定律，可写出同步发电机的方程式，并画出相应的相量图和等效电路。

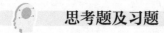 **思考题及习题**

12-1 同步电机的气隙磁场，在空载时是如何激励的？在负载时是如何激励的？

12-2 同步发电机电枢反应性质由什么决定？

12-3 试比较三相对称负载时同步发电机的电枢磁动势和励磁磁动势的性质，它们的大小、位置和转速各由哪些因素决定的？

12-4 一台旋转电枢式的三相同步发电机，电枢以转速 n（r/min）逆时针方向旋转，当发电机带三相对称负载时，试问电枢磁势对电枢的转速及转向如何？在主极的励磁绕组中会感应出电势吗？

12-5 同步电抗对应什么磁通？它的物理意义是什么？

12-6 在分析交流电机中把时间相量和空间矢量绘制在同一个图中有何方便之处？

12-7 为什么同步电抗的数值一般都较大（不可能做得较小），试分析下列情况对同步电抗的影响？

（1）电枢绕组匝数增加；

（2）铁心饱和程度增大；

（3）气隙加大；

（4）励磁绕组匝数增加。

12-8 在凸极同步电机中，为什么要采用双反应理论来分析电枢反应？

12-9 凸极同步电机中，为什么直轴电枢反应电抗 x_{ad} 大于交轴电枢反应电抗 x_{aq}？

12-10 试画出对称容性负载下不计饱和时隐极同步发电机和凸极同步发电机的相量图。

12-11 有一台凸极同步发电机，$x_{d*}=1$，$x_{q*}=0.6$，电枢电阻略去不计，试计算发电机额定电压、额定容量、$\cos\varphi_N=0.8$（滞后）时发电机的空载电动势 $\dot{E}_{0*}$，并作出相量图。

12-12 有一台三相 1500kW 水轮发电机，额定电压是 6300V，Y 形连接，额定功率因数 $\cos\varphi_N=0.8$（滞后），已知额定运行时的参数：$X_d=21.1\Omega$，$X_q=13.7\Omega$，电枢电阻可略去不计。

试求：（1）试计算发电机在额定运行时的励磁电动势；

（2）电流为额定值，$\cos\varphi_N=0.8$（超前）时的励磁电动势。

12-13 有一台三相隐极同步发电机，电枢绕组 Y 形连接，额定电压 6300V，额定电流 572A，额定功率因数 $\cos\varphi_N=0.8$（滞后）。该机在同步速下运转，励磁绕组开路，电枢绕组端点外加三相对称线电压 $U=2300V$，测得电枢电流为 572A。如果不计电阻压降，试求此发电机在额定运行时的励磁电势 E_0。

13

同步发电机的稳态运行特性及参数的测定

同步发电机的稳态运行是指电机转速为额定值且保持恒定，并供给三相对称负载时的一种稳态运行方式，它是同步发电机最基本的运行方式。同步发电机稳定运行时的主要变量有：定子端电压 U、电枢电流 I、励磁电流 I_f 和功率因数 $\cos\varphi$，它们都可以在运行中被测量。U、I、I_f 之间互相联系，当其中一个量保持常数，另外两个量之间的关系称为运行特性（operating characteristic of synchronous generator）。同步发电机的稳态运行特性曲线是确定电机主要参数、评价电机性能的主要依据。同步发电机有如下特性。

空载特性：$n=n_1$，$I=0$，$U=f(I_f)$

短路特性：$n=n_1$，$U=0$，$I_k=f(I_f)$

负载特性：$n=n_1$，$I=$ 常数，$\cos\varphi=$ 常数时，$U=f(I_f)$

外特性：$n=n_1$，$I_f=$ 常数，$\cos\varphi=$ 常数时，$U=f(I)$

调整特性：$n=n_1$，$U=$ 常数，$\cos\varphi=$ 常数时，$I_f=f(I)$

表征同步发电机运行特性的主要参数为隐极同步电抗 x_s、凸极同步发电机 x_d、x_q 及漏抗 x_σ 等。变量和参数常采用标幺值的形式，计算标幺值时基值选取的原则为：定子侧电压基值选额定电压值，电流基值选额定电流值，容量基值选电机额定总容量，阻抗基值选额定相电压基值除以额定相电流值。转子侧是独立回路，励磁电流的基值选取与定子侧无关。工程实用上，转子电流基值常选空载电动势为额定相电压时的励磁电流值。下面分别讨论各种运行特性及同步发电机稳态参数的求取。

13.1 空载特性、短路特性及不饱和电抗和短路比的求取

13.1.1 空载特性实验测定

分析同步电机性能时，空载和短路特性具有十分重要的意义。空载特性可以通过计算或试验得到。由于磁滞现象，在进行实验时，励磁电流由零上升到最大值测出来的空载电势值和励磁电流最大值下降到零的空载电动势值略有不同，画出来的磁化曲线也不会重合。一般规定采用下降曲线来表示空载特性。实验时，从空载电势约为 $1.3U_N$ 对应的励磁电流逐步减小得到下降曲线，如图 13-1 中上部分的曲线所示。图中 $I_f=0$ 时有剩磁电动势，将曲线延长与横轴相交，取交点与原点的距离 Δi_{f0} 为校正值，再将原实测曲线整体右移才能得到工程中适用的校正曲线，即图 13-1 中过原点的曲线为空载特性曲线。

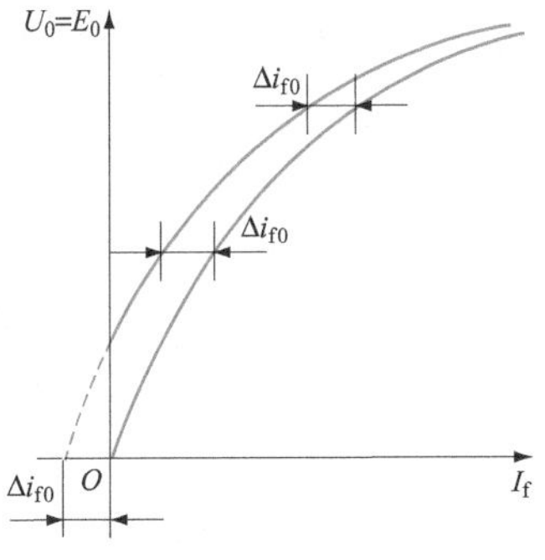

图 13-1 空载特性的实验测定

13.1.2 短路特性

1. 短路特性

发电机的转速保持为同步速（$n=n_1$），电枢绕组端发生电压三相稳态短路时（$U=0$），短路电流 I_k 与励磁电流 I_f 的关系，即 $I_k=f(I_f)$ 称为短路特性（short circuit characteristic）。

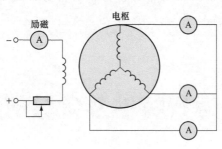

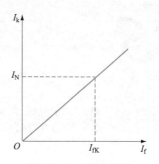

图 13-2　短路实验接线图　　　　　　图 13-3　短路特性

短路特性也是同步电机的基本特性之一，可由三相稳态短路实验测得，短路实验接线原理图如图 13-2 所示，将被实验的同步电机的电枢端三相短路；用原动机拖动转子至同步速度，即 $n=n_1$；调节励磁电流 I_f，使电枢电流 I 由零逐渐增加至 $1.2I_N$ 左右，逐点记录电枢电流和励磁电流，画出 $I_k=f(I_f)$ 的关系曲线便得到短路特性曲线。

如图 13-3 所示，短路特性曲线为一直线。这是因为短路时，限制短路电流的只有发电机的同步阻抗，忽略电枢电阻时，短路电流可认为纯感性，内功率因素角 $\psi=90°$，于是 $I_q=0$，$\dot{I}_k=\dot{I}_d$。此时电枢磁动势不含交轴分量而只有直轴去磁磁动势 $\vec{F}_{ad}$，气隙合成磁动势 $\overline{F}_\delta$ 的大小为：$F_\delta=F_{f1}-F_{ad}$。短路时的等效电路图和时—空相矢量图如图 13-4、图 13-5 所示。

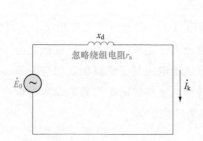

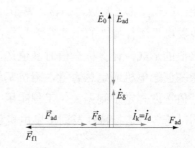

图 13-4　短路时的等效电路　　　　图 13-5　短路时的时—空相矢量图

由第 12 章中的分析可知，气隙电动势

$$\dot{E}_\delta = \dot{E}_0 + \dot{E}_a = \dot{U} + \dot{I}r_a + j\dot{I}x_\sigma \tag{13-1}$$

当端电压 U 为零时，

$$\dot{E}_\delta = \dot{U} + \dot{I}r_a + j\dot{I}x_\sigma \approx j\dot{I}x_\sigma \tag{13-2}$$

由上式可知，由于 $\dot{E}_\delta$ 只与漏抗压降平衡，数值不大，说明气隙合成磁通和气隙合成磁动势 $\overline{F}_\delta$ 就应该很小，电机磁路处于不饱和状态，由空载特性可知此时

$$E_0 \propto I_f \tag{13-3}$$

又由于

$$\dot{E}_0 = \dot{U} + \dot{I}r_a + j\dot{I}_d x_d + j\dot{I}_q x_q \approx j\dot{I}_k x_d \tag{13-4}$$

$$I_k \propto E_0 \tag{13-5}$$

联立式（13-3）和式（13-5），得

$$I_k \propto I_f \tag{13-6}$$

可见短路特性是一条直线。

2. 直轴同步电抗 x_d 不饱和值的求取

同步发电机的短路特性结合空载特性可以求出直轴同步电抗不饱和值。同步发电机转速为同步速，假设励磁电流为 I_f，每相空载电动势为 E_0，保持励磁电流不变，电枢端点三相稳态短路，测得每相短路电流为 I_k，在略去电枢电阻时，根据式（13-4），可知 $E_0=I_k x_d$。

由前面的分析可知，同步发电机短路时，电枢反应为去磁作用，气隙中的合成磁场很小，磁路处在不饱和状态，测得的电抗值称为直轴同步电抗不饱和值。测定直轴同步电抗不饱和值的步骤如下：

（1）用原动机带动同步发电机在同步转速下运转，测取其空载和短路特性。

（2）将测取的数据在同一坐标纸上绘制成曲线，并作出气隙线。

（3）选取一固定的 I_f（如图 13-6 中的 I_{f0}），求得对应的短路电流 I_k 和对应于气隙线上的电动势 E_0'，则直轴同步电抗可求得

$$x_{d(不饱和值)} = \frac{E_0'}{I_k} \tag{13-7}$$

如果空载特性曲线和短路特性曲线均用标幺值表示时，所求得的直轴同步电抗也是标幺值，则有

$$x_{d*} = \frac{x_d}{Z_b} = \frac{E_0'}{I_k} \frac{I_{N\varphi}}{U_{N\varphi}} = \frac{E_{0*}'}{I_{k*}} \tag{13-8}$$

如果试验用电机为隐极机的话，所测得的电抗为 x_s 的不饱和值。

3. 短路比

短路比（short circuit ratio）是反映电机综合性能的一个重要参数，它既和电机的体积大小、耗用材料及造价等因素有关，又和电机的运行性能有关。

空载电动势等于额定电压时的励磁电流称空载额定励磁电流 I_{f0}，在励磁电流为 I_{f0} 时做三相稳定短路试验测得的短路电流 I_k 与额定电流 I_N 之比叫短路比 K_c（见图 13-6），即

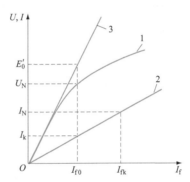

图 13-6 利用发电机的空载特性与短路特性求 x_d 的不饱和值和短路比
1—气隙线；2—空载特性曲线；3—短路特性曲线

$$k_c = \left.\frac{I_k}{I_N}\right|I_f = I_{f0} \tag{13-9}$$

由图 13-6 可见

$$k_c = \left.\frac{I_k}{I_N}\right|_{I_f=I_{f0}} = \frac{I_{f0}}{I_{fk}} \tag{13-10}$$

式中：I_{fk} 为短路时使短路电流为额定值的励磁电流。

所以，短路比又可定义成：空载时使空载电压为额定值的励磁电流 I_{f0} 与短路时使短路电流为额定值的励磁电流 I_{fk} 的比值。

由式（13-1）和图 13-6 可知短路比与不饱和值同步电抗的关系为

$$x_{d*(不饱和值)} = \frac{x_{d*(不饱和值)}}{Z_b} = \frac{E_0'}{I_k} \left/ \frac{U_N}{I_N} \right. = \frac{E_0'}{U_N} \frac{I_N}{I_k} = k_s \frac{1}{k_c}$$

则短路比为

$$k_c = \frac{k_s}{x_{d*(不饱和值)}} \tag{13-11}$$

可见，短路比就是用标幺值表示的直轴同步电抗不饱和值的倒数与饱和系数的乘积。如果电机磁路不饱

和，短路比就是同步电抗标幺值的$x_{d*(不饱和值)}$的倒数。

短路比的数值对电机的影响很大。短路比较大，则同步电抗x_d较小，短路电流较大，负载变化时，由于阻抗压降小，发电机的电压变化就小，则电压调整率就小，并联运行时发电机的静态稳定度较好。设计上，电机气隙较大，致使电机的体积较大，转子的额定励磁磁动势和用铜量增大，制造成本较高。

短路比小，同步电抗大，电机阻抗压降大，当负载变化时发电机的电压变化就大，则电压调整率大，发电机的稳定度较差。设计上，由于气隙小，电机体积小，制造成本低。

由于水电站一般远离负荷中心，输电线路距离较长，稳定问题比较突出，所以水轮发电机应具有较大的短路比，一般选在 0.8～1.3。近年来随着发电机容量的增大，冷却方式的改进，为了提高材料利用率，随机组容量增大短路比有所降低。大型汽轮发电机的短路比有的仅为 0.4。

发电机短路比的降低反映了单位功率耗材下降，这无疑是一个优点。但是从另一个角度来看，由于x_d值增大后，运行性能要差一些。现在大部分同步电机采用自动励磁调节装置，大大提高了运行稳定性。

【**例 13－1**】一国产三相 72 500kW 的水轮发电机，$U_N = 10.5\text{kV}$，$\cos\varphi_N = 0.8$，Y 形连接，空载特性见表 13-1。

表 13－1　　　　　　　　　　　　［例 13－1］空载特性

E_{0*}	0.55	1.0	1.21	1.27	1.33
I_{f*}	0.52	1.0	1.51	1.76	2.09

短路特性为过原点的直线，$I_{K*} = 1$ 时 $I_{f*} = 0.965$。

试求：（1）直轴不饱和同步电抗标幺值 $x_{d*不饱和}$ 和实际值；

（2）短路比 K_C。

解：（1）在短路特性上取对应 $I_{f*} = 0.52$ 时的 I_{K*}（在空载特性上有 $I_{f*} = 0.52$ 时的 $E_{0*} = 0.55$）。

$$\frac{1}{0.965} = \frac{I_{K*}}{0.52}$$

$$I_{K*} = \frac{0.52}{0.965} = 0.538\,8$$

同步电抗的不饱和值的标幺值为

$$x_{d*(不)} = \left.\frac{E_{0*}}{I_{K*}}\right|_{I_{f*}=0.52} = \frac{0.55}{0.538\,8} = 1.02$$

额定电流为

$$I_N = \frac{P_N}{\sqrt{3}U_N\cos\varphi_N} = \frac{72\,500}{\sqrt{3}\times10.5\times0.8} = 4983\text{A}$$

额定阻抗为

$$Z_N = \frac{U_{N\varphi}}{I_N} = \frac{10\,500}{\sqrt{3}\times4983} = 1.216\Omega$$

同步电抗的不饱和实际值为

$$x_{d(不)} = x_{d*(不)}Z_N = 1.02\times1.216 = 1.24\Omega$$

（2）$I_{K*} = 1$ 时 $I_{f*} = 0.965$，即 $I_{fk*} = 0.965$。在空载特性上有 $I_{f*} = 1$ 时 $E_{0*} = 1$，即 $I_{f0*} = I_{f*} = 1$。

短路比为

$$K_C = \frac{I_{f0*}}{I_{fk*}} = \frac{1.0}{0.965} = 1.036$$

答：直轴不饱和同步电抗标幺值 $x_{d*不饱和}$ 为 1.02，实际值为 1.24Ω；短路比 K_C 为 1.036。

13.2　零功率因数负载特性及漏电抗的求取

发电机的负载特性是指转速为同步速,当负载电流和功率因数为常数的条件下,发电机的端电压 U 与励磁电流 I_f 的关系。图 13-7 为同步发电机在不同功率因素时的负载特性,图中的进相是功率因素超前,迟相是指功率因素滞后。

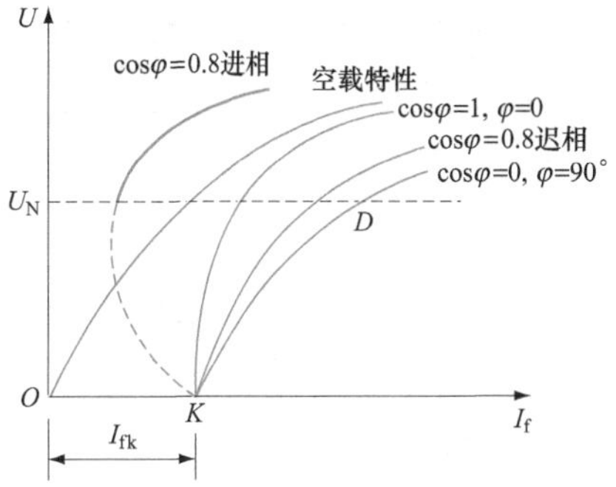

由于负载特性是恒流特性,故最具实际意义的是 I_N 为常数、$\cos\varphi=0$ 时一条负载特性,即零功率因数负载特性(zero power factor characteristic)。

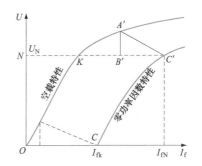

图 13-7　同步发电机在不同功率
因素时的负载特性

13.2.1　零功率因数负载特性

测定同步电机零功率因数特性时,要得到一定容量的零功率因数负载很不容易,实际上 $\cos\varphi\leq0.2$ 即可。实验接线原理图如图 13-8 所示,实验时,将转子拖至 $n_N=n_1$,保持不变;电枢绕组接三相可变纯电感负载,使 $\cos\varphi\leq0.2$;调发电机的励磁电流 I_f 及负载大小,使负载电流保持不变,即 $I=I_N$,记录不同励磁电流 I_f 时的端电压 U,即可得到零功率因数负载特性曲线 $U=f(I_f)$,如图 13-9 所示。当电枢电流 $I=0$、$\cos\varphi=0$ 时的零功率因数负载曲线就是空载特性曲线,故两曲线有相似的形状。

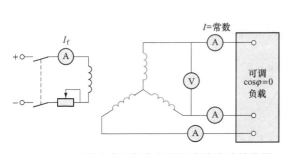

图 13-8　零功率因数负载特性曲线实验接线图

图 13-9　零功率因数负载特性曲线

图 13-10 为零功率因数负载时的等效电路和时—空相矢量图。由于负载为纯感性,忽略电枢绕组电阻,由图 13-10(a)可知,$\psi=\varphi=90°$,即 $\dot{I}_N$ 滞后 $\dot{E}_0$ $90°$,则在时—空相矢量图 13-10(b)中,电枢反应性质与短路时相同,只有直轴的去磁作用。由式(13-1)得

$$\dot{E}_\delta = \dot{E}_0 + \dot{E}_a = \dot{U} + \dot{I}r_a + j\dot{I}x_\sigma$$

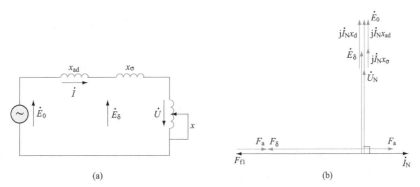

图 13-10　零功率负载时的等效电路和时—空相矢量图
(a)等效电路;(b)时—空相矢量图

由于此时端电压 U 不为零,气隙电动势的大小为

$$E_\delta = U + I_N x_\sigma \tag{13-12}$$

由式（13-12）可见，端电压 U 大小不同，气隙电动势 E_δ 的大小不同，产生气隙电动势的磁动势大小也不同，发电机处于不同程度的饱和状态。

从时一空相矢量图 13-10（b）可以看出，其矢量加减可简化为代数加减，如图 13-9 所示，以 $\overline{ON}$ 表示额定端电压，C' 点表示带零功率因素负载时，发电机端电压为额定电压 U_N，此时的励磁电流为 I_{fN}（$\overline{NC'}$），有

$$E_0 = U_N + I_N x_\sigma + I_N x_{ad} \tag{13-13}$$

$$I_{fN} = \overline{NK} + \overline{KB'} + \overline{B'C'} \tag{13-14}$$

如果线段 $\overline{KB'}$ 的长度为 $I_N x_\sigma$，则式（13-14）可以理解为零功率因数负载时，当端电压为额定值，所需要的总励磁电流 I_{fN} 可以分为三部分：第一部份用来产生额定端电压 U_N（$\overline{NK}$），即空载时产生额定端电压所需要的励磁电流大小；第二部份克服漏抗压降 $I_N x_\sigma$（$\overline{KB'}$）；第三部份用来抵消电枢反应电抗压降 $I_N x_{ad}$（$\overline{B'C'}$）。图 13-9 还表明，从空载运行到接零功率负载运行时，要保持端电压不变，I_{fN}（$\overline{NC'}$）必须大于 I_{f0}（$\overline{NK}$），以克服漏抗压降和电枢反应的去磁影响。

13.2.2 直轴同步电抗 x_d 饱和值的求取

通过空载、短路特性和零功率因数负载特性可以求出直轴同步电抗 x_d 的饱和值和定子漏抗 x_σ。

接纯电感负载时，即 $\psi = 90°$，从时一空相矢量图 13-10（b）可以看出

$$U = E_0 - x_d I_d \tag{13-15}$$

在 $I_d = I = I_N$ 时的零功率因数特性曲线上取出对应于 $U = U_N$ 时的励磁电流 I_{fN}，再在空载特性曲线上取出对应于 I_{fN} 的空载电动势 E_{0N}，由式（13-15）就可求得同步电抗的饱和值为

$$x_{d(饱和值)} = \frac{E_{0N} - U_N}{I_N} \tag{13-16}$$

由此绘出图 13-11。

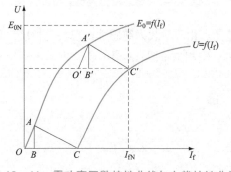

图 13-11　零功率因数特性曲线与空载特性曲线

13.2.3 定子漏抗

图 13-11 中，$U = 0$ 时，对应于零功率因数特性上的励磁电流 $I_f = \overline{OC}$。定义线段 AB 表示漏抗压降，即 $\overline{AB} = x_\sigma I_d$，由式（13-13），则 I_f 分为两部分：线段 OB 代表用来克服漏抗电动势的励磁电流，BC 段是用来平衡电枢反应电抗压降 $x_{ad} I_d$ 的励磁电流，即用来平衡去磁作用的电枢磁势的励磁电流。可见 $\triangle ABC$ 的 BC 边正比于纯去磁的电枢反应磁动势，AB 边长度正比于定子漏抗。由于 $\overline{BC}$ 和 $\overline{AB}$ 均和电枢电流 I 成正比，所以当 I 一定时，$\triangle ABC$ 是固定的，此三角形称为同步发电机的特性三角形。只要求得特性三角形，我们就可以很方便地求得定子漏抗，即

$$x_\sigma = \frac{AB}{I_d} \tag{13-17}$$

对于一定的电枢电流 I，由于 $\triangle ABC$ 是固定的，所以在空载特性曲线上移动 $\triangle ABC$ 的顶点 A 时，C 的轨迹即为零功率因数特性。如果我们在零功率因数特性曲线上向上平移 $\triangle ABC$ 的顶点 C 到额定电压 U_N 时，将得到 $\triangle A'B'C'$，并且 $\overline{O'C'} = \overline{OC}$，$O'A' \parallel OA$，由此可得到特性三角形的作法。

（1）在额定电压 U_N 处作一水平线交零功率因数曲线于 C'，截取 $\overline{O'C'} = \overline{OC}$。

（2）过 O' 作 OA 的平行线交空载特性曲线于 A'。

（3）过 A' 作 $A'B' \perp O'C'$ 于 B'，则 $\triangle A'B'C'$ 即为特性三角形（见图 13-11）。

13.3　稳态参数的实验测定

同步发电机在对称稳态运行时的主要参数有 x_d、x_q、x_σ 等。对于 x_d 和 x_σ 的测定方法，前面已经介绍了一种。本节介绍用转差法测定凸极同步发电机的 x_d 和 x_q 值。

用转差法可以测出凸极同步发电机的纵轴同步电抗 x_d 和横轴同步电抗 x_q 值。实验时励磁绕组开路（或通过很大的阻值短路，以防过电压），使 $I_f=0$，用外力拖动转子转动，使 n 接近 n_1，对应的转差率 s <1%，定子绕组外加额定频率三相对称电压（低压 $0.02\sim0.15U_N$），测量定子电压及对应电流。用示波器拍摄转子励磁绕组开路电压、定子电压和电流波形如图 13-12 所示。

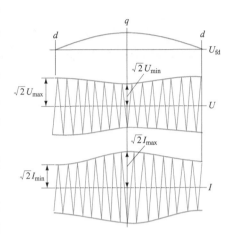

图 13-12　转差法试验时转子开路电压及定子电压和电流波形

在试验过程中，由于转子与定子旋转磁场之间有相对运动，因此旋转磁场的轴线将不断地依次和转子 d 轴或 q 轴重合，相应地定子的电抗将随着旋转磁场与转子主磁极相对位置的变化，而在最大值 x_d 与最小值 x_q 之间作周期性的变动。当旋转磁场的轴线与转子 d 轴一致时，磁阻最小，定子电抗达最大值 x_d，而定子电流为最小值 I_{min}，由于供电线路压降最小，故定子每相的端电压此时为最大值 U_{max}，忽略定子电阻，则

$$x_d = \frac{U_{max}}{I_{min}} \tag{13-18}$$

同理，当旋转磁场的轴线与转子 q 轴一致时，磁阻最大，定子电抗达最小值 x_q，而定子电流为最大值 I_{max}，由于供电线路压降最大，此时定子每相的端电压为最小值 U_{min}，忽略定子电阻，则

$$x_q = \frac{U_{min}}{I_{max}} \tag{13-19}$$

因为实验时加的低电压，电枢电流较小，产生的磁动势较小，磁路处于不饱和状态，测得的 x_d 和 x_q 为不饱和值。

13.4　同步发电机的运行特性

同步发电机的稳态运行特性包括外特性、调整特性和效率特性。从这些特性中可以确定发电机的电压调整率、额定励磁电流和额定效率，这些都是同步发电机运行性能的基本数据。

13.4.1　外特性

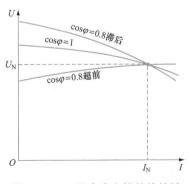

图 13-13　同步发电机的外特性

外特性（external characteristic）表示发电机的转速为同步转速，且励磁电流和负载功率因数不变时，发电机的端电压与电枢电流之间的关系，即 $n=n_1$，$I_f=$ 常值，$\cos\varphi=$ 常值时，$U=f(I)$。

图 13-13 表示带不同功率因数的负载时同步发电机的外特性。由图可见，在感性负载和纯电阻负载时，外特性是下降的，这是由于电枢反应的去磁作用和漏阻抗压降所引起。在容性负载且内功率因数角为超前时，由于电枢反应的助磁作用和容性电流的漏抗压降的增加，外特性亦可能是上升的。

从外特性可以求出发电机的电压调整率。调节发电机的励磁电流，使电枢电流为额定电流，功率因数为额定功率因数，端电压为额定电压，此励磁电流 I_{fN} 称为发电机的额定励磁电流。然后保持励磁电流为 I_{fN}，转速为同步转速，卸去负载（$I=0$），此时端电压升高的百分值即为同步发电机的电压调整率（voltage regulation factor），用 Δu 表示，即

$$\Delta u = \frac{E_0 - U_N}{U_N} \times 100\% \qquad (13-20)$$

Δu 是发电机的性能指标之一，按国家标准规定应不大于 50%，凸极同步发电机的 Δu 通常在 18%～30%以内，隐极同步发电机由于电枢反应较强，Δu 通常在 30%～48%这一范围内。通过采用快速励磁调节器，可以自动改变励磁电流使发电机端电压保持不变。

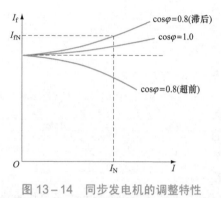

图 13-14　同步发电机的调整特性

13.4.2　调整特性

调整特性（voltage regulation characteristic）表示发电机的转速为同步转速、端电压为额定电压、负载的功率因数不变时，励磁电流与电枢电流之间的关系，即 $n=n_1$，$U=U_N$，$\cos\varphi=$ 常值时，$I_f=f(I)$。

图 13-14 表示带不同功率因数的负载时同步发电机的调整特性。由图可见，在感性负载和纯电阻负载时，为补偿电枢电流所产生的去磁电枢反应和漏阻抗压降，随着电枢电流的增加，必须相应地增加励磁电流，此时调整特性是上升的。在容性负载时，调整特性亦可能是下降的。从调整特性可以确定额定励磁电流 I_{fN}。

13.4.3　效率特性

效率特性（efficient characteristic）是指转速为同步转速、端电压为额定电压、功率因数为额定功率因数时，发电机的效率与输出功率的关系，即 $n=n_1$，$U=U_{N\Phi}$，$\cos\varphi=\cos\varphi_N$ 时，$\eta=f(P_2)$。

同步发电机的基本损耗包括电枢的基本铁耗 p_{Fe}、电枢基本铜耗 p_{Cu1}、励磁损耗 p_{Cuf} 和机械损耗 p_m。电枢基本铁耗是指主磁通在电枢铁心齿部和轭部中交变所引起的损耗。电枢基本铜耗是换算到基准工作温度时，电枢绕组的电阻损耗。励磁损耗包括励磁绕组的基本铜耗、变阻器内的损耗、电刷的电损耗，以及励磁设备的全部损耗。机械损耗包括轴承、电刷的摩擦损耗和通风损耗。杂散损耗包括电枢漏磁通在电枢绕组和其他金属结构部件中所引起的涡流损耗，高次谐波磁场掠过主极表面所引起的表面损耗等。

总损耗 $\sum p$ 求出后，效率即可确定，即

$$\eta = \left(1 - \frac{\sum p}{P_2 + \sum p}\right) \times 100\% \qquad (13-21)$$

现代空气冷却的大型水轮发电机，额定效率在 96%～98.5%；空冷汽轮发电机的额定效率在 94%～97.8%；氢冷时，额定效率可增高约 0.8%。

13.5　同步发电机电压调整率及额定励磁电流的求取

电压调整率和额定励磁电流在设计和运行两个方面都是必不可少的。从设计角度看，必须知道从空载到满载时励磁电流变化的范围，这样可以使励磁装置和转子绕组能满足最小和最大励磁电流工作的要求。从运行角度看，也需要知道负载功率因数等与励磁电流的关系。

根据式（13-19）电压调整率的定义 $\Delta u = \dfrac{E_0 - U_N}{U_N} \times 100\%$ 其求取方法为直接负载法，即由发电机的外特性曲线求取。忽略饱和情况，由相量图求取 E_0，从而求取电压调整率。下面介绍考虑饱和时的磁动势—电动

势求取电压调整率和额定励磁电流 I_{fN}。

考虑饱和隐极同步发电机的相量图如 12−20（a）所示，$\dot{E}_\delta = \dot{U} + \dot{I}(r_a + jx_\sigma)$，由 E_δ 查空载特性得 F_δ' 或 $I_{f\delta}$（$F_\delta' = I_{f\delta}N_f$），再在相量图上作 F_δ' 超前 $\dot{E}_\delta$ 90° 电角度，最后由矢量合成得出 $F_f = F_\delta' - F_a'$，再结合空载特性得到 $I_{f\delta}$ 和 Δu。

实际上作图时可以把时—空相矢量图和空载特性画在同一张图上，如图 13−15 所示。图中 $\overline{CC'} = E_\delta$，由此得 $I_{f\delta} = \overline{OC}$，与 $\overline{CB} = I_{fa} = kF_a / N_f$，矢量合成后就有 $I_{fN} = \overline{OB}$，进而将 $\overline{OB}$ 旋转得 $\overline{OD}$，则 $\overline{DE} = E_0$，$\Delta u = (\overline{DE} - U_N)/U_N \times 100\%$。

此外，图 13−15 中，延长 $\overline{OC'}$ 可得线性化空载特性（气隙线）$OC'D'$，而取 $\overline{OG} = \overline{CB} = I_{fa}$，有 $\overline{GG'} = E_a$，故隐极同步发电机电枢反应电抗的饱和值可确定为

$$x_{a(饱和)} = \frac{E_a}{I} = \frac{\overline{GG'}}{I}$$

同理，对于凸极同步发电机的电压调整率，可以用饱和凸极同步发电机的时—空相矢量图和空载特性求取，显然它的求法比隐极同步发电机略复杂，图 13−15 的方法也适用于凸极同步发电机。具体做法就是用 $k_{ad}F_a$ 代替 k_aF_a。当然，由于没有对直轴和交轴电枢反应进行区别处理，结果上有误差，但当 $\cos\varphi = 0.8$ 时，所导致的误差 ΔI_{fN} 不会超过 10%，这在工程上是可以接受的。

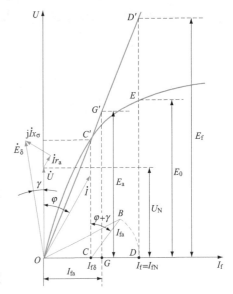

图 13−15　磁动势—电动势图求电压调整率和额定励磁电流

【例 13−2】有一台凸极同步发电机，$x_{d*}=1$，$x_{q*}=0.6$，电枢电阻略去不计，试计算发电机额定电压、额定视在功率和 $\cos\varphi_N = 0.8$（滞后）时发电机的空载电动势 $\dot{E}_{0*}$ 及电压调整率。

解： 以 $\dot{U}$ 为参考相量，即设 $\dot{U}_* = 1.0\angle 0°$，则 $\dot{I}_* = 1.0\angle -36.87°$

$$\dot{E}_{Q*} = \dot{U}_* + j\dot{I}_* X_{q*} = 1.0\angle 0° + j1.0\times 0.6\angle -36.87° = 1.44\angle 19.4°$$

由于 $\dot{E}_0$ 和 $\dot{E}_Q$ 同相，故 $\psi = 36.87° + 19.4° = 56.27°$。

有　　　　　　　　　　$I_{d*} = I_* \sin\psi = 1\times \sin 56.27° = 0.832$

则　　　　　　　　　　$\dot{I}_{d*} = 0.832\angle(19.4° - 90°) = 0.832\angle -70.6°$

又　　　　　　　　　　$I_{q*} = I_* \cos\psi = 1\times \cos 56.27° = 0.555$

则　　　　　　　　　　$\dot{I}_{q*} = 0.555\angle 19.4°$

$$\begin{aligned}\dot{E}_{0*} &= \dot{U}_* + j\dot{I}_{d*}x_{d*} + j\dot{I}_{q*}x_{q*}\\ &= 1\angle 0° + j1\times 0.832\angle -70.6° + j0.555\times 0.6\angle 19.4°\\ &= 1.77\angle 19.4°\end{aligned}$$

电压调整率为　　　　$\Delta u = \dfrac{E_{0*} - U_{N*}}{U_{N*}}\times 100\% = \dfrac{1.77-1}{1}\times 100\% = 77\%$

由于采用相矢量图方法，忽略了电机的饱和，所以求出的电压变化率偏大。

【例 13−3】有一台 12 500kW 水轮凸极同步发电机，Y 形连接，$U_N = 10.5\text{kV}$，$\cos\varphi_N = 0.8$（滞后），$2p=16$，空载有额定励磁电压时的励磁电流 $I_{f0}=252\text{A}$，电枢电阻略去不计，$x_{q*}=0.65$，短路特性为通过原点的直线，当 $I_{K*}=1$ 时 $I_{fk*}=0.965$；额定励磁电流的零功率因数曲线上额定电压点 F（$U_*=1$，$I_{f*}=2.115$），空载特性数据见表 13−2。

表 13−2　　　　　　　　　　　　　　　　　〔例 13−3〕空载特性

E_{0*}	0.55	1.0	1.21	1.27	1.33
I_{f*}	0.52	1.0	1.56	1.76	2.1

试求：（1）x_σ、x_d（不饱和值）、x_q；

（2）用电动势相量图求电压调整率。

解： 依题意作出标幺值表示的空载特性和短路特性曲线及零功率因数曲线上的额定电压点 F 和短路点 K。

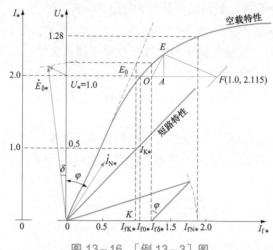

图 13-16 ［例 13-3］图

相电压 $$U_{phN} = 10.5/\sqrt{3} = 6.06\text{kV}$$

相电流 $$I_{phN} = \frac{P_N}{\sqrt{3}U_N\cos\varphi_N} = \frac{12\,500\times10^3}{\sqrt{3}\times10.5\times0.8} = 860\text{A}$$

阻抗基值为 $$Z_b = U_{phN}/I_{phN} = 6.06/0.86 = 7.05\Omega$$

（1）x_σ：过 F 点作特性三角形 $\triangle EAF$，得 $x_{\sigma*} = \overline{EA} = 0.16$

$$x_\sigma = x_{\sigma*} \times Z_b = 0.16\times7.05 = 1.13\Omega$$

x_d（不饱和值）：有空载特性和短路特性曲线

$$x_{d*}（不饱和值） = E'_{0*}/I_{k*} = 1.06$$

$$x_d（不饱和值） = x_{d*} \times Z_b = 1.06\times7.05 = 7.47\Omega$$

$$x_q：x_q = x_{q*}\times Z_b = 0.65\times7.05 = 4.58\Omega$$

（2）作磁动势电动势图。

以 $\dot{U}_N$ 为参考相量，即设 $\dot{U}_* = 1.0\angle0°$，则 $\dot{I}_{N*} = 1.0\angle-36.87°$。

$$\dot{E}_{\delta*} = \dot{U}_* + j\dot{I}_{N*}x_{\sigma*} = 1.0\angle0° + j1.0\times0.16\angle-36.87° = 1.08\angle7.58°$$

求得 $$\delta + \varphi_N = 44.45°, \quad E_{\delta*} = 1.08, \quad I_{f\delta*} = 1.21$$

作特性三角形，得 $$\overline{AF} = I_{fa*} = 0.78$$

作磁动势三角形，求得 $I_{fN*} = 1.82$，查空载特性得 $E_{0*} = 1.28$。

所以，满载励磁电流为 $$I_{fN} = 1.82\times I_{f0} = 1.82\times252 = 458.6\text{A}$$

电压调整率为 $$\Delta u = \frac{E_{0*} - U_{N*}}{U_{N*}}\times100\% = \frac{1.28-1}{1}\times100\% = 28\%$$

 本章小结

　　同步电机稳定运行时的主要变量有定子端电压 U、电枢电流 I、励磁电流 I_f，当其中两个量保持常数，另外两个量之间的关系称为运行特性。同步电机的稳态运行特性包括空载特性、短路特性、负载特性、外特性和调整特性。特性曲线是确定电机主要参数、评价电机性能的主要依据。

短路比是反映电机综合性能的一个重要参数，短路比的数值对电机的影响很大。短路比较大，则同步电抗 x_d 较小，短路电流较大，负载变化时发电机的电压变化就小，则电压调整率就小，并联运行时发电机的静态稳定度较好。设计上，电机气隙较大，致使电机的体积较大，转子的额定励磁磁动势和用铜量增大，制造成本较高。短路比小，同步电抗大，电机阻抗压降大，当负载变化时发电机的电压变化就大，则电压调整率大，发电机的稳定度较差。设计上，由于气隙小，电机体积小，制造成本低。

同步发电机的短路特性结合空载特性可以求出直轴同步电抗不饱和值，通过空载、短路特性和零功率因数负载特性则可以求出直轴同步电抗 x_d 的饱和值和定子漏抗 x_σ。从同步发电机的外特性、调整特性和效率特性中可以确定发电机的电压调整率、额定励磁电流和额定效率，这些都是同步发电机运行性能的基本数据。

思考题及习题

13-1　为什么同步发电机的短路特性为一直线，设 $x_{d*}=1$，且当短路电流 $I_k=I_N$，此时 $I_{K*}x_{d*}$ 已等于额定电压，此时的短路特性仍为直线吗？为什么？

13-2　什么叫短路比？它与哪些量有关？为什么汽轮发电机的短路比可以水轮发电机的短路比小？为什么说短路比过大电机制造成本会增加？

13-3　电机的端电压保持为额定值，电机空载时的励磁电流和电机带纯电感负载时的励磁电流是否相同？为什么？

13-4　通过同步发电机的空载和短路试验可以求出什么参数？通过空载、短路试验和零功率因数负载试验可以求出什么参数？

13-5　为什么空载特性和短路特性不能测交轴同步电抗？

13-6　同步发电机发生三相稳态短路时，它的短路电流为何不大？

13-7　一台同步发电机的器隙比正常气隙的长度偏大，x_d 和 Δu 如何变化？

13-8　为什么用低转差法可以测得同步电机的 x_d 和 x_q，所求的是饱和值还是不饱和值？

13-9　测定同步发电机的空载特性和短路特性时，如果转速降为原来 $0.95n_N$，对试验结果有什么影响？

13-10　为什么从空载特性和短路特性不能测定交轴同步电抗？为什么从空载特性和短路特性不能准确测定直轴同步电抗？

13-11　有一台三相隐极同步发电机，$S_N=26kVA$，$U_N=400V$，$I_N=37.5A$，$\cos\varphi_N=0.85$，Y形连接，已知空载特性见表 13-3。

表 13-3　　　　　　　　　　　　　　　题 13-11 空载特性

E_{0*}	1.43	1.38	1.32	1.24	1.09	1.0	0.86	0.7	0.5
I_{f*}	3	2.4	2	1.6	1.2	1.0	0.8	0.6	0.4

短路特性见表 13-4。

表 13-4　　　　　　　　　　　　　　　题 13-11 短路特性

I_{K*}	1.0	0.85	0.65	0.5	0.15
I_{f*}	1.2	1.0	0.8	0.6	0.2

试求：x_{s*} 的不饱和值、饱和值及欧姆值。

13-12 一国产三相 72 500kW 的水轮发电机，$U_N = 10.5$kV，$\cos\varphi_N = 0.8$，Y形连接，空载特性见表 13-5。

表 13-5   题 13-12 空 载 特 性

E_{0*}	0.55	1.0	1.21	1.27	1.33
I_{f*}	0.52	1.0	1.51	1.76	2.09

短路特性为过原点的直线，$I_{K*} = 1$ 时 $I_{f*} = 0.965$。

试求：（1）直轴同步电抗标幺值 $X_{d(不)*}$ 和 $X_{d(饱)*}$；

（2）短路比 K_C。

13-13 一台汽轮发电机并联于无穷大电网，$S_N = 31\,250$kVA，$U_N = 10.5$kV，$\cos\varphi_N = 0.8$（$\varphi_N > 0$），Y形连接，$x_s = 7\Omega$，忽略电枢电阻，试求电压调整率。

14 同步发电机并联运行

单机供电的缺点是明显的，既不能保证供电质量（电压和频率的稳定性）和可靠性（发生故障就得停电），又无法实现供电的灵活性和经济性。这些缺点可以通过多机并联（parallel connection operation of synchronous generator）来改善。通过并联可将几台发电机或几个电站并成一个电网。现代发电厂中都是把几台同步发电机并联起来接在共同的汇流排上（见图 14-1），一个地区总是有好几个发电厂并联起来组成一个强大的电力系统（电网），如图 14-2 所示。

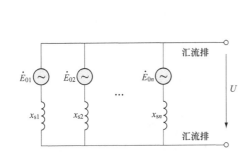

图 14-1　同步发电机并联成大电网

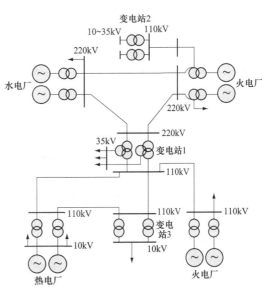

图 14-2　电力系统示意图

电网供电比单机供电相比有许多优点。

（1）提高了供电的可靠性，一台发电机发生故障或定期检修不会引起停电事故。

（2）提高了供电的经济性和灵活性，如水电厂与火电厂并联时，在枯水期和丰水期，两种电厂可以调配发电，使得水资源得到合理使用。在用电高峰期和低谷期，可以灵活地决定投入电网的发电机数量，提高了发电效率和供电灵活性。

（3）提高了供电质量，电网的容量巨大（相对于单台发电机或者个别负载可视为无穷大），单台发电机的投入与停机，个别负载的变化，对电网的影响甚微，衡量供电质量的电压和频率可视为恒定不变的常数。电网对单台发电机来说可视为无穷大电网或无穷大汇流排。同步发电机并联到无穷大电网后，它的运行情况要受到电网的制约，也就是说它的电压、频率要和电网一致而不能单独变化。

14.1　投入并联运行的条件和方法

14.1.1　投入并联的条件

把同步发电机并联至电网的过程称为投入并联，或称为并列、并车、整步。在并车时必须避免产生巨大的冲击电流，以防止同步发电机受到损坏、电网遭受干扰。因此，并联时发电机端各相电动势的瞬时值要与电网端对应相电压的瞬时值完全一致。并车前必须检查发电机和电网是否适合以下条件。

（1）发电机的励磁电动势应与电网电压相等。

（2）发电机的频率与电网频率相等。

（3）并联合闸瞬间，发电机与电网的对应相的电压应同相位，即发电机与电网回路电动势之和为零。

（4）相序相同。

（5）电压波形相同。

若以上条件中的任何一个不满足，则在如图 14-3 所示的合闸开关 S 的两端，会出现差额电压，如果闭合 S，在发电机和电网组成的回路中必然会出现瞬态冲击电流。

上述条件中，除相序一致是绝对条件外，其他条件都是相对的，因为通常电机可以承受一些小的冲击电流。在断路器合闸瞬间，电压差不应超过额定电压的 5%～10%，频率差不应超过额定频率的 0.2%～0.5%，相位误差不应大于 5°。

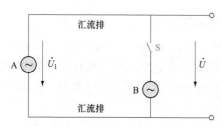

图 14-3 同步发电机并联运行

并车的准备工作是检查并车条件和确定合闸时刻。通常测量电网电压，并调节发电机的励磁电流使得发电机的输出电压 $U=U_1$。再借助同步指示器检查并调整频率和相位以确定合闸时刻。

14.1.2 同步发电机的并车方法

1. 准确同步并车

将发电机调整到完全符合并联条件后的合闸并网操作过程称为准确同步法（quasi-synchronou method）。发电机在并车合闸前已加励磁，当发电机电压的幅值、频率、相位分别与并车点系统侧电压的幅值、频率、相位接近相等时，将发电机合闸，完成并车操作。调整过程中，常采用同步指示器来判断条件的满足情况，最简单的同步指示器由三组相灯组成，并有灯光旋转和灯光熄灭法两种。

（1）灯光熄灭法。如图 14-4（a）所示，将三只灯泡直接跨接于电网与发电机的对应相之间。并车方法为：把要投入并联运行的发电机带动到接近同步速，调节发电机励磁电流的大小使得发电机电压与电网电压相等；电压调整好后，如果相序一致，但频率还有差异，三相灯灯光应表现为同时明、暗交替，这是因为加在三相灯的电压（发电机与电网回路电压差 ΔU）同时大、小变化，如图 14-4（b）所示。如果灯光不是明、暗替，则说明相序不一致，这时应调整发电机的出线相序或电网的引线相序，严格保证相序一致；相灯明暗快慢和发电机频率 ω_2 与电网频率 ω_1 的差值有关，通过调节发电机的转速使灯光明暗变化十分缓慢时，说明同步发电机和电网的频率已十分接近，这时等待灯光完全变暗的瞬间到来，即可合闸并车。

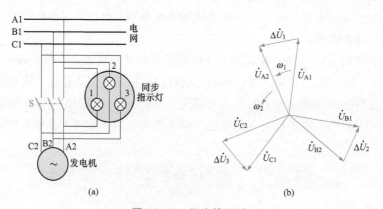

图 14-4 灯光熄灭法

（a）接线图；（b）同步指示灯电压相量图

当不满足并网条件时，灯光熄灭法所见的现象如下。

1）频率不等。相灯将呈现同时暗、亮的变化很快，说明发电机与电网的频率不同，需调节原动机转速从而改变发电机频率。

2）电压不等。三个相灯没有绝对熄灭的时候，而是在最亮和最暗范围闪烁，需调节励磁电流从而改变发电机的端电压。

3）相序不等。三个相灯明暗呈旋转变化状态，说明发电机与电网的相序不同，需对调发电机或电网的任意两根接线。

4）相位不等。三组相灯不熄灭，不能合闸并网，需微调转速。

（2）灯光旋转法。接线如图 14-5（a），灯 1 跨接于 A_1A_2，灯 2 跨接于 B_1C_2，灯 3 跨接于 C_1B_2。加在三相灯上的电压如图 14-5（b），电压调整好后，如果相序一致，但频率还有差异。如果发电机频率高于电网频率，即 $\omega_2 > \omega_1$，三相灯的亮度会依次变化，首先是灯 2 最亮，接下来是灯 1，再接下来是灯 3，周而复始，循环变化，三相灯光表现为逆时针旋转。反之发电机频率低于电网频率，即 $\omega_2 < \omega_1$，则情况完全类似，三相灯光表现为顺时针旋转。

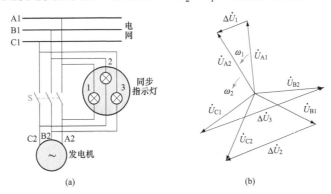

图 14-5 灯光旋转法

（a）接线图；（b）同步指示灯电压相量图

旋转法并车方法为：通过调节发电机励磁电流的大小使发电机电压与电网电压相等；电压调整好后，如果相序一致，则灯光旋转，否则说明相序不一致，这时应调整发电机的出线相序或电网的引线相序，严格保证相序一致；通过调节发电机的转速改变频率，直到灯光旋转十分缓慢时，说明发电机的频率 ω_2 和电网频率 ω_1 已十分接近，这时等待灯 1 完全熄灭的瞬间到来，即可合闸并车。

准确同步法又称为理想整步法。由于它对并车条件逐一检查和调整，所以费时较多。准确同步并列的优点是并列时冲击电流小，不会引起系统电压变化。不足是并列操作过程中需要对发电机电压、频率进行调整，并列时间较长且操作复杂。另外，如果合闸时刻不准确，可能造成非同步合闸。

上述过程属于手工操作，随着检测技术和控制技术的不断发展，手工并网已很少，而是广泛采用自动并网装置。准确同步并列法按自动化程度不同，分为手动准同步、半自动准同步和自动准同步。

2. 自同步并列

将励磁绕组通过电阻 r_m（约为励磁电阻的 10 倍）短接，如图 14-6 所示，拖动到接近同步速（相差 2%～5%），在无励磁电流的情况下，将发电机接入电网。再接通励磁并调节励磁，依靠定子磁场和转子磁场之间的电磁转矩将转子拉入同步，并车过程结束。需要注意的是：励磁绕组必须通过一限流电阻短接，因为直接开路，将在其中感应出危险的高压；直接短路，将在定、转子绕组间产生很大的冲击电流。

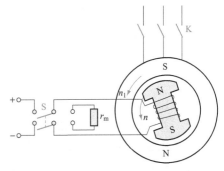

图 14-6 自同步法的接线图

自同步法（self synchronizing method）的优点是并列过程中不存在调整发电机电压、频率的问题；并列时间短且操作简单；在系统电压和频率降低的情况下，仍有可能将发电机并入系统，容易实现自动化。不足是并列发电机未加励磁，并列时会从系统中吸收无功而造成系统电压下降，同时产生较大的冲击电流。

14.2 并列运行的同步发电机电磁功率与功角特性

14.2.1 同步发电机的功率及转矩平衡

同步发电机的功率流程如图 14-7 所示。P_1 为原动机向发电机的输入机械功率，其中一部分提供轴与轴承间的摩擦、转动部分与空气的摩擦及通风设备的损耗，总计为机械损耗 p_m 和杂散损耗 p_s，另一部分供给定子铁心中的涡流和磁滞损耗，总计为铁心损耗 p_{Fe}，P_{em} 为通过电磁感应作用转变为定子绕组上的电功率，称为电磁功率。如果是负载运行，定子绕组中还存在定子铜耗 p_{Cu1}，$P_2 = P_{em} - p_{Cu1}$ 就是发电机的输出功率。励磁回路所消耗的电功率一般由原动机或其他电源供给，故不包括在功率流程图中，同步发电机的功率平衡方程式为

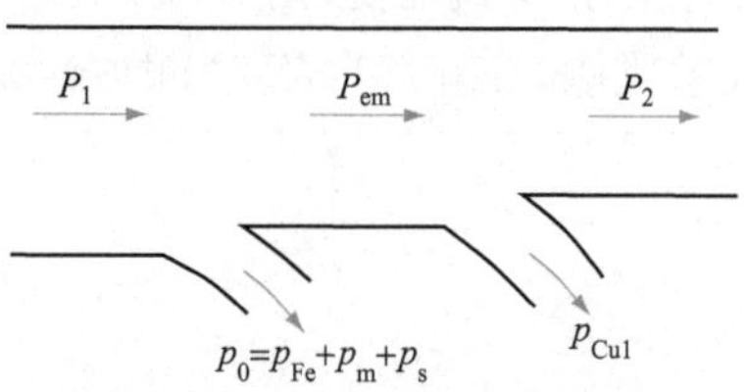

$$P_1 = P_{em} + p_{Fe} + p_m + p_s$$
$$P_{em} = P_2 + p_{Cu1} \tag{14-1}$$

图 14-7 同步发电机的功率流程

机械损耗 p_m、杂散损耗 p_s 及铁心损耗 p_{Fe} 之和是发电机空载时的损耗，称为空载损耗 p_0。

定子绕组的电阻一般较小，其铜耗可以忽略不计，则有

$$P_{em} = P_2 = mUI\cos\varphi \tag{14-2}$$

功率 P 与转矩 T 的关系为 $P = T\Omega_1$，其中 $\Omega_1 = \dfrac{2\pi n_1}{60}$（单位：rad/s），因此

发电机轴上的输入机械转矩为

$$T_1 = \frac{P_1}{\Omega_1}$$

发电机空载轴上的输入转矩为

$$T_0 = \frac{P_0}{\Omega_1}$$

电磁转矩为

$$T = \frac{P_{em}}{\Omega_1}$$

转矩平衡方程式为

$$T_1 = T_0 + T \tag{14-3}$$

式（14-3）说明，电机稳定运行时，驱动性质的原动机转矩与制动性质的电磁转矩和空载转矩之和平衡。

14.2.2 隐极同步发电机的功率特性与转矩特性

1. 功角特性

并联于无穷大电网的同步发电机，当电网电压和频率恒定、参数为常数、空载电动势 E_0 不变（I_f 不变）时，电磁功率和功率角之间的关系 $P_{em} = f(\delta)$ 为有功功率特性（power characteristic，也称功角特性）。有功功率特性是同步发电机的基本特性之一，通过它可以研究同步发电机接在无穷大电网上运行时，输出功率的情况，并进一步揭示机组的稳定性。

为了分析方便，假设发电机并联于无穷大电网，发电机磁路不饱和，忽略电枢绕组电阻。功角 δ 表示发

电机的励磁电动势 $\dot{E}_0$ 和端电压 $\dot{U}$ 之间相角差。功角 δ 对于研究同步电机的功率变化和运行的稳定性有重要意义。

图 14-8 为隐极同步发电机的时—空相矢量图，图中忽略了定子绕组的漏磁电动势，认为 $\dot{U} \approx \dot{E}_0 + \dot{E}_a = \dot{E}_\delta$，$\dot{E}_0$ 对应于转子磁动势 $\vec{F}_{f1}$，$\dot{E}_a$ 对应于电枢磁动势 $\vec{F}_a$，所以可近似认为端电压 $\dot{U}$ 由合成气隙磁动势 $\vec{F}_\delta = \vec{F}_{f1} + \vec{F}_a$ 所产生。$\vec{F}_\delta$ 和 $\vec{F}_{f1}$ 之间的空间夹角差即为 $\dot{U}$ 和 $\dot{E}_0$ 之间的时间相角差。

所以，功角 δ 在时间上表示端电压 $\dot{U}$ 和励磁电动势 $\dot{E}_0$ 之间的相角差，在空间上表现为合成磁场轴线与转子磁场轴线之间的空间夹角，如图 14-9 所示。与无穷大电网并联运行时，$\dot{U}$ 为电网电压，其大小和频率不变，对应的合成磁动势 F_δ 总是以同步速度旋转，因此功角的大小由转子磁动势 F_{f1} 的角速度决定。稳定运行时，F_{f1} 和 F_δ 之间无相对运动，δ 具有固定的值。

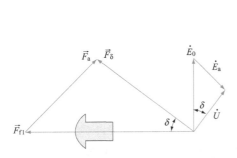 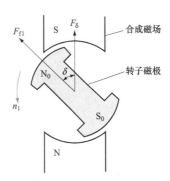

图 14-8　隐极同步电机的时—空相矢量图　　　　图 14-9　功角的空间模型

图 14-10 为隐极同步发电机的等效电路和相量图，由相量图知，$E_0 \sin\delta = Ix_s \cos\varphi$，则

$$I\cos\varphi = \frac{E_0 \sin\delta}{x_s} \tag{14-4}$$

将式（15-4）代入式（15-2）得

$$P_{em} = \frac{mE_0 U}{x_s}\sin\delta \tag{14-5}$$

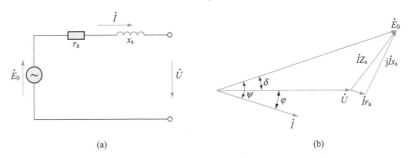

(a)　　　　　　　　　　　　　　　　　(b)

图 14-10　隐极同步发电机的等效电路和相量图
(a) 等效电路；(b) 相量图

式（14-5）为隐极发电机的功率特性，若发电机并联于无穷大电网，则 $U=$ 常数，如果发电机的励磁电流不变，即 $I_f =$ 常数，则 $E_0 =$ 常数，P_{em} 与 δ 为正弦关系。如图 14-11（a）所示。当功角 δ 等于 90° 电角度时，电磁功率达到最大值 $P_{emax} = \dfrac{mE_0 U}{x_s}$，称为功率极限。显然功率极限正比于励磁电动势，反比于同步电抗。

可见功角是研究同步发电机运行状态的一个重要参数，它不仅决定发电机输出有功功率的大小，而且还反映发电机转子的相对空间位置，它把同步发电机的电磁关系和机械运动紧密联系起来。

2. 转矩特性

由于同步电机的转速为同步转速，且保持不变，故电磁转矩就和电磁功率成正比，若略去电枢电阻，则得电磁转矩的公式为

$$T = \frac{P_{em}}{\Omega} = \frac{p}{\omega} \times \frac{E_0 U}{x_s} \sin \delta \qquad (14-6)$$

即电磁转矩随着 δ 变化的曲线与电磁功率随 δ 变化的曲线相同。在用标幺值表示时，由于取速度的基值为同步转速，所以同步电机正常运行时转速标幺值为 1，转矩和功率便有相同标幺值。

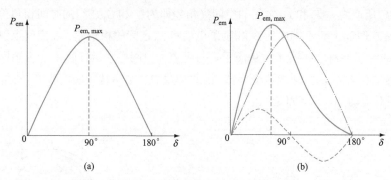

图 14-11　发电机的功率特性曲线

（a）隐极同步发电机；（b）凸极同步发电机

14.2.3　凸极同步发电机的功率特性

不饱和隐极同步发电机的特点 $x_d = x_q = x_s$，但凸极同步发电机中，$x_d \neq x_q$，功角特性的表示就有所不同。当电机不饱和且忽略定子绕组电阻时，凸极同步发电机带感性负载时的相量图如图 14-12 所示，发电机的输出功率等于电磁功率，即

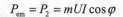

$$P_{em} = P_2 = mUI\cos\varphi$$

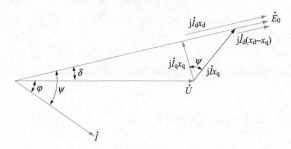

图 14-12　凸极同步发电机的相量图

由相量图可得

$$\left.\begin{array}{l} I_q x_q = U \sin \delta \\ I_d x_d = E_0 - U \cos \delta \end{array}\right\} \qquad (14-7)$$

或

$$\left.\begin{array}{l} I_q = \dfrac{U \sin \delta}{x_q} U \sin \delta \\ I_d = \dfrac{E_0 - U \cos \delta}{x_d} \end{array}\right\} \qquad (14-8)$$

于是

$$\begin{aligned} P_{em} = P_2 = mUI\cos\varphi &= mUI\cos(\psi - \delta) \\ &= mUI\cos\psi\cos\delta + mUI\sin\psi\sin\delta \\ &= mUI_q\cos\delta + mUI_d\sin\delta \end{aligned} \qquad (14-9)$$

将式（14-8）代入式（14-9），经整理可得

$$P_{em} = \frac{mE_0U}{x_d}\sin\delta + mU^2\left(\frac{1}{x_q} - \frac{1}{x_d}\right)\sin\delta\cos\delta$$

$$= \frac{mE_0U}{x_d}\sin\delta + mU^2\frac{x_d - x_q}{2x_dx_q}\sin 2\delta \qquad (14-10)$$

$$= P'_{em} + P''_{em}$$

可见凸极机的电磁功率分为由两部分组成。第一项 $P'_{em} = \frac{mE_0U}{x_d}\sin\delta$ 称为基本电磁功率。由于 $P'_{em} \propto E_0$，

所以又称为励磁功率，是由定子电流与转子磁场之间的相互作用而产生的。第二项 $P''_{em} = mU^2\frac{x_d - x_q}{2x_dx_q}\sin 2\delta$，

称为附加电磁功率。它是由 d 轴、q 轴磁导差异而产生的，又称磁阻功率，与励磁无关，只与电网电压有关。即使 $E_0 = 0$，转子没有加励磁，只要 $U \neq 0$，$\delta \neq 0$，而沿交轴、直轴的磁阻不相同（$x_d \neq x_q$），就会产生附加电磁功率。基本电磁功率在 $\delta = 90°$ 时达到最大值，附加电磁功率则在 $\delta = 45°$ 时有最大值，总的电磁功率的最大值将出现在 $45° \sim 90°$，具体位置将视两项的幅值的相对大小而定。

根据式（14-10）作出的功率特性曲线如图 14-11（b）所示，凸极同步发电机的最大电磁功率比具有相同的 E_0、U 及 x_s 的隐极同步发电机略大。同步电机的 E_0 越大，附加电磁电磁功率在整个电磁功率中所占的比例就越小，在正常情况下，附加电磁功率仅占百分之几。无论凸极机、隐极机，当功角 $\delta = 0°$ 时，P_{em} 都为零。

14.2.4　无功功率与功角关系

同步发电机并入电网，不仅可以向系统发送有功功率，而且可以向电网输送无功功率（reactive power），运行方式灵活多样。并联于无穷大电网的同步发电机当电网电压和频率恒定、参数为常数、空载电动势 E_0 不变（I_f 不变）时，$Q = f(\delta)$ 为无功功率特性。

同步发电机的无功功率 $Q = mUI\sin\varphi$，无功功率特性的推导与有功功率特性的推导相似。隐极同步发电机无功功率特性为

$$Q = \frac{mE_0U}{x_s}\cos\delta - \frac{mU^2}{x_s} \qquad (14-11)$$

由（14-11）式画出隐极同步发电机的无功功率特性如图 14-13 所示，当电网电压和频率恒定、参数为常数、空载电动势 E_0 不变时，无功功率 Q 也是功角 δ 的函数。当 $Q > 0$，发电机发出感性无功（吸收容性无功）；当 $Q < 0$，发电机吸收感性无功（发出容性无功）。

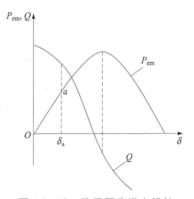

图 14-13　隐极同步发电机的有功功率和无功功率特性

同理，凸极同步发电机无功功率特性为

$$Q = \frac{mE_0U}{x_d}\cos\delta - \frac{mU^2}{2}\left(\frac{1}{x_q} + \frac{1}{x_d}\right) + \frac{mU^2}{2}\left(\frac{1}{x_q} - \frac{1}{x_d}\right)\sin 2\delta \qquad (14-12)$$

14.3　并列运行时有功功率的调节与静态稳定

14.3.1　有功功率的调节

功角特性 $P_{em} = f(\delta)$ 反映了同步发电机的电磁功率随着功角变化的情况。稳态运行时，同步发电机的转速由电网的频率决定，恒等于同步转速，所以发电机的电磁转矩 T 和电磁功率 P_{em} 之间成正比关系：$T = P_{em}/\Omega_1$。电磁转矩与原动机提供的驱动转矩相平衡 $T_1 = T_0 + T$。其中 T_0 为空载转矩，即因摩擦、风阻等引起的制动

转矩。

可见要改变发电机输送给电网的有功功率，就必须改变原动机提供的驱动转矩，这一改变可以通过调节水轮机的进水量或汽轮机的汽门来达到。假设发电机与无穷大电网并联运行，所谓无穷大电网是指电网电压U及频率f不受外界干扰，保持不变，同步发电机并网之后，其电压和频率与电网保持一致，这是与无穷大电网并联运行的一个特点。

以隐极同步发电机为例，刚并网的发电机，$\dot{E}_0 = \dot{U}$，$\delta = 0$，$P_2 = P_{em} = 0$，$P_1 = P_0$，处于平衡状态，此时发电机输出的有功功率 $P_2 \approx P_{em} = \dfrac{mE_0U}{x_s}\sin\delta = 0$。

增加输入机械功率，假设保持励磁电流不变，则 $P_1 > P_0$，$P_1 - P_0 > 0$，发电机处于加速过渡过程，转子加速，转子磁场位置将超前合成磁场，$\delta > 0$。随着δ增加，$P_2 = P_{em} > 0$增加，当达到新的平衡$P_1 - P_0 = P_{em}$时，电机加速过程结束，进入稳定运行，机械功率转换成电磁功率，使发电机输出有功功率P_2。发电机根据输入功率的大小内部自动改变功角，相应改变电磁功率和输出功率，达到新的功率平衡。

从能量守恒观点看，并联于无穷大电网的同步发电机要增加有功功率输出，只有增加原动机的输入功率，使转子加速，功角δ增加，电磁功率和输出功率便会相应的增加，一直到$\delta = 90°$，电磁功率达到功率最大值 $P_{emax} = \dfrac{mE_0U}{x_s}$，而功率极限对应的功角用$\delta_m$表示。在功率极限范围内，输入功率越大，有功功率输出就越大，P_{emax}也称功率极限。

14.3.2　静态稳定

并联在电网上稳定运行的同步发电机，当受电网或原动机方面某些微小扰动时，如果不考虑调压器和调速器的作用，发电机能自动恢复到原来运行状态，就称发电机是"静态稳定"（steady stability）的，否则就是静态不稳定。而同步发电机遇到突然加负载、切除负载等正常操作时，或者发生短路、电压突变、发电机失去励磁电流等非常运行时，发电机能否继续保持同步运行的问题，则属于动态稳定（dynamic stability）问题。

以隐极发电机为例，功率特性如图 14-14 所示，设输入功率为P_1，电磁功率为P_{em}，发电机要保持稳定运行，功率一定要平衡，即 $P_1 = P_{em} + p_0$，忽略空载损耗，则 $P_1 = P_{em}$，在图 14-14 中有两个平衡点 a 和 d 点，下面分析 a、d 两点的静态稳定性。

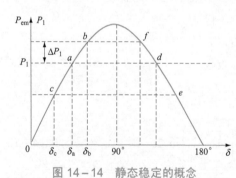

图 14-14　静态稳定的概念

假设发电机运行在 a 点，若发电机受到原动机输入的能量微小增大的瞬时扰动ΔP_1，发电机转子便将加速，使转子得到一个位移增量$\Delta\delta$，运行点由原来的δ_a变到δ_b，电磁功率也相应地增加到P_{emb}，从图中可以看到，正的功角增量 $\Delta\delta = \delta_b - \delta_a$ 产生正的电磁功率 $\Delta P_{em} = P_{emb} - P_{ema}$。而原动机的机械功率与功角无关，仍然为 $P_1 = P_{ema}$，从而使转子上的转矩平衡受到破坏，并且此时电磁功率大于机械功率，转子上制动性质的转矩增加，迫使电机减速，功角δ逐渐减小，经过衰减振荡后，发电机回到原来的运行 a 点。如果在 a 点受到某扰动，产生一个负的角度增量 $\Delta\delta = \delta_c - \delta_a$，则电磁功率增量 $\Delta P_{em} = P_{emc} - P_{ema}$ 也为负，转子上产生驱动性质的转矩，使电机加速，功角δ增加，发电机回到 a 点运行。由以上分析可见，在运行点 a，发电机受到小扰动后能够自动恢复到原来的平衡状态，因此，a 点是静态稳定的。

若发电机运行在 d 点，如果发电机受到原动机输入的能量微小增大的扰动，发电机转子加速，功角δ增加，运行点由原来的δ_d变到δ_e，显然产生电磁功率减小，转子上制动性质的转矩减小，转子不断地加速而失去同步。如果发电机受到原动机输入的能量微小减小的扰动，发电机转子减速，功角δ减小，运行点由原来的δ_d变到δ_f，显然产生电磁功率增加，转子上制动性质的转矩增加，转子不断地加速，功角δ不断地减小，最后达到工作点 a，因此我们说 d 点是静态不稳定点。

同步发电机失去同步后，必须立即减小原动机输入的机械功率，否则将使转子达到极高的转速，以致离心力过大而损坏转子。另外，失步后，发电机的频率和电网频率不一致，定子绕组中将出现一个很大的电流而烧坏定子绕组。因此，保持同步是十分重要的。

为了判断同步发电机是否静态稳定并衡量其稳定程度，引入比整步功率

$$P_{syn} = \frac{dP_{em}}{d\delta} = m\frac{E_0 U}{x_s}\cos\delta \quad （隐极电机）\tag{14-13}$$

当功角处于 0 到 δ_m 范围内时，随着 δ 的增大，P_{em} 亦增大，$P_{syn} > 0$ 同步发电机在这一区间能够稳定运行。而超过 δ_m 时，随着 δ（假设保持励磁电流不变）的增大，P_{em} 反而减小，$P_{syn} < 0$，电磁功率无法与输入的机械功率相平衡，转速越来越高，发电机将失去同步，故在这一区间不能稳定运行。$P_{syn} = 0$，$\delta = \delta_m$，发电机处于极限位置。

显然，比整步功率 P_{syn} 越大，发电机静态越稳定，空载时，$\delta = 0$，P_{syn} 最大，最稳定；$\delta = \pi/2$，$P_{syn} = 0$，将进入不稳定状态；$\delta > \pi/2$，$P_{syn} < 0$，失去稳定。所以同步发电机与无穷大电网并联运行，短路比大的同步电机，其同步电抗小，和短路比小的同步电机比，在输出有功功率相同的情况下，功角要小些，故短路比大的同步电机稳定性较好；输出有功功率相同时，过励状态状态下功角较小，故过励状态下稳定性好；轻载时功角较小，故轻载时稳定性好。

综上所述，并联于无穷大电网的发电机所承担的有功功率可以通过调节原动机输入机械功率来改变，而且发电机有功功率的极限是 P_{emax}。当 $0 < \delta < \delta_m$ 时发电机可以稳定运行，$\delta > \delta_m$ 发电机不能稳定运行。

为使发电机能够稳定运行，应使最大电磁功率比额定电磁功率大得多。发电机的最大电磁功率与额定电磁功率之比，称为过载能力，用 K_m 表示，对于隐极发电机则有

$$K_m = \frac{P_{emax}}{P_N} \approx \frac{m\dfrac{E_0 U}{x_s}}{m\dfrac{E_0 U}{x_s}\sin\delta_N} = \frac{1}{\sin\delta_N}\tag{14-14}$$

过载能力越大，电机的稳定性越好。对于汽轮发电机，额定情况下功角为 30°～40°，过载能力为 1.6～2.0。过载能力是表达静态稳定的能力，不是发电机可以过载的倍数。过载能力设计是从提高稳定观点考虑的，不是从发热观点考虑的。

从式（14-13）和式（14-14）可见，发电机的功率极限和比整步功率都正比于励磁电动势，反比于同步电抗，所以要提高稳定性，可以增大励磁电流、减小同步电抗。

若发电机经变压器及输电线与电网并联，则式（14-5）中的 x_s 要改为 $x_s + x_T + x_L$，其中，x_T 为变压器的短路电抗，X_L 为输电线路电抗，且都是折算到发电机侧的数值，这时发电机的最大电磁功率为 $P_{emax} = mE_0 U/x_s + x_T + x_L$，显然过载能力降低了，特别是线路较长时，对稳定运行很不利，为了提高远距离输电的静态稳定，除系统中采取措施外，从发电机角度来说，希望发电机有较小的同步电抗，也就是要有较大的短路比。

应当注意，当发电机的励磁电流不变时，δ 的变化将使无功功率发生变化。感性无功功率随着有功功率的增加而减少，甚至可能导致无功功率改变符号，这是应当避免的。因此，如果只要求改变发电机所承担的有功功率时，应该在调节发电机有功功率的同时适当调节发电机的励磁电流。

【例 14-1】已知一台三相隐极同步发电机数据如下：额定容量 $S_N = 31\,250\text{kVA}$，额定电压 $U_N = 10\,500\text{V}$（丫形连接），额定功率因数 $\cos\varphi = 0.8$（滞后），定子每相同步电抗不饱和值 $x_s = 7\Omega$，此发电机并联于无穷大电网运行：（1）试求发电机输出额定负载时的功率角 δ_N，电磁功率 P_{em}，电压变化率及过载能力 K_m 为多少？

（2）若输出功率减小一半，励磁电流不变，试求 δ，P_{em}，$\cos\varphi$；

（3）若仅励磁电流增大 10%，认为励磁电动势与励磁电流成正比变化，试求 δ，P_{em}，$\cos\varphi$，（采用标幺值计算）。

解：（1）

$$Z_b = \frac{U_N / \sqrt{3}}{I_N} = \frac{U_N / \sqrt{3}}{S_N / \sqrt{3}U_N} = \frac{U_N^2}{S_N} = 3.528\Omega$$

$$x_{s*} = \frac{x_s}{Z_b} = \frac{7}{3.528} = 1.984$$

取相电压 $\dot{U}$ 为参考相，则

$$\begin{aligned}\dot{E}_{0*} &= \dot{U}_* + j\dot{I}_* x_{S*}\\ &= 1\angle 0° + j1\angle -36.87° \times 1.984\\ &= 2.7\angle 35.93°\end{aligned}$$

或者

$$\tan\delta = \frac{I_* x_{s*} \cos\varphi}{U_* + I_* x_{s*} \sin\varphi} = 0.724\,6$$

$$\therefore \delta_N = 35.93°$$

$$P_{em} = P_2 = P_N = S_N \cos\varphi = 0.8 \times 31\,250 = 25\,000\text{kW}$$

$$K_m = \frac{1}{\sin\delta_N} = 1.705$$

$$\Delta u = \frac{E_{0*} - U_{N*}}{U_{N*}} = \frac{2.7 - 1}{1} = 70\%$$

（2）若输出减小一半，即 $P'_N = \frac{P_N}{2}$，励磁电流不变，励磁电动势不变，即 $E_{0*} = 2.7$

$$P_{em} = P'_N = \frac{P_N}{2} = 12\,500\text{kW}$$

$$P'_{em*} = \frac{P_{2*}}{2} = 0.4 = \frac{E_{0*}U_{0*}}{x_{s*}}\sin\delta'$$

$$\delta' = 17.09°$$

$$Q'_* = \frac{E_{0*}U_{0*}}{x_{s*}}\cos\delta' - \frac{U_*^2}{x_{s*}^2} = \frac{\cos 17.09°}{1.984} - \frac{1}{1.984}$$

$$\cos\varphi' = \frac{P'_{em*}}{S'_*} = \frac{P'_{em*}}{\sqrt{P'^2_{em*} + Q'^2_*}} = 0.447$$

（3）若励磁电流增大 10%，有功不变，即

$$E''_{0*} = 2.7 \times 1.1 = 2.97$$

$$P''_{em*} = P_{2*} = 0.8 = \frac{E''_{0*}U_{0*}}{X_{s*}}\sin\delta''$$

所以

$$\delta'' = 32.30°$$

$$Q''_* = \frac{E''_{0*}U_{0*}}{x_{s*}}\cos\delta'' - \frac{U_*^2}{x_{s*}^2} = \frac{2.97\cos 32.30°}{1.984} - \frac{1}{1.984}$$

$$\cos\varphi'' = \frac{P''_{em*}}{S''_*} = \frac{P''_{em*}}{\sqrt{P''^2_{em*} + Q''^2_*}} = 0.724$$

14.4 并列运行时无功功率的调节与 V 形曲线

接在电网上运行的负载类型很多，多数负载除了消耗有功功率外，还要消耗感性无功功率，如接在电网上运行的异步电机、变压器、电抗器等。所以电网除了供应有功功率外，还要供应大量滞后性的无功功率。电网所供给的绝大部分无功功率是由并网的同步发电机共同分担。同步发电机在向系统输出有功功率的同时

也向系统输出感性无功功率，此时发电机的电枢反应在直轴方向是去磁性质，为了维持发电机端电压不变，必须增加励磁电流。即无功功率的调节必须依靠励磁电流的调节。

14.4.1 无功功率的调节

根据发电机的功率平衡，如果保持原动机的拖动转矩不变（不调节原动机的汽门、油门或水门），原动机的输入功率不变，那么发电机输出的有功功率亦将保持不变。

以不饱和隐极同步发电机为例，假设不考虑电枢电阻，且认为与无穷大电网并联。

1. 发电机未带有功负载

发电机未带有功负载时，发电机励磁电动势等于端电压，即 $\dot{E}_0 = \dot{U}$，电枢电流为零，且不存在电枢磁动势，励磁磁动势 $\vec{F}_{f1}$ 与合成磁动势 $\vec{F}_\delta$ 相等，如图 14-15（a）所示，此时称发电机正常励磁，发出的无功 $Q = mUI\sin\varphi = 0$。

如图 14-15（b）所示，若励磁电流增加，则励磁磁动势 $\vec{F}_{f1}$ 增大，励磁电动势 E_0 增大，但发电机端电压仍为电网电压 U，根据发电机的端电压方程式 $\dot{E}_0 = \dot{U} + j\dot{I}x_s$，则发电机产生一滞后端电压 90°的电枢电流，这一电枢电流产生去磁性质的电枢磁动势 $\vec{F}_a$，$\vec{F}_\delta = \vec{F}_f - \vec{F}_a$。此时称发电机处于过励状态，发出的感性无功 $Q = mUI\sin\varphi > 0$。且励磁电流增加越大，电枢电流就越大，发出的感性无功也越大。

同理，如图 14-15（c）所示，若励磁电流减小，则励磁磁动势 $\vec{F}_{f1}$ 减小，励磁电动势 E_0 减小。但发电机端电压仍为电网电压 U，根据发电机的端电压方程式 $\dot{E}_0 = \dot{U} + j\dot{I}x_s$，则发电机产生一超前端电压 90°的电枢电流，这一电枢电流产生助磁性质的电枢磁动势 $\vec{F}_a$ 的大小为：$\vec{F}_\delta = \vec{F}_{f1} + \vec{F}_a$。此时称发电机处于欠励状态，发出的感性无功 $Q = mUI\sin\varphi < 0$，即容性无功＞0。且励磁电流减小越多，电枢电流就越大，发出的容性无功也越大。

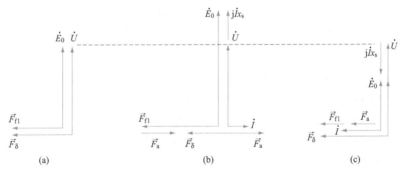

图 14-15　无功输出为零不同励磁时的相量图
（a）$I=0$，$F_{f1}=F_\delta$；（b）I 滞后，$F_{f1}>F_\delta$；（c）I 超前，$F_{f1}<F_\delta$

2. 发电机带一恒定有功负载

当同步发电机供给一恒定的有功功率时，由于调节无功功率，没改变原动机的输入，有功功率将保持不变，故

$$\left.\begin{array}{l} P_2 = mUI\cos\varphi = 常数 \\ P_{em} = m\dfrac{E_0 U}{x_s}\sin\delta = 常数 \end{array}\right\} \tag{14-15}$$

由于 m、U、x_s 均不变，由式（14-15）可得

$$\left.\begin{array}{l} I\cos\varphi = 常数 \\ E_0\sin\delta = 常数 \end{array}\right\} \tag{14-16}$$

图 14-16 给出了有功功率不变而励磁电动势变化时隐极发电机的电动势相量图，$\dot{E}_0$ 和 $\dot{I}$ 的末端必然落在直线 AB 和 CD 上。

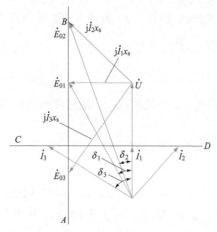

图 14 - 16 P_2 = 常数，调节励磁时的相量图

如果在某一励磁电流 I_f 时，$\dot{I}_1$ 正好与 $\dot{U}$ 同相位，此时无功功率为零，发电机输出的全部是有功功率，称为发电机正常励磁。

如果增加励磁电流到 I_{f2}，则 $\dot{E}_0$ 将沿直线 AB 上移到 $\dot{E}_{02}$，$\dot{I}$ 将沿直线 CD 右移至 $\dot{I}_2$，$\dot{I}_2$ 滞后于 $\dot{U}$，发电机处于过励状态，输出功率中除了有功功率外，还输出滞后性的无功功率。

如将励磁电流减少到 I_{f3}，则 $\dot{E}_0$ 沿 BA 下移到 $\dot{E}_{03}$，$\dot{I}$ 沿 DC 左移到 $\dot{I}_3$，$\dot{I}_3$ 超前于 $\dot{U}$，发电机处于欠励状态，发电机输出功率中除了有功功率外，还输出超前性的无功功率。励磁电流继续减小，功角继续增大，当功角 $\delta = 90°$ 时，发电机处于静态稳定极限。所以发电机的欠励运行不仅要受到定子电流的影响，还要受到静态稳定的影响。

综上所述，通过调节励磁电流可以达到调节同步发电机无功功率的目的。当从某一欠励状态开始增加励磁电流时，发电机输出超前的无功功率开始减少，电枢电流中的无功分量也开始减少。达到正常励磁状态时，无功功率变为零，电枢电流中的无功分量也变为零。此时，如果继续增加励磁电流，发电机将输出滞后性的无功功率，电枢电流中的无功分量又开始增加。

显然当输出不同的功率时，励磁电动势 E_0 和电枢电流 I 的轨迹在不同的位置。

14.4.2 V 形曲线

功率一定时，电枢电流随励磁电流变化的关系形似英文字母 V，习惯上称之为 V 形曲线，如图 14-17 所示。显然，V 形曲线是一簇曲线，每一条 V 形曲线对应一定的有功功率，随着输出有功功率增大，曲线往上抬；V 形曲线上都有一个最低点，对应 $\cos\varphi = 1$ 的情况，将所有的最低点连接起来，将得到与 $\cos\varphi = 1$ 对应的曲线，该线左边为欠励状态，功率因数超前，右边为过励状态，功率因数滞后；随励磁电流 I_f 减小，功角 δ 增加，当 I_f 减小到一定值时，$\delta = 90°$，电机将失去稳定，所以欠励部分有不稳定区。V 形曲线可以利用图 14-17 所示的电动势相量图及发电机参数大小来计算求得，亦可直接通过负载试验求得。

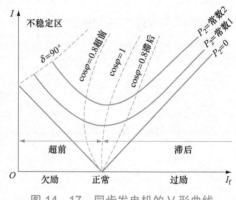

图 14 - 17 同步发电机的 V 形曲线

14.5 同步发电机并网后正常运行分析

发电机并网后，就可向电网输送电能，由于电能的发、供、用是在同一瞬间完成，因此必须保持系统功率的平衡，有功的不平衡会影响电网的频率，无功的不平衡会影响电网的电压。电力系统要保持稳定运行，必须随时保持系统有功、无功的平衡。所以并网的同步发电机，经常要根据负载情况调整其有功功率和无功功率输出，在调节控制发电机的有功功率和无功功率、电压和电流、励磁电流等参数，使之处于允许运行的限度范围内。本节以隐极同步发电机为例，简述两种发电机调节运行状态时各参数变化的相互联系。

14.5.1 发电机工作状态与有功输出的关系

有功功率的调节依靠原动机输入功率的调节来实现。发电机并网后，若维持励磁不变，只开大汽门（或水门），即增大原动机的出力，转子轴上的机械转矩增大，使输入的机械转矩 T_1 大于电磁转矩 T，转子将会升速，使功角 δ 增大，其电磁功率也会增大，发电机就多输出电能。在新的条件下保持 $T_1 = T + T_0$，达到新的平衡，这时定子电流和功率表上均有新的指示。

根据同步发电机接在无穷大电网上的相量图，励磁电流不变，即励磁电动势 E_0 的大小不变，则 $\dot{E}_0$ 的端点轨迹是一个圆。若原动机的输入增加，使发电机的输出增加，由图 14-18 知功角 δ 增大，$\delta_1 \to \delta_2 \to \delta_3$，电枢电流增加，$I_1 \to I_2 \to I_3$，功率因素角减小 $\varphi_1 \to \varphi_2 \to \varphi_3 = 0$，如果继续增大，功率因素角可能由滞后变为超前。

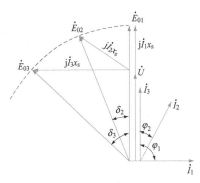

图 14-18 同步发电机输入
增加不同 δ 的相量图

但若只开大汽门（或水门），不调节励磁，功率因数表的指示将超前移动，甚至变为进相运行，这种状态称为欠励状态，发电机向电网输送有功，同时又向电网吸收无功。发电机一般不允许欠励运行，这时运行人员应立即增加励磁电流，使定子电流的大小和相位发生变化，发电机便可从欠励状态过渡到正常励磁。继续增大励磁，定子电流增大，功率因数表指针移向滞后，运行在过励状态。一般发电机设计和运行都在过励状态，即发电机向电网输送有功的同时，并向电网输送感性无功功率。正常情况下，功率因数为 0.8（滞后），这时发电机每发出 100kW 有功，同时发出约 750kvar 无功。以保证系统对有功、无功的需求。电站可按调度的要求，或根据实际情况发送有功和无功，让水流充沛的电站多发有功。但多发有功的发电机要注意定子电流不得超过其允许值，同时为了运行的稳定性，功率因数一般不得超过 0.95（滞后）运行。

14.5.2　发电机工作状态与工作电压的关系

当发电机与无限大容量电网并联运行时，往往因电网电压波动而导致发电机端电压波动。假定原动机输入到发电机轴上的功率不变，则发电机输出的有功功率不变，同时励磁电流也没改变，因而励磁电动势 E_0 不变。其相量图如图 14-19 所示，图中

$$\overline{DC} = U \sin \delta = \frac{E_0 U \sin \delta}{x_s} \cdot \frac{x_s}{E_0} = \frac{x_s}{E_0} \cdot P_{em} \qquad (14-17)$$

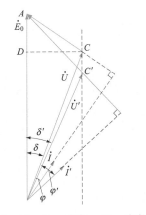

图 14-19　P_2=常数，E_0=常数时
发电机工作状态与端电压的关系

由式（14-17）可知，线段 $\overline{DC}$ 正比于有功输出，当 $\overline{DC}$ 不变，则发电机有功输出不变，图中励磁电动势 E_0 不变，仅端电压 U 改为 U'，端电压 U 的端点轨迹在 CC' 直线上。端电压从 C 降到 C'，由图 14-19 可知，发电机功角变大，定子电流略增加且更加滞后，相应的无功输出 $Q = mUI \sin\varphi$ 也必然发生变化。

电网实际运行中，允许电压波动，比如±5%，当电压下降 5% 时，因电机铁心磁通密度相应降低，使铁心温升降低，所以允许定子电流略增，一般不超过额定值的 5%。否则会因绕组铜耗增大而引起电机温升增加；当电压增大 5% 时，发电机铁心磁通密度增大，漏磁通增大，使转子铁心表面产生较大的附加损耗，使转子过热，同时定子铁心温升增高，结果使电机温升增加，通常端电压增高在 5% 以内时，往往定子电流减小 5%，以保证发电机维持出力不变连续运行，同时温升在允许限度内。

【**例 14-2**】有一台汽轮发电机并联于无穷大电网运行，额定负载时功角 $\delta_N = 20°$，现因电网发生故障，电压下降为原来的 60%，试问：为使 δ 角不超过 25°，那么应增加激磁电流，使发电机的 E_0 上升为原来的多少倍（假定故障前后发电机输出的有功功率不变）？

解：故障前后输出的有功功率不变，则

$$P_{em*} = \frac{E_{01*} U_{N*}}{x_{s*}} \sin \delta_N = \frac{E_{02*} U_*}{x_{s*}} \sin \delta$$

则

$$\frac{E_{01*} \times 1}{x_{s*}} \sin 20° = \frac{E_{02*} \times 0.6}{x_{s*}} \sin 25°$$

所以
$$\frac{E_{02*}}{E_{01*}} = \frac{\sin 20°}{0.6\sin 25°} = 1.349$$

*14.6 同步发电机的振荡

同步发电机并联在无穷大电网上正常运行时，定子磁极和转子磁极之间可看成像弹簧一样有弹性的磁力线联系，如图 14-20（a）所示。当负载增加时，功角将增大，这相当于把磁力线拉长；当负载减小时，功角将减小，这相当于磁力线缩短。当负载突然变化时，由于转子有惯性，转子功角不能立即稳定在新的数值，而是在新的稳定值左右要经过若干次摆动，这种现象称为同步发电机的振荡。

振荡有两种类型：一种是振荡的幅度越来越小，功角的摆动逐渐衰减，最后稳定在某一新的功角下，仍以同步转速稳定运行，称为同步振荡；另一种是振荡的幅度越来越大，功角不断增大，直至脱出稳定范围，使发电机失步，发电机进入异步运行，称为非同步振荡。

图 14-20（b）可说明同步发电机振荡的物理概念。设发电机稳定运行于 a 点，有功输出 $P_{\delta a}$，对应的功角为 δ_a，忽略空载损耗，此时的电磁转矩 T_a 与输入转矩 T_1 平衡，可理解为转子励磁磁动势 F_{f1} 引前于气隙合成磁动势 F_δ，二者夹角为 δ_a，且同步旋转，输出确定的有功功率。

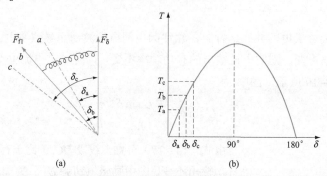

图 14-20 同步发电机振荡的概念
（a）振荡模型；（b）功角特性

现突加原动机的输入转矩 T_{1b}，欲使发电机向电网输出功率增加至 $P_{\delta b}$，相应的功角为 δ_b，电磁转矩为 T_b。但由于转子机械惯性的存在转子转速尚未来得及增加，功角仍为 δ_a，出现加速转矩 $\Delta T = T_{1b} - T_a$ 使转子加速，所以 F_{f1} 与 F_δ 间出现相对运动，拉大了功角 δ，输出功率相应增加。当功率角增大到 δ_b 时，电机的电磁转矩 T_b 虽与输入转矩 T_{1b} 平衡，但由 $a{\to}b$ 过程中，转子加速积聚了动能，将维持转子转速继续增大，功角 δ 继续增加，直到 δ_c。$b{\to}c$ 的过程中转子转速高于同步速，而输入驱动转矩小于输出制动转矩，故转子受到制动转矩作用使转子加速变缓，直到不再加速，到 c 点时恢复到同步速，F_{f1} 与 F_δ 又恢复同步旋转，δ 不再增大。然而 c 点并不能稳定运行，因为此时 $T_{1b} < T_c$，减速转矩 $\Delta T = T_c - T_{1b}$ 使转子减速，功角 δ 变小，工作点将从 $c{\to}b$ 变动。到 b 点时，转子转速低于同步速，$T_{1b} = T_b$，由于转子惯性，F_{f1} 与 F_δ 间夹角继续减小，工作点将从 $b{\to}a$ 变动。$b{\to}a$ 的过程中，输入驱动转矩再次大于输出制动转矩，使转子受到加速转矩的作用，因此使转子减速变缓，直到不再减速，到 a 点时转子转速又恢复到同步速，功角不再减小。同样 a 点也不能稳定运行，因为 $T_{1b} > T_a$，再次使转子加速，功角逐渐增大，重复上述过程，出现围绕 δ_b 为中心的一个振荡过程。

在这样的振荡过程中，转子和气隙合成磁场间发生相对运动，引起转子阻尼绕组中产生感应电动势，并引起相应的电气损耗，同时转子转速的变化又将引起机械损耗的增加，故振荡的振幅是衰减的。经过几个振荡周期之后，功角达到平衡点 δ_b 稳定运行，这是同步振荡。特殊情况下，振荡的第一个周期振幅过大，会使电机失去稳定。发电机在振荡过程中，δ 角振荡，发电机的电磁功率也在相应地振荡，从而影响到电网的正常运行。为使振荡能尽快地趋于稳定，通常在转子表面装设阻尼绕组，该绕组中因振荡而感应产生的电流损耗将吸收转子积聚的能量，使振幅衰减并逐渐消失，发电机则趋于稳定。

本章小结

同步发电机并联运行可以改善单机运行的一些缺陷。把同步发电机并联至电网的过程称为投入并联，或称为并列、并车、整步。在并车时必须避免产生大的冲击电流，以防止同步发电机受到损坏、电网遭受干扰。同步发电机的并车方法包括准确同步法与自同步法。

并联于无穷大电网的同步发电机，当电网电压和频率恒定、参数为常数、空载电动势 E_0 不变，即 I_f 不变时，电磁功率和功率角之间的关系 $P_{em}=f(\delta)$ 为有功功率特性，也称功角特性。有功功率特性是同步发电机的基本特性之一，通过它可以研究同步发电机接在无穷大电网上运行时，输出功率的情况，并进一步揭示机组的稳定性和发电机与电动机之间的联系与转化。

同步发电机并入电网，不仅可以向系统发送有功功率，而且可以向电网输送无功功率。并联于无穷大电网的同步发电机当电网电压和频率恒定、参数为常数、空载电动势 E_0 不变，即 I_f 不变时，$Q=f(\delta)$ 为无功功率特性。

根据发电机的功率平衡，如果保持原动机的拖动转矩不变（不调节原动机的汽门、油门或水门），原动机的输入功率不变，那么发电机输出的有功功率亦将保持不变。通过调节励磁电流可以达到调节同步发电机无功功率的目的。当从某一欠励状态开始增加励磁电流时，发电机输出超前的无功功率开始减少，电枢电流中的无功分量也开始减少。达到正常励磁状态时，无功功率变为零，电枢电流中的无功分量也变为零。此时，如果继续增加励磁电流，发电机将输出滞后性的无功功率，电枢电流中的无功分量又开始增加。电枢电流随励磁电流变化的关系称为 V 形曲线。

 思考题及习题

14-1 同步发电机并入电网后，有功功率和无功功率是怎样调节的？同步发电机的功率极限决定于什么？

14-2 功角 δ 的时间、空间物理意义是什么？

14-3 比较下列情况同步电机的稳定性：

（1）当有较大的短路比或较小的短路比时；

（2）在过励状态或欠励状态下运行时；

（3）在轻载下运行或重载状态下运行时；

（4）直接接至电网或通过外电抗接至电网。

14-4 试分析 U 形曲线上 $\cos\varphi=1$ 的连线为什么随着负载有功功率的增加而向励磁电流增大的方向偏移？

14-5 一台并联于无穷大电网运行的发电机，其负载电流落后于电压一个相角，如逐渐减小其励磁电流，试问电枢电流如何变化？

14-6 与无限大电网并联运行的同步发电机，如何调节有功功率，试用功角特性分析说明？

14-7 与无限大容量电网并联运行的同步发电机如何调节无功功率？试用相量图分析说明？

14-8 什么是 V 形曲线？什么时候是正常激磁、过激磁和欠激磁？一般情况下发电机在什么状态下运行？

14-9 试比较 ψ、φ、δ 这三个角的含义，角的正、负又如何？

14-10 与无穷大电网并联运行的同步发电机，当调节有功功率输出时，如果要保持无功功率输出不变，问此时此刻功角 δ 和激磁电流如何变化，定子电流和空载电动势又如何变化，用同一相量图画出变化前、后的相量图。

14-11 与无穷大电网并联运行的同步发电机，当保持输入功率不变时，只改变激磁电流时，功角 δ 是否变化？输出的有功功率和空载电动势又如何变化？用同一相量图画出变化前、后的相量图。

14-12 当同步发电机与大容量电网并联运行以及单独运行时，其 $\cos\varphi$ 是分别由什么决定的？为什么？

14-13 试利用功角特性和电动势平衡方程式求出隐极同步发电机的 V 形曲线。

14-14 一台隐极发电机，$S_N = 7500\text{kVA}$，$\cos\varphi_N = 0.8$（滞后），$U_N = 3150\text{V}$，Y 形连接，同步电抗为 1.6Ω。不计定子阻抗，试求：

（1）当发电机额定负载时，发电机的电磁功率 P_{em}、功角 δ、比整步功率 P_{syn} 及静态过载能力；

（2）在不调整励磁情况下，当发电机输出功率减到一半时，发电机的电磁功率 P_{em}、功角 δ、比整步功率 P_{syn} 及负载功率因数 $\cos\varphi$。

14-15 一台三相隐极发电机与大电网并联运行，电网电压为 380V，Y 形连接，忽略定子电阻，同步电抗 $x_s = 1.2\Omega$，定子电流 $I = 69.51\text{A}$，相电动势 $E_0 = 278\text{V}$，$\cos\varphi = 0.8$（滞后）。试求：

（1）发电机输出的有功功率和无功功率；

（2）功率角。

14-16 一台汽轮发电机额定功率因数为 $\cos\varphi = 0.8$（滞后），同步电抗 $x_{s*} = 0.8$，该机并联于大电网，如励磁不变，输出有功功率减半，试求电枢电流及功率因数。

14-17 一台三相 Y 形连接隐极同步发电机与无穷大电网并联运行，已知电网电压 $U = 400\text{V}$，发电机的同步电抗 $x_s = 1.2\Omega$，当 $\cos\varphi = 1$ 时，发电机输出有功功率为 80kW。若保持励磁电流不变，减少原动机的输出，使发电机输出有功功率为 20kW，忽略电枢电阻，试求功率角、功率因数、定子电流、输出的无功功率及其性质。

14-18 试推导凸极同步电机无功功率的功角特性。

14-19 三相隐极同步发电机，Y 形连接，$S_N = 60\text{kVA}$，$U_N = 380\text{V}$，同步电抗 $x_s = 1.55\Omega$，电枢电阻略去不计。试求：

（1）当 $S = 37.5\text{kVA}$、$\cos\varphi = 0.8$（滞后）时的 E_0 和 δ；

（2）拆除原动机，不计损耗，求电枢电流。

14-20 三相凸极同步电动机 $x_q = 0.6x_d$，电枢绕组电阻不计，接在电压为额定值的大电网上运行。已知该电机自电网吸取功率因数为 0.80（超前）的额定电流。在失去励磁时，尚能输出的最大电磁功率为电机的输入容量（视在功率）的 37%，试求该电机在额定功率因数为 0.8（超前）时的励磁电动势 E_0（标幺值）和功率角 δ。

14-21 设有一凸极式同步发电机，Y 形连接，$x_d = 1.2\Omega$，$x_q = 0.9\Omega$，和它相连的无穷大电网的线电压为 230V，额定运行时 $\delta_N = 24°$，每相空载电动势 $E_0 = 225.5\text{V}$，试求该发电机：

（1）在额定运行时的基本电磁功率；

（2）在额定运行时的附加电磁功率；

（3）在额定运行时的总的电磁功率；

（4）在额定运行时的比整步功率。

同步发电机的异常运行

发电机一般应在其额定值范围以内运行，这种运行是安全的。但有时也可能遇到某些特殊情况，如定子或转子电流超过额定值（过负荷）、异步运行、不对称负荷等，这些都属于同步发电机的异常运行或称同步发电机的非正常工作状态。本章分析同步发电机的不对称运行、突然短路、失磁运行和进相运行，这些运行情况对电机和电网的影响也是很重要，找出允许继续运行的条件和要求，有助于提高电力系统的可靠性。

*15.1 同步发电机的不对称运行

同步发电机是根据三相电流平衡对称的工况下长期运行的原则设计制造的，使用时应尽量让电机在对称情况下运行。然而总会各种原因导致发电机的不对称运行。例如，发电机承担电力机车或大功率单相电炉等一类负载；雷击使输电线路断线，发生不对称短路等。

同步发电机在不对称运行时，电枢电流和端电压都是不对称的，这不但对发电机本身会造成不良的后果，同时将使接在电网上的变压器和电动机运行情况变坏，效率降低。因此对发电机不对称负载的程度应做一定的限制，并作为衡量同步电机性能之一。

同步发电机不对称运行的基本分析方法是对称分量法，即将不对称的三相电压、电流、磁势等分解为正序、负序和零序分量，然后求出各相序电压电流、磁势所产生的效果，再将它们叠加起来，得到所需求解的结果。

15.1.1 发电机不对称运行分析

1. 各相序的阻抗

同步发电机不对称运行时，可采用对称分量法将不对称电压和不对称电流分解为分解成正序、负序和零序三个对称系统，在不同相序中分析其中一相的等效电路。

（1）正序阻抗 Z_+。正序阻抗是指转子通入励磁电流同步旋转，正序电流流经定子绕组时所遇到的阻抗。由于正序电流建立的合成磁势基波对转子无相对运动，和发电机在对称运行时的电磁现象完全相同。所以稳态运行时正序电流所遇到的阻抗就是同步电抗，即 $Z_+ = r_+ + \mathrm{j}x_+$，其中 r_+ 为定子绕组电阻 r_a，x_+ 为定子绕组的正序同步电抗。对于隐极电机，$Z_+ = r_a + \mathrm{j}x_s$。对于凸极电机，由于气隙不均匀，仍用双反应理论，数值大小决定于正序旋转磁场与转子的相对位置，有 x_{d+} 及 x_{q+} 之分，当发生三相对称稳态短路时，忽略电枢电阻，电枢反应磁场在直轴，$x_+ = x_d$（不饱和）。

（2）负序阻抗 Z_-。负序阻抗为负序电流流过定子三相绕组时所遇到的阻抗，$Z_- = r_- + \mathrm{j}x_-$。负序电流所建立的气隙磁场也是一个旋转磁场，转速等于同步转速，但转向与转子旋转方向相反。因此负序电流所产生的气隙磁场以两倍同步转速切割转子各部分，在转子的励磁绕组、阻尼绕组以及转子本体中感应出两倍频率的电势和电流。于是负序电阻 r_- 除了包含定子绕组的有效电阻外，还包含由于转子回路中两倍频率的电流引起的额外损耗的等效电阻，所以比正序电阻要大，即 $r_- > r_+$。负序电抗的数值与负序电流所建立的气隙磁场有关，负序电流经定子绕组，产生一负序圆形旋转磁场 F_-，如图 15-1 所示，速度为

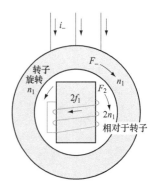

图 15-1 负序电流产生负序磁场的相对旋转关系

n_1，方向与转子转向相反，以 $2n_1$ 切割转子，在转子中产生感应电动势及电流，频率 $f_2 = \dfrac{pn}{60} = 2f_1$。将转子励磁绕组，阻尼绕组及转子本身看成一对称的多相短路绕组，转子电流通过转子绕组产生旋转磁场 F_2，相对转子的速度为 $2n_1$，方向为顺时针，可见 F_2 与 F_- 相对静止，这样转子绕组对定子绕组的影响可以看成变压器负边短路对原边绕组的影响（对于交流电而言，发电机转子绕组相当于变压器副边短路）。

这样，与变压器 $x_{1\sigma}$ 对应的是定子漏抗 x_σ。对于隐极电机，与 x_m 对应的为 x_a，与 $x_{2\sigma}$ 对应的为转子漏抗 $x_{f\sigma}$，显然 $x_- \ll x_s$；对于凸极电机，由于气隙不均匀，故等效电路也有不同，等效电路如图 15-2 所示，当负序磁场正对转子直轴，应同时考虑励磁绕组和阻尼绕组的影响。图 15-2 中 x_σ、$x_{f\sigma}$、$x_{D\sigma}$ 分别表示定子绕组、转子绕组和阻尼绕组（设直轴和交轴阻尼绕组漏抗相同）的漏抗，且转子各量均已折算到定子。由图 15-2（a）所示等效电路，忽略电阻可得

$$x_{d-} = x_\sigma + \cfrac{1}{\cfrac{1}{x_{ad}} + \cfrac{1}{x_{f\sigma}} + \cfrac{1}{x_{D\sigma}}} \tag{15-1}$$

如果直轴上无阻尼绕组，如图 15-2（b）所示，可得

$$x_{d-} = x_\sigma + \cfrac{1}{\cfrac{1}{x_{ad}} + \cfrac{1}{x_{f\sigma}}} \tag{15-2}$$

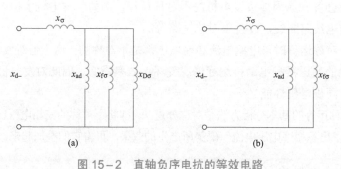

图 15-2　直轴负序电抗的等效电路
（a）负序磁场轴线正对 d 轴（有阻尼绕组）；（b）负序磁场轴线正对 d 轴（无阻尼绕组）

当负序磁场正对转子交轴时，由于交轴上没有励磁绕组但有交轴阻尼绕组作用存在，如图 15-3（a）所示等效电路，忽略电阻可得

$$x_{q-} = x_\sigma + \cfrac{1}{\cfrac{1}{x_{aq}} + \cfrac{1}{x_{q\sigma}}} \tag{15-3}$$

如果交轴上无阻尼绕组，如图 15-3（b）所示，可得

$$x_{q-} = x_\sigma + x_{aq} = x_q \tag{15-4}$$

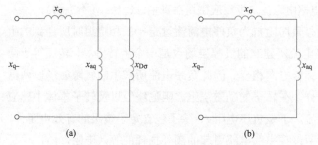

图 15-3　交轴负序电抗的等效电路
（a）负序磁场轴线正对 q 轴（有阻尼绕组）；（b）负序磁场轴线正对 q 轴（无阻尼绕组）

由图 15-2 和图 15-3 可见，由于存在励磁绕组或阻尼绕组的作用，负序电抗总是小于同步电抗。从物理意义来说，负序磁场以两倍同步速相对转子旋转，转子上的励磁绕组和阻尼绕组都会感应两倍频率的电动势和电流，按楞次定律，这些感应电流都产生削弱定子负序磁场的作用，使气隙中的负序磁场减小很多。由此可见，负序电抗标幺值小于正序电抗标幺值，但比定子漏抗标幺值大。

在用对称分量法计算时，负序电抗 X_- 的取值与发电机外电路情况有关，若发电机出线端直接外加负序电压，略去电阻，则 $x_- = \dfrac{x_{d-} x_{q-}}{x_{d-} + x_{q-}}$；若发电机外加负电压，经过很大电抗 x_e 接至定子绕组，$x_- = \dfrac{1}{2}(x_{d-} + x_{q-})$；若外电抗 $x_e = x_-$，则 $x_- = \sqrt{x_{d-} x_{q-}}$。

一般同步发电机中，负序电抗的标幺值约为：汽轮发电机为 $x_{-*} \approx 0.15$；无阻尼绕组的水轮发电机为 $x_{-*} \approx 0.4$；有阻尼绕组的水轮发电机为 $x_{-*} \approx 0.25$。

（3）零序阻抗 Z_0。所谓零序阻抗是零序电流流过定子绕组时所遇到的阻抗，$Z_0 = r_0 + jX_0$。零序电流在三相绕组中大小相等、相位同相，产生三个时间上同相，振幅相等，在空间位置上相差 120° 电角度的脉振磁场，其合成磁势的基波等于零。由于零序电流基本上不产生气隙磁场，所以零序电阻 r_0 等于定子绕组的有效电阻。零序电抗的数值与绕组的节距 y_1 有关，零序电抗为一漏抗。

$$x_0 \approx x_\sigma \qquad (15-5)$$

2. 各序方程式与等效电路

（1）各相序的励磁电动势。三相同步发电机在结构上可以保证各相序的励磁电动势是对称的，因此只存在正序励磁电动势，不存在负序和零序的励磁电动势，由于三相对称，故只选一相（A 相）为参考，即

$$\begin{cases} \dot{E}_{0A+} = \dot{E}_{0A} \\ \dot{E}_{0A-} = 0 \\ \dot{E}_{0A0} = 0 \end{cases} \qquad (15-6)$$

（2）各相序的方程式。以隐极同步发电机为例，在对称运行时的电动势方程为

$$\dot{E}_0 = \dot{U} + \dot{I} Z_s \qquad (15-7)$$

式中：Z_s 为同步阻抗；$\dot{E}_0$ 为励磁电动势。

当发电机不对称运行时，其电枢电流、电枢电压、电枢磁通都将出现不对称现象。按照对称分量法的原理，可以将不对称的三相系统分解为正序、负序、零序三个对称的分量。就每一相序的对称分量而言，可认为各自构成一个独立的对称系统，因此式（15-6）和式（15-7）可写为

$$\begin{cases} \dot{E}_{0A+} = \dot{U}_{A+} + \dot{I}_{A+} Z_+ \\ 0 = \dot{U}_{A-} + \dot{I}_{A-} Z_- \\ 0 = \dot{U}_{A0} + \dot{I}_{A0} Z_0 \end{cases} \qquad (15-8)$$

（3）各序等效电路。由式（15-8）可以画出各相序等效电路图，如图 15-4 所示。

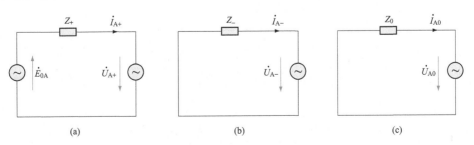

图 15-4　各相序的等效电路

（a）正序等效电路；（b）负序等效电路；（c）零序等效电路

15.1.2　同步发电机的不对称稳定短路

同步发电机的不对称稳定短路是同步发电机不对称运行中比较常见的一种，如单线接地或两线短接等。当发电机发生不对称短路时，将会出现很大的冲击电流，当然这是一个瞬变过程，在瞬变过程结束以后，发电机就进入不对称稳定短路。下面用对称分量法分析两种不对称短路时短路电流的情况，为了简单起见，均假定非短路相为空载，而短路发生在发电机的出线端。

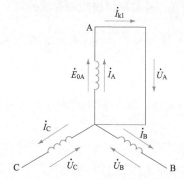

图 15-5　同步发电机单相短路电路图

1. 单相短路

单相短路是指单相对中点短路，这种情况只有在发电机的中点接地时才有可能发生，其电路如图 15-5 所示，假定 A 相发生短路而 B、C 两相空载。

对于不对称短路的分析方法是有一定步骤的，以下结合本例予以说明。

第一步根据不对称短路的具体情况列出其边界条件。先在图上标出各有关电磁量的正方向，如图 15-5，$\dot{I}_A$、$\dot{I}_B$、$\dot{I}_C$、$\dot{I}_{K1}$ 和 $\dot{E}_{0A}$、$\dot{U}_A$、$\dot{U}_B$、$\dot{U}_C$ 的正方向，则边界条件为

$$\begin{cases} \dot{I}_A = \dot{I}_{K1} \\ \dot{I}_B = \dot{I}_C = 0 \\ \dot{U}_A = 0 \end{cases} \tag{15-9}$$

第二步利用对称分量法和边界条件求出各相序电流，即

$$\begin{cases} \dot{I}_{A+} = \dfrac{1}{3}(\dot{I}_A + \alpha \dot{I}_B + \alpha^2 \dot{I}_C) = \dfrac{1}{3}\dot{I}_{K1} \\[2mm] \dot{I}_{A-} = \dfrac{1}{3}(\dot{I}_A + \alpha^2 \dot{I}_B + \alpha \dot{I}_C) = \dfrac{1}{3}\dot{I}_{K1} \\[2mm] \dot{I}_{A0} = \dfrac{1}{3}(\dot{I}_A + \dot{I}_B + \dot{I}_C) = \dfrac{1}{3}\dot{I}_{K1} \end{cases} \tag{15-10}$$

所以 $\dot{I}_{A+} = \dot{I}_{A-} = \dot{I}_{A0} = \dfrac{1}{3}\dot{I}_{K1}$，其中 $\alpha = e^{j120°}$。

第三步利用各相序等效电路，即式（15-8），结合电压的边界条件，解出单相短路电流 $\dot{I}_{K1}$。已知

$$\dot{U}_A = \dot{U}_{A+} + \dot{U}_{A-} + \dot{U}_{A0} = (\dot{E}_{0A} - \dot{I}_{A+}Z_+) + (-\dot{I}_{A-}Z_-) + (-\dot{I}_{A-}Z_-)$$

$$= \dot{E}_{0A} + \dfrac{1}{3}\dot{I}_{K1}(Z_+ + Z_- + Z_0)$$

所以

$$\dot{I}_{K1} = \dfrac{3\dot{E}_{0A}}{Z_+ + Z_- + Z_0} \tag{15-11}$$

由于各相序的电阻 r_+、r_-、r_0 与其各自相序的电抗 x_+、x_-、x_0 相比，数值很小，可以忽略不计，并取电流的有效值，则得

$$I_{K1} = \dfrac{3E_{0A}}{x_+ + x_- + x_0} = \dfrac{3E_0}{x_+ + x_- + x_0} \tag{15-12}$$

如果需要计算短路电流稳态值，则 I_{K1} 为单相稳态短路电流，此时 x_+ 应理解为同步电抗 x_d，即

$$I_{K1} = \dfrac{3E_0}{x_d + x_- + x_0} \tag{15-13}$$

应当指出：式（15-11）～式（15-13）所计算的短路电流只是指其基波分量而言。实际上在发电机发生不对称短路时，短路电流中除了基波分量外，还有一系列的奇次谐波，当然这些谐波分量数值不大，电流的基波分量还是占有主导成分。

2. 两相短路

两相短路是指发电机两线之间的短路。如图 15-6 所示，B、C 两相短路，而 A 相空载。在分析两相短路时，仍沿用上述步骤。

由图 15-6 所示的正方向规定，可列出两相短路时的边界条件为

$$\begin{cases} \dot{I}_A = 0 \\ \dot{I}_B = -\dot{I}_C = \dot{I}_{K2} \\ \dot{U}_{BC} = \dot{U}_B - \dot{U}_C = 0 \end{cases} \quad (15-14)$$

利用对称分量法得

$$\dot{I}_{A0} = \frac{1}{3}(\dot{I}_A + \dot{I}_B + \dot{I}_C) = 0 \quad (15-15)$$

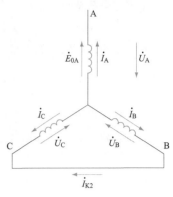

图 15-6 两相短路的电路图

式（15-15）也可直接从图 15-6 中看出，因为发电机无中线，不可能有零序电流。

$$\dot{I}_A = \dot{I}_{A+} + \dot{I}_{A-} + \dot{I}_{A0} = 0 \quad (15-16)$$

所以

$$\dot{I}_{A+} = -\dot{I}_{A-}$$

又因为

$$\dot{U}_{A+} = \frac{1}{3}(\dot{U}_A - \alpha\dot{U}_B + \alpha^2\dot{U}_C)$$

$$\dot{U}_{A-} = \frac{1}{3}(\dot{U}_A + \alpha^2\dot{U}_B + \alpha\dot{U}_C)$$

所以

$$\dot{U}_{A+} = \dot{U}_{A-} \quad (15-17)$$

结合式（15-8）、式（15-16）和式（15-17）可得

$$\dot{U}_{A+} = \dot{U}_{A-} = \dot{E}_{0A} - \dot{I}_{A+}Z_+ = -\dot{I}_{A-}Z_-$$

所以

$$\dot{E}_{0A} = \dot{I}_{A+}(Z_+ + Z_-)$$

即

$$\dot{I}_{A+} = -\dot{I}_{A-} = \frac{\dot{E}_{0A}}{Z_+ + Z_-} \quad (15-18)$$

于是两相短路电流可写为

$$\begin{aligned} \dot{I}_{K2} = \dot{I}_B &= \dot{I}_{B+} = \dot{I}_{B-} \\ &= \alpha^2\dot{I}_{A+} + \alpha\dot{I}_{A-} = (\alpha^2 - \alpha)\dot{I}_{A+} \\ &= -\mathrm{j}\sqrt{3}\dot{I}_{A+} = -\sqrt{3}\frac{\dot{E}_{0A}}{Z_+ + Z_-} \end{aligned} \quad (15-19)$$

假如各相序电阻予以忽略，并取电流的有效值，则得两相短路时的短路电流为

$$I_{K2} = \frac{\sqrt{3}E_0}{x_+ + x_-} \quad (15-20)$$

三相稳态短路电流为

$$I_{K3} = \frac{E_0}{x_d} \quad (15-21)$$

比较以上三种不同情况的短路电流，可知单相稳态短路电流数值最大，三相稳态短路电流数值最小，而两相稳态短路电流数值介于两者之间。综上所述，不对称运行时发电机各相序的阻抗比变压器复杂得多。发电机的正序阻抗就是对称运行时的同步阻抗，而负序阻抗就和变压器的情况完全不同。变压器是静止电器，所以 $x_+ = x_- = x_k$。但是同步电机中由于转子的旋转，使正序电流和负序电流有不同的作用，所以造成 x_+ 与 x_- 不相等。在一定的定子负序磁场作用下，因为转子感应电流起到削弱负序磁场的作用，从而使定子绕组中的负

序感应电势变小，这样就造成 x_- 小于 x_+。零序电流不建立基波气隙磁场，故零序电抗属于漏磁性质。由于零序电流三相同相，它所引起的漏磁电动势一般比正序小，故 x_0 也小于 x_+。因为 x_- 与 x_0 都比 x_+ 小，所以单相或两相稳态短路时的短路电流都比三相短路电流大。

15.1.3 不对称运行对发电机的危害

对发电机产生不良影响的主要原因就是由负序分量电流引起的。负序电流能引起转子发热，会影响电网上的负载，能干扰通信线路等等。要减少不对称运行的不良影响，就必须削弱这个负序磁场。实践证明，转子采用阻尼绕组可以改善这种情况。下面将介绍两种影响的原因。

1. 转子表面局部过热

当三相电流对称时，其所合成的旋转磁场与转子是同方向且转速相等的，即旋转磁场相对于转子来说是静止的，旋转磁场的磁力线不会切割到转子。当三相电流不对称时，即在发电机中会有正序、负序、零序三组对称分量电流产生。正序电流分量产生正序旋转磁场，它与转子以同方向、同速度旋转。而负序电流在定、转子气隙中建立一个以同步转速旋转、方向与转子转向相反的旋转磁场（负序旋转磁场），它以 2 倍的同步转速切割转子，在转子表面各部件（如大齿、小齿、槽楔、护环等）上感应 2 倍工频电流，由于转子结构不对称，2 倍工频电流在转子上分布不均匀，一般大齿的导磁性能较好，故大齿上感应的电流较大，小齿和槽楔上的电流相对要小些，而且在集肤效应和大齿上横向槽作用下，造成在转子表面和大齿横向槽两侧的电流密度较大，容易出现局部温度升高、过热。另外，转子上感应的 2 倍工频电流，不仅沿转子轴向分布，还有径向分布，形成环流，电流流经护环及其嵌装表面，槽楔与齿的搭接处等部位时，因各部位的接触电阻较大，也容易出现高温和过热，这些高温和过热点的存在很可能发生转子局部烧损。从以往转子被烧损的情况看，其特点有：大齿表面过热变色，横向槽两侧过热痕迹较重，局部变色发蓝；护环及本体嵌装面有过热烧伤，局部发黑、发蓝，烧熔化和放电痕迹；转子槽楔及搭接处，邻近小齿有过热松动现象。

2. 转子振动

负序电流使转子产生振动的原因有两个：一是负序磁场以 2 倍同步转速切割转子及转子本身，磁路不对称，故负序旋转磁场的轴线与转子纵轴重合时，磁阻小、磁通大，对转子上的作用力矩大，与转子横轴重合时，磁阻大，磁通小，在转子上的作用力矩小，这样在定、转子之间产生交变的电磁转矩，致使转子所受力矩也是交变的，转子因此产生振动。二是转子上的 2 倍工频电流流经转子上各部件，因其使用材料不同，各自的热容量也不同，如护环的热容量较小，在护环与转子本体之间就会形成温差，使护环失去紧力。目前，转子护环与本体之间的紧力标准对 3000r/min 转子来说，冷态松脱转速不低于 3700r/min，故在 3000r/min 下残余紧力值不大，护环与本体之间存在温差就容易使护环紧力消失，失去紧力后，因径向位移量很小，不会在轴上自由回转，但在不平衡力作用下，护环可能一侧紧贴转子轴表面，而另一侧稍离转子轴表面，使转子中心偏移，转子产生振动。另外，负序电流在转子表面局部产生高温过热，转子受热不均，发生不对称热变形也可能使转子产生振动。负序电流使转子产生振动的特点，一般都与发电机不对称运行时间的长短及产生负序电流的大小有关，而且随三相不平衡电流的增大而增大，并包含随时间增长而加大的成分，同时也可能随励磁电流的增大而加大，可用改变励磁电流大小来测量振动的变化，找出振动的原因。

所以我国规定：在额定负载连续运行时，汽轮发电机三相电流之差，不得超过额定值的 10%，水轮发电机和同步补偿机的三相电流之差，不得超过额定值的 20%，同时任一相的电流不得大于额定值。

*15.2 同步发电机突然短路时的暂态电抗

稳态短路时，由于同步电抗较大，因而其稳态短路电流并不很大。此时电枢电流是稳定的，相应的电枢磁动势是一个以同步速旋转的恒幅旋转磁场，因而不会在转子绕组中感应电动势及感应电流。从电流关系来看，相当于变压器的开路状态。

而发生突然短路时，由于限制其电流的超瞬变电抗很小，而且含有直流分量，因而突然短路电流很大，其峰值可以达到额定电流的十多倍。随着这一冲击电流的出现，电机的绕组将受到很大的冲击电磁力的作用，可能使绕组变形，甚至绕组的绝缘受损。突然短路过程中，电机受到强大的短路转矩的作用，可能会导致电机发生振动，定子、转子绕组出现过电压等现象。突然短路时，电枢电流的大小是变化的，相应的电枢磁场的幅值是变化的，因而定子、转子之间有变压器作用，在转子绕组中感应电势、电流，再影响到定子绕组中电流的变化。从电磁关系来看，相当于变压器的突然短路状态。

由于同步电机直轴和交轴的磁路磁阻不同，而定子和转子是相对运动的，因此定子、转子的互感系数和自感系数都不是常数，用微分方程来分析，求解较为困难。因此，通常采用超导闭合回路磁链守恒的原理，从物理概念上进行解释，并导出突然短路时各绕组中出现的短路电流。

本章介绍突然短路的分析方法和电磁特点，掌握 x'_d，x''_d，x''_q 的物理意义和数值大小、测量方法，确定定子、转子各电流分量的对应关系及时间常数衰减。

15.2.1 超导体闭合回路磁链守恒原理

设超导闭合回路交链的初始磁链为 $\psi(0)$，由于某种原因，磁链按 $\psi(t)$ 规律变化，则在回路有中感应电动势和电流，该电流相应产生一磁链，记成 $\psi_a(t)$。由于回路电阻 $R_a = 0$，故回路的电动势方程式为

$$e = -\frac{\mathrm{d}[\psi(t)+\psi_a(t)]}{\mathrm{d}t} = R_a i = 0 \tag{15-22}$$

由式（15-22）得 $\psi(t)+\psi_a(t)$ 应为常数，即 $\psi(t)+\psi_a(t)=\psi(0)$，这就是超导闭合回路的磁链守恒原理。即在没有电阻的闭合回路中磁链不能突变。对于有电阻的闭合回路，在突然短路瞬间，也可认为磁链保持不变（类似超导回路情况）。

15.2.2 对称突然短路过程中的物理过程

在分析突然短路时做如下假设：不考虑机械过渡过程，在突然短路期间，电机的转速保持为同步速不变；假设电机的磁路不饱和，可利用叠加原理；假设电发机在突然短路前为空载运行，突然短路发生在发电机的出线端；不考虑强励，发生短路后，励磁电流 I_{f0} 始终保持不变。

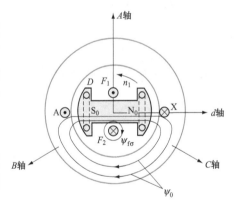

图 15-7 $\psi_A(0)=0$ 时三相突然短路

1. 定子绕组

图 15-7 为同步发电机的示意图。图中定子 A 相绕组用一个线图 A-X 表示，转子上的励磁绕组用 F_1-F_2 表示，阻尼绕组用短路线圈 D 表示。若短路发生在 A 相轴线与 d 轴正交时，并取此瞬间为 $t=0$，则励磁电流 I_{f0} 产生的主磁通 $\varPhi_0$ 与定子三相绕组交链的初始磁链大小见式（15-23）。

$$\begin{cases} \psi_{A0}(0)=\psi_0 \sin \omega t = \psi_0 \sin 0° = 0 \\ \psi_{B0}(0)=\psi_0 \sin(\omega t - 120°) = \psi_0 \sin(-120°) = -0.866\psi_0 \\ \psi_{B0}(0)=\psi_0 \sin(\omega t - 240°) = \psi_0 \sin(-240°) = +0.866\psi_0 \end{cases} \tag{15-23}$$

设 $t=0$ 时发生突然短路。对定子绕组来说，突然短路后，由于转子旋转，定子绕组交链励磁磁场的磁链为 ψ_{A0}、ψ_{B0}、ψ_{C0}。如果定子电流产生的磁场对它交链的磁链为 ψ_{Ai}、ψ_{Bi}、ψ_{Ci}，不计定子绕组电阻时，为由磁链守恒定律，必然有

$$\begin{cases} \psi_{Ai}+\psi_{A0}=\psi_{A0}(0)=0 \\ \psi_{Bi}+\psi_{B0}=\psi_{B0}(0)=-0.866\psi_0 \\ \psi_{Ci}+\psi_{C0}=\psi_{B0}(0)=+0.866\psi_0 \end{cases} \tag{15-24}$$

或
$$\begin{cases} \psi_{\mathrm{Ai}} = -\psi_{\mathrm{A0}} = -\psi_0 \sin\omega t = \psi_{\mathrm{AZ}} + \psi_{\mathrm{AZ}} \\ \psi_{\mathrm{Bi}} = -\psi_{\mathrm{B0}} - 0.866\psi_0 = -\psi_0 \sin(\omega t - 120°) - 0.866\psi_0 = \psi_{\mathrm{B\sim}} + \psi_{\mathrm{BZ}} \\ \psi_{\mathrm{Ci}} = -\psi_{\mathrm{C0}} + 0.866\psi_0 = -\psi_0 \sin(\omega t - 240°) + 0.866\psi_0 = \psi_{\mathrm{C\sim}} + \psi_{\mathrm{CZ}} \end{cases} \quad (15-25)$$

ψ_{Ai}、ψ_{Bi}、ψ_{Ci}起两个作用：① 维持$\psi_{\mathrm{A0}}(0)$、$\psi_{\mathrm{B0}}(0)$、$\psi_{\mathrm{C0}}(0)$不变；② 抵消主磁通产生的三相磁链ψ_{A0}、ψ_{B0}、ψ_{C0}。

不计饱和时，磁动势与磁通成正比，而电流正比于磁动势，磁通正比于磁链，故定子电流和它产生的磁场与定子绕组交链的磁链成正比。因此，短路后定子电流的表达式为

$$\begin{cases} i_{\mathrm{A}} = -I''_{\mathrm{m}} \sin\omega t = i_{\mathrm{A\sim}} + i_{\mathrm{AZ}} \\ i_{\mathrm{B}} = -I''_{\mathrm{m}} \sin(\omega t - 120°) - 0.866 I''_{\mathrm{m}} = i_{\mathrm{B\sim}} + i_{\mathrm{BZ}} \\ i_{\mathrm{C}} = -I''_{\mathrm{m}} \sin(\omega t - 240°) + 0.866 I''_{\mathrm{m}} = i_{\mathrm{C\sim}} + i_{\mathrm{CZ}} \end{cases} \quad (15-26)$$

2. 转子绕组

转子励磁绕组磁链的初始值磁链为

$$\psi_{\mathrm{f}}(0) = \psi_0 + \psi_{\mathrm{f\sigma}} \quad (15-27)$$

阻尼绕组的磁链为

$$\psi_{\mathrm{D}}(0) = \psi_0 \quad (15-28)$$

$t=0$时发生突然短路，定子中周期分量中将产生一去磁的磁链ψ_{fad}，则转子中相应有一正的非周期分量的电流Δi_{fz}产生磁链$\psi_{\mathrm{fz}} = -\psi_{\mathrm{fad}}$，才能使转子的磁链不变。定子中非周期分量产生的静止磁场，对转子是旋转的，将引起励磁绕组出现交变磁链，故励磁绕组再感应一周期性的分量来产生磁链$\psi_{\mathrm{f\sim}} = -\psi_{\mathrm{fd}}$，以保持磁链的守恒。

励磁绕组电流为

$$i_{\mathrm{f}} = I_{\mathrm{f0}} + \Delta i_{\mathrm{fz}} + i_{\mathrm{f\sim}} \quad (15-29)$$

对阻尼绕组为

$$i_{\mathrm{D}} = i_{\mathrm{DZ}} + i_{\mathrm{D\sim}} \quad (15-30)$$

3. 磁场分布

无阻尼绕组的同步发电机短路后转子转过90°电角度后（d轴方向）的磁力线分布如图15-8所示。

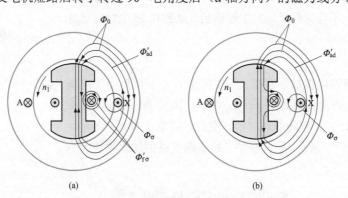

图15-8　无阻尼绕组的同步发电机突然短路时的磁场分布
(a) 磁力线分布；(b) 实际路径

由于Δi_{fz}的产生，阻止Φ'_{ad}进入转子绕组，则Φ'_{ad}的实际路径为图15-8（b）所示。由于电枢反应磁通走的路径为转子周围的气隙，磁阻很大，因而定子电枢绕组必须提供很大的周期性电流，这就是三相突然短路时电枢电流增大的根本原因。

有阻尼绕组的同步发电机短路后转子转过90°电角度后的磁力线分布如图15-9所示。阻尼绕组中也势必产生一非周期性分量i_{DZ}来维持阻尼绕组中的磁链的守恒，同样，i_{DZ}产生一磁链Φ''_{ad}来抵消对阻尼绕组磁链的影响，Φ''_{ad}实际的路径为图15-9（b）所示，因而Φ''_{ad}实际的效果使走的路径的磁阻更大，电枢绕组的周期性分量的电流也更大。

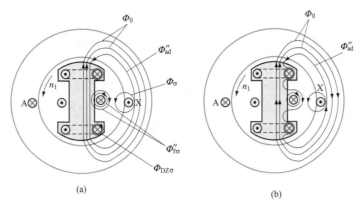

图 15-9　有阻尼绕组的同步发电机突然短路时的磁场分布

（a）磁力线分布；（b）实际路径

上述分析都只能决定各电流的初始值，由于每一绕组都有电阻，磁链守恒无法维持，各电流都将以不同的时间常数衰减，最后达到各自的稳态值。

同理，可以得到 q 轴方向的磁场分布图，讨论从略。

15.2.3　突然短路时定子绕组的电抗的变化

同步发电机短路时，端电压 $\dot{U}=0$，因电枢电抗远大于电枢电阻，电枢电流 $\dot{I}$ 滞后于励磁电动势 $\dot{E}_0$ 近似 $90°$，电枢反应起去磁作用。电枢磁通沿直轴磁路（与励磁磁通方向相反）闭合时，电枢磁通对应的电抗为直轴电抗，其大小将随突然短路过渡过程由小到大变化，即由次暂态电抗 x_d''（又叫超瞬态电抗），到暂态电抗 x_d'（又叫瞬态电抗），再到稳态电抗 x_d 变化。

1. 直轴次暂态电抗 x_d''

发生三相突然短路时，电枢电流和电枢磁链会突然变化。突然变化的磁链 ψ_{ad} 要穿过转子绕组，但励磁绕组及阻尼绕组交链的磁链不能突变，因此在励磁绕组和阻尼绕组中要感应出电流，抵消磁链 ψ_{ad} 的变化，从而维持穿过自己的磁链不变。磁链的路径如图 15-10（a）所示，相当于 ψ_{ad} 被挤出，只能从阻尼绕组和励磁绕组外侧的漏磁通通过，这样磁链成为次暂态磁链 ψ_{ad}''。忽略铁心的磁阻，此时磁路的磁阻包括气隙磁阻、励磁绕组漏磁路磁阻和阻尼绕组漏磁路磁阻，因此相当对应的直轴次暂态电抗 $x_d''=x_{ad}''+x_\sigma$，而

$$x_{ad}''=\cfrac{1}{\cfrac{1}{x_{ad}}+\cfrac{1}{x_{f\sigma}}+\cfrac{1}{x_{D\sigma}}}$$

式中：$x_{f\sigma}$、$x_{D\sigma}$ 分别为励磁绕组和阻尼绕组的漏抗。

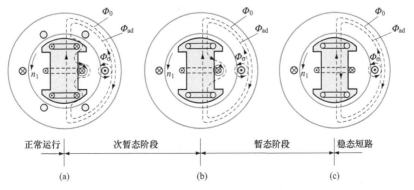

图 15-10　突然短路的过渡过程

（a）次暂态时的直轴磁连情况；（b）暂态时的直轴磁连情况；（c）稳态短路时的直轴磁连情况

其等效电路如图 15-11（a）所示，显然直轴次暂态电抗比直轴同步电抗小得多，所以此时的短路电流很大，其值可达额定电流的 $10\sim20$ 倍。

2. 直轴暂态电抗 x'_d

由于同步发电机的各绕组阻都有电阻存在，因此阻尼绕组和励磁绕组中因短路而引起的感应电流分量都会随时间衰减为零。由于阻尼绕组匝数少，电感小，时间常数大，电流衰减很快为零。而励磁绕组匝数多，电感较大，衰减较慢。可以近似认为阻尼绕组中感应电流衰减完之后，励磁绕组电流分量开始衰减。此时电枢磁通可穿过阻尼绕组，但仍被挤在励磁绕组外侧的漏磁路上，成为暂态磁链 ψ'_{ad}，发电机进入暂态过程。如图 15-10（b）所示，此时磁路的磁阻包括气隙磁阻、励磁绕组漏磁路磁阻，对应的直轴暂态电抗 $x'_d = x'_{ad} + x_\sigma$，

而 $x'_{ad} = \dfrac{1}{\dfrac{1}{x_{ad}} + \dfrac{1}{x_{f\sigma}}}$。

其等效电路如图 15-11（b）所示，显然直轴暂态电抗比直轴同步电抗小，比次暂态电抗大，所以此时的短路电流有所减小，但仍很大。

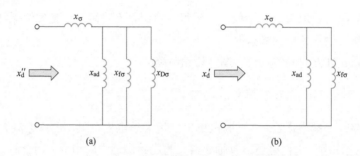

图 15-11 直轴电抗的等效电路

（a）直轴次暂态电抗的等效电路；（b）直轴暂态电抗的等效电路

当励磁绕组中感应电流亦衰减完之后，只有励磁电流 I_f 存在，电枢磁通穿过阻尼绕组和励磁绕组，如图 15-10（c）所示，发电机进入稳态短路状态，过渡过程结束。这时发电机的电抗就是稳态运行的直轴同步电抗 $x_d = x_{ad} + x_\sigma$，突然短路电流也衰减到稳态短路电流。

3. 交轴次暂态电抗 x''_q

如果发电机通过负载而短路，则短路电流产生的电枢磁场不仅有直轴分量还会有交轴分量。由于交轴方向没有励磁绕组，交轴方向的磁路和电抗有所不同。同理，交轴次暂态电抗 $x''_q = x''_{aq} + x_\sigma$，而 $x''_{aq} = \dfrac{1}{\dfrac{1}{x_{aq}} + \dfrac{1}{x_{D\sigma}}}$。

交轴暂态电抗 $x'_q = x'_{aq} + x_\sigma = x_q$，由于无励磁绕组 $x'_{aq} = x_{aq}$，等效电路如图 15-12 所示。

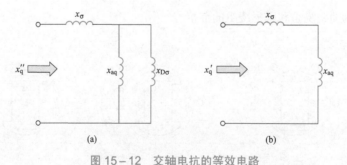

图 15-12 交轴电抗的等效电路

（a）交轴次暂态电抗的等效电路；（b）交轴暂态电抗的等效电路

15.2.4 突然短路电流及其衰减

由前分析可知，短路最初瞬间由于各绕组要保持原来的磁链不变，因而定子、转子绕组都有感应电流产生，又由于各绕组都有电阻，所以这些感应电流都要衰减，最后各绕组电流衰减为各自的稳态值。定子中的感应电流包括维持短路初瞬磁连不变的非周期分量和用以抵消转子电流在定子中产生的周期分量，非周期分

量与短路时刻有关。

定子电流的周期分量的最大值 $I''_m = E_{om} / x''_d$，当阻尼绕组中感应电流衰减完之后，电枢磁通穿过阻尼绕组，电流幅值变为 $I'_m = E_{om} / x'_d$，当励磁绕组中感应电流衰减完之后，到达稳态短路，电枢磁通穿过阻尼绕组和励磁绕组，电流幅值变为 $I_m = E_{om} / x_d$。所以 $I''_m - I'_m$ 是受阻尼绕组影响而衰减的一部分电流，衰减快慢决定于阻尼绕组时间常数 T''_d；$I'_m - I_m$ 是受励磁绕组影响而衰减的一部分电流，衰减快慢决定于励磁绕组时间常数 T'_d。短路电流衰减过程如图 15-13 所示。

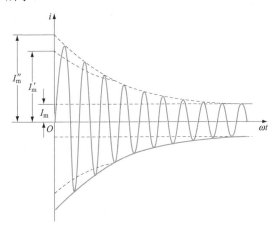

图 15-13 有阻尼绕组的同步发电机
在 $\psi_A(0) = 0$ 突然短路电流的衰减

考虑衰减后，定子绕组电流由式（15-26）变为

$$\begin{cases} i_A = -\left[(I''_m - I'_m)e^{-\frac{t}{T''_d}} + (I''_m - I'_m)e^{-\frac{t}{T'_d}} + I_m\right]\sin\omega t \\ i_B = -\left[(I''_m - I'_m)e^{-\frac{t}{T''_d}} + (I''_m - I'_m)e^{-\frac{t}{T'_d}} + I_m\right]\sin(\omega t - 120°) - 0.866I''_m e^{-\frac{t}{T_a}} \\ i_C = -\left[(I''_m - I'_m)e^{-\frac{t}{T''_d}} + (I''_m - I'_m)e^{-\frac{t}{T'_d}} + I_m\right]\sin(\omega t - 120°) + 0.866I''_m e^{-\frac{t}{T_a}} \end{cases} \tag{15-31}$$

由于非周期分量与短路时刻有关，短路发生的时刻不同，其短路电流的值就不同，最恶劣的情况发生短路出现的最大电流称为冲击电流，其值可达额定电流的 10~20 倍，它出现在短路后半个周波时刻。

15.2.5 衰减时间常数

1. 阻尼绕阻中电流的衰减时间常数 T''_d

$$T''_d = \frac{L_{Dd}}{r_{Dd}} = \frac{x''_{Dd}}{\omega r_{Dd}} \tag{15-32}$$

式中：r_{Dd} 为直轴阻尼绕组的电阻；x''_{Dd} 为考虑阻尼绕组与定子绕组，励磁绕组之间耦合作用后的等效电抗。

2. 励磁绕组电流的衰减时间常数 T'_d

计算励磁绕组的衰减时间常数时，可以不考虑阻尼绕组的影响，因为阻尼绕组的电流很快衰减。

其中

$$T'_d = \frac{L_f}{r_f} = \frac{x'_f}{\omega r_f} \tag{15-33}$$

$$x'_f = x_{f\sigma} + \frac{1}{\frac{1}{x_{ad}} + \frac{1}{x_\sigma}} = x_f \frac{x'_d}{x_d}$$

式中：r_f 为励磁绕组电阻。

3. 定子中非周期性电流的衰减时间常数 T_a

$$T_a = \frac{L_a}{r_a} = \frac{x_-}{\omega r_a}$$

（15-34）

式中：r_a 为电枢绕组电阻。

等效电感 L_a 所对应的等效电抗为 x_-，因为磁场交替地和 d 轴和 q 轴交链，所以

$$x_- = \frac{1}{2}(x_d + x_q)$$

15.2.6 突然短路的影响

1. 同步发电机突然短路对发电机的影响

冲击电流产生巨大的电磁力，可能破坏绕组（特别是端部）。发电机突然短路会使定子绕组的端部受到很大的电磁力的作用，这些力包括定子绕组端部互相间的作用力 F_3、定子绕组端部和转子绕组端部互相间的作用力 F_1 及定子绕组端部和铁心之间的互相作用力 F_2，如图 15-14 所示。

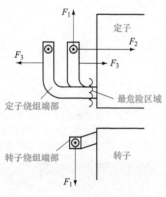

冲击电流产生巨大的电磁力矩，会使发电机组受到剧烈的振动，并给发电机部件带来危害，或带来频率的波动。

短路电流使绕组温升剧增，不过一般不会对绕组绝缘造成太大破坏。

2. 同步发电机突然短路对电力系统的影响

影响电力系统运行的稳定性。线路上发生突然短路，过大的短路冲击电流使电网电压下降，发电机因电压过低，输送的有功功率降低，而原动机的输入暂时未降低，从而发电机的转速升高，影响系统的稳定性。

在不对称突然短路时，造成电力系统过电压。

图 15-14　突然短路时定子、转子绕组端部间的作用力

不对称突然短路时，会产生高频干扰。不对称突然短路，定子电流会产生一系列高次谐波，高频电磁波会对附近的通信线路造成干扰。

*15.3　同步发电机的失磁运行

发电机在运行中由于某种原因失去励磁电流，致使转子的磁场消失，称之发电机失磁。

1. 导致同步发电机失磁的原因

发电机失磁是指发电机的励磁电流突然消失或部分消失的现象。同步发电机失磁故障占故障的比例最大，它是电力系统常见故障之一。特别是大型机组，励磁系统的环节较多，造成励磁回路短路或开路故障的概率较大。同步发电机的失磁故障大致由以下原因造成。

（1）转子绕组故障。

（2）直流励磁机磁场绕组断线。

（3）运行中的发电机灭磁开关误跳闸。

（4）磁场变阻器接触不良，或整流子严重打火。

（5）自动调节励磁装置故障或误操作等原因造成励磁回路断路。

（6）励磁绕组断线，最常见的断线位置是凸极机励磁绕组 2 个线圈之间的连接处。

2. 失磁的物理过程

失磁之后，发电机处于异步运行状态。此时定子磁场与转子之间有相对速度，即有转差率 $s\left(s = \frac{n_1 - n}{n_1}\right)$。

定子旋转磁场切割转子闭合回路的励磁绕组、阻尼绕组和其他金属导体，并在其中感应出转差率频率的交流电势和电流。该电流与定子旋转磁场相互作用产生异步力矩。原动机输入的力矩在克服异步力矩的过程中做功，使机械能转变成电能。因此，发电机仍向电网送出有功功率。

异步力矩的大小是随转率 s 的增大而增大的（在一定范围内），而原动机又因转速的升高使调速器动作，减小了原动机的输入力矩，加之发电机失磁后由自动装置或人为地减少输入功率，所以，当原动机输入的力矩与发电机的异步电磁力矩相平衡时，发电机进入无励磁的稳定异步运行状态，s 维持一定值。在这种状态下，发电机发出有功功率，同时吸收无功功率，相当于异步发电机的运行状态。

3. 同步发电机的异步运行

同步发电机异步运行时，它与定子磁场相互作用，产生交变的异步力矩。这个交变异步力矩是机组振动和定子电流脉动的原因之一。

另外，阻尼绕组，转子本体相当于多相绕组。在发电机异步运行中，定子磁场切割阻尼绕组，转子本体导体，在这些导体中感应出多相电流，这种多相电流产生的合成磁场是与定子磁场相对静止的旋转磁场，它与定子磁场相互作用也产生恒定的制动性质的异步力矩。

发电机失磁后异步运行时，其异步力矩即为上述各异步力矩之和。

同步发电机能否在失磁状态下稳定地异步运行，与异步力矩的大小和特性有关。异步力矩特性与发电机结构有着密切的关系。对于实心转子的汽轮发电机，其异步转矩特性与深槽式和双鼠笼式电动机转矩特性相似，转差率很小就能产生相当大的制动转矩。在转差率由 0 到 0.2% 再到 0.7% 的小范围内，随着转差率的增大，异步转矩增加很快，直到 s 等于临界转差率时转矩达到最大值，随后在高于临界转差率的范围内转矩维持在相当高的水平。因而，汽轮发电机失磁异步运行时输出的有功功率仍相当高，一般转子外冷的汽轮发电机，失磁异步运行时可能输出 50%～60% 的额定功率，水内冷转子的汽轮发电机可输出 40%～50% 的额定功率。

水轮发电机的异步转矩特性较差，当转差率变化很大时，平均异步转矩变化不大，只是在转差率相当大时，才能进入稳定异步运行状态。在这样大的转差率下运行，转子有过热的危险，一般是不允许的。另外，水轮发电机的同步电抗较小，异步运行时，定子电流很大，也限制其异步运行。实际上，水轮发电机启动操作简单，也无必要异步运行，一般失磁后自动跳闸，恢复励磁后再并网。

4. 异步运行时的再同步

处于异步状态运行的发电机，当恢复直流励磁电流后，发电机由异步运行状态转入同步运行状态的过程称为再同步。为了实现再同步，应做到以下两点。

（1）同步电磁转矩要足够大，以保证出现转差率为零的同步点。同步转矩是由恢复励磁后的励磁电流产生的，因此，保证足够大的励磁电流对快速恢复同步起着重要作用。

（2）失磁运行的发电机其平均转差率应较小，为此合入励磁开关前应适当减小发电机的有功输出。如果转差率足够小，发电机可能经过小于 360° 的角度变化即进入同步。

5. 同步发电机异步运行时应考虑的因素

从同步发电机角度考虑的因素有以下五个方面。

（1）定子电流。同步发电机异步运行时，要从系统吸取大量的无功功率，定子电流要增大，此时定子电流不应超过额定值。

（2）定子端部发热。发电机失磁异步运行时，定子端部漏磁场同进相运行时相似，致使定子端部漏磁通增加，导致定子端部发热严重。端部温度的高低及发热部位与端部构件的材料，冷却方式和端部结构有关。

（3）转子损耗发热。发电机异步运行时，在转子本体内感应出滑差频率的电流，这个电流将在转子中产生损耗发热，转子温度的最高点不应超过允许值。

（4）励磁绕组开路失磁时转子过电压。励磁绕组开路造成发电机失磁异步运行时，将会在励磁绕组中产生过电压。由于转子本体及其部件的屏蔽作用，在转差率不大时，过电压值并不大，当转差率很大时，这个过电压可能会对转子绝缘构成威胁。

（5）机组的振动。发电机在异步运行时，转子感应电流的磁场与定子旋转磁场的相互作用，产生了恒定异步转矩和交变异步转矩，其中的交变异步转矩将使发电机产生振动，这个振动也限制着同步发电机的异步运行。

从系统角度应考虑的因素有以下两个方面。

（1）发电机失磁后要从系统吸收大量的无功功率，吸收的无功功率主要用于建立主、漏磁场。通过计算和一些机组的试验，当发电机输出有功功率为额定有功功率的 50%～60%异步运行时，从系统吸收总无功功率约为额定有功功率。如果系统有充足的无功储备，系统电压不会下降严重，则从系统电压角度考虑，发电机是允许失磁异步运行的。如果机组容量较大，而系统又没有足够的无功备用，在机组失磁时，将会造成系统电压及发电机厂用电压的大幅下降，这样的发电机是不允许失磁运行的。

（2）系统稳定的限制。发电机失磁异步运行必须满足系统稳定性的要求。如果发电机失磁后可能导致系统稳定破坏，则失磁发电机必须由保护动作与系统解列。

6. 同步发电机失磁后的处理方法

同步发电机失磁后的处理方法要视机组是否允许失磁运行而定。对不允许失磁运行的发电机，应由失磁保护动作于跳闸或人为解列。对允许失磁运行的发电机失磁后，首先应迅速降低有功出力至规定值，然后设法恢复励磁。同时，如果失磁后厂用电压过低。应迅速将厂用电源切换至备用电源运行。在励磁电流恢复后，进行人工再同步。

发电机失磁后短时间内采用异步运行方式，继续与电网并列且发出一定有功功率，对于保证机组和电网安全、减少负荷损失均具有重要意义。在实际的机组运行过程中，运行人员应结合失磁时的各种现象做出准确判断和果断处理，确保机组的安全、稳定、经济运行。

*15.4　同步发电机的进相运行

随着大机组、大容量的电厂并网运行和电力远送，输电线路绵延伸长，电网的电压等级相应提高。近几年来，500kV 级的变电站大量投入运行，在一些电网中，当电力负荷处于低谷（如节假日、后半夜）或枯水期水电厂机组停运时，在轻负荷的高压长线路和部分网络中，可能会出现由充电电流引起的运行电压升高甚至电压超上限的情况，并且有日趋严重之势，这不但破坏了电能质量，影响电网的经济运行，也威胁电气设备特别是磁通密度较高的大型变压器的运行及用电安全。因此，亟须寻求有效的降压措施，适时将发电机进相运行，即能降低电压，抑制和改善网络运行电压过高的状况。该技术措施易于实现，运行操作方便、灵活，可获得显著的经济效益。

1. 同步发电机进相运行状态分析

发电机经常的运行工况是迟相运行，此时定子电流滞后于端电压，发电机处于过励磁运行状态。进相运行是相对于发电机迟相运行而言的，此时定子电流超前于端电压，发电机处于欠励磁运行状态。发电机直接与无限大容量电网并联运行时，保持其有功功率恒定，调节励磁电流可以实现这两种运行状态的相互转换。如图 15-15 和图 15-16 所示，分别作出隐极发电机迟相和进相运行时的相量图。

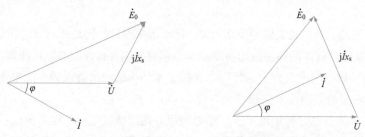

图 15-15　隐极发电机迟相运行时的相量图　图 15-16　隐极发电机进相运行时的相量图

发电机迟相运行时，供给系统有功功率和感性无功功率，其有功功率表和无功功率表的指示均为正值；而进相运行时供给系统有功功率和容性无功功率，其有功功率表指示正值，而无功率表则指示负值，故可以说此时从系统吸收感性无功功率。发电机进相运行时各电磁参数仍然是对称的，并且发电机仍然保持同步转速，因而是属于发电机正常运行方式中功率因数变动时的一种运行工况，只是拓宽了发电机通常的运行范围。同样，在允许的进相运行限额范围内，只要电网需要是可以长时间运行的。

2. 发电机进相运行特点

发电机进相稳定运行是电网需要时采用的运行技术，其运行能力主要是由电机本体的条件确定，发电机是否能进相运行应遵守制造厂商的规定。制造厂商无规定的应通过试验确定。进相运行的可能性决定于发电机端部结构件的发热和在电网中运行的稳定性，即发电机进相运行时存在的主要问题：① 发电机端部的漏磁较迟相运行时增大，会造成定子端部铁心和金属结构件的温度增高，甚至超过允许的温度限值；② 进相运行的发电机与电网之间并列运行的稳定性较迟相运行时降低，可能在某一进相深度时达到稳定极限而失步；③ 厂用电压降低。因此，发电机进相运行时容许承担的电网有功功率和相应允许吸收的无功功率值是有限制的。

（1）发电机定子铁心端部发热。发电机端部漏磁通是由转子和定子的漏磁通合成的，它是一个随转子同速旋转的旋转合成磁场。该旋转漏磁场磁通在切割静止的定子端部各金属结构件时，就会在其中感应涡流和磁滞损耗，引起发热。特别是定子端部铁心、压指、压环等磁阻较小的部件，因通过的磁通多，在局部冷却强度不足时，就会出现局部温升过高的现象。发电机由滞相变为进相运行时，端部合成磁通随之显著增大，端部元件的温升也显著增大，甚至越限，成为限制发电机进相运行的条件之一。因此，要通过现场试验作出温升曲线来确定进相运行的深度。

（2）发电机的静态稳定。当发电机在某恒定的有功功率进相运行时，由于励磁电流较低，因而其静稳定的功率极限值减小降低的静稳储备系数即静稳能力降低（见图 15-17）。保持有功 P 恒定，逐渐降低励磁电流，直至进相运行至 E_{02}，此时励磁电流感应的电动势为 E_{02}。若增加进相深度，应继续降低励磁电流，此时感应电势 E_{03} 更低。由于保持 P 恒定，功角必然由 δ_a 升至 δ_b，当励磁电流降至使发电机的运行功角增大而达静稳定的临界稳定点 $\delta=90°$。若继续降低励磁电流，则失去静稳而失步。由此可知发电机的进相容量受到限制。

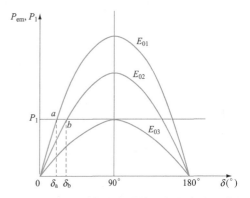

图 15-17 发电机功角随励磁电流降低而增大

（3）发电厂用电电压降低。发电机厂用电一般取自来自发电机出口。进相运行时，发电机由向系统发出无功变为吸收无功。由于实际系统不可能为无穷大系统，不能维持机端电压为恒定，即运行时发电机机端电压与厂用电电压要降低，厂用系统的电动机运行状态变差：出力下降，滑差增大，电流增大，可能造成电动机和厂用变压器过电流。所以一般要控制在额定电压的90%以上。

3. 发电机进相运行采取的技术措施

（1）进相运行机组的失磁保护连接片不许退出，自动励磁调节装置必须投运，手动调节励磁状态下则不允许作为进相运行机组。必须具备低励限制功能，并按要求进行整定，实际校核后投运，无此功能或不投此功能不得进相运行。另外相邻迟相运行机组亦需投入励磁调节装置。

（2）进相运行的机组须装设双向无功功率表或双向功率因数表，以便运行人员监视和计量。

（3）应装设功角仪，以便于运行中对发电机功角进行监视，确保发电机功角有一定的稳定裕度，要求 $\delta<70°$。

（4）发电机进相运行时，应注意机组厂用电压偏低引起的厂用电动机过电流问题，必要时应对厂用变压器分接头进行调整，使其满足要求。

（5）发电机的进相运行必须严格按调度安排进行，当系统发生故障（如联络线因故障断开一回后），应迅速增加发电机励磁，使其转入迟相运行。

（6）为避免机组进相运行时，同一电厂内部或附近电厂出现的非进相机组抢发无功的现象，削弱进相运行的效果，要求非进相机组高力率运行。

（7）发电机进相运行时，运行方式应保证厂用系统的安全运行。

（8）当系统发生振荡时，进相运行机组不得干预自动增加无功。当系统及发电机发生振荡或失去同步时，应立即增加进相运行机组的励磁电流。如果再无法拉入同步时应降低有功负荷，使之恢复正常。

（9）机组在进相运行期间，监盘人员应严密监视，使其各参数在允许范围内运行。监视发电机定子铁心、绕组的各点温度和机组振动情况及厂用电系统的电压变化如有超出额定允许值，应立即报告值长。

（10）机组进相运行时所带的有功值 P 和进相吸收无功值 Q 的关系，应按规定执行。

本章小结

    同步发电机不对称运行采用对称分量法分析。正序电抗就是同步电抗，零序电抗与漏抗性质相似，而负序电抗却不同，由于负序磁场与转子有相对运动，转子上的绕组（阻尼绕组和励磁绕组）会产生感应电流，转子电流产生转子磁场对负序磁场起削弱作用，所以负序电抗比正序电抗小。不对称运行对发电机的危害主要使转子表面局部过热而发生转子烧损事故；使转子产生振动，进而发生轴瓦磨损。

    同步发电机突然短路时，由于短路初瞬绕组磁链守恒，在转子的励磁绕组和阻尼绕组中感应电动势和感应电流，这种电流将建立各自的磁场，又反过来影响电枢磁场和定子电流的变化，致使在短路过程中，定子绕组的电抗小于稳态同步电抗，从而导致在短路过渡过程中定子短路电流很大，并且是一个随时间衰减的电流。

    失磁运行是同步发电机的异步运行，发电机的转速将高于系统的同步转速，从原来向系统输出无功功率变成从系统吸取大量的无功功率。

    进相运行的实质是欠励磁运行，限制进相运行的因素是发电机定子铁心端部发热和发电机的静态稳定。

思考题及习题

15-1 为什么同步发电机突然短路，电流比稳态短路电流大得多？为什么突然短路电流大小与合闸瞬间有关？

15-2 试述直流同步电抗 x_d、直轴瞬变电抗 x_d'、直轴超瞬变电抗 x_d'' 的物理意义和表达式，阻尼绕组对这些参数的影响。

15-3 同步发电机三相突然短路时，定子各相电流的直流分量起始值与短路瞬间转子的空间位置是否有关？与其对应的激磁绕组中的交流分量幅值是否也与该位置有关？为什么？

15-4 说明 x_d''、x_d' 的物理意义，比较 x_d''、x_d'、x_d 的大小。

15-5 为什么变压器的 $x+=x-$，而同步电机 $x+\neq x-$？

15-6 对两台电机，定子的材料、尺寸和零件完全一样，一个转子的磁极用钢片叠成，另一个为实心磁极，问哪台电机的负序电抗要小？为什么？

15-7 同步发电机失磁有哪些原因？为什么有些发电机失磁后还能向电网输出有功功率？

15-8 简要说明同步发电机失磁后的现象。

15-9 同步发电机进相运行受哪些因素限制？

15-10 为什么对大型同步发电机都要求有一定进相运行能力？

15-11 设有一台三相、Y 形连接，凸极同步发电机，测得各种参数如下：$x_d=1.45\Omega$，$x_q=1.05\Omega$，$x_-=0.599\Omega$，$x_0=0.20\Omega$。电机每相空载电动势 $E_0=220$V 时，试求：

（1）三相稳态短路电流；

（2）两相稳态短路电流；

（3）单相对中点稳态短路电流。

15－12 一台汽轮发电机有下列数据：

$x_{d*} = 1.62$ ， $x'_{d*} = 0.208$ ， $x''_{d*} = 0.126$ ， $T'_d = 0.74\text{s}$ ， $T''_d = 0.208\text{s}$ ， $T_a = 0.132\text{s}$ 。设该电机在空载额定电压下发生三相突然短路，试求：

（1）在最不利情况下定子突然短路电流的表达式；

（2）最大冲击电流值；

（3）在短路后经过 0.5s 时的短路电流值；

（4）在短路后经过 3s 时的短路电流值。

15－13 三相同步发电机运行在欠励状态时，对带感性负载的电网来说使电网 $\cos\varphi$ 变坏还是使电网 $\cos\varphi$ 变好，或者电网 $\cos\varphi$ 无关？

16

同步电动机与特殊同步电机

迄今为止，除了电力系统的大部分电能来自同步发电机，同步电机也作电动机使用。与前面讲的三相同步发电机从结构、运行和控制不同的同步电机我们称为特殊同步电机。本章介绍同步电动机的特点、运行原理和运行特性。特殊同步电机介绍永磁同步电机和步进同步电机，以对同步电机有更全面的了解。

16.1 同 步 电 动 机

同步电动机是转子转速与定子旋转磁场转速相同的交流电动机，其转子转速 n 与磁极对数 p、电源频率 f 之间满足 $n = n_1 = 60 f / p$。当故电源频率一定时，转速不变，且与负载无关。

同步电动机是同步电机的另一种重要的运行方式。同步电动机的功率因数可以调节，在不要求调速的场合，应用同步电动机可以提高运行效率。此外，同步电动机具有运行稳定性高和过载能力大等特点，常用于多机同步传动系统、精密调速稳速系统和大型设备（如轧钢机）等。另外，异步电动机的最大转矩与电压的平方成正比，而同步电动机在不考虑凸极效应时最大转矩与电压成正比，因此在电网电压下降时，同步电动机的过载能力比同容量的异步电动机高。同步电动机的主要缺点是：启动比较复杂，并需要直流励磁电源，结构也更复杂，制造成本和维护成本都更高。

同步电动机还可以接于电网作为同步补偿机。此时电机不带任何机械负载，靠调节转子中的励磁电流向电网发送所需的感性或者容性无功功率，以达到改善电网功率因数或者调节电网电压的目的。

同步电动机一般都做成凸极式的，为了能够自启动，在转子极靴上安有启动绕组。

16.1.1 同步电机运行的可逆性

1. 发电机状态

原动机驱动转子旋转，转子的励磁绕组加励磁电源，同步电机工作在发电机状态，并向电网输送一定的有功，其相量图和等效磁极展开图如图 16-1（a）所示，发电机 $\dot{E}_0$ 超前于 $\dot{U}$，转子主极轴线沿转向超前于气隙合成磁场轴线，δ 为正，电磁转矩为制动性质。原动机输入机械转矩克服电磁转矩，将机械能转变为电能。

2. 空载状态

其相量图和等效磁极展开图如图 16-1（b）所示，逐步减少原动机输入功率，使转子瞬时减速，δ 角和电磁功率相应减小。当 δ 角减至零时，发电机变为空载运行，其输入功率正好抵偿空载损耗。

3. 电动机状态

如果从空载状态继续减少原动机输入功率，转子在此瞬时减速，则主极磁场落后于气隙合成磁场，δ 为负。此时相量图和等效磁极展开图如图 16-1（c）所示，$\dot{U}$ 超前于 $\dot{E}_0$，电磁转矩为驱动性质，电机进入电动机运行状态，将电网输入的电能转换成机械能。

16.1.2 同步电动机的方程式和相量图

分析同步电动机如采用电动机惯例，即以电流流入电机为正方向，如图 16-2（a）所示，则励磁电动势 $\dot{E}_0$ 滞后与电压 $\dot{U}$。电动势平衡方程式分别为：

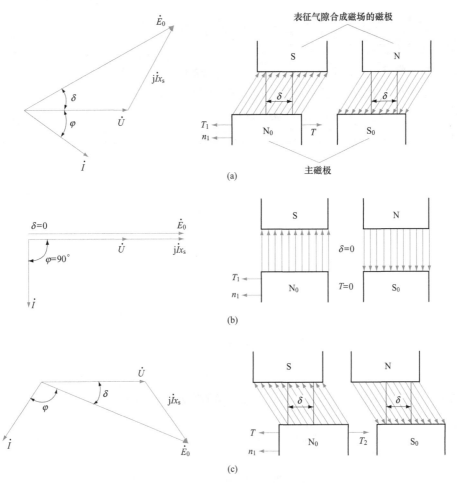

图 16-1 从发电机到电动机的过渡

（a）发电机状态；（b）空载状态；（c）电动机状态

隐极同步电动机

$$\dot{U} = \dot{E}_0 + \dot{I}r_a + j\dot{I}x_s \tag{16-1}$$

隐极电机功率因数超前与滞后时的相量图分别如图 16-2（b）、（c）所示。

凸极同步电动机

$$\dot{U} = \dot{E}_0 + \dot{I}r_a + j\dot{I}_d x_d + j\dot{I}x_q \tag{16-2}$$

同理，根据电动势方程可以画出相量图，从略。

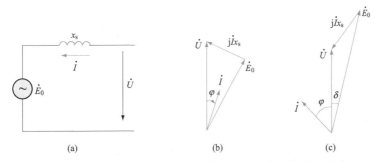

图 16-2 电动机惯例表示的隐极同步电动机的等效电路和相量图

（a）等效电路；（b）滞后功率因数；（c）超前功率因数

16.1.3 同步电动机的功角特性

1. 功率平衡方程式

同步电动机正常运行时，由电网输入的电功率 P_1 除了很小部分消耗于定子铜耗外，即为由电磁场从定子传送到转子的电磁功率 P_{em}。转子上获得的总机械功率 P_m 为 P_{em} 中减去定子铁心损耗、机械损耗 p_m，总机械功率 P_m 除去附加损耗 p_s（有的还包括励磁机功率 p_f）后才是电动机最后的输出功率 P_2。

$$P_{em} = P_1 - p_{Cu1} \qquad (16-3)$$

$$P_m = P_{em} - p_{Fe} - p_m \qquad (16-4)$$

$$P_2 = P_m - p_0 \qquad (16-5)$$

其中

$$p_0 = p_{Fe} + p_m + p_s$$

式中：p_0 为空载损耗。

2. 转矩平衡方程式

由式（16-5）得

$$P_{em} = P_2 + p_0 \qquad (16-6)$$

式（16-6）各项除以 $\varOmega_1 = \dfrac{2\pi n_1}{60}$ 得到转矩平衡式

$$T = T_0 + T_2 \qquad (16-7)$$

转矩平衡式说明，电动机稳定运行时，驱动性质的电磁转矩与制动性质的输出转矩和空载转矩之和平衡。

3. 功角特性

电动机运行时，励磁电动势 $\dot E_0$ 滞后于电压 $\dot U$，功角 δ 为正值，同理对凸极机有

$$P_{em} = m\frac{E_0 U}{x_d}\sin\delta + m\frac{U^2}{2}\left(\frac{1}{x_q} - \frac{1}{x_d}\right)\sin 2\delta \qquad (16-8)$$

$$T = \frac{P_{em}}{\varOmega} = m\frac{E_0 U}{\varOmega x_d}\sin\delta + m\frac{U^2}{2\varOmega}\left(\frac{1}{x_q} - \frac{1}{x_d}\right)\sin 2\delta \qquad (16-9)$$

若令 $x_d = x_q = x_s$，即得隐极同步电动机的电磁功率和电磁转矩表达式为

$$P_{em} = \frac{mE_0 U}{x_s}\sin\delta \qquad (16-10)$$

$$T = \frac{P_{em}}{\varOmega} = \frac{mE_0 U}{\varOmega x_s}\sin\delta \qquad (16-11)$$

【例 16-1】 一台三相隐极同步电动机，其最大电磁转矩与额定电磁转矩之比为 2，不考虑定子电阻。励磁电流保持不变的情况下，试求：

（1）满载运行时将电源电压由额定值下降 30%，电机还能稳定运行吗？

（2）电压降到多少时电机将失去同步？

解： 由题意 $K_m = \dfrac{1}{\sin\delta_N} = 2$，则 $\delta_N = 30°$。

额定电压满载运行时 $P_{emN} = P_{emax}/K_M = 0.5P_{emax}$。

（1）电压下降 30% 时 $P'_{emax} = \dfrac{mE_0 U'}{x_s} = \dfrac{m \times E_0 \times 0.7U}{x_s} = 0.7P_{emax}$，$P'_{emax} > P_{emN}$，故电压降低 30% 时，电机仍能稳定运行。

（2）设电压降至 U 时，最大电磁功率与额定电磁功率（对应于满负荷）相等，电机将失去同步，即

$$\frac{mE_0 U''}{x_s} = 0.5 \frac{mE_0 U_N}{x_s}$$

所以
$$U'' = 0.5 U_N$$

可见当电压下降至额定电压的一半时，电动机将失去同步。

16.1.4　同步电动机的无功功率调节

1. 同步电动机的无功功率调节

同步电动机并在恒压电网上运行时，若输出功率 P_2 恒定，以隐极同步电动机为例，且忽略电枢电阻损耗。则

$$\left.\begin{array}{l} P_2 = mUI\cos\varphi = 常数 \\ P_{em} = m\dfrac{E_0 U}{x_s}\sin\delta = 常数 \end{array}\right\} \tag{16-12}$$

由于 m、U、x_s 均不变，由式（16-12）可得

$$\left.\begin{array}{l} I\cos\varphi = 常数 \\ E_0\sin\delta = 常数 \end{array}\right\} \tag{16-13}$$

图 16-3 给出了输出功率不变而励磁电势变化时隐极发电机的电势相量图，$\dot{E}_0$ 和 $\dot{I}$ 的末端必须落在直线 AB 和 CD 上。可见，

（1）同步电动机输出有功功率 P_2 恒定，改变励磁电流可以调节其无功功率。

（2）正常励磁时功率因数 $\cos\varphi = 1$，电枢电流全部为有功电流，故数值最小。

（3）励磁电流小于正常励磁值（欠励）时，电动机功率因数 $\cos\varphi$ 滞后，同步电动机相当于感性负载，要从电网吸取滞后无功。

（4）励磁电流大于正常励磁值（过励）时，电动机功率因数 $\cos\varphi$ 超前，同步电动机相当于容性负载，要从电网吸取超前无功。

2. 同步电动机的 V 形曲线

同步电动机在有功功率恒定、励磁电流变化时，电枢电流随励磁电流变化的曲线，即 $I = f(I_f)$，如图 16-4 所示，亦为 V 形曲线。

（1）在欠励区，励磁电流减小到一定数值时，电动机将失步，不能稳定运行。

（2）改变励磁可以调节电动机的功率因数。

（3）利用同步电动机功率因数可调的特点，让其工作于过励状态，从电网吸收容性无功，可以改善电网的无功平衡状况，从而提高电网的功率因数和运行性能及效益。

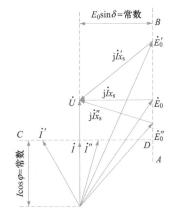

图 16-3　P_2=常数，调节励磁时的相量图

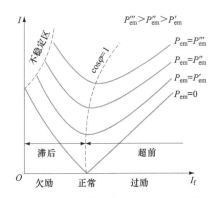

图 16-4　同步电动机的 V 形曲线

16.1.5 同步电动机的启动

同步电动机仅在同步转速时才能产生恒定的同步电磁转矩。启动时若把定子直接投入电网，转子加上直流励磁，则定子旋转磁场以同步转速旋转，而转子磁场静止不动。定子、转子磁场之间具有相对运动，所以作用在转子上的电磁转矩快速地正、负交变，平均转矩为零，同步电动机不能自行启动。因此，要把同步电动机启动起来，必须借助于其他方法。同步电动机通常采用的启动方法有以下几种：辅助电动机启动法、变频启动法、异步启动法。

1. 辅助电动机启动法

辅助电动机启动通常选用和同步电动机极数和相数相同的感应电动机（容量为主机的 5%～15%）作为辅助电动机。先用辅助电动机将主机拖动到接近同步转速，然后用自整步法将其投入电网，再切断辅助电动机电源。这种启动方法只适合其空载启动，而且所需设备多，操作复杂。

2. 变频启动

变频启动的方法实质是改变定子旋转磁场转速，利用同步转矩启动。在开始启动时，转子通入直流，然后使变频电源的频率从零缓慢上升，逐步增加到额定频率，使转子的转速随着定子旋转磁场的转速而同步上升，直到额定转速。这种启动方法必须要采用变频电源，而且要求励磁机为非同轴的，否则在最初转速很低时无法产生所需的励磁电压。

这种方法启动性能好，启动电流小，对电网冲击小，但是需要专门的变频电源，增加了投资。

3. 异步启动

同步电动的异步启动法由于不额外添加设备，所以广泛采用。这种启动方法的启动绕组采用的是阻尼绕组，阻尼绕组会产生异步电磁转矩从而实现启动的作用。同步电动机的启动过程可以分为两个不同的阶段：从启动到准同步转速过程为异步过程；从准同步转速加速到同步转速为牵入过程。在异步启动过程中存在着两种转矩：一种是笼式绕组产生的异步转矩，另一种是激磁绕组闭合后产生的单轴转矩。牵入过程也存在着两种转矩：同步转矩和异步转矩。同步转矩起主导作用，异步转矩有一定的加速作用。

（1）同步电动机的异步启动过程。同步电机转子磁极表面上一般要安装阻尼绕组，作用相当于鼠笼式电机的导条，在启动过程中会产生异步转矩。在异步启动时，通常是将励磁绕组接到约 10 倍于励磁绕组电阻值的附加电阻构成闭合回路，大同步电动机定子直接投入电网，使之按异步电动机启动，转速升至接近同步转速时，（约 95%），励磁绕组被接到直流电源上，转子会建立起励磁磁场。这样，转子磁场与定子旋转磁场的转速非常接近，这两个磁场相互吸引，便将转子牵入同步，启动过程结束。

励磁绕组不能开路，因为刚启动时定子磁场转速相对于转子绕组很高，励磁绕组匝数较多，将在其中感应很高的感应电动势，可能破坏励磁绕组绝缘，造成安全事故。也不能直接短路，否则励磁绕组感应电流很大，将与气隙磁场产生较大的附加转矩（称为单轴转矩），其特点是在略大于 1/2 同步速处产生较大的负转矩，使电动机的合成转矩发生明显的下凹，如图 16-5 所示，可能把同步电动机卡于半速附近运转，不能继续升速。

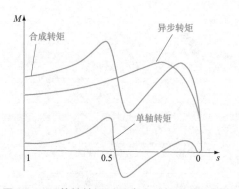

图 16-5 单轴转矩对同步电动机启动的影响

（2）牵入同步的过程。当转速升至约 95%同步速时投入励磁电流，转子有了确定的磁极极性，定子、转子磁场相互吸引，将转子牵入同步，启动过程结束。

当转子落后于定子等效磁极，两者极性相反时会产生加速转矩，两者极性相同时会产生减速转矩。故当定子相对于转子滑过一对极时，转矩变化一个周期。由于其周期相对较长，转矩值大，转速变化很大，瞬间可能超过同步速；而在减速过程中回到同步速，由于整步转矩的作用，经过一段时间衰减振荡后转子即可牵入同步，启动过程结束。

16.2 同步调相机

同步调相机，也称同步补偿机，利用不带机械负载的同步电动机改变励磁可以调节功率因数的原理，并联运行于电网上提供感性无功功率，提高功率因数，降低线路压降和损耗，提高发电设备的利用率和效率。

1. 调相机两种运行状态

同步调相机由于不带有功负载，运行只有两种状态，如图 16-6（a）所示为过励状态，$\dot{I}$ 领先于 $\dot{U}$，吸收容性无功功率，即发出感性无功功率。

如图 16-6（b）所示为欠励状态，$\dot{I}$ 落后于 $\dot{U}$，吸收感性无功功率。

2. 调相机用途

调相机向电网补充无功功率，根据其所在位置不同，补偿作用也不同。

（1）受控补偿。如图 16-7，调相机在负荷节点补偿，当负荷较大时，为了改善功率因数，同步补偿机应过励运行；当电网负荷很轻时，高压长输电线路将呈现较大的电容作用，使受端电网电压升高，此时，同步补偿机应运行在欠励状态，吸收电网中多余的容性无功功率。

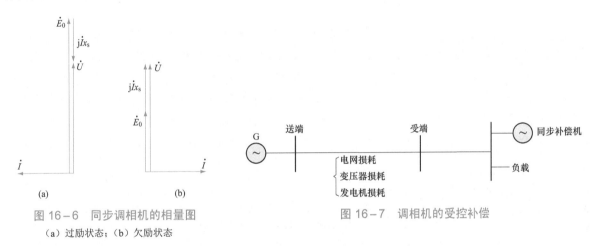

图 16-6 同步调相机的相量图
（a）过励状态；（b）欠励状态

图 16-7 调相机的受控补偿

（2）中间补偿。如图 16-8，调相机在输电线路上进行补偿，发电机送到系统的功率为 $P = m\dfrac{E_0 U}{\sum x}\sin\delta$，

当 $\sum x$ 减小时对稳定有利，因为 $\dfrac{E_0 U}{\sum x}$ 增加，δ角减小，稳定提高；当保持原过载能力时，输送的功率将增大；中间加补偿机相当于线路的 $\sum x$ 减小，提高了稳定性或增加输出。

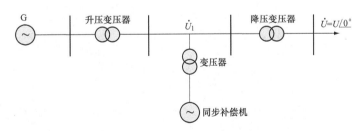

图 16-8 调相机的中间补偿

3. 调相机特点

（1）因不带机械负载，补偿机转轴可以比较细。因为输出有功功率为零（忽略调相机本身的损耗），过励时，电流超前电压 90°；欠励时，电流滞后电压 90°，只要调节励磁电流，就能灵活地调节无功功率的性质和大小。电力系统在大多数情况下呈感性，故调相机通常都是在过励状态下运行，作为无功功率电源，提供

感性无功，改善电网功率因数，保持电网电压稳定。

（2）由于没有稳定问题，x_s 可较大，使得气隙较小，励磁也较小，转子用铜量少。

（3）额定容量对应于过励运行状态。

（4）也存在启动问题，一般利用异步启动，加启动绕组。

水电站在枯水期间，水轮发电机可作调相机运行；在同时有水轮机和汽轮发电机的电网，丰水期间，水轮发电机发有功功率，汽轮发电机作调相机运行。

16.3 永磁同步电机

永磁同步电机一般是由永磁体构成转子励磁磁场。当拖动转子以同步速度旋转时，三相定子绕组会感应出三相对称电势，将转子输入的动能转化为电能，永磁同步电机作发电机运行；当定子侧通入三相对称电流，由于三相定子在空间位置上相差120°，所以三相定子电流在空间中产生旋转磁场，转子受到电磁力作用运动，此时电能转化为动能，永磁同步电机作电动机用。

16.3.1 永磁同步电机基本原理

在电机内建立进行机电能量转换所必需的气隙磁场有两种方法：一种是在电机绕组内通以电流来产生磁场，如普通的直流电机，同步电机和异步电机等；另一种是由永磁体来产生磁场，即永磁同步电机。

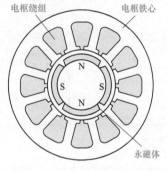

从基本原理来讲：永磁同步电机与传统电励磁同步电机是一样的，其唯一区别为传统的电励磁同步电机是通过在励磁绕组中通入电流来产生磁场的，而永磁同步电机是通过永磁体来建立磁场的，如图 16-9 所示，并由此引起两者分析方法存在差异。

图 16-9 永磁同步电机的原理结构图

16.3.2 永磁同步电机的结构及其特点

永磁同步电机主要是由转子、端盖及定子等各部件组成的。一般来说，永磁同步电机的定子结构与普通感应电机的结构相似，主要区别是在转子上放有高质量的永磁体磁极。

永磁同步电机按照转子上永磁体的排布方式主要分为面贴式、内置式两类，如图 16-10 所示。面贴式永磁同步电动机的永磁体通常呈瓦片形，位于转子铁心的外表面上，因此结构简单。此种电机的特点是直、交轴电感相等。内置式永磁同步电机的永磁体内置于转子内部，永磁体外表面与定子铁心内圆之间有铁磁物质制成的极靴，利于保护永磁体。此种结构的永磁电机重要特点是直、交轴电感不相等。

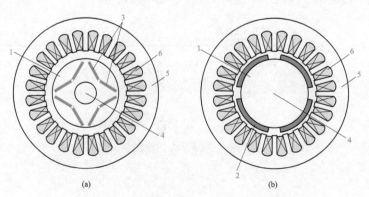

图 16-10 两种转子结构的永磁电机结构

（a）内插式永磁同步电机结构；（b）面贴式永磁同步电机结构

1—转子铁心；2—面贴式永磁；3—内置式永磁；4—转轴；5—定子铁心；6—电枢绕组

面贴式永磁同步电机相对内置式永磁同步电机而言，其弱磁调速范围小，功率密度低。但该结构电机动态响应快，转矩脉动小，适合于伺服驱动。内置式永磁同步电机在永磁转矩的基础上叠加了磁阻转矩，磁阻转矩的存在有益于提高电机的过载能力和功率密度，而且易于弱磁调速，扩大恒功率范围运行。但是转矩脉动大，需要设计隔磁桥，机械强度稍差。

16.3.3　永磁同步电机的数学模型

1. 永磁同步电机的稳态数学模型

以永磁同步发电机惯例分析定子和转子的磁动势间的转速关系时，假设转子的转速为 n（r/min），则转子的磁动势相应的转速也为 n，那么定子基波感应电势和电流频率是 $f = pn/60$，定子基波旋转磁动势的旋转速度为

$$n_1 = \frac{60f}{p} = \frac{60}{p}\frac{pn}{60} = n \tag{16-14}$$

可见，转子旋转速度是与定子磁动势的转速相等。

忽略定子绕组电阻，电动势平衡方程式为

$$\dot{E}_0 = \dot{U} + \mathrm{j}\dot{I}_d x_d + \mathrm{j}\dot{I}_q x_q \tag{16-15}$$

电磁功率为

$$P_{em} = m\frac{UE_0}{x_d}\sin\delta + m\frac{U^2}{2}\left(\frac{1}{x_q} - \frac{1}{x_d}\right)\sin 2\delta \tag{16-16}$$

电磁转矩为

$$T = \frac{P_{em}}{\Omega_1} = \frac{mUE_0}{\Omega_1 x_d}\sin\delta + \frac{mU^2}{2\Omega_1}\left(\frac{1}{x_q} - \frac{1}{x_d}\right)\sin 2\delta \tag{16-17}$$

2. 永磁同步电机的暂态数学模型

为方便分析起见，将三相永磁的同步电机看作是理想电机，符合下列假设。

（1）转子上没有阻尼绕组，三相定子的绕组为对称的星形分布。

（2）气隙磁场正弦分布，各次谐波忽略不计，感应电动势也是正弦波形。

（3）永磁体的等效励磁电流恒定，电机中涡流、集肤效应、铁心饱和和磁滞损耗均忽略不计，温度与频率不影响电机的参数。

正方向的选取要求如下。

（1）正向电流生出正向磁链。

（2）电压、电流的正方向按照电动机的惯例。

则 $d-q$ 坐标系中三相永磁同步电动机的电压方程为

$$\begin{cases} u_d = Ri_d + p\psi_d - \omega_s\psi_q \\ u_q = Ri_q + p\psi_q + \omega_s\psi_d \end{cases} \tag{16-18}$$

磁链方程为

$$\begin{cases} \psi_d = L_d i_d + 1.5\psi_f \\ \psi_q = L_q i_q \end{cases} \tag{16-19}$$

电磁转矩为

$$T = p_s[1.5\psi_f i_q + (L_d - L_q)i_d i_q] \tag{16-20}$$

式（16-18）至式（16-20）中，u_d、u_q 为定子电压的 d、q 轴分量；i_d、i_q 为定子电流的 d、q 轴分量；R 为定子的电阻；ψ_d、ψ_q 为定子磁链的 d、q 轴分量；ω_s 为同步电角速度；L_d、L_q 分别为 d、q 轴电感分量；p_s 为极对数；ψ_f 为永磁体磁链；p 为微分算子 $\mathrm{d}/\mathrm{d}t$。

电机转子运动方程为

$$J\frac{\mathrm{d}\omega_\mathrm{r}}{\mathrm{d}t} = p\left(T - T_\mathrm{L} - B\frac{\omega_\mathrm{r}}{p_\mathrm{r}}\right) \tag{16-21}$$

电机转子位置角方程为

$$\theta = \frac{\mathrm{d}\omega_\mathrm{r}}{\mathrm{d}t} \tag{16-22}$$

式中：p_r 为转子极对数；T_L 为负载转矩；J 为转子转动惯量；B 为阻尼系数。

16.3.4 永磁同步电机的应用

1. 永磁同步发电机的特点

相较于传统电励磁同步发电机，永磁同步发电机以永磁体替代电励磁绕组建立电机主磁场，拥有高效率的特点。同时，引入永磁体可实现电机的无刷化，故永磁电机具有运行可靠的特点。此外，随着近年来高性能稀土永磁材料的发展，永磁体的磁能积与矫顽力大幅提升，令永磁电机拥有高功率密度的特点。为此，永磁同步发电机在诸多领域中，特别在直驱式风力发电系统中应用广泛。

2. 永磁同步发电机的应用

基于永磁同步电机上述众多优势，特别在目前全国节能减排的大背景下，其应用前景极为广阔。随着永磁体及永磁同步电机控制技术的日益成熟、可靠，其应用范围基本上可以覆盖目前应用电机所有领域。

（1）油田抽油机。目前，油田抽油机用感应电动机普遍存在"大马拉小车"现象，电能浪费严重。国内针对油田抽油机负载特性，在减小 1～2 个机座号的情况下开发高效高启动转矩永磁同步电动机，该电机不仅在额定负载时效率和功率因数高，并且在轻载（1/4 额定负载）时仍具有用较高的效率和功率因数，在不同油田运行时节电率达 20% 以上。

（2）电动汽车。伴随汽车工业的急速发展，环保问题也越来越严重，为了解决上述问题，并且大幅改善燃油经济型，毫无疑问就是使用电动汽车。永磁同步电机以其高效率、高功率因数和高功率密度等优点，正逐渐成为电动汽车驱动系统的主流电机之一。

（3）化纤纺织。化纤纺织用电机稳定运行时负载并不很大，但是其负载的转动惯量却很大，这对电机的牵入同步能力提出了较高的要求。永磁同步电动机在启动过程中不但要求有足够的启动转矩，以克服负载转矩使电机启动并运行到接近同步转速，还要求电机有足够高的牵入同步能力，使电机能够顺利牵入同步，这在设计上是相互制约的，而且永磁同步电机由于转子上要安放永磁体，转子槽不可能太深，使启动性能的改善更难。因此在相同负载情况下，化纤纺织用电机尺寸一般比普通电机大 1～2 个功率等级，使得电机在运行时也存在"大马拉小车"的现象，电能浪费严重。

（4）电梯领域。永磁同步电机产生较小的谐波噪声，应用于电梯系统中，可以带来更佳的舒适感。

（5）家电行业领域。由于永磁电机在低运转时效率极高，可以有效降低频繁启动的损耗，是实现家电节能的较佳技术途径之一。

（6）挤出机领域。螺杆驱动电机是挤出机动力系统的重要组成部分。永磁同步电机具有体积小、重量轻、效率高、噪声低、可靠性高、可维护性好等优点，是挤出机驱动电机的理想选择。

16.4 步进同步电动机

步进电动机是一种将电脉冲信号转换为角位移的控制微电机，可在各种数控系统中作可执行元件，可在宽广的范围内调速，在负载能力范围内，其角位移的定位精度无积累误差，特别适用于开环数控系统中。步进电动机按其工作原理来分，主要有磁电式和反应式两大类，这里介绍常用的反应式步进电动机的工作原理。

图 16-11 表示一台三相反应式步进电动机，定子为三相绕组，每相有两个磁极，三相绕组为 Y 形连接。转子铁心及定子极靴上均有小齿，且定子、转子齿距相等，图 16-11 中转子齿数为 40 齿。因此每一齿距对应的空间角度为 $360°/40 = 9°$。B、C 两相与 A 相相差 12°和 240°，通过计算可知 B 极和 C 极正中的齿超前转子 14 号齿和 27 号齿的距离分别为 $\frac{1}{3}$ 齿距和 $\frac{2}{3}$ 齿距。

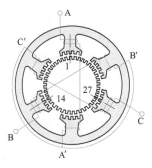

图 16-11 三相反应式步进电动机

首先有一相线圈（设为 A 相）通电，于是建立如图 16-12（a）磁场，由于转子力求整个磁路磁阻最小，转子 1 号齿对准磁极 A 极轴。然后，A 相断电，B 相通电，则磁极 A 的磁场消失磁极 B 产生了磁场，如图 16-12（b）所示，磁极的磁场把离它最近的 14 号齿吸引过去，14 号齿对准磁极 B 极轴，这时转子逆时针转了 30°。再接下去 B 相断电，C 相通电，如图 16-12（c）所示。同样道理，转子又逆时针转了 3°，27 号齿对准磁极 C 极轴。若再 A 相通电，C 相断开，那么转子再逆转 3°，使转子 1 号齿对准磁极 A 极轴。定子各相轮流通电一次转子转过一个齿。这样按 A→B→C→A→B→C→A→……次序轮流通电，步进电动机就一步一步地按逆时针方向旋转。通电线圈每转换一次，步进电动机旋转 3°，我们把步进电动机每步转过的角度称之为步距角。如果把步进电动机通电线圈转换的次序倒过来换成 A→C→B→A→C→B→……的顺序，则步进电动机将按逆时针方向旋转，所以要改变步进电动机的旋转方向可以在任何一相通电时进行。

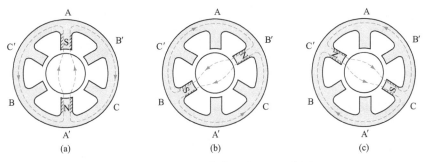

图 16-12 反应式步进电动机的工作原理
（a）A 相通电时；（b）B 相通电时；（c）C 相通电时

步进电动机已成为除直流电动机和交流电动机以外的第三类电动机。传统电动机作为机电能量转换装置，在人类的生产和生活进入电气化过程中起着关键的作用。可是在人类社会进入自动化时代的今天，传统电动机的功能已不能满足工厂自动化和办公自动化等各种运动控制系统的要求。为适应这些要求，发展了一系列新的具备控制功能的电动机系统，其中较有自己特点，且应用十分广泛的一类便是步进电动机。随着微型计算机和数字控制技术的发展，又将作为数控系统执行部件的步进电动机推广应用到其他领域，如电加工机床、小功率机械加工机床、测量仪器、光学和医疗仪器及包装机械等。

混合式步进电动机在当前很有发展前景。发展趋势之一是继续沿着小型化的方向发展。随着电动机本身应用领域的拓宽及各类整机的不断小型化，要求与之配套的电动机也必须越来越小。发展趋势之二是改圆形电动机为方形电动机。由于电动机采用方形结构，使得转子有可能设计得比圆形大，因而其力矩体积比将大为提高。发展趋势之三对电动机进行综合设计，即把转子位置传感器、减速齿轮等和电动机本体综合设计在一起，这样使其能方便地组成一个闭环系统，因而具有更加优越的控制性能。发展趋势之是向五相和三相电动机方向发展。目前广泛应用的二相和四相电动机，其振动和噪声较大，而五相和三相电动机具有优势性。而就这两种电动机而言，五相电动机的驱动电路比三相电动机复杂，因此三相电动机系统的性能价格比要比五相电动机更好一些。

我国的情况有所不同，直到 20 世纪 80 年代，一直是磁阻式步进电动机占统治地位，混合式步进电动机是 80 年代后期才开始发展，至今仍然是二种结构类型同时并存。尽管新的混合式步进电动机完全可能替代磁阻式电动机，但磁阻式电动机的整机获得了长期应用，对于它的技术也较为熟悉，特别是典型的混合式步进电动机的步距角（0.9°/1.8°）与典型的磁阻式电动机的步距角（0.75°/1.5°）不一样，用户改变这种产品结构不是很容易的，这就使得两种机型并存的局面难以在较短时间内改变。

【例16-2】有一台发电机向一感性负载供电，有功电流分量为1000A，感性无功电流分量为1000A，试求：

（1）发电机的电流I和$\cos\varphi$;

（2）在负载端接入调相机后，如果将$\cos\varphi$提高到0.8，发电机和调相机的电流各为多少？

（3）如果将$\cos\varphi$提高到1，发电机和调相机的电流又各为多少？

解：（1）
$$I = \sqrt{I_a^2 + I_r^2} = \sqrt{1^2 + 1^2} = 1.414\text{kA}$$

$$\cos\varphi = \frac{I_a}{I} = \frac{1}{1.414} = 0.707$$

（2）发电机电流
$$I_1 = \frac{I_a}{\cos\varphi} = \frac{1}{0.8} = 1.25\text{kA}$$

$$\cos\varphi = 0.8 \qquad \sin\varphi = 0.6$$

发电机无功电流
$$I_{r1} = I\sin\varphi = 1.25 \times 0.6 = 0.75\text{kA}$$

调相机的电流为
$$I_t = I_r - I_{r1} = 1 - 0.75 = 0.25\text{kA}$$

（3）此时发电机电流全是有功分量为
$$I = I_a = 1\text{kA}$$

无功电流全由调相机提供
$$I_t = I_r = 1\text{kA}$$

 本章小结

本章介绍了同步电动机的特点。按电动机惯例分析了同步电动机的方程式、相量图、功率平衡、转矩平衡及功角特性。在此基础之上分析同步电动机的调节励磁电流改变无功功率的过程，得出如下结论。

（1）同步电动机输出有功功率P_2恒定，改变励磁电流可以调节其无功功率。

（2）励磁电流小于正常励磁值（欠励）时，电动机功率因数$\cos\varphi$滞后，同步电动机相当于感性负载，要从电网吸取滞后无功。

（3）励磁电流大于正常励磁值（过励）时，电动机功率因数$\cos\varphi$超前，同步电动机相当于容性负载，要从电网吸取超前无功。

同步电动机在有功功率恒定、励磁电流变化时得到同步电动机的V形曲线，从而可知。

（1）在欠励区，励磁电流减小到一定数值时，电动机将失步，不能稳定运行。

（2）改变励磁可以调节电动机的功率因数。

（3）利用同步电动机功率因数可调的特点，让其工作于过励状态，从电网吸收容性无功，可以改善电网的无功平衡状况，从而提高电网的功率因数和运行性能及效益。

同步电动机不带机械负载时即为同步调相机，调相机的特点有：

（1）因不带机械负载，补偿机转轴可以比细。

（2）过励时，电流超前电压90°；欠励时，电流滞后电压90°。只要调节励磁电流，就能灵活地调节无功功率的性质和大小。

（3）由于没有稳定问题，x_s可较大，使得气隙较小，励磁也较小，转子用铜量少。

（4）额定容量对应过励而言。

（5）也存在启动问题，一般利用异步启动，加启动绕组。

另外，本章还介绍永磁同步电机和步进同步电动机的原理和特点及发展趋势与应用。

 思考题及习题

16-1 同步电动机与感应电动机相比，有什么优缺点？

16-2 同步电动机带额定负载时，如$\cos\varphi=1$，若在此励磁电流下空载运行，$\cos\varphi$如何变？

16-3 从同步发电机过渡到电动机时，功率角δ、电流I、电磁转矩T的大小和方向有何变化？

16-4 为什么当$\cos\varphi$滞后时电枢反应在发电机的运行里为去磁作用而在电动机中却为助磁作用？

16-5 一水电厂供应一远距离用户，为改善功率因数添置一台调相机，此机应装在水电厂内还是在用户附近？为什么？

16-6 有一台同步电动机在额定状态下运行时，功率角δ为 30°。设在励磁保持不变的情况下，运行情况发生了下述变化，试问功率角有何变化（定子电阻和凸极效应忽略不计）。

（1）电网频率下降5%，负载转矩不变；

（2）电网频率下降5%，负载功率不变；

（3）电网电压和频率各下降5%，负载转矩不变。

16-7 同步电动机为什么没有启动转矩？其启动方法有哪些？

16-8 同步电动机在异步启动时，如果转子绕组形成闭合回路，为什么会产生单轴转矩？

16-9 一台三相凸极同步电动机接在电压为额定值的大电网上运行。$x_q=0.6x_d$，电枢绕组忽略不计。已知该电动机在失去励磁时尚能输出的最大电磁功率为额定容量（视在功率）的37%，试求该电机在额定电流、额定功率因数为0.8（超前）时的激磁电动势幺值和功率角。

16-10 一台隐极电动机在额定运行时，功率角为 30°。设在励磁保持不变的条件下，运行状况发生了下述变化，试问功率角如何变化（定子电阻忽略不计）。

（1）电网频率下降5%，负载转矩不变；

（2）电网频率下降5%，负载功率为变；

（3）电网电压和频率各下降5%，负载转矩不变；

（4）电网电压和频率各下降5%，负载功率不变。

16-11 试简述永磁同步发电机的工作原理。

16-12 试简述永磁同步电动机的特点与应用。

16-13 试简述步进电动机的工作原理。

17

同步电机的试验技术

电机试验为电机的设计、质量检验和安全运行等提供必要的数据支撑，其测试数据的正确性和准确度是验证设计及保证质量的前提。同步发电机是电力系统中最主要的元件之一，它直接决定设备能否正常发电运行，所以同步发电机的试验很重要。

17.1　三相同步电机的试验项目及有关规定

不同电机的试验方法不尽相同，通常以相关的 IEC（国际电工委员会）标准、国家标准（一般参照 IEC标准编制）或企业标准作为试验依据。目前使用得最多的电机试验国家标准有：GB/T 755—2008《旋转电机定额与性能标准》、GB T 25442—2010《旋转电机（牵引电机除外）确定损耗和效率的试验方法》和 GB/T 1029—2005《三相同步电机试验方法》，规定了普通三相同步电机的测试项目，见表 17-1。

表 17-1　　　　　　　　　　　　同步电机检查试验项目

序号	试 验 项 目	序号	试 验 项 目
1	测量定子绕组的绝缘电阻和吸收比或极化指数	12	测量灭磁电阻器、自同步电阻器的直流电阻
2	测量定子绕组的直流电阻	13	测量转子绕组的交流阻抗和功率损耗（无刷励磁机组，无测量条件时，可以不测量）
3	定子绕组直流耐压试验和泄漏电流测量	14	测录三相短路特性曲线
4	定子绕组交流耐压试验	15	测录空载特性曲线
5	测量转子绕组的绝缘电阻	16	测量发电机定子开路时的灭磁时间常数和转子过电压倍数
6	测量转子绕组的直流电阻	17	测量发电机自动灭磁装置分闸后的定子残压
7	转子绕组交流耐压试验	18	测量相序
8	测量发电机或励磁机的励磁回路连同所连接设备的绝缘电阻，不包括发电机转子和励磁机电枢	19	测量轴电压
9	发电机或励磁机的励磁回路连同所连接设备的交流耐压试验，不包括发电机转子和励磁机电枢	20	定子绕组端部固有振动频率测试及模态分析
10	测量发电机、励磁机的绝缘轴承和转子进水支座的绝缘电阻	21	定子绕组端部线包绝缘施加直流电压测量
11	埋入式测温计的检查		

17.2　温　升　试　验

在发电机的招标和投标文件中，都要求大型发电机组在规定的绝缘等级下，有温升（或温度）的保证值。在发电机产品的设计中，不同负载下的发电机各部件温升都有计算分析。定子绕组、转子绕组、铁心等部件温度，额定工况轴承和轴瓦温度是发电机质量分等考核的主要性能要求之一。温升试验也是大型发电机性能试验的重要试验项目之一。

17.2.1 温升试验的目的

发电机温升试验是测量发电机各种电量和各部分的温升，提供运行限额图及确定负荷能力的大型试验。

温升是电机与环境的温度差，是由电机发热引起的。发电机运行时，本身要消耗一部分能量，这部分能量包括机械损耗、铁心损耗、铜损耗和附加损耗。这些损耗转化成热量，会使发电机各部分的温度升高。发电机冷却系统不断将热量带走，在同一时间内，带走的热量和损耗所产生的热量相等时，则发电机各部分的温度将会稳定在一定的数值；带走的热量小于损耗产生的热量时，电机的各部分温度就会上升，扩大温差，则增加散热，在另一个较高的温度下达到新的平衡。但温度的增高，致使绝缘材料或结构部件迅速老化或损坏，从而缩短电机的使用年限和可靠性。

温升是电机设计及运行中的一项重要指标，标志着电机的发热程度，在运行中，如电机温升突然增大，说明电机有故障，如风道阻塞或负荷太重，所以通过温升试验，可实测电机各部分的温度。通过温升试验达到如下目的：

（1）对新安装的发电机进行温升试验，目的是鉴定其带负荷能力和过载能力，看是否符合设计制造的要求。

（2）确定发电机在容许电压变动范围内，不同的冷却介质，所带有功功率和无功功率的极限关系曲线，为发电机提供运行限额图。

（3）寻求绕组平均温度、最高发热点温度和测温计温度之间的关系，确定监视发电机绕组的温度限额。

（4）对有缺陷或经提高出力改进后的发电机进行温升试验，以确定合理的出力。

（5）对发电机冷却系统有疑虑时，须进行温升试验，以校验其冷却效能，为检修以及改进通风系统，散热系统提供依据。

17.2.2 温升试验时温度的测量方法

电机绕组或其他部分的温度测量方法有以下三种：电阻法、温度计法和埋置检温计法，不同的方法不应作为相互校验用。

1. 电阻法

测量被试绕组的直流电阻并根据直流电阻随温度变化而相应变化的关系来确定绕组的平均温度。

（1）铜绕组。铜绕组的温升$\Delta\theta$（K）确定为

$$\Delta\theta = \frac{R_1 - R_2}{R_1}(235 + \theta_1) + \theta_1 - \theta_0 \tag{17-1}$$

式中：R_2为试验结束时的绕组电阻，Ω；R_1为实际冷态时的绕组电阻，Ω；θ_1为对应实际冷态测定R_1时的绕组温度，℃；θ_0为试验结束时的冷却介质温度，℃。

（2）非铜绕组。对铜以外的其他材料，应采用该材料在℃时电阻温度系数的倒数来代替式（17-1）中的235，对铝绕组除另有规定外应采用225。

2. 温度计法

用温度计贴附在电机可接触到的表面来测量温度，温度计包括膨胀式温度计（如水银、酒精等温度计）和半导体温度计及非埋置的热电偶或电阻温度计。测量时温度计应紧贴在被测点表面，并用绝热材料覆盖好温度计的测量部分，以免受周围冷却介质的影响，在有强交变磁场的地方不能采用水银温度计。

3. 埋置检温计法

用埋入电机内部的检温计（如电阻检温计，热电偶或半导体热敏元件等）来测定温度，检温计是在电机制造过程中埋置于电机制成后不能触及的部位。测量埋入式电阻温度计的电阻时，应控制测量电流的大小和通电流时间使电阻值不致因测量电流引起的发热而有明显的改变。

4. 温升试验时电机各部分温度的测定

（1）冷却介质温度的测定。对采用周围环境空气或气体冷却的电机（开启式电机或无冷却器的封闭式电

机），环境空气或气体的温度应采用几个温度计来测量，温度计应分布在电机周围不同的地点，距离电机1～2m，球部处于电机高度的二分之一位置，并应避免一切辐射和气流的影响。

采用强迫通风或具有闭路循环冷却系统的电机，应在电机的进风口处测量冷却介质的温度。

绕组采用水内冷的电机，应取进水温度作为绕组冷却介质温度。

对非水直接冷却的铁心和其他部分应取进风温度为其冷却介质的温度。

试验结束时的冷却介质温度，应取在整个试验过程最后的四分之一时间内，按相等时间间隔测得的几个温度计读数的平均值。

（2）绕组温度的测定。电机绕组温度的测量可用电阻法、埋置检温计法。但在使用电阻法时，冷热态电阻必须在相同的出线端测量。对既不能采用埋置检温计法又不能采用电阻法的场合，可采用温度计法。

励磁绕组温度的测定用电阻法测量励磁绕组的温度时，电压应在集电环上测量。励磁绕组和辅助绕组温度测定采用电阻法和温度计法。定子铁心温度的测定采用埋置检温计时用检温汁测量，否则用温度计（对大、中型电机不少于两支）测量，取其最高值作为铁心温度。集电环、极靴、阻尼绕组温度的测定在电机停转后立即采用温度计或点温计测量。轴承和密封瓦温度的测量采用温度计和埋置检温汁测定。

5. 电机各部分在切离电源后所测得的温度修正

用电阻法测量断能停转后的电机温度时，要求在温升试验结束后就立即使电机停转，电机断能在表17-2显示间隔时间内测得第一点读数，则以读数计算电机的温升而不需外推至断能瞬间。

表 17-2   测量温度时间间隔

电机的额定功率 P [kW（kVA）]	断能后间隔的时间（s）
$P \leq 50$	30
$50 < P \leq 200$	90
$200 < P \leq 5000$	120
$P > 5000$	按专门协议

如在表17-2间隔时间内不能测得第一点读数，则应尽快测量。以后每隔1min读取一次读数，直至这些读数开始明显地从最高值下降为止。绘成电阻（或温度）与时间关系的曲线并根据电机的额定功率，将此曲线外推至表17-2中相应的间隔时间，所获得的温度即作为电机断能瞬间的温度。绘制曲线时，推荐采用半对数坐标，温度标在对数坐标轴上。如停转后测得的温度连续上升，则应取测得的温度最高值作为电机断能瞬间的温度。

如电机断能后测得第一点读数的时间超过上述相应间隔时间的两倍，则所规定的方法只有在制造厂与用户取得协议后才能采用。

17.2.3 温升试验方法

温升试验方法有直接负载法、低功率因数负载法、空载短路法等。

1. 直接负载法

大型发电机的温升试验在现场一般采用直接负载法。试验时被试电机保持在额定工作方式下进行，即额定功率、额定功率因数、额定频率的工况下进行温升试验。在试验过程中尽量防止突变，每隔30min记录一次各点数据，在电机各部分温度渐趋稳定阶段，要求每15min或30min记录一次。当电机各部分温度变化在最后1h内不超过2K时认为电机发热已达稳定状态。取稳定阶段中几个时间间隔温度的平均值作为该电机在额定负载下的温度，如采用停机外推法确定负载下温度时见表17-2。

当温升试验时的电流与额定值相差在±5%以内时，电机绕组温升$\Delta\theta_N$可修正为

$$\Delta\theta_N = \Delta\theta\left(\frac{I_N}{I}\right) \tag{17-2}$$

式中：I 为温升试验过程中最后 1h 内几个相等时间间隔的电流读数的平均值，A；$\Delta\theta$ 为对应于试验电流 I 时的绕组温升，K。

当进行每一负载温升试验时应确定相对于冷却介质温度的绕组和铁心的温升，根据不同负载下的试验结果，绘制电机该部分温升与绕组电流平方或者与该部分相应损耗的关系曲线，对应于额定负载的温升应用所得的曲线外推确定。

2. 非直接负载法

因设备条件限制无法采用直接负载法进行温升试验时可采用低功率因数负载法或空载短路法进行。

（1）低功率因数法。此方法中被试电机可作发电机或电动机运行，可不带有功负载或带一部分有功负载。试验时电机调到额定频率、额定励磁电流和额定电枢电流，试验过程中的要求与直接负载法相同，如果此时电枢电压不低于 95% 额定值，则电枢绕组温升 $\Delta\theta_a$ 及定子铁心温升 $\Delta\theta_{Fe}$ 不作修正，否则应按下列方法修正。

1）两次空载温升试验。

a）电机空载，电枢电压等于上述试验中的电压，此时测得的电枢绕组温升为 $\Delta\theta_{a1}$ 及定子铁心温升为 $\Delta\theta_{Fe1}$。

b）电机空载，电枢电压等于额定电压，此时测得的电枢绕组温升为 $\Delta\theta_{a2}$，定子铁心温升为 $\Delta\theta_{Fe2}$。

额定工作方式的温升按式（17-3）和式（17-4）计算。

电枢绕组温升

$$\Delta\theta_{aN} = \Delta\theta_a + (\Delta\theta_{a2} - \Delta\theta_{a1}) \tag{17-3}$$

定子铁心温升为

$$\Delta\theta_{FeN} = \Delta\theta_{Fe} + (\Delta\theta_{Fe2} - \Delta\theta_{Fe1}) \tag{17-4}$$

2）经验公式法。

电枢绕组温升为

$$\Delta\theta_{aN} = \Delta\theta_a \left(1 + \frac{\Delta P_{Fe}}{K_a P_{Cua}}\right) \tag{17-5}$$

定子铁心温升为

$$\Delta\theta_{FeN} = \Delta\theta_{Fe} \left(1 + \frac{\Delta P_{Fe}}{P_{Cua} + P'_{Fe}}\right) \tag{17-6}$$

式中：ΔP_{Fe} 为额定电压时的铁耗 P_{Fe} 与低功率因数负载温升试验电压所对应的铁耗 P_{Fe} 之差，kW；P_{Cua} 为低功率因数负载温升试验时电枢绕组中 I^2R 损耗，kW；K_a 为系数，小型电机取 6，中型电机取 3。

（2）空载短路法。

1）被试电机作发电机运行并进行以下四次温升试验：

a）电机空转，不加励磁，测得电枢及铁心温升为 $\Delta\theta_{a0}$ 和 $\Delta\theta_{Fe0}$；

b）电机空载，电枢电压等于 105% 额定值，测得温升为 $\Delta\theta_{a1}$ 和 $\Delta\theta_{Fe1}$；

c）电机空载，在铁心温升不超过规定值的情况下，电枢电压尽可能接近 120% 额定值，测得温升为 $\Delta\theta_{a2}$ 和 $\Delta\theta_{Fe2}$；

d）电机三相对称短路，电枢电流等于额定值，测得温升为为 $\Delta\theta_{aK}$ 和 $\Delta\theta_{FeK}$。

2）额定工作方式的电枢绕组温升为

汽轮发电机

$$\Delta\theta_{aN} = \Delta\theta_{aK} \left(1 + \frac{40 - \theta_K + \Delta\theta_{a1} + \Delta\theta_{a0}}{K + \theta_K + \Delta\theta_{aK}}\right) + \Delta\theta_{a1} - \Delta\theta_{a0} \tag{17-7}$$

其他发电机

$$\Delta\theta_{aN} = \Delta\theta_{aK} \left(1 + \frac{\Delta\theta_{a1} + \Delta\theta_{a0}}{K + \theta_K + \Delta\theta_{aK}}\right) + \Delta\theta_{a1} - \Delta\theta_{a0} \tag{17-8}$$

式中：θ_K 为三相对称短路温升试验时冷却介质的温度，℃；K 为系数，对铜绕组取 235，对铝绕组取 225。

（3）额定工作方式下定子铁心温升确定为

$$\Delta\theta_{FeN} = \Delta\theta_{FeK} + \Delta\theta_{Fe1} - \Delta\theta_{Fe0} \qquad (17-9)$$

（4）额定工作方式下励磁绕组温升按下列作图方法求取，具体步骤如下。

将上述四次温升试验中的 b）、c）、d）三项温升试验中求出的励磁绕组温升 $\Delta\theta_f$ 换算到对应于冷却介质温度 40℃时的温升 $\Delta\theta'_f$，则有

$$\Delta\theta'_f = \Delta\theta_f\left(1 + \frac{40 - \theta_2}{K + \Delta\theta_f + \theta_2}\right) \qquad (17-10)$$

式中：θ_2 为对应于 $\Delta\theta_f$ 时的冷却介质温度，℃；K 对铜绕组为 235，对铝绕组为 228。

然后将 b）、c）、d）三项温升试验中测得的励磁绕组热态直流电阻 R，换算到冷却介质温度为 40℃时的电阻值 R'_f 有

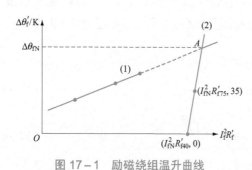

图 17-1 励磁绕组温升曲线

$$R'_f = \frac{K + 40 + \Delta\theta_f}{K + \theta_2 + \Delta\theta_f} \times R_f \qquad (17-11)$$

计算 $I_f^2 R'_f$ 值并作为 $\Delta\theta'_f = f(I_f^2 R_2^2)$ 的关系曲线如图 17-1 中曲线（1），再标出冷却介质温度为 40℃，温升分别为 0K 和 35K（绕组温度分别为 40℃和 75℃）时所对应的 $I_{fN}^2 R'_{f40}$ 和 $I_{fN}^2 R'_{f75}$ 值，并在图 17-1 上通过点（$I_{fN}^2 R'_{f40}$，0）与点（$I_{fN}^2 R'_{f75}$，35）作直线（2）交曲线（1）的延长线于 A 点，则 A 点所对应的温升 $\Delta\theta_{fN}$ 时即为所求的励磁绕组在额定工作方式下的温升。

<h2>17.3 同步电机的安全性能试验</h2>

电机的安全性能是电机最重要的性能之一，关系到设备的正常运行甚至人身安全，所以，在任何一台电机出厂之前进行的出厂试验中，安全性能测试都是必不可少的一部分。安全性能试验的目的是检验电机设备在长期的额定电压作用下，绝缘性能的可靠程度以及即使在外施过电压作用下也不致产生有害的局部放电和绝缘物的损坏。

本节电机的安全性能特性试验分为绝缘电阻的测定、工频耐电压试验、绕组匝间绝缘耐电压试验。

17.3.1 绝缘电阻的测定

（1）试验设备。测定电机绕组的绝缘电阻采用兆欧表或者直流高压测试电路，其规格应根据被测绕组在电机上的额定工作电压来选定。测量绕组对机壳及绕组相互间的绝缘电阻时应根据被测绕组的额定电压按表 17-3 选择绝缘电阻表。测量埋置在绕组内的其他发热元件的热敏电阻等检温计或其他有特殊要求的器件时，一般采用不高于 250V 的绝缘电阻表或按其要求选用其他规格的绝缘电阻表。

表 17-3　　　　　　　　　　　　　　绝缘电阻表的选择原则

被测绕组额定电压 U_N/V	绝缘电阻表规格/V
$U_N < 1000$	500
$1000 \leqslant U_N \leqslant 2500$	500～1000
$2500 < U_N \leqslant 5000$	1000～2500
$5000 < U_N \leqslant 12\,000$	2500～5000
$U_N > 12\,000$	5000～10\,000

（2）测量方法。测量电机绕组的绝缘电阻时应分别在电机实际冷状态和热状态（或温升试验后）下进行。检查试验时，如无其他规定，则绕组对机壳及绕组相互间的绝缘电阻仅在冷状态下测量。测量绝缘电阻时应测量绕组温度，但在实际冷状态下测量时可取周围介质温度作为绕组温度。

测量绕组绝缘电阻时，如果各绕组的始末端单独引出，则应分别测量各绕组对机壳及绕组相互间的绝缘电阻，这时，不参加试验的其他绕组和埋量检温元件等均应与铁心或机壳作电气连接，机壳应接地。当中性点连在一起而不易分开时，则测量所有连在一起的绕组对机壳的绝缘电阻。

测量水内冷绕组的绝缘电阻时，应使用专用的绝缘电阻测量仪，在绝缘引水管干燥或吹干的情况下，可用普通绝缘电阻表测量。

常用的测量绝缘电阻的基本方法有三种：惠斯通电桥法、电容充电法和电压电流法，其中电压电流法被广泛采用。电压电流法是在一个测试电压源 U_s 上串接被测电阻 R_x 和标准采样电阻 R_0，使之形成一个闭合回路。当 U_s 一定且 $R_x \gg R_0$ 时，采样电阻上的压降与 R_x 成反比，从而可以得出被测电阻值。若采用高稳定的直流测试电源，还可获得较高的测量准确度。

目前在常规的绝缘检测中，绝缘电阻表的使用率仍很高，绝缘电阻表由手摇发电机和流比计构成，示值基本与测试电压无关，属比率测量方法，但操作费力、费时，测量准确度低，误差约为±（10～20）%。

不能承受绝缘电阻表高压冲击的电器元件（如半导体整流器，半导体管及电容器等）应在测量前将其从电路中拆除或短接。

测量时，在指针达到稳定后再读取数据，并记录绕组的温度。

测量吸收比，吸收比指在同一次试验中，测量设备对地绝缘时 60s 与 15s 两个时刻绝缘阻值的比值，则吸收比 R_{60}/R_{15} 应测 15s 和 60s 时的绝缘电阻值。

测量极化指数，极化指数是指在同一次试验中，加压 10min 时的绝缘电阻值与加压 1min 时的绝缘电阻值之比，则极化指数 R_{10}/R_1 应测 1min 和 10min 时的绝缘电阻值。

绝缘电阻测量结束后，每个回路应对接地的机壳作电气连接使其放电。

17.3.2 工频耐电压试验

耐电压试验为校验电机绕组与机壳之间的绝缘强度，一般分为两个阶段：电机半成品阶段与整机阶段。对于耐电压试验根据使用目的和电力系统中的过电压种类，具体可分为工频交流耐压试验、雷电冲击波试验、操作冲击波电压试验。

工频耐电压试验就是试验电源的频率为工频，电压波形应尽可能接近正弦波形。在整个耐电压试验过程中，要做好必要的安全防护措施，被试电机周围应有专人监护。

1. 试验要求

除非另有规定，工频耐电压试验应在电机静止状态下进行。

试验前应先测量绕组的绝缘电阻，如电机需要进行超速、偶然过电流、短时过转矩试验及短路机械强度试验时，则工频耐电压试验应在这些试验后进行。型式试验时，工频耐电压试验应在温升试验后立即进行。当电枢绕组、辅助绕组各相或各支路始末端单独引出时，应分别进行试验。

试验时被试绕组两端同时施加电压（对小型电机可在绕组端施加电压），此时，不参加试验的其他绕组和埋置检温元件等均应与铁心和机壳作电气连接，机壳应接地。如果三相绕组的中性点不易分开，三相绕组应同时施加电压。

对于水冷电枢绕组，试验在绕组通水的情况下进行时，汇水管应接地。在不通水的情况下进行时，必须将绝缘引水管中的水吹干。

试验变压器应有足够的容量，如被试电机绕组的电容 C 较大时，则试验变压器的额定容量 S_N（kVA）应大于以下计算值

$$S_N = 2\pi f C U U_{NT} \times 10^{-3} \qquad (17-12)$$

式中：f 为电源频率，Hz；U 为试验电压值，V；U_{NT} 为试验变压器的高压侧额定电压，V；C 为电机被试绕组

的电容，F。

2. 工频耐电压试验方法

试验接线如图 17-2（转子耐电压试验接线参见此图）。图中 T1 为调压变压器，T2 为试验变压器，TV 为

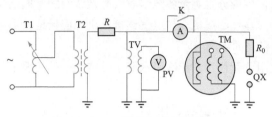

电压互感器，R 为限流保护电阻，其值一般为每伏 $0.2\sim1\Omega$，R_0 为球隙保护电阻（低压电机不接），其值一般可用每伏 1Ω，QX 为过电压保护球隙（低压电机不接），PV 为电压表，TM 为被试电机，其中球隙和球径按高压电气设备绝缘试验电压和试验方法的规定应择，球隙的放电电压应调整到试验电压的 $1.1\sim1.15$ 倍。如果需测量电容电流，可在试验装置高压侧接入电流表和与电流表并联的短路保护开关。如电流表接

图 17-2　工频耐电压试验接线图

在低压侧，则应注意杂散电流对读数的影响。

试验时，施加的电压应从不超过试验电压全值的一半开始，然后以不超过全值的 5% 均匀地或分段增加至全值，电压自半值增加至全值的时间应不少于 10s。全值试验电压值应符合 GB/T 1029—2005 的规定，并持续 1min。

当对批量生产的 5kW（或 kVA）及以下电机进行常规试验时，1min 试验可用约 5s 的试验代替，试验电压按 GB/T 1029—2005 规定的正常值。也可用 1s 试验来代替，但试验电压应为 GB/T 1029—2005 规定电压的 120%，试验电压用试棒施加。试验完毕亦应均匀降压，待电压下降到全值的三分之一以下时，方可断开电源，并将被试绕组进行放电。

在试验过程中，如果发现电压表指针摆动很大，电流表指示急剧增加，绝缘冒烟或发生响声等异常现象时，应立即降低电压，断开电源，将被试绕组放电后再对绕组进行检查。

在耐电压试验中，电机绕组无击穿及闪络现象，即认为该电机耐电压试验合格。

17.3.3　电枢绕组绝缘直流泄漏电流试验及直流耐压试验

1. 试验目的

直流泄漏的测量和绝缘电阻的测量在理论上是一致的，直流泄露试验能进一步发掘交流耐压试验不能发现的绝缘缺陷。

在交流耐压试验时，端部绕组绝缘内将产生电容电流，电容电流在绕组外部沿绝缘表面流向接地的定子铁心，这样在绝缘表面将产生显著的电压降，离铁心愈远的端部绝缘表面与绕组导体之间的电位差就愈小，则实际加在那些绝缘上的电压比试验电压小得多。因此，当远离铁心的绝缘有缺陷时，是不容易被发现的。但是，在直流耐压下，由于没有电容电流，端部绕组的绝缘表面的电压分布是比较均匀的，因此，端部绕组不论离铁心多远，导体和绝缘表面之间的电位差都相当高，这样直流耐压就能把远离接地部分端部绕组和绝缘查出来。

由此可见，由于直流耐压试验和交流耐压试验分别对端部和槽部绝缘缺陷有独特检出能力，因而这两种试验方法在发电机绝缘试验中是不能相互取代的。

由于电机的几何结构和绝缘材料的性能不同，直流和交流电压的分布也不同，故直流耐压试验电压比交流耐压试验电压高，绝缘的直流击穿电压（峰值）与工频交流耐压试验击穿电压（有效值）的比值称巩固系数，它与绝缘损伤深度有关。目前我国采用的巩固系数为（$1.54\sim1.67$），即交流试验电压取（$1.3\sim1.5$）U_N 时，直流试验电压为（$2.0\sim2.5$）U_N。

2. 试验方法

当电枢三相绕组各相或各支路始末端单独引出时，应分别对地进行泄漏电流试验。在绕组一相或一个支路进行试验前，其他两相绕组或其他支路均应接地，如果三相绕组的中性点连在一起不易分开时，则允许三相绕组一起试验。试验时应记录电枢绕组温度、环境温度和湿度。直流泄漏电流试验的最高电压即为直流耐压试验值，该值由有关的技术文件规定。

（1）空冷或氢冷电枢绕组。试验接线如图 17-3 所示。图中 T1 为调压器，T2 为试验变压器，R 为限流

保护电阻，其值为每伏 0.1～1Ω，D 为高压整流硅堆，V 为高电压测量装置；μA 为微安表，K 为闸刀开关，TM 为被试电机，C 为高压滤波电容。

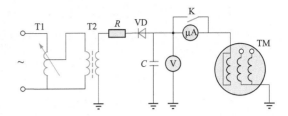

图 17-3　空冷或氢冷电枢绕组泄漏电流试验接线图

试验开始时，应使调压器电压在最低位置，通电后调节调压器，均匀升压。试验过程中电压应逐段上升。例如 $0.5U_N$、$1.0U_N$、$1.5U_N\cdots$至规定值。每升到一个阶段停留一分钟，并记录每阶段电压开始和一分钟时微安表的电流值（泄漏电流值）。试验完毕，将调压器退回原位，切断电源，并将绕组放电后接地。待放电完毕后，再对另一绕组进行试验。

在试验过程中，如发现泄漏电流随时间急剧增长或有异常放电现象时，应立即停止试验并断开电源，将绕组放电后接地再进行检查。

根据试验数据，绘制泄漏电流与试验电压的关系曲线。

（2）水内冷电枢绕组。试验接线如图 17-4 所示。图中 T1 为调压器，T2 为高压试验变压器，R 为限流保护电阻，其值为每伏 0.1～1Ω，D 为高压整流硅堆，V 为高电压测量装置；μA 为微安表，K1、K2 为开关，TM 为被试电机，C 为高压滤波电容值，C_1 为低压滤波电容器电容值，L_1 为电感扼流圈电感值，E 为 1.5V 电池电压，R_b 为 100kΩ炭膜电阻，R_a 为 500kΩ电位器电阻值，mA 为监视用毫安表。高压滤波电容器电容 C（F）的选择，应使时间常数满足

$$T \approx CR_y \geqslant 0.3\text{s} \tag{17-13}$$

式中：R_y 为被试绕组与汇水管间的绝缘电阻，Ω。

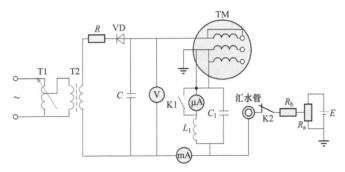

图 17-4　水内冷电枢绕组泄漏电流试验接线图

电枢绕组在通水条件下进行试验时，水质电导率应不大于 1.5μS/cm，每次试验前，先调节电位器 R_a，取得一个与极化电势极性相反，数值相等的补偿电势，使微安表指针为零。接着测量试验设备的空试直流泄漏电流（不接被试品时的微安表读数），实际直流泄漏电流 I（μA）计算为

$$I = I_1\left(1 + \frac{R_1}{R_2}\right) - I_0 \tag{17-14}$$

式中：I_1 为微安表读数，μA；R_1 为扼流线圈电阻和微安表内阻串联电阻值，Ω；R_2 为电枢绕组在试验状态接线时测出的汇水管对地电阻值，Ω；I_0 为试验设备空试直流泄漏电流，μA。

在电枢绕组吹水后进行试验时，试验方法与电枢绕组通水时基本相同，此时不需采用补偿电势。如进行水压试验，应在该试验后进行。

17.4　线电压波形正弦畸变率的测定试验

电压波形正弦性畸变率（Voltage Harmonic Distortion，VHD）是发电机型式试验的一个重要指标。

电机应在空载发电机状态下运行，调整转速、电压为额定值后测定。根据试验条件用波形畸变测定仪测定，或者用谐波分析仪测定出基波电压和各次谐波电压的数值，然后用式（17-15）计算出畸变率。

$$K_u = \frac{\sqrt{U_2^2 + U_3^2 + U_4^2 + \cdots + U_n^2}}{U_1^2} \tag{17-15}$$

用记录仪将电压波形的瞬时值记录下来，再分解出基波电压和各次谐波电压的数值，并计算出畸变率。

被测电枢电压可用分压器或电压互感器降低电压后进行测量，在使用分压器、电压互感器时，要注意使波形不失真。

17.5 自励恒压发电机的电压调整性能试验

自励恒压发电机的电压调整性能，试验包括电压调整范围、稳态电压调整率和冷热态变化率三个性能指标。

1. 检查电压调整范围

（1）检查空载时的电压整定范围。检查时发电机为空载，处于冷态或热态下，其转速为该类电机标准规定值，调节电压整定装置，测定发电机电压的最大值和最小值，此范围即为发电机冷态或热态空载时的电压整定范围。

（2）检查满载时的电压整定范围。检查时，发电机应保持满载功率和额定运行时的功率因数，转速为额定转速，分别在发电机冷态和热态两种情况下，调节电压整定装置，测定发电机电压的最大值和最小值，此范围即为发电机冷态或热态满载时的电压整定范围。

2. 稳态电压调整率的测定

测定发电机稳态电压调整率时应在冷态或热态下，按标准规定的电压，功率因数和转速进行。

试验前发电机为空载，调节转速到规定值。调整电压整定装置将电压整定在规定的电压调整率范围之内。对不可控相复励发电机允许在测定前将负载及功率因数调整至额定值，而后将负载逐渐减小至零，再重复将电压整定在电压调整率范围内。在试验过程中，电压调节装置应恒定不变，试验时，保持功率因数不变，使三相对称负载从零逐渐增加至额定功率，再从额定功率减小到零，测取各点电压，逐点的负载变化约为25%额定功率，在检查试验时测量点可酌情减少。

根据发电机励磁系统的不同类型，以及不同的运行方式，稳态电压调整率可计算为

$$\Delta U_{st\mu} = \frac{U_t - U_N}{U_N} \times 100\% \tag{17-16}$$

$$\Delta U_{st\mu} = \pm \frac{U_{st\,max} - U_{st\,min}}{2U_N} \times 100\% \tag{17-17}$$

以上式中：U_t 为从空载至额定负载与额定电压 U_N 相差最大的稳态电压（按三相平均值），V；U_N 为额定电压，V。$U_{st\,max}$、$U_{st\,min}$ 分别为规定条件下，负载自空载至满载之间变化时，端电压（有效值）的最大值和最小值，V。

需要注意的是式（17-16）、式（17-17）两式中具体选值根据该类型电机标准确定。

3. 冷热态电压变化率测定

冷热态电压变化率为电机工作到热稳定状态后的电枢电压与冷态时电压值的差值占冷态电压值的百分数。

试验时，先将发电机调整至额定工况，即电压、输出功率、功率因数及频率均为额定值。保持电压调节装置为初始位置，电机在除电压以外的其他参数保持为额定值的状态下运行到热稳定后。测量电枢电压 U_2（取三线电压平均值），则被试电机冷热电压变化率为

$$\Delta U = \frac{U_2 - U_N}{U_N} \times 100\% \tag{17-18}$$

试验时，环境温度的变化应不大于 10℃。

 本章小结

　　本章简要介绍同步发电机的试验项目、温升试验、安全性能试验、线电压畸变率等的试验方法。热试验时温度的测量方法包括电阻法、温度计法和埋置检温计法。温升试验有直接负载法、低功率因数负载法、空载短路法。

　　电机的安全性能是电机最重要的性能之一，介绍电机的三部分安全性能特性试验：绝缘电阻的测定；工频耐电压试验；绕组匝间绝缘耐电压试验。自励恒压发电机的电压调整性能包括电压调整范围、稳态电压调整率和冷热态电压变化率三个性能指标试验方法。

 思考题及习题

　　17-1　温升试验时温度的测量方法有哪些？各有哪些特点？适用于什么场合？

　　17-2　温升试验的环境温度是怎么测量的？

　　17-3　工频耐受电压中的试验电压值是怎么确定的？

　　17-4　测量工频交流耐压试验电压有几种方法？如果进行感应耐压试验的频率 f 为 400Hz，则试求试验时间 t。

　　17-5　交流耐压和直流耐压试验的区别是什么？

　　17-6　直流耐压和泄漏电流试验的目的是什么？

　　17-7　工频交流耐压试验的意义是什么

　　17-8　改善发电机线电压波形的措施有哪些？

　　17-9　一台三相汽轮发电机，$S_N = 2500\text{kVA}$，$U_N = 6.3\text{kV}$，丫形连接，每相同步电抗 $x_s = 10.4\Omega$，电枢电阻 $r_a = 0.07\Omega$，试求该发电机带 $\cos\varphi = 0.8$（滞后）的额定负载时的电压调整率。

　　17-10　一台 QFS-50-2 型水内冷发电机，定子电压 $U_N = 10\,500\text{V}$，容量 $S = 50\,000\text{kW}$，若定子绕组交流耐压为 16.5kV，估计耐压时的电流 I_{exp} 约为 500mA，试计算采用 100kV/380V 试验变压器的最小容量。

异步电机篇I

异步电机是交流电机的一种，主要作为电动机使用。由于异步电动机具有结构简单，制造方便，运行可靠，维护方便，成本低，坚固耐用的特点，所以得到广泛应用。三相异步电动机主要用于工农业生产中，单相异步电动机则多用于家用电器及自动装置中。异步电动机的主要缺点是调速性能较差，功率因数低，需要从电网中吸收感性无功功率。

本篇介绍异步电动机的结构、工作原理、基本运行方式及特性，并对异步电动机的异常运行状态及启动、调速、制动方式做了介绍，简单介绍了单相异步电动机、异步发电机和特殊异步电机，最后介绍了异步电机的试验技术。

18 三相异步电动机的基本结构

前面已经介绍，交流电机主要有同步电机与异步电机两种。同步电机的转速为同步转速 n_1，且 $n_1 = 60f_1/p$（p 为电机磁极对数），与电源频率有固定的关系；异步电机转速不等于同步转速，与电源频率 f_1 之间无固定关系。原则上讲，只要转速和所接的交流电源频率之间没有严格不变关系的电机都是异步电机。

18.1 异步电机的用途和分类

异步电机主要作电动机使用，如图 18-1 所示为异步电动机实物照片，其功率范围从几瓦到数万千瓦，是国民经济各行业和人们日常生活中应用得最广泛的电机，主要用于拖动各种生产机械。例如，在工农业应用中，它可以拖动风机、水泵、压缩机、各种轧钢设备、轻工机械、冶金和矿山机械等；在民用电器中，电扇、洗衣机、电冰箱、空调等都是由单相异步电动机拖动的。异步电机还可以作为发电机使用，如小型水电站、风力发电机组等。总之，异步电机应用范围广，需求量大，是实现电气化和自动化不可缺少的动力设备。

异步电动机（asynchronous motor）运行时，将定子绕组接到交流电源上，转子绕组直接短路（鼠笼式电动机）或启动时接到一可变电阻（绕线式电动机）上。异步电动机的转子电流由接到交流电源上的定子绕组建立的基波旋转磁场感应产生。转子电流与旋转磁场相互作用产生电磁转矩，从而实现机电能量转换。所以，异步电机又被称作感应电机，其励磁方式称为单边励磁方式。

图 18-1 异步电动机实物照片

异步电动机的种类很多，有不同的分类方法。最常用的分类方法：一是按照定子绕组相数来分类，有单相异步电动机、两相异步电动机和三相异步电动机；二是按照转子结构来分类，有鼠笼式（cage-squirrel）异步电动机和绕线式（wound-rotor）异步电动机，如图 18-2 和图 18-3 所示分别为鼠笼式异步电动机和绕线式异步电动机的结构图。此外，还可以根据电机定子绕组上所加电压的高低分为高压异步电动机和低压异步电动机。从其他角度看，还有高启动转矩异步电动机、高转差率异步电动机及高转速异步电动机等等。

图 18-2 鼠笼式异步电动机

图 18-3 绕线式异步电动机

18.2 三相异步电动机的结构

三相异步电动机主要由静止的定子和旋转的转子两大部分组成，定子与转子之间存在气隙，此外，还有端盖、轴承、机座、风扇等部件，如图18-4所示为三相笼型异步电动机的典型结构，图18-5所示为其结构展开图。

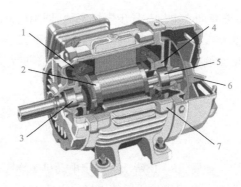

图18-4 笼型电动机结构图
1—定子；2—转子；3、5—轴承；4—轴承盖；6—冷却风扇；7—外壳

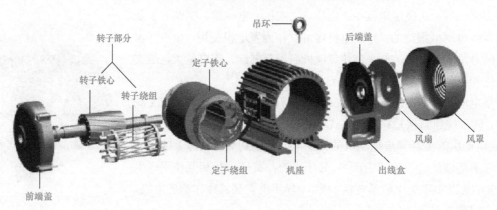

图18-5 笼型异步电动机结构展开图

下面分别对三相异步电动机定、转子主要部件的结构作一简单介绍。

18.2.1 定子

异步电机的定子（stator）主要由定子铁心、定子绕组和机座（stator frame）几部分构成。

定子铁心是电机磁路的一部分，为了减小交变磁场在铁心中引起的铁耗，定子铁心采用导磁性能好、铁耗小、厚度为0.5mm的硅钢片叠压而成，叠片间需经绝缘处理。为了嵌放定子绕组，每个硅钢片上都冲制出一些沿圆周均匀分布、尺寸相同的槽。如图18-6、图18-7所示。定子铁心槽的形状对漏抗及励磁电流有较大的影响。

定子绕组是定子的电路部分，由若干线圈按照一定规律嵌放在定子铁心槽中并连接起来构成。定子绕组在交变磁场中感应电动势，流过电流，从电网吸收电能（电动机）或向电网发出电能（发电机）。大中型三相异步电机定子绕组一般为三相双层短距绕组，小型电机一般采用单层整距绕组。小型异步电动机定子绕组用高强度漆包圆铜线或铝线绕制而成；大型异步电动机的导线截面较大，采用矩形截面的铜线或铝线制成线圈，再放置在定子槽内。高压大功率三相异步电动机定子绕组采用星形连接，只有三根线引出；中、小功率低压三相异步电动机在运行时，定子绕组通常采用三角形连接，但是一般把三相绕组的6个端子都引出，接到固定在机座上的接线盒中，这样便于使用者根据实际需要将三相绕组接成星形或三角形，如图18-8所示。

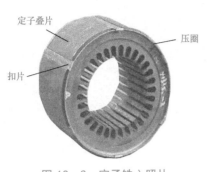

图 18-6 定子铁心照片

(a)   (b)

图 18-7 定子铁心硅钢片

（a）实物图；（b）剖面图

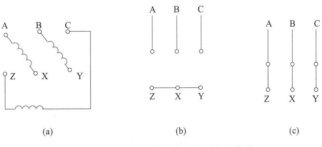

(a)   (b)   (c)

图 18-8 三相异步电动机的引出线

（a）接线盒；（b）星形连接；（c）三角形连接

机座主要用于固定和支撑定子铁心，端盖也固定在机座上，端盖上有轴承座，用于安置支撑转轴的轴承。

18.2.2 转子

异步电动机的转子（rotor）由转子铁心、转子绕组和转轴组成。转轴用于固定和支撑转子铁心，并输出机械功率。异步电动机的转子有鼠笼式转子和绕线式转子两大类，如图 18-9 和图 18-10 所示。所以按转子结构，异步电机可分为笼型电机和绕线式电机。

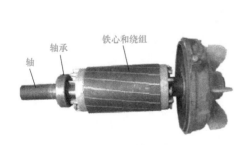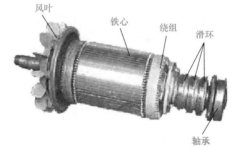

图 18-9 笼型转子   图 18-10 绕线式转子

转轴一般用中碳钢做材料，起支撑和固定转子铁心及传递转矩的作用。

转子铁心也是电机磁路的一部分，固定在转轴或转子支架上，转子铁心为圆柱形，铁心外圆冲有均匀分布的槽。图 18-11（a）所示为笼型转子铁心，图 18-11（b）所示为绕线式转子铁心。转子铁心硅钢片形状如图 18-12 所示。转子铁心也采用厚 0.5mm 的硅钢片，叠压成整体的圆柱形套装在转轴上，转子铁心外圆的槽内放置转子绕组。

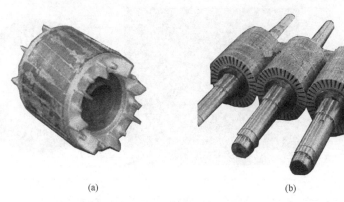

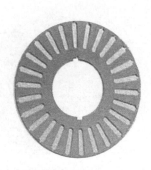

图 18-12 转子硅钢片

(a)

(b)

图 18-11 转子铁心

(a) 笼型转子铁心 (已铸铝); (b) 绕线式转子铁心 (未嵌线)

转子绕组是转子的电路部分，在交变的磁场中感应电动势，流过电流并产生电磁转矩。笼型转子绕组（cage winding），是自行短路的对称绕组，在转子铁心的每个槽中放置一根导体，称为导条，每根导条的轴向长度都比铁心略长。在导条的两端用短路环（也称为端环，end ring）把所有导条伸出铁心的部分连接起来，形成一个闭合回路，如图 18-13（a）所示。整个绕组的外形像一个笼子，因此得名。制造时，把叠好的转子铁心放在铸铝的模具内，把笼型和端部的内风扇一次铸成，铸好的笼型转子如图 18-13（b）所示。

绕线式转子的铁心上放置三相交流绕组，与定子绕组相似，其极数与定子相同，一般用双层绕组，连接成 Y 形，原理接线图如图 18-14 所示，三相出线端子引到三个滑环上，再利用三个固定在定子上的电刷将电动势引出到外电路，这样可利用外电路串附加电阻以改善电动机的启动性能或调节转速，这是绕线式异步电动机的特点。绕线式转子结构较笼型转子结构复杂，主要用于对启动性能要求较高和需要调速的场合。

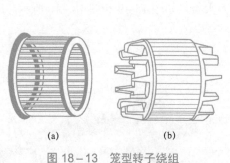

(a)

(b)

图 18-13 笼型转子绕组

(a) 笼型绕组; (b) 铸铝笼型转子

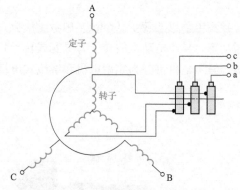

图 18-14 绕线式异步电动机接线图

18.2.3 气隙

异步电机的定子与转子之间有一小的间隙，称为电机气隙。气隙的大小对异步电机运行性能有重要影响。异步电机的气隙磁场是由励磁电流产生，为了减小励磁电流，提高功率因数，气隙应尽可能小。但气隙过小不仅会使电机装配困难，而且电机运行时定、转子之间可能发生摩擦。同时，气隙减小，气隙磁场的高次谐波幅值和附加损耗增大，因此异步电机最小气隙长度通常由制造工艺、运行可靠性、运行性能等多种因素决定。异步电机的气隙较同容量的同步电机要小得多，中小型异步电机的气隙一般为 0.2~2mm；功率越大，转速越高，气隙长度越大。

18.3 鼠笼式转子的极数和相数

任何电机的定子和转子极数都应该相同，否则，平均电磁转矩等于零，电机无法工作。绕线式转子的极数，在设计时通过转子绕组的适当连接，使其与定子极数一致。笼型转子的绕组由导条加端环构成，与绕线式转子结构不同，其极数和相数也有自己的特点，本节就笼型转子的极数和相数进行讨论。

18.3.1 笼型转子的相数

笼型转子的所有导条在两端都被端环短路，整个结构对称，实质上它是一个对称的多相绕组。由于每根导条在气隙磁场中的位置不同，各导条的感应电动势和电流在时间上相位不同，所以每根导条就构成了独立的一相。

设转子总导条数（或槽数）为 Q_2，磁极对数为 p，则相邻两根导条感应电动势的相位差 α 为

$$\alpha = \frac{p \times 360°}{Q_2} \qquad (18-1)$$

若 Q_2/p 为整数，则一对磁极下导条的电动势相量图将组成一个均匀分布的电动势星形图，如图 18-15 所示。表明笼型转子是一个对称多相绕组，其中每对磁极下的每一根导条构成一相，所以此时转子的相数 m_2 为 Q_2/p。

转子各对磁极下占有相同位置的导条，则是属于各相的并联导体，即每相有 p 根并联导体。由于一根导条相当于半匝，所以每相串联匝数为 $N_2 = 1/2$。因为每相仅有一根导体，不存在短距和分布的问题，所以笼型绕组的短距系数和分布系数均为 1。则对笼型转子有

$$m_2 = \frac{Q_2}{p}, \quad N_2 = 1/2, \quad k_{w2} = 1 \qquad (18-2)$$

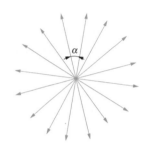

图 18-15 Q_2/p 为整数时一对磁极下导条的电动势星形图

18.3.2 笼型转子的极数

图 18-16 所示为笼型转子处于两极气隙磁场的情况。每根导条电动势瞬时值 $e = Blv$。设气隙磁场为正弦

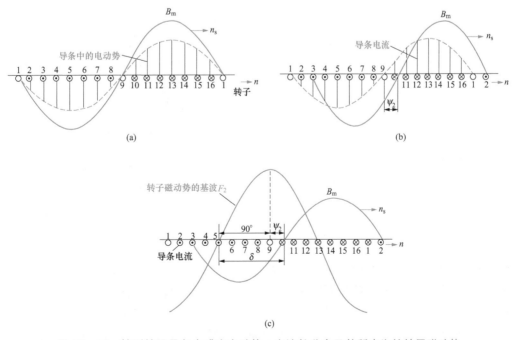

(a)

(b)

(c)

图 18-16 笼型转子导条中感应电动势、电流的分布及其所产生的转子磁动势

（a）导条中的电动势；（b）导条中的电流；（c）转子磁动势的基波

分布，则导条感应电动势的瞬时值分布情况如图 18-16（a）所示。由于导条和端环具有电阻和漏抗，所以导条中的电流滞后电动势一个阻抗角 ψ_2，如图 18-16（b），图中虚线表示每根导条内电流瞬时值的分布情况。图 18-16（c）表示导条电流所产生的转子磁动势基波。

从图 18-16 中可以看出，由于每个导条内电流的空间分布取决于气隙主磁场的分布，所以鼠笼式转子所产生的磁动势极数与产生它的气隙磁场的极数恒相等，气隙磁场的极数由定子绕组决定，也就是说，笼型转子的极数与定子绕组极数自动匹配，二者恒相等，与转子导条数无关。并且定子、转子磁动势的旋转速度始终相等，为同步转速。

18.4 三相异步电动机的型号及额定值

在三相异步电动机的机座上有铭牌，上面标有电机的型号及在额定条件下运行的有关数据，电动机在运行时不能超过这些额定值，否则可能损坏电机。

18.4.1 三相异步电动机的型号

电动机产品的型号一般采用大写印刷体的汉语拼音字母和阿拉伯数字组成，它是表示电机主要技术条件、名称和规格的一种产品代号。如中小型三相异步电动机表示如下：

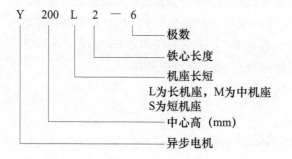

大型异步电动机表示为：

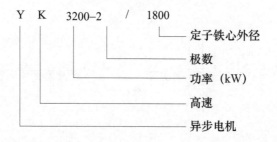

我国生产的异步电动机种类很多，Y 系列是小型鼠笼全封闭自冷式三相异步电动机，还有如 JQ2、JS、JR 等系列，这里不一一列举，可参阅电机产品目录。

18.4.2 三相异步电动机的额定值

三相异步电动机额定值主要有以下几种。

（1）额定功率 P_N：指在铭牌规定的额定条件下，电机转轴上输出的有效机械功率，单位为瓦（W）或千瓦（kW）。有些国家电动机输出的机械功率用马力（hp）表示，1hp 为 745.7W。

（2）额定电压 U_N：电机在额定工况下运行时，加在定子绕组出线端的线电压，单位为伏（V）或千伏（kV）。

原则上要求电动机电源电压为正弦波形，但实际中电网电压不可能为理想的正弦波形，总是含有谐波。为了保证电动机安全可靠运行，对所加的电源电压质量有一定的要求。对单相电动机和三相电动机，制造厂如无特别说明，要求电源电压的谐波电压畸变率不超过 0.02。对于三相交流电动机，电源电压可能不完全对称，要求电动机应能在电压负序分量不超过正序分量的 1%条件下长期运行，或者在不超过 1.5%且零序分量不超过正序分量 1%的条件下短时（几分钟）运行。

（3）额定电流 I_N：指电机定子绕组上所加电压为额定电压，转轴上输出功率为额定功率时定子绕组的线电流，单位为 A（安）或者 kA（千安）。

（4）额定频率 f_N：指加在定子边的电源频率，我国规定标准工频为 50Hz。

（5）额定转速 n_N：指电机在定子绕组加额定电压、转轴输出额定功率时的转速，单位为 r/min。

（6）额定功率因数 $\cos\varphi_N$：是电机在额定运行条件下定子侧的功率因数。

（7）额定效率 η_N：是电机在额定运行条件下，转轴输出的机械功率（额定功率）与定子侧输入的电功率（额定输入功率）的比值。

对于三相异步电动机，定子三相绕组不管是接成 Y 形还是△形，其额定值之间均有

$$P_N = \sqrt{3}U_N I_N \eta_N \cos\varphi_N (\text{kW}) \tag{18-3}$$

（8）电机的工作制。电机的工作制（duty）指电机所能承受的一系列负载状况，包括启动、制动、空载、停机、断能及持续时间和先后顺序等。GB 755—2008《旋转电机定额和性能》中规定了电动机的 10 种工作制，用 S1~S10 表示，未特殊说明，可认为是 S1 工作制。

1）S1 工作制，连续工作制。S1 工作制指电机保持在恒定负载下运行至热稳定状态。

2）S2 工作制，短时工作制。S2 工作制指在恒定负载下按给定的时间运行，电机在该时间内未达到热稳定状态及停机和断能，其停电时间足以使电机再度冷却到与冷却介质温差在 2K 以内。

3）S3 工作制，断续周期工作制。S3 工作制指按一系列相同的工作周期运行，每一周期包括一段恒定负载运行时间和一段停机和断能时间。这种工作制下，每一周期电机的启动电流不会对电机温升产生显著影响。

4）S4 工作制，包括启动的断续周期工作制。S4 工作制是按一系列相同的工作周期运行，每一周期包括一段对温升有显著影响的启动时间，一段恒定负载运行时间和一段停机和断能时间。

5）S5 工作制，包括电制动的断续周期工作制。S5 工作制是按一系列相同的工作周期运行，每一周期包括一段启动时间、一段恒定负载运行时间、一段电制动时间和一段停机和断能时间。

6）S6 工作制，包括电制动的连续周期工作制。S6 工作制是按一系列相同的工作周期运行，每一周期包括一段恒定负载运行时间和一段空载运行时间，无停机和断能时间。

7）S7 工作制，包括电制动的连续周期工作制。S7 工作制指按一系列相同的工作周期运行，每一周期包括一段启动时间、一段恒定负载运行时间和一段电制动时间，无停机和断能时间。

8）S8 工作制，包括负载—转速相应变化的连续周期工作制。S8 工作制是按一系列相同的工作周期运行，每一周期包括一段按预定转速运行的恒定负载时间和一段或几段按不同转速运行的其他恒定负载时间（如变极多速异步电动机），无停机和断能时间。

9）S9 工作制，负载和转速非周期变化的工作制。S9 工作制指负载和转速在允许范围内进行非周期性变化的工作制，包括经常性过载的情况，过载可能远远超过基准负载。基准负载应选定以 S1 工作制为基准的合适的恒定负载。

10）S10 工作制，离散恒定负载和转速工作制。S10 工作制包括特定数量的离散负载（或等效负载）/转速（如可能）的工作制，每一种负载/转速组合的运行时间应足以使电机达到热稳定状态。

（9）电机的防护等级。电机、开关柜等电器设备外壳的防护（Ingress Protection，IP）等级是指电器依其防尘防湿气之特性加以分级。IP 防护等级由两个数字组成，第一位数字表明设备抗微尘的范围，或者是人们在密封环境中免受危害的程度，代表防止固体异物进入的等级，最高级别是 6；第二位数字表明设备防水的程度，代表防止进水的等级，最高级别是 8。当只需要一个数字表示某一防护等级时，被省略的数字用"X"代替，如 IP2X。当防护内容有增加时，可在后面补充字母。如在数字后加一个字母 S，表示为防止进水而引起

有害影响的试验是在电机静止状态进行的。

GB/T 4942.1《旋转电机整体结构的防护等级（IP 代码）分级》中对电机的防护等级作了规定。其中 IP 后第一位数字的含义为：0，无专门防护；1，能防止直径大于 50mm 固体的异物进入电机壳内，即能防止大面积的人体（如手）偶然或意外触及、接近壳内带电或转动部件（但不能防止故意接触）；2，能防止直径大于 12mm 的固体异物进入电机壳内，能防止手指或长度不超过 80mm 的类似物体触及或接近壳内带电或转动部件；3，能防止直径大于 2.5mm 的固体异物进入电机壳内，能防止直径大于 2.5mm 的工具或导线触及或接近壳内带电或转动部件；4，能防止直径大于 1mm 的固体异物进入电机壳内，能防止直径或厚度大于 1mm 的导线或片条类似物体触及或接近壳内带电或转动部件；5，能防止触及或接近壳内带电或转动部件，虽不能完全防止灰尘进入，但进尘量不足以影响电机的正常运行，这类电机为防尘电机；6，可以完全防止尘埃进入，这类电机为尘密电机。IP 后第二位数字的含义为：0，无防护电机；1，防潮电机，垂直滴水对其无有害影响；2，15°防滴电机，当电机从正常位置向任何方向倾斜至 15°以内任一角度时，垂直滴水应无有害影响；3，防淋水电机，与铅垂线成 60°角范围内的淋水应无有害影响；4，防溅水电机，可承受任何方向的溅水应无有害影响；5，防喷水电机，可承受任何方向的喷水应无有害影响；6，防海浪电机，在承受猛烈海浪冲击或强烈喷水时，电机的进水量应未达到有害的程度；7，防浸水电机，当电机浸入规定压力的水中经过规定时间后，电机的进水量应未达到有害的程度；8，持续潜水电机，可以在制造厂家规定的条件下长期潜水。

除了以上各额定值外，三相异步电机在铭牌上还标出了相数、绕组联结方式、绝缘等级、额定温升等。对三相绕线式异步电机，还标有转子绕组的联结方式及转子的额定电压和电流。近些年，对异步电机的效率指标要求日益提高，高耗能电机逐渐被淘汰。GB 18613—2012《中小型异步三相电动机能效限定值及能效等级》颁布，其能效限定值见表 18-1，该标准规定电动机在额定输出功率时的效率应不低于表 18-1 中 3 级的规定值。

表 18-1　　　　　　　　　　　　　　　　　电 动 机 能 效 限 定 值

额定功率 /kW	效率/%								
	1 级			2 级			3 级		
	2 极	4 极	6 极	2 极	4 极	6 极	2 极	4 极	6 极
0.75	84.9	85.6	83.1	80.7	82.5	78.9	77.4	79.6	75.9
1.1	86.7	87.4	84.1	82.7	84.1	81.0	79.6	81.4	78.1
1.5	87.5	88.1	86.2	84.2	85.3	82.5	81.3	82.8	79.8
2.2	89.1	89.7	87.1	85.9	86.7	84.3	83.2	84.3	81.8
3	89.7	90.3	88.7	87.1	87.7	85.6	84.6	85.5	83.3
4	90.3	90.9	89.7	88.1	88.6	86.8	85.8	86.6	84.6
5.5	91.5	92.1	89.5	89.2	89.6	88.0	87.0	87.7	86.0
7.5	92.1	92.6	90.2	90.1	90.4	89.1	88.1	88.7	87.2
11	93.0	93.6	91.5	91.2	91.4	90.3	89.4	89.8	88.7
15	93.4	94.0	92.5	91.9	92.1	91.2	90.3	90.6	89.7
18.5	93.8	94.3	93.1	92.4	92.6	91.7	90.9	91.2	90.4
22	94.4	94.7	93.9	92.7	93.0	92.2	91.3	91.6	90.9
30	94.5	95.0	94.3	93.3	93.6	92.9	92.0	92.3	91.7
37	94.8	95.3	94.6	93.7	93.9	93.3	92.5	92.7	92.2
45	95.1	95.6	94.9	94.0	94.2	93.7	92.9	93.1	92.7
55	95.4	95.8	95.2	94.3	94.6	94.1	93.2	93.5	93.1
75	95.6	96.0	95.4	94.7	95.0	94.6	93.8	94.0	93.7
90	95.8	96.2	95.6	95.0	95.2	94.9	94.1	94.2	94.0
110	96.0	96.4	95.6	95.2	95.4	95.1	94.3	94.5	94.3

续表

额定功率 /kW	效率/%								
	1级			2级			3级		
	2极	4极	6极	2极	4极	6极	2极	4极	6极
132	96.0	96.5	95.8	95.4	95.6	95.4	94.6	94.7	94.6
160	96.2	96.5	96.0	95.6	95.8	95.6	94.8	94.9	94.8
200	96.3	96.6	96.1	95.8	96.0	95.8	95.0	95.1	95.0
250	96.4	96.7	96.1	95.8	96.0	95.8	95.0	95.1	95.0
315	96.5	96.8	96.1	95.8	96.0	95.8	95.0	95.1	95.0
335~375	96.6	96.8	96.1	95.8	96.0	95.8	95.0	95.1	95.0

【例 18-1】 已知一台三相异步电动机的额定功率 $P_N = 4kW$ ，额定电压 $U_N = 380V$ ，额定功率因数 $\cos\varphi_N = 0.77$ ，额定效率 $\eta_N = 0.84$ ，额定转速 $n_N = 960r/min$ ，试求其额定电流 I_N 。

解： 额定电流为

$$I_N = \frac{P_N}{\sqrt{3}U_N\eta_N\cos\varphi_N} = \frac{4\times10^3}{\sqrt{3}\times380\times0.84\times0.77} = 9.4A$$

【例 18-2】 一台三相 4 极鼠笼式异步电动机，定子绕组为 D 形连接，额定电压 $U_N = 380V$ ，额定频率 $f_N = 50Hz$ 。额定运行时，输入功率为 11.42kW，输出功率为 10kW，定子电流为 20.1A，转速为 1456r/min。试求该电动机的额定效率和额定功率因数。

解： 由题意可知，该电动机的额定功率 $P_N = 10kW$ ，额定输入功率 $P_{1N} = 11.42kW$ ，额定电流 $I_N = 20.1A$ ，额定转速 $n_N = 1456r/min$ ，则

额定效率

$$\eta_N = \frac{P_N}{P_{1N}}\times100\% = \frac{10}{11.42}\times100\% = 87.57\%$$

额定功率因数

$$\cos\varphi_N = \frac{P_{1N}}{\sqrt{3}U_NI_N} = \frac{11.42\times10^3}{\sqrt{3}\times380\times20.1} = 0.863\,2$$

 本章小结

本章介绍了三相异步电动机的用途、类型，异步电动机的主要结构，笼型异步电动机转子的极数和相数，最后介绍了异步电动机的型号及额定值。异步电机定子和转子之间存在气隙，气隙大小直接影响异步电机的运行，需要高度重视。

 思考题及习题

18-1 异步电机主要由哪些部件组成？它们各起什么作用？

18-2 三相异步电机设计时其气隙应该大还是小？为什么？

18-3 为什么异步电机的定子铁心和转子铁心都要用硅钢片组成？如果采用非磁性材料制成，会产生什么后果？

18-4 把一台三相异步电动机的转子抽掉，而定子绕组上加三相额定电压，会出现什么后果？

18-5　绕线式异步电机，如果定子绕组短路，在转子边接频率为 f_1 的三相交流电源时，产生的旋转磁场相对于转子顺时针方向旋转，问此时转子会旋转吗？转向如何？

18-6　异步电动机额定功率、额定电压、额定电流的定义是什么？为什么说公式 $P_N = \sqrt{3} U_N I_N \eta_N \cos \varphi_N$ 对Y形或△形连接的三相异步电动机均可采用？

19 三相异步电动机的运行原理

异步电动机与变压器一样属于单边励磁，也就是说，转子边的电流是由电磁感应产生的。从电磁关系看，异步电机与变压器相似，定子绕组相当于变压器的一次绕组，转子绕组相当于变压器的二次绕组。因此，可以把分析变压器的理论用到分析异步电机中来。

异步电动机三相定子、转子绕组都是对称的，正常运行时，各相发生的电磁过程完全相同，在分析时可以只讨论其中一相，如电动势方程、等效电路和相量图等，根据一相计算结果，再考虑相位后可以推广到其他两相。

19.1 三相异步电动机的基本工作原理

三相异步电动机由定子和转子两大部件组成，定子上有三相交流绕组，转子按一定方式构成闭合回路。当定子绕组通入三相对称交流电后，产生旋转磁场，旋转磁场以 $n_1 = 60f_1/p$ 的速度旋转，切割转子绕组并在其中感应出电动势，电动势的方向由右手定则确定。由于转子是闭合回路，转子中便有电流产生，电流方向与电动势方向相同，而载流导体在磁场中将受到电磁力 f_{em}，电磁力方向由左手定则确定，如图 19-1 所示。由电磁力形成的电磁转矩使转子旋转起来，转速为 n。异步电动机转子转速小于磁场的同步转速 n_1，如果电动机转速 n 等于旋转磁场转速 n_1，转子与旋转磁场之间无相对运动，无法在转子绕组感应电动势，从而无法产生电流和转矩。因此，异步电动机转子的正常运行转速 n 不等于旋转磁场的同步转速 n_1，这是异步电动机的基本特点，异步电动机亦由此得名。又由于异步电动机转子电动势和电流由感应产生，所以异步电动机也称为感应电动机。

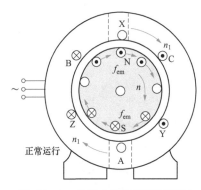

图 19-1　异步电动机工作原理图

如果电动机转子轴上带有机械负载，则负载被电磁转矩拖动而旋转。当负载发生变化时，转子转速也随之发生变化，使转子导体中的电动势、电流和电磁转矩发生相应变化，以适应负载需要。因此，异步电动机的转速是随负载变化而变化的。

异步电动机转子转速 n 与旋转磁场的同步转速 n_1 不相等，二者之间存在转速差 Δn，$\Delta n = n_1 - n$。Δn 正是旋转磁场切割转子导体的速度，它的大小决定着转子电动势及其频率的大小，直接影响异步电动机的工作状态，对异步电动机的运行起了很重要的作用。为分析方便，通常将异步电动机转子与同步转速的转速差 Δn 与同步转速 n_1 的比值，用转差率（slip）s 来表示，

$$s = \frac{n_1 - n}{n_1} \tag{19-1}$$

转差率也称为滑差，是异步电动机运行时的一个重要物理量。从式（19-1）可知，转子静止时，转速 $n = 0$，转差率 $s = 1$；转速 $n = n_1$ 时，转差率 $s = 0$。所以，异步电动机运行时，转差率的取值范围为 $0 < s < 1$。异步电动机在额定负载条件下运行时，一般额定转差率 $s_N = 0.01 \sim 0.06$，表明异步电动机运行时转子速度接近同步转速。

321

19.2 三相异步电动机的运行状态

根据转差率 s 为正（或负）的大小，三相异步电动机有三种运行状态：电动机状态，发电机状态和电磁制动状态。

1. 电动机运行状态 $0 < s < 1$

当异步电动机定子绕组通入三相交流电，在定子和转子之间的气隙中产生旋转磁场，旋转磁场以同步转速 n_1 切割转子，在转子绕组中感应电动势，产生电流，从而产生电磁转矩，使转子旋转起来，这时电磁转矩 T 是驱动转矩，电机作为电动机运行，将从电源吸收（输入）的电能转换为轴上的机械能（输出）。电动机运行状态下电机的转速范围在 0 到 n_1 之间变化，所以转差率在 1 到 0 之间变化，即 $0 < s < 1$，如图 19–2（b）所示。

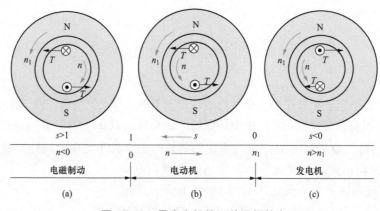

图 19–2 异步电机的三种运行状态

（a）电磁制动状态；（b）电动机状态；（c）发电机状态

2. 发电机运行状态 $-\infty < s < 0$

如果异步电动机由原动机驱动，使转子仍顺着旋转磁场方向旋转，并且使其转速 n 超过旋转磁场的同步转速 n_1，即 $n > n_1$，这时转子和旋转磁场的相对运动关系与电动机状态相反，所以感应在转子导体中的感应电动势和电流方向与电动机状态时也相反，电机产生的电磁转矩方向反向，电磁转矩对电机转轴起制动作用。定子绕组中电流有功分量相对于电动机状态反向，即电机向电网输送有功功率，将原动机的机械能转换为电能输送至电网，这时电机为发电机运行状态，如图 19–2（c）所示。由于此时电机转速 $n > n_1$，所以 $-\infty < s < 0$，即转差率为负值。

3. 电磁制动状态 $1 < s < +\infty$

如果作用在电动机转子上的外转矩使转子朝着与旋转磁场方向相反的方向转动，如起重机放下重物的情况，由于转子绕组与旋转磁场相对运动方向仍与电动机状态时一样，所以感应电动势与电流有功分量与电动机状态时相同，电磁转矩方向如图 19–2（a）所示，与电动机运行状态时一样。但外转矩使转子反方向旋转，所以电机转子的旋转方向与电动机状态时相反，则电磁转矩对旋转的转子而言是制动性质。这时，电机一方面从电网吸收电功率，另一方面转子也从外部吸收机械功率（来自下放的重物），二者都转变为转子内部电阻上的损耗，异步电机运行在电磁制动（electric braking）状态。这种状态下，电机转速 $n < 0$，所以 $1 < s < +\infty$。

异步电机运行时，三种运行状态都可能存在。下面讨论异步电动机的电磁关系、等效电路、电动势方程、相量图。

19.3　转子不动时的异步电动机

正常运行的异步电动机，转子总是旋转的。但为了便于学习和理解，本节先讨论转子不动时电动机的情况，然后再分析转子旋转时的情况。

19.3.1　参考方向的规定

在分析三相异步电动机的电磁关系前，首先要规定有关物理量的参考方向。如图 19-3 所示，为一台绕线式三相异步电动机示意图，其定子和转子绕组都接成 Y 形，定子绕组接在三相对称电源上，转子绕组开路。图 19-3（a）给出了定、转子三相等效绕组在定、转子铁心中的布置情况，19-3（b）给出了定子和转子三相绕组的连接方式，并标出了各相关物理量的参考方向。其中，$\dot{U}_1$、$\dot{E}_1$、$\dot{I}_1$ 分别为定子绕组的相电压、相电动势和相电流，按照负载惯例规定参考方向；$\dot{U}_2$、$\dot{E}_2$、$\dot{I}_2$ 分别为转子绕组的相电压、相电动势和相电流，也按照负载惯例规定参考方向。这里用下标"1"和"2"分别表示定子和转子的各有关物理量。规定磁动势、磁通和磁通密度都是从定子出来而进入转子的方向为正方向。

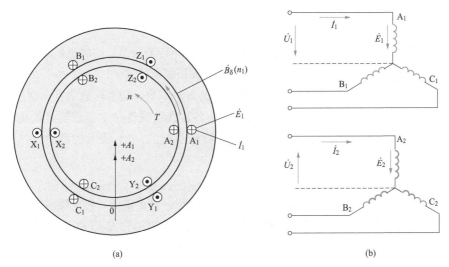

图 19-3　三相绕线式异步电机参考方向规定

（a）定、转子等效绕组在铁心布置情况；（b）定子和转子三相绕组的连接方式

当三相异步电机定子绕组接交流电源时，其转子不动可分为转子绕组开路和转子堵转两种情况，下面分别对这两种情况进行讨论。

19.3.2　转子绕组开路时的异步电动机

1. 磁动势和磁通

（1）励磁磁动势。将图 19-3 的三相绕线式异步电机定子接三相对称交流电源，转子三相绕组开路。此时，定子绕组中流过三相对称电流 $\dot{I}_{0A}$、$\dot{I}_{0B}$、$\dot{I}_{0C}$，在电机中建立合成基波旋转磁动势（以下简称磁动势），用空间矢量表示为 $\dot{F}_0$，其幅值为

$$F_0 = \frac{m_1}{2} \times 0.9 \frac{N_1 k_{w1}}{p} I_0 \qquad (19-2)$$

式中：N_1、k_{w1} 分别为定子一相绕组串联的匝数和基波绕组系数；m_1 为定子绕组的相数，对于三相异步电机，$m_1 = 3$。

该旋转磁动势以同步转速 $n_1 = 60 f_1 / p$ 旋转，转向由定子电流相序决定，定子电流为 $A_1 \rightarrow B_1 \rightarrow C_1$ 的相序，

所以磁动势 $\dot{F}_0$ 的转向从 $A_1 \rightarrow B_1 \rightarrow C_1$，为逆时针方向。

转子绕组开路时，转子回路电流无通路，则转子侧电流为零，不产生磁动势。此时，电机气隙中的磁动势只有定子磁动势 $\dot{F}_0$，因此称其为励磁磁动势，相应的定子电流 $\dot{I}_0$ 称为励磁电流。

（2）主磁通和定子漏磁通。励磁磁动势 $\dot{F}_0$ 在电机气隙中产生的磁通如图 19−4 所示。这里可以用与变压器类似的分析方法，把通过气隙同时交链定子和转子绕组的磁通称为主磁通 Φ_m，把不交链转子绕组只交链定子绕组的磁通称为定子绕组漏磁通 $\Phi_{1\sigma}$，漏磁通主要有槽部漏磁通和端部漏磁通。主磁通通过气隙，同时交链定子和转子绕组，分别在其上感应电动势，实现定、转子之间的能量传递。漏磁通只与自身绕组交链，只起电压降作用，不传递能量。

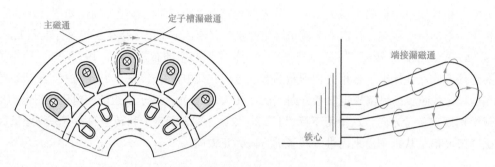

图 19−4　异步电机的主磁通和漏磁通

若不考虑齿槽效应，异步电机的气隙可认为是均匀的，转子绕组开路时电机的定子、转子绕组都是静止的，则励磁磁动势 $\dot{F}_0$ 产生的主磁通 Φ_m 随时间以频率 f_1 按正弦规律变化。

这里划分主磁通和漏磁通的方法与分析变压器时的方法一致，但要注意的是，变压器中的主磁通本身是随时间变化的，Φ_m 是它的幅值。在异步电动机中，与各相绕组交链的主磁通随时间交变，是由于产生它的气隙磁通密度沿气隙圆周正弦分布，并以同步转速旋转引起的，Φ_m 表示的是通过一个极距范围的气隙基波磁通量。

2. 感应电动势

转子不动时，旋转磁场切割固定不动的定子和转子绕组，对于定子、转子绕组来说，主磁通 Φ_m 为以频率 f_1 交变的磁通，它将在定、转子每相绕组中感应同频率的感应电动势 $\dot{E}_1$ 和 $\dot{E}_{20}$，其有效值为

$$E_1 = 4.44 f_1 N_1 k_{w1} \Phi_m \qquad (19-3)$$
$$E_{20} = 4.44 f_1 N_2 k_{w2} \Phi_m \qquad (19-4)$$

式中：Φ_m 为气隙旋转磁场的每极磁通量；f_1 为定子感应电动势的频率，转子感应电动势频率在转子不动时与定子感应电动势频率相同；N_1, N_2 为定、转子绕组每相串联匝数；k_{w1}, k_{w2} 为定、转子绕组的基波绕组系数；E_1、E_{20} 为定子侧和转子不动时转子侧的感应电动势。后面用下标"0"表示转子不动时的情况。

定、转子一相感应电动势有效值的比值，称为电动势比，用 k_e 表示则

$$k_e = \frac{E_1}{E_{20}} = \frac{N_1 k_{w1}}{N_2 k_{w2}} \qquad (19-5)$$

同样，定子绕组漏磁通 $\Phi_{1\sigma}$ 也在定子绕组中感应漏电动势，用 $\dot{E}_{1\sigma}$ 表示，叫定子绕组漏电动势。一般来说，漏磁通所经过的漏磁路大部分为空气等非铁磁材料，磁阻大，所以漏磁通较小。由于漏磁路为线性，由它产生的漏电动势与定子电流 $\dot{I}_0$ 成正比，所以与变压器类似，漏电动势可以用漏抗压降来表示

$$\dot{E}_{1\sigma} = -j\dot{I}_0 x_{1\sigma} \qquad (19-6)$$

式中：$x_{1\sigma}$ 为定子每相绕组漏电抗，用简化符号 x_1 表示，定子漏电抗主要有定子槽漏电抗和端部漏电抗。

这里要说明的是，x_1 虽然是定子一相绕组的漏电抗，但是它所对应的漏磁通却是由三相电流共同产生的。

3. 电压平衡方程

根据图 19−3 规定的参考方向，可以写出定子一相绕组的电压方程为

$$\dot{U}_1 = -\dot{E}_1 + \dot{I}_0 r_1 + \mathrm{j}\dot{I}_0 x_1 = -\dot{E}_1 + \dot{I}_0 Z_1 \qquad (19-7)$$

式中：r_1 为定子一相绕组的电阻；Z_1 为定子一相绕组的漏阻抗。

由于转子绕组开路，所以转子一相绕组的电压方程为

$$\dot{U}_2 = \dot{E}_{20} \qquad (19-8)$$

三相异步电机转子绕组开路时，定子和转子都是静止的，电机内部的电磁关系与三相变压器空载运行时相似，如图 19-5 所示。

4. 等效电路

与三相变压器空载运行时一样，将异步电机主磁通 $\boldsymbol{\Phi}_\mathrm{m}$ 感应的电动势 $\dot{E}_1$ 用励磁电流 $\dot{I}_0$ 在励磁阻抗 Z_m 上的压降来表示，则

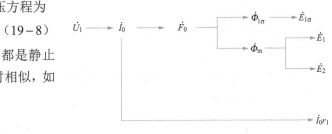

图 19-5　三相异步电动机转子绕组开路时的电磁关系示意图

$$\dot{E}_1 = -\dot{I}_0 Z_\mathrm{m} \qquad (19-9)$$

$$Z_\mathrm{m} = r_\mathrm{m} + \mathrm{j}x_\mathrm{m}$$

式中：Z_m 为励磁阻抗；r_m 为励磁电阻，与铁耗对应的等效电阻；x_m 为励磁电抗。

将式（19-9）代入式（19-7），得到定子绕组一相电压平衡方程

$$\dot{U}_1 = \dot{I}_0 (Z_1 + Z_\mathrm{m}) \qquad (19-10)$$

所以，转子绕组开路时等效电路如图 19-6 所示，为定子漏阻抗和励磁阻抗两个阻抗串联的电路。值得注意的是，由于异步电动机主磁路两次通过气隙，主磁路的磁阻较变压器大，所以异步电动机励磁电抗较变压器小得多，而漏电抗较变压器大。

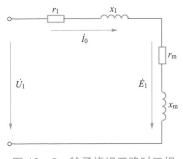

图 19-6　转子绕组开路时三相异步电机等效电路

19.3.3　转子绕组堵转时的异步电动机

将图 19-3 所示的绕线式异步电机转子的三相绕组短路，且将转子用外力制动不转，定子接三相交流电源，这种情况称为转子堵转，简称堵转。堵转时，转子回路有电流，电机的电磁关系与转子绕组开路时不同。由于转子绕组电流的存在，定子绕组电流也将发生变化，所以定子电流不再是 $\dot{I}_0$，而变为 $\dot{I}_1$。

1. 定、转子磁动势关系

定子绕组中流过三相对称电流 $\dot{I}_1$，在电机中建立以同步转速 $n_1 = 60 f_1 / p$ 旋转的旋转磁动势和磁场。该磁场同时切割定子绕组和转子绕组，并在其中感应电动势 $\dot{E}_1$ 和 $\dot{E}_{20}$。因为转子绕组是闭合的，在转子感应电动势 $\dot{E}_{20}$ 作用下，转子绕组中有电流 $\dot{I}_2$ 流过，由于转子绕组也为空间对称分布的三相绕组，流过对称的三相电流时，建立旋转的转子磁动势 $\dot{F}_2$。转子旋转磁动势的旋转方向与定子旋转磁动势旋转方向相同。转子不动时，转子感应电动势的频率 $f_2 = \dfrac{pn_1}{60} = f_1$，即转子感应电动势频率与定子电流频率相同。因此，转子旋转磁场的速度 $n_2 = \dfrac{pf_2}{60} = \dfrac{pf_1}{60} = n_1$。

可见，此时转子旋转磁动势和定子旋转磁动势在空间以同转向、同速度旋转，即二者相对静止。

此外，转子磁动势 $\dot{F}_2$ 除了产生主磁通外，也产生只交链转子绕组的转子漏磁通 $\dot{\Phi}_{2\sigma}$，漏磁通在转子绕组中产生漏电动势 $\dot{E}_{2\sigma}$。

综上所述，异步电动机堵转运行时，定子绕组在外加电压和内部感应电动势共同作用下，流过电流 $\dot{I}_1$；转子绕组在转子电动势作用下，流过电流 $\dot{I}_2$，整个电机处于电磁平衡状态。

2. 电压平衡方程

异步电动机堵转运行时定子侧电压方程式为

$$\dot{U}_1 = -\dot{E}_1 + j\dot{I}_1 x_1 + \dot{I}_1 r_1 = -\dot{E}_1 + \dot{I}_1 Z_1 \tag{19-11}$$

转子磁动势产生的转子漏磁通 $\dot{\Phi}_{2\sigma}$ 所感应的转子漏电动势 $\dot{E}_{2\sigma}$ 也可用漏抗上的压降来表示，有

$$\dot{E}_{2\sigma} = -j\dot{I}_2 x_{20} \tag{19-12}$$

式中：x_{20} 为转子不动时，转子每相绕组漏电抗。

则转子回路电压方程可表示为

$$\dot{E}_{20} = \dot{I}_2 r_2 + j\dot{I}_2 x_{20} = \dot{I}_2 Z_{20} \tag{19-13}$$

$$Z_{20} = r_2 + jx_{20}$$

式中：r_2 为转子一相绕组的电阻；Z_{20} 为转子不动时转子的漏阻抗。

3. 磁动势平衡方程

从前面的分析已经知道，异步电动机转子不动时，其定子电流和转子电流分别产生同转向、同转速的旋转磁动势 $\dot{F}_1$ 和 $\dot{F}_2$，二者在空间保持相对静止。只有 $\dot{F}_1$ 和 $\dot{F}_2$ 相对静止才能共同作用在一个磁路上，建立所需要的旋转磁场，以实现机电能量转换。与变压器一样，忽略定子绕组漏阻抗，有 $\dot{U}_1 \approx -\dot{E}_1$，即 $U_1 \approx E_1 = 4.44 f_1 N_1 \Phi_m k_{w1}$，气隙中合成磁通的大小由电源电压、电源频率、绕组匝数和基波绕组系数决定，运行电机气隙合成磁通大小由电源电压决定。所以，在定子绕组外加电源电压不变时，气隙中合成磁通与转子电流大小无关，即转子绕组开路和转子堵转时，合成磁动势不变，均为励磁磁动势，有

$$\dot{F}_1 + \dot{F}_2 = \dot{F}_0 \tag{19-14}$$

式（19-14）可改写为

$$\dot{F}_1 = (-\dot{F}_2) + \dot{F}_0 \tag{19-15}$$

式（19-15）表明，转子堵转时定子侧磁动势较转子绕组开路时增加了一个分量 $\dot{F}_2$，也就是堵转运行时，为了抵消转子电流的作用，定子侧电流将发生变化。

把多相交流绕组合成磁动势表达式 $F = \dfrac{m}{2} \times 0.9 \dfrac{N k_{w1}}{p} I$ 代入式（19-15）中，有

$$\frac{m_1}{2} \times 0.9 \frac{N_1 k_{w1}}{p} \dot{I}_0 = \frac{m_1}{2} \times 0.9 \frac{N_1 k_{w1}}{p} \dot{I}_1 + \frac{m_2}{2} \times 0.9 \frac{N_2 k_{w2}}{p} \dot{I}_2 \tag{19-16}$$

式中：$\dot{I}_0$ 为励磁电流；m_1、m_2 为定子、转子绕组的相数。

将式（19-16）化简，得到

$$\dot{I}_0 = \dot{I}_1 + \frac{m_2 N_2 k_{w2}}{m_1 N_1 k_{w1}} \dot{I}_2 = \dot{I}_1 + \frac{1}{k_i} \dot{I}_2 \tag{19-17}$$

或

$$\dot{I}_1 = \dot{I}_0 + \left(-\frac{1}{k_i} \dot{I}_2 \right) = \dot{I}_0 + \dot{I}_{1L} \tag{19-18}$$

$$k_i = \frac{m_1 N_1 k_{w1}}{m_2 N_2 k_{w2}}$$

$$\dot{I}_{1L} = -\frac{1}{k_i} \dot{I}_2$$

式中：k_i 为异步电机的电流变比；$\dot{I}_{1L}$ 为定子绕组电流的负载分量。

式（19-14）、式（19-15）、式（19-17）和式（19-18）分别是异步电动机磁动势平衡方程的不同形式。

式（19-14）表明电机堵转时，定子磁动势 $\dot{F}_1$ 和转子磁动势 $\dot{F}_2$ 合成为气隙磁动势 $\dot{F}_0$，共同产生气隙磁通 $\dot{\Phi}_m$。

式（19-18）表明，定子电流有两个分量，一个是励磁分量 $\dot{I}_0$，用以产生励磁磁动势 $\dot{F}_0$，励磁电流的大小决定于感应电动势所需要的主磁通大小（$E_1 = 4.44 f_1 N_1 k_{w1} \Phi_m$）以及主磁路的磁阻。由于异步电动机中主磁通两次穿过气隙，磁路的磁阻大，所以需要的励磁电流也大，可达到额定电流的 20%~60%，电机的容量越小，励磁电流所占的分量越大。定子电流的另一个分量是负载分量，$\dot{I}_{1L} = -\dfrac{1}{k_i} \dot{I}_2$，它所产生的磁动势用来平衡转子磁动势 $\dot{F}_2$，它与 $\dot{F}_2$ 大小相等，方向相反，以抵消转子磁动势的作用，维持建立主磁通所需的合成磁动势恒定。因此，转子电流增加，将引起定子电流增加。异步电动机的电磁平衡关系与变压器相似。

4. 转子绕组的折算

同分析变压器一样，要得到堵转时异步电动机的等效电路，必须经过绕组折算，将转子侧的各物理量折算到定子侧。折算方法是：将相数为 m_2、匝数为 N_2、绕组系数为 k_{w2} 的实际转子绕组，折算到定子侧相数为 m_1、匝数为 N_1、绕组系数为 k_{w1} 的等效转子绕组。而折算前后转子绕组的电磁性能和平衡关系应保持不变，即磁动势大小和相位不变。折算后各物理量在右上角用"'"表示。

（1）电流的折算。保持折算前后磁动势 $\dot{F}_2$ 不变，即 $\dot{F}_2 = \dot{F}_2'$，有

$$\frac{m_1}{2} \times 0.9 \frac{N_1 k_{w1}}{p} I_2' = \frac{m_2}{2} \times 0.9 \frac{N_2 k_{w2}}{p} I_2$$

则

$$I_2' = \frac{I_2}{\dfrac{m_1 N_1 k_{w1}}{m_2 N_2 k_{w2}}} = \frac{I_2}{k_i} \tag{19-19}$$

（2）电动势及电压的折算。保持折算前后电磁功率不变，有

$$m_1 E_2' I_2' = m_2 E_2 I_2$$

$$E_2' = \frac{m_2 E_2 I_2}{m_1 I_2'} = \frac{m_2 m_1 N_1 k_{w1}}{m_1 m_2 N_2 k_{w2}} E_2 = \frac{N_1 k_{w1}}{N_2 k_{w2}} E_2 = k_e E_2 \tag{19-20}$$

（3）阻抗的折算。折算前后绕组的铜耗不变，有

$$m_1 r_2' I_2'^2 = m_2 r_2 I_2^2$$

$$r_2' = \frac{m_2}{m_1} \left(\frac{m_1 N_1 k_{w1}}{m_2 N_2 k_{e2}} \right)^2 r_2 = k_e k_i r_2 \tag{19-21}$$

根据折算前后功率因数不变的原则，有

$$\tan \theta_2 = \frac{x_2}{r_2} = \frac{x_2'}{r_2'}$$

由此得到折算后转子漏抗为

$$x_2' = k_e k_i x_2 \tag{19-22}$$

根据上面的折算关系，可以得到经过折算后异步电动机堵转时的基本方程为

$$\left. \begin{array}{l} \dot{U}_1 = -\dot{E}_1 + \dot{I}_1 (r_1 + j x_1) \\ \dot{E}_{20}' = \dot{I}_2' (r_2' + j x_{20}') \\ \dot{I}_1 = \dot{I}_m + (-\dot{I}_2') \\ \dot{E}_1 = \dot{E}_2' \\ \dot{E}_1 = -\dot{I}_0 Z_m = -\dot{I}_0 (r_m + j x_m) \end{array} \right\} \tag{19-23}$$

5. 等效电路

根据方程式（19-23）可以得到异步电动机转子堵转时的等效电路如图 19-7 所示，由定子侧漏阻抗、转子侧漏阻抗和励磁阻抗三条支路构成，与变压器的等效电路相似，称作异步电机的 T 形等效电路。

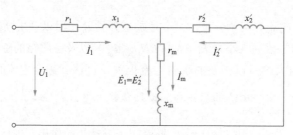

图 19-7 转子堵转时，异步电动机的 T 形等效电路

19.4 转子旋转时的异步电动机

异步电动机堵转运行时，转子绕组有电流，由于转子不动，转子转速 $n=0$，旋转磁场以同步转速切割定子和转子绕组，所以转子绕组电流频率与定子电压频率相同。当转子以转速 n 旋转时，电机主磁通 $\dot{\Phi}_{\mathrm{m}}$ 仍以同步转速 n_1 切割定子绕组，产生感应电动势，所以定子回路电动势平衡方程不变，见式（19-11）。而转子绕组以相对速度 $n_2 = n_1 - n$ 切割主磁通，不再以同步转速 n_1 切割主磁通，所以主磁通在转子绕组中感应电动势的频率、大小及漏抗都将发生变化。

19.4.1 转子感应电动势

转子转动后，转子以相对速度 $n_2 = n_1 - n$ 切割主磁通，所以转子绕组感应电动势的频率为

$$f_2 = \frac{pn_2}{60} = \frac{p(n_1-n)}{60} = \frac{pn_1}{60}\left(\frac{n_1-n}{n_1}\right) = sf_1 \qquad (19-24)$$

可知，转子感应电动势频率 f_2 与转子转速有关，即与转差率 s 有关，所以转子感应电动势频率又称为转差频率。由于异步电动机在额定转速下运行时，转差率 s 很小，所以正常运行时，转子感应电动势频率很低，为 1～3Hz。

由于频率的改变，转子感应电动势大小也变化，有效值为

$$E_2 = 4.44 f_2 N_2 k_{\mathrm{w}2} \Phi_{\mathrm{m}} = s E_{20} \qquad (19-25)$$

可以看出，当异步电动机转子旋转时，其感应电动势为堵转时的 s 倍，由于转差率很小，所以感应电动势较堵转时小很多，即转子转速升高后，转子感应电动势相应减小。

19.4.2 转子电动势平衡方程

因为转子回路不变，所以电动势平衡方程形式不变，为

$$\dot{E}_2 = \dot{I}_2(r_2 + \mathrm{j}x_2) \qquad (19-26)$$

此时，转子漏抗为

$$x_2 = 2\pi f_2 L_2 = 2\pi s f_1 L_2 = s x_{20} \qquad (19-27)$$

由式（19-27）可知，转子旋转时转子回路漏电抗只有堵转时的 s 倍。

19.4.3 磁动势平衡方程

转子旋转时，定子磁动势 $\dot{F}_1$ 相对于定子的转速仍为 n_1，而频率为 $f_2 = s f_1$ 的转子电流产生的转子旋转磁动势 $\dot{F}_2$ 的转速为 $n_2 = \dfrac{60 f_2}{p} = \dfrac{60 s f_1}{p} = s n_1$，这里要注意的是，$n_2$ 是转子旋转磁场相对于转子的速度。转子旋转磁场相对于静止的定子来说，旋转速度应该是转子本身的转速 n（电机转速）加上转子磁动势相对于转子的转速 n_2，即转子磁动势 $\dot{F}_2$ 相对于静止不动的定子转速为

$$n + n_2 = (1-s)n_1 + sn_1 = n_1$$

所以，转子虽然旋转，但转子磁动势相对于定子的旋转速度不变，定子磁动势和转子磁动势仍然保持相对静止，这说明转子旋转时内部电磁过程和转子不动时相似，不同的是转子回路的感应电动势频率，由 f_1 变为 $f_2 = sf_1$。

转子旋转时，磁动势平衡方程仍为

$$\dot{F}_1 = (-\dot{F}_2) + \dot{F}_0 \tag{19-28}$$

19.4.4 频率折算

转子转动后，转子绕组中感应电动势的频率与定子绕组中感应电动势的频率不同，所以不能直接得到转子旋转时异步电动机的等效电路，必须将转子的频率进行折算。要想使转子感应电动势的频率与定子感应电动势的频率相等，就必须是静止的转子，即将旋转的转子折算为不动的转子，这样定、转子的感应电动势具有相同的频率，才能得到电机的等效电路。

频率折算必须不能改变电机的电磁关系，只要保持折算前后转子中电流的大小和相位不变，也就是转子磁动势的大小和相位相对于定子而言不变，那么从定子侧观察，旋转的实际转子和等效的静止转子效果就完全相同。

转子转动后转子电流为

$$\dot{I}_2 = \frac{\dot{E}_2}{r_2 + jx_2} = \frac{s\dot{E}_{20}}{r_2 + jsx_{20}} \tag{19-29}$$

将式（19-29）中分子分母同除以转差率 s，有

$$\dot{I}_2 = \frac{\dot{E}_{20}}{\left(\dfrac{r_2}{s}\right) + jx_{20}} = \dot{I}_{20} \tag{19-30}$$

式（19-30）中，$\dot{I}_2$ 与 $\dot{I}_{20}$ 大小和相位相同，但 $\dot{I}_2$ 的频率为 f_2，而 $\dot{I}_{20}$ 的频率为 f_1，即为转子绕组的频率折算。只要等效的静止转子中电流 $\dot{I}_{20}$ 与旋转的转子中电流 $\dot{I}_2$ 满足 $\dot{I}_{20} = \dot{I}_2$，则完成了频率折算。进行频率折算后，电动势由 $E_2 = sE_{20}$ 变为 E_{20}，电抗由 $x_2 = sx_{20}$ 变为 x_{20}，而电阻则由 r_2 变为 r_2/s。

从式（19-30）可以看出，频率折算的物理意义是：用一个静止的电阻值为 $\dfrac{r_2}{s}$ 的等效转子去代替电阻值为 r_2 的实际旋转转子，等效转子与实际转子具有相同的转子磁动势。

频率折算后，转子电阻由折算前的 r_2 变成 $\dfrac{r_2}{s}$，可分解为

$$\frac{r_2}{s} = r_2 + \frac{1-s}{s}r_2 \tag{19-31}$$

式（19-31）中等式右边第一项 r_2 代表转子本身的电阻，可见要完成转子的频率折算只需在转子回路中串入一个附加电阻 $\dfrac{1-s}{s}r_2$ 即可。附加电阻 $\dfrac{1-s}{s}r_2$ 在转子电路中将消耗功率，而实际电机转子中并不存在这项电阻损耗，但要产生轴上的机械功率。由于静止转子与实际转子等效，因此，消耗在附加电阻 $\dfrac{1-s}{s}r_2$ 上的功率就代表了电机轴上实际输出的总机械功率，这就是附加电阻的物理意义，即 $\dfrac{1-s}{s}r_2$ 代表异步电动机轴上输出总机械功率的等效电阻。

经过频率折算后，再考虑转子绕组的折算，最终得到转子旋转时异步电机的基本方程为

$$\left.\begin{array}{l} \dot{U}_1 = -\dot{E}_1 + \dot{I}_1(r_1 + jx_1) \\ 0 = \dot{E}_2' - \dot{I}_2'(r_2'/s + jx_2') \\ \dot{I}_1 = \dot{I}_0 + (-\dot{I}_2') \\ \dot{E}_1 = \dot{E}_2' = -\dot{I}_0(r_m + jx_m) \end{array}\right\} \tag{19-32}$$

19.4.5 等效电路

根据旋转异步电动机的基本方程，可得到如图 19-8 所示的等效电路。

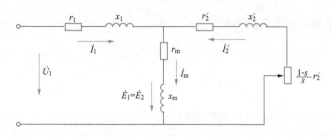

图 19-8 异步电动机的 T 形等效电路

结合图 19-8 所示的等效电路，对电动机的几种运行情况进行进一步说明。

（1）异步电动机轻载时，电机转差率很小，$s \approx 0$，转速接近空载转速，$n \approx n_1$，附加电阻 $\frac{1-s}{s}r_2' \to \infty$，转子绕组电流 $I_2' \approx 0$，相当于转子侧开路，此时，转子电流接近于 0，定子电流几乎全部是励磁电流，用以产生主磁通和定子、转子漏磁通，因此，异步电机轻载时，定子功率因数很低，与变压器空载运行相似。

（2）异步电动机启动时，转速 $n = 0$，转差率 $s = 1$，附加电阻 $\frac{1-s}{s}r_2' = 0$，由于转子漏阻抗很小，所以转子电流 I_2' 很大，转子侧相当于短路，与变压器二次侧短路工作状态相似。此时，定子电流也大，但功率因数低。因为一般来说，$x_2' \gg r_2'$，所以转子边功率因数低，定子边功率因数也低。

（3）异步电动机额定负载时，转差率较小，$s = 0.02 \sim 0.06$，设 $s = 0.05$，附加电阻 $\frac{1-s}{s}r_2' = 19r_2'$，此时转子回路电阻远大于漏电抗，转子回路基本上呈阻性。此时，转子电流不大，同时由于转子电流频率很低，电阻较电抗大很多，所以转子侧功率因数较高，定子侧功率因数也较高。

根据上面的分析可知，异步电动机对于电网而言为阻感负载，除消耗电网有功功率外，还消耗电网感性无功功率，尤其是在启动和空载时电机功率因数较低，消耗无功功率较大。电机启动时，转子回路近似短路，有较大的启动电流，一般可以达到额定电流的 5～7 倍。

19.4.6 相量图

根据式（19-32）的基本方程式，可绘制出异步电动机的相量图，如图 19-9 所示。从图中可以看出，其与变压器二次侧带 $\frac{1-s}{s}r_2'$ 的纯电阻负载时的相量图相似。

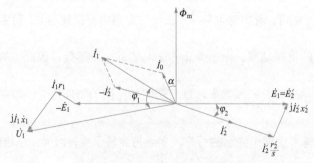

图 19-9 异步电动机的相量图

相量图作图步骤如下：

（1）确定主磁通 $\dot{\Phi}_{\text{m}}$ 为参考相量，根据 $\dot{\Phi}_{\text{m}}$ 可画出定子和转子感应电动势 $\dot{E}_1$、$\dot{E}_2'$，它们滞后产生它们的主

磁通 $\dot{\Phi}_{\mathrm{m}}$ 90°；

（2）画出转子电流 $\dot{I}_2'$，其滞后于 $\dot{E}_2'$ 相角 φ_2，$\varphi_2 = \arctan\left(\dfrac{x_2'}{r_2'/s}\right)$；

（3）画出转子电阻上的压降 $\dot{I}_2'\dfrac{r_2'}{s}$，与电流 $\dot{I}_2'$ 同相位，它与电抗压降 $j\dot{I}_2'x_2'$ 相加后得到转子绕组感应电动势 $\dot{E}_2'$；

（4）励磁电流 $\dot{I}_0$ 超前主磁通 $\dot{\Phi}_{\mathrm{m}}$ 一个铁耗角 α，根据关系式 $\dot{I}_1 = \dot{I}_0 + (-\dot{I}_2')$ 可得到定子电流 $\dot{I}_1$；

（5）根据定子电动势平衡方程 $\dot{U}_1 = -\dot{E}_1 + j\dot{I}_1 x_1 + \dot{I}_1 r_1 = -\dot{E}_1 + \dot{I}_1 Z_1$，可得到定子绕组电压 $\dot{U}_1$。$\dot{U}_1$ 与 $\dot{I}_1$ 的夹角为 φ_1，$\cos\varphi_1$ 即为异步电动机在相应负载下的定子侧功率因数。

从异步电动机等效电路和相量图可以看出，定子电流 $\dot{I}_1$ 总是滞后于电源电压 $\dot{U}_1$，这主要是由于励磁电流和定、转子漏抗所引起的。要维持气隙中的主磁场和定、转子的漏磁场都需要一定的无功功率，这些感性无功功率都要从电源输入，所以定子电流一定滞后电源电压。也就是说，对于电源来说，异步电动机总是为一感性负载。电机所需的励磁电流越大，或是定、转子漏抗越大，电机的功率因数越低。

19.4.7 T 形等效电路的简化

在给定电机参数和电源电压的情况下，若已知转差率 s，则可以利用图 19－8 所示的 T 形等效电路计算电动机的转速、转矩、电流、损耗和功率等，但由于电路中的定子、转子漏阻抗和励磁阻抗均为复数，涉及复数运算，计算比较复杂。为了简化计算，常对 T 形等效电路进行简化。

根据异步电动机 T 形等效电路，可直接求出定子、转子电流及励磁电流分别为

$$\dot{I}_1 = \frac{\dot{U}_1}{Z_1 + \dfrac{Z_2' Z_{\mathrm{m}}}{Z_2' + Z_{\mathrm{m}}}} \tag{19-33}$$

$$\dot{I}_2' = -\dot{I}_1 \frac{Z_{\mathrm{m}}}{Z_{\mathrm{m}} + Z_2'} = -\frac{\dot{U}_1}{Z_1 + \dot{C}_1 Z_2'} \tag{19-34}$$

$$\dot{I}_0 = \dot{I}_1 \frac{Z_2'}{Z_{\mathrm{m}} + Z_2'} = \frac{\dot{U}_1}{Z_{\mathrm{m}}} \cdot \frac{1}{\dot{C}_1 + \dfrac{Z_1}{Z_2'}} \tag{19-35}$$

其中
$$Z_1 = r_1 + x_1$$
$$Z_2' = r_2'/s + jx_2'$$
$$Z_{\mathrm{m}} = r_{\mathrm{m}} + jx_{\mathrm{m}}$$
$$\dot{C}_1 = 1 + \frac{Z_1}{Z_{\mathrm{m}}} \approx 1 + \frac{x_1}{x_{\mathrm{m}}}$$

式中：Z_1 为定子绕组漏阻抗；Z_2' 为转子绕组等效漏阻抗；Z_{m} 为励磁绕组阻抗；C_1 为修正系数。

电机正常工作时，$|Z_1| \ll |Z_2'|$，近似取 $\dfrac{Z_1}{Z_2'} \approx 0$，则式（19－35）可简化为

$$\dot{I}_0 \approx \frac{\dot{U}_1}{Z_{\mathrm{m}} + Z_1} \tag{19-36}$$

又因为 $\dot{I}_1 = \dot{I}_0 + (-\dot{I}_2')$，则可得到 Γ 形等效电路，如图 19－10 所示。Γ 形等效电路将励磁支路前移到电源处，定子和转子绕组漏阻抗直接串联，简化了计算。对于容量较大的三相异步电动机，可取修正系数 $\dot{C}_1 = 1$，则可得到异步电动机的简化等效电路，如图 19－11 所示。

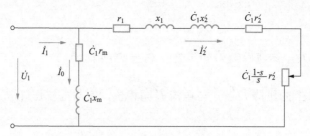

图 19-10 异步电动机的 Γ 形等效电路

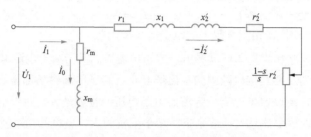

图 19-11 异步电动机的简化等效电路

利用 Γ 形等效电路和简化等效电路进行计算，对于中型以上的电动机仍有一定的精度。

【例 19-1】有一台四极异步电动机，接到 50Hz 电源上，转差率 $s = 0.0387$，试求：

（1）转子电流的频率；

（2）转子磁动势相对于转子的转速；

（3）转子磁动势在空间的转速。

解：（1）转子电流的频率为

$$f_2 = sf_1 = 0.0387 \times 50 = 1.935 \text{Hz}$$

（2）转子磁动势相对于转子的转速为

$$n_2 = \frac{60 f_2}{p} = \frac{60 \times 1.935}{2} = 58 \text{r/min}$$

（3）转子的转速为

$$n = (1-s)n_1 = (1 - 0.0387) \times 1500 = 1442 \text{r/min}$$

转子磁动势在空间的转速为

$$n_2 + n = 58 + 1442 = 1500 \text{r/min}$$

即为同步转速。

【例 19-2】 一台在频率 50Hz 下运行的 4 极异步电动机，额定转速 $n_N = 1425 \text{r/min}$，转子电路的参数为 $r_2 = 0.02\Omega$，$x_2 = 0.08\Omega$，电动势变比 $k_e = 10$，当 $E_1 = 200\text{V}$ 时，试求：

（1）电动机启动时，转子绕组每相的 E_{20}、I_{20}、$\cos\varphi_{20}$ 及转子频率 f_{20}；

（2）额定转速下转子绕组每相的 E_2、I_2、$\cos\varphi_2$ 及转子频率 f_2。

解：（1）启动瞬间，转子不动，$n = 0, s = 1$，$f_{20} = f_1 = 50\text{Hz}$

转子绕组电动势
$$E_{20} = \frac{E_1}{k_e} = \frac{200}{10} = 20\text{V}$$

转子绕组电流
$$I_{20} = \frac{E_{20}}{\sqrt{r_2^2 + x_2^2}} = \frac{20}{\sqrt{0.02^2 + 0.08^2}} = 242.5\text{A}$$

转子侧功率因数
$$\cos\varphi_{20} = \cos\left(\arctan\frac{x_2}{r_2}\right) = \cos 75.96° = 0.243$$

（2）四极异步电动机同步转速 $n_1 = 1500 \text{r/min}$，所以

额定转差率
$$s_N = \frac{n_1 - n_N}{n_1} = \frac{1500 - 1425}{1500} = 0.05$$

额定转速时转子绕组电动势
$$E_2 = s_N E_{20} = 0.05 \times 20 = 1V$$

转子绕组电流
$$I_2 = \frac{s_N E_{20}}{\sqrt{r_2^2 + (s_N x_2)^2}} = \frac{1}{\sqrt{0.02^2 + (0.05 \times 0.08)^2}} = 49A$$

转子侧功率因数
$$\cos \varphi_2 = \cos \left(\arctan \frac{s_N x_2}{r_2} \right) = \cos 11.3° = 0.98$$

转子频率
$$f_2 = s_N f_{20} = 0.05 \times 50 = 2.5Hz$$

计算结果表明，与转子启动状态比较，额定状态下运行的异步电动机，转差率较小，转子频率较低，转子电流较小，功率因数较高，具有较好的运行性能。

【例 19-3】一台三相鼠笼型异步电动机，额定功率 $P_N = 3kW$，额定电压 $U_N = 380V$，额定转速 $n_N = 957r/min$，定子绕组接成 Y 形连接。已知电机参数为：$r_1 = 2.08\Omega$，$r_2' = 1.525\Omega$，$r_m = 4.12\Omega$；$x_1 = 3.12\Omega$，$x_2' = 4.25\Omega$，$x_m = 62\Omega$。电机运行时，机械损耗 $p_m = 60W$，试求：电机额定转速运行时，定子电流、转子电流、功率因数、输入功率及输出功率和效率。

解：电机额定转差率为

$$s_N = \frac{n_1 - n}{n} = \frac{1000 - 957}{957} = 0.043$$

定子绕组接成 Y 形连接，则定子侧相电压

$$U_1 = \frac{U_N}{\sqrt{3}} = \frac{380}{\sqrt{3}} = 220V$$

以 $\dot{U}_1$ 为参考相量，则 $\dot{U}_1 = 220\angle 0°$。

定子绕组漏阻抗为

$$Z_1 = r_1 + jx_1 = 2.08 + j3.12 = 3.75\angle 56.3°$$

转子绕组漏阻抗为

$$Z_2' = r_2' / s + jx_2' = 1.525 / 0.043 + j4.25 = 35.71\angle 6.8°$$

励磁绕组漏阻抗为

$$Z_m = r_m + jx_m = 4.12 + j62 = 62.14\angle 86.2°$$

根据异步电动机 T 型等效电路，有：

定子电流为

$$\dot{I}_1 = \frac{\dot{U}_1}{Z_1 + \dfrac{Z_2' Z_m}{Z_2' + Z_m}} = \frac{220\angle 0°}{3.75\angle 56.3° + \dfrac{35.7\angle 6.8° \times 62.14\angle 86.2°}{35.7\angle 6.8° + 62.14\angle 86.2°}} = 6.84\angle -36.465°$$

转子电流为

$$\dot{I}_2' = -\dot{I}_1 \frac{Z_m}{Z_m + Z_2'} = \frac{-6.84\angle -36.465° \times 62.14\angle 86.2°}{62.14\angle 86.2° + 35.71\angle 6.8°} = -5.5\angle -9.765°$$

功率因数为

$$\cos \varphi_1 = \cos(-36.465°) = 0.804\,2$$

输入功率为

$$P_1 = 3U_1 I_1 \cos \varphi_1 = 3 \times 220 \times 6.84 \times 0.802 = 3620W$$

总机械功率为

$$P_m = 3I_2'^2 \frac{1-s}{s} r_2' = 3 \times 5.5^2 \times 1.525 \times \frac{1 - 0.043}{0.043} = 3068W$$

电机输出机械功率为

$$P_2 = P_m - p_m = 3068 - 60 = 3008\text{W}$$

电机效率为

$$\eta = \frac{P_2}{P_1} \times 100\% = \frac{3008}{3622} \times 100\% = 83.05\%$$

 本章小结

　　本章介绍了三相异步电动机的基本工作原理，分析了异步电动机的三种运行状态，然后就转子不动和转子旋转两种运行状态由浅入深地分析了异步电动机的电动势平衡方程、等效电路及相量图。异步电动机运行原理、等效电路等与变压器相似，所以变压器的很多分析方法可以用于异步电动机的分析中。

　　根据异步电动机转速（转差率）不同，电动机有电动机运行状态、电磁制动状态和发电机运行状态，不同运行状态电磁转矩的作用不同。

　　异步电动机转子不动分为转子绕组开路和转子堵转两种情况。转子绕组开路时，转子侧无电流，类似于变压器空载运行，此时只有定子绕组磁动势产生励磁磁通，定子电流为励磁电流，主要是无功分量；转子堵转时，转子侧有短路电流，气隙磁动势为定子和转子绕组电流共同产生，由于转子和定子均静止，旋转磁场在定子和转子绕组感应相同频率的电动势，异步电机工作情况与变压器短路时类似，此时转子和定子电流都很大。

　　异步电动机转子旋转时，旋转磁场相对于静止的定子和旋转的转子具有不同的速度，所以在定子和转子感应频率不同的感应电动势，但是定子电流和转子电流产生的磁动势在空间保持相对静止，转子速度的变化只影响旋转磁场相对于转子的速度及转子磁动势相对于转子的速度，不影响转子磁动势在空间的旋转速度。由于转子旋转后，转子侧电动势、电流频率发生变化，必须经过频率折算才能得到异步电动机的等效电路。频率折算的原则同样不能影响定、转子的电磁感应关系，只要保持折算前后转子侧电流（大小、相位）保持不变，则其间的电磁感应关系即不变。可以用阻值为 $\frac{r_2}{s}$ 的等效静止转子代替阻值 r_2 的实际旋转转子，以实现频率折算。频率折算相当于在转子绕组串入一个附加电阻 $\frac{1-s}{s}r_2$，附加电阻消耗的功率为异步电动机实际输出的全部机械功率。

　　异步电动机等效电路与变压器等效电路相似，从等效电路可知，异步电动机对于电网来说，为阻感负载。电动机启动时，有较大的启动电流，较小的功率因数；电动机空载运行时，空载电流很小，功率因数很低；电动机额定负载运行时，电动机为额定电流，有较高的功率因数。

 思考题及习题

　　19－1　三相异步电动机定子绕组通电产生的旋转磁场的转速与电动机的磁极对数有何关系？为什么异步电动机运行时转子转速总是低于同步转速？

　　19－2　什么是异步电动机的转差率？如何根据转差率的不同来区别电动机的各种不同运行状态？三种运行状态下电机机械功率的流向分别是怎样的？

　　19－3　转子不动时的异步电动机与变压器运行时有何相似和不同？

　　19－4　哪些因数会影响异步电动机空载电流的大小？空载电流过大将产生哪些不良影响？异步电动机励磁阻抗具有什么物理意义？为什么正常运行时，转子铁耗可以忽略？

　　19－5　异步电动机定子绕组接三相交流电源、转子不动时，定子电流、定子电动势、转子电流、转子电动势的频率分别是多少？转子旋转时，分别又是多少？

19-6 异步电动机电源频率一定，转子转速发生变化，转子电流产生的基波磁场在空间的转速有无变化？为什么？

19-7 试说明三相异步电动机转子绕组折算和频率折算的物理意义，折算是在什么条件下进行的？

19-8 异步电动机定子绕组与转子绕组没有电的直接联系，为什么负载增加时，转子电流会增加？与此同时，定子电流和输入功率为什么会增加？试说明其物理过程。电动机从空载到满载时主磁通的实际值有无变化？为什么？

19-9 一台三相异步电动机，定子施加频率为 50Hz 的额定电压，如果将定子每相绕组有效匝数减少，每极磁通将如何变化？如果将气隙长度加大，电机空载电流将如何变化？如果定子电压大小不变，但电源频率变为 60Hz，励磁电流和励磁电抗又将如何变化？

19-10 异步电机等效电路中附加电阻 $\dfrac{1-s}{s}r_2'$ 的物理意义是什么？能否不用电阻，而用电容或电感代替？

19-11 异步电动机运行时，为什么总是从电源吸收滞后的无功电流，或者说为什么异步电动机的功率因数总是滞后的？它对供电系统有何不利影响？

19-12 异步电动机的等效电路有哪几种形式？它们有何区别？

19-13 分析转差率 s 的大小对异步电动机运行效率的影响。

19-14 一台 50Hz 三相异步电动机，额定转速为 $n_N = 720r/min$，求电机的磁极数和同步转速分别是多少？

19-15 设有一台 50Hz、八极的三相异步电动机，额定转差率 $s_N = 0.043$，问该电机的同步转速是多少？额定转速是多少？当该电机启动时，转差率是多少？该电机运行在 700r/min 时，转差率是多少，此时电机处于什么工作状态？运行在 800r/min 时，转差率又是多少，电机处于什么工作状态？

19-16 一台三相异步电动机，额定功率为 $P_N = 60kW$，额定转速 $n_N = 577r/min$，额定功率因数 $\cos\varphi_N = 0.81$，效率 $\eta_N = 89.2\%$，额定电压 $U_N = 380V$，试求该电机的额定电流 I_N 和额定转差率 s_N 是多少？

19-17 一台八极异步电动机，电源频率 $f_1 = 50Hz$，额定转差率 $s_N = 0.04$，试求：

（1）额定转速 n_N；

（2）在额定工作时，将电源相序改变，求反接瞬时的转差率。

19-18 一台三相异步电动机，$P_N = 4.5kW$，Yd 连接，对应额定电压分别为 380V/220V，$\cos\varphi_N = 0.8$，$\eta_N = 0.8$，$n_N = 1450r/min$，试求：

（1）接成Y形或△形时的定子额定电流；

（2）同步转速 n_1 及定子磁极对数 p；

（3）带额定负载时转差率 s_N。

19-19 设有一额定电压为 3000V、额定频率为 50Hz、功率为 90kW、额定转速为 1457r/min、Y形连接的三相绕线式异步电动机，在额定运行情况下的功率因数为 0.86，效率为 0.895，定子内径 $D_a = 35cm$，铁心轴向长度 $l = 18cm$，定子上共有 48 槽，线圈节距 $y = 10$，每相串联总匝数 $N_1 = 320$ 匝，转子有 60 槽，节距 $y = \tau$，每相串联总匝数 $N_2 = 20$ 匝，试求：

（1）该电机的磁极数、同步转速及额定运行下的转差率；

（2）额定输入功率及额定输入电流；

（3）定子绕组的基波绕组系数；

（4）转子绕组的基波绕组系数；

（5）设在额定运行情况下，感应电动势为额定电压的 90%，试求每极磁通；

（6）同上情况，转子每相感应电动势；

（7）同上情况，气隙旋转磁场的最高磁通密度；

（8）当有额定电流流过时定子基波旋转磁动势的振幅。

19-20 已知三相异步电动机的参数为：$U_{1N} = 380V$，定子绕组△接法，50Hz，额定转速 $n_N = 1426r/min$，$r_1 = 2.865\Omega$，$x_1 = 7.71\Omega$，$r_2' = 2.82\Omega$，$x_2' = 11.75\Omega$，r_m 略去不计，$x_m = 202\Omega$。

试求：（1）该电机的磁极数；

（2）同步转速；

（3）额定负载时的转差率和转子感应电动势频率；

（4）绘出 T 形等效电路并计算额定负载时 P_1、I_1、$\cos\varphi_1$ 和电机效率。

19-21　设有一台 3000V、6 极、50Hz、975r/min、Y 形连接的三相绕线式异步电动机，每相参数如下：$r_1=0.42\Omega$，$x_1=2.0\Omega$，$r_2'=0.45\Omega$，$x_2'=2.0\Omega$，$r_m=4.65\Omega$，$x_m=48.7\Omega$，试分别用 T 形等效电路、Γ 形等效电路和简化等效电路计算在额定情况下的定子电流和转子电流。

19-22　一台三相 4 极笼型异步电动机，$P_N=10kW$，$U_N=380V$，$f_1=50Hz$，$n_N=1460r/min$。定子 Y 形连接，定子绕组的有效匝数为 103 匝，$r_1=0.448\Omega$，$x_1=1.2\Omega$，$r_m=3.72\Omega$，$x_m=39.2\Omega$，转子槽数 44，每根导体（包括端环部分）的电阻 $r_2=0.135\times10^{-3}\Omega$，漏抗 $x_2=0.44\times10^{-3}\Omega$。

试求：（1）转子参数的折算值；

（2）空载时定子电流和功率因数；

（3）额定时定子电流和功率因数；

（4）当 $n=1448r/min$ 时的定子电流和功率因数。

20

三相异步电动机参数测定与性能

本章在上一章讨论了三相异步电动机运行原理的基础上，介绍三相异步电动机等效电路参数的测定，分析三相异步电动机稳态运行时的功率和转矩平衡方程，电磁转矩及其表达式，各种参数对电磁转矩的影响，同时，还研究能量转换过程中产生的各种损耗及其对电动机运行性能的影响。

20.1 三相异步电动机的参数测定

利用异步电动机等效电路计算时，需要知道电动机的参数，与变压器类似，异步电动机的参数分为励磁参数和短路参数两大类，分别通过空载试验和短路试验得到。

20.1.1 异步电动机的空载试验及励磁参数测定

利用异步电动机的空载试验可以测量励磁参数，包括励磁电阻 r_m、励磁电抗 x_m 和励磁阻抗 Z_m，以及铁耗 p_{Fe} 和机械损耗 p_m。

空载试验时，异步电动机转子轴上不带任何负载，定子绕组上加额定频率的额定电压，待电动机运行一段时间，机械损耗达到稳定值。利用调压器改变定子电压，从 $(1.1 \sim 1.3)U_N$ 开始，逐渐减小电压，逐点测量定子电压 U_0、定子电流 I_0 和定子输入功率 P_0，试验线路如图 20−1 所示。根据测量得到的一系列数据，可以得到电动机的空载特性 $I_0 = f(U_0)$，$P_0 = f(U_0)$，如图 20−2 所示。

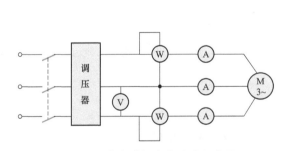

图 20−1　异步电动机空载试验电路图

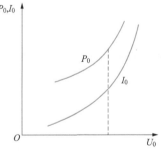

图 20−2　电动机空载特性

异步电动机空载运行时，输入功率 P_0 为电机的空载损耗，用于克服定子和转子铜耗、铁耗、机械损耗和附加损耗，空载时转子电流很小，转子绕组铜耗很小，电机的附加损耗也很小，可以忽略。所以，异步电动机空载时输入功率与定子铜耗、铁耗及机械损耗平衡，有

$$p_0 = p_{Cu1} + p_{Fe} + p_m \qquad (20-1)$$

式中：p_{Cu1} 为定子绕组铜耗，$p_{Cu1} = 3I_{0ph}^2 r_1$，I_{0ph} 为定子相电流。

试验时所测得的定子电流为线电流，根据定子绕组的连接方式计算得到相电流。从式（20−1）可知，要想求得电机的铁耗 p_{Fe} 和机械损耗 p_m，必须进行处理。

首先，从空载损耗 P_0 中减去定子绕组铜耗，有

$$P_0' = P_0 - 3I_{0ph}^2 r_1 = p_{Fe} + p_m \qquad (20-2)$$

式中：p_0' 为铁耗与机械损耗之和，由于铁耗大小与磁感应强度（磁通密度）的平方成正比，可近似认为与电源电压的平方成正比，而机械损耗与电压无关，只与转速有关，在转速基本不变的情况下，可认为机械损耗为一常数。

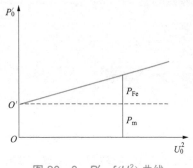

图 20-3　$P_0' = f(U_0^2)$ 曲线

所以，$p_0' = f(U_0^2)$，近似为一条直线，如图 20-3 所示。在电源电压 $U_0 = 0$ 时，铁耗 $p_{Fe} = 0$，而机械损耗只与转速有关，不随电压变化而变化，但电压过低时，电动机已经停转，无法得到试验数据。所以，将 $p_0' = f(U_0^2)$ 曲线延长至与纵轴相交，此时 $p_{Fe} = 0$，$p_0' = p_m$。所以，p_m 为平行于横轴的直线。机械损耗 p_m 求出后，电机铁耗也可以得到，即铁耗为

$$p_{Fe} = p_0 - 3I_{0ph}^2 r_1 - p_m \tag{20-3}$$

根据铁耗，可求出励磁电阻为

$$r_m = \frac{p_{Fe}}{3I_{0ph}^2} \tag{20-4}$$

电动机在额定电压下空载时，转速接近同步转速，有 $s \approx 0$，转子侧相当于开路，其等效电路如图 20-4 所示。根据等效电路，有电机参数

$$Z_0 = \frac{U_{0ph}}{I_{0ph}} = Z_1 + Z_m = (r_1 + r_m) + j(x_1 + x_m) \tag{20-5}$$

$$x_0 = \sqrt{Z_0^2 - r_0^2} \tag{20-6}$$

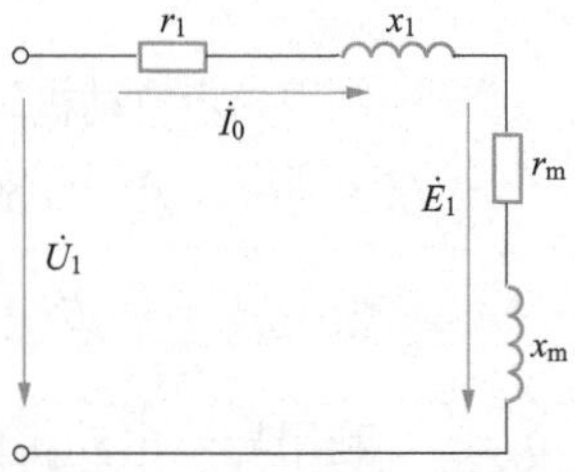

图 20-4　异步电动机空载
试验等效电路

其中，$r_0 = r_1 + r_m$，励磁电阻 r_m 已根据铁耗求出，定子绕组电阻 r_1 可利用电桥测量，则可知道 r_0。根据 r_0 和 Z_0 得到 x_0，励磁电抗 $x_m = x_0 - x_1$，x_1 可根据短路试验得到，从而求出励磁电抗 x_m。由于 r_1 和 x_1 与励磁参数比较很小，也可以忽略，这样励磁参数近似值为：

励磁阻抗

$$Z_m = \frac{U_{0ph}}{I_{0ph}} \tag{20-7}$$

励磁电抗

$$x_m = \sqrt{Z_m^2 - r_m^2} \tag{20-8}$$

由于主磁路的非线性，与变压器励磁参数求取一样，求电机的励磁参数时需要采用额定电压时的测量参数。

20.1.2　异步电动机的短路试验及短路参数测定

利用异步电动机的短路试验可以测量电机的短路参数，包括：短路阻抗 Z_k、短路电阻 r_k、短路电抗 x_k，还可以确定启动转矩与启动电流。

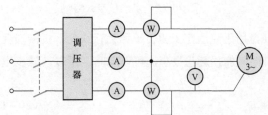

图 20-5　异步电动机短路试验电路图

短路试验电路接线图如图 20-5 所示。短路试验时，将电机转子卡住不转，绕线式异步电动机的转子应短路（笼型电机转子本身已短路）。由于此时电机转速 $n = 0$，则转差率 $s = 1$，异步电机 T 型等效电路中的附加电阻 $\frac{1-s}{s} r_2' = 0$，相当于转子回路中的负载直接短路，因此称为短路试验。

试验时，定子绕组加额定频率的三相电压，用调压器调节定子电压，使外施电压从 $U_k = 0.4U_N$ 开始降低，记录不同电压下的定子电压 U_k、定子电流 I_k 和输入功率 P_k，从而得到短路特性曲线 $I_k = f(U_k)$ 和 $P_k = f(U_k)$，如图 20-6 所示。

短路试验时，由于 $s=1$，$\dfrac{1-s}{s}r_2'=0$，T形等效电路中的转子支路阻抗很小，而励磁阻抗很大，所以可略去T型等效电路中并联的励磁支路，即不考虑励磁电流和铁耗，此时等效电路如图20-7所示。

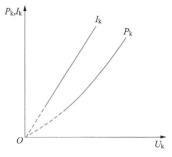

图20-6　异步电动机短路特性

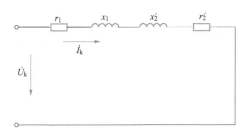

图20-7　异步电动机短路试验等效电路

从图20-7可知，短路试验时，电源输入功率 P_k 是定子和转子绕组的铜耗，为

$$P_k=3I_{kph}^2(r_1+r_2')=3I_{kph}^2r_k \tag{20-9}$$

$$r_k=r_1+r_2'$$

式中：r_k 为短路电阻。

所以短路电阻为

$$r_k=\frac{P_k}{3I_{kph}^2} \tag{20-10}$$

短路阻抗为

$$Z_k=\frac{U_{kph}}{I_{kph}} \tag{20-11}$$

短路电抗为

$$x_k=\sqrt{Z_k^2-r_k^2} \tag{20-12}$$

式（20-11）和式（20-12）中，$Z_k=Z_1+Z_2'$ 和 $x_k=x_1+x_2'$ 分别为电动机的短路阻抗和短路电抗。通常可认为 $x_1=x_2'=\dfrac{1}{2}x_k$。从 r_k 中减去 r_1 即可得到 r_2'，这种近似计算对大中型异步电动机影响不大，但对于励磁阻抗较小的小型电机，误差较大。

需要注意的是，当定子、转子电流比额定值大很多时，漏磁通路径中的铁磁材料部分也会饱和，使漏电抗减小，通常饱和时的漏抗较正常工作时减小 15%～30%。因此，在短路试验时，最好测量 $I_k=I_N$，$I_k=(2\sim3)I_N$ 及 $U_k=U_N$ 三组数据，分别计算不同饱和程度时电机的漏抗，以便在不同情况下使用不同的漏抗值。如计算启动转矩时，采用漏抗饱和值（$U_k=U_N$）；计算最大转矩时，采用 $I_k=(2\sim3)I_N$ 时的漏抗值；正常运行时，则采用 $I_k=I_N$ 时的漏抗值。以使计算结果与实际情况更接近，减小计算误差。

【例20-1】一台笼型三相异步电动机，已知铭牌参数如下：$P_N=10kW$，$U_N=380V$，$I_N=19.5A$，定子绕组D接法，$n_N=2932r/min$，$f_N=50Hz$，$\cos\varphi_N=0.89$。空载试验数据为：$U_0=380V$，$I_0=5.5A$，$P_0=824W$，$p_m=156W$；短路试验数据为 $U_k=89.5V$，$I_k=19.5A$，$P_k=605W$，$r_{175℃}=0.963\Omega$/相。试计算电机参数并画出简化等效电路

解：根据空载试验，求励磁参数：

励磁电阻为

$$r_m=\frac{P_{Fe}}{3I_{0ph}^2}=\frac{639}{3\times\left(\dfrac{5.5}{\sqrt{3}}\right)^2}=21.1\Omega$$

空载时总电阻为

$$r_0=r_1+r_m=0.963+21.1=22.1\Omega$$

空载时阻抗为

$$Z_0 = \frac{U_{0\text{ph}}}{I_{0\text{ph}}} = \frac{380}{\dfrac{5.5}{\sqrt{3}}} = 119.7\Omega$$

励磁电抗为

$$x_\text{m} \approx x_0 = \sqrt{Z_0^2 - r_0^2} = \sqrt{119.7^2 - 22.1^2} = 117.6\Omega$$

根据短路试验，求短路参数：

短路电阻为

$$r_\text{k} = \frac{P_\text{k}}{3I_{\text{k}\Phi}^2} = \frac{605}{3 \times \left(\dfrac{19.5}{\sqrt{3}}\right)^2} = 1.59\Omega$$

短路阻抗为

$$Z_\text{k} = \frac{U_{\text{kph}}}{I_{\text{kph}}} = \frac{89.5}{\dfrac{19.5}{\sqrt{3}}} = 7.95\Omega$$

短路电抗为

$$x_\text{k} = \sqrt{Z_\text{k}^2 - r_\text{k}^2} = \sqrt{7.95^2 - 1.59^2} = 7.79\Omega$$

电机转差率为

$$s = \frac{n_1 - n}{n_1} = \frac{3000 - 2932}{3000} = 0.022\,7$$

附加电阻为

$$\frac{1-s}{s}r_2' = \frac{1-0.027\,7}{0.027\,7}(r_\text{k} - r_1) = 43.05 \times 0.627 = 27\Omega$$

电机简化等效电路如图 20-8 所示。

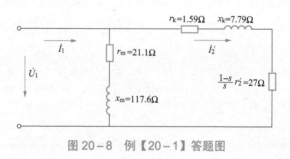

图 20-8　例【20-1】答题图

20.2　三相异步电动机的功率与转矩平衡关系

异步电动机从电网吸收电能，经电磁感应作用转化为轴上的机械能输出，而电磁转矩是进行机电能量转换的重要物理量，由于转矩与功率密切相关，所以对电磁转矩的讨论从异步电动机的功率平衡关系入手。

20.2.1　功率平衡方程

异步电动机为单边励磁的电机，电机所需要的功率全部由定子侧提供，定子侧从电源吸收的有功功率，减去定子铜耗和定子铁耗，就是通过电磁感应作用传递到转子侧的功率，再减去转子铜耗和转子铁耗，是电机输出的总机械功率，再减去机械损耗和杂散损耗，才是电机轴上输出的机械功率。利用 T 形等效电路，可以分析电动机稳态运行时的功率平衡关系。

三相异步电动机稳态运行时，从交流电源输入的有功功率为

$$P_1 = 3U_1I_1\cos\varphi_1 \tag{20-13}$$

式中：U_1、I_1 分别为定子相电压和相电流；$\cos\varphi_1$ 为定子功率因数。

当电流流过定子绕组时，由于定子绕组有电阻 r_1，产生定子铜耗 $p_{\text{Cu}1}$ 为

$$p_{\text{Cu}1} = 3I_1^2 r_1 \tag{20-14}$$

由于电机定子铁心和转子铁心都处于变化的磁场中，还存在铁心损耗，铁耗包括磁滞损耗和涡流损耗。但三相异步电动机正常运行时，转子转速接近同步转速，转差率很小，所以转子电动势频率很低，大约为 $2\sim$ $3Hz$，再加上转子铁心与定子铁心一样也是由硅钢片叠成的，所以转子铁心中的损耗很小，一般忽略不计。异步电动机铁耗主要指定子铁耗，即

$$p_{Fe} = p_{Fe1} = 3I_0^2 r_m \tag{20-15}$$

式中：p_{Fe} 为异步电机的铁耗；p_{Fe1} 为定子铁耗。

输入电动机的电功率 P_1 减去定子铜耗 p_{Cu1} 和铁耗 p_{Fe} 后，余下的功率通过气隙旋转磁场的作用从定子经过气隙传递到转子。这部分功率是转子通过电磁感应作用而获得的，称为电磁功率（electromagnetic power）P_{em}，则电磁功率为

$$P_{em} = P_1 - p_{Cu1} - p_{Fe} \tag{20-16}$$

根据异步电动机 T 形等效电路可知，电磁功率也可以表示为

$$P_{em} = 3E_2' I_2' \cos\varphi_2 \tag{20-17}$$

从等效电路还可以看出，电磁功率是消耗在转子回路的总电阻 $\dfrac{r_2'}{s}$ 上的功率，所以电磁功率还可表示为

$$P_{em} = 3I_2'^2 \frac{r_2'}{s} = \frac{3I_2'^2 r_2'}{s} = \frac{p_{Cu2}}{s} = 3I_2'^2 r_2' + 3I_2'^2 \frac{1-s}{s} r_2' = p_{Cu2} + P_m \tag{20-18}$$

$$P_m = 3I_2'^2 \left(\frac{1-s}{s} r_2'\right)$$

式中：$p_{Cu2} = 3I_2'^2 r_2'$ 为转子绕组的铜耗；

P_m 为附加电阻上的损耗，这部分损耗实际上就是传递到电机转子上的机械功率，称为总机械功率。

P_m 是转子绕组中电流与气隙磁场共同作用产生的电磁转矩带动转子旋转所对应的功率，有

$$P_m = P_{em} - p_{Cu2} = 3I_2'^2 \left(\frac{1-s}{s} r_2'\right) \tag{20-19}$$

从式（20-18）可得到转子铜耗与电磁功率的关系为

$$p_{Cu2} = sP_{em} \tag{20-20}$$

从式（20-19）可得到总机械功率与电磁功率的关系为

$$P_m = (1-s)P_{em} \tag{20-21}$$

根据式（20-20）和式（20-21），可以得到三相异步电动机运行时，电磁功率、机械功率和转子铜耗三者之间的关系为

$$P_{em} : P_m : p_{Cu2} = 1 : (1-s) : s \tag{20-22}$$

可见，当电磁功率 P_{em} 一定时，转子铜耗与转差率 s 有关，也就是与电机转速有关，所以转子铜耗 p_{Cu2} 又称为转差功率。转差率越大（转速 n 越低），转子铜耗 p_{Cu2} 越大。当电动机负载增加时，转差率 s 增加，转速降低，转子铜耗 p_{Cu2} 增加，输出的机械功率降低，电动机效率也降低。所以，异步电动机的效率与转子转速有关，为了保证电动机的效率，其额定转差率一般小于 0.05，不能太大。

电动机运行时，还会产生轴承以及风阻等摩擦阻力转矩，这也要损耗一部分功率，将这部分功率对应的损耗称为机械损耗，用 p_m 表示。另外，由于定子、转子开槽和定子、转子磁动势中的谐波磁动势等，还会产生一些附加损耗（supplementary loss），称为杂散损耗，用 p_s 表示，p_s 一般不易计算，往往根据经验估算。在大型异步电动机中，p_s 约为输出额定功率的 0.5%，小型异步电动机满载时，可达到输出额定功率的 1%～3% 甚至更大。

总机械功率 P_m 减去机械损耗 p_m 和杂散损耗 p_s，才是电机转轴上真正输出的机械功率，电机输出功率用 P_2 表示，有电机功率平衡关系为

$$P_2 = P_m - p_m - p_s \tag{20-23}$$

可见，异步电动机运行时，从电源输入电功率 P_1 到转轴上输出功率 P_2 的全过程为

$$P_2 = P_1 - p_{Cu1} - p_{Fe} - p_{Cu2} - p_m - p_s \tag{20-24}$$

上述的功率平衡关系可以用功率流程图表示，如图 20-9 所示。

20.2.2 转矩平衡方程

将功率平衡关系式（20-23）的等式两边同除以机械角速度，便得到转矩平衡方程，即

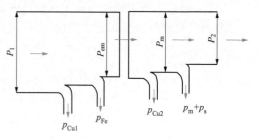

图 20-9 异步电动机的功率流程图

$$\frac{P_2}{\Omega} = \frac{P_m}{\Omega} - \frac{p_m + p_s}{\Omega} \tag{20-25}$$

于是，转矩平衡方程为

$$T_2 = T - T_0 \tag{20-26}$$

其中

$$T_2 = \frac{P_2}{\Omega}, \quad T = \frac{P_m}{\Omega}, \quad T_0 = \frac{p_m + p_s}{\Omega}, \quad \Omega = \frac{2\pi n}{60}$$

式中：Ω 为转子机械角速度；T_2 为输出转矩；T 为电磁转矩；T_0 为与机械损耗 p_m 和附加损耗 p_s 对应的阻力转矩，称为空载转矩。

由于电磁转矩 $T = \dfrac{P_m}{\Omega}$，而 $P_m = (1-s)P_{em}$，再考虑到转速 $n = n_1(1-s)$，则电磁转矩有

$$T = \frac{P_m}{\Omega} = \frac{P_{em}}{\Omega}(1-s) = \frac{P_{em}}{\frac{2\pi n}{60}}(1-s) = \frac{P_{em}}{\frac{2\pi n_1}{60}} = \frac{P_{em}}{\Omega_1} \tag{20-27}$$

$$\Omega_1 = \frac{2\pi n_1}{60} = \frac{2\pi}{60} \times \frac{60 f_1}{p} = \frac{2\pi f_1}{p} = \frac{\omega_1}{p}$$

式中：Ω_1 为旋转磁场的同步角速度。

式（20-27）表明，电磁转矩 T 既可以通过总机械功率 P_m 除以转子的机械角速度 Ω 求得，也可以通过电磁功率 P_{em} 除以旋转磁场的同步角速度 Ω_1 求得。

【例 20-2】一台三相异步电动机，电机参数为：$f_N = 50Hz$，$n_N = 950r/min$，$P_N = 100kW$，额定运行时的机械损耗 $p_m = 1kW$，忽略附加损耗，试求：

（1）该电动机的额定转差率 s_N、电磁功率 P_{em} 和转子铜耗 p_{Cu2}；

（2）该电动机额定条件下运行时的电磁转矩、输出转矩和空载转矩。

解：（1）根据 $f_N = 50Hz$，$n_N = 950r/min$，电机磁极对数为

$$p = \frac{60 f}{n} = \frac{60 \times 50}{950} = 3.16，则 p = 3$$

同步转速为

$$n_1 = \frac{60 f}{p} = \frac{60 \times 50}{3} = 1000r/min$$

额定转差率为

$$s_N = \frac{n_1 - n_N}{n_1} = \frac{1000 - 950}{1000} = 0.05$$

电机总机械功率为

$$P_m = P_N + p_m + p_s = 100 + 1 = 101kW$$

电磁功率为

$$P_{em} = \frac{P_m}{1 - s_N} = \frac{101}{1 - 0.05} = 106.3kW$$

转子铜耗为

$$p_{Cu2} = s_N P_{em} = 0.05 \times 106.3 = 5.315kW$$

（2）额定电磁转矩 T_N、输出转矩 T_{2N} 和空载转矩 T_0 分别为

$$T_N = \frac{P_m}{\Omega_N} = \frac{P_m}{\frac{2\pi n_N}{60}} = \frac{60 \times 101 \times 10^3}{2\pi \times 950} = 1015 \text{N} \cdot \text{m}$$

$$T_{2N} = \frac{P_N}{\Omega_N} = \frac{P_N}{\frac{2\pi n_N}{60}} = \frac{60 \times 100 \times 10^3}{2\pi \times 950} = 1005 \text{N} \cdot \text{m}$$

$$T_0 = \frac{p_m + p_s}{\Omega_N} = \frac{p_m + p_s}{\frac{2\pi n_N}{60}} = \frac{60 \times 1 \times 10^3}{2\pi \times 950} = 10.05 \text{N} \cdot \text{m}$$

或者
$$T_0 = T_N - T_{2N} = 1015 - 1005 = 10 \text{N} \cdot \text{m}$$

20.3 三相异步电动机的电磁转矩及机械特性

20.3.1 电磁转矩表达式

根据应用场合的不同，电磁转矩有多种表达形式，本节介绍电磁转矩的物理表达式和参数表达式。

1. 物理表达式

利用异步电动机等效电路可知，电磁功率可以表示为

$$P_{em} = m_1 E_2' I_2' \cos\varphi_2 = m_1 I_2'^2 \frac{r_2'}{s} \tag{20-28}$$

则电磁转矩为

$$T = \frac{P_{em}}{\Omega_1} = \frac{P_{em}}{\omega_1 / p} = \frac{p}{\omega_1} \times m_1 E_2' I_2' \cos\varphi_2 = m_1 \frac{p}{2\pi f_1} \times 4.44 f_1 N_1 k_{w1} \Phi_m I_2' \cos\varphi_2 \tag{20-29}$$
$$= C_T \Phi_m I_2' \cos\varphi_2$$

$$C_T = \frac{m_1 p}{\sqrt{2}} N_1 k_{w1}$$

式中：m_1 为定子绕组的相数；C_T 为转矩系数（常数），由异步电动机结构决定，对于已经制造好的电机。

式（20-29）表明，电磁转矩的大小由气隙每极基波磁通、转子电流及转子侧功率因数决定，或者说，电磁转矩与气隙每极基波磁通和转子电流的有功分量乘积成正比。该式的物理概念清晰，反映了电磁转矩是由转子电流和气隙基波磁通相互作用产生的这一物理本质，所以常被用来对电磁转矩和机械特性进行定性分析。

2. 参数表达式

式（20-29）常用于对电磁转矩进行定性分析，而对于深入分析并不方便，根据异步电动机 Γ 型等效电路可求得转子电流为

$$\dot{I}_2' = \frac{-\dot{U}_1}{\left(r_1 + C_1 \frac{r_2'}{s}\right) + j(x_1 + jC_1 x_2')} \tag{20-30}$$

转子电流的数值为

$$I_2' = \frac{U_1}{\sqrt{\left(r_1 + C_1 \frac{r_2'}{s}\right)^2 + (x_1 + C_1 x_2')^2}} \tag{20-31}$$

将式（20-31）代入式（20-28），又 $\Omega_1 = \dfrac{2\pi n_1}{60} = \dfrac{2\pi f_1}{p} = \dfrac{\omega_1}{p}$，可得到电磁转矩的参数表达式为

$$T = \frac{P_{em}}{\Omega_1} = \frac{p}{\omega_1} m_1 I_2'^2 \frac{r_2'}{s} = \frac{pm_1}{2\pi f_1} U_1^2 \frac{\dfrac{r_2'}{s}}{\left(r_1 + C_1 \dfrac{r_2'}{s}\right)^2 + (x_1 + C_1 x_2')^2} \qquad (20-32)$$

由于 r_1 很小，则 $r_1 \ll \dfrac{r_2'}{s}$，可略去，且令 $C_1 = 1$，便得到用参数表示的转矩近似表达式为

$$T = \frac{pm_1}{2\pi f_1} U_1^2 \frac{\dfrac{r_2'}{s}}{\left(\dfrac{r_2'}{s}\right)^2 + x_k^2} \qquad (20-33)$$

$$x_k = x_1 + x_2'$$

式中：x_k 为异步电动机的短路电抗。

从式（20-33）可知，电磁转矩由电机的结构参数（磁极对数、相数、转子电阻、短路电抗）、电源参数（电源电压、频率）和运行参数（转差率）决定。

20.3.2　机械特性

从式（20-33）可以看出，电磁转矩 T 与转差率 s（或转速 n）有关，且二者之间的关系不是线性的。当异步电动机电源电压恒定，电机参数已知时，可根据电磁转矩的参数表达式得到转差率 s 与电磁转矩 T 之间的关系曲线，即 $T = f(s)$ 曲线，此曲线称为异步电动机的机械特性曲线（speed-torque characteristics curve）。异步电机定子、转子回路不串入任何电路元件时所得到的机械特性曲线称为固有机械特性曲线，如图 20-10 所示。

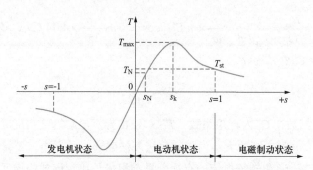

图 20-10　异步电动机固有机械特性曲线

从图 20-10 中可以看出，异步电动机在三种运行状态下的机械特性。当 $0 < s \leqslant 1$，即 $0 \leqslant n < n_1$ 时，电磁转矩 T 与转速 n 方向相同，即 $T > 0$，$n > 0$，电磁转矩为驱动性质，电磁功率 $P_{em} > 0$，电机运行在电动机状态；当 $s < 0$，即 $n > n_1 > 0$ 时，$T < 0$，T 与 n 方向相反，电磁转矩为制动性质，电磁功率 $P_{em} < 0$，电机运行在发电机状态；当 $s > 1$，即 n 与 n_1 反向时，$T > 0$，$n < 0$，电磁转矩仍为制动性质，但 $P_{em} > 0$，电机运行在电磁制动状态。

20.3.3　最大电磁转矩、启动转矩、额定转矩

下面讨论图 20-10 中电机工作在电动机状态时的机械特性几个特征点。

1. 额定转矩 T_N

额定转矩 T_N 是异步电动机额定运行条件下输出的机械转矩，此时的转速和转差率为额定转速 n_N 和额定转差率 s_N。T_N 可根据电动机铭牌标出的额定机械功率 P_N 和额定转速 n_N 求出，则有

$$T_N = \frac{P_N}{\Omega_N} = \frac{P_N}{2\pi n_N / 60} = 9550\frac{P_N}{n_N} \qquad (20-34)$$

式中：P_N 为额定机械功率，W。

2. 最大电磁转矩 $T_{\max}$

由图 20-10 中曲线可见，电磁转矩 T 有一个最大值，它是异步电动机在额定条件下稳态运行时，所能输出的电磁转矩最大值，称为最大电磁转矩（breakdown torque）$T_{\max}$。根据式（20-33），令 $dT/ds=0$，可求出产生最大转矩的转差率 s_k，s_k 称为临界转差率，则有

$$s_k = \frac{C_1 r_2'}{\sqrt{r_1^2 + (x_1 + C_1 x_2')^2}} \qquad (20-35)$$

将 s_k 代入式（20-32），可得到最大电磁转矩的表达式为

$$T_{\max} = \frac{m_1 p U_1^2}{2\pi f_1} \frac{1}{2C_1\left[r_1 + \sqrt{r_1^2 + (x_1 + x_2')^2}\right]} \qquad (20-36)$$

电机定子绕组的电阻 r_1 很小，可忽略，并令 $C_1 = 1$，这样，式（20-35）和式（20-36）可近似为

$$s_k = \frac{r_2'}{x_k} \qquad (20-37)$$

$$T_{\max} = \frac{m_1 p U_1^2}{4\pi f_1 x_k} \qquad (20-38)$$

从式（20-37）和式（20-38）可以看出，最大转矩和临界转差率有如下特点。

（1）当电源频率和电机参数不变时，最大电磁转矩 $T_{\max}$ 与电源电压的平方成正比；电源电压变化，影响电机出力，电源电压降低，最大电磁转矩按平方倍降低。

（2）当电源电压和频率一定时，最大电磁转矩 $T_{\max}$ 与短路电抗成反比。

（3）最大电磁转矩 $T_{\max}$ 与转子电阻 r_2' 无关，而临界转差率 s_k 与 r_2' 有关。转子电阻 r_2' 增大，临界转差率 s_k 增大，$T-s$ 曲线的最大值向 s 增大方向偏移，如图 20-11 所示。对于三相绕线式异步电动机，可以通过改变在转子回路中所串入的三相对称的附加电阻大小，得到不同的机械特性。

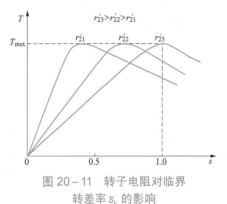

图 20-11 转子电阻对临界转差率 s_k 的影响

3. 启动转矩 T_{st}

启动转矩 T_{st} 也叫堵转转矩，（locked-rotor torque）是电机启动时的电磁转矩，即图 20-10 中 $s=1$ 所对应的转矩，其大小决定了电动机的启动性能。异步电机启动时，$n=0$，$s=1$，将 $s=1$ 代入式（20-33），可求出启动转矩为

$$T_{st} = \frac{p m_1 U_1^2 r_2'}{2\pi f_1 (r_2'^2 + x_k^2)} \qquad (20-39)$$

从式（20-39）可知：

（1）在电源频率和电机参数一定时，启动转矩与外加电压的平方成正比，电压减小，启动转矩成平方倍减小；

（2）要增大启动转矩，可在转子回路串电阻，随着所串电阻的增大，启动转矩也增加。但是，随着转子电阻增加，转差率增大，转子铜耗也将增大。

启动转矩 T_{st} 越大，异步电动机启动越容易。要使电动机启动时有最大转矩，即 $T_{st}=T_{\max}$，可在转子回路串入电阻，使临界转差率 $s_k=1$，则启动转矩为最大转矩。启动转矩为最大转矩时转子回路所串的附加电阻 r_s 应为

$$r_s = x_k - r_2' \qquad (20-40)$$

20.3.4 过载能力和启动转矩倍数

1. 过载能力

电动机正常运行时，负载转矩必须小于最大电磁转矩 T_{max}，否则电动机将停转，最大电磁转矩 T_{max} 又称停转转矩，所以，与最大电磁转矩对应的临界转差率 s_k 为电动机稳定运行的最大转差率。

电动机带负载运行时，最大电磁转矩 T_{max} 较负载转矩大得越多，电动机承受短时过载能力越强，将最大电磁转矩与额定电磁转矩之比称为过载能力，用 K_m 表示则有

$$K_m = \frac{T_{max}}{T_N} \qquad (20-41)$$

如果电动机的负载制动转矩大于最大转矩，电动机将停转。为保证电动机不会因为短时过载而停转，要求电动机具有一定的过载能力。一般异步电动机的 $K_m = 1.6 \sim 2.5$，起重、冶金用的异步电动机 $K_m = 2.2 \sim 2.8$，有特殊要求时 $K_m = 2.8 \sim 3.0$。

2. 启动转矩倍数

如果启动转矩 T_{st} 太小，在一定负载下电动机可能无法启动。T_{st} 越大，电动机启动越容易。通常用启动转矩 T_{st} 与额定转矩 T_N 的比值来表示电动机启动转矩的倍数 K_{st}，则

$$K_{st} = \frac{T_{st}}{T_N} \qquad (20-42)$$

电动机在额定电压和额定频率下启动时的定子电流称为启动电流 I_{st}，启动电流与额定电流 I_N 的比值称为启动电流倍数，用 K_{si} 表示，有

$$K_{si} = \frac{I_{st}}{I_N} \qquad (20-43)$$

K_{st} 和 K_{si} 是衡量异步电动机启动性能的重要指标，一般产品目录会给出。我国生产的 Y 系列三相笼型异步电动机，K_{st} 为 1.2～2.4（中小型）和 0.5～0.8（大中型），K_{si} 为 5.5～7.1。

20.3.5 稳定运行问题

作为电动机，稳定运行是非常重要的。当电动机转速不稳定时，会使其所拖动的系统无法正常工作。电动机拖动的机械负载性质不同，系统稳定运行的区域也不相同。电动机拖动的机械负载一般可分为两大类：

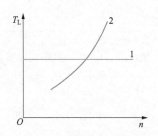

图 20-12 机械负载的机械特性

恒转矩负载和离心式负载。对于恒转矩负载，其特点是负载转矩的大小与转速无关，即转速 n 变化时，负载转矩 T_L 保持恒定，其特性为图 20-12 中的曲线 1，如起重设备、球磨机等的负载均属于恒转矩负载。对于离心式负载，其特点是负载转矩的大小随转速变化而变化，如图 20-12 中曲线 2 所示，随着转速的上升，负载转矩增大，水泵、风机等属于离心式负载。

异步电动机拖动机械负载稳定运行时，电磁转矩驱动机械负载转动，电磁转矩 T 与负载转矩 T_L 满足转矩平衡方程，即 $T = T_L + T_0$，也就是说，电动机输出机械转矩 T_2 为负载转矩 T_L 与空载转矩之和。如果不考虑空载转矩，则有 $T = T_L$。如图 20-13 所示，图中分别给出了电动机的机械特性曲线和恒转矩负载特性曲线，二者有两个交点 a 和 b，在这两个交点上均能满足 $T = T_L$。电动机稳定运行指的是由于某种扰动使电机输出转矩变化或是负载转矩变化时，电动机能在新的状态下稳定运行，当扰动消失后电机能回到之前的状态稳定运行。下面讨论异步电动机带恒转矩负载的稳定运行条件。

如果电动机运行于 a 点，假设由于某种原因，使负载转矩发生变化，增加了 ΔT_L，由 T 变为 T_L'。由于此时驱动转矩不变，则电动机的制动转矩大于驱动的电磁转矩，即 $T_L' > T$，转子将减速，转差率 s 增加。从图 20-13 可知，稳定运行于机械特性曲线 a 点的电动机，随着转差率的增加，电磁转矩增大，电机运行点变

化，所以电动机运行在新的工作点 a' ，这样，驱动转矩与制动转矩达到新的平衡，即 $T'_L = T'$ ，电动机在 a' 点稳定运行；反之，若负载转矩由于某种原因减小了 ΔT_L ，由 T 变为 T''_L ，则驱动转矩大于负载转矩，转子加速，转差率减小，输出的电磁转矩减小为 a'' 的 T'' ，当 $T''_L = T''$ ，则电动机达到新的平衡，在 a'' 点稳定运行。如果扰动消失，电机将回到 a 点运行，可见， a 点是稳定运行点。

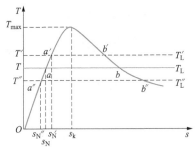

图 20-13　电动机稳定运行条件

但是，如果电动机运行于 b 点，假设由于某种扰动，使负载转矩增加了 ΔT_L ，由 T_L 变为 T'_L ，此时有 $T'_L > T$ ，转子将减速，转差率 s 增大，从图 20-13 可以看出，在 b 点运行的电机随着转差率 s 的增大运行点将由 b 点右移，则 b 点的电磁转矩减小，电磁转矩较负载转矩小得更多，转子转速降得更低，最终使电机停下来。同样，如果在 b 点，负载转矩减小 ΔT_L ，由 T_L 变为 T''_L ，则电磁转矩大于负载转矩，电机加速，转差率减小。由于电磁转矩随着转差率减小而增大，电磁转矩大于负载转矩更多，电机仍将加速，沿着 $T-s$ 曲线直到 a'' 点，驱动转矩和制动转矩相等，电机才能稳定运行。这两种情况中，前者电机不能稳定运行而停下来，后者电机在 a'' 点稳定运行，即使扰动消失，也无法回到之前的运行点 b ，所以， b 点不是稳定运行点。

从 $T-s$ 曲线来看，在转差率 s 由 0 到 s_k 范围内，电磁转矩随转差率增大而增大，这个区间是稳定工作区。在 s 由 s_k 到 1 的范围内，电磁转矩随着转差率的增加而减小，这个区域是不稳定工作区。由此，得到异步电动机稳定运行的条件为

$$\frac{dT}{ds} > \frac{dT}{ds} > 0 \qquad (20-44)$$

需要说明的是，以上分析的稳定运行条件是在定子绕组外加电压大小不变，且没有任何反馈控制的前提下得到的。

【例 20-3】一台三相六极笼型异步电动机，定子绕组接成 Y 形连接， $U_N = 380V$ ， $n_N = 957r/min$ ， $f_N = 50Hz$ ，电机参数为 $r_1 = 2.08\Omega$ ， $x_1 = 3.12\Omega$ ， $r'_2 = 1.53\Omega$ ， $x'_2 = 4.25\Omega$ ，试求：

（1）额定电磁转矩 T_N ；

（2）最大电磁转矩 T_{max} 及过载能力 K_m ；

（3）临界转差率 s_k ；

（4）启动转矩 T_{st} 及启动转矩倍数 K_{st} 。

解： 电机同步转速为

$$n_1 = \frac{60f}{p} = \frac{60 \times 50}{3} = 1000r/min$$

额定转差率为

$$s_N = \frac{n_1 - n_N}{n_1} = \frac{1000 - 957}{1000} = 0.043$$

定子绕组额定相电压为

$$U_1 = \frac{U_N}{\sqrt{3}} = \frac{380}{\sqrt{3}} = 220V$$

（1）额定电磁转矩为

$$T_N = \frac{pm_1}{2\pi f_1} U_1^2 \frac{\dfrac{r'_2}{s_N}}{\left(r_1 + \dfrac{r'_2}{s_N}\right)^2 + (x_1 + x'_2)^2}$$

$$= \frac{3 \times 3}{2\pi \times 50} \times 220^2 \times \frac{\dfrac{1.53}{0.043}}{\left(2.08 + \dfrac{1.53}{0.043}\right)^2 + (3.12 + 4.25)^2} = 33.5N \cdot m$$

（2）最大电磁转矩为

$$T_{\max} = \frac{m_1 p U_1^2}{4\pi f_1} \frac{1}{x_1 + x_2'} = \frac{3 \times 3 \times 220^2}{4\pi \times 50 \times (3.12 + 4.25)} = 94\text{N} \cdot \text{m}$$

过载倍数为

$$K_{\mathrm{m}} = \frac{T_{\max}}{T_{\mathrm{N}}} = \frac{94}{33.5} = 2.8$$

（3）临界转差率为

$$s_{\mathrm{k}} = \frac{r_2'}{x_{\mathrm{k}}} = \frac{1.53}{3.12 + 4.25} = 0.2$$

（4）启动转矩为

$$T_{\mathrm{st}} = \frac{p m_1 U_1^2 r_2'}{2\pi f_1 [(r_1 + r_2')^2 + (x_1 + x_2')^2]}$$

$$= \frac{3 \times 3 \times 220^2 \times 1.53}{2\pi \times 50 \times [(2.08 + 1.53)^2 + (3.12 + 4.25)^2]} = 31.5\text{N} \cdot \text{m}$$

启动转矩倍数为

$$K_{\mathrm{st}} = \frac{T_{\mathrm{st}}}{T_{\mathrm{N}}} = \frac{31.5}{33.5} = 0.94$$

20.4 三相异步电动机的工作特性

三相异步电动机正常运行时，当其拖动的机械负载发生变化，电动机的转速、电流、功率因数、效率、电磁转矩等均随之变化。三相异步电动机的工作特性是指在额定电压和额定频率下，转速 n、电磁转矩 T、定子电流 I_1、定子功率因数 $\cos\varphi_1$ 及效率 η 等与输出功率 P_2 之间的关系。

20.4.1 转速调整特性 $n=f(P_2)$ ［或 $s=f(P_2)$］

异步电动机转速随负载变化而变化的关系曲线，称为转速调整特性曲线（speed regulation characteristic）。

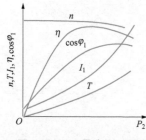

图 20－14 异步电动机工作特性曲线

三相异步电动机空载运行时，输出功率 $P_2 = 0$，此时的转速 n 为空载转速，略低于同步转速 n_1。随着负载的增大，转速降低，以使转子电流增大，产生更大的电磁转矩与负载转矩平衡。所以，转速 n 随 P_2 的增加略有降低，如图 20－14 所示。

异步电动机运行时，如果电机转速降得过低，即转差率过大，则转子铜耗将增大，电机效率降低，对电机运行性能不利。所以，异步电机的额定转差率一般为 $0.02\sim0.05$，即额定转速仅比同步转速低 2%～5%，也就是说，额定负载时转速变化较小，这样的转速特性称为硬特性。

20.4.2 电磁转矩特性 $T=f(P_2)$

由于电机稳态运行时，有转矩平衡关系 $T = T_2 + T_0$，而输出转矩 $T_2 = \dfrac{P_2}{\Omega} = P_2 / (2\pi n / 60)$，也就是说，输出转矩与转速有关。由于电机从空载到额定负载时，额定转差率较小，转速变化很小，可以忽略，则电磁转矩 T_2 近似与输出功率 P_2 成正比关系，而空载转矩 T_0 可认为基本不变，所以电磁转矩特性 $T = f(P_2)$ 近似为一直线，如图 20 – 14 所示。

20.4.3　功率因数特性 $\cos\varphi_1 = f(P_2)$

三相异步电动机运行时，必须从电网吸收滞后的无功功率来满足励磁和漏抗的需要，所以定子侧功率因数总是滞后的。空载时，电机转速接近同步转速，转差率很小，转子回路等效电阻很大，转子回路近似开路，这时只有励磁电流产生磁通，而励磁支路电抗远大于电阻，所以电动机功率因数很低，一般不超过 0.2。随着负载的增加，转速下降，转差率上升，转子回路阻抗减小，转子电流有功分量增大，定子电流有功分量也增大，功率因数提高，一般在额定负载时达到最大值。超过额定负载后，由于转差率迅速增大，转子回路等效电阻减小很快，使转子回路呈感性，转子功率因数下降，从而使定子侧功率因数下降。异步电动机额定工况下功率因数一般为 0.8～0.9。功率因数特性如图 20 – 14 所示。

20.4.4　定子电流特性 $I_1 = f(P_2)$

异步电动机定子电流与转子电流有关系 $\dot{I}_1 = \dot{I}_0 + (-\dot{I}_2')$，电动机空载时，转子电流接近于零，定子电流等于励磁电流。随着负载的增大，转速降低，转子电流增大，则定子电流也增大。由于输出功率与转子电流呈近似正比关系，而定子电流与转子电流为线性关系，所以定子电流与输出功率之间为近似线性。定子电流特性曲线如图 20 – 14 所示。

20.4.5　效率特性曲线 $\eta = f(P_2)$

异步电动机的效率为

$$\eta = \frac{P_2}{P_1} \times 100\% = \left(1 - \frac{\sum p}{P_2 + \sum p}\right) \times 100\% \tag{20-45}$$

式中：$\sum p$ 为电动机的总损耗，$\sum p = p_{\text{Cu1}} + p_{\text{Cu2}} + p_{\text{Fe}} + p_{\text{m}} + p_{\text{s}}$。

与变压器类似，异步电动机的总损耗由两大部分组成：不变损耗和可变损耗。其中，不变损耗包括铁耗、机械损耗和附加损耗，它们基本上不随负载的变化而改变；可变损耗（定、转子铜耗）随负载增大而增大。

当电动机空载时，输出功率 $P_2 = 0$，此时效率 $\eta = 0$。随着负载增加，在负载较小时，可变损耗较小，但不变损耗不变，不变损耗为主要损耗，所以效率很低。随着负载增大，由于不变损耗不变、可变损耗在负载电流较小时增加的速度相对于输出功率增加速度慢，电机效率迅速提高，当可变损耗与不变损耗相等时，效率达到最大值。之后，负载进一步增大，则由于可变损耗在总损耗中占主导地位，并随负载增加而快速增大，因此效率反而降低。效率特性曲线如图 20 – 14 所示。常用的中小型异步电动机，在 75%～100% 额定负载范围内，效率较高。

效率是三相异步电动机的主要性能指标之一。我国生产的三相异步电动机额定效率一般在 74%～97%，参见表 18 – 1 电机容量越大，效率越高。

从异步电动机工作特性可知，在额定负载附近运行时电机的功率因数和效率都较高，所以选用电动机时，应使电动机额定功率与负载相匹配，避免电机长期轻载运行，以使电动机经济、合理和安全运行。

【例 20 – 4】电机参数见［例 20 – 1］，试计算：

（1）额定输入电功率 $P_{1\text{N}}$；

（2）定子、转子铜耗 p_{Cu1}、p_{Cu2}；

（3）电磁功率 P_{em} 和总机械功率 P_{m}；

（4）效率 η。

解：（1）电机额定输入功率

$$P_{1\text{N}} = \sqrt{3} U_{\text{N}} I_{\text{N}} \cos\varphi_{\text{N}} = \sqrt{3} \times 380 \times 19.5 \times 0.89 = 11.4\text{kW}$$

（2）定子侧铜耗

$$p_{\mathrm{Cu1}} = 3I_{N\Phi}^2 r_1 = 3 \times \left(\frac{19.5}{\sqrt{3}}\right)^2 \times 0.963 = 366\mathrm{W}$$

转子侧铜耗

$$p_{\mathrm{Cu2}} = P_k - p_{\mathrm{Cu1}} = 605 - 366 = 239\mathrm{W}$$

（3）电磁功率可根据功率流程图计算出

$$P_{\mathrm{em}} = P_{1N} - p_{\mathrm{Cu1}} - p_{\mathrm{Fe}}$$

其中，铁耗可根据空载试验数据得到

$$p_{\mathrm{Fe}} = P_0 - 3I_{0\mathrm{ph}}^2 r_1 - p_{\mathrm{m}} = 824 - 3 \times \left(\frac{5.5}{\sqrt{3}}\right)^2 \times 0.963 - 156 = 824 - 29 - 156 = 639\mathrm{W}$$

电磁功率

$$P_{\mathrm{em}} = P_{1N} - p_{\mathrm{Cu1}} - p_{\mathrm{Fe}} = 11.4 - 0.366 - 0.639 = 10.395\mathrm{kW}$$

总机械功率为

$$P_{\mathrm{m}} = P_{\mathrm{em}} - p_{\mathrm{Cu2}} = 10.395 - 0.239 = 10.156\mathrm{kW}$$

（4）效率为

$$\eta = \frac{P_2}{P_1} \times 100\% = \frac{10}{11.4} \times 100\% = 87.7\%$$

 本章小结

与变压器类型，异步电动机等效电路参数可以通过空载和短路试验来确定，空载试验可测量异步电动机励磁参数，包括励磁电阻、励磁电抗、励磁阻抗、铁耗和机械损耗；短路试验可测量异步电动机短路参数，包括短路电阻、短路电抗、短路阻抗、启动转矩和启动电流。

异步电动机电磁转矩表达式有物理表达式和参数表达式，前者主要用于定性分析，后者主要用于定量计算。异步电动机电磁转矩与电源电压、电压频率、电动机转速及结构参数有关。电磁转矩与电源电压平方成正比，所以电源电压波动影响电动机出力。电动机最大电磁转矩与转子电阻无关，而最大电磁转矩对应的临界转差率与转子电阻相关，所以可以通过在转子回路串电阻的方式改善异步电动机的启动性能。

异步电动机工作特性指电机转速、定子电流、功率因数、电磁转矩及电机效率与电动机输出功率之间的关系，通过工作特性可以分析电动机的运行性能。

 思考题及习题

20-1 如何利用空载试验得到异步电动机的铁耗？

20-2 三相异步电动机定子铁耗和转子铁耗的大小与哪些因数有关？只要定子电压不变，定子铁耗和转子铁耗的大小就基本不变吗？

20-3 异步电动机转子电阻或电抗增加对其启动电流、启动转矩、最大转矩、功率因数等有何影响？

20-4 三相异步电动机产生电磁转矩的原因是什么？从转子侧看，电磁转矩与电机内部的哪些参数有关？当电机定子绕组外施电压和转差率不变时，电磁转矩是否也不改变？电机的负载转矩越大，其转差率就越大吗？

20-5 三相异步电动机堵转时的定子电流、电磁转矩与外施电压大小有什么关系？为什么电磁转矩随外加电压的平方变化？

20-6 增大异步电动机的气隙对空载电流、漏抗、最大转矩和启动转矩有何影响？

20-7 三相异步电动机能否带动超过额定电磁转矩的机械负载？能否在最大转矩下长期运行？为什么？

20-8 一台 50Hz、380V 的笼型异步电动机，若运行在 60Hz、380V 的电网上，设负载转矩不变，试问以下各量如何变化？为什么？

（1）励磁电阻 r_m 和励磁电抗 x_m；

（2）同步转速和满载转速（设转差率不变）；

（3）最大电磁转矩 T_{max}；

（4）启动电流 I_{st} 和启动转矩 T_{st}。

20-9 对于三相绕线式异步电动机，在转子回路串电阻可以改善转子功率因数，使电机启动转矩增大。对于笼型异步电动机，如果在定子回路串电阻以改善功率因数，启动转矩能否提高？为什么？

20-10 试说明异步电动机工作特性中各曲线的形状及其形成原因。

20-11 三相异步电动机的主要性能指标有哪些？为什么电动机不宜在额定电压下长期欠载运行？

20-12 设有一绕线式异步电动机，额定电压 380V，频率 50Hz，额定转速 1450r/min，定子绕组 D 连接，$r_1 = r_2' = 0.724\Omega$，设每相电抗为每相电阻的 4 倍，令修正系数 $C_1 = 1 + \dfrac{x_1}{x_m} = 1.04$，$r_m = 9\Omega$，试求：

（1）额定运行时的输入功率、电磁功率、机械功率及各种损耗；

（2）最大电磁转矩、过载能力及临界转差率；

（3）为使启动转矩为最大转矩，在转子回路中应接入的每相电阻是多少？并用转子绕组的电阻倍数表示。

20-13 三相异步电动机，输入功率 $P_1 = 8.6kW$，定子铜耗 $p_{cu1} = 425W$，铁耗 $p_{Fe} = 210W$，转差率 $s_N = 0.034$，试求：

（1）电磁功率；

（2）转子铜耗；

（3）机械功率。

20-14 三相异步电动机，铭牌数据为：$P_N = 150kW$，$f = 50Hz$，$2p = 4$，满载运行时的转子铜耗 $p_{cu2} = 4.8kW$，机械损耗和附加损耗 $p_m + p_s = 2.2kW$，试求：此时的电磁转矩和输出机械转矩。

20-15 有三相四极异步电动机，频率为 50Hz，额定电压 $U_N = 380V$，定子绕组 Y 形连接，$\cos\varphi_N = 0.83$，$r_1 = 0.35\Omega$，$r_2' = 0.34\Omega$，$s_N = 0.04$，机械损耗与附加损耗之和为 288W。设 $I_{1N} = I_{2N}' = 20.5A$，试求此电动机额定运行时的输出功率、电磁功率、电磁转矩和负载转矩。

20-16 一台三相四极 50Hz 异步电动机，$P_N = 75kW$，$n_N = 1450r/min$，$U_N = 380V$，$I_N = 160A$，定子 Y 形连接。已知额定运行时，输出转矩为电磁转矩的 90%，且 $p_{Cu1} = p_{Cu2}$，$p_{Fe} = 2.1kW$。试计算额定运行时的电磁功率、输入功率和功率因数。

20-17 一台三相异步电动机，额定功率 $P_N = 4kW$，额定电压 $U_N = 380V$，定子绕组 △ 形连接，额定转速 $n_N = 1442r/min$，定、转子的参数如下：

$r_1 = 4.47\Omega$ $r_2' = 3.18\Omega$ $r_m = 11.9\Omega$；

$x_1 = 6.7\Omega$ $x_2' = 9.85\Omega$ $x_m = 6.7\Omega$。

试求在额定转速时的电磁转矩、最大转矩、启动电流和启动转矩。

三相异步电动机的启动、调速和制动

交流异步电动机结构简单、价格便宜、性能好、运行可靠，在交流电力拖动系统中广泛采用。拖动系统中的异步电动机根据生产需要，经常都要进行启动、调速和制动，因而异步电动机的启动、调速和制动是电机学中需要讨论的另一个问题，本章主要从电机理论方面讨论三相异步电动机中常用的启动、调速和制动方法。

21.1 三相异步电动机的启动

21.1.1 三相异步电动机的启动性能

将异步电动机定子绕组接入三相交流电源，如果电动机的电磁转矩能够克服轴上的阻力转矩，电动机将从静止状态加速到某一个转速稳定运行，这个过程称为启动。

对电动机启动过程有如下要求：启动电流小，以减小对电网的冲击；启动转矩大，且启动过程中电动机转速平稳上升；启动时间短，设备简单，投资少；启动时能量损耗小。

对于普通的笼型异步电动机，定子绕组加额定电压下启动时，由于启动瞬间，转速 $n=0$，即 $s=1$，根据异步电机 T 型等效电路可知，此时附加电阻 $\dfrac{1-s}{s}r_2'=0$，转子支路相当于短路，转子回路电流很大，从而导致定子回路启动电流很大，通常约为额定电流的 $5\sim7$ 倍。虽然启动电流大，但启动转矩并不大。从前一章分析已经知道，电磁转矩 $T=C_{\mathrm{T}}\Phi_{\mathrm{m}}I_2'\cos\varphi_2$，启动时定子漏阻抗压降大，感应电动势和主磁通较正常运行时小，且启动时功率因数较低，所以启动转矩不大。以上分析可知，异步电动机启动时存在两个问题：一是启动电流大，二是启动转矩不大。

对于电动机本身来讲，如果不是频繁启动，异步电动机有承受短时大电流的能力，所以大的启动电流对电机不会造成太大影响；如果电机是频繁启动，会因为频繁出现大电流而使电动机内部发热而造成过热，但只要限制电机每小时最高启动次数，电机也能承受。所以，对于电机本身而言，在额定电压下直接启动是没有问题的。但对于电网而言，如果电机容量相对于给电机供电的供电变压器容量较大时，启动时的大电流会使变压器输出电压降低，从而导致母线电压下降，由于加在电机定子上的电压下降，则电机启动转矩下降更多（$T\propto U_1^2$），造成电机启动困难，同时母线电压降低也会影响同一供电电网上的其他用电设备正常运行。

启动转矩不大，也不利于电机启动。电机带额定负载下启动时，如果启动转矩太小，造成启动困难或根本无法启动，即使能启动，启动时间长，对电机运行也非常不利。

因此，普通笼型异步电动机直接启动时启动电流大，启动转矩不大，不能满足拖动系统的要求。所以，交流电力拖动系统中必须根据拖动系统对启动性能的具体要求，确定电动机的启动方法。

21.1.2 三相笼型异步电动机的启动

三相笼型异步电动机有全压启动和降压启动两种启动方法。

1. 全压启动

全压启动（across the line starting）是通过开关和接触器把异步电动机直接接到额定电压的交流电网上进

行启动，也叫直接启动（direct – on – line starting）。

全压启动时，启动电流大，对电动机本身及其所接入的电力系统都有可能产生不利影响。笼型异步电动机启动时间不长，一般不会烧坏电动机，此时，主要考虑过大的启动电流产生的电压降对同一电网上其他设备的影响。也就是说，全压启动方法的使用受供电变压器容量的限制。供电变压器容量越大，启动电流在供电回路引起的电压降越小。一般来说，7.5kW 以下的电机允许全压启动。对于功率超过 7.5kW 的电机，只要全压启动的电机启动电流在电网中引起的电压降不超过额定电压的 10%～15%（频繁启动时取 10%），则可以直接启动。一般认为，启动电流与额定电流的比值 I_{st}/I_N 小于等于（3+电网容量/启动电动机容量）/4，可以采取全压启动。

全压启动方式的优点是操作简单，启动设备的投资和维修费用小，可能的情况下应优先采用。在发电厂中，由于供电容量大，一般采用全压启动。如果供电变压器容量不够大，则应采用降压启动方式。

2. 降压启动

降压启动是电动机启动时使定子绕组上所加的电压低于额定电压，从而减小启动电流。待电动机启动结束后，再施加额定电压。由于启动转矩与所加电压有关，所以降压启动在减小启动电流的同时，启动转矩也会减小，且减小得更多。因此降压启动只适用于对启动转矩要求不高的场合，如空载或轻载启动。

下面介绍三种常用的降压启动方法。

（1）定子回路串电阻或电抗器降压启动。

三相异步电动机启动时，在定子回路中串入电阻或者串入电抗器，电阻或电抗器对电源电压起分压作用，电动机定子绕组上所加的电压降低，待电机启动后，再切除电阻或电抗器，使电机在全电压下正常运行。

如图 21–1 所示为定子回路串电抗器启动的电机等效电路，图（a）为直接启动，图（b）为定子串电抗器启动，X 为定子回路每相串入的电抗器。串入电抗器后，加在定子绕组上的电压 $U_1' < U_1$，如果启动电流降为直接启动时的 K 倍（$K<1$），则启动转矩降为直接启动转矩的 $1/K^2$ 倍。

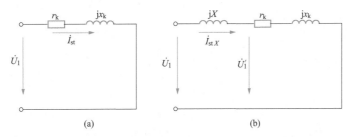

图 21–1 定子回路串电抗器降压启动时的等效电路
（a）直接启动；（b）串电抗器降压启动

定子回路串电阻或电抗器启动的方法，虽然可以降低启动电流，但启动转矩与电压成平方关系下降，下降得更多，启动特性较差，且消耗电网有功或无功功率，所以生产中已很少使用。

（2）星—三角（Y–△）降压启动。

这是用改变电动机定子绕组联结方式来实现降压启动的方法。启动时，将定子三相绕组连接成星形接到额定电压的电源上，启动后再将其改接为三角形连接正常运行，称为星–三角启动（star-delta starting）。这种方法只能适用于正常运行时定子绕组为三角形接法的电动机。

如图 21–2 所示为星—三角降压启动的原理图，图（a）为星形连接，图（b）为三角形连接。加在电动机定子绕组上的电源线电压为 U，电机每相阻抗为 Z，电动机星形连接时，绕组相电压为 $U/\sqrt{3}$，而线电流与相电流相等，则星形联结时电机启动电流 $I_{Yst} = \dfrac{U}{\sqrt{3}Z}$；电动机三角形连接时，绕组相电压与线电压相等为 U，每相绕组电流为 $\dfrac{U}{Z}$，则三角形连接时电机启动电流 $I_{\Delta st} = \dfrac{\sqrt{3}U}{Z}$，所以 Y–△ 降压启动时启动电流关系为

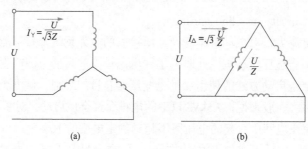

图 21-2　星—三角启动原理图

（a）星形连接；（b）三角形连接

$$\frac{I_{\text{Yst}}}{I_{\Delta\text{st}}}=\frac{\dfrac{U}{\sqrt{3}Z}}{\dfrac{\sqrt{3}U}{Z}}=\frac{1}{3} \tag{21-1}$$

即

$$I_{\text{Yst}}=\frac{1}{3}I_{\Delta\text{st}}=\frac{1}{3}I_{\text{st}}$$

由此可见，利用星—三角接法启动时，启动电流减小为全压启动的 1/3。但是，由于启动时加在定子绕组上的电压为 $U/\sqrt{3}$，启动转矩与电压的平方成正比，所以启动转矩也减小为全压启动的 1/3。

这种启动方法简单，只需运用 Y−△ 切换的转换开关，价格便宜，维修方便。但是，由于启动转矩随电压降低而降低，只适用于空载或轻载启动。

（3）自耦变压器降压启动

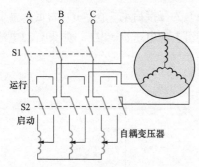

图 21-3　自耦变压器降压启动原理图

如图 21-3 所示为自耦变压器降压启动原理图。启动时，合上开关 S1，把开关 S2 放在"启动"位置。自耦变压器高压侧接电源，异步电动机定子回路接入自耦变压器低压侧，电机定子绕组电压为自耦变压器二次侧电压，低于额定电压，降压启动。启动结束后，将开关 S2 接至"运行"位置，切除自耦变压器，电动机直接接至电网，在额定电压下正常运行。

设自耦变压器变比为 k_{a}，经过自耦变压器后，加在电动机绕组上的电压为变压器二次侧电压，是电源电压的 $1/k_{\text{a}}$，电动机侧的启动电流 $I_{2\text{st}}$ 为直接启动电流的 $1/k_{\text{a}}$。而由于电机接在变压器的低压侧，变压器高压侧电流为低压侧的 $1/k_{\text{a}}$，所以变压器高压侧即电网侧的启动电流 $I_{1\text{st}}$ 与直接启动时的启动电流 I_{st} 相比为

$$I_{1\text{st}}=\frac{1}{k_{\text{a}}}I_{2\text{st}}=\frac{1}{k_{\text{a}}^{2}}I_{\text{st}} \tag{21-2}$$

由式（21-2）可知，电网供给电动机的启动电流只有电动机直接启动时启动电流的 $1/k_{\text{a}}^{2}$ 倍，而电动机本身的启动电流为直接启动时的 $1/k_{\text{a}}$ 倍。由于启动转矩与电压的平方成正比，所以启动转矩也下降为直接启动时的 $1/k_{\text{a}}^{2}$ 倍。显然，在相同启动转矩下，使用自耦变压器降压启动时的启动电流要小。

自耦变压器上设有 2~3 个抽头，可供使用时选择不同的降压比例，以适用不同的启动要求。自耦变压器有两个抽头时，其两个抽头的抽头比 $1/k_{\text{a}}$ 一般为 65% 和 80%。自耦变压器有三个抽头时，旧型号的自耦变压器三个抽头比分别为 55%、64% 和 73%，新型号的自耦变压器三个抽头的抽头比一般分别为 40%、60% 和 80%。自耦变压器降压启动用于较大容量的低压电动机启动，可获得较大的启动转矩，但自耦变压器体积较大，造价高。

以上几种降压启动的方法，由于电机定子绕组上电压降低，从而减小启动电流。但是在减小启动电流的同时，启动转矩也减小，所以只适用于轻载或空载启动。

【例 21-1】一台三相异步电动机的参数如下：$P_{\text{N}}=28\text{kW}$，$U_{\text{N}}=380\text{V}$，定子绕组接成 Y 形，$I_{\text{N}}=58\text{A}$，

$\cos\varphi_N = 0.88$ ， $n_N = 1455\text{r/min}$ ，启动转矩倍数 $K_{st} = 1.1$ ，启动电流倍数 $K_{si} = 6$ ，过载能力 $K_m = 2.3$ 。启动时负载转矩 $T_L = 73.5\text{N} \cdot \text{m}$ ，要求电机启动电流不大于 150A，问：

（1）该电动机能否采用 Y－△启动？

（2）能否用定子串电抗器启动？如果可以，所需电抗器值为多少？

（3）如果采用自耦变压器启动，自耦变压器抽头有 55%、64%和 73%三种，问哪种抽头能满足要求？

解： 电动机额定转矩为

$$T_N = 9550 \frac{P_N}{n_N} = 9550 \times \frac{28}{1455} = 183.8\text{N} \cdot \text{m}$$

正常启动要求启动转矩为

$$T_{st} = K_{st} T_L = 1.1 \times 73.5 = 80.85\text{N} \cdot \text{m}$$

（1）Y－△启动时，启动电流

$$I_{stY} = \frac{1}{3} I_{st\triangle} = \frac{1}{3} K_{si} I_N = \frac{1}{3} \times 6 \times 58 = 116\text{A} < 150\text{A}$$

启动时，启动转矩

$$T_{Yst} = \frac{1}{3} T_{st\triangle} = \frac{1}{3} K_{st} T_N = \frac{1}{3} \times 1.1 \times 183.8 = 67.39\text{ N} \cdot \text{m} < T_{st}$$

则接成 Y 形时电机的启动转矩小于负载转矩，电动机无法正常启动，所以不能采用 Y－△启动方式。

（2）定子绕组串电抗器启动时，启动转矩较直接启动的减小倍数为电流减小倍数的平方，所以在启动电流不超过 150A 时，串电抗器后启动转矩为

$$T_{st}' = \left(\frac{150}{K_{si} I_N}\right)^2 K_{st} T_N = \left(\frac{150}{6 \times 58}\right)^2 \times 1.1 \times 183.8 = 37.56\text{N} \cdot \text{m} < T_{st}$$

串联电抗器保证启动电流的情况下，启动转矩小于负载转矩，则不能采用定子绕组串电抗器的方式启动。

（3）自耦变压器降压启动时，启动电流只有直接启动的 $1/k_a^2$ ，启动转矩也降为直接启动的 $1/k_a^2$ 。如果变压器抽头为 55%时，启动电流应为

$$I_{st}' = 0.55^2 I_{st} = 0.55^2 \times 6 \times 58 = 105.3\text{A} < 150\text{A}$$

此时的启动转矩为

$$T_{st}' = 0.55^2 K_{st} T_N = 0.55^2 \times 1.1 \times 183.8 = 61.16\text{N} \cdot \text{m} < T_{st}$$

则 55%抽头不能采用。

变压器抽头为 64%时，启动电流为

$$I_{st}'' = 0.64^2 I_{st} = 0.64^2 \times 6 \times 58 = 142.5\text{A} < 150\text{A}$$

启动转矩为

$$T_{st}'' = 0.64^2 K_{st} T_N = 0.64^2 \times 1.1 \times 183.8 = 82.81\text{N} \cdot \text{m} > T_{st}$$

则 64%抽头可以采用。

变压器抽头为 73%时，启动电流为

$$I_{st}''' = 0.73^2 I_{st} = 0.73^2 \times 6 \times 58 = 185.4\text{A} > 150\text{A}$$

启动电流不能满足要求，则 73%抽头不能采用。

所以，该电动机只能采用自耦变压器降压启动方式，且变压器抽头应采用 64%。

21.1.3　高启动转矩笼式异步电动机

如果电机要重带负载启动，则普通笼式异步电动机不能使用。从图 20−11 可知，转子电阻虽然不影响最大转矩的大小，但影响临界转差率，所以可以采用增大转子电阻的方法来增大启动转矩。但如果通过增大转子电阻的方式来提高普通笼式异步电动机的启动转矩，电机正常运行时铜耗将增大，效率降低，对电机运行不利。所以，需要采取特殊措施，使电机启动时转子电阻增大，以增大启动转矩，而正常运行时转子电阻却不大，使电机运行性能不变。这里介绍两种具有高启动转矩的笼式异步电动机，它们利用转子的特殊槽型来增大电机启动时的电阻，从而增大启动转矩。

1. 深槽式异步电动机

深槽式异步电动机是利用集肤效应来达到启动时增大转子电阻的目的，这种电机转子槽形窄而深，其深度与宽度的比值为 10～20（普通异步电动机通常不超过 5）。当转子绕组中有电流流过时，漏磁通分布如图 21−4（a）所示，可以看出，与槽底部交链的漏磁通多，漏电抗就大，而越靠近槽口的导条部分，所交链的漏磁通越少，其漏电抗越小，流过的电流也就越大，这种现象称为集肤效应。槽越深，集肤效应越明显。

异步电机启动时，由于转子电流的频率较高，启动瞬间转子电流频率 $f_2 = f_1$，漏电抗 $x_2 = x_{20}$，此时转子漏电抗大，由于采用深槽，所以此时转子电抗 $x_{20} \gg r_2$，导条中电流分布主要由导条各部分的漏电抗决定。漏电抗越大，导体中电流越小，所以导条中靠近槽底处的电流密度小，靠近槽口处的电流密度大，电流密度分布如图 21−4（b）所示。绝大部分电流在槽的上部，槽底部分所起的作用很小，相当于减小了笼导条的有效截面，如图 21−4（c）所示，因此电机启动时转子的电阻增大，一方面减小了启动电流，另一方面增大了启动转矩。

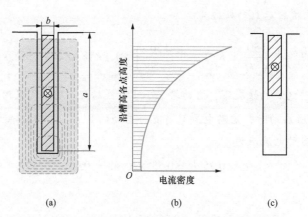

图 21−4　深槽式转子导条中电流的集肤效应
（a）槽漏磁分布；（b）导条内的电流密度分布；（c）导条的有效截面

电机启动后，随着转速升高，转差率下降，转子电流频率降低，集肤效应逐渐减小。电机正常运行时，转子电流频率很低，则转子漏电抗较转子电阻小得多，导条电流分布主要由电阻决定，接近均匀，使导体有效截面增大，转子电阻自动减小，以满足电机正常运行时转子铜耗小、效率高的要求。

深槽式异步电动机与同容量普通笼式异步电动机相比，有较大的启动转矩和较小的启动电流。但由于转子槽形窄而深，槽漏磁通增大，转子漏抗较普通笼型异步电机增大，运行时功率因数和最大转矩略有降低。

2. 双笼型异步电动机

双笼式异步电动机转子上装有上、下两套笼型绕组，如图 21−5 所示。其中上笼导条截面小，常用黄铜和铝青铜等电阻率较大的材料制成，电阻较大；下笼导条截面大，采用电阻率较小的紫铜制成，电阻较小。从图 21−5 中可以看出，下笼漏磁通比上笼大，即下笼的漏抗比上笼大得多。

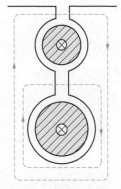

图 21−5　双笼电机的转子槽型及漏磁通分布

启动时，转子电流频率高，漏抗较电阻大得多，上下笼电流分配主要由漏抗决定，由于下笼漏抗比上笼大得多，转子电流主要在上笼，因此，启动时上笼起主要作用，而上笼的导条采用截面小、电阻率大的材料，所以上笼电阻大，可减小启动电流，增大启动转矩。

正常运行时，转子频率很低，转子漏抗远小于转子电阻，上、下笼电流分配主要决定于电阻，转子电流大部分在电阻较小的下笼流过，电磁转矩也主要由下笼产生，所以它又叫运行笼。双笼式异步电动机的

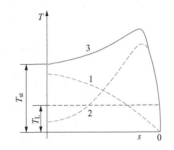

图 21-6　双笼型异步电机的机械特性

电磁转矩可看成是由上、下笼共同产生，其上、下笼机械特性如图 21-6 中的曲线 1 和曲线 2 所示，二者的合成曲线 3 为电机的机械特性曲线。从曲线可以看出，双笼式异步电动机有较大的启动转矩，一般可带额定负载启动。同时，它在额定负载下运行时转差率也很小，有较好的运行性能。还可以通过改变上、下笼绕组的参数来灵活得到不同的机械特性，以满足不同负载的要求。

与深槽式电机一样，双笼型异步电动机的转子漏抗也比普通笼式异步电动机大，功率因数和最大转矩比普通笼型电机略有减小。

21.1.4　绕线式异步电动机的启动

绕线式异步电动机的特点是，转子绕组的端头接到滑环上经电刷引出，可接入外加电阻或变频电源，从而增加启动转矩，减小启动电流。

根据图 20-11 可知，要使启动转矩为最大转矩，可在转子回路中串入附加电阻 r_s，使临界转差率 $s_k = 1$，即

$$s_k = \frac{r_s + r_2'}{x_k} = 1 \tag{21-3}$$

此时串入的电阻为

$$r_s = x_k - r_2' \tag{21-4}$$

1. 转子串电阻启动

转子回路串电阻启动（rotor resistance starting）接线如图 21-7 所示，转子回路所串的电阻接成 Y 形。启动时，通过滑环、电刷串入电阻，所串电阻可分为多级，随着转速上升，逐步切除所串入的电阻，使启动时维持较大的转矩，加快启动过程，缩短启动时间。启动完毕，切除启动电阻，将转子绕组短路，电动机进入正常运行状态。

2. 转子串频敏变阻器启动

在不需要调速的场合，也可以采用转子串频敏变阻器进行启动。图 21-8（a）为转子串频敏变阻器接线图。频敏变阻器是一个三相铁心线圈，相当于没有二次绕组的三相心式变压器，因此频敏变阻器的等效电路形式上与变压器空载时等效电路相同，如图 21-8（b）所示，图中 r 为线圈电阻，r_m 为铁心损耗的等效电阻，x_m 为线圈电抗。频敏变阻器的铁心由厚度为 30～50mm 的实

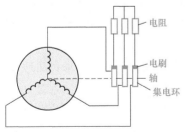

图 21-7　绕线转子串电阻

心铁板或钢板叠成，其励磁阻抗与变压器有很大不同：在转子频率高时，铁心磁路饱和，电抗值很小，而铁心中涡流损耗很大，所以等效电阻很大。这样，电动机启动时，转子频率高，转子回路电阻很大，限制了启动电流，同时提高了启动转矩。随着电机转速的升高，转子频率逐渐减小，频敏变阻器的电抗也随之减小，铁耗降低，等效电阻也减小。所以，转子串接的电阻随着电机转速的升高自动减小，使电机在整个启动过程中都产生较大的电磁转矩，且启动电流较小。

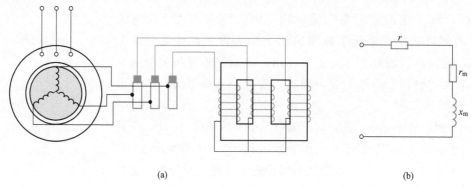

图 21-8 转子串频敏变阻器启动

（a）转子串频敏变阻器接线；（b）频敏变阻器等效电路

【例 21-2】 一台三相绕线式异步电动机参数为：$r_1 = r_2' = 0.143\Omega$，$x_1 = 0.262\Omega$，$x_2' = 0.328\Omega$，$k_e = k_i = 1.342$，希望该电机从 $s=1$ 到 $s=0.25$ 的启动过程中，保持 $T_{st} = T_{max}$ 不变，外串附加电阻 r_s 与转差率 s 应保持什么关系？串入的电阻最大值、最小值是多少？

解： 根据题意可知，为了保持在启动过程中电磁转矩总等于最大电磁转矩，则转差率应总等于临界转差率，即

$$s = s_k = \frac{r_s + r_2'}{x_k} = 1$$

所以，串联的附加电阻与转差率 s 的关系应为

$$r_s = s x_k - r_2' = \frac{x_k}{k_e k_i} s - \frac{r_2'}{k_e k_i} = \frac{0.262 + 0.328}{1.342^2} s - \frac{0.143}{1.342^2} = 0.328s - 0.079$$

当 $s=1$ 时，$r_s = 0.249\Omega$，即串入电阻的最大值。

当 $s=0.25$ 时，$r_s = 0.003\Omega$，即串入电阻的最小值。

21.1.5 三相异步电动机的软启动

前面介绍的几种降压启动方式都是有级启动，电动机在启动过程中进行切换时产生冲击电流，使得启动过程有冲击，不够平稳。近年来，由于电力电子技术的不断发展，工业中开始采用无级启动的软启动技术来取代传统的启动方法。所谓的软启动，指在电动机启动过程中转矩变化平滑、不跳跃，即启动过程平稳。常用的软启动器，也称为固态启动器是把三对反并联的晶闸管串接在异步电动机定子三相电路中，通过改变晶闸管的触发脉冲相位改变晶闸管导通角来调节定子绕组电压，使其按照设定的规律变化，以实现降低启动时电压的软启动。

软启动器是一种采用数字控制的无触点降压启动控制装置，可以根据负载情况和生产要求灵活地设定电动机软启动方式及启动电流曲线，从而有效地控制启动电流和启动转矩，使电动机启动平稳，且对电网冲击小，启动功耗小。它较传统降压启动方式有更好的启动控制性能，因此在无调速要求的电力传动系统中应用逐渐增多。另外，软启动器还能实现电动机的软停车、软制动及断相、过载和欠压等多种保护功能，可实现电动机轻载节能运行。其缺点是在运行中会产生谐波，对电网和电动机产生不利影响。

21.2 三相异步电动机的调速

电力拖动系统中，为了提高生产效率和产品质量，或是为了节约能源，经常要求调节电动机的转速。异步电动机具有结构简单，价格便宜，运行可靠，维护方便等优点，在国民经济各行各业都得到了广泛的应用。但是异步电动机存在缺点，其调速性能不如直流电动机。近年来，随着电力电子技术和微电子技术的发展，以变

频调速为代表的交流调速技术得到迅速发展。交流调速系统在性能和可靠性方面已经可以和直流系统相当，成本也在不断降低，出现了交流调速取代传统直流调速的趋势。本章仅简要说明三相异步电动机主要调速方法的基本原理。

异步电动机的转速公式为

$$n = (1-s)n_1 = (1-s)\frac{60f_1}{p} \qquad (21-5)$$

从式（21-5）可以看出，异步电动机的调速有以下几种方式。

（1）改变转差率 s 调速，称为变转差率调速。

（2）改变磁极对数 p 调速，称为变极调速。

（3）改变电动机供电电源频率 f_1 调速，称为变频调速。

以下介绍目前常用的变极调速、变频调速、变转差率调速的基本原理。

21.2.1 改变转差率调速

改变转差率调速方法有很多，常用的方法有定子调压调速、转子串电阻调速和串级调速。

1. 调压调速（varialbe voltage control）

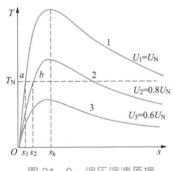

图 21-9 调压调速原理

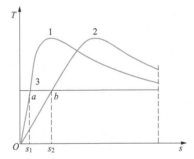

图 21-10 转子回路串电阻调速

根据式（20-33）可知，当电源电压频率 f_1 一定时，则电磁转矩 T 随 U_1^2 成正比变化，而临界转差率 s_k 不变，由此绘制异步电动机降低定子电压时的人为机械特性，如图 21-9 所示，图中曲线 1 为固有机械特性，曲线 2 和曲线 3 为人为机械特性。由图可知，当定子电压下降后，$T = f(s)$ 曲线由 1 变化为 2 和 3，如果负载转矩为额定转矩且保持不变，则电动机工作点由额定电压时的运行点 a 点移动至 0.8 倍额定电压时的 b 点，转差率也增大，由 s_1 增加为 s_2，电机转速变化，实现了电动机的调速。所以，当加在电动机定子上的电压改变时，电机的临界转差率虽然不变，但运行转差率改变，电机转速得到调节。

对于一般异步电动机，改变电压时，转速变化不大，所以这种调速方式的调速范围很小，且电压降低较多时电机可能运行至不稳定运行区域（运行转差率大于临界转差率时），直到电动机停转。又因为最大转矩与电压的平方成正比，随着电压下降，最大转矩下降得更快，当最大转矩小于额定转矩时，电动机就失去过载能力，此时，如果电机带额定负载，则可能发生停转。

这类调速方法主要用于风机、水泵等负载，带这类负载时，虽然转速变化不大，但功率变化较大。也可用于特殊设计的具有较大转子电阻的高转差率异步电动机。

2. 绕线转子串电阻调速

电动机转子回路串电阻后，其机械特性发生变化，虽然最大转矩不变，但达到最大转矩的临界转差率 s_k 变化，如图 21-10 所示。曲线 1 为不串电阻时的机械特性，曲线 2 为串入电阻后的机械特性，当电动机带恒转矩负载时，负载特性曲线如曲线 3，在未串入电阻时，电动机工作在曲线 1 和曲线 3 的交点 a，转差率为 s_1；串入电阻后，电动机工作在曲线 2 和曲线 3 的交点 b，转差率为 s_2。所以，转子回路串入电阻后，电机转差率增大，电动机转速降低，串入电阻越大，转速越低。

这种调速方法的优点是简单，调速范围广，缺点是只能用于绕线式异步电动机，且调速电阻消耗能量，增加功耗，效率降低，而随着转差率增大，转子铜耗也增加，效率降低更多。

目前主要用于起重机械中的中、小功率绕线式异步电动机调速。

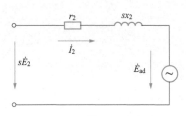

图 21-11 转子回路串附加电动势的一相等效电路

3. 串级调速

转子回路串电阻调速主要缺点是损耗较大，为了提高运行效率，也可以不在转子回路串电阻，而是接入一个转差频率的功率变换装置。即在转子的每相回路中串入频率为 $f_2 = sf_1$ 的附加电动势 E_{ad}，通过控制 E_{ad} 的大小和相位，将转差功率回馈到电网中去，既可实现节能，又达到了调速的目的，这种方法叫串级调速（或称为双馈调速）。

图 21-11 为转子回路串入附加电动势 E_{ad} 时的一相等效电路，下面分两种情况进行讨论。

（1） $\dot{E}_{ad}$ 与 $s\dot{E}_2$ 同相。在未串入附加电动势 E_{ad} 时，转子电流为

$$I_2 = \frac{sE_2}{\sqrt{r_2^2 + (sx_2)^2}} \tag{21-6}$$

串入同相的附加电动势 E_{ad} 后，转子电流为

$$I_2' = \frac{sE_2 + E_{ad}}{\sqrt{r_2^2 + (sx_2)^2}} \tag{21-7}$$

从式（21-6）和式（21-7）可以看出，串入同相附加电动势后，转子电流增大，电磁转矩增大，电动机转速将升高。刚串入 E_{ad} 时，由于机械惯性，电动机转差率和功率因数来不及改变，所以电磁转矩 $T = C_T I_2 \cos\varphi_2$ 增大，使 $T > T_L$，电动机加速。电动机加速后，转差率 s 减小，sE_2 下降，转子电流 I_2 及电磁转矩 T 也随之减小，电动机加速度下降，但电动机仍加速，直到 $T = T_L$，升速过程结束，电动机在新的稳定状态下运行。如果 E_{ad} 足够大，则转速可以达到甚至超过同步转速，这种调速方法称为超同步串级调速。

（2） $\dot{E}_{ad}$ 与 $s\dot{E}_2$ 反相。附加电动势 $\dot{E}_{ad}$ 与转子电动势反相时，转子电流为

$$I_2' = \frac{sE_2 - E_{ad}}{\sqrt{r_2^2 + (sx_2)^2}} \tag{21-8}$$

则串入附加电动势 E_{ad} 后，转子电流 I_2 和电磁转矩 T 减小，$T < T_L$，电动机转速下降，用上面相同的分析方法可知，电动机将减速到新的稳定状态运行。这种调速方法称为次同步串级调速。

从以上分析可知，串级调速的核心就是产生交流附加电动势 E_{ad}。由于异步电动机转子中感应电动势频率随转速变化而变化，这就要求附加电动势的频率可以调节，并且随着转子电动势频率改变而同步变化。目前，交流附加电动势大多采用电力电子器件组成的变频装置来实现。关于装置的具体电路及控制方式可参阅有关专著和文献，本书不做详细讨论。

21.2.2 变极调速

变极调速（pole-changing control）是保持电源频率不变，通过改变笼型异步电动机定子绕组的磁极对数，使电动机同步转速改变来实现调速的。利用这种方法调速时，定子绕组需要特殊设计，要求通过改变定子绕组的外部接线来改变磁极对数，如通过改变一套绕组的连接方式来获得不同的磁极对数，或者是采用两套不同磁极对数的绕组。

显然，变极调速方式只能实现有级调速，平滑性差，如果采用两套绕组，则材料消耗多，电动机体积增加，增大成本。近年来，随着单绕组变极调速理论的发展，在工程实际中一般采用单绕组变极调速方法，即通过改变一套绕组的联结方式来获得不同的磁极对数，从而实现调速。这种方法不适用于转子磁极对数固定的绕线式电动机，只能用于笼型电动机。

改变定子绕组联结方式来实现变极调速时可以采用多种方法，这里以"倍极比反向变极法"为例来说明

其原理。如图 21-12 所示，改变定子绕组磁极对数，即将一相绕组中一半线圈的电流方向反向，从而改变了磁场对数。图 21-12 中，当两组线圈顺向串联时，形成 4 极磁场。当一组线圈中电流方向改变，则形成 2 极磁场。所以，只要在电机外部改变定子绕组的接线，改变绕组中电流的流向，便能得到两种不同的转速。

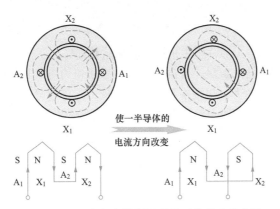

使一半导体的
电流方向改变

图 21-12　改变定子绕组磁极对数的改接方法

变极调速的典型方案有两种，一种是 Y-YY 连接，Y 形连接时电动机为低速，YY 连接时电动机为高速，如图 21-13 所示；另一种是△-YY 连接，电动机△连接为低速时，YY 连接为高速时，如图 21-14 所示。

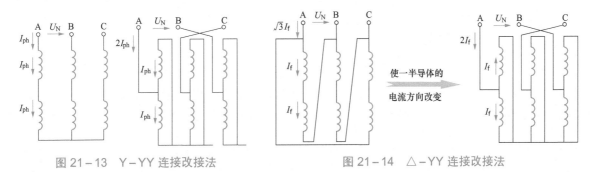

使一半导体的
电流方向改变

图 21-13　Y-YY 连接改接法　　　　　图 21-14　△-YY 连接改接法

变极调速的设备简单，只需要使用转换开关，操作方便，工作可靠，缺点是调速不平滑，电机结构较复杂。

21.2.3　变频调速

当转差率 s 基本不变时，电动机转速 n 与电源频率 f_1 成正比，因此改变电源频率 f_1 就可以改变电动机的转速，这种方法称为变频调速（frequency control）。

把异步电动机额定频率称为基频，实施变频调速时，可以从基频向下调节，也可以从基频向上调节。

1. 从基频向下调节

异步电动机正常运行时，定子相电压 U_1 和频率 f_1、主磁通 Φ_m 之间有关系

$$U_1 \approx E_1 = 4.44 f_1 N_1 k_{w1} \Phi_m \tag{21-9}$$

从基频向下调节时，若电压 U_1 不变，则随着频率 f_1 降低主磁通 Φ_m 将增大，电动机主磁路会饱和而导致励磁电流急剧增加、功率因数降低，因此在降低频率 f_1 调速的同时，必须降低电源电压 U_1，以维持主磁路磁通恒定。

根据机械负载的情况，在调速中可采用不同的降低电压方法。例如，在拖动恒转矩负载时，保持主磁通 Φ_m 不变，以保证最大转矩基本不变，此时需按照保持 $\dfrac{U_1}{f_1} \approx \dfrac{E_1}{f_1}$ 不变的规律来调节电压，也就是所谓的调频调压。

在异步电动机拖动风机负载低速运行时，为了减小电动机铁耗，可使主磁通 Φ_m 低于其额定值，为此电压 U_1 应

比保持 $\dfrac{U_1}{f_1}$ 不变时的电压更低一些。

2. 从基频向上调节

由于电源电压不能高于电动机的额定电压，因此当频率从基频向上调节时，电动机端电压只能保持为额定值。这样，频率 f_1 越高，主磁通 $\varPhi_m$ 越低，基频向上调节的调速为弱磁调速。由于磁通减小，最大电磁转矩也越小。因此，从基频向上调节不适合用于拖动恒转矩负载。

目前，变频调速通过变频器来实现。变频器是一种采用电力电子器件的固态频率变换装置，作为异步电动机的交流电源，其输出电压的大小和频率都可以连续调节，可使异步电动机转速在较宽范围内平滑调节。变频调速是异步电动机各种调速方法中性能最好的调速方法，在国内外各行业中已经得到广泛的应用。

21.3　三相异步电动机的制动

在生产过程中，有时需要使电动机快速停车、减速或定时定点停车或是改变电机转向，这时就需要在电机转轴上施加一个与转向相反的转矩进行制动。制动的目的是使电力拖动系统快速停车或者使拖动系统尽快减速，对于位能性负载，制动运行可获得稳定的下降速度。制动的方式可分为机械制动和电气制动。机械制动是由机械方式（如制动闸）施加制动转矩而实现的制动，电气制动是使施加于电动机的电磁转矩方向与转速方向反向，迫使电动机减速或停止转动。这里介绍生产中常用的几种电气制动方式。

21.3.1　能耗制动

能耗制动（dynamic braking）是指在异步电动机运行时，把定子从交流电源断开，同时在定子绕组中通入直流电流，产生一个在空间不动的静止磁场，此时转子由于惯性作用仍按原来的转向转动，运动的转子导体切割恒定磁场，便在其中产生感应电动势和电流，从而产生电磁转矩，此转矩方向与转子由于惯性作用而旋转的方向相反，所以电磁转矩起制动作用，迫使转子停下来。

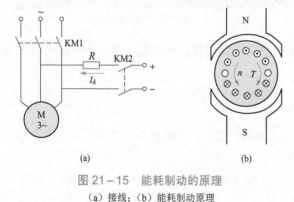

图 21-15　能耗制动的原理
（a）接线；（b）能耗制动原理

能耗制动的原理如图 21-15 所示，图 21-15（a）为能耗制动接线图，电动机运行时接触器 KM1 接通，KM2 断开，电机接三相交流电源运行。需要制动时，将 KM1 断开，KM2 接通，电动机断开交流电源，接入直流电源。直流电流 I_d 流过定子绕组在气隙中产生恒定磁场，转子由于惯性继续旋转，切割磁场在导体中产生感应电动势和电流，而此时电流与气隙磁场相互作用产生的电磁转矩 T 方向与转速 n 方向相反，如图 21-15（b）所示，电机处于制动状态。回路中串入电阻 R 的作用是限制制动电流，这种制动方式是将系统的动能经电动机转变为电能，消耗在电阻上，以达到迅速停车的目的，所以这种方式称为能耗制动。当转速降为零时，电磁转矩也为零，电机停转，制动过程结束。

这种制动方式常用于需要电动机迅速并准确停车的场合，如起重机等带位能性负载的机械时，可采用能耗制动方式限制重物下降的速度，使重物保持均匀下降。

21.3.2　回馈制动

异步电动机运行时，由于某种原因使电动机转子转速 n 超过同步转速 n_1，则电磁转矩的方向与转子旋转方向相反，电磁转矩成为制动转矩，电动机减速，此时异步电动机由电动运行状态变为发电机状态。电动机的有功电流方向也反向，电磁功率为负，电动机将机械能转换为电能回馈到电网，这种制动方式称为回馈制动（regenerative braking），也称为再生制动。回馈制动运行的条件是电动机转子转速超过同步转速，也就是说，转子必须受到外力矩作用，即转轴上必须输入机械能。回馈制动常用来限制电动机的转速。

21.3.3　反接制动

异步电动机运行时，如果改变气隙磁场旋转方向，则电磁转矩和转子旋转方向相反，成为制动转矩，使电动机减速停车，这种方法称为反接制动（plug braking）。

1. 改变电源相序

异步电动机运行时，如果改变定子电流的相序，电动机气隙磁场旋转方向将反向，在转子中的感应电动势和电流也反向，由于转子的惯性作用，转子转向不变，所以由转子电流产生的电磁转矩方向与转子转向相反，电机处于反接制动状态，使转速迅速降低。当转速降为零时，为避免电动机反向运行，需要及时切断电源。

这种制动方法的优点是制动迅速，设备简单；缺点是制动电流很大，需要采取限流措施，并且制动时能耗大，振动和冲击力也较大。

2. 负载转矩使电动机反转

这种制动是由外力使电动机转子的转向改变，而电源相序不变，这时电磁转矩方向不变，但与转子实际转向相反，所以电磁转矩为制动转矩，使转子减速。这种方式主要用于以绕线式异步电动机为动力的起重机械拖动系统。当起重机械提升重物时，电机运行在电动机状态，电磁转矩为拖动转矩，重物开始提升。如需下放重物，保持电源相序与提升重物时相同，但在转子回路中串入较大电阻，使电磁转矩小于负载转矩，于是重物拖动电机转子反方向旋转，电机运行在反接制动状态。这种运行方式主要是用于控制起重设备下放重物的速度。

 本章小结

三相异步电动机启动时存在启动电流大而启动转矩小的问题，电动机重载时可能会出现启动困难或无法启动的情况。对于笼型异步电动机轻载或空载时，为了减小启动电流对电网的冲击，常采用降压启动、星—三角启动和自耦变压器降压启动的方式，如果需要重载启动则需要选用特殊电机。对于绕线式异步电动机，可采用转子绕组串电阻或串频敏变阻器的方式启动，增大启动转矩。异步电动机的调速方式较多，包括变磁极对数调速、变转差率调速和变频调速，变频调速是主要发展方向。对于异步电动机的电气制动，常采用能耗制动、回馈制动和反接制动等方式。

 思考题及习题

21-1　三相异步电动机全压启动时，为什么启动电流大，而启动转矩却不大？

21-2　三相异步电动机的启动电流与外加电压、电动机所带负载是否有关？负载转矩是否会对电动机启动产生影响？

21-3　笼式异步电动机的串电抗器启动、星—三角启动和自耦变压器启动，与全压启动比较，启动转矩和启动电流有什么不同？

21-4　为什么深槽和双笼结构可以改善异步电动机的启动性能？

21-5　在双笼式异步电动机中，能否作成使转子中的上层笼为运行笼，下层笼为启动笼？为什么？

21-6　笼式异步电动机和绕线式异步电动机各有哪些调速方法？各有什么特点？

21-7　变极调速的原理是什么？为什么只适用于笼型异步电动机？

21-8　常用的变转差率调速方法有哪些？调速范围如何？

21-9　变频调速中，当变频器输出频率从额定频率降低时，其输出电压如何变化？输出频率从额定频率升高时，输出电压又如何变化？为什么？

21-10 分别说明能耗制动、回馈制动和反接制动所需要的条件。

21-11 判断以下说法是否正确。

（1）额定运行时定子绕组接成Y形连接的三相异步电动机，不能采用Y-△启动。

（2）三相笼型异步电动机全压启动时，启动电流很大，为了避免启动过程中因过大的电流而损坏电机，轻载时需要采用降压启动。

（3）电动机负载越大，电流就越大，因此三相异步电动机只要是空载，就可以全压启动。

（4）三相绕线式异步电动机，若在定子绕组中串接电阻或电抗，则启动时的启动转矩和启动电流都将减小；若在转子回路中串电阻或电抗，则可以增大启动转矩和减小启动电流。

21-12 设有一台三相异步电动机，其参数有下列关系：定子侧参数与转子侧参数如折算至同一方时是相等的，每相漏抗为每相电阻的4倍，励磁电抗为每相电阻的25倍，励磁回路中电阻略去不计。

（1）设该电动机的过载能力为2，求在额定运行情况下的转差率s_N，如果得到两个答案，应选用哪个答案？为什么？

（2）试求该电动机在直接启动时的启动电流、启动转矩和启动时的功率因数。

21-13 设有一台三相异步电动机，其额定电压$U_N = 380V$、额定频率$f_N = 50Hz$、额定转速$n_N = 1455r/min$的，定子绕组采用△形连接，$r_1 = r_2' = 0.072\Omega$，$x_1 = x_2' = 0.2\Omega$，$r_m = 0.7\Omega$，$x_m = 5\Omega$，试求：

（1）在额定电压下直接启动时的转子电流及其功率因数、定子电流及其功率因数，并把结果与在额定运行情况下的定子电流和转子电流比较求其倍数；

（2）在额定电压下直接启动时的启动转矩以及其与额定转矩的比值。

21-14 将题21-13中的异步电动机用一台变比为$\sqrt{3}$的自耦变压器降压启动，求启动转矩与额定转矩之比。如果选用Y-△启动方式，启动电流和启动转矩之比有无变化？

21-15 如题21-13中的异步电机为绕线式异步电动机，如果使启动转矩有最大值（$s_k = 1$时），求每相转子回路应接入的电阻（归算到定子方的数值）？

21-16 一台三相笼型异步电动机，额定功率$P_N = 3kW$，额定电压$U_{1N} = 380V$，频率$f_N = 50Hz$，定子绕组Y形连接，定子额定电流$I_{1N} = 6.81A$，额定转速$n_N = 967r/min$，启动时电机参数为：$r_1 = 2.08\Omega$，$x_1 = 2.36\Omega$，$r_2' = 1.735\Omega$，$x_2' = 2.8\Omega$，$C_1 = 1.03$，试求：

（1）直接启动时的启动电流倍数和启动转矩倍数；

（2）若采用自耦变压器降压启动，自耦变压器的变比$K_a = 2$，此时的启动电流倍数和启动转矩倍数为多少？

（3）若定子串电抗器降压启动，降压值与（2）相同，其启动电流和启动转矩倍数是多少？

（4）当采用Y-△降压启动时，电网供给的启动电流和启动转矩减小为直接启动的多少？该电机能否应用Y-△启动？

三相异步电动机的异常运行

异步电动机运行时，一般都满足额定运行条件，但生产实际中也常会遇到一些非正常情况，如电源电压不是额定电压，电源频率不是额定频率，电动机带单相或不对称负载，电源缺相或者断线，发生两相短路或是单相对地短路等，这些情况都将使电动机处于非正常运行状态，即异常运行状态。本章对三相异步电动机的几种典型异常运行情况进行分析。

22.1 三相异步电动机在非额定电压下的运行

为了充分利用材料，在异步电动机设计时，总是让电动机在额定电压下运行时，铁心处于接近饱和的状态。当电源电压变化时，电机铁心的饱和程度随之发生变化，这将引起励磁电流、功率因数和效率等变化；同时，电磁转矩与电压的平方成正比，也会发生变化。若实际电压与额定电压相差不超过±5%，对电动机的运行不会有显著影响，按照标准规定是允许的。若电源电压变化超过此值，将对电动机运行产生很大的影响。下面对电源电压高于额定电压和低于额定电压两种情况分别进行讨论。

22.1.1 电源电压低于额定电压

如果三相异步电动机工作在电源电压低于额定电压的情况，即 $U_1 < U_N$，在不考虑定子绕组漏阻抗时有 $U_1 \approx E_1 = 4.44 f_1 N_1 k_{w1} \Phi_m$，电源电压减小，则电动机中感应电动势 E_1 和主磁通 Φ_m 都将减小，励磁电流 I_m 也减少，铁耗也随之减小。如果负载一定，那么主磁通减少时，电动机电磁转矩下降，电动机转速降低，转差率增大，转子电流和转子漏抗增大，转子铜耗也将增加。电动机运行情况变化与负载大小有关，下面对轻载和重载的情况分别进行讨论。

1. 轻载

异步电动机轻载运行时，转子电流和转子铜耗较小，定子电流 I_1 的励磁分量 I_m 和负载分量 I_{1L} 中，励磁分量 I_m 起主要作用，负载分量较小。当电源电压低于额定电压时，气隙磁通减小，励磁电流也减小，由于定子电流中励磁电流起主要作用，所以定子电流随励磁电流的减小而减小，定子功率因数有所提高。同时，轻载时，铜耗较小，铁耗与铜耗相比起主要作用，电压减小，磁通随之减小，导致铁耗减小，那么电机效率随铁耗的减小而略有提高。

由此可见，电动机轻载时，电源电压降低对电动机运行有利，它使电动机的功率因数和效率提高。所以，实际应用中，可将正常运行时定子绕组为三角形连接的电动机在轻载时改接成星形连接，以改善电动机运行状态，提高功率因数和效率。

2. 重载

若电动机工作在正常负载（接近额定）时，端电压降低将对电动机运行产生不利影响。电动机重载时，如电源电压降低，主磁通减小，为了维持电动机稳定运行，电磁转矩与负载转矩必须平衡，所以此时电动机转子电流将增大，转速下降，即转差率增大。定子电流中负载分量起主要作用，所以定子电流随转子电流增大而增大。由于转差率增大，转子功率因数和定子功率因数降低。而负载较大时，虽然由于磁通减小使铁耗有所降低，但铜耗随电流的平方增加，起主要作用，电机的效率也将随铜耗的增加而减低。如果负载转矩为额定值，电压降低的结果将使电动机效率降低和功率因数变差，定、转子电流大于额定值，引起电机绕组发热，长期运行可能烧毁电动机。

所以，异步电动机运行规程规定，在额定负载下运行时，电源电压波动不能超过额定电压的±5%。一般电动机都设有低压保护，当电网电压过低时，会自动切除电动机电源。

22.1.2　电源电压高于额定电压

如果电动机运行电压高于额定电压，即 $U_1 > U_N$，由于电动机电源电压的升高，主磁通将增大。由于额定电压时，电动机磁路已处于接近饱和状态，所以主磁通增加，将使磁路饱和程度大大增加，电动机的励磁电流大大增加，功率因数下降，同时铁耗随主磁通增加而增大，导致电动机效率下降，温升提高。所以，当电动机在高于额定电压下运行时，必须减小负载，否则将对电动机造成不利影响，严重时可能烧坏电机。

22.2　三相异步电动机在非额定频率下的运行

大多数情况下，电网频率都保持为额定频率，但有时由于发电量不足或电网发生故障，电源频率可能会发生变化。如果频率变化不超过额定值的±1%，对电动机运行不会造成严重影响。但如果频率偏差太大，则会影响电动机的正常运行。

根据前面所述，在不考虑定子绕组漏阻抗压降时，可以认为 $U_1 \approx E_1 = 4.44 f_1 N_1 k_{w1} \Phi_m$，即电源电压 $U_1 \propto f_1 \Phi_m$。保持电源电压不变，则有主磁通和频率的关系为 $\Phi_m \propto \dfrac{1}{f_1}$，即主磁通与频率成反比。

当电网频率高于电动机额定频率，即 $f_1 > f_N$ 时，气隙主磁通 Φ_m 减小，励磁电流随之减小，铁耗与频率和磁通都有关，无法确定其究竟是增大还是减小。励磁电流减小，定子电流也减小。频率升高，同步转速增加，电动机转速上升。所以，频率增大对电动机的功率因数、效率和通风冷却等都会有所改善。

当电网频率低于额定频率，即 $f_1 < f_N$ 时，气隙主磁通 Φ_m 将增大，铁心饱和程度迅速增加，励磁电流增大很快，从而使定子电流也增大，电动机的铁耗和铜耗均增大，引起电动机的功率因数和效率降低。同时，电动机转速下降，使其通风冷却条件变差，温升提高。此时，电动机必须减小负载，使电动机在轻载下运行，防止电动机过热。

所以，异步电动机不能在低频下带额定负载运行。当其利用变频方法调速时，在降低频率调速的同时必须按比例降低电压，以保持主磁通恒定。

22.3　三相异步电动机在不对称电源电压下的运行

与变压器不对称运行分析一样，异步电动机的不对称运行分析也采用对称分量法。把不对称的三相电压分解为正序、负序和零序分量，分别计算各序系统的电流和转矩，然后叠加，便得到异步电动机实际不对称运行情况下的电流和转矩。由于异步电动机定子绕组一般为星形连接且无中线或三角形连接，所以定子绕组不存在零序电压、零序电流，气隙中无零序磁通，因此，讨论异步电动机不对称运行问题时只需考虑正序分量和负序分量即可。

22.3.1　理论分析

异步电动机三相对称的定子绕组中通入对称的正序电流，产生正序旋转磁动势 F^+，该磁动势以同步转速 $n_1 = \dfrac{60 f_1}{p}$ 正向旋转，切割转子绕组，在闭合的转子绕组产生正序感生电流，正序转子电流与正向旋转磁场相互作用，产生正向电磁转矩 T^+，拖动转子与它同方向旋转。此时，正序系统的转差率 s_+ 为

$$s_+ = s = \frac{n_1 - n}{n_1} \qquad (22-1)$$

异步电动机不对称运行时,其中对称的负序电流产生负序旋转磁动势 F^- ,它也以同步转速 $n_1 = \frac{60 f_1}{p}$ 旋转,但转向与正序相反。转子绕组切割负序旋转磁动势,在闭合的转子绕组产生负序感生电流,负序转子电流与负序的旋转磁场相互作用,产生负序的电磁转矩 T^- 。由于 T^- 的方向与转子的转向相反,所以 T^- 为制动转矩。

因为负序磁场与转子的旋转方向相反,转速为 $-n_1$,所以负序系统的转差率 s_- 为

$$s_- = \frac{-n_1 - n}{-n_1} = \frac{n_1 + n}{n_1} = \frac{2n_1}{n_1} - \frac{n_1 - n}{n_1} = 2 - s \qquad (22-2)$$

由于正序分量和负序分量产生的电磁转矩方向不同,转差率也不同,所以正序和负序阻抗的等效电路也不同,如图 22-1 所示,图 22-1(a)和图 22-1(b)分别为正序等效电路和负序等效电路。

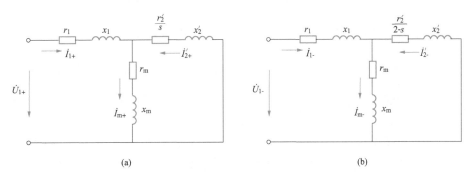

图 22-1　异步电动机正序及负序等效电路
(a)正序等效电路;(b)负序等效电路

从等效电路可以看出,由于正序系统和负序系统转差率不同,即 $s_+ \neq s_-$,所以正序和负序系统的阻抗不等,即 $Z_+ \neq Z_-$ 。根据等效电路,可得到正序阻抗和负序阻抗分别为

$$Z_+ = Z_1 + \frac{Z_m \left(\dfrac{r_2'}{s} + j x_2' \right)}{Z_m + \left(\dfrac{r_2'}{s} + j x_2' \right)} \qquad (22-3)$$

$$Z_- = Z_1 + \frac{Z_m \left(\dfrac{r_2'}{2-s} + j x_2' \right)}{Z_m + \left(\dfrac{r_2'}{2-s} + j x_2' \right)} \qquad (22-4)$$

定子侧正序电流 $\dot{I}_{1+}$ 和负序电流 $\dot{I}_{1-}$ 分别为

$$\dot{I}_{1+} = \frac{\dot{U}_{1+}}{Z_{1+}} \qquad (22-5)$$

$$\dot{I}_{1-} = \frac{\dot{U}_{1-}}{Z_{1-}} \qquad (22-6)$$

转子侧的正序电流 $\dot{I}_{2+}'$ 和负序电流 $\dot{I}_{2-}'$ 分别为

$$\dot{I}_{2+}' = \dot{I}_{1+} \frac{Z_+ - Z_1}{\dfrac{r_2'}{s} + j x_2'} \qquad (22-7)$$

$$\dot{I}_{2-}' = \dot{I}_{1-} \frac{Z_- - Z_1}{\dfrac{r_2'}{2-s} + j x_2'} \qquad (22-8)$$

由此可得到电动机的正序和负序电磁转矩 T_+ 和 T_- 分别为

$$T_+ = \frac{1}{\Omega_1} I_{2+}'^2 \frac{r_2'}{s} \tag{22-9}$$

$$T_- = -\frac{1}{\Omega_1} I_{2-}'^2 \frac{r_2'}{2-s} \tag{22-10}$$

利用叠加原理，得到电动机合成转矩为

$$T = T_+ + T_- = \frac{p}{\omega_1} \left[I_{2+}'^2 \frac{r_2'}{s} - I_{2-}'^2 \frac{r_2'}{2-s} \right]$$

以上求出的转矩 T 是一相的情况，对于三相系统则应乘以 3 倍。

22.3.2 负序分量对电机运行性能的影响

从图 22-1（b）可以看出，负序等效电路中经折算后转子等效电阻为 $\dfrac{r_2'}{2-s}$，由于正常运行时电动机转差率较小，则 $\dfrac{r_2'}{2-s}$ 与转子电阻 r_2' 相差不大，可认为负序阻抗 $Z_- \approx Z_k$，其值较小。所以，即使很小的负序电压也将产生较大的负序电流，负序电流 $I_{2-} \approx \dfrac{U_{1-}}{Z_k}$。例如负序电压仅为 $U_{1-*} \approx 0.05$，$Z_{k*} = 0.2$，则负序电流 $I_{2-*} = 0.25$，即 $I_{2-} = 0.25 I_N$，它和正序电流叠加后会使某一相电流大大超过额定值，从而使定子绕组发热甚至烧坏。

所以，异步电动机在不对称电压下运行时，会产生负序电流和负序旋转磁场。负序电流与正序电流叠加，使电动机各相定子电流大小和相位不等，其中某相电流可能很大，超过额定值，损坏该相绕组。所以，如果异步电动机在不对称电压下运行时带负载能力下降，必须减小所带机械负载。

同时，由于负序转矩的存在，使电动机合成转矩减小，导致电动机启动转矩和过载能力下降。负序旋转磁场以 2 倍同步转速切割转子绕组，使转子铁耗大大增加，电动机效率降低，并使转子温度升高。

可见，电动机在不对称电源电压下运行时，运行性能变差。实际运行时，不允许电动机三相出现严重的不对称情况。

22.4 三相异步电动机电源缺相时的运行

三相异步电动机在运行中三相电源缺相或定子绕组断相是时有发生的，这是严重的三相不对称情况，会给电机运行带来不利的影响，严重时会烧坏电机。

三相异步电动机正常运行时，三相交流电源通入三相对称绕组，三相绕组流过三相对称的电流，产生圆形旋转磁场。当三相电源缺相或三相绕组中任何一相断开，称为三相异步电机的断相运行或缺相故障。异步电动机断相运行有几种类型，如图 22-2 所示，其中图 22-2（a）、图 22-2（c）为电源一相断线，图 22-2（b）、图 22-2（d）为绕组一相断线。

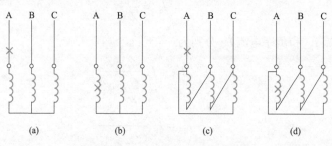

图 22-2 三相异步电动机的缺相

断相运行是不对称运行的极端情况，此时电动机中存在负序电压和负序电流，产生负序旋转磁场，使电动机的运行性能变差。若电动机在空载或轻载下发生断相，转速下降不多，断相后电动机各相稳态电流也不大。但当电动机在额定负载下断相时，由于断相后负序转矩的存在，驱动电磁转矩降低，可能小于负载转矩，则电动机因带不动负载而停转，从而烧坏电动机；如果电动机的最大电磁转矩大于负载转矩，电动机仍可继续运行，但此时转速降低，定子和转子电流增大，电动机温升升高，若长时间运行也可能烧坏电动机。所以，对于三相异步电动机不允许长期断相运行，需设可靠的断相保护装置。

本章小结

本章讨论了异步电动机非额定条件下的运行，此时电机的运行性能将发生变化。当异步电机在非额定电压、非额定频率条件下运行时，由于电压或频率变化，使电机主磁通变化，铁心饱和程度变化，电机励磁阻抗、漏阻抗等参数变化，引起电机电流、电磁转矩、温升、效率等都发生变化。三相异步电动机在三相不对称情况下运行时，其正序和负序电流产生的旋转磁场旋转方向不同，所起的作用不同，负序旋转磁场以 2 倍同步转速切割转子绕组，使转子铁耗大大增加，电动机效率降低，并使转子温度升高，严重影响电机运行。

思考题及习题

22-1　为什么异步电动机轻载时，电源电压降低对电动机运行有利，而带额定负载时，电源电压过低会引起电动机发热甚至烧坏电动机？

22-2　一台频率为 60Hz 的异步电动机接在频率为 50Hz 的电网上运行时，设电源电压、负载转矩均保持不变，问电动机的主磁通 Φ_m、励磁电流 I_0，铁耗 p_{Fe}、转速 n、转矩 T、温升及效率将如何变化？

22-3　如果电网的三相电压显著不对称，三相异步电动机能否带额定负载长期运行？为什么？

22-4　正序电流产生的旋转磁场以什么速度切割转子，负序电流产生的旋转磁场以什么速度切割转子？当三相异步电动机在不对称电压运行时，转子电流有哪几种频率？

22-5　当电源电压不对称时，三相异步电动机定子绕组产生的磁动势是什么性质？当定子三绕组是 Y 形连接或△形连接的异步电动机缺相运行时，定子绕组产生的磁动势又是什么性质？

22-6　为什么异步电动机会出现电源缺相或定子断相运行？断相运行对异步电动机有什么危害？为什么？

22-7　已知一台三相 Y 形四极异步电动机的额定容量 $P_N=1.7kW$，额定电压 $U_N=380V$，额定电流 $I_N=3.9A$，额定转速 $n_N=1445r/min$，拖动一恒定的机械负载 $T_2=1.16kg \cdot m$ 连续工作，此时定子绕组的平均温升已达到 E 级绝缘允许的限制值。若电网电压下降为 300V，在上述负载下电动机转速降低为 1400r/min，试求此时电动机的铜耗为原来的多少倍？此电动机能否长期工作？（已知 $r_1=r_2'$、忽略励磁电流、机械损耗及附加损耗）

异步发电机及特种异步电动机

23.1 异步发电机

异步电机除了作为电动机运行外，还可以作为发电机和电磁制动运行。在余热发电站、风力电站以及某些小型水电站异步发电机获得普遍应用。

前面章节分析的都是异步电动机运行状态，即转差率 s 在 $0 \sim 1$ 的范围内。现在讨论转差率 $s < 0$ 的情况，如果让 $s < 0$，不采用其他措施根本无法实现。为此，另外用一台原动机拖动异步电机的转子旋转，让转子的速度高于气隙磁场的速度旋转（$n > n_1$），使它的转差率 $s < 0$ 运行。下面分析在这种状态下的异步电机工作原理，异步电机本身并不产生主磁场，作为发电机运行时建立主磁场所需的无功励磁电流借助于两种方式获得：一种是异步发电机定子绕组接在电网上运行，也称为与电网并联运行；另一种是异步电机单机独立运行。

23.1.1 异步发电机的工作原理

一台异步电机做电动机运行时，转速 n 低于气隙旋转磁场的转速 n_1。若用另外一台原动机将异步电机转子顺着旋转磁场方向拖动旋转到 $n > n_1$，则旋转磁场与转子间相对运动的方向改变，转子以相反的方向切割旋转磁场，因此，转子中感应电势和电流的方向与电动机运行时相反。此时电磁转矩也改变方向，变为制动转矩；另一方面，转子电流方向改变，定子电流的方向也随之改变，从而电功率方向也改变。即当 $n > n_1$ 时，转差率 $s = \dfrac{n_1 - n}{n_1} < 0$，则电磁功率 $P_{em} = p_{cu2}/s$ 变为负值，总的机械功率 $P_m = \dfrac{1-s}{s} p_{cu2}$ 也为负值，异步电动机转变为发电机运行，这是从原动机输入的机械功率：一部分作为转子铜耗和其他损耗；另一部分作为电磁功率从转子转移到定子上，由定子输出到电网。

按所给的条件 $U_1 = $ 常数和 $f = $ 常数，因此与电压平衡的电动势 $E_1 \approx $ 常数，因而产生电动势的主磁通 Φ_m 和建立此磁通所需的励磁电流 I_0 近似不变，即在一定电压和频率下，主磁通和励磁电流与异步电机的工作状态无关。也就是异步电机作为发电机运行时，继续从电网吸取与电动机运行时同样的励磁电流。

以 $\dot{E}_2$ 为基准，将转子电流 $\dot{I}_2$ 分解为有功分量 $I_{2a} = I_2 \cos \varphi_2$；无功分量 $I_{2r} = I_2 \sin \varphi_2$ 两个分量，则有

$$I_{2a} = I_2 \cos \varphi_2 = \frac{s E_2 r_2}{\sqrt{r_2^2 + (s x_2)^2}} \tag{23-1}$$

$$I_{2r} = I_2 \sin \varphi_2 = \frac{s^2 E_2 x_2}{\sqrt{r_2^2 + (s x_2)^2}} \tag{23-2}$$

式（23-1）和式（23-2）中：E_2、r_2、x_2 分别为每相转子回路的感应电动势、电阻和电抗。

从上两公式可见，转子电流有功分量 I_{2a} 的符号（正或负）与转差率 s 的符号有关，而无功分量 I_{2r} 则与 s 的符号无关。

图 23-1 所示为异步发电机的相量图，转子电流的有功分量 $\dot{I}_{2a}$ 以 $\dot{E}_2'$ 为基准改变了符号，其方向应该是沿纵轴向上；而转子电流的无功分量 $\dot{I}_{2r}$ 符号不变，仍然比 $\dot{E}_2'$ 滞后 $90°$。电流 $\dot{I}_{2a}$ 和 $\dot{I}_{2r}$ 相量相加得到转子电

流 $\dot{I}_2'$ 与相量 $\dot{E}_2'$ 相差一个角度 φ_2，此 $\varphi_2 > 90°$。定子电流 $\dot{I}_1 = \dot{I}_0 + \dot{I}_2'$，而电压 $\dot{U}_1 = -\dot{E}_1 + \dot{I}_1 r_1 + j\dot{I}_1 x_1$，如图23-1所示，定子电压 $\dot{U}_1$ 和定子电流 $\dot{I}_1$ 的相角差 $\varphi_1 > 90°$，以 $\dot{U}_1$ 为基准，电流 $\dot{I}_1$ 分解为两个分量：有功分量 $I_{1a} = I_1 \cos\varphi_1$ 与 U_1 反向，说明异步电机作为发电机运行时为负值，其物理意义是电功率由电机输送给电网；无功分量 $I_{1r} = I_1 \sin\varphi_1$ 则滞后电压 $U_1 90°$，如果以电网电压相平衡的发电机电动势 E_1 为基准，无功电流是超前电流。所以，异步发电机运行时，向电网输出容性无功，也可认为是由电网输入感性无功功率，两者实质是一样的。

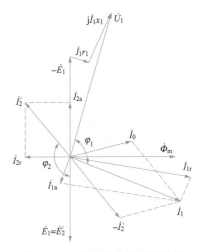

图23-1 异步发电机的相量图

23.1.2 异步机发电的运行方式

异步发电机本身不产生它的主磁场，作为发电机运行时所需的无功励磁电流，有两种获得方式，即并网运行和独立运行。

（1）并网运行。异步发电机并网运行，此时异步发电机所需的无功励磁电流由电网供给，其值约为额定电流的25%。此电流对电网来说实际上是纯感性电流，所以可能会使得电网的功率因数降低，对系统不利。并联运行时电压和频率稳定，因此在有电网的地区，应尽可能并网运行。异步发电机并网运行的优点是接入电网时不需要整步，运行中不会发生振荡，而这些却是同步发电机经常遇到的困难。

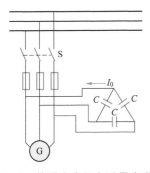

图23-2 并联电容的自励异步发电机

（2）独立运行。给定子绕组并联足够的电容，并且电机有剩磁，是异步发电机独立运行的必要条件，能建立空载电压的最小电容量，称为临界电容。投入额定负载后，频率和电压都必会下降。为保持工频，必须把转速提高10%左右。为保持额定电压，必须增加比临界电容高几倍的电容量。应增的电容量与负载大小及其功率因数等有关。实际工程可采用初步估算，实验调整的方法。估算电容量的公式很多，这里介绍简单实用的一种，如图23-2所示，电容器一般接成三角形，利用电容器来提供异步发电机所需的励磁电流。

由于异步发电机的定子绕组和电容器组成一振荡回路，异步发电机空载运行时，当转速保持不变，电压频率决定于该振荡回路的自振频率，改变电容值可改变输出电源的频率。负载运行时，当转速保持不变，异步发电机的端电压和频率将随负载的增加而下降。要维持频率和电压不变，须相应地提高电机的转速，同时需要补充负载需要的感性电流，主要采用增加电容的办法来实现。为了调节输出电压，一般可将电容器分成若干组，根据端电压变化来决定投入或切除电容器的数量。

23.1.3 电容器的选择

（1）空载时电容量的估算。可一般为减小励磁用电容量，电容器接成三角形，当空载额定电压时，每相电容量估算为

$$C_\Delta = \frac{1}{\sqrt{3}} \cdot \frac{I_0 \times 10^6}{2\pi f U_N} \quad (\mu F) \tag{23-3}$$

式中：U_N 为额定线电压，V；f 为额定频率，Hz；I_0 为空载励磁电流（线电流），A，$I_0 \approx (0.3 \sim 0.4) I_N$。

（2）负载时电容量的估算。假设异步发电机带电阻性负载，所需的容性电流即为本身需要无功分量 I_x，则有

$$I_x = I_1 \sqrt{1 - \cos^2\varphi} \tag{23-4}$$

式中：I_1 为额定负载电流，A；$\cos\varphi$ 为发电机满载时的功率因数。

电容器三角形接法时每相电容量为

$$C_\Delta = \frac{1}{\sqrt{3}} \cdot \frac{I_x \times 10^6}{2\pi f U_N} \quad (\mu F) \tag{23-5}$$

（3）电容器的安装。异步发电机与电容器的联接位置有两种：

1）定子绕组出线端接主电容及辅助电容。在定子绕组出线端接上一组固定电容器以供给空载时的无功电流，这组电容器称为主电容器，同时接附有转换开关的辅助电容器，供给增加负载时所需的励磁电流，为便于调节，辅助电容器可由若干组小容量电容器并联组成。

2）主电容器固定接在异步发电机定子绕组出线端上，辅助电容器分别接至配电线路上，即在负载端接辅助电容器，使电容电流足以补偿负载引起的压降，保持负载电压稳定。

23.1.4 运行中的几个问题

（1）电容器电容量选择应恰当，选得太小发电机电压达不到要求值，而且电压调节范围较小甚至发生电压崩溃；选得太大易产生过电压，且成本高。

（2）三相异步发电机用于照明负载时，供给动力负载是少量的，一般动力负载容量应在发电机额定容量25%以下，且负载的单机容量不大于发电机容量的10%，否则应增大电容量。

（3）失压调整：为使电压稳定，可采取两种方法，其一是调整电容量，其二是调整原动机转速。

（4）失磁处理：用电池在每相定子绕组端充磁即可。

（5）开机停机操作程序：开机时先投入电容器，再开动原动机，达额定电压后再加负载，负载和辅助电容一起投入；或一面加负载，一面调整辅助电容量维持电压稳定。

停机时先减少辅助电容，逐步减小负载，如果辅助电容装在负载端，则一同拉闸，然后停机，每次停机后应将电容器放电。

*23.2　单相异步电动机

单相异步电动机（nophase asynchronous motor）由单相电源供电，使用方便，应用广泛，单相异步电动机占小功率异步电动机的大部分。

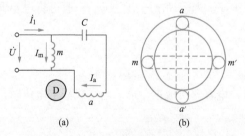

图 23-3　单相异步电动机
(a) 基本集线图；(b) 两个绕组空间位置（$p=1$）

单相异步电动机定子有两套绕组，一为工作绕组（principal windings），另一为启动绕组（secondary windings）转子为笼式绕组，如图 23-3 所示。启动绕组只在启动时接入，启动完毕后从电源断开。在正常运行时只有工作绕组接在电源上。

从结构上看两套绕组轴线在空间相差 90°，实质上是一台两相电动机。理论上两相电动机应接两相电源，可是 90°相位差的两相电源。将单相电源分裂为两相，然后将两个不同相位的电源分别加到两套绕组上不容易获得。如图 23-3 (a) 所示，两套绕组其中一相串联电容或电阻，使得加于两相绕组上的电压有一定的相位差，便构成两相电源，这种使用单相电源的电动机称为阻容分相异步电动机，或称电容电动机。

单相电动机的分析方法通常有对称分量法、双旋转磁场理论和交轴磁场理论，这里只介绍对称分量法分析。

23.2.1 工作原理

当启动绕组已经断开，单相异步电动机只有一个绕组 m 接在电源上。

采用对称分量法，把它看作对称二相绕组在不对称电压下运行，如图 23-4 所示，设对称二相绕组，在空间角度差 90°，m 绕组为工作绕组，外施电压 $\dot{U}_m$，a 绕组为辅助绕组，外施电压为零，从而 m 相电流为 $\dot{I}_m$，a 相电流 $\dot{I}_a = 0$，采用对称分量法得到正、负序电流分量为

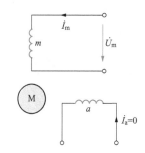

$$\dot{I}_{m+} = \frac{1}{2}(\dot{I}_m + j\dot{I}_a)$$

$$\dot{I}_{m-} = \frac{1}{2}(\dot{I}_m - j\dot{I}_a)$$

图 23-4　单相异步电动机原理图

当 $\dot{I}_a = 0$ 时，$\dot{I}_{m+} = \dot{I}_{m-} = \frac{1}{2}\dot{I}_m$。

对于正序、负序分量写出电压平衡方程式为

$$\dot{U}_{m+} = \dot{I}_{m+}Z_+ \tag{23-6}$$

$$\dot{U}_{m-} = \dot{I}_{m-}Z_- \tag{23-7}$$

将式（23-6）和式（23-7）相加，则有

$$\dot{U}_1 = \dot{U}_{m+} + \dot{U}_{m-} = \dot{I}_{m+}Z_+ + \dot{I}_{m-}Z_-$$

即

$$\dot{I}_{m+} = \dot{I}_{m-} = \frac{\dot{U}_1}{Z_+ + Z_-} \tag{23-8}$$

于是可得到图 23-5 所示的等效电路，从而单相异步电动机的电磁转矩为

$$T = \frac{2p}{\omega_1}\left(I_{2+}^{\prime 2}\frac{r_2'}{s} - I_{2-}^{\prime 2}\frac{r_2'}{2-s} \right) \tag{23-9}$$

若忽略励磁电流，则有

$$I_{2+} = I_{2-} = \frac{U_1}{\sqrt{\left(2r_1 + \dfrac{r_2'}{s} + \dfrac{r_2'}{2-s}\right)^2 + (2x_1 + 2x_2')^2}}$$

$$T = \frac{2pU_1^2}{\omega_1}\frac{\dfrac{r_2'}{s} - \dfrac{r_2'}{2-s}}{\left(2r_1 + \dfrac{r_2'}{s} + \dfrac{r_2'}{2-s}\right)^2 + (2x_1 + 2x_2')^2}$$

值得指出的是，在此情况下，定子绕组为两相绕组，转子参数进行折算时，变比公式中 $m_1 = 2$，励磁阻抗也应对应于两相旋转磁场的数值。

据"异步电动机在不对称电源电压下运行"可知，正序电流系统 $\dot{I}_{m+}$、$\dot{I}_{a+}$ 产生正序旋转磁场（对应转差率为 s）、正向电磁转矩 T_+；负序电流 $\dot{I}_{m-}$、$\dot{I}_{a-}$ 产生负序旋转磁场（对应转差率为 $2-s$）、反向电磁转矩 T_-。在同一坐标系中，分别画出两种情况的转矩-转差曲线：$T_+ = f(s)$，F_- 产生 $T_- = f(s)$，两者之和即为单相异步电动机机械特性 $T = T_+ + T_-$，如图 23-5 所示。由合成曲线 $T = f(s)$ 可以得出结论。

（1）$s_+ = s_- = 1$（$n=0$），即单相异步电动机（单绕组）启动转矩为零，故电机不能自启动。

（2）在图 23-6 的第一象限 $0 < s_+ < 1$，对正向磁场，电机处于电动机状态，故电磁转矩 T_+ 为驱动转矩。同时 $1 < s_- < 2$，即对反向磁场，电机处于制动运行状态，故电磁转矩 T_- 为制动性质。由于 $T_+ > T_-$，电机合成转矩 T 为正，且为驱动转矩，但 T_- 存在，合成转矩 $T < T_+$。所以，当电源电压一定时，一个绕组的单相异步

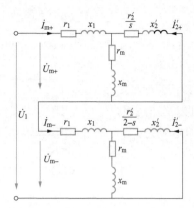

图 23-5　单相异步电动机的等效电路图

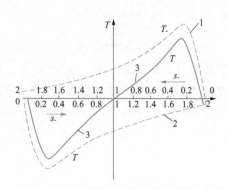

图 23-6　单相异步电动机机械特性曲线
1—正序电磁转矩；2—负序电磁转矩；3—合成电磁转矩

电动机比两相和三相电动机的最大转矩小，因为负序转矩的存在，使得合成转矩减小，因为最大转矩也减小，且过载能力要弱一些。

（3）当单相电动机转动后，电动机便可继续运行，但转向不固定，可正转也可反转，转向取决于启动时的转向。

23.2.2　单相异步电动机的启动方法

单相异步电动机的启动，就是要使定子产生一个旋转磁场，最好是产生一个圆形旋转场。有了旋转磁场，单相异步电动机就能启动。根据使定子产生旋转磁场的方法，可将单相异步电动机分为分相式（split-phase starting）电动机和罩极式（shading coil type）电动机。

1. 分相式单相异步电动机

（1）串电阻分相。串电阻分相启动的单相异步电动机如图 23-7 所示，启动绕组 a 与电阻 R 及离心开关 S 串联后，与工作绕组 m 并联与电源接通。在工作绕组电路中，感抗比电阻大得多，所以工作绕组内电流 I_m 的相位滞后于电源电压 U，且相位角较大；在启动绕组中，电阻比感抗大，启动绕组的电流 I_a 的相位角也滞后于电源电压 U，但相位角较小，这样 I_m、I_a 之间出现了相位差。电阻分相法就是用电阻使启动绕组和工作绕组的电流产生相位差的方法。

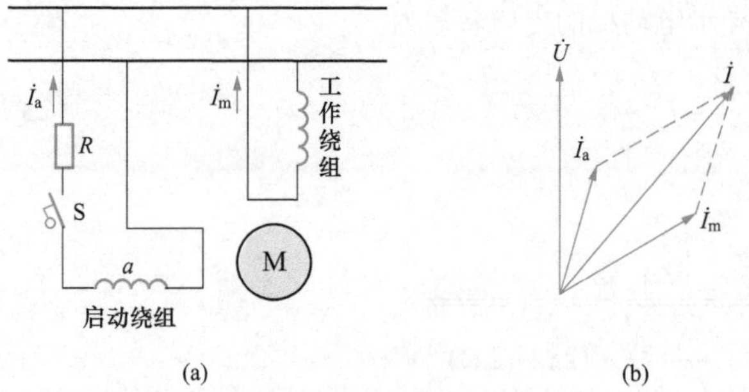

图 23-7　串电阻分相启动单相异步电动机
（a）接线图；（b）相量图

电阻分相法的启动绕组只可以短时间工作，待电动机转速达到 75%～80%额定转速时，由离心开关将启动绕组切断，由工作绕组单独运行工作。

离心开关是利用转子转速的变化，对重块所产生的离心作用，通过滑动机构来闭合或分断触点，达到在启动时接通启动绕组而电动机运转时，重块分离，触点断开；电动机停止转动，触点闭合，可以重新启动。

（2）串电容分相。串电容分相启动的单相异步电动机如图 23-8 所示，启动绕组 a 与电容器 C 及离心开关 S 串联后，与工作绕组 m 并联，再与电源接通。在启动绕组电路内，容抗大于感抗，是电容性电路。如果电容器选择适当，可使启动时的 I_a 相位正好超前 I_m 90°。电容分相法就是用电容器使启动绕组和工作绕组内的电流产生相位差的方法。

电容分相启动异步电动机的启动绕组和电容器可以设计为短时间工作，待电动机转速达到 75%～80%额定转速时，由离心开关 S 将启动绕组切断，由绕组单独运行工作。

电容裂相启动异步电动机的基本系列代号为 CO、CO_2。功率等级有 120、180、250、370、550、750W，额定电压为 220V，同步转速有 1500、3000r/min。适宜具有较高启动转矩的小型空气压缩机、电冰箱、磨粉机和水泵带载启动的机械。

2. 罩极式电动机

（1）凸极式罩极异步电动机。定子铁心用硅钢片叠压而成，每个极上绕组有集中绕组，称为工作绕组。在每个极面的一边开有一个小槽，槽中有短路铜环，罩住磁极面1/3左右。铜环把极面罩住一部分，故称为罩极电动机，又因为主磁极是凸出来的，全称为凸极式（salient pole）罩极异步电动机，如图23-9所示。

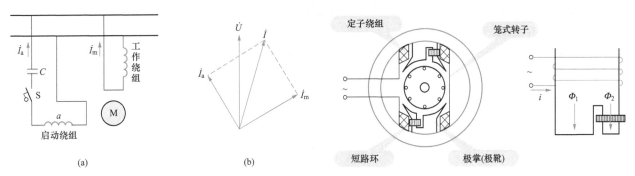

图23-8 电容启动单相异步电动机
（a）接线图；（b）相量图

图23-9 凸极式罩极启动电动机结构示意图

当定子绕组通电后，在磁极中产生主磁通，根据楞次定律，其中穿过短路铜环的主磁通在铜环内产生一个在相位上滞后90°的感应电流，此电流产生的磁通在相位上也滞后于主磁通，它的作用与电容式电动机的启动绕组相当，从而产生旋转磁场使电动机转动起来。

（2）隐极式罩极异步电动机。工作绕组匝数多，线较细；启动绕组（罩极）匝数少，为2～8匝，线较粗，一般为工作绕组导线直径的3～5倍。启动绕组自成闭合回路，其作用与凸极式铜环一样，这种电动机在定子铁心槽上，不易看出磁极，故称为隐极式。隐极式（no-salient）异步电动机磁场转方向是从工作绕组向启动绕组方向移动，转子沿旋转磁场方向旋转。

凸极式或隐极式罩极异步电动机，启动转矩较小，功率因数和效率也较低，启动性能和运行性能较差，但结构简单、成本低、运行时噪声小、耐用、维修简单。功率15～90W，额定电压为220V，适宜小型风扇、电动模型、电唱机及各类轻载启动的小功率电动设备。

*23.3 交流测速发电机

测速发电机把输入机械转速信号变换为电压信号输出，是自动控制系统中转速检测的常用元件之一，广泛用于转速的测量和转速反馈控制系统，另外还由于自动控制系统中用作校正元件和计算元件。

按照测速发电机输出信号的不同，可分为直流和交流两大类。交流测速发电机分为同步测速发电机和异步测速发电机，在实际应用中异步测速发电机使用较广泛。

异步测速发电机又分空心杯转子式和笼型转子式两种。下面只介绍自动控制系统中应用最为广泛的空心杯转子式异步测速发电机。杯形转子异步测速发电机的结构如图23-10所示，其中定子由内外定子形成磁路，而转子则是处于内外定子形成的气隙中的一个非磁性的空心杯。为了减小气隙，杯壁做得很薄，同时带来了转动惯量小的优点。在定子上安装了互相正交（电角度相差90°）的两个绕组，其中一个用作励磁绕组，其励磁电压为一稳压稳频的交流电压绕组，在其轴线方向上产生脉

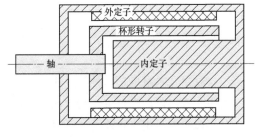

图23-10 杯形转子异步测速发电机结构

动的气隙磁通 Φ_1，其频率与励磁电压的频率相同，均为 f_1。另一绕组用作输出绕组，其输出电压即是测速发电机的输出电压，定子两相绕组空间位置应严格保持垂直。

空心杯转子测速发电机与直流测速发电机相比，具有结构简单、工作可靠等优点，是目前较为理想的测速元件。

交流异步测速发电机的工作原理如图 23-11 所示，杯形转子可以看作由无数多的导条并联组成，和笼型转子一样。励磁绕组通入正弦电流时，在绕组的轴线方向上产生了一个随时间按正弦规律变化的脉动磁通 Φ_1。Φ_1 在转子中有感应电流产生，并由此产生转子磁通 Φ_2。

测速发电机静止时，如图 23-11（a）所示，Φ_2 也沿励磁绕组的轴线方向，忽略励磁绕组的电阻和漏抗，合成磁通 Φ 在励磁绕组中产生的感应电动势 E_1 与励磁电压 U_1 的关系为

$$U_1 \approx E_1 \approx 4.44 f_1 N_1 \Phi_{\mathrm{m}} \tag{23-10}$$

式中：N_1 为励磁绕组匝数；Φ_{m} 为合成磁通 Φ 的幅值。

可见，当 U_1 和 f_1 不变时，合成磁通 Φ 的大小基本保持不变，仍为原来的磁通 Φ_1。由于合成磁通 Φ 的方向与输出绕组的轴线垂直，在输出绕组中不产生感应电动势，因此，当测速发电机静止不动时，输出电压为零。

测速发电机旋转时，如图 23-9（b）所示，转子导体因切割磁通 Φ_1 而产生电动势和电流。E_2 和 I_2 与磁通 Φ_1 及转子转速 n 成正比，转子电流 I_2 产生磁通 Φ_2，两者也成正比，磁通 Φ_2 的方向与输出绕组的轴线方向一致，因而在输出绕组中产生与励磁电压频率相同的感应电动势，输出绕组两端得到频率相同的输出电压，其大小与磁通 Φ_2 成正比，输出电压 U_2 与励磁电压 U_1 和转子转速成正比，若励磁电压保持不变，则 Φ_1 不变，故 $U_2 \propto \Phi_2 \propto I_2 \propto E_2 \propto n$，所以，当励磁绕组加上电源电压 U_1，测速发电机以转速 n 转动时，它的输出绕组中就产生输出电压 U_2，U_2 的大小与转速成正比，测量出 U_2 的大小就可以得到转速 n，因而从电压表的读数反应电机的转速。

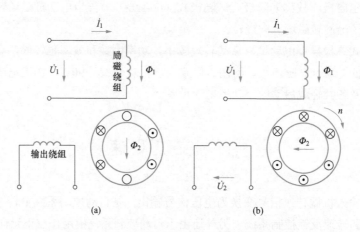

图 23-11 交流异步测速发电机的工作原理图
（a）测速发电机静止时；（b）测速发电机旋转时

*23.4 双馈交流异步发电机

双馈异步电机是一种绕线式异步电机。双馈即定、转子双端馈电，除了定子必然和电源相连之外，转子也和电源相连。当电机作为发电机时，称为双馈异步发电机；作为电动机时，则称为双馈异步电动机，而只有一端和电源相连的普通电机则属于"单馈"。

风力发电以其无污染和可再生性，日益受到世界各国的广泛重视，近年来得到迅速发展。采用双馈异步

发电机的变速恒频（Variable Speed Constant Frequency，VSCF）风力发电系统备受青睐，因为其显著的优势在于：风能利用系数高，能吸收由风速突变所产生的能量波动，以避免主轴及传动机构承受过大的扭矩和应力，以及可以改善系统的功率因数等。

23.4.1　双馈异步发电机的基本工作原理

双馈发电机变速恒频风力发电系统是通过调节转子绕组励磁电流的频率、幅值或相位等来实现变速恒频控制。

双馈异步发电机与异步电动机相似，定子绕组为对称绕组，电机的极对数为 p，当定子绕组接入电网对称三相电压，有对称三相电流流过，在电机的气隙中形成一个旋转的磁场，这个旋转磁场的转速 n_1 称为同步转速，$n_1 = \dfrac{60f_1}{p}$。

双馈异步发电机转子绕组为对称三相绕组，与普通异步发电机不同的是：双馈异步发电机转子三相对称绕组上通入频率为 f_2 的三相对称电流，所产生旋转磁场相对于转子本身的旋转速度为 n_2，$n_2 = \dfrac{60f_2}{p}$。若设 n_1 为对应于电网频率为双馈发电机的同步转速，而 n 为电机转子本身的旋转速度，双馈电机的转差率 $s = \dfrac{n_1 - n}{n_1}$，则双馈电机转子三相绕组内通入的电流频率应为

$$f_2 = \frac{pn_2}{60} = f_1 s \tag{23-11}$$

式（23-11）表明，在异步电机转子以变化的转速转动时，只要在转子的三相对称绕组中通入转差频率（即 $f_1 s$）的电流，则在双馈电机的定子绕组中就能产生恒频电势。所以根据上述原理，只要控制好转子电流的频率就可以实现变速恒频发电了。

根据双馈异步发电机转子转速的变化，双馈发电机可有以下三种运行状态。

（1）亚同步运行状态：在此种状态下 $n < n_1$，由转差频率为 f_2 的电流产生的旋转磁场转速 n_2 与转子的转速方向相同，因此有 $n + n_2 = n_1$。

（2）超同步运行状态：在此种状态下 $n > n_1$，改变通入转子绕组的频率为 f_2 的电流相序，则其所产生的旋转磁场的转速 n_2 与转子的转速方向相反，因此有 $n - n_2 = n_1$。

（3）同步运行状态：在此种状态下 $n = n_1$，转差频率 $f_2 = 0$，这表明此时通入转子绕组的电流频率为 0，即直流电流，与普通的同步电机一样。

下面从等效电路的角度分析双馈电机的特性。首先假定：

（1）只考虑定转子电流的基波分量，忽略谐波分量；

（2）只考虑定转子空间磁势基波分量；

（3）忽略磁滞、涡流、铁耗；

（4）变频电源可为转子提供能满足幅值、频率、功率因数要求的电源，不计其阻抗和损耗。

发电机定子侧电压和电流的正方向按发电机惯例，转子侧电压和电流的正方向按电动机惯例，电磁转矩与转向相反为正，转差率 s 按转子转速小于同步转速为正，参照异步电机的分析方法，通过频率和绕组折算可得双馈异步发电机的等效电路，如图 23-12 所示。

根据等效电路图 23-12，可得双馈发电机的基本方程式为

$$\begin{cases} \dot{U}_1 = -\dot{E}_1 - \dot{I}_1(r_1 + jx_1) \\ \dfrac{\dot{U}_2'}{s} = -\dot{E}_2' + \dot{I}_2'\left(\dfrac{r_2'}{s} + jx_2'\right) \\ \dot{E}_1 = \dot{E}_2' = -\dot{I}_m(jx_m) \\ \dot{I}_1 = \dot{I}_2' - \dot{I}_m \end{cases} \tag{23-12}$$

式中：r_1、x_1 分别为定子侧的电阻和漏抗；r_2'、x_2' 分别为折算到定子侧的转子电阻和漏抗；x_m 为激磁电抗；$\dot{U}_1$、$\dot{E}_1$、$\dot{I}_1$ 分别为定子侧电压、感应电动势和电流；$\dot{E}_2'$、$\dot{I}_2'$ 分别为转子侧感应电动势和转子电流经过频率和绕组折算后折算到定子侧的值；$\dot{U}_2'$ 为转子励磁电压经过绕组折算后的值；$\dot{U}_2'/s$ 为 $\dot{U}_2'$ 再经过频率折算后的值。

普通的绕线转子电机的转子侧是自行闭合的，如图 23 – 13 所示。

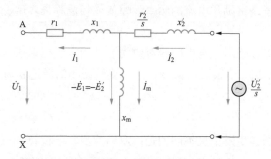

图 23 – 12　双馈异步发电机的等值电路图

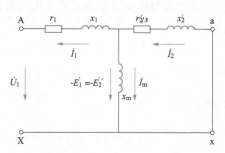

图 23 – 13　普通绕线式异步发电机的等值电路图

根据基尔霍夫电压电流定律可以写出普通绕线式转子电机的基本方程式为

$$\begin{cases} \dot{U}_1 = -\dot{E}_1 - \dot{I}_1(r_1 + \mathrm{j}x_1) \\ \dot{E}_2' = \dot{I}_2'\left(\dfrac{r_2'}{s} + \mathrm{j}x_2'\right) \\ \dot{E}_1 = \dot{E}_2' = -\dot{I}_m(\mathrm{j}x_m) \\ \dot{I}_1 = \dot{I}_2' - \dot{I}_m \end{cases} \qquad (23 – 13)$$

从图 23 – 12 与图 23 – 13 和式（23 – 12）与式（23 – 13）的对比中可以看出，双馈电机就是在普通绕线式转子电机的转子回路中增加了一个励磁电源，恰恰是这个交流励磁电源的加入大大改善了双馈电机的调节特性，使双馈电机表现出较其他电机更优越的一些特性。根据两种电机的基本方程画出各自的相量图如图 23 – 14 和图 23 – 15 所示。

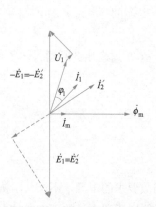

图 23 – 14　转子不加励磁时的相量图

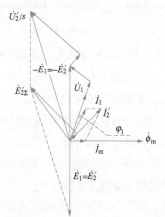

图 23 – 15　转子加励磁时的相量图

从图 23 – 14 可以看出，对于传统的绕线式转子电机，当运行的转差率 s 和转子参数确定后，定转子各相量相互之间的相位就确定了，无法进行调整。即当转子的转速超过同步转速之后，电机运行于发电机状态，此时虽然发电机向电网输送有功功率，但是同时电机仍然要从电网中吸收滞后的无功进行励磁。而从图 23 – 15 中可以看出引入了转子励磁电压之后，定子电压和电流的相位发生了变化，因此使得电机的功率因数可以调整，这样就大大改善了异步发电机的运行特性，对电力系统的安全运行具有重要意义。

23.4.2 双馈发电机的功率传输关系

风力机轴上输入的净机械功率（扣除损耗后）为 P_{mech}，发电机定子向电网输出的电磁功率为 P_1，转子输入/输出的电磁功率为 P_2，s 为转差率，转子转速小于同步转速时为正，反之为负。P_2 又称为转差功率，它与定子的电磁功率关系为

$$P_2 = |s| P_1 \qquad\qquad (23-14)$$

如果将 P_2 定义为转子吸收的电磁功率，那么将有

$$P_2 = sP_1 \qquad\qquad (23-15)$$

此处 s 可正可负，即若 $s > 0$，则 $P_2 > 0$，转子从电网吸收电磁功率，若 $s < 0$，则 $P_2 < 0$，转子向电网馈送电磁功率。

下面考虑发电机超同步和亚同步两种运行状态下的功率流向。

1. 超同步运行状态

超同步就是转子转速超过电机的同步转速时的一种运行状态，我们称之为正常发电状态。因为对于普通的异步电机，当转子转速超过同步转速时，处于发电机状态。

根据图 23-16 中的功率流向和能量守恒原理，输入的功率等于输出的功率和损耗，则有

$$P_{mech} = P_1 + |s| P_1 = (1 + |s|) P_1 \qquad\qquad (23-16)$$

因为发电机超同步运行，所以 $s < 0$，所以上式可进一步写成

$$P_{mech} = (1 - s) P_1 \qquad\qquad (23-17)$$

由式（23-16）和式（23-17）可知：超同步运行时，$s < 0$，$P_{mech} > P_1$。功率流向如图 23-17 所示。

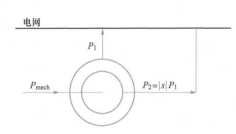

图 23-16　超同步运行时双馈电机的功率流向

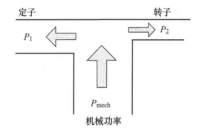

图 23-17　超同步运行状态时的功率流向

2. 亚同步运行状态

即转子转速低于同步转速时的运行状态，我们称之为补偿发电状态，在亚同步转速时，正常应为电动机运行，但可以在转子回路通入励磁电流使其工作于发电状态，功率流向如图 23-18 所示。

根据图 23-18 以及能量守恒原理，流入的功率等于流出的功率，则有

$$P_{mech} + |s| P_1 = P_1 \qquad\qquad (23-18)$$

因为发电机亚同步运行，所以 $s > 0$，所以式（23-18）可进一步写成

$$P_{mech} = (1 - s) P_1 \qquad\qquad (23-19)$$

由式（23-18）和式（23-19）得，亚同步速时 $s > 0$，$P_{mech} < P_2$。

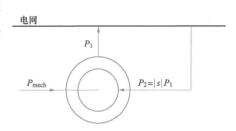

图 23-18　亚同步运行时双馈电机的功率流向

本章小结

1. 异步发电机的工作原理

异步电机若用一台原动机将异步电机转子顺着旋转磁场方向拖动旋转到 $n > n_1$，则，转差率 $s = \dfrac{n_1 - n}{n_1} <$ 0 为负值，则电磁功率 $P_{em} = p_{Cu2}/s$ 变为负值，总的机械功率 $P_m = \dfrac{1-s}{s} p_{Cu2}$ 也为负值，从原动机输入的机械功率一部分作为转子铜耗，另一部分作为电磁功率从转子转换到定子上，由定子输出到电网，异步电机作为发电机运行。在一定电压和频率下，产生电动势的主磁通 Φ 和建立此磁通所需的励磁电流 I_0 与电动机时近似不变，即主磁通和励磁电流与异步电机的工作状态无关。也就是异步电机作为发电机运行时，继续从电网吸取与电动机运行时同样的励磁电流。

2. 单相异步电动机的特点

（1）单相异步电动机（单绕组）启动转矩为零，故电机不能自启动，必须添加启动措施。

（2）当电源电压一定时，一个绕组的单相异步电动机比两相或三相电动机的最大转矩小，由于负序转矩的存在，使得合成转矩减小，最大转矩也减小，且过载能力要小一些。

（3）当单相电动机转动后，电动机便可继续运行，但转向不固定，转向取决于启动时的转向。

3. 交流测速发电机的工作原理

励磁绕组电压 U_1 和频率 f_1 不变时，合成磁通 Φ 的大小基本保持不变。转子导体因切割磁通而产生电动势 E_2 和电流 I_2。E_2 和 I_2 与磁通 Φ_1 和转子转速 n 成正比，转子电流 I_2 产生磁通 Φ_2，两者也成正比，因而在输出绕组中产生与励磁电压频率相同的感应电动势，输出绕组两端得到频率相同的输出电压，其大小与磁通 Φ_2 成正比，故 $U_2 \propto \Phi_2 \propto I_2 \propto E_2 \propto n$，因而电压表的读数反映电机的转速。

4. 双馈交流异步发电机

双馈异步发电机与普通异步发电机相比，转子的速度可以比气隙磁场转速高、也可以比气隙磁场转速低，还可以与气隙磁场速度相同。

双馈异步发电机结构与普通异步电动机相似，定子绕组为对称绕组，电机的极对数为 p，当定子绕组接入电网对称三相电压，对称三相电流流过时，在电机的气隙中形成一个转速为 n_1 旋转磁场。转子三相对称绕组上通入频率为 f_2 的三相对称电流，所产生旋转磁场相对于转子本身的旋转速度为 n_2，转子本身的旋转速度为 n，双馈电机的转差率 $s = \dfrac{n_1 - n}{n_1}$，则双馈电机转子三相绕组内通入的电流频率为 $f_2 = \dfrac{pn_2}{60} = f_1 s$，则在双馈电机的定子绕组中就能产生恒频电动势，所以只要控制好转子电流的频率就可以实现变速恒频发电。

 思考题及习题

23-1 单相异步电动机有哪些启动方法？怎样改变单相电容电动机的转向？

23-2 异步发电机有哪两种运行方式？列出异步发电机的优缺点。

23-3 改变电容量的大小为什么能改变异步发电机的端电压。

23-4 简述交流测速发电机的工作原理。

23-5 交流伺服电动机转子构造分哪几种？各有什么特点？

23-6 交流伺服电动机的"自转"现象是指什么？怎样克服"自转"现象？

23-7 交流伺服电动机的转速控制方式有哪几种?

23-8 交流测速发电机的输出电压与转速有何关系?若测速发电机的转向改变,则输出电压有何变化?

23-9 在分析交流测速发电机的工作原理中,哪些与直流机的情况相同?哪些与变压器相同?请分析它们之间的相同点和不同点。

23-10 转子不动时,测速发电机为何没有电压输出?转动时,为何输出电压值与转速成正比,但频率却与转速无关?

23-11 什么是双馈异步发电机?什么是异步电机?两者的区别是什么?

23-12 一台单相电机,额定电流为4.8A,功率为750W,如何选择它的电容值?

24 异步电动机试验技术

由于三相交流异步电动机具有结构简单，运行可靠，使用和维护方便等多种优点，广泛应用于很多需要机械动力的场合。由于用途不同，三相异步电动机分为上百种系列，但由于它们的工作原理及主要结构基本相同，所以在试验方面有很多共同之处，本章以 GB/T 1032—2012《三相异步电动机试验方法》为依据，介绍适用于三相异步电动机的通用试验技术。

电动机试验是检测电动机综合性能的方式，检测数据的准确性是衡量电动机整体性能优劣的保证，同时为电动机设计人员提供重要的参考依据。因此，熟悉并掌握三相异步电动机试验技术对电动机设计和运行非常重要。

24.1 三相交流异步电动机的通用试验项目

三相异步电机试验分为出厂试验和型式试验，出厂试验项目较少，比较简单，型式试验则复杂很多。出厂试验一般包括绝缘电阻测试、直流电阻测试、空载试验、堵转试验、耐压试验；型式试验项目除了所有的出厂试验项目外，还有温升试验、负载试验、杂散损耗试验、振动试验、噪声试验；还有其他试验项目，如超速试验、过电压试验、过电流试验等可以根据用户的需要另行确定。本节介绍一般用途三相交流异步电动机的成品常规试验项目及测试方法。国家标准规定三相交流异步电动机试验项目见表 24-1。

表 24-1 三相交流异步电动机检查试验项目

序号	试验项目	序号	试验项目
1	绕组冷态和热态绝缘电阻测定	11	启动过程中最小转矩的测定试验
2	绕组直流电阻测定	12	振动的测定试验
3	绕组匝间耐冲击电压试验	13	噪声的测定试验
4	绕组对地耐冲击电压试验	14	超速试验
5	绕组对地及相间绝缘耐电压试验	15	短时过转矩试验
6	堵转特性试验	16	短时升高压试验（如已进行了第 3 项，本项可不再进行）
7	空载特性试验	17	转动惯性的测定（需要时进行）
8	热试验	18	偶然过电流试验（如已进行了第 15 项，本项可不再进行）
9	效率、功率因数及转差率的测定试验	19	外壳防护试验（仅在样机定型时进行）
10	最大转矩的测定试验	20	轴电压的测定（仅对大中型和有专门要求的电机）

24.2 三相异步电动机的热试验

24.2.1 热试验目的

热试验的目的是确定电机在额定负载条件下,运行时定子绕组的工作温度与电机某些部分温度高于冷却介质温度的温升。

电机在运行时,由于各种损耗的存在,将使定子绕组、转子绕组及铁心发热而导致电机温度升高。如果各部温度超过了绝缘材料的允许工作温度,就会使绝缘老化加快,从而大大缩短电机的使用寿命。电机热试验就是为了了解电机在额定负载下长期运行时,各部分温度的变化情况,并将其控制在限额以内,保证电机的安全可靠运行。热试验的意义如下。

(1) 了解电机在额定状态下运行时,额定负荷能力和过载能力。

(2) 绘制电机在允许的电压变动范围内,不同冷却介质温度时的极限工作能力曲线,从而为电机在非正常情况下的运行提供依据。

(3) 研究电机各部分温度与最高发热点温度的关系,为评价和改进电机结构及通风冷却系统提供依据。

(4) 测定定子绕组绝缘热降,研究绝缘热降所反映的绝缘老化情况。

(5) 确定绕组平均温度、最高发热点温度和测温计反映的温度之间的关系,研究准确监视测量绕组温度的方法。

24.2.2 热试验方法

试验时应对被试电机予以保护以阻挡其他机械产生的气流对被测电机的影响,一般非常轻微的气流足以使热试验结果产生很大的偏差。引起周围空气温度快速变化的环境条件对热试验是不适宜的,电机之间应有足够的空间,允许空气自由流通。

《三相异步电动机试验方法》中对电机的绕组、铁心、轴承、润滑油和冷却介质等规定了温度的极限值。热试验时,绕组温度测量方法有四种:温度计法、埋置检温计法、电阻法和局部温度检测器,一般多采用电阻法。用电阻法测取绕组温度时,冷热态电阻必须在相同的出线端上测量。由于测量电阻的微小误差在确定温度时会造成较大误差,所以在用双臂电桥或单臂电桥,或数字微欧计测量时,准确度应不低于 0.2 级,并且初始电阻与试验结束时的电阻应使用同一仪器测量。

热试验方法有直接法和间接法,优先采用直接负载法。

1. 直接法

直接负载试验法的热试验应在额定功率、额定电压、额定频率下进行。热试验过程根据电机承受的负载不同分为多种工作制,最主要的有连续工作制(S1)、短时工作制(S2)、断续周期工作制(S3)。

连续工作制(S1)电动机试验时,被试三相异步电动机应保持额定负载,直到电机各部分温升达到热稳定状态为止。试验过程中,每隔半小时记录被试电机的电压、电流和输入功率以及定子铁心、轴承、风道进出口的冷却介质和周围冷却介质的温度。如采用带电测温法时,还应每隔半小时以及试验结束前测量绕组的电阻。试验期间,应采取措施尽量减少冷却介质温度的变化。为了缩短试验时间,在热试验开始时,可以适当过载。

短时工作制(S2)电动机试验时,按照工作时限长短,每隔 5~15min 记录一次试验数据。断续周期工作制(S3)电动机,如无其他规定,试验时每一个工作周期应为 10min,直到电机各个部分温升达到热稳定状态为止。温度的测试应在最后一个工作周期中负载时间的一半终了时进行。为了缩短试验时间,在试验开始时,负载可适当持续一段时间。

2. 间接法

间接法仅限用于连续工作制（S1）电机的试验，间接法包括降低电压负载法、降低电流负载法、定子叠频法。如限于设备，对 100kW 以上的电机，允许采用降低电压负载法。对立式或 300kW 以上的，允许采用定子叠频法。

（1）定子叠频等效负载法。大功率及立式异步电机难以找到恰当的对拖机组或负载，需要通过定子叠频等效负载法来模拟热试验，即将两种相近频率主、副电源矢量叠加形成新的拍频电源，将其加载在电机的接线端。合成的气隙旋转磁场在同步转速附近产生脉动振荡，使得异步电机转子在发电和电动两个状态频繁切换，改变转子转动惯量，从而在电机绕组中引入电流进行试验。试验线路如图 24-1 所示。副电源为发电机。副电源发电机的额定电流应不小于被试电机的额定电流，电压等级应与被试电机相同。

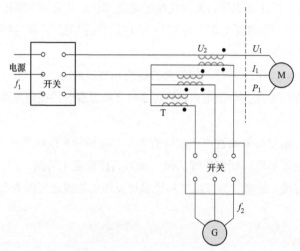

图 24-1　定子叠频法试验接线图

M—被试电机；T—串接变压器；G—辅助电源发电机；U_1—端电压（额定电压）；

f_1—频率（额定频率）；I_1—感应电机的初级电流；U_2—辅助电压；f_2—辅助频率；P_1—输入功率

图 24-1 中辅助电源相序应与主电源相同，且 U_2 应小于 U_1（通常为 U_1 的 10%～20%），U_2 是产生额定电流 I_1 所必须施加的电压值。

采用定子叠频法时，施于被试电机绕组的主、副电源的相序应相同。可在接线前由主、副电源分别启动被试电机，若转向一致，即为同相序。

试验时，首先由主电源启动被试电机，使其在额定频率、额定电压下空载运行。随后，启动副电源机组，将其转速调节到对应于某一频率 f_2 的转速值。对额定频率为 50Hz 的电机，f_2 应在 38～42Hz 选择。然后，将辅助电源发电机投入励磁，调节励磁电流，使被试电机的定子电流达到满载电流值。在加载过程中，要随时调节主电源电压，使被试电机的端电压保持定值，并同时保持频率 f_2 不变，被试电机在额定电压、满载电流下进行热试验。

在调节被试电机的负载时，如仪表指针摆动较大或被试电机和试验电源设备的振动较大，应先降低副电源电压，按另一个频率 f_2 的值（调整副电源机组的转速），再进行试验。上述试验中，叠频电源由主电源、辅助电源、串接变压器构成。

（2）降低电压负载法。降低电压负载法用于进行下列热试验：

1）以额定频率和额定电压进行空载热试验，并确定此时的定子绕组温升 $\Delta\theta_0$、铁心温升 $\Delta\theta_{Fe0}$。

2）以额定频率、1/2 额定电压和满载电流进行热试验，并确定此时绕组温升 $\Delta\theta_r$、铁心温升 $\Delta\theta_{Fer}$。

对应于额定功率时的绕组温升 $\Delta\theta_N$（K）和铁心温升 $\Delta\theta_{FeN}$（K）确定为

$$\Delta\theta_N = \alpha\Delta\theta_0 + \Delta\theta_r \tag{24-1}$$

$$\Delta\theta_{FeN} = \alpha\Delta\theta_{Fe0} + \Delta\theta_{Fer} \tag{24-2}$$

$$\alpha = \frac{p_0 - p_{0r}}{p_0}$$

式中：p_0 为额定电压时的空载输入功率，W；p_{0r} 为 1/2 额定电压时的空载输入功率，W，由空载试验来求取。

（3）降低电流负载法。降低电流负载法用于进行下列温升试验：

1）以额定频率和额定电压进行空载热试验，确定此时的定子绕组温升 $\Delta\theta_a$（K）；

2）以额定频率、降低的电压和最大可能的电流（$I \geqslant 0.7 I_N$）进行部分负载下的热试验，确定此时绕组温升 $\Delta\theta_b$（K）；

3）以额定频率和对应 2）试验的电压进行空载热试验，确定此时绕组温升 $\Delta\theta_c$（K）。

已知 $\Delta\theta_a$、$\Delta\theta_b$ 和 $\Delta\theta_c$，连接 $\Delta\theta_b$ 和 $\Delta\theta_c$ 两点做一直线，如图 24-2 所示，通过 $\Delta\theta_a$ 点作 $\Delta\theta_b$ 和 $\Delta\theta_c$ 两点连线的平行线。此平行线与横坐标 $(I/I_N)^2 = 1$ 点的垂线交 $\Delta\theta_N$（K），即为被试电机在额定电流时的绕组温升。

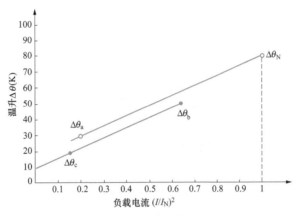

图 24-2　降低电流负载法确定 $\Delta\theta_N$

24.2.3　异步电动机的温升

当电机用周围空气直接冷却时，温升是测得的绕组温度减去冷却介质温度。如电机是用远处或冷却器来的空气通风冷却，温升是测得的绕组温度减去进入电机的空气温度。如在海拔不超过 1000m 处，冷却空气温度在 10～30℃进行试验，温升不作修正。

1. 电阻法确定定子绕组温升

绕组的平均温升 $\Delta\theta$（K）计算方法为

$$\Delta\theta = \frac{r_N - r_c}{r_c} \times (K_1 + \theta_c) + \theta_c - \theta_b \tag{24-3}$$

式中：r_N 为断电停机后测得的第一点热态端电阻，Ω；r_c 为热试验开始前测得的冷态绕组端电阻，Ω；θ_b 为热试验结束时冷却介质温度，℃；θ_c 为测量 R_c 时绕组实际温度，℃。

如果热试验时电机的负载不等于额定负载，对应于额定负载时的绕组温升 $\Delta\theta_N$ 按以下方法确定。

（1）连续工作制（S1 工作制）定额电机。

当 $\frac{I_1 - I_N}{I_N}$ 在±10%范围内时有

$$\Delta\theta_N = \Delta\theta\left(\frac{I_N}{I_1}\right)^2 \left[1 + \frac{\Delta\theta(I_N/I_1)^2 - \Delta\theta}{K_1 + \Delta\theta + \theta_b}\right] \tag{24-4}$$

当 $\frac{I_1 - I_N}{I_N}$ 在±5%范围内时有

$$\Delta\theta_{N} = \Delta\theta\left(\frac{I_{N}}{I_{1}}\right)^{2} \qquad (24-5)$$

式中：I_{N} 为额定电流，即额定功率时的电流，A，从工作特性曲线上可求得；I_{1} 为热试验时的电流，A，取在整个试验过程最后的 1/4 时间内，按时间间隔测得的电流平均值；$\Delta\theta$ 为对应试验电流 I_{1} 的绕组温升，K。

当 $\dfrac{I_{1}-I_{N}}{I_{N}}$ 大于±10%，应重新做热试验。

（2）短时工作制（S2 工作制）和断续周期工作制（S3 工作制）电机。

当 $\dfrac{I_{1}-I_{N}}{I_{N}}$ 在±5%范围内时有

$$\Delta\theta_{N} = \Delta\theta\left(\frac{I_{N}}{I_{1}}\right)^{2} \qquad (24-6)$$

若 $\dfrac{I_{1}-I_{N}}{I_{N}}$ 大于±5%，应重新做热试验。

2. 埋置检温计法

以埋置检温计法各元件的最高读数作为确定绕组温度的依据。

3. 温度计法

任一温度计的最高读数即为绕组或其他部分的温度。

4. 其他需要确定温升部件

铁心：用试验结束时所测的铁心温度减去上述环境温度，则可以得到铁心温升。

轴承：在温升试验即将结束时，用半导体点温度计，在接近轴承外围的部位，测取轴承温度。

集电环和换向器：在温升稳定停机后尽快在其表面取得，一般使用电导体温度计，集电环和换向器的温升值为上述测量值与温升试验环境之差。

24.3 异步电动机负载特性试验

1. 异步电动机负载特性试验目的

负载试验是分析电机运行性能的必要的数据资料，负载试验的目的是要测取电机的工作特性曲线，即确定电机的效率、功率因数、转速、定子电流、输入功率等与输出功率的关系，并考核效率和功率因数是否合格。

2. 试验方法

试验采用直接负载法，用合适的设备（如直流电机为负载电机或三相异步电机为负载电机等）作为电动机负载。负载电机的轴线应与被测电机轴线对中并保证安全运行。负载试验一般应紧接热试验进行，否则，在开始试验前应使被试电机带额定负载运行，直至定转子绕组接近热稳定状态。为了保持试验过程中温度基本不变，试验应从较高的负载开始，逐步降低负载测取所需的数据。负载试验的加负载方法和热试验的完全相同。

进行试验时，被试电机应在接近热状态下，并且在额定功率和额定频率下，以直流发电机–电阻组或磁粉制动器作为负载。开始读取试验数据之前，定子绕组温度与额定负载热试验时测得的温度之差应不超过 5K。

在 6 个负载点处给电机加负载，4 个负载点大致均匀分布在 25%～100%额定负载之间（包括 100%额定负载），在大于 100%但不超过 150%额定负载之间适当选取 2 个负载点。电机加负载的过程是从最大负载开始，逐步按顺序降低到最小负载。试验应尽快进行，以减少试验过程中电机的温度变化对试验结果的影响。

在每个负载点处，测取三相电压 U、三相电流 I_1、输入功率 P_1、功率因数、绕组温度 θ_t、转差率 s 和输出转矩 T_2。一般使用温度传感器（埋置于定子绕组端部）测量绕组的温度 θ_t。

24.4 异步电动机损耗和效率的确定方法

损耗包括：规定温度下定子绕组铜耗、转子绕组铜耗，风摩擦损耗，铁耗，负载杂散损耗，本节介绍损耗的测试方法。

24.4.1 规定温度下定子铜耗的确定

对于普通三相交流电机，铜耗可以通过测量绕组直流电阻以及额定工作电流计算得到。

（1）规定温度下定子绕组电阻 r_s，则有

$$r_s = r_1 \frac{K_1 + \theta_s}{K_1 + \theta_1} \tag{24-7}$$

式中：r_1 为定子绕组初始（冷）端电阻，Ω；θ_1 为测量 r_1 时的定子绕组温度，℃；θ_s 为绕组规定温度，℃。

（2）规定温度下定子铜耗 P_{Cu1} 有

$$r_{Cu1} = 1.5 I_1^2 r_1 \tag{24-8}$$

式中：I_1 为定子电流测量值，A；r_1 为规定温度下定子绕组端电阻，Ω。

注意，用同一 r_1 值计算不同负载点温度下定子铜耗。

24.4.2 规定温度下转子绕组铜耗的确定

（1）试验温度下的转差率，则有

$$s = \frac{n_1 - n}{n_1}, \quad 或 \quad s = s_t / n_1 \tag{24-9}$$

式中：n_1 为同步转速，r/min；n 为实测转速，r/min；s_t 为实测转差；f 为试验电源频率，Hz。

（2）规定温度下的转差率 s_s，则有

$$s_s = s \frac{K_2 + \theta_s}{K_2 + \theta_t} \tag{24-10}$$

式中：s 为转差率；θ_t 为测量转速 n 或转差率 s_t 时的定子绕组温度，℃；θ_s 为规定温度，℃。

（3）规定温度下转子绕组铜耗，则有

$$p_{Cu2} = (P_1 - p_{Cu1} - p_{Fe}) s_s$$

式中：P_1 为输入功率，W；p_{Cu1} 为规定温度下定子铜耗，W；p_{Fe} 为铁耗，W。

24.4.3 风摩擦损耗 p_m 和铁耗 p_{Fe} 的确定

（1）风摩擦损耗 p_m 的确定。对约 50% 额定电压至最低电压点范围内的各点测试值，作 p_{con} 对 $(U_0/U_N)^2$ 的曲线，即空载特性曲线，将曲线延长至零电压，零电压处纵轴的截距即为风摩擦损耗，认为风摩擦损耗与负载无关。空载输入功率减去试验温度下定子铜耗的差即为恒定损耗 p_{con}。

（2）铁耗 p_{Fe} 的确定。对 60% 额定电压和 124% 额定电压之间的各电压点，作 $p_{Fe} = p_{con} - p_m$ 对 U_0/U_N 的关系曲线。不同负载时的铁耗根据电压 U_b/U_N 在曲线上求得

$$U_{\mathrm{b}} = \sqrt{\left(U - \frac{\sqrt{3}}{2}I_1 r_{\mathrm{t}} \cos\varphi\right)^2 + \left(\frac{\sqrt{3}}{2}I_1 r_{\mathrm{t}} \sin\varphi\right)^2} \qquad (24-11)$$

式中 $\cos\varphi = \dfrac{P_1}{\sqrt{3}UI_1}$ ， $\sin\varphi = \sqrt{1 - \cos^2\varphi}$ 。

24.4.4 杂散损耗的确定

杂散损耗是三相异步电动机"五大损耗"之一，杂散损耗是指总损耗中未计入定子铜耗、转子铜耗、风摩擦损耗和铁耗中的那部分损耗。如铸铝转子导条间的"横向电流"损耗、齿谐波产生的齿部脉振损耗、绕组端部漏磁在其邻近的金属构件中造成的磁滞损耗和涡流损耗等。

杂散损耗又可以分为基波杂散损耗和谐波杂散损耗两部分，谐波杂散损耗也称为高频杂散损耗。用实测法求得的杂散损耗值也是帮助设计人员改进和提高电机性能的一项主要参数。确定负载杂散损耗的试验方法有：剩余损耗法、取出转子试验和反转试验法、推荐值法和绕组接不对称电压空载试验法（Eh-star法）。本节介绍剩余负载法、取出转子试验和反转试验法。

1. 剩余损耗法

负载试验中测得的输入功率与测得输出功率之差即为总损耗，从总损耗中减去定子 I^2r 铜耗、试验温度下转子铜耗、风摩耗和铁耗之后，剩余的那部分即为剩余损耗。通过对剩余损耗试验数据的线性回归分析和相关分析求取负载杂散损耗。

轴机械功率 P_{m} 的确定为

$$P_{\mathrm{m}} = \frac{T \times n}{9.549} \qquad (24-12)$$

式中： T 为轴转矩，N·m。

剩余功率： $\qquad P_{\mathrm{L}} = P_1 - P_{\mathrm{m}} - (p_{\mathrm{m}} + p_{\mathrm{Fe}} + p_{\mathrm{Cu1}} + p_{\mathrm{Cu2}})$

2. 取出转子试验和反转试验法

取出转子试验和反转试验法可以分别测出基波杂散损耗和高频杂散损耗。

（1）基频杂散损耗的测定。

1）测试方法—取出转子法。

将电机转子取出，但端盖等其他结构部件应该按正常状态就位，实际上就是一台无转子的电机，定子绕组施加额定频率的低电压，使定子电流 $I_1 = 1.1I_{\mathrm{N}}$ ，然后调节所加电压，在 $0.5I_{\mathrm{N}} \sim 1.1I_{\mathrm{N}}$ 范围内测取 6~7 点读数，每点读数包括定子三相线电流 I_1 、输入功率 P_1 和试验温度 θ_{t} ，最后断电并立即测取定子绕组的直流电阻 R_1 ，如图 24-3 所示。

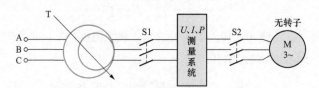

图 24-3 基频杂散损耗的接线示意图

2）结果计算。

用下列式子求出各个测量点的基频杂散损耗 p_{sf} 。

$$p_{\mathrm{sf}} = P_1 - 1.5I_1^2 r_1 \qquad (24-13)$$

绘制基频杂散损耗 p_{sf} 与定子电流 I_1 的关系曲线 $p_{\mathrm{sf}} = f(I_1)$ 。

（2）高频杂散损耗的测定。

1）测试方法—反转法。采用反转法测定高频杂散损耗时，被试电机应在其他机械的拖动下反转，在接近同步转速下运行，拖动它的机械可以是和其功率相等或者接近的异步电机、也可以是测功机、矫正过的直流机，由转矩转速传感器和直流电机等组成的测试设备，称为测功机反转法。

将上述所说的拖动机械统称为陪试电机或者辅助电机，他们在试验时均通过联轴器和被试电机连接，被试电机通过一台三相调压器供电，异步电机反转法中的陪试电机一般如图 24-4 所示，采用三相调压器供电。

2）试验步骤。检查反转：对被试电机和陪试电机分别用各自的电源通电看其转向，从同一方向看，两者应该相反。一般通过联轴器的转向判定，联轴器的两半节转向应相反，否则应该调整。

空载运行：用陪试电机拖动被试电机空载运行，转速应该等于或者接近被试电机的同步转速，至机械损耗稳定为止。

反转预热：在上述操作的基础上，开始将被试电机通电，电源频率应为被试电机的额定值，电压以使被试电机定子电流达到额定值为准，运行 10min。如果试验紧接温升试验和负载试验进行，则不需要进行反转检查和空载运行。

3）数据测试。调节被试电机的输入电压，在 1.5～0.5 倍额定电流范围内取 6～9 个点，要和负载试验测得的点数相同，并且各点电流值应该尽可能为负载试验时的实测电流 I_1 和额定电压时的空载电流 I_0 的平方差的平方根，这样做便于以后在求取效率时绘图、查数和计算。

每个点的读数包括被试电机的数据，包括被试电机的输入功率 P_1 和三相线电流 I_1，陪试电机的数据：陪试电机为测功机时，读取其输出转矩 T_a（N·m）和转速（r/min），为校正过的直流电机时，读取其电枢电流 I_a 和转速 n。若为异步电机，读取其输入功率 P_{a1}（W）。

在上述测试结束之后，断开被试电机的电源，根据陪试电机的不同读取下列数值：对测功机为输出转矩 T_{a0}，对校正过的直流电机为电枢电流 I_{a0}，对异步电机为输入功率 P_{a0}（W）。

测试完毕后，迅速断电并且测量被试电动机的定子线电阻 r_1（Ω）。试验中应该注意的问题。在整个测试过程中，机组运转的转速应尽可能保持等于或者接近与被试电机的同步转速；陪试电机为异步电机时候，其所加电压值为额定值；每组测量值应该尽可能同时读取。

4）简易流程。对于陪试电机为异步电机的反转法，试验过程可用如下的简易流程图描述，其中 M1 为被试电机，M2 为陪试电机，如图 24-4 所示。

① M1 与 M2 反转，M2 拖动 M1 接近同步转速，M1 加低电压，使得 $I_1=I_N$，历时 10min；

② 调节 M1 输出电压，在 $0.5I_N \sim 1.5I_N$ 范围内取 6～9 个点，包括 M1 的 I_1 和 P_1 以及 M2 的 P_{a1}；

③ M1 断电，测取 M2 的 P_{a0}；M2 断电停机，尽快测得 M1 的 R_1。

5）高频杂散损耗的数据处理。

① 整理实验数据。求出各个试验点被试电机的定子平均电流 I_1，输入功率 P_1，陪试电机前几点的输入功率 P_{a1} 和最后空载点的输入功率 P_{a0}，停机后所测的被试电机的定子线电阻 R_1。其中对陪试电机的输入功率 P_{a1}，当陪试电机为测功机时，为其输出功率，应由其转矩 T_a 和转速 n 求得，当陪试电机为校正过的直流电机时，应该根据正曲线上查取没电 I_a 对应的转矩值 T，再与对应转速进行运算求得。

② 高频杂散损耗的求取。求出各个试验点的"计算用高频杂散损耗"p'_{sh}，则有

$$p'_{sh} = P_{a1} - P_{a0} - (P_1 - 1.5I_1^2 R_1) \qquad (24-14)$$

③ 绘制 p'_{sh} 与定子电流 I_1 的关系曲线。绘制曲线 $p'_{sh}=f(I_1)$，如果已经实测基频杂散损耗 p_{sf}，则应该把两条曲线绘制在一个坐标系中，如图 24-5 所示。

④ 求取总杂散损耗。如果高频和基频的杂散损耗都已经测量，并且按照上述要求绘制了与定子电流 I_1 的关系曲线，则可在曲线上查出对应与各个电流点的两个杂散损耗值，然后用式（24-15）求出总的杂散

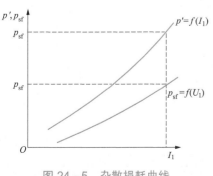

图 24-5　杂散损耗曲线

损耗：

$$p_s = p_{sh} + p_{sf} = p'_{sh} + 2p_{sf} \tag{24-15}$$

24.4.5 异步电动机效率的确定方法

通过测定电动机输入电功率和输出机械功率、或总损耗便可确定电动机的效率。

效率是以同一单位表示的输出功率 P_2 和输入功率 P_1 之比，输出功率 P_2 等于输入功率减去总损耗 P_T，若已知三个变量（输入、总损耗和输出）中的两个就可以求出效率，则有

$$\eta = \frac{P_2}{P_1} \times 100\% \tag{24-16}$$

$$\eta = \left(1 - \frac{P_T}{P_1}\right) \times 100\% \tag{24-17}$$

1. 效率的直接测定法

（1）输入功率和输出功率的测量。直接测定效率时，电动机的输入功率用瓦特表测量。输出的机械功率用测功机或校正过直流电机测量，对滚动轴承的电机，也可用转矩测量仪测量。电动机的转速用转速测量仪或十进频率仪法测量。

（2）试验方法。试验时被试电机应达到热稳定状态。在 1.25～0.25 倍额定功率范围内，测取负载下降及上升时的工作特性曲线。对 750W 及以下的电动机，允许仅测取下降曲线。每条曲线测取 6～8 点读数。每点应测取三相电压、三相电流、输入功率、转速、输出转矩及定子绕组的喧电测温装置等数值，并记录周围冷却介质温度。如定子绕组的电阻在切离电源后测得，应将所测电阻用外推法修正到断电瞬间。

（3）试验结果的计算。

1）输出转矩的修正。

测功机的风摩擦损耗转矩 T_{fw}（N·m）计算为

$$T_{fW} = \frac{9.55(P_1 - P_0)}{n_t} - T_d \tag{24-18}$$

式中：P_1 为电动机在额定电压下驱动功机时的输入功率，W，此时，测功机的电磁同路应开路；T_d 为风摩擦损耗转矩试验时测功机的转矩值，N·m；n_t 为风摩擦损耗转矩试验时电动机的转速，r/min。

电动机修正后的输入转矩 T_c（N·m）可计算为

$$T_c = T_t + T_{fW} \tag{24-19}$$

式中：T_t 为试验时测得的输出转矩，N·m。

2）输出功率的修正。试验时的冷却介质应换算到 25℃。此时电动机的转速可换算为

$$n_{cor} = n_s - (n_s - n_t)\frac{K_a + \Delta\theta_2 + 25}{K_a + \Delta\theta_2 + \theta_t} \tag{24-20}$$

式中：n_{cor} 为冷却介质温度 25℃时的转速，r/min；n_t 为试验时测得的转速，r/min；$\Delta\theta_2$ 为试验时的转子绕组温升，K。若转子绕组温升无法测取，则允许用试验时的定子绕组温升 $\Delta\theta_1$ 代替；θ_t 为试验时的介质温度，℃。

定子绕组 $I^2 r$ 损耗的修正量 ΔP_{Cu1} 可计算为

$$\Delta P_{Cu1} = 3I_t^2 R_t\left(\frac{K_a + \Delta\theta_1 + 25}{K_a + \Delta\theta_1 + \theta_t} - 1\right) \tag{24-21}$$

式中：I_t 为试验时的定子相电流，A；R_t 为试验时的定子绕组相电阻，Ω。

被试电机修正后的输出功率 P_2（W）可计算为

$$P_2 = \frac{T_c n_{cor}}{9.55} - \Delta P_{Cu1} \tag{24-22}$$

（4）效率的求取。电动机在不同负载时的效率 η 按式（24-16）计算，并作效率曲线 $\eta = f(P_2)$，然后取

两条曲线的平均值作为所求的效率曲线。

2. 效率的间接测定法

三相异步电动机效率确定根据《三相异步电动机试验方法》有 A 法、B 法、C 法、E 法或 E1 法、F 法或 F1 法、G 法或 G1 法、H 法这几种试验方法，不同的试验方法适应不同的异步电动机，不同试验方法效率测量的准确性也不一样。

 本章小结

本章简要介绍异步电动机的试验项目、热试验、负载特性试验、损耗与效率的试验方法。热试验时温度的测量方法包括电阻法、温度计法和埋置检温计法测量电机绕组及其他各部分的温度。

负载试验取得分析电机运行性能的必要的数据资料，负载试验的目的实际上是要测取电机的工作特性曲线，即确定电机的效率、功率因数、转速、定子电流、输入功率等与输出功率的关系，并检查效率和功率因数是否合格。一般采用直接负载法。

介绍规定温度下定子绕组铜耗、转子绕组铜耗，风摩擦损耗，铁耗，负载杂散损耗的测试方法。通过测定电动机输入电功率和输出机械功率或总损耗或分离各项损耗，确定电动机的效率。

本书的常规实验是指空载短路实验。

 思考题及习题

24-1　三相异步电动机的热试验有哪些方法？各有哪些特点？适用于什么场合？

24-2　异步电动机负载特性试验的目的是什么？

24-3　异步电动机的损耗包括哪些?试验如何确定？

24-4　异步电动机的效率确定有哪些方法?各有什么特点？

24-5　异步电动机的温升试验方法与同步发电机的温升试验方法的区别是什么？

24-6　分析异步电动机降低损耗提高效率的途径有哪些？

24-7　异步电机运行时内部有哪些损耗？负载变化时，哪些损耗不变，哪些损耗可变？

24-8　一台三相异步电动机，$P_N=7.5\mathrm{kW}$，额定电压 $U_N=380\mathrm{V}$，频率为 50Hz。额定负载运行时，定子铜耗为 474W，铁耗为 231W，机械损耗 45W，附加损耗 37.5W，已知 $n_N=960\mathrm{r/min}$，$\cos\varphi_N=0.824$，试计算转子铜耗和电动机的效率。

直流电机篇 I

　　直流电机（direct current machine）是将直流电能转换成机械能（直流电动机）或将机械能转换成直流电能（直流发电机）的旋转机械。

　　直流马达是最早发明将电力转换为机械功率的电动机，可追溯到法拉第（Faraday）发明的碟型马达。法拉第的原始设计后经改良，到了19世纪80年代已成为主要的电力机械能转换装置。之后由于交流电的发展，直流马达的重要性随之降低。直到1960年左右，由于SCR（可控硅）的发明，磁铁材料、碳刷、绝缘材料的改良以及变速控制的需求日益增加，再加上工业自动化的发展，直流马达驱动系统再次遇到了发展的契机，到1980年直流伺服驱动系统成为工业自动化与精密加工的关键技术。另外由于能源匮乏与环保压力，车辆用电动机占有特殊重要的地位，铁道电气化、磁悬浮列车、地铁以及电动汽车等，具有高速、舒适、安全、无污染等优点，直流电动机在新兴交通运输工具中发挥重要作用，所以直流电动机仍然有不可替代的重要地位。

　　本篇主要介绍直流电机的结构、直流电机的运行原理、发电机和电动机的运行特性以及启动、调速和制动技术等内容。

25

直流电机的基本工作原理与结构

25.1 直流电机的基本工作原理

25.1.1 直流电机的物理模型

直流电机固定部分有磁铁（称为主磁极）和电刷，转动部分有铁心和绕组（总称为电枢）。如图 25-1 所示是一台最简单的两极直流电机的物理模型。线圈的首端和末端分别连到两个圆弧形的铜片上（称为换向片）。换向片之间互相绝缘，整体称为换向器。换向器固定在转轴上，换向片与转轴之间亦互相绝缘。在换向片上放置着一对固定不动的电刷 A 和电刷 B。电枢旋转时，线圈通过换向片和电刷与外电路接通。定子磁场可以是永久磁铁，也可以用励磁线圈产生。

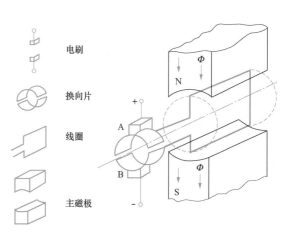

图 25-1 直流电机的物理模型

25.1.2 直流发电机的工作原理

如图 25-2 所示，设原动机拖动转子以速度 n 逆时针转动，线圈的导体 ab 和 cd 分别切割不同极性磁极下的磁感线产生感应电动势，其大小与磁通密度 B、导体的有效长度 l 和导体切割磁场速度 v 三者的乘积成正比，即 $e = Blv$，其方向用右手定则判断，导体 ab 和 cd 感应电动势的方向如图 25-2（a）所示，a 端为"＋"，d 端为"－"；当旋转半周后如图 25-2（b）所示，cd 到 N 极下，ab 到 S 极下，则 a 端为"－"，d 端为"＋"。气隙中的磁场分布如图 25-3（a）所示，在 N 极和 S 极下为极性不同的平顶帽形，一根导体切割这样的磁场产生的感应电动势波形与磁场分布相同，如图 25-3（b）所示。因为电刷 A 通过换向片引出的始终是切割 N 极磁感线的线圈边的电动势，所以电刷 A 始终为正极性。同理，电刷 B 始终为负极性，所以电刷能引出方向不变但大小变化的脉动电动势，如图 25-3（c）所示。直流发电机就是把电枢线圈中的交变电动势，通过换向器和电刷的作用，从电刷端引出为直流电动势。

但是单个线圈输出的电动势波动太大，如图 25-3（c）所示，还不宜做直流电源。

若考虑两线圈串联，即与原有线圈电角度相距 90°再设置一个线圈，其两端连接的换向片亦与原有换向片相距 90°，这样换向器包含 4 片换向片。电枢旋转时，两个线圈中的感应电动势在时间相位上相距 90°，串联后的合成电动势如图 25-4 所示，可见两电刷间的电动势波动幅值减小了。电枢导体数增加，如图 25-5 所示，可以减小感应电动势波动值。当每极下线圈边数大于 8 时，感应电动势脉动可小于 1%，如图 25-6 所示。

可见，直流发电机实质上是带换向器的交流发电机，单个线圈内感应电动势为交流电，电刷间为直流电动势，线圈中感应电动势与电流方向一致，电磁转矩为制动性质，这就是直流发电机的工作原理。

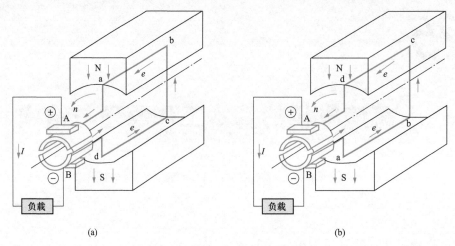

(a)   (b)

图 25-2　直流发电机的工作原理

（a）导体 ab 在 N 极下；（b）导体 cd 在 N 极下

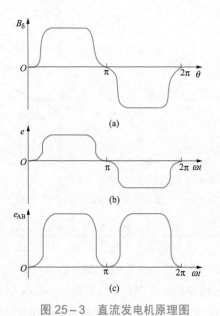

(a)

(b)

(c)

图 25-3　直流发电机原理图

（a）气隙磁场的分部波形；（b）线圈导体电动势；（c）电刷间的电动势

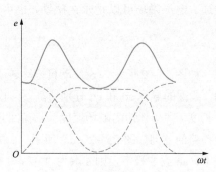

图 25-4　两线圈串联的合成电动势

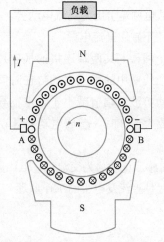

图 25-5　电枢绕组的导体数增加图

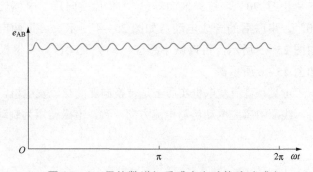

图 25-6　导体数增加后感应电动势脉动减小

25.1.3   直流电动机的工作原理

对直流发电机，如果去掉原动机，并给两个电刷加上直流电源，如图 25−7（a）所示，则有直流电流从电刷 A 流入，通过换向片 1，经过线圈 abcd，再通过换向片 2 从电刷 B 流出，根据电磁感应定律，载流导体 ab 和 cd 受到电磁力的作用，其方向由左手定则判定，两段导体受到的力形成了一个转矩，使得转子逆时针转动。如果转子旋转半周，转到图 25−7（b）所示的位置，电刷 A 和换向片 2 接触，电刷 B 和换向片 1 接触，直流电流从电刷 A 流入，在线圈中的流动方向是 dcba，从电刷 B 流出。此时载流导体 ab 和 cd 受到电磁力的作用方向同样由左手定则判定，导体 ab 和 cd 电流的方向发生变化了，但是产生的转矩的方向仍旧不变，使得转子继续逆时针转动，这就是直流电动机的工作原理。外加的电源是直流的，但由于电刷和换向片的作用，使得线圈中流过的电流是交变的，并且产生的电磁转矩的方向保持不变，以拖动机械负载。

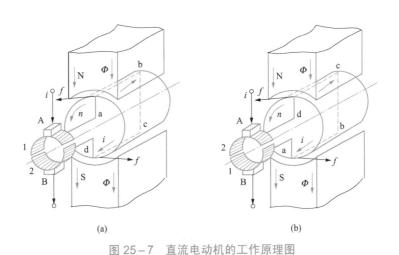

图 25−7   直流电动机的工作原理图
（a）导体 ab 处于 N 极下；（b）导体 ab 处于 S 极下

一台直流电机原则上既可以作为电动机运行，也可以作为发电机运行，只是外界条件不同而已。如果用原动机拖动电枢恒速旋转，就可以从电刷端引出直流电动势而作为直流电源；如果在电刷端外加直流电压，则电机就可以带动轴上的机械负载旋转，从而把电能转变成机械能。

25.2   直流电机的基本结构

直流电机由定子和转子两大部分组成，如图 25−8 所示为直流电机结构示意图，如图 25−9 所示为直流电机的横剖面截面示意图。直流电机运行时静止不动的部分称为定子，定子的主要作用是产生磁场。运行时转动的部分称为转子，其主要作用是产生感应电动势和电磁转矩，是直流电机进行能量转换的枢纽，所以通常又称为电枢。

25.2.1   定子部分

定子主要有主磁极、机座、换向极、端盖和电刷装置等部件组成，如图 25−10 所示。

1. 主磁极

主磁极（main pole）的作用是建立主磁场，并使电枢表面的气隙磁通密度按一定波形沿空间分布。主磁极由主磁极铁心和套装在铁心上的励磁绕组构成，如图 25−11 所示。主磁极铁心靠近转子一端的扩大的部分称为极靴，它的作用是使气隙磁阻减小，以改善主磁极磁场分布，并使励磁绕组容易固定。为了减少转子转动时

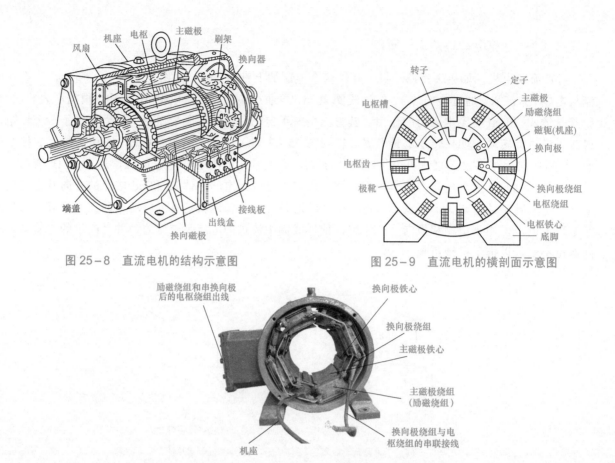

图 25-8　直流电机的结构示意图

图 25-9　直流电机的横剖面示意图

图 25-10　直流电机定子

由于齿槽移动引起的铁耗，主磁极铁心采用 1～1.5mm 的低碳钢板冲压一定形状叠装固定而成。主磁极上装有励磁绕组，整个主磁极用螺杆固定在机座上。主磁极的个数一定是偶数，励磁绕组的连接必须使得相邻主磁极的极性按 N、S 极交替出现。

大功率直流电机在极靴上开槽，槽内嵌放补偿绕组，与电枢绕组串联，用以抵消极靴范围内的电枢反应磁动势，从而减小气隙磁场的畸变，改善换向，提高电机运行可靠性。

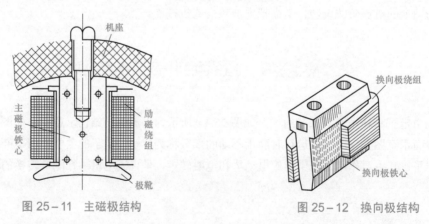

图 25-11　主磁极结构

图 25-12　换向极结构

2. 机座

电机定子的外壳称为机座（frame），机座的作用有两个：一是用来固定主磁极、换向极和端盖，并对整个电机起支撑和固定作用；二是机座本身也是磁路的一部分，借以构成磁极之间磁通的通路，磁通通过的部分称为磁轭。为保证机座具有足够的机械强度和良好的导磁性能，一般为铸钢件或由钢板焊接而成。

3. 换向极

换向极（commutating pole）是安装在两相邻主磁极之间的一个小磁极，它的作用是改善直流电机的换向情况，使电机运行时不产生有害的火花。换向极结构和主磁极类似，是由换向极铁心和套在铁心上的换向极绕组构成，如图 25-12 所示，并用螺杆固定在机座上。换向极的个数一般与主磁极的极数相等，在功率很小的直流电机中，也有不装换向极的。换向极绕组在使用中经常是和电枢绕组相串联的，要流过较大的电流，因此其和主磁极的串励绕组一样，导线有较大的截面。

4. 端盖

端盖装在机座两端并通过端盖中的轴承支撑转子，将定转子连为一体，同时端盖对电机内部还起防护作用。

5. 电刷装置

电刷（electrical brush）装置是电枢电路的引出（或引入）装置，由电刷、刷握、刷辫和汇流条等部分组成，图 25-13 所示。电刷是石墨或金属石墨组成的导电块，放在刷握内用弹簧以一定的压力安放在换向器的表面，旋转时与换向器表面形成滑动接触。刷握用螺钉夹紧在刷辫上，每一刷辫上的一排电刷组成一个电刷组，同极性的各刷辫通过汇流条连在一起，再引到出线盒。刷辫装在可移动的刷辫座上，以便调整电刷的位置，其布置如图 25-14 所示。

25.2.2　转子部分

直流电机的转动部分称为转子，又称电枢。转子部分包括电枢铁心、电枢绕组、换向器、转轴、轴承、风扇等，如图 25-15 所示。

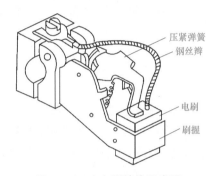

图 25-13　电刷结构示意图

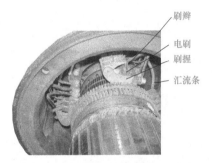

图 25-14　四极直流电机的电刷布置

1. 电枢铁心

电枢铁心（armature core）既是主磁路的组成部分，又是电枢绕组支撑部分，电枢绕组嵌放在电枢铁心的槽内。为减少电枢铁心内的涡流损耗，铁心一般用厚 0.5mm 且冲有齿、槽的型号为 DR530 或 DR510 的硅钢片叠压夹紧而成，如图 25-16 所示。小型电机的电枢铁心冲片直接压装在轴上，大型电机的电枢铁心冲片先压装在转子支架上，然后再将支架固定在轴上。为改善通风，冲片可沿轴向分成几段，以构成径向通风道。

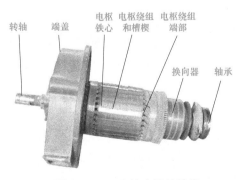

图 25-15　直流电机的转子

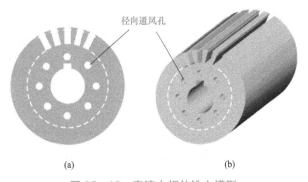

图 25-16　直流电枢的铁心模型
（a）电枢铁心冲片；（b）涂绝缘漆冲片叠压而成铁心

2. 电枢绕组

电枢绕组（armature winding）由一定数目的电枢线圈按一定的规律连接组成，是直流电机的电路部分，也是产生感应电动势和电磁转矩，进行机电能量转换的部件。线圈用绝缘的圆形或矩形截面的导线绕成，分上下两层嵌放在电枢铁心槽内，上下层之间以及线圈与电枢铁心之间都要妥善地绝缘，并用槽楔压紧，如图25-17所示。大型电机电枢绕组的端部通常紧扎在绕组支架上。

3. 换向器

换向器（commutator）是直流电机的关键部件之一，换向器由许多具有鸽尾形的换向片排成一个圆筒，其间用云母片绝缘，两端再用两个V形环夹紧而构成，如图25-18所示。每个电枢线圈首端和尾端的引线，分别焊入相应换向片的升高片内。小型电机常用塑料换向器，这种换向器用换向片排成圆筒，再通过热压制成。换向器和电刷是直流电机特有的，换向器与电刷配合在直流发电机中起整流作用，在直流电动机中起逆变作用。但这种结构也存在显著缺点：存在换向问题（火花，电磁干扰等）。可以通过无刷化——无刷直流电机解决。

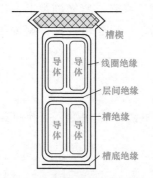

图 25-17　电枢线圈导体在槽内的布置

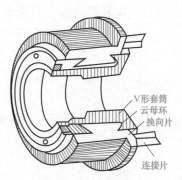

图 25-18　换向器

25.2.3　励磁方式

励磁方式是旋转电机中产生磁场的方式。这个磁场可以由永久磁铁产生，则称为永磁直流电机，由于受永磁材料性能的限制，利用永久磁铁建立的磁场比较弱，它主要用于小容量电机。但是随着新型永磁材料的出现，特别是高磁能积的稀土材料，如稀土钴、钕铁硼的出现，容量达百千瓦级的永磁电机已开始研制。现阶段磁场主要利用电磁铁在线圈中通电流来产生，电机中专门为产生磁场而设置的线圈组称为励磁绕组。励磁绕组的接线方式称为励磁方式，实质上就是励磁绕组和电枢绕组如何联接，就决定了它是什么样的励磁方式。如图25-19所示，以直流电动机为例有四种励磁方式。

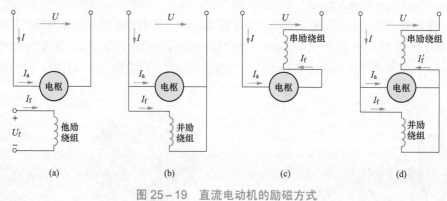

图 25-19　直流电动机的励磁方式
（a）他励；（b）并励；（c）串励；（d）复励

（1）他励直流电机

他励（separate excitation）电机的励磁电流是由另外的直流电源供给，如图25-19（a）所示，其特点是励磁电流 I_f 与电枢电压 U 及负载电流 I 无关。

（2）并励直流电机

并励（shunt excitation）电机的励磁绕组与电枢绕组并联，如图 25-19（b）所示，其特点是励磁电流 I_f

不仅与励磁回路电阻有关，还受电枢端电压 U 的影响。

（3）串励直流电机

串励（series excitation）电机的励磁绕组与电枢绕组串联，如图 25－19（c）所示，其特点是励磁电流 I_f 与电枢电流 I 相等，电枢电流变化，励磁电流就变化，串励电机极少采用。

（4）复励直流电机

复励（compound excitation）电机的励磁绕组即有并励绕组，又有串励绕组，串励绕组和并励绕组共同接在主极上，并励匝数较多，串励匝数较少，如图 25－19（d）所示，所以具有串励和并励电机的特点。若串、并励磁势方向相同为积复励（常用），若串、并励磁势方向相反为差复励。

25.3 直流电机的型号与额定值

25.3.1 国产直流电机的主要型号

国产电机型号一般采用大写的汉语拼音字母和阿拉伯数字表示，其格式为：第一部分用大写的拼音字母表示产品代号，第二部分用阿拉伯数字表示设计序号，第三部分用阿拉伯数字表示机座代号，第四部分用阿拉伯数字表示电枢铁心长度代号。直流电机型号包含电机的系列、机座号、铁心长度、设计次数、极数等。

如中小型直流电机的型号 Z4－112/2－1 的含义：Z 表示直流电动机，4 表示第四次系列设计，112 表示机座中心高，单位为 mm，2 表示极数，1 是电枢铁心长度代号。

1. Z 系列

Z 系列是普通中小型直流电机。例如："Z2－72"表示直流电动机、第二次改进设计型，"7"表示机座号，7 后面的 2 表示长铁心（2 号表示长铁心，1 号表示短铁心）。该系列直流电机有发电机、调压发电机、电动机等，其工作方式为连续的，电机仅用于正常的使用条件，即非湿热地区、非多尘或无有害气体场所以及非严重过载或无冲击性过载要求的情况下。该系列容量范围为 0.4～220kW，采用 E 级或 B 级绝缘。新设计的 Z4 系列电动机，可以取代 Z2、Z3 系列直流电动机。

2. ZZJ 系列

ZZJ 系列是一种冶金起重辅助传动直流电动机，适用于轧钢机、起重机、升降机、电铲等。该系列电动机的转动惯量低、过载能力大，反应速度快，因而能经受快速而频繁的启动、制动与反转。

其他系列的直流电机型号，比如 SZ 系列直流伺服电机、ZYT 系列直流永磁电机等，技术数据可从产品目录或相关的手册中查到。

25.3.2 直流电机的额定值

额定值是制造厂对各种电气设备（本章指直流电机）在指定工作条件下运行时所规定的一些量值。在额定状态下运行时，可以保证各电气设备长期可靠地工作，并具有优良的性能。额定值也是制造厂和用户进行产品设计或试验的依据。额定值通常标在各电气设备的铭牌上，故又叫铭牌值。直流电机的主要额定值如下。

1. 额定功率 P_N

额定功率指电机在铭牌规定的额定状态下运行时，电机的输出功率，以瓦（W）为单位。若大于 1000W 或 1 000 000W 时，则用千瓦（kW）或兆瓦（MW）表示。

对于直流发电机，P_N 指输出的电功率，等于额定电压和额定电流的乘积，即 $P_N = U_N I_N$。

对于直流电动机，P_N 指输出的机械功率，所以公式中还应有效率 η_N 存在，即 $P_N = U_N I_N \eta_N$。

2. 额定电压 U_N

额定电压指额定状态下电枢出线端的电压，以伏（V）为单位。对于发电机的 U_N 指输出电压的额定值，

对于电动机的 U_N 指输入电压的额定值。

3. 额定电流 I_N

额定电流指电机在额定电压、额定功率时的电枢电流值，以安（A）为单位。对于发电机的 I_N 指输出电流的额定值；对于电动机的 I_N 指输入电流的额定值。

4. 额定转速 n_N

额定转速指额定状态下运行时转子的转速，以转/分（r/min）为单位。

5. 额定励磁电流 I_f

额定励磁电流指电机在额定状态时的励磁电流值。

6. 定额（工作制）

也就是电动机的工作方式，是指电动机在正常使用的持续时间。一般分为连续制（S1）、断续制（S2-S10）。

7. 绝缘等级

是指直流电机制造时所用绝缘材料的耐热等级。一般有 B 级、F 级、H 级和 C 级。

8. 额定温升

指电机在额定工况下运行时，电机所允许的工作温度减去绕组环境温度的数值。单位为 K。

在实际运行时，电机各物理量在额定值时的运行，称为额定运行状态。电机处于额定运行状态，性能良好，工作可靠。当电机电流小于额定电流运行时，称为欠载运行，电机长期欠载，效率不高，造成浪费；当电机电流大于额定电流运行时，称为过载运行，长期过载，会使电机过热，降低使用寿命甚至损坏电机。所以额定值是选择电机的依据，应根据实际使用情况，合理选择电机容量，使电机工作在额定运行状态。

【例 25-1】已知一台直流发电机的部分额定数据：$P_N=180kW$，$U_N=230V$，$\eta_N=89.5\%$，试求额定输入功率 P_{1N} 和额定电流 I_N。

解：额定输入功率为

$$P_{1N}=P_N/\eta_N=180/0.895=201.12（kW）$$

额定电流为

$$I_N=P_N/U_N=180\times10^3/230=782.61（A）$$

【例 25-2】已知一台直流电动机的部分额定数据：$P_N=100kW$，$U_N=220V$，$\eta_N=89\%$，试求额定输入功率 P_{1N} 和额定电流 I_N。

解：额定输入功率为

$$P_{1N}=P_N/\eta_N=100/0.89=112.36（kW）$$

额定电流为

$$I_N=P_{1N}/U_N=112.36\times10^3/220=510.73（A）$$

或

$$I_N=P_N/(\eta_N U_N)=100\times10^3/(0.89\times220)=510.73（A）$$

25.4 直流电机的电枢绕组

电枢绕组是直流电机的电磁感应的关键部件之一，是直流电机的电路部分，亦是实现机电能量转换的枢纽，它由若干绕组元件和换向器组成。设计制造电枢绕组的基本要求有：能产生尽可能大的感应电动势，并有良好的波形；能通过足够大的电枢电流，以产生所需的电磁转矩和电磁功率；应保证良好的换向；此外，还要节省有色金属和绝缘材料，结构简单，运行可靠等。

电枢绕组可分为环形和鼓形，环形绕组只曾在原始电机用过，现代直流电机均用鼓形绕组，分为叠绕、波绕和蛙绕三种绕组。鼓形绕组比环形绕组制造容易，又节省导线，运行可靠、经济性好、技术优势突出。

下面只介绍最简单的单叠（simplex lap winding）和单波绕组（simplex wave winding），如图 25-20 所示为

单匝和两匝的单叠和单波绕组。

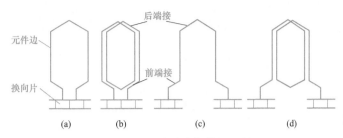

图 25－20　直流电枢绕组元件

（a）单匝叠绕组元件；（b）两匝叠绕组元件；（c）单匝波绕组元件；（d）两单匝波绕组元件

1. 直流电枢绕组的特点

直流电枢绕组一般做成双层，它是由结构相同的绕组元件（简称元件）构成。每个元件有两个放在槽中切割磁力线而感应电动势的有效边，称为元件边。元件在槽外的部分（电枢铁心的两端）一般只作为联结引线，称为端接（或端部），联结换向器的端接称为前端接，则另一端接称为后端接。元件的两个引线头可分别称为元件的头和尾。为了便于元件在电枢槽内的嵌放，应当使每一个元件的一个有效边在下层边，称下元件边，另一个有效边在上层边，称上元件边，如图 25－21 所示。元件的头尾接在不同的换向片上，元件按上层边编号，槽号与元件的上层边编号一致，与上层边相连的换向片的编号与上层边的编号也一致，如图 25－22 所示。

直流电枢绕组的一个主要特征是闭路绕组，相邻元件的头和尾相联，每一头尾节点与一个换向片相联，在闭路内部电动势相量和为零，故不产生环流。

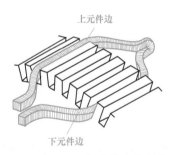

图 25－21　元件在槽内的嵌放

图 25－22　槽、换向片与线圈编号配合

为了改善电机的性能，获得尽可能大的感应电动势和电磁转矩，希望较多的元件组成绕组，但由于工艺，电枢铁心开槽数有限，而且要产生足够强的气隙磁场，铁心表面也不能开太多的槽，只能是尽可能在每个槽的上、下层多放几个元件边，如图 25－23 所示，每槽每层的元件边数为 μ，把每层中的一个元件边定义为一个虚槽，则每个实槽中有 μ 个虚槽，设 Z 为实槽数，Z_μ 为虚槽数，则

$$Z_\mu = \mu Z \qquad\qquad (25-1)$$

因为每一个元件有两个元件边，而每一片换向片同时接有一个上元件边和一个下元件边，所以元件数 S 一定与换向片数 K 相等；又由于每个虚槽也包括上、下层两个元件边，即虚槽数也与元件数相等，即

$$S = K = Z_\mu \qquad\qquad (25-2)$$

2. 绕组节距

电枢绕组的连接规律是通过绕组的节距来实现的，直流电枢绕组的节距有第一节距 y_1、合成节距 y、换向节距 y_k 和第二节距 y_2 四种，如图 25－24 所示为单叠绕组的节距。

（1）第一节距 y_1。第一节距 y_1 定义为同一元件的两有效边在电枢表面的跨距，一般多用跨过的虚槽表示，为得到较大的感应电动势和电磁转矩，节距 y_1 最好等于或者接近于一个极矩 τ，则

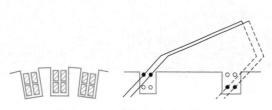

图 25-23　槽内元件的放置 $\mu=2$

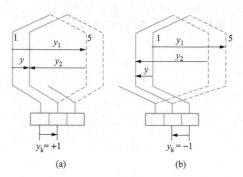

图 25-24　单叠绕组的节距
（a）单叠右行；（b）单叠左行

$$\tau=\frac{\mu Z}{2p} \tag{25-3}$$

$y_1=\tau$ 时称为整矩绕组，$y_1>\tau$ 时称为长矩绕组，$y_1<\tau$ 时称为短矩绕组。短矩绕组端接较短，用铜量较少，故应用较广。y_1 一定要为整数，否则无法嵌线，若 y_1 不是整数则取

$$\tau=\frac{\mu Z}{2p}\mp\varepsilon=整数 \tag{25-4}$$

式中：ε 为小于 1 的分数，用来把 y_1 凑成整数。

（2）第二节距 y_2。第二节距 y_2 为与同一换向片相连的两个元件中第一个元件下层边到第二个的元件上层边在电枢表面的距离。对于叠绕 y_2 取负值，对于波绕 y_2 取正值。

（3）合成节距 y。合成节距 y 为相串连的两元件对应边在电枢表面的距离。其大小也用虚槽数表示，合成节距表示每串联一个元件后绕组在电枢表面前进或后退多少虚槽数，不同类型绕组的差别主要表现在合成节距上，有

$$y=y_1+y_2 \tag{25-5}$$

（4）换向节距 y_k。换向节距 y_k 为一个元件的首尾端在换向器上的距离，用换向片片数表示，合成节距与换向片节距在数值上总是相等，即

$$y=y_k \tag{25-6}$$

3. 单叠绕组

单叠绕组又称并联绕组，从外形上看元件依次重叠放置，单叠绕组的特点是合成节距和换向节距都等于 ±1，即 $y=y_k=\pm1$，下面举例说明单叠绕组的连接方法，包括单叠绕组连接规律的节距、绕组展开图、并联支路图。

【例 25-3】 已知直流电机 $2p=4$，$S=K=Z_\mu=16$，试绕制一单叠右行整距绕组。

解：（1）单叠绕组的节距与连接顺序。

单叠右行为　　　　　　　　　　　　$y=y_k=1$

虚槽数为　　　　　　　　　　　　　$\mu=1$

整距为　　　　　　　　　　　$y_1=\dfrac{Z_\mu}{2p}=\dfrac{16}{4}=4$

第二节距为　　　　　　　　　　　$y_2=y-y_1=3$

为了画绕组展开图，可先编制一绕线顺序表，用来表示各元件边的串联顺序，见表 25-1，根据元件上层边编号与槽编号相同，下层边的编号用对应编号加撇表示，上层边与下层边相连用实线连接，两元件通过换向片相连用虚线表示。

单叠绕组在接线时，先将绕组元件、槽及换向片编号，从第 1 号换向片出发，接 1 号元件上层边，往后跨过 $y_1=4$ 槽接 5 号下层元件边 5′，至前接 2 号换向片；从 2 号换向片接 2 号元件上层边，依次循环，组成一个闭合绕组。

表 25-1   单叠绕组的连接顺序

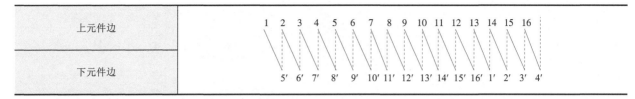

上元件边	1 2 3 4 5 6 7 8 9 10 11 12 13 14 15 16
下元件边	5' 6' 7' 8' 9' 10' 11' 12' 13' 14' 15' 16' 1' 2' 3' 4'

（2）绕组展开图。绕组展开图如图 25-25 所示，假设把电枢从某一齿中心沿轴线切开并展开成一带状平面，上层边用实线表示，下层边用虚线表示，磁极放在绕组的上面，设 N 极的磁力线进入纸面，各磁极在圆周上的位置必须是均匀对称，左上方箭头为电枢的旋转方向，元件边的箭头表示根据右手定则确定的感应电动势的方向，由此可得电刷位置的正负如图 25-25 所示。

相邻两主磁极的中心线称为电枢的几何中性线，基本特征是电枢空载时此处的径向磁场为零，故位于几何中性线上的元件边的感应电动势为零，如图 25-25 中的元件 1、5、9、13 中的元件边。

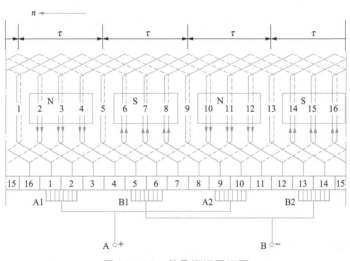

图 25-25   单叠绕组展开图

对于端接对称的绕组，元件的轴线应画为与所接的两片换向片的中心线重合。如图 25-25 中元件 1 接换向片 1、2，而元件的轴线为槽 3 中心线，故换向片 1、2 的分隔线与槽 3 的中心线重合，换向器的大小应画得与电枢表面的槽距一致。根据连接可以完成展开图的绘制。

（3）电刷的放置。单叠绕组的电路图如图 25-26 所示，图中把每个元件用一个线圈表示，并用箭头表示元件中的感应电动势方向，全部元件串联构成一个闭合回路，其中元件 1、5、9 和 13 在图中瞬间感应电动势为零。这四个元件把回路分成了四段，每段串联三个电动势方向相同的元件。由于对称关系，这四段电路中的感应电动势大小相等，方向两两相反，所以整个闭合回路电动势刚好为零，电枢绕组内部不会产生环流。

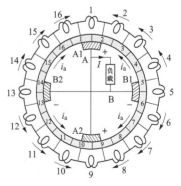

图 25-26   单叠绕组电路图

如果在电动势为零的元件 1、5、9 和 13 所连接的换向片间依次放置电刷 A1、B1、A2、B2，并且空间位置固定，则不管电枢和换向器转到什么位置，电刷 A1、A2 的电位恒为正，电刷 B1、B2 的电位恒为负。正、负电刷是电枢绕组支路的并联点，二者之间的电动势最大。如果电刷偏离图 25-27 所示的位置一个换向片，那么每段电路串联的四个元件中，只有两个电动势同方向，另外一个电动势为零，一个被短接，显然正、负电刷间的电动势减小了；同时被电刷短接的元件电动势不为零，会产生短路，造成不良后果，如恶化换向、增加损耗，严重时损坏元件。

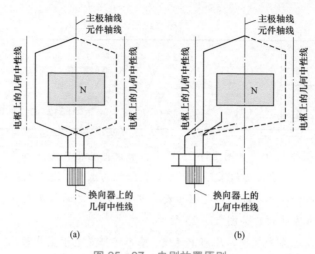

图 25-27　电刷放置原则

（a）对称端接元件；（b）不对称端接元件

因此，电刷放置的一般原则是确保空载时通过正、负电刷引出的电动势最大，或者说，被电刷短路的元件中的电动势为零。对于端接对称的元件，电刷也就放置在主极轴线下的换向片上，如图 25-27（a）所示。对于端接不对称的元件，电刷应移过与换向器轴线偏离主极轴线相同的角度，即电刷与换向器的几何中性线要保持重合。所谓换向器的几何中性线是指电动势为零的元件所接两换向片间的中心线，如图 25-27（b）所示，所以电刷固定放在换向器的几何中性线上。

（4）绕组的并联支路。如图 25-26 中 4 极单叠绕组，经 B 到 A，有四条支路并联接上负载。当电枢旋转时，虽然各元件的位置随之移动，构成各支路的元件循环替换，但任意瞬间，每个主极下的串联元件总是构成一条电动势方向的支路，总的并联支路数不变，即等于主磁极数，在直流电机中，通常用 a 表示并联支路对数，则单叠绕组为

$$a = p \quad 或 \quad 2a = 2p \tag{25-7}$$

所以单叠绕组并联支路数恒等于电机极数。

4. 单波绕组

单波绕组的特点是将同极下的各元件，按一定规律串联起来形成一条支路。这种绕组串联的元件相隔约两个极距，即 $y = K/p \approx 2\tau$，元件的第一节距与单叠绕组一样，要求接近于极距 $y_1 \approx 2\tau$（见图 25-28），单波绕组的换向节距为

$$y_k = y = \frac{K \mp 1}{p} = 整数 \tag{25-8}$$

式中若取负号，称为单波左行；若取正号，称为单波右行，右行绕组的前端接部分交叉，且端接线较长，故常采用左行绕组。

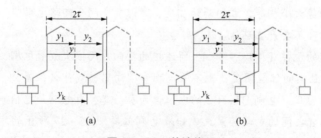

图 25-28　单波绕组

（a）单波左行；（b）单波右行

下面举例说明单波绕组的连接方法和特点。

【例 25-4】已知直流电机 $2p = 4$，$S = K = Z_\mu = 15$，试绕制一单波左行整距绕组。

解：（1）单波绕组的节距与连接顺序。

单波左行为

$$y = y_k = \frac{K-1}{p} = \frac{15-1}{2} = 7$$

虚槽数为

$$\mu = 1$$

短距为

$$y_1 = Z_\mu/2p - \varepsilon = 3$$

第二节距为

$$y_2 = y - y_1 = 7 - 4 = 3$$

据此元件的连接次序如图 25−29 所示，从第 1 号换向片出发接 1 号元件上层边 1，往后跨过 $y_1 = 3$ 槽接 4 号下层元件边 4′，至前接 $1 + y_k = 1 + 7 = 8$ 号换向片；再接 2 号元件上层边，依次循环，组成一个闭合绕组。

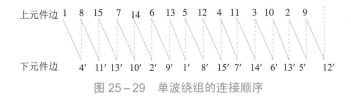

图 25−29　单波绕组的连接顺序

（2）绕组展开图。根据连接次序表可画出展开图，如图 25−30 所示，第一个元件的上层边接换向片 1，其下层边接到换向片 8，要使其端接线对称：每一元件所接的换向片如 1 和 8，对称地位于该元件轴线的左右两边，即两换向片的中心线与元件轴线重合，因此，电刷也必须就放在主极轴线下的换向片上。

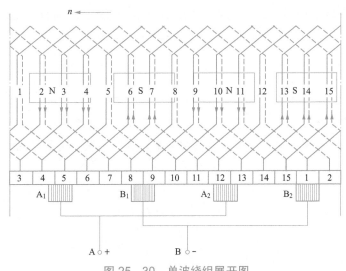

图 25−30　单波绕组展开图

（3）电刷位置。单叠绕组电刷固定放在换向器的几何中性线上，这也适合于单波绕组。为此把"换向器的几何中性线"的意义扩充：当元件轴线与主极轴线重合时，该元件所接两换向片之间的中心线即换向器的几何中性线。其物理意义仍是：当电刷几何中心线与几何中性线重合时，被电刷短路的元件中的电动势为零。对于端接对称的绕组，无论是叠绕还是波绕，由于换向器的几何中性线总是与主极轴线重合，因此，电刷就应该放在主极轴线下的换向片上。

（4）绕组的并联支路。如图 25−31 所示，4 极单波绕组的电路连接图，可更清楚地看出所有元件的连接次序、电动势分布和电刷的位置。图中可见，全部元件并联成两条支路，每条支路串联着六个同方向的电动势的元件，一路为元件 8、15、7、14、6、13 相串联，这些元件的上元件边位于 S 极下面；另一路为元件 2、10、

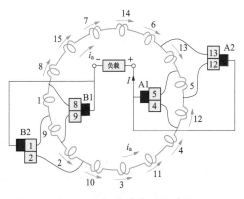

图 25−31　单波绕组电路图

3、11、4、12相串联，这些元件的上元件边位于N极下面，使支路电动势最大且相等。当电枢旋转时，各元件的位置虽然随时间变化，构成支路的串联元件也会交替变化，但从电刷侧看，同极下的所有元件串联成一条支路，即两条并联支路的结构始终保持不变。也就是说，单波绕组的并联支路数与主极数无关，只有两条并联支路，即

$$a=1 \quad 或 \quad 2a=2 \qquad\qquad (25-9)$$

由于单波绕组只有两条并联支路，理论上只需两组电刷，一组正电刷和一组负电刷即可，这样并不影响支路数和刷间电动势的大小。但当电枢电流一定时，电刷组少则每组电刷的电流密度将增大，同时增加了换向器的长度，费铜多，故一般仍安装与极数相等的电刷组数，称为全额电刷。

单波绕组的特点有以下两点。

（1）同极性下各元件串联起来组成一个支路，并联支路数$a=1$与极对数p无关。

（2）当元件的几何形状对称时，电刷在换向器表面上的位置在磁极中心线，正负电刷间感应电动势最大。

直流电机的电枢绕组除单叠、单波两种基本形式外，还有复叠、复波以及混合绕组等。

 本章小结

1. 直流发电机的工作原理

原动机拖动电枢旋转，线圈边切割磁力线产生感应电势，电动势方向据右手定则确定。由于电枢连续旋转，线圈边交替地切割N极、S极下的磁感线，每个线圈边和整个线圈中的感应电动势的方向是交变的。但由于电刷和换向器的作用，使得接触切割N极磁力线的线圈边的电动势电刷始终具有正极性；而切割S极磁力线的线圈边的电动势电刷始终具有负极性，从而电刷两端电动势是直流，这就是直流发电机的工作原理。

2. 直流电动机的工作原理

在电机的两电刷端加上直流电压，由于电刷和换向器的作用将电能引入电枢线圈中，并保证同一个极下线圈边中的电流始终是一个方向，继而保证了该极下线圈边所受的电磁力方向不变，保证了电动机能连续地旋转，以实现将电能转换成机械能拖动生产机械，这是直流电动机的工作原理。

 思考题及习题

25-1　直流发电机的工作原理是什么？

25-2　直流电机的可逆性原理如何描述？

25-3　在直流电机中换向器-电刷的作用是什么？

25-4　直流电动机的工作原理是什么？

25-5　直流电枢绕组元件内的电动势和电流是直流还是交流？若是交流，那么为什么计算稳态电动势时不考虑元件的电感？

25-6　为什么直流电机能发出直流电？如果没有换向器，直流电机能不能发出直流电流？

25-7　直流电机的主要结构是什么？基本结构由哪些主要部件组成？直流发电机和直流电动机的换向结构各起什么作用？

25-8　在直流电机中，为什么每根导体的感应电动势为交流，而由电刷引出的电动势却为直流？换向器的作用是什么？

25-9　直流电机电枢绕组型式由什么决定？

25-10　直流电机电枢绕组为什么必须是闭合的？

25-11　直流电机电刷放置原则是什么？

25-12　换向极起什么作用？

25-13   已知一台四极的直流发电机，电枢绕组是单绕组，如果在运行时去掉一个刷杆或去掉相邻的两个刷杆，问对这台电机有何影响？若这台电机的电枢绕组是单波绕组情况又将如何？

25-14   单叠绕组和单波绕组在节距和并联支路上的主要区别是什么？

25-15   已知直流电机的极对数 $p=2$，槽数 $Z=22$，元件数 S 及换向片数 K 都等于 22，连成单叠绕组。

（1）试计算绕组各节距；

（2）试画出绕组展开图、磁极及电刷的位置；

（3）试求并联支路数。

25-16   已知直流电机的数据为 $p=2$，$Z=S=K=19$，连成单波绕组。

（1）试计算各节距；

（2）试画出绕组展开图、磁极及电刷的位置；

（3）试求并联支路数。

25-17   直流电机的励磁方式有哪几种？每种励磁方式的励磁电流或励磁电压与电枢电流或电枢电压有怎样的关系？

25-18   试说明直流发电机与直流电动机额定功率的定义及其差别。

25-19   一台直流发电机，其额定功率 $P_N=7.5kW$，$U_N=230V$，$n_N=750r/min$，试求该发电机的额定电流。

25-20   一台直流电动机，其额定功率 $P_N=160kW$，$U_N=220V$，$n_N=1500r/min$，额定效率 $\eta_N=90\%$，试求该发电机的额定电流。

25-21   根据换向的电磁理论，如何得到直线换向？直线换向时电刷下的火花情况如何？什么是延迟换向？延迟换向严重时电刷下有没有火花出现？

26

直流电机的运行原理

本章主要分析直流电机的空载和负载运行时的电磁关系以及稳定运行时直流电机的基本方程式。为了叙述方便，多数场合以发电机作为分析对象，但基本原理和分析方法对电动机同样适用。

26.1 直流电机空载运行时的磁动势与磁场

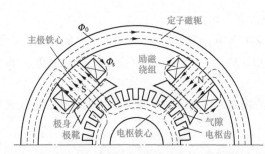

图 26-1 一台四机直流电机主磁极磁路

直流发电机空载是指输出电流为零，即电枢电流为零。直流电动机空载是指电动机轴上没带机械负载，无机械功率输出，电枢电流很小可忽略。此时电机内部的磁动势只有励磁绕组通过直流电流产生的磁动势，励磁磁动势产生的磁场叫空载磁场或主磁场。一台四极直流电机空载磁场的分布如图 26-1 所示（图中只画了一半）。

1. 主磁通和漏磁通

当励磁绕组通以励磁电流时，产生的磁通大部分由 N 极出来，经气隙进入电枢齿，通过电枢铁心的磁轭（电枢磁轭）到 S 极下的电枢齿，又通过气隙回到定子的 S 极，再经机座（定子磁轭）形成闭合回路。这部分同时与励磁绕组和电枢绕组交链的磁通称为主磁通，用 Φ_0 表示。主磁通经过的路径称为主磁路。显然，主磁路由主磁极、气隙、电枢齿、电枢磁轭和定子磁轭五部分组成。另有一部分磁通不通过气隙，直接经过相邻磁极或定子磁轭形成闭合回路，这部分仅与励磁绕组匝链的磁通称为漏磁通，用 Φ_σ 表示。漏磁通路径主要为空气，磁阻很大，所以漏磁通的数量低于主磁通的 20%。

2. 空载气隙磁通密度分布曲线

如果不考虑电枢表面齿槽效应，假设电枢表面是光滑的。主磁极的励磁磁动势主要消耗在气隙中，当忽略主磁路中铁磁性材料的磁阻时，根据磁路欧姆定律可知气隙磁密反比于气隙长度，即有 $B_\delta(x) \propto \dfrac{1}{\delta}$。主磁极下气隙磁通密度的分布取决于气隙 δ 的大小。一般情况下，磁极极靴 b' 宽度约为极距 τ 的 75% 左右，如图 26-2 所示。磁极中心及其附近，气隙 δ 较小且均匀不变，则磁通密度较大且基本为常数；靠近磁极两边极尖处，气隙逐渐变大，磁通密度减小；超出极尖以外，气隙明显增大，磁通密度显著减小；在磁极之间的几何中心线处，气隙磁通密度为零。所以空载气隙磁通密度的分布为一帽形的平顶波，如图 26-2 所示 B_δ。

3. 直流电机的空载磁化特性

直流电机运行时，要求气隙磁场每个极下有一定数量的主磁通，称为每极磁通 Φ，当励磁绕组的匝数 N_f 一定时，每极磁通 Φ 的大小主要取决于励磁电流 I_f。空载时每极磁通 Φ_0 与空载励磁电流 I_{f0}（或空载励磁磁动势 $F_{f0} = N_f I_{f0}$）的关系，即 $\Phi_0 = f(F_{f0})$ 或 $\Phi_0 = f(I_{f0})$ 称为直流电机的空载磁化特性。由于构成主磁路的五部分当中有四部分是铁磁性材料，铁磁磁性材料磁化时的 $B-H$ 曲线有饱和现象，是非线性的，所以空载磁化特性 $\Phi_0 = f(F_{f0})$ 或 $\Phi_0 = f(I_{f0})$ 在励磁磁动势或励磁电流较大时也出现饱和，如图 26-3 所示。为充分利用铁磁性材料，又不至于使磁路过分饱和，电机的工作点一般选在磁化特性开始弯曲的线段上，即磁路开始饱和的地方（见图 26-3 中 A 点附近）。

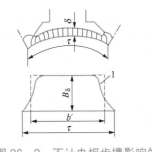

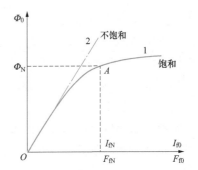

图 26-2 不计电枢齿槽影响的
主磁场磁密分部曲线

图 26-3 直流电机的空载磁化曲线
1—空载曲线；2—气隙线

26.2 直流电机负载运行时电枢磁动势与磁场

直流电机空载运行时，气隙中仅有主极磁动势 F_{f0} 建立的气隙磁场，其分布如图 26-4 所示，它对称于主极轴线。当带负载运行时，电枢绕组中有电流流过，产生电枢磁动势，建立电枢磁场，如图 26-5 所示。主极磁动势和电枢磁动势共同作用建立负载时的气隙磁场。由此可知，在直流电机中，由空载到负载，其气隙磁场是变化的，这表明电枢磁场对气隙磁场有影响，所以必须先分析电枢磁动势与磁场分布。在直流电机中，不论电枢绕组是哪种型式，各支路电流都是通过电刷引入或引出，因此电刷是电枢绕组电流的分界线。下面分析电刷在几何中性线和不在几何中性线两种情况的电枢磁动势流动和磁场情况。

26.2.1 电刷在几何中性线上时的电枢磁动势与磁场

1. 电枢磁场分布

由于电刷和换向器的作用，尽管电枢是旋转的，但是每极下元件边中的电流方向是不变的，因此电枢磁动势以及由它建立的电枢磁场是固定不动的。假设电刷位于几何中性线上，若电枢上半周的电流为流出，下半周为流入，根据右手螺旋定则，该电枢磁动势建立的磁场如图 26-5 虚线所示。从图 26-5 可见，电枢磁动势的轴线总是与电刷轴线重合，并与励磁磁动势产生的主磁场轴线相互垂直。与主极轴线正交的轴线通常称为交轴，与主极轴线重合的轴线称为直轴，所以当电刷位于几何中性线上时，电枢磁动势为交轴电枢磁动势。

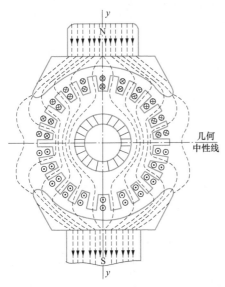

图 26-4 主磁场的分布

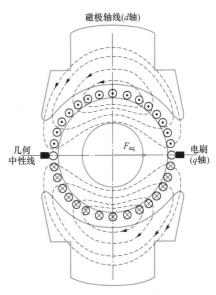

图 26-5 电刷在几何中性线的电枢磁场

2. 电枢磁动势沿电枢表面分布

由于电刷和换向器的作用，尽管电枢是旋转的，但是每极下元件边中的电流方向是不变的，因此电枢磁动势以及由它建立的电枢磁场位置是固定的。电枢磁场的轴线总是与电刷轴线重合，并与励磁磁动势产生的主磁场轴线相互垂直。 现在研究电枢磁动势的大小和电枢磁场的磁密沿电枢表面分布的情况。首先讨论一个元件所产生的电枢磁动势。

以单叠绕组为例，电枢绕组的每一个线圈大小和匝数相同，流过的电流是直流，大小相等，所以每个线圈产生的磁动势在展开图中都是幅值相同的矩形波，如图 26-6（a）是其中一个线圈产生的磁动势矩形波，图 26-6（b）为其中三个线圈产生的磁动势分布波，图 26-6（c）为三个线圈产生的磁动势波的合成阶梯分布波，图 26-6（d）为电枢绕组的产生的磁动势合成，如果组成电枢绕组的线圈无线增多，则电枢合成磁动势就如图 26-6（e）。可见电刷在几何中线上时，直流电机的电枢磁动势是幅值固定的空间分布波，只是空间的函数，如沿电枢分布的线圈无限增多，则阶梯形波将趋近于三角形波，三角波的幅值在电刷所在的交轴上，所以又称交轴电枢磁动势，如图 26-6（e）中的分布形状。

3. 电枢磁场的磁密沿电枢表面分布

根据电枢圆周各点气隙的磁路长度，可求得电枢磁场沿气隙的磁密 $B_a(x)$。设电枢绕组的总匝数为 N，元件数为 S，极对数为 p，极距为 τ，电枢直径为 D_a，每元件匝数为 N_y，则 $N=2SN_y$，阶梯数为 $S/2p$，电枢表面单位周长上的匝数 $A=Ni_a/\pi D_a$，称为线负荷，阶梯波幅值为 $F_{ax}=i_a N_y S/2p=Ni_a/4p=Ni_a\tau/\,2\pi D_a=A\tau/2$。

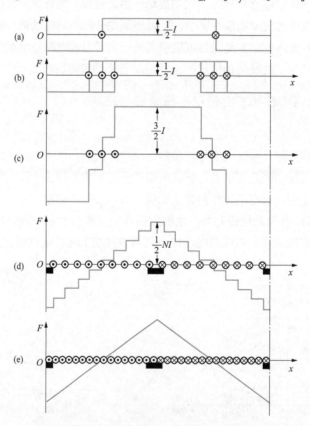

图 26-6　电枢磁动势的叠加过程
（a）一个线圈产生的磁动势矩形波；（b）三个线圈产生的磁动势分布波；（c）三个线圈合成阶梯分布波磁动势；
（d）电枢绕组的产生的磁动势合成；（e）电枢线圈无线多时电枢磁动势波

若忽略铁磁材料中的磁压降，则电枢磁场沿电枢表面的分布曲线为 $B_a(x)=\mu_0 F_a(x)/\delta$。其中 μ_0 是指真空中的磁导率，$\mu_0=4\pi\times10^{-7}\,\mathrm{T\cdot m/A}$。所以 $B_a(x)$ 与 F_{ax} 成正比，$B_a(x)$ 与 δ 成反比。如果气隙是均匀的，即 δ 为常数，则在极靴范围内，磁密分布也是一条直线。但在两极极靴之间的空间内，因气隙长度大为增加，磁阻急剧增加，虽然此处磁动势较大，磁密却减小，因此磁密分布曲线是马鞍形，如图 26-7 所示的 $B_a(x)$ 分布形状。

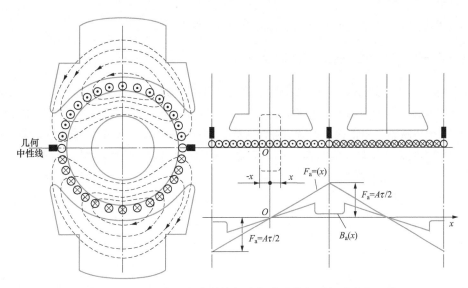

图 26-7 电刷在几何中性线的电枢磁动势与磁场分布展开图

26.6.2 电刷不在几何中性线上电枢磁动势

由于电机装配或其他原因使电刷不在几何中线时，假设移过一个小角度 β，除了交轴电枢磁动势外，还会产生直轴电枢磁动势。

因电刷是电枢表面上电流分布的分界线，故电枢磁动势轴线也随之移动了 β 角度，如图 26-8（a）所示。为了分析方便，可以将其划分为两个分量，如图 26-8（b）和图 26-8（c）所示，在角度 2β 范围内的导体所产生的磁动势固定作用在直轴，称为直轴电枢 F_{ad}，其方向与主磁极极性相反。在角度 2β 范围以外的导体所产生的磁动势作用在交轴，称为交轴电枢 F_{aq}。

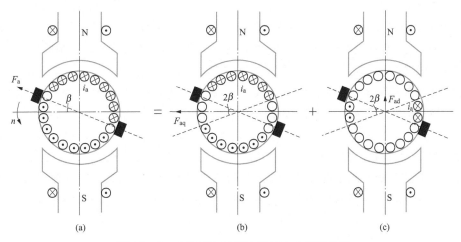

图 26-8 电刷不在几何中性线上电枢磁动势
（a）电枢磁动势；（b）磁动势的交轴分量；（c）磁动势的直轴分量

所以电刷在几何中性线上，只有交轴电枢磁动势 F_{aq}。电刷不在几何中性线上电枢磁动势，除了交轴磁动势 F_{aq} 外，还有直轴磁动势 F_{ad}。

26.3 直流电机的电枢反应

当电机带负载后，气隙磁场由主极磁动势和电枢磁动势二者共同建立，电枢磁动势的出现必然对空载时的主极磁场产生影响，使气隙磁密发生变化。电枢磁动势对主极气隙磁场的影响称为电枢反应。电枢反应对电机运行特性影响很大，下面根据电刷在不同位置的电枢磁场情况具体讨论。

26.3.1　电刷在几何中性线上的电枢反应

对同一台电机而言，若主磁极的极性不变，导体中的电流方向相同，作发电机或电动机运行时，电枢磁场对主磁场的作用相同，因而可用同一图来进行分析，如图26-9（a）所示，所不同的只是旋转方向相反。以直流电动机为例，把主磁场与电枢磁场合成，将合成磁场与主磁场比较，便可知道电枢反应的作用。如图26-9（b）所示，按磁力线方向与磁动势方向一致的原则，分别画出主磁场分布曲线 $B_0(x)$ 及电枢磁场分布曲线 $B_a(x)$ 的展开图。若磁路不饱和，可用迭加原理，将 $B_0(x)$ 和 $B_a(x)$ 沿电枢表面逐点相加，便得到负载时气隙内合成磁场分布曲线 $B_\delta(x)$，如图26-9所示。将 $B_\delta(x)$ 和 $B_0(x)$ 比较，可见电枢反应的性质。

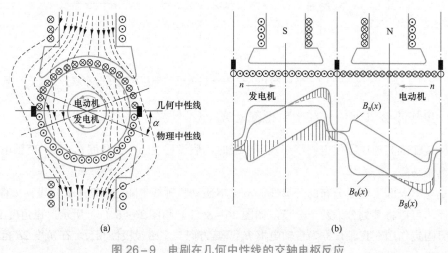

（a）　　　　　　　　　　　　　（b）

图26-9　电刷在几何中性线的交轴电枢反应

（a）气隙合成磁场；（b）交轴电枢磁场沿电枢表面分布

（1）使气隙磁场发生畸变。假设电枢旋转时先进入磁极的那个磁极尖称为前极尖，电枢离开磁极的那个磁极尖称为后极尖。电枢反应使气隙磁场发生畸变，对发电机而言是前极尖磁场被削弱，后极尖磁场被加强；对电动机而言是前极尖磁场被加强，后极尖磁场被削弱。

（2）使物理中性线偏移。气隙中各点磁通密度为零的点的连线称为物理中性线。直流电机空载时，几何中性线与物理中性线重合。负载时，物理中性线偏离几何中性线，对发电机而言是顺转向偏离；对电动机而言是逆转向偏离。

（3）当磁路饱和时有去磁作用。磁路未饱和时，气隙里的磁通密度 $B_\delta(x)$ 由励磁磁密 $B_0(x)$ 与电枢磁密的 $B_a(x)$ 叠加得到。磁路饱和时，要利用磁化曲线才能得到负载时的气隙磁通密度分布曲线，显然由于磁化曲线进入饱和点后具有饱和性，使负载时的气隙磁场比空载时的磁场要弱，如图26-8（b）虚线所示。

26.3.2　电刷不在几何中性线时的电枢反应

由于装配或换相的需要等原因，有时电刷会偏离几何中性线。电刷偏离几何中性线时，以电动机为例，设电刷逆旋转方向偏离 β 角，如图26-10所示，产生的电枢磁动势分量为 F_a，将 F_a 分解成交轴电枢磁动势分量 F_{aq} 和直轴电枢磁动势分量 F_{ad}，交轴电枢磁动势 F_{aq} 对主磁场的影响与26.3.1节电刷位于几何中性线的电枢反应情况一样。直轴电枢磁动势分量 F_{ad} 与主磁极轴线重合，方向相反，故有去磁作用；同理，当电刷顺电动机旋转方向偏离 β 角时，产生的直轴电枢磁动势分量 F_{ad} 有助磁作用。发电机与电动机情况相反。

26.3.3　电枢反应对直流电机运行的影响

（1）电枢反应的去磁作用将使每极磁通略有减少。直流电机的电刷正常情况下位于交轴，如26.3.1节所述，交轴电枢反应使主磁场一半极面下磁通增加，一半极面下磁通减小。考虑磁路的饱和，电枢反应略有去磁作用，去磁作用将使每极磁通略有减小，则会使直流发电机发出的电压有所降低，使电动机输出转矩有所减小。要保持直流电机的运行性能，需增加励磁电流，以补偿电枢反应的去磁作用。

如果电刷不在几何中性线，还要计入直轴电枢反应的影响。

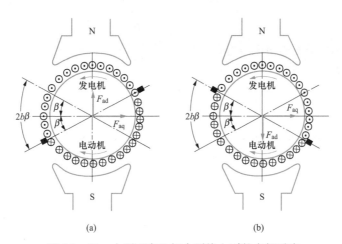

图 26-10　电刷不在几何中型线上时的电枢反应

（a）电刷逆着电动机旋转方向移动 β 角；（b）电刷逆着电动机旋转方向移动 β 角

（2）由于电枢反应使极面下的磁通密度分布不均匀，从而各换向片的电势也分布不均匀。尤其当电机负载突变时，电枢反应强烈，气隙磁场畸变严重，有可能使相邻两换向片之间的电位差超过一定的限度，从而产生电位差火花，而且随着电弧的拉长还可能出现环火。同样也使电刷与换向器表面火花增大。

（3）在交轴处的电枢磁场将妨碍线圈中的电流换向。换向是直流电机的一个专门问题，换向不良就会在换向器和电刷间产生火花，火花超过一定程度，就会烧坏电刷和换向器，严重影响电机运行。

此外，火花会产生电磁波，对无线通信造成干扰。

26.4　直流电机的电枢绕组的感应电动势和电磁转矩

26.4.1　直流电机电枢绕组的感应电动势

直流电机电枢绕组的感应电动势是指从一对正负电刷之间引出的电动势，也称为电枢电动势，记作 E_a。一个极面下的导体与磁场分布如图 26-11 所示。

如果设 N 为电枢绕组的总导体数，a 为并联支路对数，B_{av} 为一个磁极内的平均磁密，l 为导体的有效长度，v 为导体切割磁场的速度，每根导体的感应电动势为

$$e_x = B_x l v \tag{26-1}$$

式中：B_x 为导体所在气隙磁密，T；l 为导体有效长度，m；v 为导体切割气隙磁场速度，m/s。

直流电机 $E_a = E_{电刷} = E_{支路}$，则有

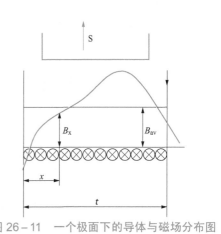

图 26-11　一个极面下的导体与磁场分布图

$$E_a = \sum_1^{N/2a} B_x l v = lv \sum_1^{N/2a} B_x \tag{26-2}$$

根据速度与转速的关系 $v = 2p\tau\dfrac{n}{60}$，所以

$$E_a = \frac{N}{2a}B_{av}lv = \frac{N}{2a}\frac{\Phi}{\tau l}l \times 2p\tau\frac{n}{60} = \frac{pN}{60a}\Phi n = C_e\Phi n \qquad (26-3)$$

$$C_e = \frac{pN}{60a}$$

式中：C_e 为电动势常数，它是与电机结构有关的参数。

由电动势表达式 $E_a = C_e\Phi n$，可见：

（1）$E_a \propto \Phi n$，改变 Φ 或 n 的大小，可使 E_a 大小发生变化，当磁通 Φ 单位为 Wb，转速 n 单位为 r/min，则电枢电动势 E_a 单位为 V；

（2）E_a 方向取决于 Φ 和 n 的方向，改变 Φ 的方向（即改变励磁电流 I_f 的方向），就可改变 E_a 的方向；

（3）当线圈为短距时，电枢电动势将比上式稍小，但因直流电机中短距的影响较小，一般可不考虑。

26.4.2　直流电机的电磁转矩

直流电机的电磁转矩是指电枢上所有载流导体在磁场中受力所形成的转矩的总和。设 D 为电枢直径，N 为电枢总导体数，f_{av} 每根导体平均所受的力，则电磁转矩为

$$T = f_{av}\frac{D}{2}N = B_{av}li_a\frac{D}{2}N = \frac{\Phi}{\tau l}l\frac{I_a}{2a}\frac{2p\tau}{2\pi}N = \frac{pN}{2\pi a}\Phi I_a \qquad (26-4)$$

$$C_T = \frac{pN}{2\pi a}$$

式中：C_T 为转矩常数，它也是与电机结构有关的参数。

从电磁转矩表达式（26-4）可见：

（1）$T \propto \Phi I_a$，改变 Φ 或 I_a 的大小，可使 T 大小发生变化，当磁通 Φ 单位为 Wb，电枢电流 I_a 单位为 A，则电磁转矩 T 单位为 N·m；

（2）T 方向取决于 Φ 和 I_a 的方向，改变 Φ 的方向（即改变励磁电流 I_f 的方向），就可改变 T 的方向。

根据 $C_e = \dfrac{pN}{60a}$ 和 $C_e = \dfrac{pN}{2\pi a}$ 可得到电动势常数与转矩常数之间的关系式为

$$\frac{C_T}{C_e} = \frac{pN/2\pi a}{pN/60a} = \frac{60}{2\pi} = 9.55 \qquad (26-5)$$

或 $C_T = 9.55C_e$。

26.5　稳态运行时直流电机的基本方程式

26.5.1　直流发电机的基本方程式

直流发电机是将原动机输入的机械能转变为直流电能的电气设备。直流发电机的基本方程式与励磁方式有关，励磁方式不同，基本方程式略有差别。下面以他励直流发电机为例，介绍其基本方程式。

1. 电压方程式

（1）他励发电机。他励发电机规定电机各物理量正方向如图 26-12 所示。

电枢回路方程为

$$E_a = U + I_aR_a + 2\Delta U \qquad (26-6)$$

式中：R_a 为电枢回路总电阻；ΔU 为电刷接触电压。

励磁回路方程为

$$U_f = I_f R_f \qquad (26-7)$$

式中：R_f 为励磁回路总电阻，它包括励磁回路外串电阻和励磁绕组内阻。

（2）并励发电机。并励发电机接线原理图和各物理量正方向如图 26-13 所示。

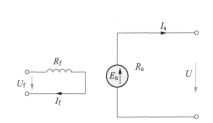

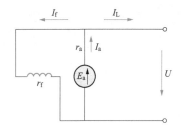

图 26-12　他励直流发电机的正方向示意图　　　　图 26-13　并励直流发电机的接线原理图

电枢回路方程式与他励直流发电机一样，不同之处主要是电流之间的关系。

$$I_a = I_f + I_L \qquad (26-8)$$

从发电机电压基本方程式可见，电枢电动势 E_a 必须大于电枢端电压 U，这也是判断电机是否处于发电运行状态的依据。

2. 转矩方程式

转矩方程式为

$$T_1 = T + T_0 \qquad (26-9)$$

式中：T_1 为原动机的拖动转矩；T 为发电机的电磁转矩，其性质为制动转矩；T_0 为空载转矩，它是由电机的机械摩擦、铁损和风阻等引起的转矩。

发电机的转向由原动机决定，$T_1 > T$，故电磁转矩为制动转矩，是阻碍原动机的阻力转矩。

3. 功率平衡关系

从原动机输入的机械功率为

$$P_1 = P_{em} + p_0 \qquad (26-10)$$

式中：P_1 为输入的机械功率；P_{em} 为电磁功率；p_0 为空载损耗。

空载损耗等于铁耗 p_{Fe}、机械摩擦损耗 p_m 和附加损耗 p_{ad}，即

$$p_0 = p_{Fe} + p_m + p_{ad} \qquad (26-11)$$

其中附加损耗又称杂散损耗，一般难以精确计算。靠经验估算约为额定功率 P_N 的 0.5%～1%。

电磁功率为

$$P_{em} = T \cdot \Omega = C_T \Phi I_a = \frac{pN}{2\pi a} \Phi I_a \frac{2\pi}{60} n = \frac{pN}{60a} \Phi n I_a = E_a I_a \qquad (26-12)$$

$P_{em} = T \cdot \Omega$ 说明电磁功率具有机械功率性质。

同时电磁功率又可表示为 $P_{em} = E_a I_a$，说明电磁功率又具有电功率性质，所以电磁功率是机电能量转换的桥梁。

发电机输出的电功率为

$$P_2 = P_{em} - p_{Cua} \qquad (26-13)$$

式中：p_{Cua} 为电枢回路铜耗；P_2 为输出的电功率。

同时输出功率又可表示为

$$P_2 = U I_a \qquad (26-14)$$

以他励直流发电机为例，图 26-14 为功率流程图，励磁功率由额外的电源提供。

26.5.2　直流电动机的基本方程式

按电动机惯例规定直流电动机各物理量正方向（以他励直流发电机为例）如图 26-15 所示。

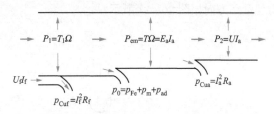

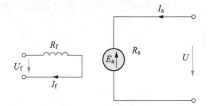

图 26-14　他励直流发电机功率流程图　　　　图 26-15　他励直流电动机的等效电路图

1. 电枢回路电压方程式

电枢回路电压方程式

$$U = E_a + I_a R_a + 2\Delta U \qquad (26-15)$$

其中反电动势 $E_a = C_e \Phi n$，若为并励时则

$$U = I_f R_f \qquad (26-16)$$

由于 R_a 很小，电枢回路上电阻压降很小，电源电压大部分降落在反电动势 E_a 上。

2. 转矩方程式

电动机空载时，轴上输出转矩 $T_2 = 0$，则有 $T = T_0$。T_0 为空载转矩。当负载转矩为 T_L，轴上输出有 $T_2 = T_L$，电动机匀速稳定运行时有

$$T = T_2 + T_0 \qquad (26-17)$$

其中电磁转矩为拖动性质转矩，可用公式 $T = C_T \Phi I_a$ 计算，（$T_2 + T_0$）为总的制动转矩，方向与 T 相反。

3. 功率平衡关系

他励直流电动机输入功率为

$$P_1 = UI = UI_a = I_a(E_a + I_a R_a) = E_a I_a + I_a^2 R_a \qquad (26-18)$$

所以

$$P_1 = P_{em} + p_{Cua} \qquad (26-19)$$

式(26-19)中电磁功率 P_{em} 的功率性质为电功率，$p_{Cua} = I_a^2 R_a$ 为电枢回路上的铜耗。

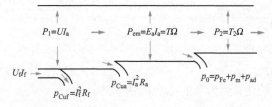

图 26-16　他励直流电动机的功率流程图

图 26-16 为他励直流电动机的功率流程图，励磁功率是额外的电源提供。

🌸 本章小结

　　直流电机的磁场一般采用电磁铁原理，即在主磁极铁心上套装励磁绕组，工作时在励磁绕组中通入直流电流，从而建立电机的主磁场。主磁路由主磁极、气隙、电枢齿、电枢磁轭和定子磁轭五部分组成。

　　直流电机带负载时，电枢电流产生电枢磁场，它对主磁场的大小和分布都有影响，这种影响称为电枢反应。电枢反应的形式主要由电刷的位置和电机运行方式决定。电刷在几何中性线时的电枢反应称为交轴电枢反应，它使气隙磁场发生畸变。若考虑磁路饱和，交轴电枢反应略有去磁作用。若电刷不在几何中性线，它对主磁场还有去磁或助磁作用。

　　基本方程是分析电机的基础，应理解它的物理意义。

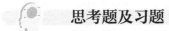 **思考题及习题**

26-1　直流电机空载和负载运行时，气隙磁场各由什么磁动势建立？

26-2　电枢反应的性质由什么决定？交轴电枢反应对每极磁通量有什么影响？直轴电枢反应的性质由什么决定？

26-3　一台直流电动机，磁路饱和，当电机负载后，电刷逆电枢旋转方向移动一个角度，试分析在此种情况下电枢磁动势对气隙磁场的影响。

26-4　在什么条件下电枢磁动势与磁场相互作用才产生电磁转矩？若电枢磁动势有交、直轴两个分量，那么是哪个分量产生电磁转矩，哪个分量不产生？还是两个都产生？

26-5　直流电机空载和负载运行时，气隙磁场各由什么磁动势建立？负载后电枢电动势应该用什么磁通进行计算？

26-6　直流电机的感应电动势公式用机械角速度表示转速时，其结构常数和电磁转矩公式的结构常数是统一的，试证明。

26-7　直流电机的励磁方式有哪几种？每种励磁方式的励磁电流或励磁电压与电枢电流或电枢电压有怎样的关系？

26-8　直流电机的感应电动势与哪些因素有关？若一台直流发电机在额定转速下的空载电动势为 230V（等于额定电压），试问在下列情况下电动势变为多少？（1）磁通减少 10%；（2）励磁电流减少 10% ；（3）转速增加 20%；（4）磁通减少 10%。

26-9　直流电机空载和负载时有哪些损耗？各由什么原因引起？发生在哪里？其大小与什么有关？

26-10　在励磁电流不变的情况下，发电机负载时电枢绕组感应电动势与空载时电动势大小相同吗？

26-11　一台直流发电机数据：$2p=6$，总导体数 $N=720$，$2a=6$，运行角速度 $\omega=40\pi$ rad/s，每极磁通 $\Phi=0.039\,2$Wb。试计算：

（1）发电机的感应电动势；

（2）当转速 $n=900$r/min，但磁通不变时的感应电动势；

（3）当磁通 $\Phi=0.043\,5$Wb，$n=900$r/min 时的感应电动势。

26-12　一台四极、82kW、230V、971r/min 的他励直流发电机，如果每极的合成磁通等于空载额定转速下具有额定电压时的每极磁通，试求当电机输出额定电流时的电磁转矩。

26-13　一台并励直流发电机，$P_N=35$ kW，$U_N=115$V，$n_N=1450$r/min，电枢电路各绕组总电阻 $R_a=0.024\,3\Omega$，一对电刷压降 $2\Delta U_b=2$V，励磁电路电阻 $R_f=20.1\Omega$。试求额定负载时的电磁转矩及电磁功率。

26-14　一台并励直流电动机，额定数据为：$U_N=110$V，$I_N=28$A，$n_N=1500$r/min，电枢回路总电阻 $R_a=0.15\Omega$，励磁电路总电阻 $R_f=110\Omega$。若将该电动机用原动机拖动作为发电机并入电压为 U_N 的电网，并忽略电枢反应的影响，试问：

（1）若保持电压电流不变，此发电机转速为多少？向电网输出的电功率为多少？

（2）当此发电机向电网输出电功率为零时，转速为多少？

26-15　一台并励直流发电机数据如下：$P_N=46$kW，$n_N=1000$r/min，$U_N=230$V，极对数 $p=2$，电枢电阻 $r_a=0.03\Omega$，一对电刷压降 $2\Delta U_b=2$V，励磁回路电阻 $R_f=30\Omega$，把此发电机当电动机运行，所加电源电压 $U_N=220$V，保持电枢电流为发电机额定运行时的电枢电流。试求：

（1）此时电动机转速为多少（假定磁路不饱和）？

（2）发电机额定运行时的电磁转矩为多少？

（3）电动机运行时的电磁转矩为多少？

26-16　一台并励直流电发电机，额定功率 4.6kW，额定电压 230V，每极励磁绕组匝数为 500 匝，已知在额定转速下空载时产生额定电压的励磁电流为 0.8A，而在额定负载时产生额定电压的励磁电流需 1.2A，今欲将该电机改为差复励直流发电机，试问每极应加入多少匝串励绕组？

直流电机的运行特性

直流发电机的运行特性

直流发电机稳态运行特性分析根据基本方程式进行。其主要变量为端电压 U、励磁电流 I_f、负载电流 I_L 和转速 n。通常运行时转速保持不变，其他三个变量中任一变量保持不变，而将其余两个变量间的关系用特性曲线表示。第一种曲线称负载特性，$U=f(I_f)$，$I_L=$常数，表示在某一负载电流情况下，端电压是如何随励磁电流而变化的。如果 $I_L=0$，这条特性称空载特性，即电机的磁化曲线，是反映该电机磁路特性的重要曲线。第二种曲线称外特性，又称为电压调整特性，$U=f(I_L)$，$I_f=$常数，指励磁电流不变，端电压随负载电流变化的关系，对用户来讲这是一条重要的特性，标志着直流发电机输出电能的质量。第三种曲线称调节特性，又称调整特性，$U=$常数，$I_f=f(I_L)$，表示负载变化时，为维持端电压一定，励磁电流的调节规律。发电机的特性曲线，将随着电机励磁方式的不同而不同，以下对各种励磁方式的发电机特性加以介绍。

27.1.1 他励直流发电机的运行特性

这一节介绍直流发电机的运行特性，先分析比较简单的他励直流发电机开路特性，又叫空载特性。

1. 空载特性

空载特性是指原动机的转速 $n=n_N$，输出端开路，负载电流 $I=0$（$I_a=0$）时，电枢端电压与励磁电流之间的关系，即 $U_0=E_0=f(I_f)$。因为 $U_0 \propto \Phi$，$I_f \propto F_f$，故本质上也就是发电机的磁化曲线。

空载特性可以由实验测出，接线如图 27−1 所示，开关 S 断开，试验中，使原动机转速保持 $n=n_N$，调节励磁回路电阻 r_j，使励磁电流 I_f 单调增加，直到使空载电压 U_0 为（1.1～1.3）U_N 为止，然后使 I_f 逐步单调减小到零，记录 7～9 组下降分支的数据 I_f 和 U_0，即可作出关系曲线，如图 27−2 所示，称为空载特性曲线。

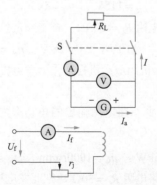

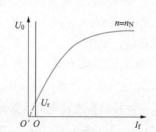

图 27−1　他励发电机特性实验接线图　　　图 27−2　他励发电机空载曲线

注意到 I_f 减小到零时，发电机有一个不大的电压，即为剩磁电压 U_r。数值为额定电压的 2%～4%。把曲线延长，交横坐标于 O' 点，并将纵轴左移 $\overline{OO'}$，就得到使用的空载特性曲线，$\overline{OO'}$ 为对应剩磁作用的励磁电流。

实验时一定要单方向改变励磁回路电阻测取数据，在测取的数据中应包含额定点，线性部分测取的数据可稀疏一些，非线性部分测取的数据需密集一些，这样得到的曲线较准确。另外，励磁电流相同时，$E_a \propto n$，即空载特性曲线与转速有关，对于不同的给定转速，空载特性曲线将会与转速成正比地上、下移动，实验时一定要保持额定转速。

空载特性曲线是电机最基本的特性曲线，它既是电机设计制造情况的综合反应，也可利用它来求出电机的其他特性，用途较广。但需要说明，无论是何种励磁方式的直流发电机，其空载特性均由他励接线方式测定。

2．外特性

外特性（external characteristic）是指原动机的转速 $n = n_N$，励磁电流 $I_f = I_{fN}$ 时，电枢端电压与负载电流之间的关系，即 $U = f(I)$。实验接线图仍采用图 27-1，记录直流发电机的额定励磁电流 I_{fN} 和额定转速 n_N。合上开关 S，调节负载电阻 R_L，使负载电流稍稍有些过载后逐渐减小到零，记录 5～7 组电压和负载电流值，画出对应的曲线即得外特性曲线，如图 27-3 所示，这是一条略微下垂的曲线，也就是直流发电机的端电压随负载电流增加而有所减小。

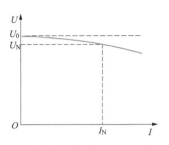

图 27-3　他励发电机的外特性

根据直流发电机端电压方程式 $U = E_a - I_a R_a = C_e \Phi n - I_a R_a$，从空载到负载，影响外特性曲线下降的原因如下。

（1）负载增大，电枢电流增大，使电枢回路电阻压降增大，则端电压下降。

（2）电枢电流增大，使电枢反应的去磁作用增强，端电压进一步下降。

发电机的端电压随负载的变化程度可用电压变化率（或称电压调整率）表示。电压变化率是指发电机从额定负载（$U = U_N$，$I = I_N$）过渡到空载（$U = U_0$，$I = 0$）时，电压升高的数值与额定电压的百分比，即

$$\Delta u = \frac{U_0 - U_N}{U_N} \times 100\% \qquad (27-1)$$

通常他励直流发电机的电压变化率 Δu 为 5%～10%。他励发电机在额定励磁下短路，短路电流 $I_k = U_0/R_a$，由于 R_a 很小，短路电流很大，可为额定电流的 20～30 倍，故他励直流发电机不允许在额定励磁下发生持续短路。

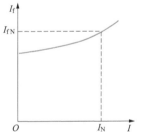

图 27-4　他励发电机的调整特性

3．调整特性

调整特性（regulating characteristic）是指原动机的转速 $n = n_N$，保持机端电压 $U = U_N$ 时，励磁电流与负载电流之间的关系，即 $I_f = f(I)$。调整特性曲线如图 27-4 所示。

由外特性分析可知，负载电流增加时，端电压降有所下降。为要维持端电压不变，负载电流增大时，励磁电流应当相应地增加，以抵消电枢反应的去磁作用和电枢回路的电压降。并且由于铁磁材料饱和的影响，励磁电流增加的速率还要高于负载电流增加的速率。所以调节特性是一条略有上翘的曲线，如图 27-4 所示，图中 I_{fN} 称为额定励磁电流，指电压为额定值，负载电流为额定值时需要的励磁电流。

27.1.2　并励直流发电机的运行特性

他励直流发电机运行特性好，但励磁回路需一直流电源供电，若实际应用中没有条件，可采用并励，这样就无须设置专门的直流励磁电源，并励发电机（shunt generator）应用较多。与他励发电机相比，其运行特点主要是在自励过程（建压过程）和外特性两方面。并励式直流发电机就是要将励磁绕组和电枢绕组并联，为了测量的需要，串入电流表和可调电阻，实验接线如图 27-5 所示。

1．建压过程

励磁回路的伏安特性为 $R_f = U_f/I_f$，也称磁场电阻线，如图 27-6 所示，显然励磁回路电阻值增大，磁场电阻线斜率增大。发电机在自励过程中，端电压 U_0 与励磁电流 I_f 的关系依然为发电机的空载特性，图 27-6 中的 A 点为空载特性曲线和磁场电阻线的交点。

当发电机在原动机带动下以恒定的额定转速 n_N 运转时，在有剩磁条件下，电枢绕组切割剩磁，则电枢绕组中产生剩磁感应电动势 E_r ［为 (2%～5%)U_N］，从而在发电机电枢两端建立剩磁电压 U_r，在剩磁电压 U_r 作用

下，产生不大的励磁电流 $I_f\left(I_f=\dfrac{U_r}{R_f}\right)$，此励磁电流通过励磁绕组会产生磁场，磁场的方向如果与剩磁方向一致，则主磁通得以加强，使电枢端电压进一步提高，端电压的升高，又使励磁电流增大，主磁通更加强，如此反复，最终增加到两曲线的交点 A，即为建立的电压稳定点，这一过程如图 27-6 所示。

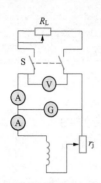

图 27-5 并励直流发电机试验接线图

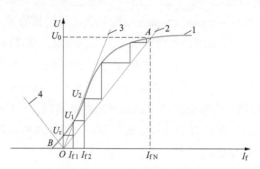

图 27-6 并励发电机的建压过程

1—空载特性 $U_0=f(I_f)$；2、3、4—励磁回路伏安特性即磁场电组线，$U_f=f(I_f)$

图 27-6 中，曲线 1 为空载特性 $U_0=f(I_f)$；直线 2、3、4 为励磁回路伏安特性即磁场电阻线，$U_f=f(I_f)$。可见并励直流发电机的建压条件有以下三个方面。

（1）电机必须有剩磁。

（2）励磁绕组与电枢绕组的接法要正确，即使励磁电流产生的磁通方向与剩磁方向一致。

（3）励磁回路总电阻应小于该转速下的临界电阻（电阻线与空载特性线性段重合时对应的电阻，如图 27-6 中曲线 3 所示）。

实际应用中，并励直流发电机自励而电压未能建立时，应先减小励磁回路的外串电阻；若电压不能建立，再改变励磁绕组与电枢绕组连接的极性；若电压仍不能建立，则应考虑可能没有剩磁，充磁后，再进行自励发电。

2. 并励直流发电机的空载特性

并励直流发电机的励磁绕组和电枢绕组并联，空载时电枢电流等于励磁电流，而励磁电流只占额定电流的 1%～5%，因为 $I_f=(1\%\sim5\%)I_N$，所以可以忽略电枢反应和电阻压降，故可认为 $U_0=E_a$，这样并励直流发电机的空载路特性曲线就和他励直流发电机的相同。

3. 并励直流发电机的外特性

并励发电机的外特性不同于他励发电机，是指原动机的转速 $n=n_N$，R_f 为常数时，电枢端电压与负载电流之间的关系，即 $U=f(I)$。

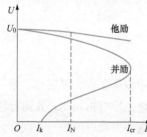

图 27-7 直流发电机的外特性

实验接线如图 27-5 所示。保持转速恒定，调节励磁电阻 r_j，完成建压过程，合上开关 S，并逐步减小 R_L，记录端电压和负载电流的几组值，画出对应的曲线就是其外特性曲线，如图 27-7 所示。

图 27-7 说明并励发电机的外特性与他励发电机相比，有三个特点。

（1）同一负载电流下，端电压较低。因为他励发电机在负载电流增加时，使端电压下降的原因是电枢回路的电阻压降和电枢反应的去磁作用；而并励发电机除此以外，由于励磁绕组与电枢绕组并联，当发电机端电压下降，还会导致励磁电流减少，使磁通变弱，则电枢电动势降低，从而使端电压进一步下降，它的电压变化率 Δu 可达 20%～30%。

（2）并励发电机外特性的突出特点是负载电流有"拐弯"现象。这是由于在电枢回路 $I=\dfrac{U}{R_L}$，当电压下降不多时，电机的磁路比较饱和，励磁电流 I_f 的减小而引起的电枢电动势 E_a 和电压 U 的减小不大。即负载电阻减小，负载电流 I 增大，一直到外特性"拐弯"点，该点称为临界电流 I_{cr}（一般为额定电流的 2～3 倍）。

若 R_L 进一步减小，电压 U 的持续下降，已使励磁电流 I_f 的取值进入低饱和或不饱和区，励磁电流 I_f 的稍微减小，将引起电枢电动势 E_a 的很大下降，使端电压 U 下降的幅度大于 R_L 减小的幅度，于是外特性出现"拐弯"现象，即 R_L 减小时，U 减小，负载电流反而增加。

（3）稳态短路电流小。当稳态短路时，$R_L=0$，$U=0$，$I_f=0$，电枢绕组中的电流由剩磁电动势产生，短路电流为 $I_k=E_r/R_a$，其中 E_r 为剩磁电动势，数值很小，所以并励发电机的稳态短路电流 I_k 不大。

并励发电机的调整特性与他励发电机的相似，是一条略有上翘的曲线，这里不再叙述。

27.1.3　复励直流发电机的运行特性

复励直流发电机（compound generator）的励磁绕组分为两个部分，一部分是并励绕组，另一部分是串励绕组，接线如图 27-8 所示。若串励磁动势与并励磁动势方向相同，称为积复励（或叫加复励），反之为差复励（或叫减复励）。一般来说，并励绕组起主导作用，串励绕组起调节性能的作用。

1. 复励直流发电机的空载特性 $U_0=f(I_f)$

空载时串励绕组不起作用，则其空载特性同并励发电机的空载特性。

2. 复励直流发电机的外特性

在积复励发电机中，并励绕组起主要作用，保证空载时产生额定电压，而

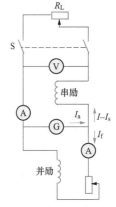

图 27-8　复励发电机接线图

串励绕组的作用是随着负载电流的增加而增磁，从而补偿了并励绕组的去磁作用，因此复励发电机能在一定范围内自动调整端电压的变化，这是积复励发电机的突出优点，所以应用很广。若串励绕组的增磁作用能保证额定负载时的端电压仍为额定值，称为平复励；若串励绕组过度补偿，使额定负载时端电压高于额定电压，称为过复励；反之，称为欠复励。三种情况复励发电机的外特性如图 27-9 所示。

积复励发电机可灵活的调整并励和串励磁场，从而设计出所需要的外特性。一般希望随负载变化发电机端电压稳定，这一点只有复励发电机能达到。

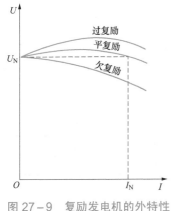

图 27-9　复励发电机的外特性

差复励是一种串励绕组的磁化方向与并励绕组磁化方向相反，串励磁动势起去磁作用的接法，其发电机端电压随负载电流增加而急剧下降，所以差复励只能用于特殊情况，如直流电焊发电机。

【例 27-1】一台并励直流发电机，其铭牌数据为 $P_N=20\text{kW}$，$U_N=230\text{V}$，电枢电阻 $R_a=0.2\Omega$，励磁绕组电阻 $R_f=115\Omega$。如果在额定负载下，总损耗 $\Delta p=3.5\text{kW}$，试求：

（1）励磁电流 I_{fN}；
（2）电枢额定电流 I_{aN}；
（3）发电机的电动势 E_a；
（4）额定效率 η_N。

解：（1）励磁电流为

$$I_{fN}=\frac{U_N}{R_f}=\frac{230}{115}=2\text{A}$$

（2）额定电流为

$$I_N=\frac{P_N}{U_N}=\frac{20\times10^3}{230}=86.96\text{A}$$

电枢额定电流为

$$I_{aN} = I_{fN} + I_N = 86.96 + 2 = 88.96 \text{A}$$

（3）发电机的电动势为

$$E_a = U_N + I_{aN} R_a = 230 + 88.96 \times 0.2 = 247.79 \text{V}$$

（4）额定效率为

$$\eta_N = \frac{P_N}{P_N + \Delta p} = \frac{20 \times 10^3}{20 \times 10^3 + 3.5 \times 10^3} \times 100\% = 85.11\%$$

【例 27-2】一并励直流发电机，$P_N = 35 \text{kW}$，$U_N = 115 \text{V}$，$n_N = 1450 \text{r/min}$，电枢电路各绕组总电阻 $R_a = 0.024\,3\Omega$，一对电刷压降 $2\Delta U_b = 2 \text{V}$，并励电路电阻 $R_f = 20.1\Omega$。试求额定负载时的电磁转矩及电磁功率。

解： 额定电流为

$$I_N = P_N / U_N = 35 \times 10^3 / 115 = 304.3 \text{A}$$

额定励磁电流为

$$I_{fN} = U_N / R_f = 115 / 20.1 = 5.72 \text{A}$$

额定电枢电流为

$$I_{aN} = I_N + I_{fN} = 304.3 + 5.72 = 310 \text{A}$$

额定电枢电动势为

$$E_{aN} = U_N + I_{aN} R_a + 2\Delta U_b = 115 + 310 \times 0.024\,3 + 2 = 124.5 \text{V}$$

电磁功率为

$$P_{em} = E_{aN} I_{aN} = 124.5 \times 310 = 38.6 \text{kW}$$

电磁转矩为

$$T = \frac{P_{em}}{\Omega} = \frac{E_{aN} I_{aN}}{2\pi n / 60} = \frac{38\,600 \times 60}{2\pi \times 1450} = 254.2 \text{N} \cdot \text{m}$$

【例 27-3】一台并励直流发电机 $P_N = 19 \text{kW}$，$U_N = 230 \text{V}$，$n_N = 1450 \text{r/m}$，电枢电路各绕组总电阻 $R_{a75^\circ} = 0.183\Omega$，$2\Delta U_b = 2\,\text{V}$，励磁绕组每极匝数 $W_f = 880$ 匝，$I_{fN} = 2.79 \text{A}$，励磁绕组电阻 $R_{a75^\circ} = 81.1\Omega$，当转速为 1450r/min 时测得电机的空载特性见表 27-1。

表 27-1 　　　　　　　　　　　　　　[例 27-3] 空载特性数据

I_f（A）	0.37	0.91	1.45	2.0	2.38	2.74	3.28
U_0（V）	44	104	160	210	240	258	275

试求：（1）欲使空载产生额定电压，励磁电路应串入多大电阻？

（2）电机的电压变化率 ΔU；

（3）在额定运行的情况下电枢反应的等效去磁安匝 F_{aqd}。

解：（1）根据 $U_0 = 230 \text{V}$，在空载曲线上查得 $I_{f0} = 2.253 \text{A}$

所以

$$R_{f0} = \frac{U_0}{I_{f0}} = \frac{230}{2.253} = 102.7\Omega$$

故励磁回路应串入的电阻为

$$R_f = R_{f0} - R_{f75^\circ} = 102.7 - 81.1 = 20.97\Omega$$

（2）电机额定时励磁电阻为

$$R_{fN} = \frac{U_N}{I_{fN}} = 82.44\Omega$$

我们将空载曲线在 I_f 为 2.74～3.28 内线性化，得到电压为

$$U_0 = 258 + \frac{275 - 258}{3.28 - 2.74} \times (I_f - 2.74)$$
$$= 171.74 + 31.48 I_f$$

而 $I_f = \dfrac{U_0}{R_{fN}} = \dfrac{U_0}{8244}$ 代入上式得到空载端电压 $U_0 = 277V$。

故电压变化率为

$$\Delta U = \frac{U_0 - U_N}{U_N} = \frac{277 - 230}{230} = 20.4\%$$

（3）额定电流为

$$I_N = \frac{P_N}{U_N} = \frac{19\,000}{230} = 82.61A$$

$$I_{aN} = I_N + I_{fN} = 85.40A$$

在额定条件下电机的感应电动势为

$$\begin{aligned} E_N &= U_N + 2\Delta U_b + I_{aN} R_a \\ &= 230 + 2 + 85.4 \times 0.183 = 24.7V \end{aligned}$$

在空载特性上查得等效励磁总电流为

$$I_f' = 2.38 + \frac{2.74 - 2.38}{258 - 240} \times (247.6 - 240) = 2532A$$

所以，在额定情况下电枢反应等效去磁安匝为

$$\begin{aligned} F_{aqd} &= W_f (I_{fN} - I_f') \\ &= 880 \times (2.79 - 2.532) = 227 \end{aligned}$$

27.2 直流电动机的运行特性

　　直流电动机是直流发电机的一种逆运行状态，将直流电能变为机械能。由于表征机械能的参数为转矩和转速，所以直流电动机稳定运行特性最重要的是机械特性和工作特性。因直流电动机运行性能因励磁方式不同而有很大差异。下面介绍并励、串励和复励直流电动机的运行特性。

27.2.1 并励直流电动机的运行特性

27.2.1.1 并励直流电动机的工作特性
　　直流电动机工作特性（operating characteristic）是指在 $U = U_N$，$I_f = I_{fN}$，电枢回路不外串电阻的条件下，转速 n、转矩 T、效率 η 与输出功率 P_2 之间的关系曲线。实际运行中，电枢电流 I_a 是随 P_2 增大而增大，又便于测量，故也可把转速 n、转矩 T、效率 η 与电枢电流 I_a 之间的关系称为工作特性。工作特性可以利用实验获得，试验接线如图 27-10 所示，工作特性曲线如图 27-11 所示。

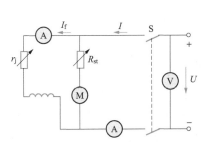

图 27-10 并励电动机试验接线图

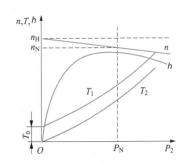

图 27-11 并励电动机的工作特性曲线

　　实验过程中保持 $U = U_N =$ 常数，$I_f = I_{fN} =$ 常数（对应于 $P_2 = P_N$，$n = n_N$ 时的励磁电流值），电枢回路串入的

启动电阻 R_{st} 在启动结束后切除,其作用在后面启动部分介绍。

1. 转速特性

转速特性是指当 $U=U_N$,$I_f=I_{fN}$,电枢回路外串电阻 $R_{st}=0$ 时,$n=f(I_a)$ 关系。根据电动势方程式 $E_a=C_e\Phi n$ 和电压方程式 $U=E_a+I_aR_a$ 可得

$$n=\frac{U_N}{C_e\Phi}-\frac{R_a}{C_e\Phi}I_a=n_0-\frac{R_a}{C_e\Phi}I_a \tag{27-2}$$

其中,直流电动机的理想空载转速为

$$n_0=\frac{U_N}{C_e\Phi}$$

由式(27-2)知影响电动机转速的两个因素如下。

(1)电枢回路的电阻压降。

(2)电枢反应的去磁作用。

随着电枢电流的增加,电枢回路的电阻压降使转速下降,而电枢反应的去磁作用会使 n 趋于上升。为保证电机稳定运行,在电机结构上采取一些措施,使并励电动机具有略微下降的转速特性。

采用转速调整率衡量转速下降的程度,转速调整率为

$$\Delta n=\frac{n_0-n_N}{n_N}\times100\% \tag{27-3}$$

并励电动机负载变化时,转速变化很小,$\Delta n=3\%\sim8\%$。这种负载变化而转速变化不大的转速特性为硬特性。

并励电动机运行时,应该注意励磁回路切不可使其断路。当励磁回路断路时,气隙中的磁通将骤然降至微小的剩磁,电枢回路中的感应电动势也将随之减小,电枢电流将急剧增加。由于 $T=C_T\Phi I_a$,如负载为轻载时,电动机转速将迅速上升,直至加速到危险的高值,造成"飞车";若负载为重载,电磁转矩克服不了负载转矩,电机可能停转,此时电流很大,超过额定电流好几倍,接近启动电流。这些都是不允许的。

2. 转矩特性

转矩特性是指当 $U=U_N$,$I_f=I_{fN}$,电枢回路外串电阻 $R_{st}=0$ 时,$T=f(I_a)$ 关系,转矩特性曲线如图 27-11 所示。

根据转矩公式 $T=C_T\Phi I_a$,忽略电枢反应,转矩特性是一条过原点的直线。计磁饱和时,I_a 较大时,电枢反应的去磁作用,使曲线偏离直线。

由式(26-14)可改写为

$$T=T_2+T_0=T_0+P_2/\Omega \tag{27-4}$$

而 $T_2=P_2/\Omega=P_2\times60/2\pi n$ 是一条略向上翘的经过原点的曲线,故 T 曲线可由 T_2 曲线向上平移 T_0 得到,如图 27-11 所示。

3. 效率特性

效率特性是指当 $U=U_N$,$I_f=I_{fN}$,电枢回路外串电阻 $R_{st}=0$ 时,$\eta=f(I_a)$ 关系,则有

$$\eta=\frac{P_2}{P_1}=\frac{P_2}{P_2+P_q+P_v}\times100\% \tag{27-5}$$

式(27-5)中 P_q 当电压不变时损耗不变,与负载电流变化无关,称为直流电机的不变损耗,$P_q=P_{Fe}+P_m+P_s$。P_v 随负载电流平方倍变化为直流电机的可变损耗,$P_v=P_{Cu}$。各种电机的效率曲线具有相同的形状。因为效率的定义相同,损耗的性质也相同。当负载电流从零逐渐增大时,效率也随之增大。当负载电流增大到一定程度,效率达最大,之后随负载电流的继续增大,效率反而减小。当不变损耗等于可变损耗时,效率最高,效率特性的这个特点,对其他电机、变压器也适用,具有普遍意义。一般直流电机的额定效率等于75%~85%。

27.2.1.2 并励直流电动机的机械特性

并励电动机带动机械负载运行，归根结底就是向负载输出一定的转矩，并使之得到一定的转速。T 和 n 是生产机械对电动机提出的两项要求。在电机内部 T 和 n 不是相互独立的，它们之间存在着确定的关系，这种关系称为机械特性（mechanical features），有

$$U = E_a + I_a R = C_e \Phi n + \frac{T_e}{C_T \Phi} R \qquad (27-6)$$

其中
$$R = R_a + R_{pa}$$

式中：R_a 为电枢电阻；R_{pa} 为电枢回路外串电阻。

接线如图 27-12 所示，所以

$$n = \frac{U}{C_e \Phi} - \frac{R}{C_e C_T \Phi^2} T \qquad (27-7)$$

由于 $U = U_N$，$R_f = C$，如不计磁饱和效应（忽略电枢反应影响），则磁通为常数，即 $\Phi = C$，当外串电阻 R_{pa} 为零时，并励电动机机械特性为一稍微下降的直线，称为自然机械特性，如图 27-13 所示，若外串电阻不为零，称为串电阻人工机械特性。

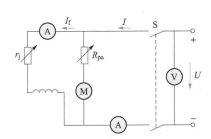

图 27-12 并励直流电动机的机械特性
验接线图

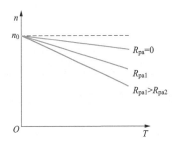

图 27-13 并励直流电动机的机械特性

同理还有弱磁人工机械特性和降压人工机械特性，人工机械特性在后面章节介绍。

并励电动机机械特性具有以下特点。

（1） $T = 0$ 时，$n = n_0 = \frac{U_N}{C_e \Phi}$，称为理想空载转速。

（2） $T = T_N$ 时，$n = n_N$，特性为一斜率为 $\frac{R_a}{C_e C_T \Phi^2}$ 的稍微向下倾斜的直线，这种特性称为硬特性。

（3） 电枢反应的影响，如考虑磁饱和，交轴电枢反应呈去磁作用，由 $n = \frac{U}{C_e \Phi} - \frac{R_a}{C_e C_T \Phi^2} T$。

可见，由于磁通 Φ 的减小，转速上升，机械特性的下降减小，或水平，或上翘。为避免上翘，需采取一些措施，可外加串励绕组，串励绕组的磁动势抵消电枢反应的去磁作用。

27.2.2 串励电动机的运行特性

串励直流电动机广泛应用于交通运输中，串励电动机的特点是 $I_a = I_f = I$。气隙主磁通随电枢电流的变化而变化，其接线如图 27-14 所示。

27.2.2.1 串励电动机的工作特性

1. 转速特性

串励直流电动机的转速特性指 $U = U_N$，电枢回路外串电阻 R_{pa} 为 0，$n = f(I_a)$。由 $U = C_e \Phi n + I(R_a + R_f)$，得

$$n = \frac{U - I_a (R_a + R_f)}{C_e \Phi} \qquad (27-8)$$

串励的转速特性与并励截然不同，它随负载增加迅速降低，变化很大，如图 27-15 所示。

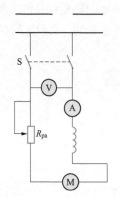

图 27-14　串励直流电动机接线图

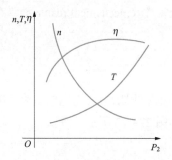

图 27-15　串励直流电动机的工作特性

当负载很小时，$I_a = I_f = I \to 0$，所以 $\Phi \to 0$ 则 $n \to \infty$，转速达到危险的高速，称"飞车"现象，因此串励电动机不允许在空载或负载很小的情况下运行。

由于转速特性与纵轴无交点，所以其转速调整率定义为

$$\Delta n = \frac{n_{1/4} - n_N}{n_N} \times 100\% \qquad (27-9)$$

式中：$n_{1/4}$ 为输出功率等于 $\frac{1}{4} P_N$ 时的转速。

当负载较大，则 T 较大，这时磁路饱和，主磁通基本上为一常数，即 $\Phi = C$，得

$$n = \frac{U}{C_e k} - \frac{R}{C_e C_T k^2} T \qquad (27-10)$$

可见，转速 n 随电磁转矩 T 增大而下降，是条略微向下倾斜的直线。

2. 转矩特性

串励直流电动机的转矩特性指 $U = U_N$，电枢回路外串电阻为 0，$T = f(I_a)$。

串励电动机 $I_a = I_f = I$，因而串励电动机的主磁场随负载在较大范围内变化。当负载电流很小时，它的励磁电流也很小，铁心处于未饱和状态，其每极磁通与电枢电流成正比，因为 $T = C_T \Phi I_a = C_T K_f I_f I_a = C_T K_f I_a^2 = C_T' I_a^2$，电磁转矩和电枢电流的平方成正比，转矩特性为一抛物线。当负载电流较大时，铁心已饱和，励磁电流增大，但是每极磁通变化不大，因此电磁转矩大致与负载电流成正比。一般可看成 $T \propto I_a^2$，T 按大于一次方的比例增加，如图 21-5 所示。

这对启动和过载能力有重要意义，在同样大小的启动电流下能得到比并励电动机更大的启动转距，所以常用于电气牵引。

27.2.2.2　串励电动机的机械特性

串励直流电动机的转矩特性指 $U = U_N$，电枢回路外串电阻为 0，$n = f(T)$。

$$\begin{aligned}
U &= E_a + I_a R_a + I_f R_f = C_e \Phi n + I_a (R_a + R_S) \\
&= C_e \Phi n + I(R_a + R_f) = C_e n K_f I + I(R_a + R_f) \\
&= I(C_e n K_f + R_a + R_f)
\end{aligned}$$

因为

$$T = C_T \Phi I_a = C_T K_f I_f I_a = C_T K_f I_a^2$$

$$U = \sqrt{\frac{T}{C_T K_f}} (C_e K_f n + R_a + R_f)$$

所以

$$n = \frac{1}{C_e K_f} \left(\sqrt{\frac{C_T K_f}{T}} U - R_a - R_f \right) \qquad (27-11)$$

1. 固有机械特性

n 反比于 T，转速随转矩的增加迅速下降，如图 27-16 所示，这种特性称为软特性。但当励磁电流较大，铁心饱和，Φ 基本保持不变，这时串励电动机的机械特性与他励电动机的机械特性相似，变为较硬的机械特性。当电枢回路的调节电阻 $R_{pa} = 0$ 时，为串励电动机的固有机械特性（也称自然机械特性），具有以下特点。

（1）它是一条非线性的软特性，负载时的转速降落很大。

（2）空载时，$I_a = 0$，$\Phi = 0$，所以 $n \to \infty$，即理想空载转速为无穷大。但实际上，即使 $I_a = 0$，由于存在剩磁通，故空载转速 n_0 为一限值，但其值很高，一般可达 $5 \sim 6 n_N$，这就是所谓的"飞车"现象，因此串励电动机不允许在空载或轻载情况下运行。

（3）由于 $T \propto I_a^2$，启动和过载时 I_a 均较大，故串励电动机的启动转矩大，过载能力强。

2. 人工机械特性

（1）电枢串联电阻时的人工机械特性。与固有特性相比，在相同的负载下，串入电阻 R_{pa} 后，电阻上电压降增加，转速降低。因此，人工特性在固有特性的下边，且特性变软，如图 27-17 所示。

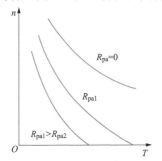

图 27-16　串励电动机的串电阻人工机械特性

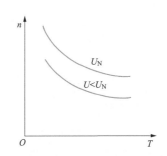

图 27-17　降低电源电压时的人工特性

（2）改变电源电压时的人工机械特性。由式（27-11）可知，与固有特性相比，降低电源电压时，理想空载转速降低，与固有特性相比，在相同的负载下，电压降低后的转速降低。因此，人工特性平行下移，如图 27-17 中的特性 $U < U_N$ 所示。

此外，还有改变磁通的人工机械特性。

27.2.3　复励电动机的运行特性

27.2.3.1　复励电动机的工作特性

复励电动机的接线如图 27-18 所示，常用的是积复励，与复励发电机一样，串励绕组的磁动势与并励绕组的磁动势方向相同。

积复励电动机的转速特性较并励电动机"软"，而较串励电动机"硬"，介于两者之间，如图 27-19 所示。

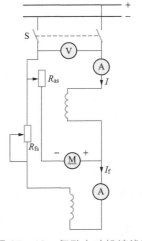

图 27-18　复励电动机接线图

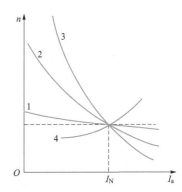

图 27-19　复励直流电动机转速特性
1—并励电动机；2—积复励电动机；3—串励电动机；4—差复励电动机

同理，转矩特性也是一样，根据并励磁动势和串励磁动势相对强弱不同有所不同，如图 27-20 所示。若并励磁动势起主要作用，则特性接近于并励电动机，反之，串励磁动势起主导作用，则特性接近于串励电动机。所以适当地选择并励和串励的磁动势的强弱，便可使复励电动机具有很好的负载适应性。其两组励磁绕组具有很好的互补性，由于有串励磁动势的存在，当负载增加时，电枢电流和串励磁动势也随之增大，从而使主磁通增大，减小了电枢反应去磁作用的影响，因此它比并励电动机的性能更优越。

27.2.3.2 复励电动机的机械特性

复励电动机机械特性也一样，介于并励与串励电动机之间。若励磁绕组以并励为主，则其特性接近于并励电动机。若励磁绕组中串励磁动势起主要作用，则特性接近于串励电动机。复励电动机空载时，由于有并励绕组的存在，所以空载转速不会太高，克服了串励电动机的不能空载或轻载启动和运行的致命缺点，如图 27-21 所示。

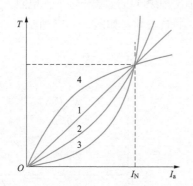

图 27-20　复励直流电动机转矩特性
1—并励电动机；2—积复励电动机；
3—串励电动机；4—差复励电动机

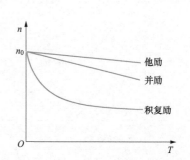

图 27-21　复励直流电动机机械特性

【例 27-4】一台并励直流电动机的额定数据如下：$P_N=17kW$，$U_N=220V$，$n=3000r/m$，$I_N=88.9A$，电枢回路电阻 $r_a=0.0896\Omega$，励磁回路电阻 $R_f=181.5\Omega$，若忽略电枢反应的影响，试求：

（1）电动机的额定输出转矩；

（2）在额定负载时的电磁转矩；

（3）额定负载时的效率；

（4）在理想空载（$I_a=0$）时的转速；

（5）当电枢回路串入电阻 $R=0.15\Omega$ 时，在额定转矩时的转速。

解：（1）

$$T_N=\frac{P_N}{\Omega_N}=\frac{17\,000\times60}{2\pi\times3000}=54.1N\cdot m$$

（2）

$$I_{fN}=\frac{U_N}{R_f}=\frac{220}{181.5}=1.212\Omega$$

$$I_{aN}=I_N-I_{fN}=88.9-1.212=87.688A$$

$$E_{aN}=U_N-I_{aN}R_a=220-87.688\times0.0896=212.14V$$

$$P_{emN}=E_{aN}I_{aN}=212.14\times87.688=18\,602.13W$$

$$T_{emN}=\frac{P_{emN}}{\Omega_N}=\frac{18\,602.13\times60}{2\pi\times n_N}=59.2N\cdot m$$

（3）

$$T_0=T_{emN}-T_N=59.2-54.1=5.1N\cdot m$$

$$P_0=T_0\Omega=5.1\times\frac{2\pi\times3000}{60}=1602.2W$$

$$P_{1N} = P_{emN} + P_{Cua} + P_{Cuf}$$
$$= P_{emN} + I_a^2 Ra + I_f^2 R_f$$
$$= 18\,602.13 + 87.688^2 \times 0.089\,6 + 1.212^2 \times 181.5$$
$$= 19\,557.7\text{W}$$

$$\eta_N = \frac{P_N}{P_{1N}} \times 100\% = 86.9\%$$

（4）
$$n_0 = \frac{U_N}{C_e \Phi_N} = \frac{U_N n_N}{E_{aN}} = \frac{220 \times 3000}{212.14} = 3111.2\text{r/m}$$

（5）因为调速前后 T_{em} 不变，所以 I_a 不变

$$E_a' = U_N - I_a(R_a + R) = 220 - 87.688 \times (0.089\,6 + 0.15) = 199\text{V}$$

$$n' = \frac{n_N}{E_{aN}} \cdot E_a' = \frac{3000}{212.14} \times 199 = 2814.2\text{r/m}$$

【例 27-5】一台并励直流电动机，额定数据为：$U_N = 110\text{V}$，$I_N = 28\text{A}$，$n_N = 1500\text{r/min}$，励磁回路电阻 $R_f = 110\Omega$，电枢回路电阻 $R_a = 0.15\Omega$（包括电刷接触电阻），在额定负载情况下，突然在电枢回路内串入 $R_f = 0.5\Omega$ 的调节电阻，若不考虑电感的影响，并略去电枢反应作用，试计算：

（1）在串入电阻瞬间电枢电动势、电枢电流、电磁转矩；

（2）若总制动转矩减少一半，求串入电阻后的稳定转速。

解：在电枢回路内未串入电阻前

$$I_{fN} = U_N / R_f = 110/110 = 1\text{A}$$
$$I_{aN} = I_N - I_f = 28 - 1 = 27\text{A}$$
$$E_a = U_N - I_a R_a = 110 - 27 \times 0.15 = 106\text{V}$$
$$C_e \Phi = E_{aN}/n_N = 106/1500 = 0.070\,67$$
$$C_T \Phi = 9.55 C_e \Phi = 9.55 \times 0.070\,67 = 0.674\,9$$

（1）在串入电阻瞬间，由于电动机的机械惯性，转速还来不及立刻变化，故此时转速 $n = n_N$。由于励磁磁通 Φ 决定于电压 U 与励磁回路电阻 R_f，今电压 $U = U_N$ 未变，R_f 不变，故 Φ 未变，于是按 $E_a = C_e \Phi n_N$ 可知 E_a 仍为 106V 不变。

电枢电流为 $\qquad I_a = (U_N - E_a)/(R_a + R_t) = (110 - 106)/(0.15 + 0.5) = 6.15\text{A}$

电磁转矩为 $\qquad T = C_T \Phi I_a = 0.674\,9 \times 6.15 = 4.15\text{N} \cdot \text{m}$

（2）总制动转矩减小一半，即电磁转矩减小一半，因此

$$C_T \Phi I_a' = 0.5 C_T \Phi I_{aN}$$

电枢电流为 $\qquad I_a' = 0.5 \times 27\text{A} = 13.5\text{A}$

稳定转速为

$$n' = \frac{U_N - I_a'(R_a + R_t)}{C_e \Phi} = \frac{110 - 13.5 \times (0.15 + 0.5)}{0.070\,67} = 1432\text{r/min}$$

27.3 直流电动机的启动、调速和制动

27.3.1 直流电动机的启动

直流电动机接到电源后，转速从零上升到稳态转速的过程称为启动过程（starting process）。从机械方面看，启动时要求电动机产生足够大的电磁转矩来克服静止摩擦转矩、惯性转矩及负载转矩（如果带负载启动），才

能在尽可能短的时间内从静止进入稳态运行。系统要求启动电流要小，启动转矩要大的原因是要保证电源供电质量和启动时间要短。从电路方面看，即 $n=0$，$E_a=0$ 的瞬间，而 R_a 很小，因此启动电流 $I_{st}=(U-E_a)/R_a$ 很大，通常为额定电流的 10 多倍甚至更大，致使电网电压突然下降，影响其他用户的用电，也使电机本身遭受很大电磁力的冲击，严重时可能损坏电机。故此必须加以限制，在保证产生足够的启动转矩下（因为 $T=C_T\Phi I_a$），尽量减小启动电流，一般直流电动机瞬时过载电流不得超过（1.5～2）I_N。事实上研究电机的启动方法就是为了缓解这一矛盾。

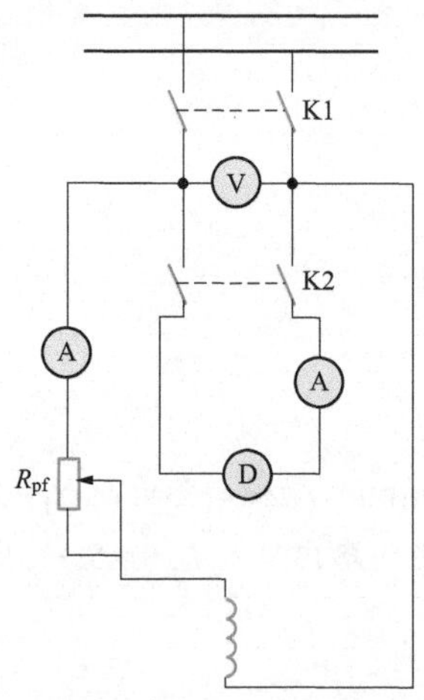

所以直流电动机启动的基本要求有：① 启动转矩要大；② 启动电流要小，限制在安全范围之内；③ 启动设备简单、经济、可靠。下面以并励直流电机为例，介绍启动方法。

1. 直接启动（全压启动）

操作方法简便，不需任何启动设备，只需两个开关（励磁开关 K1 和电枢开关 K2）如图 27-22 所示。启动时，先合上 K1，给电机加励磁并调励磁电阻 R_{pf}，使 I_f 最大，确定磁场已建立后，合上 K2，在电枢绕组上直接加额定电压。启动时冲击电流很大，可达（10～20）I_N，从而冲击母线电压，影响同一母线的其他设备正常运行。故全压启动仅用于微小型电动机的启动。

2. 电枢回路串变阻器启动

为限制启动电流，在启动时将启动电阻串入电枢回路，待转速上升后，再逐级将启动电阻切除，接线如图 27-23（a）所示。

图 27-22　直接启动接线图

电枢回路串电阻启动的工作原理是：对应于启动电流 I_{s1} 的启动转矩为 T_{s1}，因 $T_{s1}>T_L$，电动机开始启动。启动过程的机械特性如图 27-23（b）所示，工作点由启动点 Q 沿电枢总电阻为 R_{s1} 的人工特性上升，电枢电动势随之增大，电枢电流和电磁转矩则随之减小。当转速升至 n_1 时，启动电流和启动转矩下降至 I_{s2} 和 T_{s2} ［见图 27-23（b）中 A 点］，为了保持启动过程中电流和转矩有较大的值，以加速启动过程。此时闭合 KM1，切除 r_1。此时的电流 I_{s2} 称为切换电流。当 r_1 被短接后，电枢回路总电阻变为 $R_{s2}=R_a+r_2+r_3$。由于机械惯性，转速和电枢电动势不能突变，电枢电阻减小将使电枢电流和电磁转矩增大，电动机的机械特性由图 27-23（b）中曲线 1 上的 A 点平移到曲线 2 上的 B 点。再依此切除启动电阻 r_2、r_3，电动机的工作点就从 B 点到 D 点，最后稳定运行在自然机械特性的 G 点，电动机的启动过程结束。

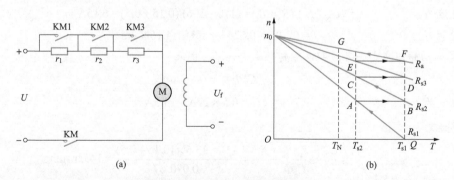

(a)　　　　　　　　　　　　　　　　(b)

图 27-23　电枢回路串电阻启动
(a) 接线图；(b) 机械特性

串入变阻器时的启动电流为

$$I_{st}=\frac{U}{R_a+R_{st}} \tag{27-12}$$

只要 R_{st} 选择适当，能将启动电流限制在允许范围内，随 n 的上升可切除一段电阻。采用分段切除电阻，可使电机在启动过程中获较大加速，且加速均匀，缓减有害冲击。

电枢回路串变阻器启动优点是启动设备简单，操作方便；缺点是电能损耗大，设备笨重。

3. 降压启动

当他励直流电动机的电枢回路由专用的可调压直流电源供电时，可以采用降压启动的方法。启动电流将随电枢电压降低的程度成正比地减小。启动前先调好励磁，然后把电源电压由低向高调节，最低电压所对应的人工特性上的启动转矩 $T_{s1} > T_L$ 时，电动机就开始启动。启动后，随着转速上升，可相应提高电压，以获得需要的加速转矩，启动过程的机械特性如图 27-24 所示。

开始启动时是低电压，则 $I_a = \dfrac{U'}{R_a}$，并使 I_a 限制在一定范围内。

采用降压启动时，需专用调压电源，如直流发电机或可控硅整流电源。若用发电机，调节励磁达到调压；若用可控硅整流电源，用触发信号控制输出电压。优点是没有启动电阻，启动过程平滑，启动过程中能量损耗少；缺点是专用降压设备成本较高。值得注意的是并励（或他励）电动机启动时，为了限制启动电流，电枢回路的外串电阻 R_{st} 应置于最大阻值位置；为了增大启动转矩，励磁回路的外串电阻 R_f 应置于最小阻值位置。对串励直流电动机，不允许空载（或轻载）启动，否则启动后将造成"飞车"事故。

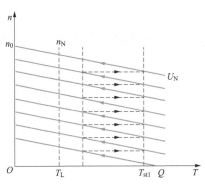

图 27-24　降压启动过程的机械特性

27.3.2　直流电动机的调速

许多生产机械需要调节转速，直流电动机具有在宽广的范围内平滑而经济的调速性能。因此在调速要求较高的生产机械上得到广泛应用。调速（speed governing）及其指标如下。

（1）调速范围（D）。指电动机拖动额定负载时，所能达到的最大转速与最小转速之比。

（2）静差率（又称相对稳定性）（δ）。是指负载转矩变化时，电动机的转速随之变化的程度。

（3）调速的平滑性。在一定的调速范围内，调速的级数越多越平滑，相邻两级转速之比称为平滑系数（σ），σ 值越接近 1 则平滑性越好。

（4）调速的经济性。指调速所需设备投资和调速过程中的能量损耗。

（5）调速时电动机的容许输出。是指在电动机得到充分利用的情况下，在调速过程中所能输出的最大功率和转矩。

调速是人工地改变电气参数，从而改变机械特性，使得在某一负载下得到不同的转速，从直流电动机的转速公式 $n = \dfrac{U - I_a R_a}{C_e \sigma}$ 可知，在某一负载下（I_a 不变），其中 U、R_a、σ 中均可调节，所以可有电枢串电阻调速、降低电枢电压调速、减弱磁通调速三种调速方法。

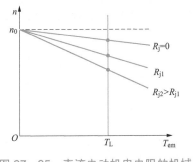

图 27-25　直流电动机串电阻的机械
特性（R_j 为外串电阻）

1. 电枢串电阻调速

由串阻的机械特性（见图 27-25）可知，所串电阻越大，斜率越大，转速越低。

电枢串电阻调速优点为设备简单，操作方便；缺点为属有级调速，轻载几乎没有调节作用，低速时电能损耗大，接入电阻后特性变软，负载变化时转速变化大（动态精度差）只能下调。此种调速方法一般用于调速性能要求不高的设备上，如电车，吊车，起重机等。

2. 调节电枢电压调速

应用此方法（见图 27-26），电枢回路应用直流电源单独供电，励磁绕组用另一电源他励。

目前用得最多的可调直流电源是可控硅整流装置（SCR），对容量数千千瓦以上的采用交流电动机直流发电机机组。在很广的范围内平滑调速，且电动机的机械特性硬度保持不变。可用于串励电动机调速。

在电力牵引机车中，常把两台串励电动机从并联运行改为串联运行，使每台电动机的端电压从全压降为半压。

励磁恒定时 $n = \dfrac{U}{C_e\sigma} - \dfrac{R_a}{C_e C_T \sigma^2} T \approx kU$，改变电压达到调速的目的。

调节电枢电压调速的缺点为调压电源设备复杂，一般下调转速；优点为硬度一样，可平滑调速，且电能损耗不大。以上两种方法属电枢控制。

3. 弱磁调速

改变 σ 的调速（见图 27-27），增大 σ 可能性不大，因电机磁路设计在饱和段，所以只有减弱磁通，可在励磁回路中串阻实现。

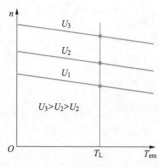

图 27-26　直流电动机改变端电压的机械特性

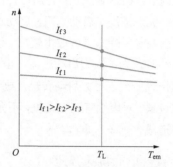

图 27-27　直流电动机改变励磁电流的机械特性

由 $n = \dfrac{U}{C_e\sigma} - \dfrac{R_a}{C_e C_T \sigma^2} T_e = n_0 - \beta T_e$，设负载转距不变，则

$$T_e = C_T \sigma_1 I_{a1} = C_T \sigma_2 I_{a2}$$

所以 $\dfrac{I_{a2}}{I_{a1}} = \dfrac{\sigma_1}{\sigma_2}$。

又因为 $U = E_a + I_a R_a \approx E_a$，因 U 不变，所以 $E_a = C_e \sigma_1 n_1 = C_e \sigma_2 n_2$，则 $\dfrac{n_2}{n_1} = \dfrac{\sigma_1}{\sigma_2}$，减少磁通可使转速上升。

弱磁调速缺点为调速范围小，只能上调，磁通越弱，I_a 越大，使换向变坏；优点为设备简单，控制方便。调速平滑，效率几乎不变，调节电阻上功率损耗不大。以上方法适用于他励和并励电动机，也适用于复励电动机。

27.3.3　直流电动机的制动

一台生产机械工作完毕就需要停车，因此需要对电机进行制动。最简单的停车方法是断开电源，靠摩擦损耗转矩消耗掉电能，使之逐渐停下来，这叫作自由停车法。

自由停车一般较慢，特别是空载自由停车，更需较长的时间，如希望快速停车，可使用电磁制动器，俗称"抱闸"。也可使用电气制动（electric braking）的方法。电气制动方法包括能耗制动（dynamic braking）、反接制动（plug braking）和回馈制动（regenerative braking）三种。

1. 能耗制动

停车时，不只是断电，为限制电流过大，将电枢立即接到电阻 R_L 上，如图 27-28 所示。因为磁场保持不变，由于惯性，转子继续旋转且方向不变，所以 E_a 与电动势方向相同。$U = 0 = E_a + I_a(R_a + R_L)$，$I_a = -\dfrac{E_a}{R_a + R_L}$ 电流方向相反，所以电磁转矩 T 反向。

由于转矩与电动状态相反，产生一制动性质的转矩，使其快速停车。制动过程是电机靠惯性发电，将动能变成电能，消耗在电枢总电阻上，因此称之为能耗制动。能耗制动操作简单，但低速时制动转矩很小。

2. 反接法

能耗制动方法，在低速时效果差，如采用反接制动，可得到更强烈的制动效果。利用反向开关将电枢反接，为限制电流过大，反接同时串入电阻 R_L，如图 27-29 所示。这样，$U=-U$，$R=R_a+R_L$，$I_a=\dfrac{-U-E_a}{R_a+R_L}$ 为负，

所以 T 为负，$n=-\dfrac{U}{C_e\sigma}-\dfrac{R_a+R_L}{C_eC_T\sigma^2}T$ 反接制动时最大电流不会超过 $2I_N$，则应使 $R_a+R_L\geqslant\dfrac{U_N+E_a}{2I_N}\approx$

$\dfrac{2U_N}{2I_N}=\dfrac{U_N}{I_N}$，$R_L\geqslant\dfrac{U_N}{I_N}-R_a$。

反接制动缺点：能量损耗大，转速下降到零时，必须及时断开电源，否则将有可能反转。

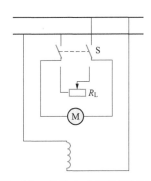 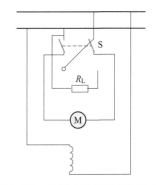

图 27-28 并励电动机能耗制动接线图   图 27-29 并励电动机反接制动接线图

3. 回馈制动

当 $n>n_0$，则 $E_a<U$，$I_a=\dfrac{U-E_a}{R_a}$ 为负，T 为负。例如，电车下坡时的运行状态，电车在平路上行驶时，摩擦转矩 T_L 是制动性质的，这时 $U>E_a$，$n_0>n$。当电车下坡时，T_L 仍存在，车的重量产生的转矩是帮助运动的，如 $|T_w|>|T_L|$，合成转矩与 n 方向相同，因而 n 升高。当 $n_0>n$，$E_a>U$，使 I_a 改变方向，T 为负，此时电机进入发电状态，发出电能，回馈到电网，称为回馈制动。总之，电气制动是电机本身产生一制动性质的转距，使电机快速停转。

【例 27-6】某串励电动机，$P_N=14.7\text{kW}$，$U_N=220\text{V}$，$I_N=78.5\text{A}$，$n_N=585\text{r/min}$，$R_a=0.26\Omega$（包括电刷接触电阻）。欲在总负载制动转矩不变的情况下把转速降到 350r/min，试问需串入多大的电阻（假设磁路不饱和）？

解：串励电动机励磁电流等于电枢电流，依题意磁路不饱和，磁通与励磁电流成正比，因此有

$$T_{em}=C_T\sigma I_a=C_TC_\sigma I_f I_a=C_TC_\sigma I_a^2$$

式中：C_σ 为比例常数。

串电阻调速前后，因总制动转矩不变，即电磁转矩保持不变，因此 $C_TC_\sigma I_a^2=C_TC_\sigma I_{aN}^2$，故电枢电流保持不变

$$I_a=I_{aN}=I_N=78.5\text{A}$$

调速前的电动势为

$$E_N=U_N-I_{aN}R_a=U_N-I_NR_a$$
$$=220-78.5\times0.26=199.6\text{V}$$

需串入的电阻为

$$R_j=\frac{U_N-E}{I_a}-R_a$$
$$=\frac{220-119.4}{78.2}-0.26=1.02\Omega$$

27.4 直流电机的换向

27.4.1 换向过程的概念

从前面分析直流电机工作原理可知，直流电机电枢绕组里的电动势和电流是交变的。电机运行时，元件会随电枢的运转从一条支路经过电刷换到另一条支路，该元件中的电流就要改变一次方向，这种电流方向的改变称为换向。相应的绕组元件称为换向元件。图 27-30 所示为一单叠绕组 1 号元件的换向过程（设图中电刷宽度与换向片宽度相等，电枢以 v 的速度从右向左旋转）。

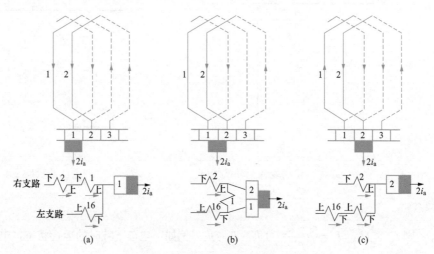

图 27-30　1 号元件换向过程

（a）换向前；（b）换向中；（c）换向后

换向之前，如图 27-30（a）所示，电刷与换向片 1 接触，1 号元件中的电流 i_a 从下层边流向上层边，设为 $+i_a$，元件处于右支路。换向之中，如图 27-30（b）所示，电刷与换向片 1、2 同时接触，1 号元件被短接，元件中的电流正从 $+i_a$ 向 $-i_a$ 变化。换向之后，如图 27-30（c）所示，电刷与换向片 2 接触，1 号元件中的电流 i_a 从上层边流向下层边，电流为 $-i_a$，元件处于左支路。

电枢上的每个元件在经过电刷时都要换向，元件的换向时间称为换向周期，记作 T_k。由于在极短的时间内，使感性绕组元件的电流改变方向。换向问题是换向器电机的一个专门问题，如果换向不良，将会在电刷与换向片之间产生有害的火花。当火花超过一定程度，就会烧坏电刷和换向器表面，使电机不能正常工作。此外，电刷下的火花也是一个电磁波的来源，对附近无线电通信有干扰。国家对电机换向时产生的火花等级及相应的允许运行状态有一定的规定。

然而换向过程十分复杂，有电磁、机械和电化学等方面因素相互交织在一起，我们仅就换向的电磁现象及改善换向的方法做简单介绍。

1. 换向元件中的电动势

实际在换向过程中，换向元件中会出现下列两种电动势，这些电动势会影响电流的变化。

（1）电抗电动势 E_r。换向元件本身是一个线圈，所以当元件中电流从 $+i_a$ 变到 $-i_a$ 时，线圈中必有自感作用，同时换向元件之间又存在互感作用，因此换向元件在电流变化时必须出现有自感和互感作用所引起的感应电动势，这个电动势称为电抗电动势 e_r。

$$e_r + e_{L\sigma} + e_{M\sigma} \tag{27-13}$$

根据楞次定律，电抗电动势的作用总是阻碍电流变化的，因电流在减小，所以其方向必与 $+i_a$ 相同，即与换向前电流方向一致，因此电抗电动势总是阻碍换向。

（2）运动电动势 e_k。我们知道换向元件的有效边处于两极之间的几何中性线位置，即电刷固定放在磁极轴线下的换向片上，那里由主极产生的磁密几乎为零。但由电枢反应磁动势产生的磁密不为零，计为 B_k。换向元件切割此磁密产生运动电动势：$e_k = B_k l v$，根据右手定则判定换向元件中旋转电动势的方向与换向前元件中电流方向一致，因而 e_k 总是阻碍换向元件中电流的变化。

2. 换向元件中电流变化规律

因上述两种元件中电动势 e_r 和 e_k 均阻碍电流换向，元件运动电动势 e_k 和 v 成正比，所以大电流、高转速的电机会给换向带来更大困难。

为了改善换向，在电机几何中性线处装有换向极，换向绕组与电枢绕组串联，换向极磁场的方向与电枢磁场方向相反，其强度比电枢磁场稍强，所以此时总的运动电动势 e_c 与 e_a 反向，即与 e_r 反向。下面分三种情况对换向电流进行分析。

（1）直线换向。如果当换向元件中各种电动势为零，即 $e_r + e_c = 0$，被电刷短接的闭合回路就不会出现环流，元件中的电流大小由电刷与相邻两换向片的接触面积决定，电流随时间均匀变化，我们把这种换向称为直线换向，如图 27-31 曲线 1 所示，直线换向是理想换向，电机不会出现火花。

（2）延迟换向。$e_r > e_c$，换向元件中合成电动势 $e_r + e_c$ 倾向于保持换向前电流方向，所产生的附加电流为 i_c，使换向元件中电流由直线电流和附加电流组成，即 $i = i_L + i_c$，使换向元件中电流改变方向的时刻向后推移，所以称延迟换向。

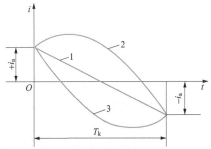

图 27-31　换向元件中的电流变化
1—直线换向；2—延迟换向；3—超前换向

（3）超越换向。如 $e_c < e_r$，则换向极磁动势过强，换向元件中合成电动势 $e_r + e_c$ 所产生的附加电流 i_c 倾向于与换向后电流方向相同。在 i_c 的影响下，使换向元件中电流改变方向的时刻比直线换向时提前，称为超越换向。

27.4.2　产生火花的原因

直流电机换向过程产生火花的原因是复杂的，不仅是由于电磁原因，在很多情况下，还有机械的原因，换向过程中还伴随有电化学、电热等因素，它们互相交织在一起，所以相当复杂，至今还没有完全掌握其各种现象的物理实质，尚无完整的理论分析。

如前所述，发生火花是直流电机换向不良的直接表现，当火花超过一定限度时，会妨碍电机的正常工作。但一般也没必要绝对地没有火花，因为如果在电刷下只有微弱的火花时，电机的正常工作不会受到什么影响。

1. 电磁原因

换向元件在换向过程中，电流的变化必然会在换向元件中产生自感电动势。此外，因电刷宽度通常为 2～3 片换向片宽，同时换向的元件就不止一个，换向元件与换向元件之间会有互感电动势产生。自感电动势和互感电动势的合成称为电抗电动势。根据楞次定律，电抗电动势的作用是阻止电流变化的，即阻碍换向的进行。另外电枢磁场的存在，使得处在几何中性线上的换向元件中产生一种切割电动势，称为电枢反应电动势。根据右手定则，电枢反应电动势也起着阻碍换向的作用。因此，换向元件中出现延迟换向的现象，造成换向元件离开一个支路最后瞬间尚有较大的电磁能量，这部分能量以弧光放电的方式转化为热能，散失在空气中，因而在电刷与换向片之间出现火花。

2. 机械原因

如果换向器不同心、换向器表面粗糙、电刷压力不当、云母凸出或者动平衡不好等原因，会造成电刷与换向器接触不良或发生振动，从而导致产生火花。弱换向元件受到不利的主极边缘磁场作用，如刷杆在座圈上不对称、主极之间距离不等原因也可能导致火花。为此，使用时对电刷与换向器的维护和保养是十分必要的。

3. 化学原因

研究表明，电刷与换向器表面有水汽，电流流过时发生电解作用，在换向器表面产生一层氧化亚铜薄膜，氧化亚铜薄膜具有较高电阻，它能抑制附加换向电流，有利于换向。如果电刷压力过大，环境中缺少必要的水分和氧气，影响氧化亚铜薄膜的生成从而容易产生火花。此外，电刷的材料、几何尺寸及电机的运行状态等都是引起火花的原因。

27.4.3 改善换向的方法

改善换向的目的是消除（或减弱）电刷下面的火花，而产生火花的电磁原因是存在附加电流 i_c（i_c 由 $e_r + e_k$

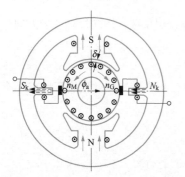

图 27-32 加装换向磁极的极性与电路

产生），因此必须设法减小或消除 i_c，即使合成电动势 $e_r + e_k$ 减小或消除。

目前改善直流电机换向最有效的方法是装设换向极，如图 27-32 所示，换向极绕组与电枢绕组串联，装在几何中性线上，当电机负载运行时，电枢电流流过换向极绕组产生磁动势，其方向与电枢反应磁动势方向相反，其大小除抵消电枢磁动势的影响外，还要建立一个换向极磁场，使换向元件切割 B_k 产生 e_k，并与 e_r 相抵消。这样既可消除 i_c，使换向良好。

由于换向极与电枢串联，e_r 正比于 i_a，而 B_k 正比于 i_a，以使两者在不同负载电流时均能抵消。

由于电枢反应使气隙磁场发生畸变，这不仅给换向带来困难，而且极尖下增磁区域内可使磁密达到很大数值，当元件切割该处磁密时会感应出较大电动势，以致该处换向片间电位差较大，可能在换向片间产生电位差火花，在换向不利的条件下，电刷间的火花与换向片间的火花连成一片，出现"环火"现象，是一种十分危险的现象，它不仅会烧坏电刷和换向器，而且将使电枢绕组受到严重损害。

为了防止电位差火花和环火，在大容量和工作繁重的直流电机中，在主磁极极靴上专门冲出一些均匀分布的槽，槽内嵌放补偿绕组。补偿绕组与电枢绕组串联，并使补偿绕组磁动势与电枢磁动势相反，以保证在任何负载下电枢磁通势都能被抵消，从而减少了因电枢反应而引起气隙磁场的畸变，也就减少了产生电位差火花和环火的可能性。但是装置补偿绕组使电机的结构变得复杂，成本较高，所以一般直流电机不采用，仅在负载变动大的大、中型电机中才用。

还应指出的是，除了上述电气原因外，换向器外圆不圆、表面不干净也可能形成环火。因此加强电机的维护，对防止环火的发生也有着重要作用。

 本章小结

　　直流发电机的运行特性包括他励、并励和串励发电机的运行特性。他励直流发电机空载特性曲线本质上就是发电机的磁化曲线，是电机最基本的特性曲线，而且无论是何种励磁方式的直流发电机，其空载特性均由他励接线方式测定。他励发电机的外特性是一条略微下垂的曲线，也就是直流发电机的端电压随负载电流增加而有所减小。影响外特性曲线下降的原因有：负载增大，电枢电流增大，使电枢回路电阻压降增大，则端电压下降；电枢电流增大，使电枢反应的去磁作用增强，端电压进一步下降。他励发电机的调整特性是一条向上翘的曲线，即随着负载电流的增加，若保持端电压不变，必须增大励磁电流，补偿电枢反应的去磁作用和电枢回路电阻压降对输出端电压的影响，并且由于铁磁材料饱和的影响，励磁电流增加的速率还要高于负载电流。

　　与他励发电机相比，并励发电机运行特点主要是在自励过程（建压过程）和外特性两方面。并励直流发电机的建压条件有：① 电机必须有剩磁；② 励磁绕组与电枢绕组的接法要正确，即使励磁电流产生的磁通方向与剩磁方向一致；励磁回路总电阻应小于该转速下的临界电阻。实际应用中，并励直流发电机自励而电压未能建立时，应先减小励磁回路的外串电阻；若电压不能建立，再改变励磁绕组与电枢绕组连接的极性；若电压仍不能建立，则应考虑可能没有剩磁，充磁后，再进行自励发电。

　　并励发电机的外特性说明其端电压比他励发电机端电压下降得快。因为他励发电机在负载电流增加时，使端电压下降的原因只是电枢回路的电阻压降和电枢反应的去磁作用，而并励发电机的励磁绕组与电枢绕组并联，当发电机端电压下降，导致励磁电流减少，使磁通变弱，则电枢电动势降低，从而使端电压进一步下降；并励发电机外特性的突出特点是负载电流有"拐弯"现象；并励发电机的稳态短路电流 I_{k0} 不大。

　　复励发电机有并励绕组和串励绕组两个励磁绕组，若串励磁动势与并励磁动势方向相同的积复励中，并励绕组起主要作用，保证空载时产生额定电压，而串励绕组的作用是随着负载电流的增加而增磁，从而补偿了并励绕组的去磁作用。

　　直流电动机的运行特性介绍工作特性与机械特性。重点掌握转速特性，并励电动机的转速特性曲线随着负载 P_2 增加，转速 n 略有下降。影响电动机转速的两个因素：电枢回路的电阻压降；电枢反应的去磁作用。即随着电枢电流的增加，电枢回路的电阻压降使转速下降，而电枢反应的去磁作用会使 n 趋于上升。为保证电机稳定运行，在电机结构上采取一些措施，使并励电动机具有略微下降的转速特性。应当注意，并励电动机在运行时励磁绕组绝对不能断开。若励磁绕组断开，$I_f=0$，则主磁通迅速下降到剩磁，则电枢电流 I_a 剧增，电磁转矩 $T=C_T\Phi I_a$ 可能减小，也可能增加。若 T 减小，不足以克服负载转矩而停转，那么电枢电流为启动电流，时间一长容易烧坏电机；若 T 增加，则转速上升，可能大大超过额定转速，造成"飞车"事故，使换向器、电枢绕组和转动部件损坏。发生"飞车"的可能性较大，尤其轻载运行时发生磁场回路断线。

　　串励直流电动机的转速特性为一双曲线，串励与并励截然不同，它随负载增加迅速降低，当负载很小时，$I_a=I_f=I\to 0$，所以 $\Phi\to 0$，则 $n\to\infty$，转速达到危险的高速，称"飞车"现象，因此串励电动机不允许在空载或负载很小的情况下运行。

　　复励电动机特性介于并励与串励之间，若励磁绕组以并励为主，则其特性接近于并励电动机，但由于有串励磁动势的存在，补偿电枢反应的去磁作用，转速特性较硬；若励磁绕组中串励磁动势起主要作用，则特性接近于串励电动机，由于有并励磁动势存在，不会使电动机空载时出现"飞车"现象。

　　直流电动机启动的基本要求有：① 启动转矩要大；② 启动电流要小，限制在安全范围之内；③ 启动设备简单、经济、可靠。启动方法有直接启动、电枢回路串电阻和降压启动。

　　直接启动这种方法操作简便，不需添加启动设备，但启动时冲击电流很大，直接启动仅用于微小型电动机的启动；电枢回路串变阻器启动可以限制启动电流，待转速上升，再逐级将启动电阻切除，此方法优点是启动设备简单，操作方便；缺点是电能损耗大，设备笨重。降压启动方法的优点是没有启动电阻，启动过程平滑，启动过程中能量损耗少；缺点是专用降压设备，成本较高。值得注意的是，并励（或他励）电动机启动时，为了限制启动电流，电枢回路的外串启动电阻应置于最大阻值位置；为了增大启动转矩，励磁回路的外串电阻应置于最小阻值位置。对串励直流电动机，不允许空载（或轻载）启动，否则启动后将造成"飞车"事故。

　　调速方法：电枢回路串电阻调速、降低电枢电压调速、减弱磁通调速。电气制动方法分能耗制动、反接制动和回馈制动三种。掌握调速和制动的方法各有什么特点，适用于什么场合。

思考题及习题

　　27-1　他励直流发电机由空载到额定负载，端电压为什么会下降？并励发电机与他励发电机相比，哪个电压变化率的大？

　　27-2　做直流发电机实验时，若并励直流发电机的端电压升不起来，应该如何处理？

　　27-3　并励发电机正转能自励，反转能否自励？

27-4 并励发电机的建压条件是什么?

27-5 一台他励发电机和一台并励发电机,如果其他条件不变,将转速提高 20%,问哪一台的空载电压提高得更高?

27-6 为什么并励直流发电机工作在空载特性的饱和部分比工作在直线部分时,其端电压更加稳定?

27-7 做直流发电机实验时,若并励直流发电机的端电压升不起来,应该如何处理?

27-8 一台并励发电机,在额定转速下,将磁场调节电阻放在某位置时,电机能自励。后来原动机转速降低了磁场调节电阻不变,电机不能自励,为什么?

27-9 一台并励发电机,$P_N = 6kW$,$U_N = 230V$,$n = 1450r/m$,电枢回路电阻 $r_{a75°} = 0.921\Omega$,励磁回路电阻 $R_{f75°} = 177\Omega$,额定负载时的附加损耗 $p_\Delta = 60W$,铁耗 $P_{Fe} = 145.5W$,机械损耗 $p_m = 168.4W$,求额定负载下的输入功率、电磁功率、电磁转矩及效率。

27-10 一台直流发电机,$P_N = 82kW$,$U_N = 230V$,每极并励磁场绕组为 900 匝,在以额定转速运转,空载时并励磁场电流为 7.0A 可产生端电压 230V,但额定负载时需 9.4A 才能得到同样的端电压,若将该发电机改为平复励,问每极应加接串励绕组多少匝?(平复励是指积复励当额定负载时端电压与空载电压一致)

27-11 设有一台他励发电机,$n_N = 1000r/m$,$U_N = 220V$,$I_{aN} = 10A$,每极励磁绕组有 850 匝,励磁电流为 2.5A,电枢回路总电阻包括电刷接触电阻为 0.4Ω,已知它在 750r/min 时的空载特性如下:

I_f(A)	0.4	1.0	1.6	2.0	2.5	2.6	3.0	3.6	4.4
U_0(V)	33	78	120	150	175	180	193.5	206	225

试求:

(1) 空载端电压;

(2) 满载时电枢反应去磁安匝数;

(3) 过载 25%时的端电压(设电枢反应正比于负载电流)。

27-12 并励电动机和串励电动机的机械特性有何不同?为什么电车和电力机车都采用串励电动机?

27-13 并励电动机在运行中励磁回路断线,将会发生什么现象?为什么?

27-14 如何改变并励、串励、积复励电动机的转向?

27-15 并励电动机和串励电动机的机械特性有何不同?为什么电车和电力机车都采用串励电动机?

27-16 一台他励直流电动机,当所拖动的负载转矩不变时,电机端电压和电枢附加电阻的变化都不能改变其稳态下电枢电流的大小,这一现象应如何理解?这时拖动系统中哪些量必然要发生变化?对串励电动机情况又如何?

27-17 一台正在运行的并励直流电动机,转速为 1450r/min,现将它停下来,用改变励磁绕组的极性来改变转向后(其他均未变),当电枢电流的大小与正相同时,发现转速为 1500r/min,试问这可能是什么因素引起的?

27-18 一台直流并励电动机,在维修后做负载试验,发现电动机转速很高,电流超过正常值,停机检修发现线路无误,电动机的励磁电流正常。试分析这故障的可能原因并说明理由。

27-19 试述并励直流电动机的启动方法,并说明各种方法的适用什么场合?

27-20 试述并励直流电动机的调速方法,并说明各种方法的特点。

27-21 试述并励直流电动机的制动方法。

27-22 他(并)励电动机与串励电动机各适用与拖动什么样的生产机械?

27-23 为什么直流电动机不允许直接启动?使用启动电阻启动时应如何操作?

27-24 如果直流电动机并励电路发生断路故障,将产生什么后果?为什么?

27-25 在实际操作中,如何使并励电动机反转?如果反接它的两根电源线能否使它反转?

27-26 已知某直流电动机铭牌数据如下,额定功率 $P_N = 75kW$,额定电压 $U_N = 220V$,额定转速

$n_N = 1500r/min$，额定效率 $\eta_N = 88.5\%$，试求该电机的额定电流。

27-27 一台直流串励电动机，额定负载运行，$U_N = 220V$，$n = 900r/m$，$I_N = 78.5A$，电枢回路电阻 $R_a = 0.26\Omega$，欲在负载转矩不变条件下，把转速降到 $700r/m$，需串入多大电阻？

27-28 一台并励直流电动机的额定数据如下：$P_N = 17kW$，$U_N = 220V$，$n = 3000r/m$，$I_N = 88.9A$，电枢回路电阻 $R_a = 0.089\,6\Omega$，励磁回路电阻 $R_f = 181.5\Omega$，若忽略电枢反应的影响，试求：

（1）电动机的额定输出转矩；

（2）在额定负载时的电磁转矩；

（3）额定负载时的效率；

（4）在理想空载（$I_a = 0$）时的转速；

（5）当电枢回路串入电阻 $R = 0.15\Omega$ 时，在额定转矩时的转速。

27-29 何谓换向？换向不良的外部表现怎样？

27-30 换向火花是由哪些因素产生的？

27-31 电磁换向理论可将换向分成几种类型？它们各自有什么特点？

27-32 电机工作时，可否简单地认为没有火花时电机的工作状态良好？

28 直流电机试验技术

28.1 直流电机的试验项目

根据 GB 755—2000《旋转电机基本技术要求》和 GB/T 1311—2008《直流电机试验方法》现行两个标准的规定，通用试验内容见表 28-1。

表 28-1　　　　　　　　　　　　　　直流电机检查试验项目

序号	试 验 项 目	序号	试 验 项 目
1	绕组对机壳及其相互间绝缘电阻的测定	12	电动机的转速特性和固有转速调整率的测定
2	绕组在实际冷状态下直流电阻的测定	13	转动惯量的测定
3	轴电压的测定	14	无火花换向区域的测定
4	电感的测定	15	电枢电流变化率的测定
5	空载特性的测定	16	超速试验
6	整流电源供电时电机的电压、电流纹波因数及电流波形因数的测定	17	噪声的测定
7	额定负载试验	18	振动的测定
8	热试验	19	电磁兼容性测定
9	效率的测定	20	匝间绝缘试验
10	电机偶然过电流和电动机的短时过转矩试验	21	短时升高电压试验
11	发电机的外特性和固有电压调整率的测定	22	耐电压试验

28.2 直流电机的热试验

热试验也叫温升试验，直流电机各发热部分的温度与周围冷却介质温度之差称为温升。温升限度是指直流电机在额定工作状态下运行时，各发热部分的允许最高温升。在电机中一般都采用温升作为衡量电机发热标志，因为电机的功率与一定温升相对应的。因此，只有确定了温升限度才能使电机的额定功率获得确切的意义。温升与电机的绝缘等级及测温的方法有关。

28.2.1 直流电机热试验时温度的测量方法

与同步电机和异步电机一样，温升试验可用电阻法、温度计法和埋置检温计法测量电机绕组及其他各部分的温度，测得的温度是绕组的平均温度。

1. 电阻法

绕组温度建议用电阻法测量。此法是利用被测绕组直流电阻在受热后增大的关系来确定绕组的温度，测得的温度是绕组的平均温度。

绕组的温升$\Delta\theta$(K)为

$$\Delta\theta = \frac{R_1 - R_2}{R_1}(K + \theta_1) + \theta_1 - \theta_0 \tag{28-1}$$

式中：R_2为试验结束时的绕组电阻，Ω；R_1为实际冷态时的绕组电阻，Ω；θ_1为对应实际冷态测定R_1时的绕组温度，℃；θ_0为试验结束时的冷却介质温度，℃。K对铜绕组为235，对铝绕组为228。

2. 温度计法

当电机个别部分（如轴承、换向器等）的温度不能用电阻法测量时，用温度计法测量，对于低电阻绕组，如串激绕组、换向极绕组及补偿绕组，也可用温度计法进行测量。

温度计包括膨胀式温度计（如水银、酒精温度计）使用方法与普通膨胀式温度计相同，如热电偶或电阻计。用温度计法测量时，应将温度计尽可能贴附在电机各部分可能达到的最热点表面。

在使用膨胀式温度计时，为了减少温度计球部热量的散失，应当用热的不良导体（如油灰、毛毡等）将球部保护起来，但应注意不妨碍电机的通风和绕组的散热。在电机有变化磁场的部位测量温度时，不应采用水银温度计，以免影响测量的准确性。

3. 埋置检温计法

埋置检温计即将热电偶或电阻温度计在电机制造过程中，埋置于电机制成后所不能达到的部位，此法适用于测量温度计不能接触到的部位的温度，如绕组的端部及槽部或定子铁心的个别钢片之间。

28.2.2 热试验时电机各部分温度的测定

1. 热试验时冷却介质温度的测定

对采用周围空气冷却的电机，空气温度可用几只温度计放置在冷却空气进入电机的途径中，距离电机1～2米处测量，温度计球部处于电机高度一半的位置，并应防止辐射热及气流的影响。对采用强迫通风或具有闭路循环冷却系统的电机，应在电机的进风口处测量冷却介质的温度。试验结束时冷却介质的温度，应采用试验过程中最后1小时内几个相等时间间隔的温度计读数的平均值。

2. 定子绕组

定子绕组温度应用电阻法测定。但对于低电阻绕组，如串激绕组、换向极绕组及补偿绕组，也可用温度计法测定。各绕组所安放的温度计应各不少于2支。

3. 电枢绕组

电枢绕组的温度应用电阻法测定，测定应在电机切断电源停转后立即进行。

4. 电枢铁心

电枢铁心齿部和钢丝扎箍的温度，用温度计测定。测定时，应在电机切断电源停转后，立即各放置不少于2支温度计。

5. 换向器

换向器的温度应在电机切断电源停转后立即测定，测定时建议采用时间常数较小的温度计（如半导体点温计）。

6. 轴承

滑动轴承的温度应在轴承测温孔内进行测定，流动轴承的温度可在轴承盖上测定。

若电机各部分的温度在切断电源后测得，则所测得的温度应借冷却曲线外推至断电瞬间加以修正。

28.2.3 直流电机热试验方法

1. 连续定额电机的热试验

连续定额电机的热试验应在额定功率、额定电压及额定转速下用直接负载法进行，直到电机各部分达到实际稳定温度时为止。当试验电源为普通电源时，电机加负载的方法一般用回馈法进行。将被试电机与相应规格的另一台辅助直流电机在机械上和电气上相互连接，其中一台电机作为电动机运行，而另一台则作为发电机运行。两台电机的损耗由线路直流电源或升压机供给，如图28-1（a）、（b）所示。

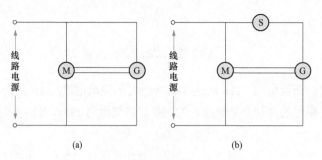

图 28-1 连续定额电机的热试验

（a）一台辅机；（b）带升压机

M—电动机的一台被试电机；G—发电机的一台被试电机；S—升压机

试验过程中应测量机壳、并激绕组、串激绕组、换向极绕组、补偿绕组、轴承、进出风和冷却介质的温度，至少每半小时一次。

电动机的热试验如在额定电流（名牌数据）下进行时，功率可能与额定功率略有不同，此时所得的电枢回路绕组温升数值$\Delta\theta$由式（28-2）换算到额定功率时的数值$\Delta\theta_N$有

$$\Delta\theta_N = \Delta\theta\left(\frac{I_N}{I_t}\right)^2 \tag{28-2}$$

式中：I_N为电动机额定输出功率时的电流，A；I_t为电动机试验时的电流，取试验过程中最后 1 小时内几个相等时间间隔时的电流读数的平均值，A；$\Delta\theta$为对应于试验电流I_t的绕组温升，K。

其中$\frac{I_N - I_t}{I_N}\times 100\%$应不超过±5%。

试验可从电机在实际冷状态时开始，也可从热状态开始。对采用强迫通风或闭路循环冷却系统的电机，在电机切断电源时应同时停止冷却空气的供给。恒功率变速电动机的热试验，在最低额定转速下按其额定功率进行。恒转矩变速电动机的热试验，在最低额定转速及最高额定转速下按其相应的额定功率进行。对大型电机，当受试验设备条件限制时，可用间接法（空载短路法）进行热试验。

2. 短时定额电机的温升试验

试验的持续时间应符合规定的定额数值，并应从电机实际状态下开始。在试验过程中，依照工作周期的长短间隔 5～15min 记录一次。

3. 周期定额电机的热试验

试验时应符合规定的定额数值，每一工作周期为 10min，直到电机各部分温升达到实际稳定时为止。对用于几个不同负载持续率的断续的电机，其热试验应按每一负载持续率分别进行。对于他激电机，如果设计中规定了他激绕组在全部工作周期内是接地线路中，则在停止时他激绕组不应自线路上断开。电机各部分温度应在最后一个周期的负载持续时间前半段终了时，切断电源立即进行测量。

28.3 直流电机的常规试验

直流电机常规试验主要针对各组线圈的绝缘电阻、直流电阻值、绝缘与温升等的测试，本节介绍绕组对机壳及绕组相互间绝缘电阻、绕组在实际冷状态下直流电阻、电枢绕组直流电阻、匝间绝缘和短时升高电压试验。

28.3.1 绕组对机壳及绕组相互间绝缘电阻的测定

测量绕组对机壳及绕组之间的绝缘电阻，是最简便而且对绝缘无破坏作用的绝缘试验项目，它可判断绕组绝缘是否严重受潮或损坏。

绕组绝缘电阻应在下列情况下测量。

（1）电机在实际冷状态下。

（2）电机在热状态下（对小型电机，在切断电源后 10min 内测量；对大中型电机，与电机正常工作相差不大于 10℃时）。

绕组绝缘电阻用兆欧表测量。电机额定电压为 36V 及以下的用 250V 绝缘电阻表，额定电压为 37V 以上至 500V 的用 500V 绝缘电阻表测量。额定电压在 500V 以上的用 1000V 绝缘电阻表测量。

电枢回路绕组（不包括串励绕组）、串励绕组和并励绕组对机壳及其相互间的绝缘电阻应分别进行测量。测量时，绝缘电阻表的读数应在仪表指针达到稳定以后读出。

28.3.2　绕组在实际冷状态下直流电阻的测定

1. 绕组在实际冷状态下温度的测定

将电机在室内静置一段时间，用温度计（或埋置检温计）测量被测绕组的温度，绕组温度与冷却介质温度的相差不应大于 2K，此时被测绕组的温度即为实际冷状态下的温度。

电机各部分绕组直流电阻时，转子应静止不动，可用下列方法之一测定。

（1）双臂电桥或单臂电桥法。测量小于 1Ω 的电阻时不应采用单臂电桥。

（2）电流表和电压表法。用电流表和电压表测量电阻时，其接线如图 28-1 所示，R_b 为调节限流电阻，R 为被测绕组端电阻，V 为电压表，A 为电流表。图 28-2（a）的接线适用于测量电压表内阻与被测电阻之比大于 200 时绕组的电阻。图 28-2（b）的接线适用于测量电压表内阻与被测量电阻之比小于 200 时绕组的电阻。实验时应采用电压稳定的直流电源，电压表与被测绕组应接触良好，测量时电流的数值不应大于被测绕组额定电流的 20%。

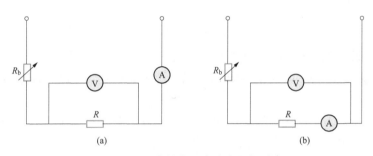

图 28-2　冷状态下直流电阻的测定
（a）电流表外接；（b）电流表内接

2. 电枢绕组直流电阻的测定

为了校核设计值和计算效率，而将电刷自换向器上提起测量电枢绕组电阻时，应按电枢绕组的形式依下列方法进行。

（1）对单波绕组，应在相互间距离等于或最接近于奇数极距的两片换向片上进行测量，测得的电阻即为电枢绕组电阻。

（2）对无均压线的单送绕组，应在换向器直径两端的两片换向片上进行测定。电枢绕组的直流电阻 R_a 为

$$R_a = \frac{R}{p^2} \qquad (28-3)$$

式中：R 为测量的电阻值；p 为极对数。

（3）对装有均太线的单叠绕组，应在相互间距离等于或最接近于奇数极距，并都装有均压线的两片换向片上进行测定，测得的电阻即为电枢绕组电阻。

（4）对装有均压线的复叠或复尖在相互间距离最接近于 1 极距，且都装有均压线的两片换向上进行测定，测得的电阻即为电枢绕组电阻。

（5）对其他绕组，其测量方法应根据绕组的具体结构，采用相应的方法。

为了在热试验中用电阻法确定绕组温升而测量电枢绕组直流电阻时，应在同样两片换向片上测定电枢绕组的冷态和热态直流电阻。测量时应尽可能减少由于电刷短路而引起的误差。因此，所选择的两片换向片应位于相邻两组电刷之间，其相互间的距离约等于极距的一半。在温升试验结束电机停转以后，如所选择的两片换向片不在相邻电刷之间，则应转动转子，使换向片达到所需位置。

但大型电机停转以后再转动比较困难，因此在测量冷态直流电阻时，应在换向器上多选择几组不同位置的换向片。这样在电机停转后，总有一组换向片位于相邻电刷之间，就不需要再转动转子。

28.3.3 匝间绝缘试验

电机电枢绕组匝间绝缘冲击耐电压试验，把电枢从电机中抽出，将由电容器产生的冲击电压直接施加于换向片间，冲击次数和冲击电压峰值按有关标准规定。试验时，电枢轴应接地，匝间短路的判别可采用波形比较法，以被试绕组波形与正常波形比较，波形一致者为合格。也可采用其他有效的判别方法。

试验方法有跨距法和片建法，应更具绕组类型选择。

1. 跨距法

在换向器上选择一段跨距（一般为 5～7 片），将冲击电压直接施加于该跨距首尾两片换向片上。为了使每一片间都经受一个相同条件的冲击电压试验，一般逐片进行试验（可根据均压线的连接方式减少试验次数）。

2. 片间法

依次对换向器上一对相邻换向片进行试验。试验时，如未试验线圈中产生较高的感应电压，应在被试换向片两侧的换向片上设置接地装置，并良好接地。

28.3.4 短时升高电压试验

短时升高电压试验应按该类型电机标准的规定进行。试验时，发电机可以用增加励磁电流及提高转速的方法来提高电压，但转速的数值应不超过 115%额定转速。对磁路比较饱和的发电机，在转速增加到 115%且励磁电流也已增加到允许的限制时，如感应电压仍不能达到所规定的试验电压，则试验允许在所能达到的最高电压下进行。

提高电动机的外施电压时允许同时提高其转速，但转速的数值应不超过 115%额定转速或超速试验所规定的转速。允许提高的转速值应按该类型电机标准的规定进行。对于调速电动机，短时升高电压试验应在最高额定转速下进行。

28.4 直流电机轴电压的测定

轴电压测试如图 28-3 所示。试验前应分别检查轴承座与金属垫片、金属垫片与金属底座间的绝缘电阻。

第一次测定时，被试电机应在额定电压、额定转速下空载运行，用高内阻毫伏表测量轴电压 U_1，然后用导线 A 将转轴一端与地短接，测量另一轴承座对地轴电压 U_3，测量完毕将导线 A 拆除。试验时测点表面与毫伏表引线的接触应良好。

第二次测定时，被试电机在额定电流、额定转速下短路或额定负载运行，测量轴承电压 U_2。对调速电机可仅在最高额定转速下进行检查。

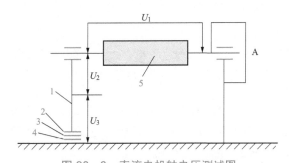

图 28-3 直流电机轴电压测试图
1—轴承座；2—绝缘垫片；3—金属垫片；4—绝缘垫片；5—转子

 本 章 小 结

　　本章简要介绍直流电机的试验项目、热试验和部分常规试验项目的测试方法。热试验时温度的测量方法包括电阻法、温度计法和埋置检温计法的测量电机绕组及其他各部分的温度。绕组对机壳及绕组相互间绝缘电阻、绕组在实际冷状态下直流电阻、电枢绕组直流电阻、匝间绝缘和短时升高电压试验方法，通过试验诊断出电机潜在隐患缺陷。

思考题及习题

28-1　直流电机的热试验有哪些方法？各有哪些特点？适用于什么场合？

28-2　说明直流电机的热试验与异步电动机的热试验的区别。

28-3　直流电机热试验时温度的测量方法有哪些？

28-4　直流电机冷状态下直流电阻的电流表内接与电流表外接的区别是什么？

28-5　用绝缘电阻表测量电气设备的绝缘电阻时应注意些什么？

28-6　一并励电动机，$U_N=110V$，$I_N=12.5A$，$n_N=1500r/min$，$T_L=6.8N·m$，$T_0=0.9N·m$。试求该电机的 P_2、P_N、P_1、P_{al} 和 η。

参 考 文 献

[1] 官澜，李光范，李博，赵志刚，李金忠，张书琦. 我国特高压电力变压器研制技术及发展，变压器，51（8）：28-33.

[2] 智研咨询集团. 2015-2020年中国火力发电市场评估及投资前景预测报告. 中国产业信息网2014.

[3] 戴庆忠，电机史话. 北京：清华大学出版社，2016.

[4] 冯慈璋，马西奎. 工程电磁场导论. 北京：高等教育出版社，2000.

[5] 吴开明. 取向电工钢的生产工艺及发展. 中国冶金，2012.3，22（3），1-5.

[6] 朱翠翠，陈卓. 我国变压器行业对取向硅钢的需求分析. 中国钢铁业，2014.5，21-23.

[7] 刁立民，李藏雪，方建国. 大型屏蔽电机用硅钢片国产化应用技术研究. 大电机技术，2013.1，19-21.

[8] 赵莉华，曾成碧，苗虹. 电机学. 2版. 北京：机械工业出版社，2014.

[9] 曾成碧，赵莉华. 电机学. 2版. 北京：机械工业出版社，2016.

[10] A. E. Fitzgerald Charies Kingsley，Jr. Stephen D. Umans. 电机学. 7版. 北京：电子工业出版社，2013.

[11] 谢毓城. 电力变压器手册. 北京：机械工业出版社，2003.

[12] 赵莉华，曾成碧，张代润. 电机学学习指导. 北京：机械工业出版社，2008.

[13] 赵静月. 变压器制造工艺. 北京：中国电力出版社，2009.

[14] 保定天威保变电气股份有限公司. 变压器试验技术. 北京：机械工业出版社，2000.

[15] 胡启凡. 变压器试验技术. 北京：中国电力出版社，2010.

[16] 张小兰. 电机学. 重庆：重庆大学出版社，2005.

[17] 常瑞增. 中压电动机的工程设计和维护. 北京：机械工业出版社，2011.

[18] 张建新，贾娜. 中国变压器行业总体经济状况分析. 电器工业. 2007（4）：6-14.

[19] 陈世元. 交流电机的绕组理论. 北京：机械工业出版社，2007.

[20] 辜承林，陈乔夫，熊永前. 电机学. 武汉：华中科技大学出版社，2001.

[21] 胡岩，武建文，李德成. 小型电动机现代实用设计技术. 北京：机械工业出版社，2007.

[22] 牛维扬. 电机学. 北京：中国电力出版社，2004.

[23] 孙乐场. 同步发电机失磁异步运行分析. 工程技术，2007（16）：83-84.

[24] 谢应璞. 电机学. 成都：四川大学出版社，1994.

[25] 孙旭东，王善铭. 电机学. 北京：清华大学出版社，2006.

[26] 李发海，朱东起. 电机学. 北京：科学出版社，1982.

[27] 叶水音. 电机. 北京：中国电力出版社，2002.

[28] 李秋明，张卫. 实用电气试验技术. 北京：机械工业出版社，2011.

[29] 电力规划设计总院. 中国电力发展报告2017. 北京：中国电力出版社，2018.5.